Textile Dictionary

テキスタイル用語辞典

成田典子
著

はじめに

長年ファッションの仕事をしていても、
いまなお素材のことで知らないことが多く、
調べてもよくわからない…わかりにくい…
そういうジレンマを感じておりました。
以前、総合的なファッション用語辞典を編集・制作しましたが
一番苦労したのが「素材」です。
「今度は、自分が使いたい辞典を作りたい」
『テキスタイル用語辞典』はそういう思いで制作を始めました。
まずは素材がよくわかるカラー写真がたくさんあること。
自分が理解できる解説に噛み砕くこと。
時にはマニアックな内容も差し込み、面白く。
「織物」「レース」「ニット」「染色・柄」「仕上げ加工」に分類し
専門性を高め、「基礎用語解説」でさらに用語をフォロー。

FOREWORD

読みにくい漢字にはルビを振り、
同義語・関連用語もできるだけ取り上げました。
取り上げたい用語はまだまだあり、決して完璧とはいえませんが、
今までにはなかった
“テキスタイルが面白くなる” 辞典になったのではないかと思います。
版を重ねるごとに一層充実させていきたいと考えていますので
内容に不備や間違いなどがある場合はご指摘いただけましたら
大変ありがたく存じます。
ファッションやデザイン・編集の現場で働いている方、
プロを目指す学生のみなさん、手芸愛好家のみなさん、
そしてテキスタイルを愛するすべてのみなさまの
お役に立つ辞典となることを、心から願っております。

成田典子
Noriko Narita

Contents

002 はじめに

006 この辞典の使い方 EXPLANATORY NOTES

008 織物 WEAVE

192 レース LACE

240 ニット KNIT

284 染色・柄 DYEING & PATTERN

394 仕上げ加工 FINISHING

419 基礎用語 Basic Terms of Textile

525 索引 Index

592 コラム索引

594 協力企業・協力者

596 参考文献

598 あとがき

EXPLANATORY NOTES

この辞典の使い方

【1】 本書は「織物」「レース」「ニット」「染色・柄」「仕上げ加工」の５つと、これらの解説を補足する「基礎用語」を合わせた６つの章で構成されている。

【2】 上記６つの章に記載されている見出し語の同義語や関連用語などは可能な限り拾いあげ、「索引」に記載した。６つの章の中で見つからない用語は、索引から探し引いていただくことをお勧めする。

例）行儀小紋（ぎょうぎこもん）【柄】⇒コラム 51「江戸小紋」【染色・柄】…301
クロッケ cloqué（仏）【織物】⇒ふくれ織り【織物】 ……………………152

【3】 見出し語はすべて各章ごとに五十音順に配列され、外国語および略語は、それぞれの音読に基づいて位置づけされている。長音「―」は含まず、その後に続く音と繋がって配列されている。

【4】 各見出し語の外国語表記は「小文字」を基本にし、人名・国名・商標名など固有名詞と判断されるものは、先頭文字を大文字で示した。現在普通名詞として一般化しているものはその限りではない。

【5】 英語・米語以外のことばは以下の略語で記されている。
和製英語や日本独自の造語の場合は（和）で記されている。
これ以外の国々はフルネームでカタカナ表記。英語・米語の違いがあるものについては（英）（米）と記している。
（仏）フランス語 （伊）イタリア語 （独）ドイツ語
（露）ロシア語 （蘭）オランダ語（葡）ポルトガル語

【6】 外国語表記は可能な限り記した。「絞り染め tie-dye / shibori」のように日本独自の名称でも、国際的に認知されているものや、「アルファベット表記として定着しているもの」はそのまま表記されている。

【7】 外来語の発音は慣用化し、もっとも一般的と思われる読みを取り上げた。

【8】 参照語や参照図表などに関しては、解説文の最後に→で表示した。

【9】 「＊」は、本文に見出し語のある単語。ただし必要に応じて見出し語が導けるものにも「＊」を表示している。

【10】 索引における見出し語には、分類要素がわかるように【繊維】【糸】【織物】【レース】【ニット】【染色】【柄】【加工】などと表示している。
例えば、「梳毛(そもう)【繊維·糸·織物】」のように分類が複数にわたるものもある。

織物

WEAVE

■【WEAVE】の章は、「不織布」なども含めた「織物」の生地写真とその解説
（洋服地、着物地、伝統生地などを収録）
■生地写真は基本的に「3.5 × 3.5cm の原寸大」（縮小しているものは生地の下に「縮小」と表記）
■「丸形」の生地写真は 250%を基本とした拡大写真（「裏面」の場合は「角形」の写真で小さく載せている）

010

アイリッシュ・ポプリン

Irish poplin

アイルランドの伝統的な織物で、絹と毛を交織《こうしょく》*した畝《うね》のある厚手の平織物*。ポプリン*の原形でもあり、ネクタイ生地としても知られる。一般的なポプリンが綿であるのに対し、たてに絹糸、よこに梳毛糸《そもうし》*を使用。たて糸が細く密度も高いため、よこ方向にポプリン独特の畝があらわれる。また一般的には、よこ糸で柄を入れていくが、これはたて糸で柄を入れるなど、独特の織りや素材使いに特徴があり、絹100%よりも深みのある落ち着いた光沢と柔らかな手触りを醸《かも》し出している。「ロイヤル・アイリッシュ・ポプリン」と呼ばれるアイルランドのアトキンソン Atkinsons社のアイリッシュ・ポプリンが有名。

COLUMN 01 >アイリッシュ・リネン

アイリッシュ・リネンの盛衰

北アイルランドは1500年代の宗教改革により、フランドル地方（旧フランドル伯領を中心とするオランダ南部、ベルギー西部、フランス北部にかけての地域）などから迫害されたユグノー（新教徒）のリネン技術者が大量に移民したこともあり、世界的にも有名なリネン織物の産地として発展。「アイリッシュ・リネン」は他国と差別化したブランドリネンとして知名度を確立していった。しかしその後、リネン産業は2度の大戦なども影響し衰退の一途を辿る。現在では、アイルランドでフラックス*は栽培されておらず、多くはベルギーやフランスから原料を輸入し、紡績して織り上げているが、その数は少ない。

アイリッシュ・リネンの評価は高い紡績技術にあり、その最高峰に挙げられているのが、アイルランドを代表するリネン紡績メーカーのハードマンズHerdmans社である。同社のサ

写真提供：（株）林与

アイリッシュ・リネン

Irish linen

北アイルランド地方で栽培・収穫されたフラックス*（亜《あ》麻《ま》*の繊維名）を紡いで織られた、しなやかで繊細な質感をもつ最高級リネン*。イギリス王室御用達の最高品質リネンとしても知られる。リネンは「柔らかく、さらりとした肌触りで、吸水性・発散性・速乾性に優れた高機能が特徴の天然素材」だが、その中でも最高峰。しかも艶があり金色っぽい色が特徴で「ゴールデン・アイリッシュ」とも称される。現在北アイルランドでは織りを除きフラックスの生産や紡績は行われていない。

状態よく保存されていた本物のアイリッシュ・リネンの糸

イオンミル紡績工場のアイリッシュ・リネン糸は、クラフトマン・シップの伝統的な技法で紡ぎ出された最高級ブランドリネンの代名詞ともなっている。しかし2005年頃には、同社のサイオンミル紡績工場が閉鎖。伝統的な紡績技術も事実上途絶え、本来のアイリッシュ・リネンを手に入れるのが非常に難しくなっている。自然と一体になったサイオンミル紡績工場は産業遺産としても価値があり、保存に向けて環境保護団体のナショナル・トラスト National Trustの動きもある。現在ではフラックスの生産、リネン紡績、織りなどがフランス、ベルギー、イタリア、アイルランドなどの国際分業により行われる高品質なヨーロッパリネンを「アイリッシュ・リネン」と呼んでいる場合が多い。また、各国で紡績された高品質リネンは「フレンチ・リネン」「ベルギー・リネン」「イタリアン・リネン」とも呼ばれている。

空羽（あきは）

Akiha

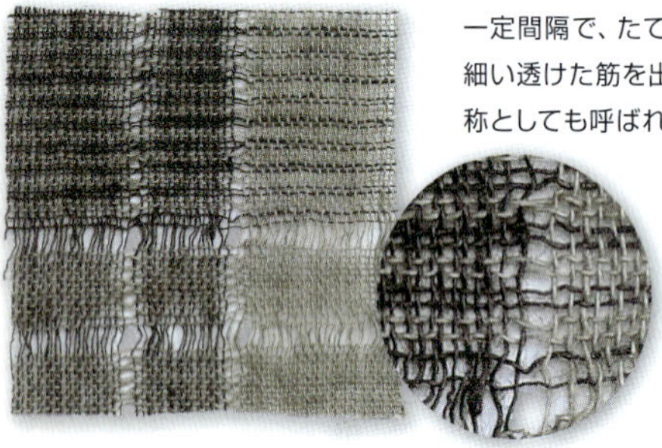

一定間隔で、たて糸を通さない箇所を作り、たて方向に細い透けた筋を出した、薄地の平織り*。透けた部分の名称としても呼ばれる。ピケ・ボイル*が代表的。綿、綿／ポリエステル、絹、麻、レーヨンなどで、服地、ストール、インテリア用まで用途が広い。

網代織り（あじろおり）

Ajiro weave

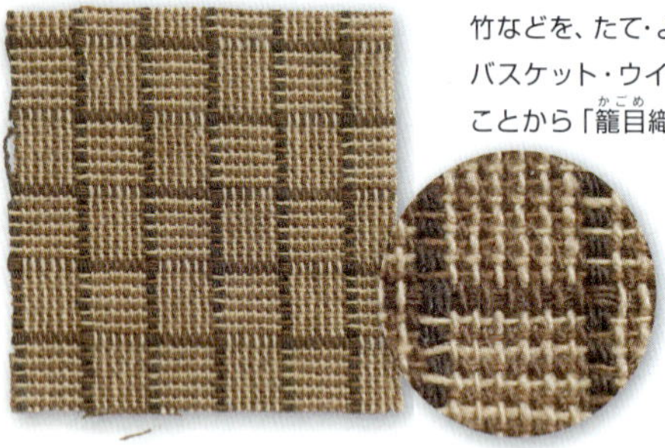

竹などを、たて・よこ・斜めに編んだ「網代」に似た織り。バスケット・ウイーブ*の一種で、籠の編み目に似ていることから「籠目《かごめ》織り」ともいわれる（籠目文様*とは異なる）。色の異なる糸を交互に配列して柄をはっきり出すことも多い。このような織り組織であらわす格子柄を「網代格子《あじろごうし》」「籠格子《かごごうし》」ともいう。

アストラカン

astrakhan

アストラカンは、生後2週間くらいのカラクール種の羊のことで、巻き毛と波状の斑紋《はんもん》（まだら模様）の2種類の毛並みがある。織物のアストラカンは、巻き毛を模したパイル織り*をいう場合が多く、斑紋のものは「カラクール・クロス*」とも呼ばれる。たて糸にパイル糸（パイルを作る糸）を使った「たてパイル織り」が一般的で、パイル糸には光沢のある羊毛やモヘア*を強く捲縮《けんしゅく》（縮れ加工）して使う。織り上げた後に蒸すなどして縮れを戻し巻き毛を作る。

厚司織り（あっしおり・あっとしおり）

Attushi

※縮小

アイヌ語からアットゥシ、アットゥシ織りなどとも呼ばれる。アイヌ民族の伝統的な樹皮衣《じゅひい》に用いられる樹皮繊維織物で、特に北海道アイヌの間で作られた。オヒョウ、シナノキなどの樹皮の繊維を「伊座機《いざりばた》*」という簡単な織り機で織った、丈夫な厚地織物。自然の色のままで用い、織り上げてから刺繍や「切伏《きりふせ》」というアップリケを施す。

圧縮ウール（あっしゅくウール）

boiled wool

ウールの織りやニットに熱や圧力をかけて収縮させ、目を詰まらせ緻密にしてフェルト*に近い風合いにしたもの。かっちりとしたフォルムが作りやすくなる。ウールを熱湯で煮たり蒸したり、石鹸溶液（アルカリ性溶液）と熱を加え、揉む・叩くなどの圧力をかけて縮絨《しゅくじゅう》*させる。ボイルド・ウール、縮絨ウールともいう。

アート・ピケ

art piqué

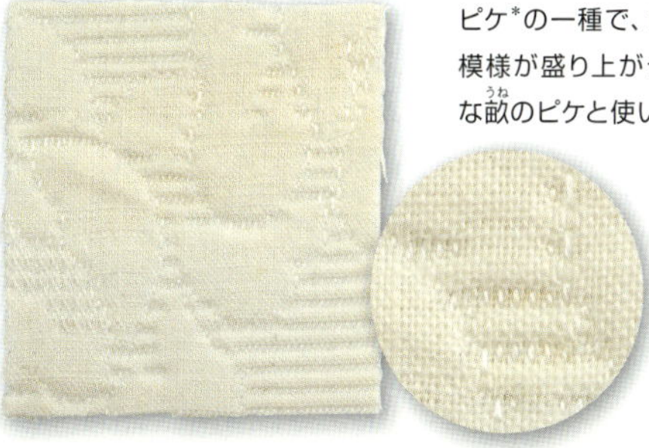

ピケ*の一種で、波形、菱形、幾何学模様*や花柄などの模様が盛り上がっているピケ織物を特にこう呼び、単純な畝《うね》のピケと使い分けている。芯を入れて凹凸を強調したものも多い。主に綿タイプで、プリントをして夏のタウンウエアとして使われることが多い。

アムンゼン

amunzen

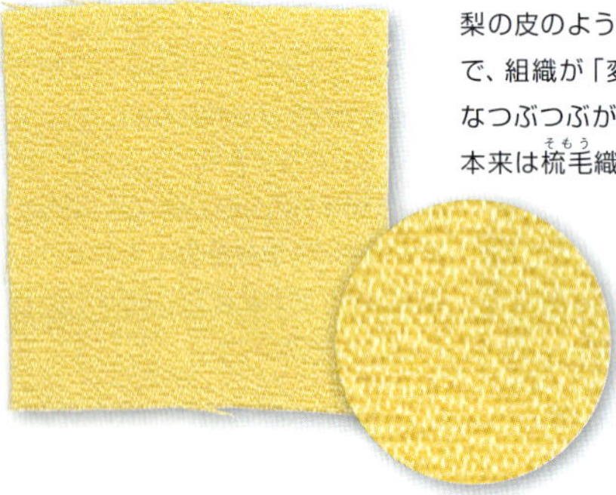

梨の皮のような細かい凹凸感を出した梨地《なしじ》織り*の一種で、組織が「変わり綾」になっているものをいう。不規則なつぶつぶがあらわれた、ザラザラした表面感が特徴。本来は梳毛《そもう》織物*だが綿やポリエステルも多い。梨地《なしじ》編み*もアムンゼンという。これを開発した頃、南極探検に成功したノルウェーの探検家アムンゼンが話題になったことから、その名を取ったといわれる。

綾織り（あやおり）

twill / twill weave

ツイル、斜文《しゃもん》織りともいう。①織物の三原組織*（基本となる3つの組織）のひとつで、斜めに畝《うね》が見える組織。種類が非常に多い。②綾織物の総称。ツイルという場合は、綾目《あやめ》*のはっきりした織物をいう場合がある。平織り*が、たて糸・よこ糸を1本ずつ交互に組み合わせて織るのに対し、綾織りは組織点*（糸が交差する点）が少なく、糸を浮かせる部分が多い。そのため平織り*に比べ摩擦にやや弱いが光沢に富む。また、糸の密度を高くして地厚な生地を織ることができ、しかも柔軟性があり、シワが寄りにくいという特徴がある。ギャバジン*、サージ*、デニム*、カルゼ*などがある。③「綾織り」「綾糸織り」といわれる和服地の織り。綾の変化組織*で製織されたもので、綾目とは違う複雑な織り柄があらわれる。これは「綾《あや》＝文《あや》」の意味で、紋様を織り出した「紋《もん》織物」の総称。高貴《こうき》織り*、一楽《いちらく》（市楽）織*、などがある。

右綾（綾目が右肩上がり）

左綾（綾目が左肩上がり）

COLUMN 02 ＞綾織り

綾織りの構造と種類

綾織りにはたて糸が多く浮いている「たて綾」と、よこ糸が多く浮いている「よこ綾」がある。糸の浮き方により「三つ綾」「四つ綾」などの種類がある。「三つ綾」は「3つの組織点*（糸が交差する点）で1循環」となる綾織りのことで「2／1（に、いち）の綾」などがある。「2／1の綾」とは、「たて綾」の場合、たて糸2本、よこ糸1本の順に浮いている綾織りのこと。「四つ綾」は、「四つの組織点で1循環」になる綾織り。「3／1（さん、いち）の綾」や「2／2（に、に）の綾」などがある。「3／1の綾」は、たて糸3本、よこ糸1本の順に浮いている綾織り。「2／2の綾」は、たて糸2本、よこ糸2本の順に浮いている綾織りになる。この綾織りは裏表同じような綾目《あやめ》*に見えるため「両面綾*」ともいう。「よこ綾」の場合はこれが逆になる。通常の綾織りは綾目が右肩上がりで、「右綾《みぎあや》」「正斜文《せいしゃもん》」という。左肩上がりは「左綾《ひだりあや》」「逆斜文《ぎゃくしゃもん》」という。一般的に双糸《そうし》*使いの場合は右綾、単糸*使いは左綾が多い。これは双糸の糸の撚《よ》りが「S撚り*（右撚り）」、単糸は「Z撚り*（左撚り）」であることから、これらの方向に織った方が綾目がきれいにはっきり見えるため。撚り方向の異なるたて・よこ糸を用いると、布面で撚り方向が一致するため綾線をはっきりあらわすことができる。綾織りを変化させたものを「変化斜文織り（ファンシー・ツイル）」といい、デニム*などに使われる「破れ斜文織り（ブロークン・ツイル*）」、ヘリンボーン*に代表される「山形斜文織り」などがある。綾目の角度は45度くらいのものを「正則斜文《せいそくしゃもん》」といい、サージ*が代表的。急な角度のものは「急斜文《きゅうしゃもん》」といい、フランス綾など。緩やかなものは「緩斜文《かんしゃもん》」という。

twill weave

アルバトロス

albatross

アホウドリ（アルバトロス:albatross）の胸毛に似せて表面が毛羽《けば》立てられている、透けた柔らかい平織り*の梳毛《そもう》織物*。綿もあり、エジプト綿などを起毛させて薄く繊細で上質な平織物*に仕上げる。幼児服、ドレス、ネグリジェや、尼僧の法衣などに。淡色や黒に染められることが多い。

阿波しじら（あわしじら）

Awa shijira

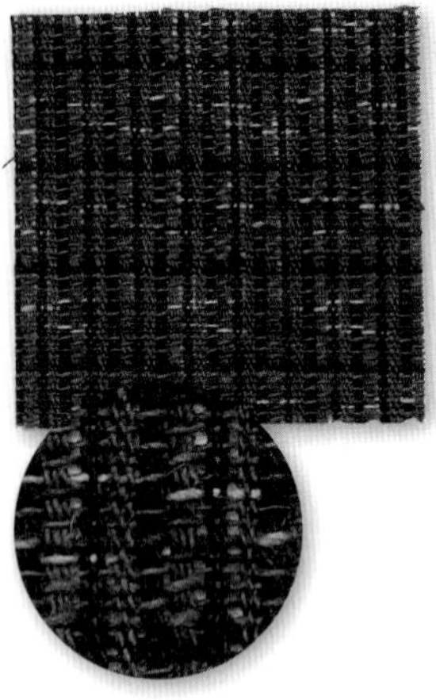

阿波縮《あわちぢみ》ともいう。特産の藍で染められた縞木綿のしじら*織物（たて方向に縮みジワがある織物）で、明治の初め、阿波の国（徳島）の海部《かいふ》ハナにより考案された。地元で織られていた「たたえ縞」という縞の平織物*をにわか雨で濡らしてしまい、日に干して乾かすと、縮《ちぢみ》*のようなしじらができていたことに着目し、改良しながら阿波しじらを作り上げたといわれる。平織りとよこ畝《うね》織り*（たて方向に畝をあらわしたもの）を組み合わせて織り上げた後、湯通しすると、組織のゆるい畝織りの部分は縮み、かたい平織り部分はあまり縮まないので、この収縮の差によりしじらができる。凹凸があるためさらりと肌触りが良く、軽くて涼しいのが特徴。吸湿性にも富むため夏向き素材として最適。伝統的工芸品となっている。

抜染*（ばっせん）して柄をつけた「阿波しじら」

アンティーク・サテン

antique satin

少しくすんだ色調で、時代がかった渋い趣《おもむき》を出した鈍い光沢のサテン*。よこ糸に節糸《ふしいと》*を使い、表を艶のないシャンタン*風にしてムラのある色調に仕上げ、裏面を光沢のあるサテンにしたもの。リバーシブル*で使用できる。

アンティーク・レザー

antique leather

※縮小

アンティーク加工*を施し、使い込んだような、古びた味わいを出した革。特に銀面*（表側面）に加工したものをいう場合が多い。自然な色ムラ、擦れた感じ、長年使い込んだような深い艶を出すなど、愛着感のある仕上げにする。ヴィンテージ・レザーともいわれる。

「たたえ縞」が原型になった縞柄の「阿波しじら」

イカット

ikat

インドネシアやマレーシアの絣《かすり》織物*をいう。インドネシアは世界最大の「絣の宝庫」といわれることもあり、「絣」を意味する名称として「イカット」が世界共通語となっている。イカットはインドネシア語で「縛《しば》る・括《くく》る・結ぶ」を意味することば。糸を括って防染《ぼうせん》*して染まらない部分を作った「絣糸《かすりいと》*」を使用してかすれたような「絣模様」を織る。たて糸に絣糸を用いたものを「たて絣」、よこ糸の場合は「よこ絣」、たて·よこに用いたものは「たてよこ絣」という。綿の「たて絣」が一般的だが、仏教やヒンドゥー教などの影響を受けたスマトラでは絹の「よこ絣」が多く、バリ島では高度な技術を要する「たてよこ絣」が見られる。

COLUMN 03 >イカット

イカットの種類と特徴

島嶼国家《とうしょこっか》であり、多民族国家であるインドネシアでは、200以上の言語をもつため、本来「絣《かすり》」を意味する共通語はなく、各地域により独自の名称で呼ばれ、染めや織りの色調・柄・技法もそれぞれ独自の文化を育んできた。「リマール」は南スマトラの絹のよこ絣*。インドや中国の影響が見られ、赤・紫・緑を中心に幾何学模様*や草花、鳥の翼をモチーフにしたものまで多彩。縞や格子柄を併用したり、刺繍を加えた祭礼用の高度な技術も多い。精霊信仰の息づくスンバ島のイカットは、インドネシアの代表的な絣。エビ、馬、牛、鶏、エイ、トカゲ、ワニ、スカルツリー（首架文）など、霊力をもつ生き物や人物などが配置されているのが特徴。「魔除けの布」ともいわれるバリ島の「グリンシン」は綿の「たてよこ絣*（ダブル・イカット）」。織りも大変難しいが、全て自然の染料を使い、染めだけでも

スンバ島のイカット（部分）。ひとつひとつの模様に意味があり、自分の気持ちや物語などが織られている

石目織り（いしめおり）

Ishime weave

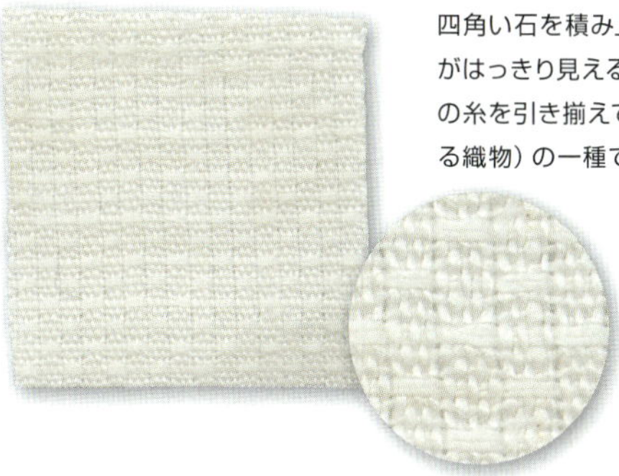

四角い石を積み上げた石垣のような織り目で、糸の凹凸がはっきり見える織物。斜子《ななこ》織り*（たて・よこに2〜4本の糸を引き揃えて平織り*にした、織り目にやや隙間のある織物）の一種で、石目織りはたて糸・よこ糸2本ずつ引き揃えて平織り*にしたものをいう。変化組織*もある。ざっくりとした柔らかい風合いで、毛羽《けば》立ちがなく、通気性や吸水性が高いため、布巾やキッチンタオル、おむつに適している。

気の遠くなるような年月を要するという。絹の「たてよこ絣」にはインドのサルヴィ家が織り続けている、国宝級ともいわれる伝統的な「パトラ織り」がある。宗教的意味合いを持つ緻密で華麗な模様を特徴とし、王侯貴族にのみ許される禁制文様とされてきた。婚礼時などに女性が被る、極細の絹糸で織られた天女の羽衣のような「パトラサリー」は織り上がるまで最低4カ月はかかるという難しい織りだが、バリ島の一部でも織られている。

イカットは民族衣装のサロン（スカート）など日常着として、また儀式用の正装や装飾品、結納品など冠婚葬祭にも欠かせない織物。葬式や結婚式などにはイカットの多さがステイタスシンボルになっているという。

ikat

イタリアン・クロス

Italian cloth

イタリアで初めて製織された、滑らかで光沢のある毛と綿の交織《こうしょく》*の朱子《しゅす》織物*。「毛朱子《けじゅす》」ともいわれる。たてに良質の梳毛糸《そもうし》*、よこに黒染めの綿糸を使う。綿や毛だけで織ったものもある。滑りが良いため、裏地、袖裏、洋傘などに用いられる。ベネシャン*とも似ているが、ベネシャンが「たて朱子*（たて糸が表に多く浮いたもの）」であるのに対し、イタリアン・クロスは「5枚のよこ朱子*（よこ糸4に対し、たて糸1の割合で表に糸が浮いている朱子織り）」となる。アメリカ海兵隊の制服の裏地にはコーマ糸*で織って黒や緑に染めたイタリアン・クロスが使われていた。

一楽織／市楽織（いちらくおり）

croisé（仏）

籐《とう》細工の「一楽編み」の籠編み目に似ていることから名付けられた織り。クルワゼー croiséともいう。仏語の「十字、交差点」の意味で、右綾*と左綾*が交差していることからこの名がある。組織は2／2の右綾、2／2の左綾を繰り返して織る、2／2の「破れ斜文織り*（ブロークン・ツイル）」。一楽織はこの組織を基準に、「縞一楽」「市松一楽」などの文様を織り出したもの、御召《おめし》*風の「一楽御召」、壁縮緬《かべちりめん》*風の「壁一楽」など多くの変わり織りがある。フランスのリヨンで織法を学んだ京都・西陣の職工がジャカード織機*を持ち帰り、1876年に初めて織り出した絹の紋織りが「一楽編み」に似ていることからこの名がつけられた。また一楽織は「綾織り」「綾糸《あやいと》織り」ともいわれるが、「綾《あや》＝文《あや》」を意味し、さまざまな紋様を織り出す「紋織物」を総称したもの。

インディア・マドラス

India madras

インドのマドラス地方（現チェンナイ）原産の綿で織られる、渋い多色使いの格子やたて縞の平織物*。無地などもある。格子のものは「マドラス・チェック*」と呼ばれ、アイビーファッションの代表的なカジュアル素材としても知られる。30番手*前後の単糸*を草木染め*にした、節《ふし》やムラのある、独特の野趣のある織物。洗濯で色落ちするが、それが独特の味わいとなる。堅牢度のよい染料で、他国がインディア・マドラスに似せてつくったものはインディアン・マドラスという。

インディアン・ヘッド

Indian head

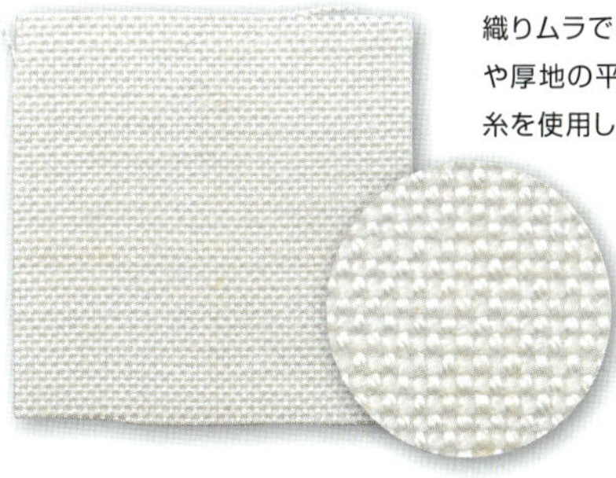

織りムラで粗野感を出した、麻のようにざっくりした、やや厚地の平織物*。節《ふし》織り*の一種。上質な太番手*の綿糸を使用し、シルケット加工*で艶を出したり、ポリエステルやレーヨン糸で光沢感を出すのが特徴。無地のほか、更紗《さらさ》*や捺染《なせん》*の生地として用いられる。カーテンなどのインテリア素材やナプキン、カジュアルウエアなどに。もとは1831年に米国ナシュア Nashua 社が創製した、麻のクラッシュ*に似せた綿織物の商標。

インド・シルク

India silk

サリーなどに使われるインド産の手織りの絹織物の総称。インドに生息する野生の蚕《かいこ》の「野蚕糸《やさんし》*」という絹糸で織った節やムラのある平織り*が代表的。更紗柄*を捺染《なせん》*したもの、ムラ糸や意匠糸《いしょうし》*使いの先染め*ボーダー、刺繍使いなど種類も多い。高価なものでは、タッサー蚕（柞蚕《さくさん》*）という蚕からとれる「タッサー・シルク*」、ムガ蚕からとれる金色の輝きをもつ「ムガ・シルク*」などが知られる。

ウイップコード

whipcord

ホイップコードとも呼ばれる。コードのような太い急角度（約63度の右綾）の畝《うね》が特徴の、厚地のしっかりした綾織物*。キャバルリー・ツイル*、ギャバジン*などよりも畝がはっきりしている。盛り上がった畝が乗馬の「むち縄 whipcord」に似ていることからこの名がある。太番手の紡毛糸《ぼうもうし》*や梳毛糸《そもうし》*を使った霜降りのものが多く、コート、乗馬服、ユニフォーム、ワークジャケットなどに。

ウィルトン・カーペット

Wilton carpet

ウィルトン織りともいう。機械織りの代表的なカーペット*で、基布《きふ》*（土台の布）とパイルを同時に織り込む製法。パイル糸を細かい密度で一本一本ぎっしり織り込んでいるため、弾力性に富み、耐久性と耐摩耗性に優れているのが特徴。また、通気性も良く、熱がこもらない。一方「タフテッド・カーペット」は、パイル糸を基布に植毛し、基布の裏をラテックスゴム（接着剤）で止めたもの。大幅なコストダウンを図れるが、通気性が悪く、ラテックスゴムの劣化が起こるという難もある。

ヴィンテージ・デニム

vintage denim

ヴィンテージ加工*を施した「年代物風デニム」をいう場合もあるが、一般的には旧式の低速織機《しょっき》である「シャトル織機*」で織られたデニム*をいう。織物の幅が27～29インチ（約69～74㎝）程度の狭幅《せまはば》で、セルビッジ*（生地の耳）が両端につくため、耳まで無駄なく使えるのが特徴。リーバイスの赤耳《あかみみ》が有名。また、特に「たて落ち」といわれる、生地のたて線上にブルーと白が絶妙に混じり合った色落ちが特徴で、これら高速織機*のデニムには出せない味がマニアに好まれている。

COLUMN 04 >ウィルトン・カーペット

ユグノーがもたらした イギリスのカーペット産業の発展

ウィルトン・カーペットは、17世紀末に宗教戦争で追われ、イギリスの北西部のウィルトシャーのウィルトンに住み着いたユグノー（フランスの新教徒のカルバン派教徒）達によって技術がもたらされたという。ユグノーは非常に優秀なマニュファクチュア（工場制手工業）の担い手であり、カーペット製造がこの地方の名産の「ウィルトン織り」として有名になる。また、デボンシャーのアキスミンスターでも「アキスミンスター」と呼ばれる多色織りを特徴とするカーペットが盛んになるなど、イギリスでのカーペット生産の背景には、このユグノーの力が大きい。産業革命により機械化が進み、19世紀初めにジャカード織機*が発明され、その後ウィルトン織機が発明されると複雑な模様のカーペットを多く生産することが可能になった。

ウィルトン・カーペットはパイル織り*の一種で、ビロード*の製織《せいしょく》のように針金を入れて織り込む。織り上がった後で針金を抜くと輪奈《わな》（パイル）ができ、このパイルをそのまま残したり、カットして毛羽《けば》を出したりする。プレーンな無地も代表的なウィルトン・カーペットであるが、ジャカード織機により、2〜5色でペルシャ絨毯のような複雑な柄を織り出したり、ハイ&ロー（高低のあるパイル）のテクスチャーを出したものなどバリエーションも多い。

「ウィルトン・カーペット」の側面。
パイル織りでしっかり織り込まれているため、
パイル密度が細かく耐久性に優れている。

wilton carpet

ウエイスト・クロス

waste cloth

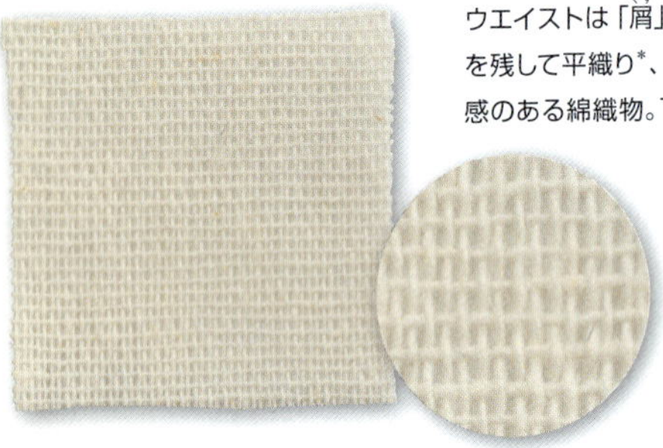

ウエイストは「屑《くず》」の意味。太番手*の屑糸を使って、葉粕《はかす》を残して平織り*、または、綾織り*にしたナチュラルでラフ感のある綿織物。下級綿のダック*でもあるので、ウエイスト・ダック waste duckとも呼ばれる。

ウエザー・クロス

weather cloth

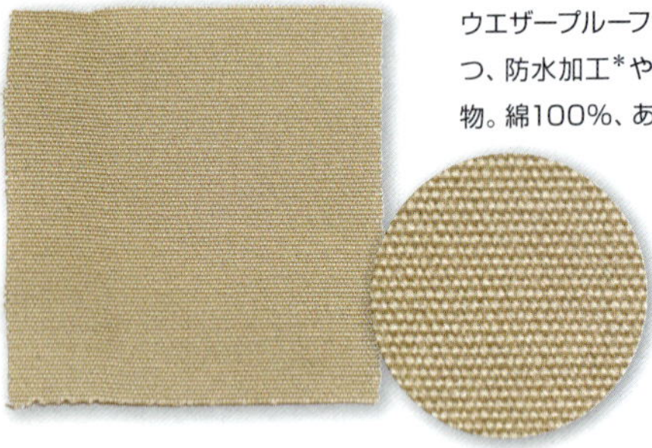

ウエザープルーフweatherproof（風雨に耐える）要素を持つ、防水加工*や撥水《はっすい》加工*を施した丈夫で高密度な綿織物。綿100%、あるいはポリエステル／綿など混紡のポプリン*やキャンバス*が一般的。薄く、軽く、張りとコシがあるのが特徴。もとはミリタリー用に使われていたもの。アウトドアウエア、レインコート、カジュアルウエアに。

ウエスト・ポイント

West Point

アメリカの陸海軍の制服地を基準にしたチノ*の一種。通常のチノより細番手で、打ち込みがしっかりしており、光沢感もあり、摩擦にも強い。双糸《そうし》*の綿のコーマ糸*使いで、陸軍規格はたて糸35s/2、よこ糸25s/2、幅40インチ、密度108×60本。ニューヨーク州ウエストポイントにある陸軍士官学校（通称ウエストポイント）にちなんでこの名がつけられ、戦後盛んに輸出された。通称「ウエポン」。アメリカでは「ユニフォーム・ツイル」と呼ばれる。

浮き織り（うきおり）

Uki-ori

紋《もん》織り*の地紋にさらに色模様を織り出す「絵緯《えぬき》（色よこ糸のこと）」を、浮かせて立体感を出した織物の総称。一見、刺繍のように見える。のちに「唐《から》織り*」といわれた。「浮《う》き文《もん》（紋）」は浮き織りであらわした文様の総称。あるいは地紋のよこ糸である「地緯《じぬき／じよこ》」を浮かせて文様をあらわすことをいう。「有職《ゆうそく》織物*」に多く見られる。ハッカバック*も糸が浮いていることから浮き織りともいわれる。

畝織り（うねおり）

rib weave

①たて、または、よこに畝《うね》を強調した織物。②織物組織の一種で、平織り*から派生した変化組織。畦《あぜ》織りともいう。畝は太い糸や、2〜3本の糸を引き揃えて織る。よこ方向に畝を出したものを「たて畝織り」といい、グログラン*、ポプリン*、琥珀《こはく》織り*など。たて方向に畝のあるものは「よこ畝織り」といい、コードレーン*、ヘアコード*などがある。薄い綿の平織りは畝織りにすることでコシが出る。

雲斎（うんさい）

Unsai / drill

足袋《たび》底などに使う、厚地の丈夫な綾織り*木綿。太綾《ふとあや》（ドリル*）の一種で、太綾の木綿は「綾木綿《あやもめん》」とも総称される。10〜16番手*の単糸*を2／1、2／2、3／1の綾に織り、白地、無地染めにしたものが多い。

→【コラム02】綾織り

エクセーヌ

Ecsaine

1970年に開発された東レ（株）の人工スエードの商標。ポリエステルのマイクロファイバー*によるスエード調の人工皮革*で、きめが細かく軽くソフトで滑らか、シワになりにくく、型崩れしない。発色効果が高く、耐久性や耐光性・難燃性に優れているなどの特徴がある。ファッションや自動車の内装素材など新しいマテリアル（素材）として成長。米国では「ウルトラスエード」、欧州や自動車業界では「アルカンターラ」の名前で浸透している。

エタミン

étamine（仏）

綿、毛、絹、麻などを粗く目を透かして織った、ボイル*に似た隙間のある軽くソフトな織物。搦《から》み織り*の一種で、たて糸・よこ糸をからませて織った隙間のある紗《しゃ》織り*や網状の織物をいうが、透かしを出した平織り*もこう呼ばれる。étamineは「篩《ふる》い」の意味で、もとは篩い用の布として用いられた。

越後上布（えちごじょうふ）

Echigo-Jofu

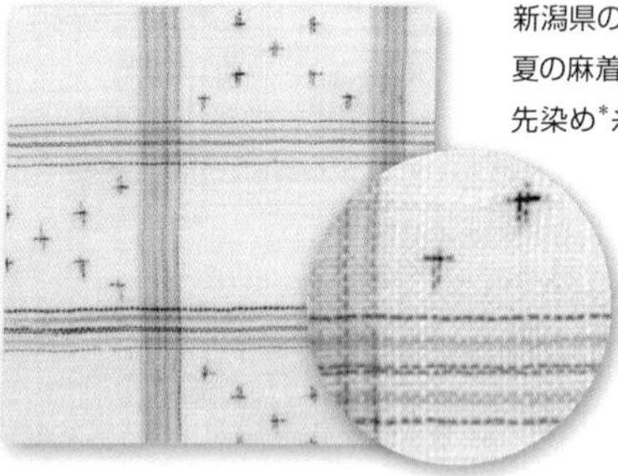

新潟県の小千谷《おぢや》市、十日町市、塩沢町を中心に生産される、夏の麻着物地の最高級品とされる上布*。100番手*以上の先染め*糸で、繊細な絣《かすり》*模様が織り込まれている。上布は苧麻《ちょま》*で織られた、薄手麻の高級着尺《きじゃく》*地のこと。苧麻の繊維から織り上がるまでの工程は非常に手間と時間がかかり、現在も昔ながらの手業や技法を受け継いで織られ、国の重要無形文化財の認定を受けている。強撚糸《きょうねんし》*を用いた縮《ちぢみ》織りは「越後縮」「小千谷縮*」と呼ばれる。

COLUMN 05 ＞越後上布 1

“雪から生まれる” 越後上布
伝統を受け継ぐ歴史と辛苦の工程

新潟県の小千谷市、十日町市、魚沼市、南魚沼市などの越後の山間の地は有数の豪雪地帯で、雪に閉ざされる長い冬場、農家の生活を支えてきたのが女性による麻織りであった。「いかに薄く上質の上布《じょうふ》*が織れるか」が一家の経済に大きく影響したという。越後地方は古来上質な麻を産し、律令時代には税として越後布を物納し、室町時代には武家の礼服に定められた。権力者への贈り物として越後布は欠かせない品で、上杉家重臣の直江兼続《なおえかねつぐ》は領民に農閑期の副業として苧麻《ちょま》*の栽培や上布の生産を推奨している。江戸時代には幕府への上納が行われ、武士の裃《かみしも》などに用いられるなど、藩の重要な収入源となる。この頃には原料の苧麻は会津から仕入れ、越後は織物産地となり、生地をより薄く軽くするなどの技術革新に磨きがかかり、縮み織りの「小千谷縮《おぢやちぢみ》*」も開発された。麻織物は乾燥すると切れやすいため、湿気の多い越後の豪雪地帯は麻を織るのに非常に適した環境でもあった。また、辛苦の極みをいくような手間と時間がかかる越後上布の技法は、雪に閉ざされた極寒生活に耐え忍ぶ辛抱強さ、越後人特有の粘り強さと丁寧さがあってこそ生まれ、優れた織物に育ち、今なお続けられる所以といわれる。

越後上布の特徴はしなやかさと丈夫さ、そして、その白さにある。織り上げた布を雪の上に晒す「雪晒《ゆきざら》し*」という独特の技法が有名で、漂白剤のない時代に越後上布の白さは高く評価された。2月から4月上旬までの快晴日に行われる雪晒しは800年の歴史があり、越後の風物詩になっている。まさに「雪から生まれた上布」といえる。繊維を紡ぎ、染め、織り、仕上げるまで、専門家による古法にのっとった膨大な工程を経て作られた越後上布のみが、重要無形文化財の認定を受けている。

2月から4月上旬までの快晴日に行われる「雪晒し」

写真提供：越後上布・小千谷縮布技術保存協会

COLUMN 05 >越後上布 2

【越後上布の制作工程】

糸の原料の「青苧★（あおそ）」と
織り上がった「越後上布」

<手紡ぎで糸を作る>

■ 苧績《おう》み（手積《てう》み）・撚《よ》り掛け

苧麻《ちょま》*（青苧《あおそ》）*の繊維を水に浸しながら爪で細く引き裂き、口に含んで撚りながら、繊維を結ばないで繋ぎ合わせ糸にする「苧績み」という作業をする。手績《てう》みともいう。単純ながら繊細さと根気が必要とされ、機械ではできない。「縮《ちぢみ》*」の場合は強い撚りをかけた強撚糸《きょうねんし》*にする。1反分の糸を作るのに2〜3カ月かかるという。

苧績み

絣括り

■綛取《かせと》り・伸べ

「綛*」は巻き付けた麻糸の単位（1綛：約3m）。撚った糸を「綛上枠」に巻き付け綛を作り、灰汁《あく》で煮て漂白する「綛煮《かせに》」や「糊付《のりづ》け」などを行い、長さと本数を揃える「伸べ」を施す。

<絣糸を作って染める>

■墨付け

越後上布は「絣模様の設計に沿って染められた先染め*糸」で織る非常に手間のかかる織物。「墨付け」は絣模様をあらわすために、染めない部分になる「染め分けの印」をつける作業。表面に図案を写した「木羽定規《こばじょうぎ》」という設計図のような定規を用いて、図案に沿ってたて糸に染め分けの印をつける。

■絣括《かすりくく》り（絣くびり）

絣柄になる絣糸（染めない部分）を作る作業を「絣括り」という。図案の染め分け印（墨付け）をもとに、染め残す糸部分を「くびり糸」という木綿糸でかたく括《くく》って「防染《ぼうせん》*」し、染料がしみ込まないようにする。

■ 染め／括《くく》りほどき

括り終わった糸を染める。麻糸は化学染料では染まりにくいため、色落ちしにくい植物染料で染め、天然の媒染剤《ばいせんざい》*で色を安定させる。染めた後に木綿糸で括った部分をほどくと、染まらない部分があらわれる「絣糸*」ができあがる。

<居座機《いざりばた》で織る>

■ 千切《ちきり》巻き

図案に沿って染められた糸は、「千切《ちき》り」という道具に1反分の長さと幅で図案通りに並べながら模様がずれないように慎重に巻き付けていく重要な作業。複雑な模様は大変手間がかかり、熟練しなければできない。

千切り巻き

「居座機」織り

■ 機織り

「居座機《いざりばた》*：地機《じばた》ともいう」という原始的な織機で平織り*にする。「千切《ちき》り」に巻いたたて糸を機に掛け、「尻巻《しまき》」という腰当てで張力を加減しながら、模様がずれないように「杼《ひ》*」に通したよこ糸を打ち込み、ひと織りずつ進めていく。麻糸は絹や木綿に比べ乾燥に弱く繊細なため、糸が切れないように織るには相当の技術を要する。部屋の温度は低く保たれ、時折布や糸に水をしみ込ませて強度を保ち、糸が切れたら繋ぎ合わせながら織るなど、大変根気のいる作業となる。1反を織り上げるのに2カ月以上かかることもあるという。

<仕上げ／雪晒《ゆきざら》し>

■ 足踏み／湯もみ

織り上がった布は湯につけたあと水に浸して、天井から吊るした縄で両腕を支えながら足で踏む独特の「足踏み」を行う。布が柔らかくなり、布目が詰まり、糊や汚れも落ちる。小千谷縮《おぢやちぢみ》*などの「縮」はお湯の中で揉んだり、しごいたりして「シボ出し」を行う。

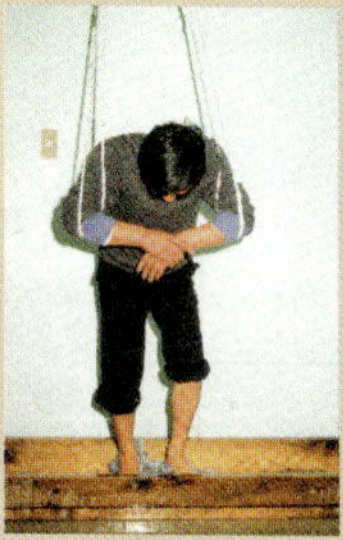

足踏み

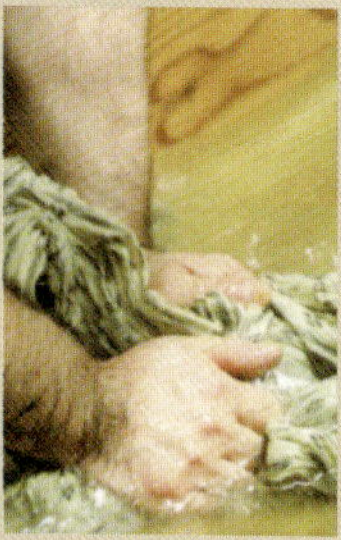

湯もみ

■ 雪晒し

布を洗い終わった後の仕上げは、晴れた日に雪の上に織った上布を並べて晒《さら》す「雪晒し」を行う。太陽熱で雪が溶けて蒸発する時にオゾンが発生して糸目を通り、オゾンの酸化作用で上布が漂白される。白はより白くなり、色柄も冴えてくる。

写真提供：越後上布・小千谷縮布技術保存協会
南魚沼市 教育委員会 社会教育課 文化振興係

エンド アンド エンド・クロス

end-and-end cloth

シャツ地に見られるシャンブレー*調の織りで、「刷毛目《はけめ》*」をいう場合が多い。「エンド アンド エンド」、「エンド オン エンド」、「エンド ツー エンド」ともいう。「エンド」とはたて糸の一本一本を指すことばで、たて・よこに晒《さら》し糸と染め糸を1本ずつ交互に配列し平織り*にすると、表には細かなたて縞（刷毛目）があらわれる。よこ糸にどちらかの糸だけを織り込むとピン・チェック*があらわれる。これをエンド アンド エンド・チェック（微塵格子《みじんごうし》）ともいう。

エンボス・ベルベット

embossed velvet

凹凸のある型押し柄を出したベルベット*や別珍《べっちん》*。模様を彫刻した金属ローラーで加熱しながら押さえた後、剪毛《せんもう》*（毛を刈り取る）し、スチームで蒸す。剪毛していない毛羽《けば》が立ち、長短の毛羽によるレリーフ感のある模様が浮き出る。

近江上布（おうみじょうふ）

Ohmi-Jofu

滋賀県・琵琶湖の湖東地域で生産される、絣《かすり》*模様を特徴にした上布*。上布は苧麻《ちょま》*で織られた、薄手麻の高級着尺《きじゃく》*地のこと。晒布《さらしふ》、縞・筋・格子・絵絣《えがすり》*・小絣など柄の種類も多く、藍染めやシンプルな色使いを中心に、華やかな色調の大柄もある。伝統工芸士が図案を手がけ、熟練した織り子が手織りで一本一本柄を合わせながら織っていく。湖東地域は麻織物に適した、水に恵まれた肥沃《ひよく》で多湿な風土で、農家の冬場の副業として発展していった。

COLUMN 06 >近江上布

近江上布の歴史
関西商家の内儀の「嫁入り絣」

近江上布《おうみじょうふ》は越後上布《えちごじょうふ》・能登上布《のとじょうふ》・宮古《みやこ》上布《じょうふ》、八重山上布《やえやまじょうふ》とともに日本の代表的な上布*として知られ、「きぬあさ*」と呼ばれるシルクのような光沢が特徴とされる。起源は、室町時代に生産された大麻《たいま》*を主原料にした「高宮布《たかみやふ》（高宮細見《たかみやほそみ》ともいう）」とみられ、京都の社家や幕府の献上品として利用されていた。江戸時代には彦根藩主の井伊家からも生産を推奨され、進物用に用いられた。機織りの技術は京都の太秦《うずまさ》から職人を招いた秦氏によりもたらされ、白布、縞布、藍染め縞と発展。絣*は古くは「櫛描《くしが》き」という、櫛の歯に墨を付けて捺染《なせん》*する白絣《しろがすり》があったという。1850年には高宮町の郡田新蔵により「板絞《いたじ》め絣《がすり》*」が考案され、多量に絣糸《かすりいと》*を染めることを可能にし、「括《くく》り絣《がすり》*」と「藍染め絣」が生産された。天平年間には「天平絣《てんぴょうがすり》」として農家の安定した副業となり、それが近江商人により全国に広がり、地場産業として発展。年間100万反の生産があったという。

近江上布は「白絣《しろがすり》*」に茶の柄をあらわした「白地茶絣」と「紺絣《こんがすり》」が中心。特に「たて絣*」に絵柄を加えた紺絣は「嫁入り絣」ともいわれ、関西商家の内儀の着物として欠かすことができなかった。明治には「櫛押《くしお》し捺染絣《なせんがすり》」を、昭和初期には「型染め捺染絣」による「解《ほぐ》し絣（解し捺染*）」を絣糸染めに導入。また「近江麻縮」の「縮《ちぢみ》*」の技法も加わって、産地の中枢も愛知川や能登川に移った。昭和には大柄や華やかな色使いの絵絣《えがすり》が増え、他地区にはない洗練さを極めていった。しかし、その技法の難しさや洋装化による着尺地需要の激減もあり後継者も途絶え、現在、近江上布を製造できるのはわずか数人となっている。

→上布、越後上布

他の産地にはあまり見られない大柄で鮮やかな色柄にも特徴のある「近江上布」

写真協力：（株）林与

オーガンジー

organdie / organdy

薄く透けた、張り感のあるかたい手触りの平織物*。もとは綿織物で、細番手《ほそばんて》*の強撚糸《きょうねんし》*で織り上げた後、硫酸《りゅうさん》仕上げで擬麻《ぎま》加工*（麻のような張り感などを出す加工）を施すのが特徴。これにより綿生地が透明感を増し、麻のようなかたい張り感とコシが出る。糊付けによりかたさを出したものと違い、洗っても風合いが変わらない。絹の場合は諸撚《もろよ》り糸*（2本の単糸を撚り合わせた糸）で粗く織る。精練《せいれん》*をしないためごわごわしたかたい織物になる。合繊糸の場合は樹脂を付着させかたさを出す。よく似た平織りの透ける素材にオーガンザ organzaがあるが、オーガンジーよりも張りが強くかたく、レーヨンやナイロンが多い。いずれもエレガントな婦人服地をはじめコサージュなどの服飾品、張り感を生かしてペチコートなどに使用。

オスナブルグ

osnaburg

太番手《ふとばんて》*の麻や綿で織った目の粗い丈夫な平織物*で、やや光沢がある。もとは麻織物であったが現在は綿が多く、8～12番手の不揃いな糸を使用するため、粗野感がある地合いとなる。未晒《みざら》しの（漂白していない）ものは穀物袋や芯地に、生地の厚みにより椅子張りの基布《きふ》*（土台の布）、作業服、カジュアルウエアなどに使用される。薄手のものはクラッシュ*に似ている。ドイツのオスナブルック Osnabrückで初めて織られたことからこの名がある。

薄い透け感が特徴の「オーガンジー」

小千谷縮（おぢやちぢみ）

Ojiya-chijimi

新潟県小千谷《おぢや》地方の特産である苧麻《ちょま》*を使った縮《ちぢみ》*織物。たてジワのようなシボが特徴の縞や絣《かすり》*が多い。越後縮《えちごちぢみ》ともいう。越後布《えちごふ》と呼ばれた平織り*の白布に改良を重ねたもので、約1000年の歴史があるという高級着尺《きじゃく》*。越後上布《えちごじょうふ》*と共に、古法にのっとって作られたものは国の重要無形文化財に指定、ユネスコの無形文化遺産にも登録されている。厳しい条件を満たしたものは「本製小千谷縮」と呼ばれる。縮はよこ糸に強撚糸《きょうねんし》*を使い、織り上げた後に湯の中で揉《も》んだり、しごいたりして「湯揉み」をする「シボ取り（シボ出し）」という加工でシボを出したもの。仕上げには白さや色味を鮮明にする「雪晒《ゆきざら》し*」を行う。手触りがかたく、シャリシャリとした感触があり、苧麻独特の冷感があるため、夏の着物や浴衣に適している。

→越後上布

オックスフォード

Oxford

ボタンダウンシャツに代表される定番的な生地。斜子《ななこ》織り*（織り目にやや隙間のある平織り*）の一種で、柔らかく通気性に富み、シワになりにくい。たてに色糸、よこに白糸を織り込みシャンブレー*に仕上げたものが一般的。無地を主流に縞や格子もある。100番手などの極細糸の、薄手でしなやかで光沢があるものはロイヤル・オックスフォードと呼ばれる。19世紀末にスコットランドの紡績会社が4種類のシャツ地にオックスフォード、ケンブリッジ、ハーバード、エールの4大学の名をつけて売り出したのが由来。

反物（たんもの）の端には本場小千谷縮を証明する文字が織り込まれる

オットマン

ottoman

太いよこ畝《うね》が特徴の、光沢感のある厚手の密な織物で、ドレッシーな趣《おもむき》がある。よこ畝の織りの中でもっとも畝が大きくはっきり出ている。畝幅はファイユ*、グログラン*、オットマンの順に広くなる。

オートミール

oatmeal

欧米の朝食として知られるオートミール（麦かゆ）に形状の似ている柄や織物の名称。ツイード*のようにざっくり織り上げ、表面に小さなつぶつぶの織り柄が浮き上がって見える。バーレイコーン（大麦の粒）ともいう。猫の足跡に似ていることから猫足《ねこあし》、花崗石《みかげいし》に似ていることから花崗《みかげ》織り*の別名もある。

オパール・ジョーゼット

opal georgette crepe / burnt-out georgette crepe

透けるジョーゼット・クレープ*に、オパール加工*を施し、ジャカード*に似た透けない模様を浮き出させた織物。オパール加工は2種類の繊維で織り上げ、薬品を混ぜた染料や糊で模様を捺染《なせん》*して、酸に反応する一方の糸（レーヨン）を解かし、酸に反応しない糸（ポリエステル）で織った柄部分を浮き出させたもの。オパール・ジョーゼットはたて二重織り*で、酸に反応するたて糸としない糸の2種類で織る。酸に反応するたて糸を溶かして地組織は透けさせ、透けない模様をあらわしたものが代表的。

オパール・ベルベット

burnt-out print velvet

「デボレ dévore（仏）」、「デボア・ベルベットdevour velvet（英）」ともいう。ベルベット*にオパール加工*（薬品で織物の糸を溶かして模様を作る加工）を施して透ける部分を出し、毛羽《けば》の部分と透ける部分で模様をあらわしたもの。ベルベットの場合、生地の地糸には薬品に溶けないポリエステル*、毛羽を出すパイル糸には薬品に溶けるレーヨン*を使用することが多い。よく似たものに、シフォン*などの透けた生地に繊維の粉末を植毛させ模様をあらわしたフロック加工*で毛羽を作る技法がある。

御召（おめし）

Omeshi

「御召縮緬《おめしちりめん》」とも呼ばれる。先染め*の縮緬*のことで、縮緬が生地に織り上げてから精練《せいれん》*し染色するのに対し、糸の状態で精練・染色し、「お召《めし》よこ」という特殊な強撚糸《きょうねんし》*で織り上げる。縮緬よりシボが細かくて、色の深みも増し、優雅な高級絹織物の和服地とされるが、技術が難しいため生産量が少なくなっている。無地が多いが、紋《もん》織り*、縞絣《しまがすり》などもある。徳川11代将軍家斉《いえなり》が好んで「お召しになった」ことからこの名がつけられた。

オンジュレー

ondulé（仏）

ひょうたん形によろけた、不規則な波状の「たて縞（よろけ縞*）」があらわれる平織物*。「よろけ織り」「経《たて》よろけ」ともいう。「八割筬《はちわりおさ》」通称「よろけ筬《おさ》（織機に用いる櫛状の付属用具。織物の幅とたて糸を整え織り目の密度を決める道具）」という特殊な筬で織る。たて縞に変化をもたらし、うねり感やシャンブレー調の色変化、透け感を出すのが特徴。オンジュレーとはフランス語で「波状」の意味。

甲斐絹／海気／海黄／改機／加伊岐 (かいき)

kaiki

山梨県の郡内地方（主に富士北麓地域）で織られていた、高度な手仕事を要する伝統的な絹の先染め*平織物*。深い独特の光沢と、さらさらとした手触りがあり、薄く軽く、滑りがよく、キュッキュッという「絹鳴り」がするなどの特徴がある。絣糸《かすりいと》*で織った「絣甲斐絹」「縞甲斐絹《しまかいき》」、捺染《なせん》*と織りを繰り返す「絵甲斐絹《えがいき》」、異色染めの糸で玉虫効果を出した「玉虫甲斐絹」、たて糸の模様付けを捺染台で行う「解《ほぐ》し甲斐絹」など工程が複雑な微妙な色合いの柄が多く生み出され、江戸時代から昭和初期にかけては、羽織の裏地など“見えないところに凝る”粋な高級絹織物として盛んに生産された。しかし第二次世界大戦後あたりから、織物業の自動化・機械化が進むなか、手仕事でしか織ることのできない甲斐絹の製造は困難になり、着物人口の減少や化学繊維の大量化も相俟って伝統的な織り産業は姿を消している。

カーキ

khaki

カムフラージュ効果のあるカーキ色に染められた、丈夫な綿やウールの軍服用の生地の総称。平織り*、サージ*、ドリル*、ホイップコード*などがある。太綾《ふとあや》のドリルのものは「カーキ・ドリル」と呼ばれる。語源はヒンディー語の「塵埃《じんあい》色、黄色い埃っぽい色」の意味で、19世紀中頃にインド軍のユニフォームを「カーキ」といったのが始まりとされる。

COLUMN 07 >甲斐絹

名物裂《めいぶつぎれ》*と海気《かいき》

甲斐絹の歴史と製造の特徴

本来、甲斐絹《かいき》は「海気」「海黄」「海機」「改機」「加伊岐」「カイキ」とも書かれ、日本にもたらされたのは、室町時代の末期から江戸時代の初めにかけてのオランダ南蛮貿易によるという。中国で織られた、金襴《きんらん》*、緞子《どんす》*、錦《にしき》*、間道《かんとう》*などと共に「名物裂《めいぶつぎれ》*」と呼ばれ、茶人に珍重された。縞のある「縞海気」、文様を織り出したものは「紋海気《もんかいき》」といい、仕覆《しふく》（茶入れなどの道具を入れる袋）の裏裂《うらぎれ》として用いられた。甲斐絹は、この渡来した海気（この文字が最も多く使われてきた）を模したもので、山梨の郡内で織られたことから「郡内海気《ぐんないかいき》」と称されていた。「甲斐絹」の表記が使われ始めたのは明治に入ってからという。

甲斐絹の製造は非常に手間のかかる工程や高度な技術を要する。織る前に生糸を精練《せいれん》*する「先練り《さきね》*」を行い、ほとんど撚《よ》りをかけない「無撚《むよ》り」か「甘撚《あまよ》り*」の「細番手*」の糸を「先染め*」にし、手織機に糸を「高密度」に打ち込んで平織り*にする。先練りをすることで絹糸の艶としなやかさが生まれ、撚りがないために独特の光沢とサラリとした風合いが生まれる。「先練り・無撚り」の織物は製造が大変難しく、熟練した職人の、気の遠くなるような丁寧な手仕事技術が必要とされる。このため、工業生産するのは難しいとされ、生産も途絶えていたが、富士山麓地域の織物職人によって新解釈による甲斐絹の復刻・再生を目指した『甲斐絹座《かいきざ》 』が設立されるなど、復活が図られている。

絣甲斐絹（部分）

絣甲斐絹（部分）

絵甲斐絹（部分）

絵甲斐絹（部分）

縞甲斐絹（部分）

絣甲斐絹（部分）

写真：P035「オンジュレー」:「大正拾壹年 染織品流行集」発行：日本染織物標本社
P036・P037「甲斐絹」共に山梨県富士工業技術センター所蔵

カシミヤ

cassimere

カシミヤ山羊の毛（カシミヤcashmere）の質感に似せた、滑らかで少し光沢のある綾織り*の毛織物。「カシミヤ織り（カシミヤ・ウィーブcassimere weave）」ともいい、高級繊維のカシミヤ cashmereとは区別される。紳士スーツや、織り目が消えにくいことからトラウザー（ズボン）などに多い。たてに梳毛糸《そもうし》*、よこに梳毛糸または紡毛糸《ぼうもうし》*を使い、よこ糸の密度を高くして綾織り（1／2や2／2の綾が多い）にしてから、縮絨《しゅくじゅう》*・剪毛《せんもう》*し、クリアカット仕上げ*をする。表面にはよこ糸が多くあらわれ、小さな粒々状の細い綾が見え、裏面は平織り*を斜めにしたような粒々があらわれるのが特徴。バラシア*と似ているが、バラシアより織り目が緻密。カシミヤにドスキン*風の仕上げをしたもの、またはそれに似たものは、カシミヤ・ドスキンの俗語で「カシドス」といわれる。

絣（かすり）

kasuri / ikat

糸や布地に、染まった部分と染まらない部分を作ることにより、ところどころ「かすれた」ような模様をあらわした織物。またはそのような「かすれた模様」のこと。「飛白」「加寿利」などとも表記する。絣を作る技法は大別すると、①糸を染め分けた「絣糸《かすりいと》*」で織りながら絣柄をあらわした「織り絣」、②捺染《なせん》*した模様を下地にした「染め絣（捺染絣）」がある。絣はインドネシアやマレーシアなどでは「イカット*」、タイの絹絣は「マットミー」と呼ばれる。国際的にはイカットの名称が使われるが、日本独自の絣は「kasuri」と表記されることも多い。

ガーゼ

gauze / gaze（仏）/ Gaze（独）

日本ではガーゼや包帯などの医療用品として知られる、目が極めて粗く柔らかな薄手平織り*の綿織物。紗《しゃ》*のような透け感があることから「綿紗《めんしゃ》」とも呼ばれる。たて・よこに30〜40番手*の甘撚《あまよ》り*の単糸*を使い、糸の打ち込みが粗い平織り*にする。通気性・吸湿性に優れ涼感があり、漂白して糊をつけずに仕上げるので、柔らかく肌触りがよい。衛生用材料のほか、夏向きのブラウスやスカート、ベビー肌着、ハンカチなど汗を吸い取るのに適している。

COLUMN 08 >ガーゼ

夏涼しく、冬暖かいガーゼ

「ガーゼ」を多層化すると空気層を作り、夏は涼しく冬は暖かい着心地が生まれる

ガーゼを二重《にじゅう》織り*にしたものはダブル・ガーゼ*と呼ばれる。織りの密度が増し、ガーゼが重なることで空気の層ができ、ふんわりとした膨らみ感がある。何枚ものガーゼが重なることで生まれるこの空気の層が、夏は通気性・吸汗速乾性を高め涼しく、冬は適度な保温性をもち暖かい。心地好い肌触りの使い勝手のよい夏用生地として人気が高い。

写真提供：大東寝具工業（株）

英米では綿や絹も含め、紗《しゃ》織り*や絽《ろ》織り*の薄い織物を総称してゴーズgauze*といい、日本でいうガーゼはコットン・ゴーズcotton gauzeと区別して呼ばれる。日本では、医療用などに使われる薄手綿織物をガーゼと呼ぶようになったが、これは明治時代にドイツから医学を学んだ時に衛生材料としてガーゼが入ってきたことの影響による。語源はこの織物の産地であったパレスチナのガザ Gazaに由来するなどいくつか説がある。ガーゼを意味するドイツ語の「Gaze」は、「綿・絹の薄い布」を意味する古フランス語「gaze」から、古フランス語はパレスチナのガザ「Gaza」に由来する。

COLUMN 09 >絣

「絣の国、日本」

<絣の歴史と産地>

絣《かすり》の発祥はインドとされ、日本には東南アジアを経て14〜15世紀頃に琉球《りゅうきゅう》に入り、奄美大島・薩摩と伝わったという。古くは法隆寺に伝来する錦《にしき》*の絣柄で、イカット*に似た「太子間道《たいしかんとう》」が知られるが、日本で絣が織られ着られるようになったのは15世紀後半頃からと推測されている。綿織物産地を中心に庶民の日常着として技術・技法が広がり、絹、麻なども含め農家の副業として各地で独自の技法や模様の「絣文化」が形成され世界トップクラスの「絣の国」に発展していった。

今日のような日本独自の絣が生まれたのは18世紀末の江戸時代後期で、井上《いのうえ》 伝《でん》という12歳の少女が、白い斑点《はんてん》があった着物をヒントに考案したという。これが「紺絣《こんがすり》：紺地に白主体の絣柄」の「久留米絣《くるめがすり》：福岡県」の始まりで、その後「伊予絣《いよがすり》：愛媛県」「備後絣《びんごがすり》：広島県」が産地として発展し、日本三大絣とされている。この他、綿絣では「白絣《しろがすり》*：白地に紺や茶の絣柄」の「大和絣《やまとがすり》：奈良県」や、「村山絣（武蔵絣・所沢絣）：埼玉県・東京都」など産地の名前をつけられた絣が知られる。

麻織物産地・上布《じょうふ》*産地では「越後上布《えちごじょうふ》*：新潟県」「近江上布《おうみじょうふ》*：滋賀県」の上布をはじめ、絹産地の絹絣など公家や大名への「献上もの」として、京や江戸へ送られてきたものも多い。京都・西陣の「熨斗目絣《のしめかすり》」「結城紬《ゆうきつむぎ》：栃木県・茨城県」「大島紬《おおしまつむぎ》：鹿児島県」など、紬*、御召《おめし》、銘仙《めいせん》*の多くの織りにも絣技法が用いられている。「琉球絣《りゅうきゅうがすり》：沖縄県」のように絹、綿、麻、芭蕉《ばしょう》など多岐にわたる素材で織られたものもある。

自家用の絣は「手前絣《てまえがすり》」と呼ばれ、手紡ぎ糸で、簡単な幾何学模様を織り出したものが多く、重厚で素朴な味わいに富む。麻などで織られた高級絣は「上布《じょうふ》」というが、庶民の日常着として用いられた身近な絣は「中布《ちゅうふ》」や「下布《かふ》」と呼ばれる。

マットミー（タイ）

近江上布の絣柄

＜絣の技法と特徴＞

「織り絣」は「絣糸《かすりいと》」で織った絣のことで、染色堅牢度《せんしょくけんろうど》*（色の耐久性）もよく、地合いが非常に丈夫、「かすれ具合が自然で、渋い絣の美しさが出る」という特徴がある。特に木綿の紺絣は洗えば洗うほど色が冴えて鮮やかになることもあり、日常着として広く浸透した。絣糸は糸を防染《ぼうせん》*（染まらない部分を作る）して作るもので、下記の染色法がある。①「括《くく》り染め（括り絣）」。絣模様の下絵にそって糸の染まらない部分を紐状のもので括ったもの。糸一本一本を手作業で行う伝統的なものは「手括《てくび》り」という。②「板締《いたじ》め*染め（板締め絣）」。凹凸のある板に糸を挟んで締め付けて液を流し込み、染まらない部分を作ったもの。③「織締《おりじ》め」「織貫《おりぬき》」。締機《しめばた》や織締め機械を用い、絣柄の図案に合わせた必要本数の綿のたて糸をセットし、絣用の絹のよこ糸の糸束（約20本）をかたく織り込む仮織をした後で染める。たて糸が防染の役割をし、たて糸・よこ糸の接点が染まらず白く残る。手機《てばた》*を用いる大島紬は力のいる仕事なので、この作業は男性により行われる。「蚊絣《かがすり》*」「十字絣《じゅうじがすり》*」「キの字絣《じがすり》」「井桁絣《いげたがすり》」など細かな柄を織ることに向いている。

「染め絣（捺染絣）」は、捺染《なせん》*で多彩な絣模様をあらわす手法。整経《せいけい》*したたて糸に絣柄を捺染し、無地染めのよこ糸を織り込むと、染足《そめあし》*が出て輪郭の滲んだような模様があらわれるもので、「たて糸捺染*」という。整経したたて糸に木綿のよこ糸を粗く織り込んだ「仮織り」状態にしてから捺染し、その後よこ糸を解《ほぐ》して、本番のよこ糸で「本織り」を行うものは、「解《ほぐ》し織り*」「解《ほぐ》し捺染《なせん》」という。たてに絣糸を用いたものを「たて絣」、よこに絣糸は「よこ絣」、たて・よこ両方に絣糸を用いた「たてよこ絣」がある。日本の絣は、十字絣や井桁絣などを織り出す「たてよこ絣」や、たて絣に絵柄を入れた「たて絵絣」に特色がある。

井桁（いげた）絣

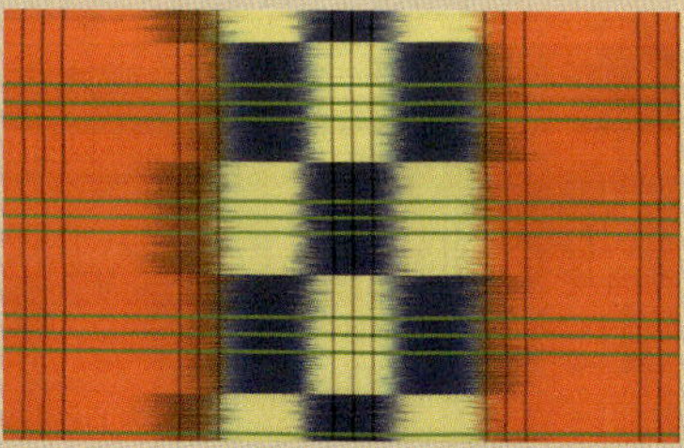

絣甲斐絹（かすりかいき）

カット・ボイル

clipped spots / clipped figure

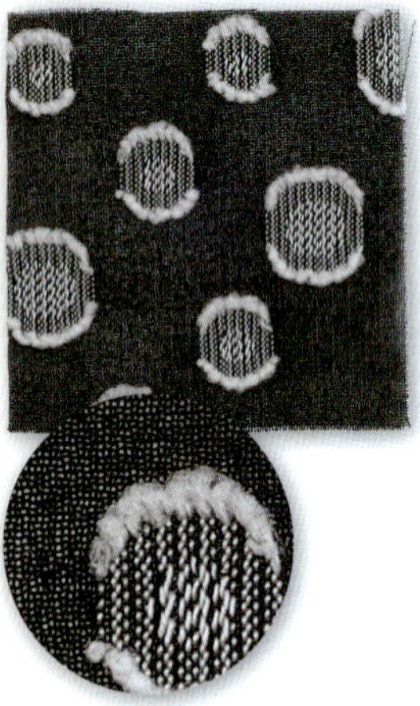

透けるボイル*地にドビー*やジャカード*で柄を織り込んだ糸をカットして模様を浮き出させたもの。シフォン*、ジョーゼット*などの透ける素材でも行われる。水玉や可憐な刺繍風の小さな飛び柄から優美なジャカード柄まであり、模様以外の地は透けて見える。裏面は模様のない部分に糸が長く渡るため、この糸を切り取る（カット）ことから「カット・ボイル」と呼ばれているが、これは日本独自の用語で、クリップ・スポットclipped spots、クリップ・フィギュア clipped figureが正式名。「クリップ・スポット（spots：吹き出物の意味）」という場合は、水玉のような小さな飛び柄に限定する場合もある。この手法で出した柄を、裏に浮いた糸を切ることから「裏切《うらぎ》り（紋）」という。表側に出した糸を切るのは「表切《おもてぎ》り（紋）」という。カット・ドビー、カット・ジャカード、業界用語で「カットもの」と呼ばれることもある。

葛城（かつらぎ）

drill

ドリル*ともいう。太番手*（10～16番手）の糸で左綾（綾が左上に伸びる）に織った、耐久力のある厚く丈夫な綿織物*。デニム*と似ており、ブラックジーンズやカラージーンズによく使われる。綾が45度以上の急角度のため、雨滴が流れ落ちやすく、軍服や作業着などアウトドアの衣料に適している。漂白したものは「白葛城《しろかつらぎ》」といい、実験用の白衣に使われる。

カディ・コットン

khadi cotton

インドの伝統的な糸車（チャルカcharka）を用いて「手紡《てつむ》ぎされた糸で手織り」にした綿織物の総称（一部は絹や羊毛もある）。手で紡ぐ糸は糸の撚《よ》りが柔らかいためさらりとした肌触りがあり、吸湿性・速乾性に優れている。また手紡ぎ・手織りならではの糸ムラや織りムラが空気をはらみやすいため夏は涼しく、冬はふんわりとした暖かさを感じ、しかも丈夫という特徴がある。亜熱帯地方や湿気の多い日本の気候には理想の衣類とされ、インドでは「一度カディを着ると機械織りには戻れない」といわれるくらい着心地の良さに定評があり、タオルをはじめ、シャツやサリーなど生活に広く使われてきた。しかしカディの製作には糸を紡ぐ人、糸巻き・糸を引く人、機《はた》で織る人など、多くの職人が携わり手間も時間もかかるため、本物のカディを作る後継者が減少。100〜250番手の細番手*のカディはごく一部の地域でしか織ることのできない貴重なものとなっている。

カデット・クロス

cadet cloth

アメリカのウエストポイントにある陸軍士官学校（通称ウエストポイント）の士官候補生（カデットcadet）に支給されるコート（カデット・コート）用生地で、メルトン*に似た重めの紡毛織物*。雨風に耐えられるように、二重織り*にした緻密な綾織り*を縮絨《しゅくじゅう》*して丈夫に仕上げている。本来のものは「カデット・ブルー」「カデット・グレー」と呼ばれる灰色みのブルー、青みのグレーが特徴。

COLUMN 10 >カディ

The Fabric of Freedom ガンジーの独立運動を象徴したカディ

チャルカ（糸車）で
カディの糸を紡ぐガンジー

カディは、インドの独立運動の父、マハトマ・ガンジーと密接な関係がある。かつてインドはキャラコ*などの綿織物の一大輸出国で、ヨーロッパの木綿ブームはイギリス毛織物工業を圧迫するほどだった。しかし18世紀の産業革命を契機に、イギリスは植民地に綿花栽培のプランテーションを開始しながら、機械化による綿織物の大量生産に成功。世界の工場として発展し、今度は逆にインドに大量販売し始めた。

インドでは、機械製綿織物の流入が生活基盤を破壊し共同体を崩壊させると考え、排斥《はいせき》運動を展開。イギリスはそれを押さえ込むためにインドの手織り職人達を残虐な方法で迫害し、また関税や他の制約などで圧力をかけ、インドの綿織物の生産や輸出を徹底的に妨害したとされる。その結果「糸車で糸を紡いで手織り」にしたインドの伝統的な綿織物産業は衰弱。イギリス東インド会社主導の植民地化が進行し、自由を失っていった。

このような歴史をふまえ、イギリスからの独立を願ったガンジーは、「スワデシ（国産品）のないスワラジ（独立）は生命のないただの屍《しかばね》」といい、インドが独立するためには自国の産業を確立する必要を説いた。そのためには工業文明は他国の侵略に繋がり、侵略された国の貧困の原因になるため、昔から行われている「伝統的な手紡ぎ手織り」の生産に立ち戻るべきとし、カディの生産を独立の象徴とした。「カディこそがスワラジの魂をもつスワデシ」、「インドの風土に適した手紡ぎ・手織りの綿を着よう」と、カディは「団結」を意味する制服として独立運動に勢いを与えていった。

また「自分たちのまとう衣服のための糸を自らの手で紡ごう」という運動を起こし、カディの糸を紡ぐ糸車（チャルカcharka）がインド中に広まり定着していった。チャルカはガンジーがハンガーストライキの際に静かに回していたことでも知られ、インドの解放と自由と非暴力の象徴ともなった。インドの国旗の真ん中にはチャクラchakraという法輪が描かれているが、この糸車（チャルカ）がデザインの元になっている。

金巾（かなきん）

shirting / print cloth

27番手以上で30〜40番手程度の単糸*を使った定番的な綿の平織物*。たて・よこほぼ同じ密度に織るためポプリン*のようなよこ畝《うね》はない。ブラウス程度の薄地素材だが衣料としての需要は減り、風呂敷、座布団カバーなどのインテリアや手芸用が主。織ったそのままの「生金巾《きかなきん》」、漂白した「晒《さら》し金巾《かなきん》」、無地染めの「染め金巾」、捺染《なせん》*したものは「更紗《さらさ》*」と呼ばれる。本来はインドの手織りで平織りにした「晒木綿《さらしもめん》*」のことで、「インド更紗*」の下地に使われる。金巾を加工したものに「キャラコ*」や「キャンブリック*」がある。織り幅により二幅金巾（約76cm）、並幅金巾（約91cm）、三幅金巾（約112cm）などの種類があり、並幅以上の晒し金巾を特にキャラコ*という場合がある。金巾と同じくたて・よこの密度を同じにした平織りがあるが、織り糸の太い順に粗布《そふ》*、細布《さいふ》*、金巾、ローン*。語源はポルトガル語のカネキネ（カネクィンcanequin）といわれる。これは明治頃にインドのカルカッタから日本に輸出されたキャラコをポルトガル人が扱っていたことに由来する。

カバート

covert

「カバート・クロスcovert cloth」ともいう。英国紳士の代表的なコートである「カバート・コート」でも知られる、霜降り効果のある高密度な梳毛《そもう》*の綾織物*。綿や化学繊維、朱子織《しゅすお》り*もある。通常はたて糸に杢糸《もくいと》*（2色の単糸を撚り合わせたもの）や、朧糸《おぼろいと》*（綿の霜降り糸）を使い、よこ糸に濃色の単糸か双糸《そうし》*を使い、濃淡のある霜降りに織り上げる。たて糸の密度がよこ糸よりも高いため綾は45度以上の急角度になっており、カルゼ*にもよく似ている。織りは密で丈夫で風を通しにくいため暖かく、しかも毛羽《けば》立ちがなく、やや光沢がありエレガントな趣《おもむき》もある。本来は英国紳士の狩猟用のコート地として使用されたもので、トラディショナルの代表的な織物ともなっている。カバートcovertとは「狩りの獲物が隠れる場所」の意味。

壁縮緬（かべちりめん）

Kabe-chirimen

「壁糸織《かべいとお》り」「壁織り」ともいい、壁糸*を使って縮緬のような細かいシボを出した織物。縮緬はたてに無撚糸《むねんし》、よこに強撚糸《きょうねんし》*を用い、平織り*にした後に精練《せいれん》*し、強撚糸の撚りを戻して凹凸のシボを出したもの。しかし壁縮緬は強撚糸の代わりに意匠糸《いしょうし》*（変化に富んだ糸）の一種である壁糸を用い、糸そのものの凹凸感でシボのような効果をあらわす。縮緬に比べややかためで伸縮性もない。

カーペット

carpet

床敷物（敷物用織物）の総称で、「絨毯《じゅうたん》」「緞通《だんつう》*」とも呼ばれる。狭義《きょうぎ》にはカーペットが機械織りであるのに対し、絨毯や緞通は手織りを指す。しかしカーペットと絨毯は、ほぼ同義の床敷物の総称として使われ、機械織り、手織り、パイル織り*、フェルト*やニードルパンチ*、二重織り*や三重織りなど種類も多い。一方、緞通は手織りにした手工芸要素の高いパイル織り*の敷物をいう。機械織りではウィルトン・カーペット*、手織りで複雑な柄を織り込んだペルシャ絨毯やトルコ絨毯、フェルト・カーペットの「毛氈《もうせん》*」など、さまざまなものが世界各国でみられる。サイズによっても呼び名が違い、3畳以上の大きなものは「カーペット」「絨毯」、1畳から3畳くらいを「ラグ」、1畳までのものは「マット」と分類される。壁掛けの織物は「タペストリー」という。絨毯の「絨」は「厚手の毛織物」をいい、「毯」は「毛+炎」で、炎のように毛羽立つ「毛蓆《けむしろ》（毛織りの敷物）」を意味するという。carpetの語源はラテン語で「毛をむしる」を意味する「カペレcarpere」から。

唐織りの帯（部分）

唐織り（からおり）

Kara-ori

錦《にしき》*の一種の紋織物*で、「唐錦《からにしき》」ともいう。よこ糸で文様を織り出す緯錦《ぬきにしき》のひとつで、多彩な絵緯《えぬき》（色文様を織り出すために、地糸のほかに特別に用いるよこ糸のこと）を文様部分にゆるやかに浮かせながら通し、刺繍のように盛り上がった豪華な文様を織り出すことができるのが特徴。「浮き織り*」「縫取織《ぬいとりお》り」ともいわれる。錦の中でも特に絢爛《けんらん》豪華なイメージを代表する。能装束では最も華麗な装束とされ名品も多く、現在は帯や打ち掛けにも用いられている。日本には室町時代（1336～1573）に明《みん》から伝わったとされる。日本で織られるようになったのは桃山時代で、16世紀半ばに中国から京都・西陣に紋織《もんお》りのできる高機《たかはた》が導入されたことにより紋織りの技術が画期的に躍進。唐織りのような紋織法が開発され、重厚かつ華麗な織物が織られるようになった。江戸時代中期には金銀箔糸を織り込んだ豪華なものも多くなった。

カラクール・クロス

caracul cloth

巻き毛や波状の斑紋《はんもん》に特徴のあるカラクール種の羊の毛皮に似せた織物。織物の表面に長い毛羽《けば》を立て、独特の斑紋をつける。特に胎児や仔羊は「カラクール・ラム」と呼ばれ、美しい斑紋に特徴があるが、この斑紋を模した素材をいうことが多い。「アストラカン*」は生後2週間くらいのカラクール種のことで、巻き毛と波状斑紋の2種類があるが、巻き毛の強い織物も毛皮とは別に「アストラカン」と呼ばれている。

搦み織り（からみおり）

leno cloth

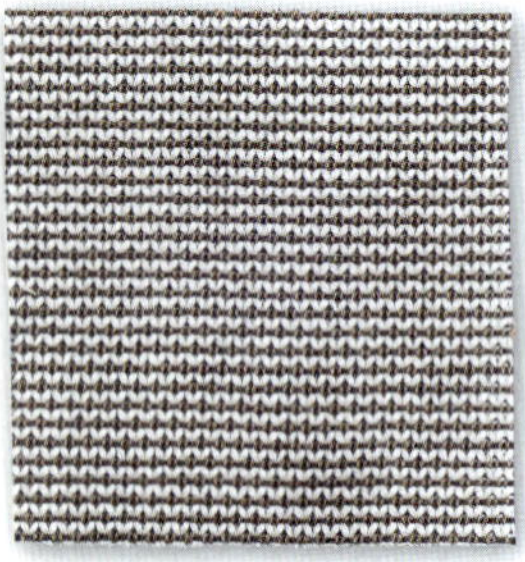

「捩《もじ》り織り」ともいう。「搦み（捩り）組織」という組織名でもある。糸をからませたり、捩ったりして織る透け感のある薄地織物。通常、捩り合った２本のたて糸をよこ糸にからませて織るため、独特の隙間ができ通気性に富む。糸同士がからみあうので、密度が粗く織られていても目ずれ（糸寄りともいう：糸が動いて隙間などが生ずること）を起こさない。涼しげな外観と爽やかな感触があるため夏用衣料生地としての需要が高い。羅《らお》織り*、紗《しゃお》織り*、絽《ろお》織り*の３種類がある。

カルゼ

Kersey

畝《うね》のはっきりした右綾（綾が右上に伸びる）の毛織物で、やや毛羽《けば》があり光沢がある。梳毛《そもう》*が多いが、太めの紡毛糸《ぼうもうし》*を密に織り、縮絨《しゅくじゅう》*し、起毛して、軽く剪毛《せんもう》（毛羽を切り取る）したものも多い。綿のカルゼは杢糸《もくいと》*と染糸《そめいと》を使って霜降り効果を出したものが一般的。毛織物はコートやスーツ、綿タイプはユニフォームなどに。イギリスの毛織物都市カージーKersey で織られたのが名の由来とされ、欧米では「カージー」と呼ばれる。カージーという場合はメルトン*やビーバー・クロス*に似た毛羽の長い紡毛織物をいう場合もある。

カンガ

※「カンガ」はプリント柄のため「染色・柄」の章に分類される。

kanga

東アフリカ、ケニア、タンザニアなどの女性に愛用されている、綿のカラフルなパネル柄*プリントの民族布。冠婚葬祭の衣装から、テーブルクロス、風呂敷、赤ちゃんのおくるみ、背負い布などさまざまな場面で活躍する。たて110cm、よこ160cmくらいの長方形で、2枚1組セットになっているものが多い。柄のデザインは多種多様だが、特に「カンガ・セイイング　kanga saying」というスワヒリ語のメッセージ・プリントが特徴で、ことわざや愛のメッセージ、人生の教訓などが書かれている。

COLUMN 11 >カンガ

カンガは気持ちを伝えるメッセージ・プリント

カンガは、基本的に綿の平織り*のパネル柄*プリントで、19世紀末頃から「巻き衣」として発展してきた。表面の毛羽立ちや凹凸感が小さく、ざらつき感があり滑りにくい。最大の特徴は、「カンガ・セイイングkanga saying」、または「ジナjina」というスワヒリ語のメッセージにある。スワヒリ社会では、女性の感情表現や自己主張が認められていない。女性たちは1枚を巻きスカートのようにしたり、2枚をツーピースのように組み合わせ、自分の気持ちを伝えたい時に、それにぴったり合うカンガ・セイイングを選び身につける。デザインは、民族調柄のものから大統領や有名人の写真入りのもの、メッセージも「私たちの愛が長く続きますように」というような愛のメッセージから「病院で出産しましょう」のキャンペーンメッセージなど多種多様。カンガkangaとはスワヒリ語で「ほろほろ鳥」のことで、発売当時にこの絵柄が描かれていたことから「カンガ」と呼ばれるようになったという。

カンガがポスターのように完結されたデザインであるのに対し、切り売りされる連続柄のアフリカン・プリントは「キテンゲkitenge」という。好みの長さに切って洋服を作ったり、カンガと同じようにさまざまな使い方がされる。また、東アフリカでストライプなどに織られた、たて約110cm、よこ約180cmの綿布は「キコイkikoi / kikoy」と呼ばれている。生地の両端の糸をねじってフリンジにしているもので、ストールなどのファッションアイテムとしても使用されている。

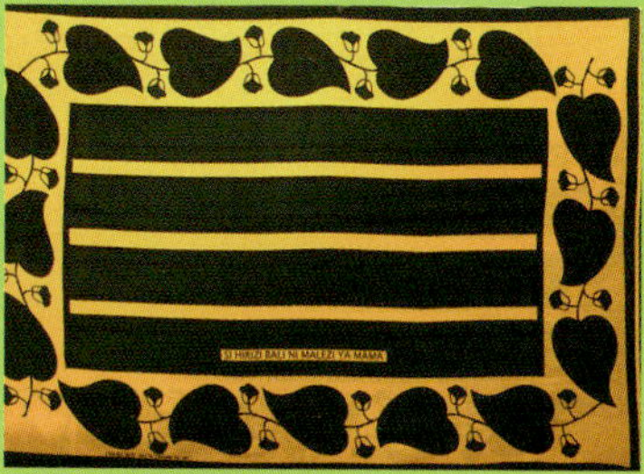

Si hirizi bali ni malezi ya mama
シヒリジバリ ニ マレジヤ ママ
(今の私があるのは) 薬ではなくお母さんのしつけのおかげ

タンザニアの「カンガ」のある生活。
思い思いの柄を、背負い布、おくるみ、洋服などに自由に使いこなす

写真提供:(株) バラカ

間道／広東／漢東／漢島／漢渡／邯鄲（かんとう／かんどう／かんとん）

Kantou / Kandou

室町時代（14～16世紀）から江戸時代初期（17世紀）にかけて中国や東南アジアから舶載《はくさい》された縞織物のこと。間道縞《かんどうじま》ともいい、段《だん》（横縞のこと）、格子縞、絣も含まれる。「かんどう」「かんとん」とも発音され、広東、漢東、漢島、漢渡、邯鄲などの字も当てられている。

COLUMN 12 >間道

花文を入れた「間道」

間道の歴史と名の由来

もともと、縞《しま》は南方から伝わり、広東《かんとん》・福建《ふっけん》・雲南《うんなん》などの中国南部では絹地の高級縞織物となり、東南アジアやインドの木綿の縞織物と共に南蛮貿易で舶載《はくさい》された。古来、単純な縞柄（主にたて縞）が少なかった日本では、簡素で洗練された縞柄の美しさや木綿に新鮮な興味が注がれ、特に茶人からの注目が集まった。千利休など茶人好みの粋や渋さをもつ縞が、名物裂《めいぶつぎれ》*として珍重されたことも手伝い、縞柄愛好の風潮が高まり庶民や武士階級に浸透していった。間道の呼び名は特に絹織物を中心とする名物裂に使われることも多く、一般的な縞柄は、江戸初期頃には「島物・縞物」のように「しま」の呼び名に変わった。島原の名妓・吉野太夫が愛した格子縞の「吉野間道《よしのかんとう》」、名物茶入れの名をとった縞柄の「日野間道《ひのかんとう》」、聖徳太子が使用したとの伝承がある法隆寺に残る日本最古の絣柄*の「太子間道《たいしかんとう》」など、由来により固有名詞がつけられ、個々の織り柄が現代に伝わっている。「かんとう」の名の由来は広東《かんとん》で織られた絹織物であることなど、いくつか説がある。

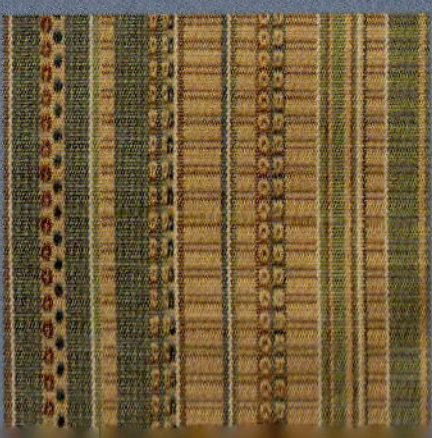

真田《さなだ》織り*風の柄をあらわした「間道」。

寒冷紗（かんれいしゃ）

Victoria lawn

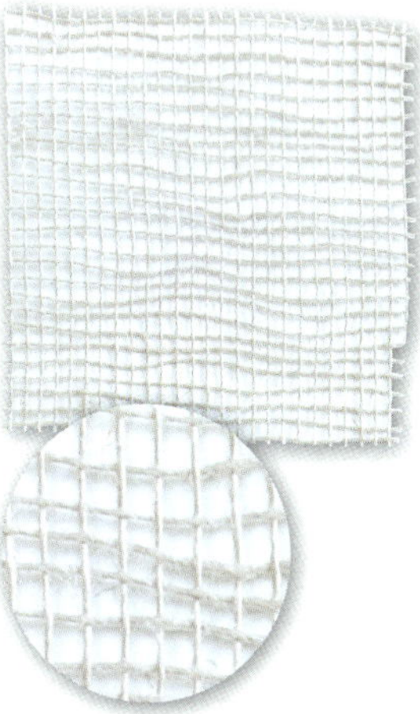

「ヴィクトリア・ローン」ともいう。濃い糊をつけてかたく仕上げた、織り目の粗い、蚊帳《かや》地（モスキート・ネット）に似た薄地の平織物*。たて・よこに30〜40番手*の綿の単糸を使い、精練・漂白*してから糊付けし粗く織ったあと、さらに糊をつけて麻織物のようにかたく仕上げる。もとは麻織物であったことから、麻に似せたかたい仕上げをするのが特徴。園芸や農作物の日よけ・防虫・防風の他、蚊帳地、芯地、ペチコート、造花などの装飾用に用いられることが多い。

木織り（きおり）

Kiori

ヒノキ、ブナ、屋久杉などの天然木をごく薄くスライスして加工し、糸状にしたものを織り込んだ織物。木材パルプを原料にしたレーヨン*や、薄くスライスした木や木くずを張り付けたものとは一線を画す、文字通りの「木の織物」。日本古来の「引箔織《ひきばくお》り*」の技術をもとに、（株）東栄工業が開発。boisette （ボワゼット：仏語で木肌の意味）の商標がある。角材を紙のように薄くスライスしてから、ウレタン溶液に浸し柔軟性を持たせた後に、和紙を裏打ちし0.6mmの糸状に裁断。この「木の糸」を作り上げてから、たてに絹糸、よこに木の糸を用い、平織り*やジャカード*にする。引箔織りの技術を使っているため、角材の杢目《もくめ》が、織り上げた後もそのままにあらわれてくるのが特徴。椅子張りやランプシェードなどインテリアや、バッグや服飾グッズ、ステーショナリーに使われている。

052

黄八丈（きはちじょう）

Kihachijo

八丈島に伝わる、黄色、鳶色《とびいろ》（茶褐色）、黒を基調とした縞や格子の伝統的な草木染め*絹織物*の総称。鮮やかな黄色を主とするものを「黄八丈」、鳶色を主とする「鳶八丈」、黒を主とする「黒八丈」と区別して呼ぶことも多い。黄八丈の特徴は島に自生する植物を染料にした、非常に手間と時間をかけた丹念な糸染めにある。光沢があり、渋みと艶やかさをもつ独特の色合いは「ひ孫の代まで色褪《あ》せない」ともいわれる。黄色（山吹色）は、地元で八丈刈安《はちじょうかりやす》と呼ばれるコブナグサを煮た汁に浸けて干す下染め作業を十数回繰り返し、その後、椿や榊《さかき》の葉を焼いた灰汁《あく》に浸し媒染《ばいせん》*（繊維に染料を吸着させる）し、乾燥させる。これを数回繰り返して生み出す。鳶色は生のタブノキ（地元でマダミという）の樹皮が原料で、染液に浸けて乾かすことを何度も繰り返す。黒は乾燥させたスダジイ（地元で椎の木という）の樹皮の染液と泥土の泥染めで染める。国の伝統的工芸品、東京都の文化財に指定されている。

渋い色調の「鳶八丈（とびはちじょう）」の縞

COLUMN 13 ＞黄八丈

時代劇でも知られる江戸の町娘スタイル

黄八丈は「八丈絹」ともいい、室町時代には貢納品として「八丈の絹（白紬）」が納められていたという。黄八丈の「八丈」は「八丈島」の地名ではなく、織物の長さの単位に由来する。着物の布は「反《たん》*（布の長さの単位。木綿、絹、振袖用などで微妙に長さが異なる。1反でも3丈と4丈がある）」で表現され、1反は1着分に値するため「反物《たんもの》」と呼ばれるが、その前は「疋物《ひきもの》」と呼ばれていた。1疋《いちひき》が「八丈＝2反（着物と羽織が対《つい》で仕立てられる長さ）」であるところから「八丈」と呼ばれるようになった。つまり「八丈絹」というのは黄八丈に限らず、当時は絹織物全般の呼称であった。八丈島はかつて養蚕《ようさん》が盛んであったことから島の名前にされたという。

縞や格子の黄八丈が織られるようになったのは江戸時代からで、将軍家の御用品となり、大名、旗本、御殿女中など限られた一部の人々にしか手に入らなかった。やがて黄八丈は全国に広がり、ハマナスの根やヤマツツジの葉などで染められた「秋田八丈」、上杉《うえすぎ》鷹山《ようざん》が養蚕と絹織物製造を奨励したことを契機に発展し生まれた「米沢八丈」などが生産されていった。これらの黄八丈と区別するために八丈島で生産されるものは「本場黄八丈」と呼ばれている。

写真：星野小麿（「浮世絵くずし」より 黄八丈 Kyoko Soga）

庶民にも手の届くものにもなった黄八丈は、『八百屋お七』『白子屋お熊』などの歌舞伎の衣装に用いられたことからその鮮やかな色が大評判になり、江戸末期には大ブームを起こす。黒朱子《くろしゅす》*の衿をかけた黄八丈に、絞りと黒朱子の腹合せ帯（はらあわせおび：2種類の織物を縫い合わせた帯）を締めるのが江戸の町娘の代表的な着こなしで、時代劇の町娘の衣装でもよく知られるところである。幕末頃には黄八丈に紅の格子を入れた紅八丈《べにはちじょう》が大流行した。

054

ギャバジン

gaberdine / gabardine

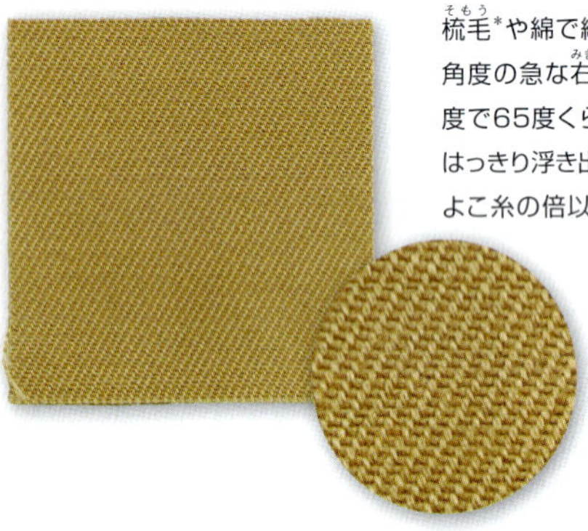

梳毛《そもう》*や綿で織られた目の詰んだ緻密で丈夫な綾織物*。角度の急な右綾《みぎあや》*の綾線《あやせん》*があらわれ（45度以上の急角度で65度くらいのものもある）、表面が裏面より綾線がはっきり浮き出て見えるのが特徴。これは、たて糸の密度*がよこ糸の倍以上（綿の場合1インチ間に、たて110～140本、よこ56～65本）あるためで、通常45度の2／2の正斜文《せいしゃもん》*に織っても急角度の斜文線（綾線）があらわれる。コートやユニフォームなどに用いられる。

COLUMN 14 >ギャバジン

「ギャバジン」と「バーバリー」

現在は織物の一般名称となっているギャバジンだが、もとはバーバリー Burberry社の商標。創始者トーマス・バーバリーが1888年に耐久性・防水性に優れた*全天候型レインコート素材として考案し、特許を取得した綿の綾織物*で、1902年に「ギャバジン Gabardine」として商標登録した。今日もバーバリー社を代表するトレンチコートの生地として知られる。

トーマス・バーバリーは、羊飼いや農民が汚れを防ぐために使用していた上着が、汚れにくく、肌触りがよく洗いやすいことに着目。ギャバジンはこれを原形に、科学的な新しい発想で開発された生地。綿糸に防水加工を施し、緻密な綾織りにした後、さらに防水加工を行う。防水性が高く、湿度の上昇により目が詰まり、水滴が内側にしみ込まない。気温の差により繊維が収縮し、夏は涼しく冬は暖かいという特性をもつ。

日本では綿ギャバジンに防水加工・樹脂加工した生地を通称「バーバリー」と呼び、一般のギャバジンと使い分けていることが多い。通常、綿ギャバジンが30～40番手の双糸《そうし》*で織られるのに対し、「バーバリー」は50番手以上で、ギャバジンより細い糸で密度も高く織った、非常にキメの細かい風合い

キャバルリー・ツイル

cavalry twill

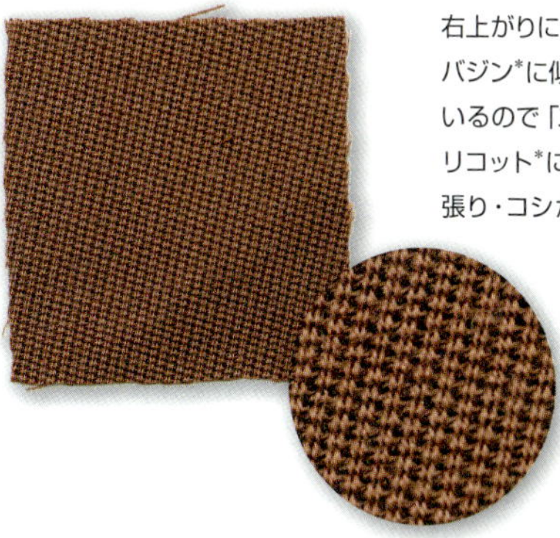

右上がりに急角度（60～65度）の畝《うね》がはっきり立ったギャバジン*に似た綾織物*。2本の細い畝で1本の綾目になっているので「二重畝ギャバジン」の名もある。たて編み*のトリコット*に似ていることからトリコチン*とも呼ばれる。張り・コシがあり、丈夫でやや伸縮性がある。一般的には梳毛《そもう》*や紡毛《ぼうもう》*の強撚糸《きょうねんし》*を使い（綿や化学繊維の混紡もある）、クリアカット*という滑らかな仕上げをする。第一次世界大戦時にこの生地で英国士官の乗馬用パンツを作ったことから「キャバルリー・ツイルcavalry twill（騎兵隊のツイル*）」と呼ばれるようになった。乗馬服、軍服、スポーツウエアに多い。

をもったものをいう。海外ではこれらを含めギャバジンと呼ばれている。

ギャバジンの名前の由来は、中世スペインで巡礼者が着ていた「ガバルディナgabardina」といわれる。シェークスピアの『ベニスの商人』にも登場し、ユダヤ人のシャイロックが着ていた「ヘブライ人の長い外套ヒーブルー・クロークHebrew cloak」は「ギャバジン」と呼ばれている。

ギャバジンのコート

キャラコ

calico

「キャリコ」ともいう。金巾《かなきん》*を加工して光沢を出したもので、金巾に糊《のり》をつけ、カレンダー*（艶を出し織り目を平滑にする仕上げ）をかけ、パリッときれいな表面感に仕上げる。これを「キャラコ仕上げ」という。あるいは並幅（約36cm）以上の漂白した艶のない晒金巾《さらしかなきん》をいう場合もある。もとはインド産の薄地平織り*の光沢のある綿織物(インドキャラコ）のことで、イギリス東インド会社を経由して17世紀後半イギリスに輸入され木綿ブームが起きた。米国では手染めのプリントキャラコ（更紗《さらさ》*）を単にキャラコという場合もある。日本では足袋生地として知られるが、刺繍やピンタック使いのアンティックな白ブラウスなどにも見られる趣《おもむき》のある素材。

→更紗、チンツ

キャンバス

canvas

綿や麻の太い糸で密に織った厚地の丈夫な平織物*。絹や化学繊維のものもある。「ダック*duck」「ズック*」とも同じもので、これらを含め日本では「帆布《はんぷ》*」と呼ばれている。船の帆に用いられることから「セール・クロス」の名もある。帆布はキャンバスより厚手でラフ感のあるものを、ダックは少し薄手のものをいう場合があるがはっきりとした区別はない。通常綿の場合、10番手*くらいの太い糸を厚さに応じで2～8本撚《よ》り合わせて使う。船の帆（帆布）、画布、テント、鞄などで使われていたが、服地としての用途も広い。語源はラテン語のcannapaceusで、英語で麻を意味するカナビスcannabisから派生した名称。

キャンブリック

cambric

高級麻織物のシアー・リネン*に似せた地薄なリネン*の平織物*。少し光沢があり、目が細かく柔らかく、シャリッとした手触りが特徴。綿の場合は高級晒金巾《さらしかなきん》がこれにあたる。40～60番手*の細い糸を使用した緻密な金巾*を漂白して糊を付け、カレンダー加工*（艶出し加工）を施す。これをキャンブリック仕上げという。フランスのカンブレー Cambraiがこの亜麻織物の原産地であることからついた名前。「ケムブリック cambrique」「カンブリック cambric」ともいい、綿の場合は「コットン・キャンブリック」の名称で区別して呼ばれることもある。

キリム

kilim

※縮小

トルコを中心に遊牧民や牧畜民の生活から生まれた、独特の伝承模様を織り込んだ多目的の毛織物。絨毯が敷物であるのに対し、キリムは敷物としてだけではなく、寝具や間仕切り、衣類や穀物を入れる収納袋、ゆりかごなどの生活必需品として、あるいは壁飾りなどの装飾品、婚礼用やモスクへの寄進用など芸術性も高く、遊牧民の生活に不可欠な「財産」としての価値を持つ。キリムとはトルコ語で「平織り*」の意味で、平織りを基本にした綴織《つづれお》り*の技法で織られる。羊を主に、山羊、ラクダの原毛を紡いで糸にして染色し、簡単な織り機にたて糸を張り、よこ糸を一本一本ぎゅっと押しながら詰めて、果てしない時間と労力をかけて根気よく織り上げる。よこ糸の密度が多いため表面にはよこ糸があらわれる。色を切り替える時はよこ糸を折り返すため、切り替え部分は隙間（スリット）ができるので、この技法を「スリット織りslit weave」ともいう。他にも飾り糸を織り込み刺繍のように模様が浮き上がって見える「ジジム織りcicim」、糸を巻き頑丈な織りを作る「スマック織りsumak」、追加のよこ糸を入れさまざまな模様を作る「ズリ織り／ジリ織りgili」などの技法がある。織り方や模様、道具も国や民族により違ったものが見られるが、総称してキリムとして扱われている。

COLUMN 15 >キャラコ

インドの綿織物とイギリスの産業革命の悲しい歴史…

インドの織物の歴史は古く、紀元前3000年頃より綿織物や、捺染《なせん》*技術が発達していたといわれる。羊毛や、麻、絹が主だったヨーロッパの人々にとって、15世紀の大航海時代の幕開けと共にインドからもたらされた綿は、軽くて吸湿性に富み、洗濯も容易という、まさに画期的な素材だった。中でも美しいプリントキャラコ（更紗《さらさ》*）はイギリスではチンツ*と呼ばれ、上流階級で大人気を起こした。花・鳥・植物などの異国情緒溢れる柄や、シルクにも似た風合いが女性の憧れとなり、ドレス、シーツ、カーテンなどに利用された。

しかし、木綿の大流行はイギリス織物を代表する伝統的な毛織物工業を圧迫したため、政府はインド産綿織物の輸入禁止を出したが効果はなかった。そこでマンチェスターの毛織物業者はインド産綿織物に匹敵する綿織物を作ることに奮起。ドイツから4000名もの技術者を入れるなど、自動紡績機や力織機《りきしょっき》*を開発することに成功。さらなる技術革新を重ね18世紀後半には毛織物に代わり綿織物が繊維産業の中心になるまでに至った。イギリスの産業革命はこの綿織物工業が起点となり拡大していくことになる。

綿花はヨーロッパでは生産ができないため、輸入原料の安く安定した確保が必要となり、イギリス植民地に綿花栽培のプランテーションが開始されていく。安い奴隷の労働力を使った西インド諸島のジャマイカ綿、その後さらに品質の優れたアメリカ南部のプランテーションからアメリカ綿が輸入され、国内工場で大量生産される。プランテーションと機械化によりイギリスは世界の工場となり発展していった。イギリスはアフリカに更紗を送り込み奴隷

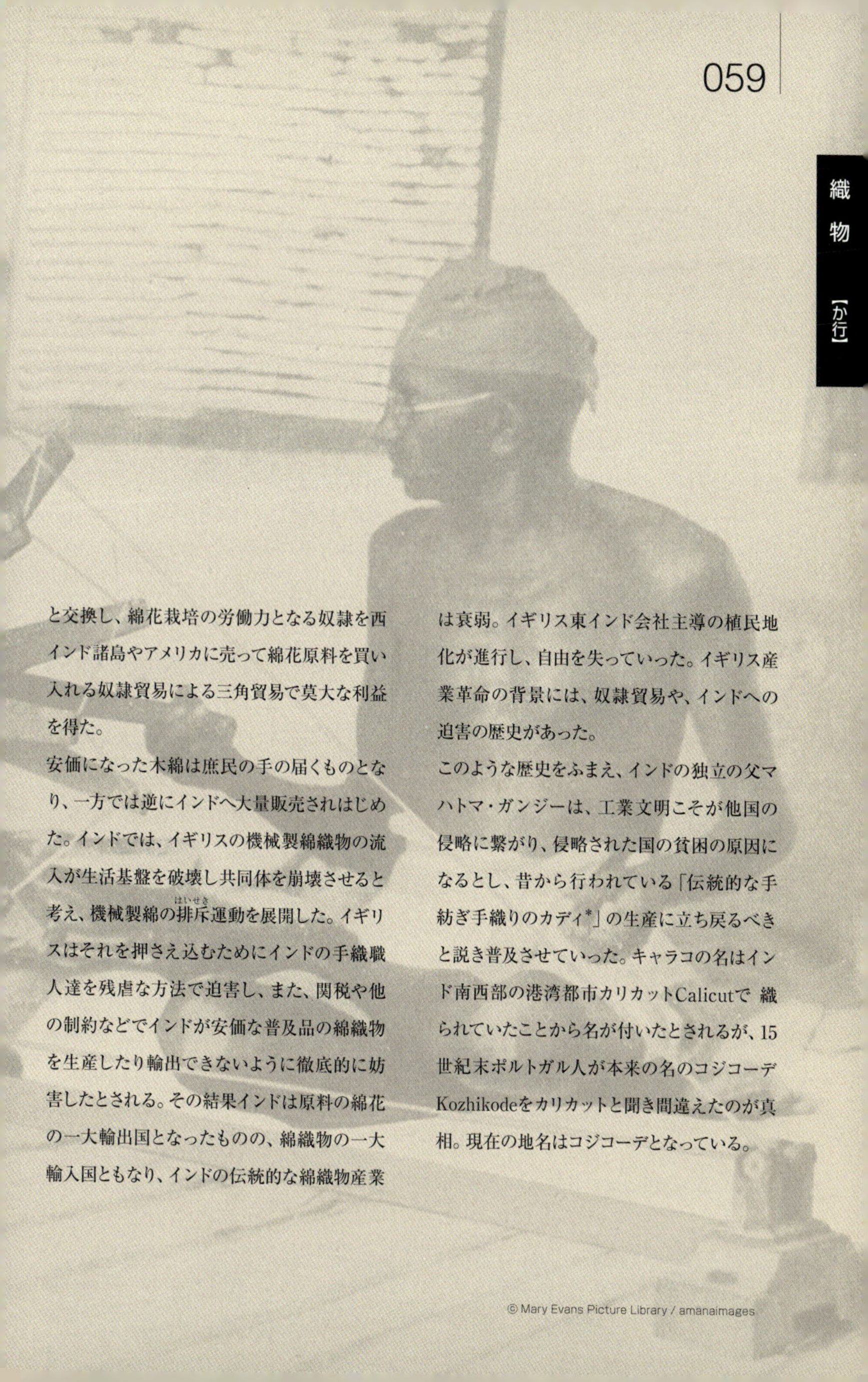

と交換し、綿花栽培の労働力となる奴隷を西インド諸島やアメリカに売って綿花原料を買い入れる奴隷貿易による三角貿易で莫大な利益を得た。

安価になった木綿は庶民の手の届くものとなり、一方では逆にインドへ大量販売されはじめた。インドでは、イギリスの機械製綿織物の流入が生活基盤を破壊し共同体を崩壊させると考え、機械製綿の排斥《はいせき》運動を展開した。イギリスはそれを押さえ込むためにインドの手織職人達を残虐な方法で迫害し、また、関税や他の制約などでインドが安価な普及品の綿織物を生産したり輸出できないように徹底的に妨害したとされる。その結果インドは原料の綿花の一大輸出国となったものの、綿織物の一大輸入国ともなり、インドの伝統的な綿織物産業は衰弱。イギリス東インド会社主導の植民地化が進行し、自由を失っていった。イギリス産業革命の背景には、奴隷貿易や、インドへの迫害の歴史があった。

このような歴史をふまえ、インドの独立の父マハトマ・ガンジーは、工業文明こそが他国の侵略に繋がり、侵略された国の貧困の原因になるとし、昔から行われている「伝統的な手紡ぎ手織りのカディ*」の生産に立ち戻るべきと説き普及させていった。キャラコの名はインド南西部の港湾都市カリカットCalicutで 織られていたことから名が付いたとされるが、15世紀末ポルトガル人が本来の名のコジコーデKozhikodeをカリカットと聞き間違えたのが真相。現在の地名はコジコーデとなっている。

© Mary Evans Picture Library / amanaimages

COLUMN 16 >キリム

民族や家族の絆、思いを織り込んだキリムの幾何学模様

キリムの歴史は古く、原型は紀元前3000年とも2000年ともいわれるが、「キリム」の名が使われるようになったのは14世紀以降という。その文化圏（産地）はトルコ（アナトリア高原）を中心に、イラン（ペルシャ）やイラクなどの中東、アフガニスタン、トルキスタンやウズベキスタンなどの中央アジア、カフカス地方（アゼルバイジャン、アルメニアなど）、モロッコやエジプトの北アフリカなど広範囲に及ぶ。草原地帯の遊牧民や山岳地帯の牧畜民によって織られたものであるが、人口減少に伴い現在は定住者や工房の職人などにも織られている。キリムの呼び名はイランではギリム gelim、アフガニスタンではケリム kelimと呼ばれるが、19世紀末頃から訪米でトルコ産キリムの人気が高まったことからトルコでの「キリム」の呼び名が一般化された。

キリムの最大の魅力はシンボリックな模様にある。民族や地域独特の宗教、哲学、生活文化や、織り手の感情までが模様に表現される。生命の樹*、目、星、羊の角、ドラゴンの爪、花嫁の髪飾り、嫁入りタンス、陰陽など、意味のあるさまざまなモチーフが組み込まれる。現在は象徴的な幾何学模様が特徴となっているが、これは偶像崇拝を禁止するイスラム教の影響からで、かつては具象的な花や鳥など自由な表現がされていたという。染料は身近な草木などの天然染料であったが、現在は化学染料も多い。赤は愛情や幸福、エネルギー、黄は太陽や豊饒など色にも意味が込められている。

絨毯《じゅうたん》やゴブラン織り*などが下絵を置いて織るのに対し、キリムは型紙やデザイン画を使わずに、織り手の頭の中にあるイメージが直接織り込まれるという大きな特徴がある。キリムの織り手は女性たちである。先祖代々、織り継がれた技法やデザインは、祖母、母、娘と遊牧民の女性たちにより代々受け継がれる。女の子は小さい時から祖母や母の織りを見ながらその感覚が自然に刷り込まれ、一人前の織り手になり家族の絆と伝統文化を育んできた。キリムはお嫁入り道具であり、「良き織り手はその家に幸運をもたらす」との言い伝えもある。

現在は遊牧民も激減し、本来の伝統的なキリムは少なくなっている。そのため工房で化学染料などで織られた新しいものを「ニュー・キリム」、伝統的な遊牧民のもの（約40〜100年前）を「オールド・キリム」、100年以上前のものは「アンティーク・キリム」と呼ばれ区別されている。

幾何学模様が特徴の「キリム」

金華山織り（きんかざんおり）

Kinkazan moquette

ジャカード*で凹凸感のある模様を高密度に織り出すビロード（紋ビロード）で、「パイル織り*の最高峰」ともいわれる。金糸や銀糸を使い、豪華で重厚なイメージを持ち、しかも、耐久性に富むため高級応接セットなどに使われ、国会議事堂の椅子張りとしても知られる。朱子《しゅす》*を地組織に、よこ糸に金糸を使い、カットパイル*とループパイルで立体的に模様を織り出していく。

ギンガム

gingham

染め糸と晒《さら》し糸*、または異なる色の染め糸を用いて格子やたて縞の柄を出した平織物*。ギンガム・チェック*と呼ばれる格子柄が代表的。縞柄はギンガム・ストライプ*と呼ばれる。20～40番手の単糸*使いが多く、番手*により20《にーまる》ギンガム、30《さんまる》ギンガムと呼ばれる。コーマ糸*使いで40番手以上の薄手ギンガムは「ゼファー*」と分けていう。もとはインドの絹の平織りで、フランスのガンガンGuingampで木綿で作られたことからなど、語源はいくつかある。

金紗（きんしゃ）

Kinsha

金襴《きんらん》*の一種で、薄く透ける効果のある紗《しゃ》*の地に金箔糸を絵緯《えぬき》（色文様を織り出すために、特別に用いるよこ糸）で織り込み、文様をあらわしたもの。金箔糸を用いた縫い（刺繍のこと）で文様をあらわしたものもいう。夏用の袈裟《けさ》などに使われる。日本へは桃山時代に明《みん》から織法が伝わったとされる。金紗は気品高い美しい裂《きれ》として茶人に珍重され、名物裂《めいぶつぎれ》*のひとつになり、主に掛け軸の表装に使われた。江戸時代の「奢侈《しゃし》禁止令」では金は贅沢品として、刺繍、総鹿《か》の子《こ》と共に禁止された。

金襴（きんらん）

gold brocade / Kinran

平金糸《ひらきんし》（紙に金箔を貼って細く切った金箔糸のこと）や金糸で紋様を織り出した絢爛豪華な織物で、銀のものは銀襴《ぎんらん》という。生地組織には朱子織り《しゅすお》*の緞子《どんす》*や、綾織り《あやお》*の錦《にしき》*が多く使われる。「金襴緞子《きんらんどんす》の帯締めながら…」の歌でも知られるように、緞子地に金箔糸で紋様を織り出したものを金襴緞子といい、錦地に織り出したものは金襴錦《きんらんにしき》、紗《しゃ》地*の場合は金紗《きんしゃ》*と呼ばれる。帯をはじめ袈裟や法衣、能装束など伝統芸能の衣装に多い。

COLUMN 17 >金襴

金襴と名物裂《めいぶつぎれ》

復元した名物裂を使用した仕覆（しふく）

■金襴の歴史

金襴は中国で織金《おりきん》または、織金錦《おりきんにしき》と呼ばれた織物にあたり、宋《そう》朝に発達し明《みん》朝に全盛期となった。日本へは禅宗の伝来と共にさまざまな織物の袈裟《けさ》が伝えられたが、金襴は高僧の袈裟として鎌倉時代に渡来し、室町時代〜桃山時代（15〜16世紀）にかけて多く舶載《はくさい》されたとされる。「金襴」の名は中国で「天子より賜った袈裟」が金襴衣、金襴袈裟と呼ばれていたことに由来するといわれる。豪華で華麗な金襴は茶の湯の発達に伴い名物裂《めいぶつぎれ》*の最高の地位に置かれ、緞子《どんす》と共に盛んに輸入された。日本で生産されたのは桃山時代（16世紀後半）からで、大坂・堺を経て京都・西陣で生産が本格化された。古くから金《きん》を使った織物は、印金《いんきん》*のように金箔を生地に貼り付けたり、金糸にして刺繍を施したものはあったが、金箔糸を織り込んだ技術が編み出されたのは宋《そう》代になってからで、画期的な技術だった。現在でも金箔糸を織り込んだ金襴は日本・中国以外では見られない独特の手法で特技とされる。

■名物裂《めいぶつぎれ》とは

「名物裂」とは、茶人が茶道具の袋や掛け物の表装として珍重した舶来の最高級織物の総称。金襴《きんらん》*、緞子《どんす》*、錦《にしき》*、間道《かんとう》*など、多くは中国の宋・元・明・清時代に織られたものだが、更紗《さらさ》*、モール*、ビロード*など、インドや東南アジア、西欧のものもあり多岐にわたる。

クラッシュ

crash

節糸《ふしいと》*など、不均一な太い糸を使った粗野な感じのあるリネン（亜麻）*や綿の平織物*。やや肉厚で、織り目が少し粗く糸ムラがあらわれ、光沢感もある。本来はリネン織物であったことからクラッシュ・リネンともいう。柔らかい甘撚《あまよ》り糸《いと》*を使うので吸水性があり、タオルに使われるものは「クラッシュ・タオル」とも呼ばれる。似た素材にオスナブルグ*があるが、クラッシュよりも密度が粗く軽めで糸が不均整。クラッシュcrashの語源はロシア語で「染めたリネン」という意味の krasheninaからきているという。

室町時代頃から舶来志向が高まり、特に中国の高級舶来品は「唐物《からもの》」としてもてはやされた。最高級織物は高僧の袈裟《けさ》や上流階級の衣服、能装束などに使用されたが、茶の湯においては裂《きれ》そのものが鑑賞の対象として愛用され高い評価を得ていった。「名物裂」の名は、茶人、僧侶、上流武士、好事家《こうずか》などに選ばれ「名物」といわれた茶器の仕覆《しふく》（茶碗や茶入れなどを入れる袋）、書画の表装などに使われた希少価値の高い裂であることから、次第に「名物裂」と呼ばれるようになったといわれる。鎌倉時代に禅宗文化とともに伝来した高僧の袈裟や仏典の包み裂《ぎれ》が始まりとされ、日明貿易や南蛮貿易、オランダ東インド会社を通じ、江戸中期までに舶載された高級染織品をいうことが多い。古渡《こわた》り（室町時代中期）、近渡《ちかわた》り（江戸時代初期）など渡来の時期により細かく分類されている。裂の由来によって「利休緞子《りきゅうどんす》」「鶏頭金襴《けいとうきんらん》」のように所蔵者や裂の文様などの名称が一品ずつ付けられ、文様や織法が後世に伝えられている。

金襴の帯（部分）

クラッシュ・ベルベット

crushed velvet

クラッシュcrushとは「押し潰す、しわくちゃにする」の意味で、シワ加工*を施したり、毛羽《けば》を乱れさせたベルベット*をいう。立体感のある不規則な陰影があらわれ、クラッシュのつけ方でさまざまな表情を醸《かも》し出し、カジュアルなイメージを与える。ニット・ベロア*にシワ加工を施したものはクラッシュ・ベロアと呼ばれる。

クラリーノ

Clarino

1964年に開発された（株）クラレの人工皮革*の商標。天然皮革の風合いにかなり近く、しかも天然皮革にはない「軽さ」「柔らかさ」「しなやかさ」が特徴。不織布《ふしょくふ》*をポリウレタン*で凝固する製造方法を生み出し、「人工皮革」という言葉の先駆けとなり、特に靴ではクラリーノが人工皮革の代名詞ともなった。その後、ランドセル、サッカーボール、ソファー、ジャケットなど様々な用途で広がっている。

クリア・デニム

clear denim

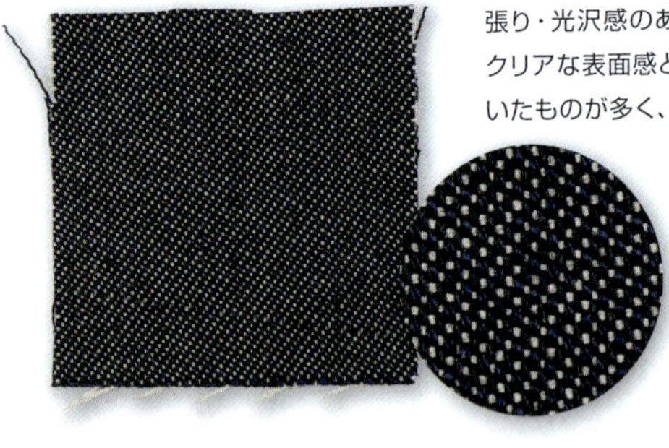

張り・光沢感のあるきれいめのデニム*。毛羽《けば》が少なく、クリアな表面感と光沢に特徴のある「コンパクト糸」を用いたものが多く、反応染料*を使用しているので色落ちもしにくい。インディゴ染料をブリーチアウト*したり、ダメージ加工*のデニムとは対極にある、エレガントさを出したデニム。

クリップ・スポット

clipped spots

スポットspotsは「吹き出物」の意味。透けるボイル*、シフォン*、ジョーゼット*などの透ける素材に綿毛《わたげ》のような毛羽《けば》のある水玉や小さな飛び柄がポツポツとあらわれたもの。ドビー*で柄を織り込むと裏面は模様のない部分に糸が長く渡り、この糸をカットする(切り取る)ことから「カット・ボイル*」とも呼ばれるが、日本独自の造語。この手法で出した柄を、裏に浮いた糸を切ることから「裏切《うらぎり》(紋《もん》)」ともいう。

クリンクル

crinkle

クリンクルは「シワ、縮れ」のことで、「しじら*：たて方向の縮み縞《しま》」があらわれる「シワ加工*」や、しじらが施された織物の「クリンクル・クロス」のことを指す。「リップル*ripple（さざ波）」、「プリセ plissé（しわくちゃになった、プリーツの入った）」、「リンクル wrinkle（シワ、ひだ）」と同じで、クレープ*の一種でもある。クリンクル・クレープ、プリセ・クレープともいう。綿*やレーヨン*は苛性ソーダで、合成繊維などは熱処理をしてしじらを出す。

クレトン

cretonne

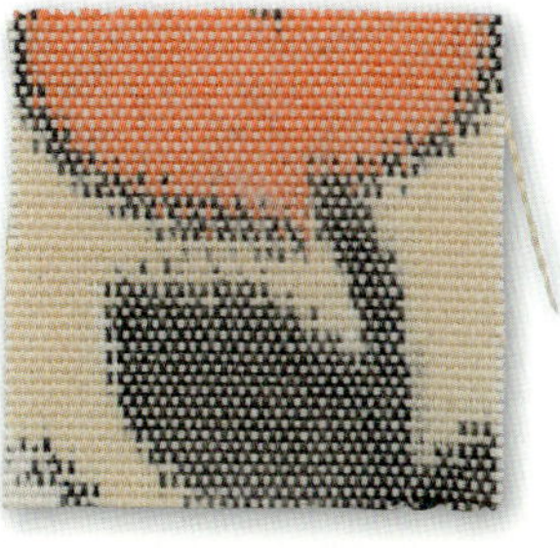

カーテンや家具カバーなどのインテリア生地に使われる捺染《なせん》*した厚地織物。オスナブルグ*やシーチング*など、ラフで光沢のない未晒《みざら》し（漂白していない）の生地や色生地に、明るく大柄な更紗《さらさ》*風の花柄が代表的。本来は麻の丈夫な織物であった。輪郭が柔らかく、ぼやけて見える解《ほぐ》し織《お》り*のようなものはシャドー・クレトンという。語源はフランス人創案者クレトンの名から、ノルマンディー地方のクレトン Cretonが主産地であったことなどの説がある。

グレナディーン

grenadine

「グレナディーン撚《よ》り*」という糸の撚り方の名前でもある強撚糸《きょうねんし》*を使って、紗《しゃ》織《お》り*や絽《ろ》織《お》り*にした先染め*の薄地織物。綿、毛、絹、ポリエステルなどがあり、無地、縞、格子、小紋柄などさまざまな柄がある。絹はシャリッとかたく仕上げた手触りが特徴で、透け感のある盛夏用のネクタイ地が代表的。語源はスペインのグラナダ Granadaで最初に織られたことに由来するとされる。

クレープ

crepe（米）/ crape（英）/ crêpe（仏）

シボを出した織物の総称。撚糸《ねんし》*や織り方、化学処理（苛性ソーダ処理など）、エンボス加工*などで布の表面に、さざ波状や粒状の細かい凹凸感やシワをあらわしたもの。シボがあるため肌に密着せず、さらっとした肌触りがある。クレープ・デ・シン*、クレープ・ジョーゼット*、楊柳クレープ*などがある。日本の縮《ちぢみ》*、縮緬《ちりめん》*もクレープの一種で「縮緬クレープ」とも呼ばれる。

クレープ・デ・シン

crêpe de Chine（仏）

単にデシンともいう。たてには撚《よ》りのない糸、よこに強撚糸《きょうねんし》*を打ち込んで微妙なシボを出した薄く柔らかい平織物*で、品のいい光沢としなやかさが特徴。もとは絹織物だが、現在はポリエステルなどのフィラメント糸*でも作られる。エレガントなイメージを代表する布地で、ブラウス、ドレスをはじめ、適度な滑りがあるので裏地などにもよく使われる。語源は仏語で「中国Chineのクレープ」の意味で、フランスのリヨンで中国の縮緬《ちりめん》*技術を真似て作られた。大正の末頃、日本に輸入され「フランス縮緬」と呼んだこともある。似たような素材にフラット・クレープ*がある。クレープ・デ・シンよりたて糸の密度が少し多いが、シボがあまり目立たずフラットなイメージがあることからこの名がある。

クレポン

crépon（仏）

フランス語で「クレープ*のような外観」という意味で、大きめのシボを出したクレープの総称。たて・よこに撚《よ》り数の異なる糸を打ち込み張力の差でシボを出したり、綿織物は苛性ソーダなどを用いた後加工でシボを出す。後加工でクレポンのような大きなシボを出す仕上げを「クレポン仕上げ」という。

グログラン

grosgrain（仏）

リボンに多く使われている、はっきりした、よこ畝《うね》のある平織物*。目が詰んでやや厚く、かたくしっかりしている。よこ畝はファイユ*やタッサー*より太く、オットマン*より細い。よこは太い糸を、たてに細い糸を密に打ち込むことで、太いよこ畝を出す。本来は絹織物だが、現在は化学繊維や綿などが多い。

毛芯（けじん）

hair cloth

紳士服の襟芯《えりしん》などに使われる、粗硬な獣毛糸《じゅうもうし》で織ったかたくて弾性のある薄手平織物*。たてに綿やリネン、雑種羊毛糸を、よこに馬毛（尾毛やたてがみ）、山羊毛、キャメル毛などの獣毛糸を織り込む。人間の頭髪を混ぜたものもある。「ヘアクロス*」とも呼ばれ、「馬巣織《ばすお》り*」が代表的で、毛芯の代名詞にもなっている。本格派の紳士テーラードには毛が長く張りがある「本バス毛芯」といわれる馬の尾毛（バス）を使用したものと、柔らかな風合いの「キャメル毛芯」が主流。

ゴアテックス

GORE-TEX

アメリカのW.L.ゴア&アソシエイツ社の創始者であるウィルバート.L.ゴア（ビル・ゴア）により1969年に開発された透湿《とうしつ》防水性素材の商標。雨（水）を通さない高い防水性がありながら、かいた汗（水蒸気）を外に逃がす高い透湿性が最大の特徴。フッ素樹脂PTFE（ポリテトラフルオロエチレン）を特殊延伸加工して作られる多孔質層のフィルムと、ポリウレタンポリマーを複合化して作る。アウトドアウエアやテントをはじめ、医療分野など利用は多岐にわたる。

高貴織り（こうきおり）

Kouki-ori

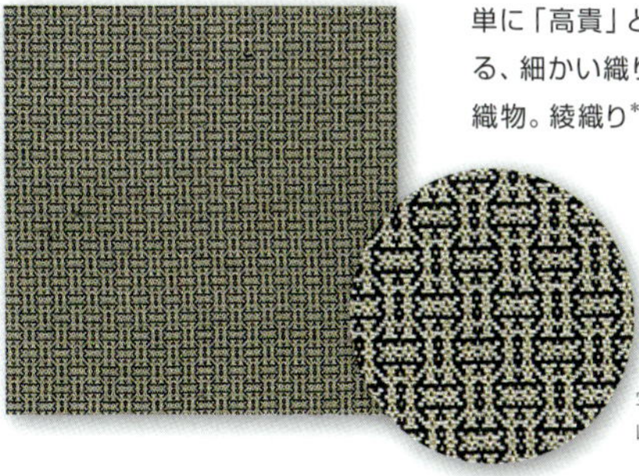

写真：「明治三十年染織物標本帳」
山梨県富士工業技術センター所蔵

単に「高貴」ともいう。男性用の着物や羽織に用いられる、細かい織り柄を緻密に織り上げた、重厚感のある絹織物。綾織り*の変化組織*である飛《と》び斜文《しゃもん》*で織った、高度な技術を要する織り。米沢や八王子で織られていた。「綾糸織《あやいとお》り*」の一種。

合成皮革（ごうせいひかく）

synthetic leather

天然皮革に似せた表面感を作った素材。織物やカットソー*を基布《きふ》*（土台の布）に、ポリウレタン樹脂などの合成樹脂を塗ったり貼り合わせて型押ししたものが一般的。塩化ビニルを塗ったものは「塩ビレザー」「ビニールレザー」ともいわれる。見分けがつきにくいがドライクリーニングで品質をかたくする性質を持つ。より天然皮革と似た構造と風合いを出したものは「人工皮革*」といい、これらを総合して「人造皮革」という。また単に「合皮《ごうひ》」と呼ばれることも多い。

勾配織り／紅梅織り／高配織り（こうばいおり）

Koubai-ori

写真提供：山梨県富士工業技術センター

コード織り*の一種で、「勾配糸《こうばいいと》（コードcordともいう）」という、地糸よりも太い糸を、たてや格子状に一定の間隔で織り込み、その部分を畝《うね》のように浮き上がらせた薄手の平織物*。綿の金巾《かなきん》*に勾配を入れたものを「勾配金巾」、タフタ*に入れたものは「勾配タフタ」など織物の名前を付けて呼ばれる。夏用の着尺《きじゃく》*として用いられる「絹勾配」や、浴衣に多く用いられる「綿勾配」がある。

小倉（こくら）

Kokura

江戸時代に小倉藩（現・福岡県北九州市）の特産物であった小倉織《こくらおり》をもとに織られた丈夫で滑らかな綿織物。カルゼ*に似た綾織り*が基本であるが、平織り*もある。明治には岡山などが主産地となり、男子の学生服地として冬は黒、夏は少し薄地のブルーグレーの霜降り生地が生産され、「小倉」「小倉木綿」などの名で一斉を風靡した。戦中・戦後に繊維くずなどを原料にしてガラ紡*で織られた霜降りの学生服もこう呼ばれた。本来の小倉織は武士の袴《はかま》や帯として織られた、たて縞が特徴の高密度な綿織物。槍も通さない丈夫な「小倉袴」として全国的に広まったが、明治に入り武士の時代が終ると需要が激減。新用途の開発として学生服に用いられ人気を博した。「小倉織」は高いブランド性を誇っていたため、「備中小倉《びっちゅうこくら》」「土佐小倉《とさこくら》」など、産地名をつけ似たようなものが生産されていった。

小倉織

小倉木綿

霜降りの小倉

ゴーズ

gauze

「ゴース」と呼ばれることが多い。綿、絹、化学繊維など、搦《から》み織り*組織の紗織《しゃお》り*や絽織《ろお》り*などの、透け感のある薄く張りのある織物の総称。レノ*ともいうが、レノのほうが広義での搦み織りをいう場合が多い。日本でいうガーゼ*はゴーズがなまったもので、綿のイメージが強いが、英米ではコットン・ゴーズと区別して呼ばれる。語源はこの織物の産地であったパレスチナのガザ Gaza に由来するなどいくつか説がある。似た織物のオーガンジー*は強撚糸《きょうねんし》*を用いた平織り*で、ゴーズよりも弾力性があり、かたいイメージがある。

コーデュロイ

corduroy

英国調のカントリージャケットとしても知られる、たて畝《うね》のある起毛した綿織物で、丈夫で保温性・吸湿性にも優れている。「コール天」ともいう。別珍《べっちん》*と同じパイル織り*で、組織は綾織り*と平織り*がある。よこに地糸とパイル糸の2種類の糸を織り込み、パイル糸を切って毛羽《けば》を出す。織り上げてからのパイル糸のカッティングやブラッシングなどの仕上げに技術を要する。コーデュロイの毛羽は方向があり、撫《な》でると毛羽が寝た状態になるのを「撫で毛」といい、色が白っぽく見える。毛羽が立った状態になるのは「逆毛《さかげ》」といい、色が濃く見える。この効果を切り替えなどで生かしてデザイン効果を出すことも多い。畝数は1インチ（2.54cm）に1～22本くらいで、畝の太さにより極太コール、鬼コール、太コール、中コール、細コール、微塵《みじん》コール、ピンコールなどと呼ばれる。多くは綿で作られカジュアルなイメージが強いが、ウールコーデュロイ、絹やレーヨン、テンセルと綿の混紡など、軽く柔らかく光沢のあるエレガントなコーデュロイの開発も進んでいる。

COLUMN 18 >コーデュロイ

コーデュロイの語源と歴史

コーデュロイの語源は仏語の「corde-du-roi王様の畝《うね》（または綱《つな》）」とされ、ルイ14世（在位1643～1715）の召使いの制服に織物業者から献上されたこの素材を用いたことが始まりとされる。あるいは「cord（コード）+duroy（デュロイ：かつて英国で織られていた粗い紡毛織物）」の説などいくつかある。「コール天」の名はビロード（漢字表記は天鵞絨）*によく似た畝《うね》（コード）のある織りということから、漢字の一文字をとって呼ばれるようになったともいわれる。コーデュロイはイタリアからフランスに伝えられたとされ、後の18世紀中頃に始まった産業革命によりイギリスのマンチェスターで大量生産されるようになった。日本では明治の中頃に輸入コーデュロイで作った履き物の鼻緒《はなお》が人気を博していたため、輸入品を見本に国産の試作が始まり、明治27年（1894）に製造が開始されている。現在、国内の別珍やコーデュロイの90%以上の生産が静岡県磐田市福田地区で占められている。

コードレーン

Cordlane

コード織り（コード・ウィーブ）のことで、たてに畝《うね》（コード）を出した先染《さきぞ》め*織物。青、赤などの色の地に白いコードがあらわれ、細いストライプになっているのが一般的。平織物*だが、たて糸が太いためコードのように盛り上がっているのが特徴。適度な厚みがあり、さらさらと肌触りもよいため、夏向きのジャケットなどに多く使われる。本来コードレーンは旧鐘紡《カネボウ》の商標名だが、白ストライプのコード織りの名称として一般化している。

琥珀織り（こはくおり）

taffeta

江戸時代初め頃に京都・西陣で織られ始めたというよこ畝《うね》のある厚地の練《ね》り絹《ぎぬ》織物*。たて糸を密にした諸撚《もろよ》り糸《いと》*（2本の単糸を撚った糸）、よこ糸はやや太い片撚《かたよ》り糸《いと》*（撚りのない2本の単糸を撚った糸）を用いて平織りにしてよこ畝を出す。薄手のものは薄琥珀《うすこはく》といいタフタ*と同じ。厚手のものは厚琥珀《あつこはく》といい博多織り*とほぼ同じ。ドレス地、羽織地、袴地、帯地などに。

コプト織り（コプトおり）

Coptic textile

※縮小

世界の染織の源流ともいわれ、3 世紀から12 世紀頃までコプト人により織られていた綴《つづれ》織り*をいう。「コプト」とは、古代エジプトのキリスト教徒のこと。たてに麻糸を、よこに羊毛、絹、麻などの染め糸を手で挟み込み柄を織り出したもの。L 地型文や組み紐文様*などの幾何学模様*、アラベスク*、ギリシャ神話やキリスト教を題材にした人物、動物、植物模様などを、赤、緑、黄、黒など鮮やかな色使いで織り出す。棟方志功《むなかたしこう》が影響を受けたともいわれる。

ゴブラン織り（ゴブランおり）

Gobelin

綴織《つづれお》り*の一種で、綴織りの壁掛けをいうタペストリー（仏語ではタピスリー tapisserie）と同じだが、タペストリーの場合は「刺繍の壁掛け」も含めることが多い。本来ゴブラン織りとは、ルイ14世時代から続いているフランスの王立（現在は国立）ゴブラン製作所で織られた手織りのタペストリーのみを指すが、現在はヨーロッパで織られたタペストリーや、それに似たジャカード*織りも含めてゴブラン織りと呼ぶことが多い。

コプト織りの全体図

『コプト織　騎馬人物』（女子美術大学美術館　所蔵）
画像資料提供：女子美術大学美術館

COLUMN 19 >ゴブラン織り

ラファエロもデザイナーだった ゴブラン織りの歴史と製織法

ゴブラン織りは織物と絵画が合体された美術品で、絵柄はギリシア神話、聖書物語、英雄伝、ロココ調の宮廷恋愛画、叙情的な田園風景や花園など、古典絵画の作風が代表的だが、今日では抽象画など現代芸術のさまざまな傾向が表現されている。組織は平織り*を用い、たくさんの色数のよこ糸をたて糸に結びつけながら下絵に沿って絵を描くように微妙な色合いを織り込んでいく。かなりの時間と技術を要し、織り手にも芸術的素質が求められる。

ゴブランの手織り機はオート・リス（たて型織機）とバス・リス（よこ型織機）の2種類がある。フランスでは手織りを「メチエ・ドゥ・ゴブラン」といい、ジャカード機による機械ゴブランと区別している。タペストリーは中世から続くフランスやベルギーの伝統工芸で、15世紀にはフランドル地方（現在の北フランスからベルギー、オランダにまたがる地域）に職人が集まり、産地として知られるようになった。

タペストリーは王族や貴族の権威の象徴として愛好され、宮殿や教会などに飾られ、職人達の保護政策がとられてきた。ゴシック期には神話や宗教的なテーマが多かったが、ルネサンス期はイタリア芸術の影響を受け、遠近法や陰影のある絵画的な表現が強く打ち出されるようになり、ラファエロやルーベンスもタペストリーのデザイン画を描いている。その後も優れた芸術家が下絵をデザインし、細部に凝った織り表現のもと、タペストリーは限りなく絵画に近くなっていく。ゴブラン織りの名は、15世紀中頃パリに染色工房を設立し、綴織りのタペストリーで人気を博したゴブラン家に由来する。

特殊染料で作る独特の赤色が特徴で、優れた作品を織り出した初代のジャン・ゴブランJean Gobelinの作風と共に代々子孫に受け継がれ、ゴブラン織りはタペストリーの代名詞となった。アンリ4世（在位1589～1610）はフランドル地方から綴織りの職人を招きゴブラン工房で製作を始めさせゴブラン家に管理させたが、ルイ14世（在位1643～1715）時代の1662年には宰相コルベールJean-Baptiste Colbert（1619～1683）により工房が買収され、王立ゴブラン製作所となった。

重商主義政策を行ったコルベールは、職人集団の中央管理を徹底し、織物などの国内産業の保護を図った。ゴブラン製作所の敷地内には画家やタペストリー職人はもちろん、金銀細工師、彫刻師、指物師など多くの職人が集められ、王室御用達のタペストリーや家具、調度品などが生産された。製作活動を一カ所に集中させることで企画や様式の統一が図られ、

（左）柘榴《ざくろ》模様*のゴブラン織り。エジプト風、アールヌーボー風、神話などさまざまなモチーフが織り込まれる（写真はジャカード*によるゴブラン織り）

華麗な装飾美が確立されていくことになった。ゴブラン製作所の所長には主任デザイナーも兼ねた第一宮廷画家のシャルル・ル・ブラン Charles Le Brun（1619～90）が任命された。彼の指揮と管轄の下に芸術家や職人集団が統率され、ヴェルサイユ宮殿の室内装飾や外国への贈答品としてゴブラン織りの黄金時代が築かれていった。

日本には16世紀頃の安土桃山時代にタペストリーが伝わり、京都・祇園祭や滋賀県・長浜祭の懸想品《けそうひん》（山鉾《やまぼこ》＝を飾るタペストリーなどの染織品）に、神話や聖書物語などを題材にした優れた作品を見ることができる。

裂織り（さきおり）

Sakiori

古くなった布を細く裂いて紐状にして織った丈夫な「再生織物」。よこ糸に裂いた布、たて糸には麻糸や綿糸を使い、微妙に混じり合った独特の色合いや、野趣のある風合いが特徴の織物。古くから東北地方などでは、布を最後まで捨てることなく大切に活用していたもので「南部裂織り《なんぶさきおり》」などが知られる。佐渡などでは「さっこり」「つづれ」、長野や群馬などでは「襤褸織り《ぼろお》」などの呼び名もある。インドでも古いサリーを回収して裂織りの絹糸が作られている。

COLUMN 20 >裂織り

よこ糸に裂いた布を使い手織りで織る「南部裂織り」

撮影協力：南部裂織り「平太房」

とことん使い切る「南部裂織り」

裂織りは、「布」が大変貴重だった時代、布を最後まで大切にしようとする生活の知恵から生まれ、日本各地に見られる。中でも貧しかった東北地方ではほんの端切《はぎ》れも大切に扱われ、「南部地方（青森県南東部と岩手県中部・北部）」では古くから裂織りが盛んに行われていた。寒冷地のため綿の栽培が困難だったこともあり、とりわけ「木綿」が貴重で、「木綿の反物」は高価で庶民には手の届かないものであった。江戸時代中期には「北前船《きたまえぶね》」により関西方面から「古手木綿《こてもめん》：古着・古布のこと」が大量に手に入るようになったが、古布とはいえ安いものではないため大切に最後の最後まで「使い切る布文化」が発達した。古手は端切れを重ねて「刺し子」にしたり、縫い合わせて着物やこたつ布団にされた。すり切れるとまた継ぎ当てをし、これもくたびれてくると、縫い目をほどいて、布を細く裂いて紐状にする。「裂織り」は布を裂いたこの紐をよこ糸に、たて糸に麻糸や綿糸を用いて地機《じばた》*で織り上げたもの。こたつ掛け、夜着《やぎ》、仕事着、帯、前掛けなどにされた。「南部裂織り」は、赤などを利かせ、色の組み合わせを工夫したカラフルな彩りが特徴。裂織りにした布がくたびれると、また裂いて次は「組み紐」にして「背負子《しょいこ》」などが作られる。最後の最後は紐に火をつけ、煙を虫除けにし、灰は土壌改良のため土に還すという、全く無駄なく「とことん使い切る布」である。現在は織物作家による新しい裂織りの表現もある。

サキソニー

saxony

ウールスーツの代表的な素材のひとつで、薄い毛羽《けば》がある柔らかな紡毛《ぼうもう》*または梳毛《そもう》*の綾織物*。縮絨《しゅくじゅう》*し、軽く起毛した紡毛織物が一般的。梳毛を縮絨したサキソニーは「ミルド・ウーステッド」とも呼ばれる。ドイツのサキソニーで品種改良されたメリノ種のサキソニー羊毛を使い、この地で創織されたことからの命名。サージ*と似ているが、サージは毛羽がなく、サキソニーは薄い毛羽の中に45度くらいの右綾が見える（サキソニー仕上げという）。

サージ

serge

スーツや、学校・警察の制服などに使われる、丈夫で実用的な梳毛《そもう》*の綾織物。綿、絹、合繊などがある。毛羽《けば》をなくす「クリア仕上げ*」をし、45度の右綾になっているのが特徴。緻密で丈夫、張り、コシ、落ち感があるため仕立て映えし、プリーツの保持性もよい。縮絨《しゅくじゅう》*し、薄く毛羽を出したミルド仕上げ*をしたものは「ミルド・サージ」、ガリ糸*という雑種羊毛の糸から作られるかたい手触りの「ガリ・サージ」、極細の梳毛糸で織った目の詰んだ薄地でシルクのような光沢のある「インペリアル・サージ」など種類も多い。

刺し子織り（さしこおり）

Sashiko weave / stitched weave

刺し子（布の補強・保温のために装飾的に糸で刺し縫いを施す手技）に似た、厚地の丈夫な綿織物。柔道着や剣道着、火消し装束、鳶《とび》職人の仕事着などが代表的なイメージ。インテリア用途も多い。太い刺し子糸を加えながら平織り*、綾織り*、二重織り*で刺し子のようなステッチ柄を織る。よこ糸を刺し子風に浮かせたものを「よこ刺し」、たてにあらわしたものは「たて刺し」という。

サテン

satin

「朱子《しゅす》／繻子《しゅす》」ともいう。①織物の三原組織*（基本となる3つの組織）のひとつである朱子織り*のこと。②朱子組織で織った織物の総称。「サテン」という場合は、細い糸使いで光沢の強い優美な織物をいう場合が多い。平織り*や綾織り*よりも糸が長く浮いている織りのため、丈夫さにはやや欠けるが、滑らかな手触りと光沢が特徴。綿のサテンは「綿朱子《めんじゅす》」ともいい、英語では、サティーンsateenと表記される。綿朱子の高級なものは「綿ベネシャン」、地厚で密でしっかりした「ヘビー・サテン」などがある。

サテン・ドリル

satin drill

ドリル*のような太い急角度の綾目《あやめ》*のある厚地のサテン*。単糸《たんし》*は左綾、双糸《そうし》は右綾が多く、よこ糸はたて糸よりやや細い糸で織り、主に無地染めして使う。ドリルは綾織り*であるが、これは「5 枚たて朱子（たて糸を4、よこ糸を1の割合で浮かせて織った朱子織り*）」で、ドリルよりもしなやかで柔らかな光沢を持ち、起毛して使うことも多い。厚地の綿ベネシャン*をサテン・ドリルという場合もある。ワークウエア、ジーンズカジュアルの代表素材。

真田織り（さなだおり）

Sanada

真田幸村が考案した織りといわれ、平織り*に太い畝《うね》の縞柄をあらわした細幅織物*。平織りで一重の薄地と袋織り*の厚地がある。また、真田昌幸が刀の柄《つか》に巻いた、丈夫な木綿の紐からつけられた名前とされ、「真田紐」「真田編み」、単に「真田」などともいう。また、「狭織《さお》り（狭い幅の織物）」が転訛して「真田織り」になったという説もある。八丈島では「かっぺた織り」といわれる。現在は京都市、伊豆諸島、八重山諸島などで伝統工芸品としてわずかに織られている。

晒木綿（さらしもめん）

bleached cotton cloth

広義には漂白して（晒《さら》して）、真っ白に仕上げた白木綿《しろもめん》のこと。通常は16～30番手*の単糸*で平織り*にした小幅《こはば》*（約36cm）の白木綿をいう。34cmのものは単に「晒《さらし》」と呼ばれることも多い。ざっくりとして素朴で木綿らしい味わいを持ち、通気性・吸湿性がよく、祭りの腹巻き、手ぬぐい、型染め模様などを施す浴衣《ゆかた》の白生地の用途。浴衣地では栃木県の真岡《もおか》木綿（岡木綿ともいう）、地厚で丈夫な愛知県の三河《みかわ》木綿、大阪の河内《かわち》木綿などが知られている。

さをり織り（さをりおり）

SAORI weaving

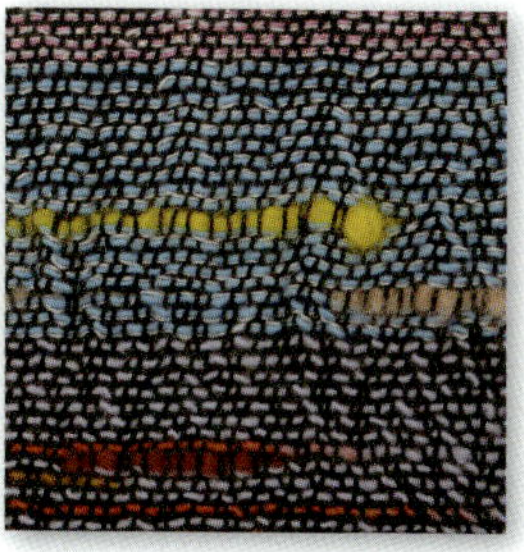

1968年、大阪の専業主婦、城 みさをが57歳のときに考案した、常識や既成概念にとらわれずに、感じるままに自由に織る手織りの手法。シンプルな手織機で、残糸を使ったり、素材も色も織り方も自由な感性で織り上げる。見本・手本もなく、織るにあたってのルールもない。そのため、老若男女、障害の有無を問わず、誰にでもできる自己表現のひとつとして、海外にも広まっている。

太い畝の縞が特徴の
「真田織り（真田紐）」

シアサッカー

seersucker

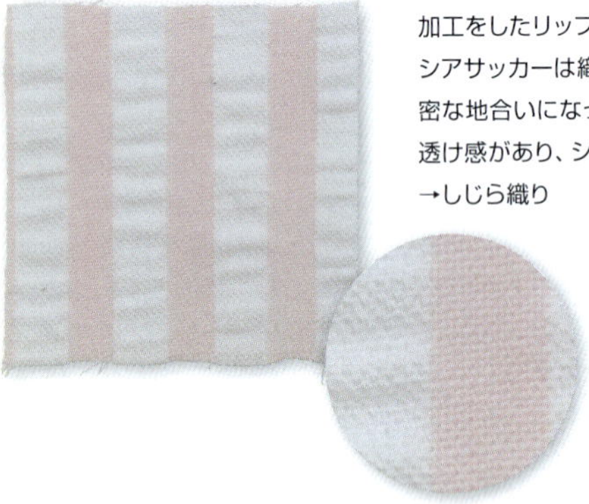

略して単にサッカーともいう。しじら織り*の一種。ストライプ状に「縮みシワ」のあるところとないところが交互にあらわれた涼しげな薄手の平織物*。たて糸をたるませた部分と強く張った部分を交互に配してよこ糸を織り込み、たて糸の張力の差で波状の凹凸感を出したもの。清涼感に富み、さらりとした肌触りで、シワになりにくいため、代表的な夏向き素材として使われる。織りや加工であらわした縮みシワがストライプ状にあらわれるものを「しじら*」といい、日本でも古くから「阿波《あわ》しじら」が徳島県特産の夏の着物地として知られる。似たような、シワやしじらは苛性ソーダで収縮加工をしたリップル*でも表現される。両者の見分け方は、シアサッカーは織りでしじらを出しているため、波の部分が密な地合いになっているが、リップルのほうのしじらは薄く透け感があり、シボもとれやすい。

→しじら織り

シアー・リネン

sheer linen

薄地（sheer）リネン*（亜麻《あま》）の最高級麻織物。一亜糸《いちあいと》（長い繊維を紡績した一等品の糸）という麻の100番手*以上の細い糸を平織り*にして、本晒《ほんざら》し*にしたもので、目が細かく柔らかく、シャリッとした手触りが特徴。最高級ハンカチーフに用いられる。キャンブリック*、アイリッシュ・キャンブリックともいう。綿のキャンブリックはこれを模したもの。60～90番手の麻糸で織ったものは「ビソ・リネン」、20～50番手の太い糸のやや粗めの麻織物は「クラッシュ・リネン*」という。

シェニール・クロス

chenille cloth

ベルベット*に似た毛羽《けば》で覆われた織物。「チンコール」「モール（織り）*」、単に「シェニール」ともいう。ベルベットがパイル織り*であるのに対し、これはシェニール糸*（モール糸、毛虫糸ともいう）という、一度織った織物をカットして作る毛羽のある糸で織り上げるのが特徴。2度織ることから「再織り」ともいう。シェニールchenilleは仏語で「毛虫」の意味。

塩瀬（しおぜ）

Shioze

細いよこ畝《うね》のある、重目《おもめ》の羽二重《はぶたえ》*に似た非常にしなやかな絹織物で、「塩瀬羽二重」ともいう。密なたて糸に太いよこ糸を織り込むことでよこ畝があらわれる。生絹織物《きぎぬおりもの》*で、織り上げてから精練《せいれん》*・染色し、帯地や着尺地*、袱紗《ふくさ》などに用いる。レーヨンなどを使ったものは「人絹塩瀬《じんけんしおぜ》」と呼ばれた。

しじら織り（しじらおり）

Shijira

たて方向に縮み縞《しま》をあらわした織物。シアサッカー*がこれにあたる。しじら縞は特殊組織や織り、加工方法などであらわされる。代表的なものは2 種類のたて糸を用い、たるませた糸と強く張った糸を交互に配してよこ糸を織り込み、たて糸の張力の差で波状の凹凸感を出したもの。“縮みシワ”の表現には「シボ」と「しじら」がある。強撚糸《きょうねんし》*で縮みシワを出したものを「シボ」といい、「しじら」は織りや加工であらわした縮みシワをいう。日本では古くから「阿波《あわ》しじら*」が徳島県特産の夏の着物地として知られる。

シーチング

sheeting

太番手で、たて糸・よこ糸がほぼ同じ密度の、やや粗めの綿の平織物*。未晒《みざら》し（漂白していない）の生成《きな》り*の生地に厚く糊付けしたものが多いが、漂白したもの、無地染、プリントもある。安価で針の通りも良いため、服の芯地や仮縫いによく使われるほか、手芸用、シーツ、カバーなどの用途が主であるが、素朴な趣《おもむき》を好んで服地として使用されることもある。米国では、シーチングはシーツ用の平織物を指すが、日本では粗布《そふ》（20番手以下の厚手平織り）、細布《さいふ》（20〜26番手の薄手平織り）や天竺《てんじく》*（20番手程度の平織り）も含めてシーチングという場合が多い。フランス語では綿やリネンの細布からキャンバス*まで含めて「トワルtoile」と呼ばれる。

シフォン

chiffon

細い糸で織られた非常に薄く、軽く、透けて見える繊細な平織物*。本来は絹織物であるが、レーヨン*、ナイロン*、ポリエステル*などの化学繊維も多い。柔らかな織物だが、絹の場合は完全に精練《せいれん》*を施さない生織物《きおりもの》*にし、ややかために仕上げるのが特徴。当初は片撚《かたよ》り糸《いと》*（ほとんど撚りのかかっていない単糸*を撚り合わせたもの）で織られていたが、その後、強撚糸《きょうねんし》*で織られてきた。そのため縮緬《ちりめん》*のようなシボがあらわれることからシフォンと区別して「シフォン・クレープ」と呼ばれることもある。ジョーゼット*とも似ているが、ジョーゼットより撚《よ》り数が少ないため、シボが目立たず、透け感もはっきりしている。シフォン・ジャージーのように薄地や透け感のある繊細な布地にシフォン○○と命名することも多い。

シフォン・ベルベット

chiffon velvet

薄地で、軽く、毛羽《けば》が短く、美しい光沢をもつ柔らかなベルベット*。パイル部分を作るパイル糸にレーヨン糸*を使った二重織り*が多い。パイルのレーヨン糸を薬品で除去したオパール加工*で、シフォン地にベルベット風の模様を浮き出した透け感のあるオパール・ベルベット*もシフォン・ベルベットと呼ぶことがある。

紗織り（しゃおり）

gauze / plain gauze / leno

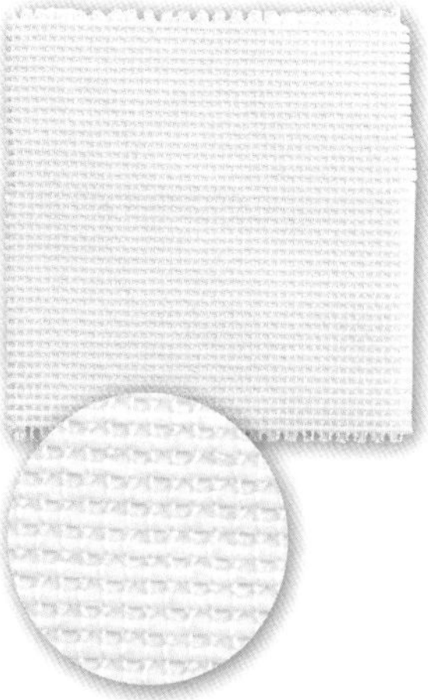

単に「紗」ともいう。糸をからませたり、もじったりして織る、「搦《から》み織《お》り*」の一種で、透け感のある涼しげな薄地織物（紗は「糸を少なく」と書く文字通りの薄物）。海外ではゴーズ*gauze、レノ*lenoとも呼ばれる。搦み織りの基本となる織りで、もじり合った2本のたて糸を1本のよこ糸にからませて織るため、「絽目《ろめ》」という独特の隙間ができ通気性に富む。絽織《ろお》り*よりも隙間が多い。シャリッとした感触で汗をかいてもべとつかず、涼感に富んでいる。絽目の大きさにより大目紗《おおめしゃ》、中目紗《ちゅうめしゃ》、小目紗《しょうめしゃ》などと呼ばれる。高級和服地をはじめとする夏の代表的な織物。紗織りに文様を織り出したものは「紋紗《もんしゃ》」、金糸を織り込んだものは「金紗《きんしゃ》*」という。

→搦み織り

084

ジャカード

jacquard

①ジャカード装置、またはこれを設置したジャカード織機《しょっき》のこと。ドビー*よりも大柄で複雑な模様を織り出すことができる。②ジャカード装置で模様を織ったジャカード織りやジャカード柄の総称で、「紋織《もんお》り」「ジャカード・クロス」ともいう。幾何学模様*から複雑で豪華な写実柄まで織り出すことができる。ダマスク*、ブロケード*、着物の綸子《りんず》*などもジャカードの一種。③ジャカード装置を取り入れた編み機や、これで編み模様を出した編物のこと。

今日では希少な、紋紙《もんがみ》を使ったジャカード織機

COLUMN 21 ＞ジャカード

コンピューターの原点になったジャカード織機

ジャカードの名は19世紀初めにこの装置を発明したフランス人のジョセフ・マリー・ジャカールJoseph-Marie Jacquardの名に由来する。それまで、複雑な紋織物《もんおりもの》は、織機《しょっき》に組んだやぐらの上に紋引《もんび》き手《て》が座り、「空引《そらび》き機《はた》*」で織り手の作業に合わせ、たて糸を上下させながら織り込む2人掛かりの作業だった。それが1人で織ることができ、しかも、紋紙《もんがみ》により誰でも同じ柄が織られるようになったことは織物業界では革命的な出来事であった。急速にヨーロッパに普及し、日本には明治の初めに導入された。ジャカードは普通の織機に取り付けて使う付加装置であることが画期的であった。穴をあけた紋紙というパンチカードを差し込んで模様を織り込んでいく。パンチカードは図柄を織りなすデータであり、この原理は後の時代に登場するコンピューターの原理と同じものといわれる。現在は紋紙に代わり、コンピューターに図柄がプログラミングされた織機が開発されている。図柄をコンピューターグラフィックスで描きフロッピーディスクやその他のメディアに紋データとして出力し、織機に連動させ自動的に織り上げるもので、コンピューター・ジャカードと呼ばれている。

シャギー

shaggy

毛足が長く、もじゃもじゃに毛羽《けば》立った厚地の紡毛《ぼうもう》織物*の総称。暖かくソフトな手触りで、モヘア糸*を使用して毛並みを長くしているものが多い。コート地が代表的。パイル織り*でパイルを長く出したフェイク・ファー*のようなアクリルのシャギーもある。シャギー shaggyとは「毛むくじゃら、毛羽立った」の意味。

シャークスキン

sharkskin

サメの皮sharkskin に似た織物や編物の総称。①梳毛《そもう》織物*は、斜めに走る細かな濃淡のジグザグがあらわれたもの。濃淡のはっきりした2 色の糸を交互に2 ／2 の綾織りにする。織りの綾目《あやめ》*は右綾であるが、ジグザグ柄は左上がりに見える。紳士スーツの代表的な素材。②アセテート*などのフィラメント糸*や綿の場合は、サメ肌のようにざらついた、かための肉厚素材をいう。太めの糸で綾織り*や、斜子《ななこ》織り*で密に織り込み、糸が盛り上がって見える。③②の織物に似た、トリコット*の一種。サメ肌のようなざらざら感のあるかための編み地で「シャークスキン編み」という。

シャリー

challis / challie

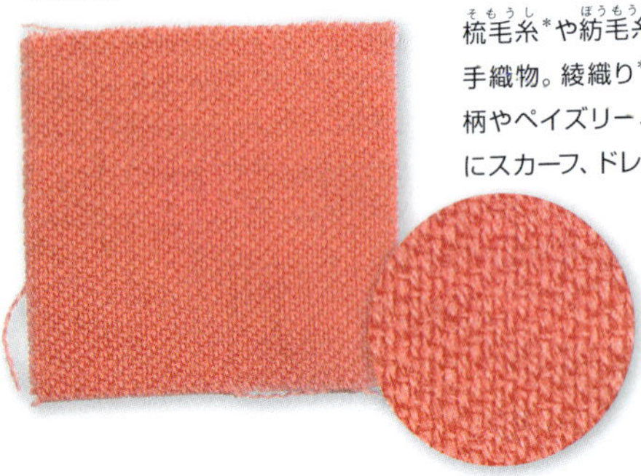

梳毛糸《そもうし》*や紡毛糸《ぼうもうし》*などで平織り*にした、軽く柔らかな薄手織物。綾織り*もある。モスリン*によく似ている。小花柄やペイズリー、幾何柄などを捺染《なせん》*してネクタイを代表にスカーフ、ドレスなどに使われる。

シャルムーズ

charmeuse（仏）

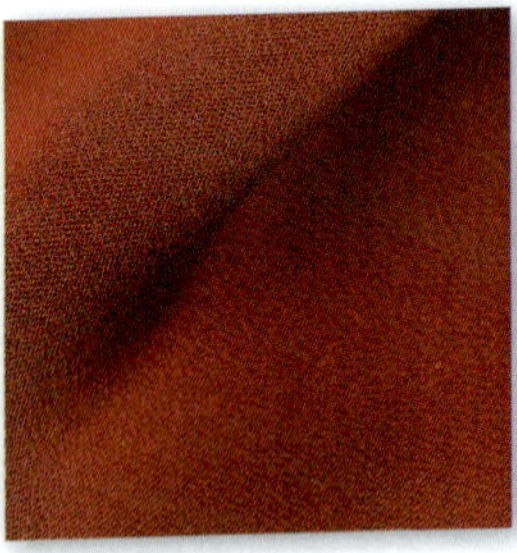

※裏面

朱子縮緬《しゅすちりめん》*の一種で、表はサテン*のような光沢があり、裏はクレープ*になっている柔らかくドレープ性のあるエレガントな絹織物。よこに強撚糸《きょうねんし》*を使い朱子織《しゅすお》り*にする。用途に応じて両面使用できる。イブニングドレスなど、フォーマルな素材として。フランスで創案され、仏語のcharmer（魅惑する、チャーム）が語源という。

シャンタン

shantung

よこ方向に不規則な長い節《ふし》があらわれている紬《つむぎ》*風の絹織物で、光沢と独特の野趣がある。たてに生糸《きいと》*、よこに節のある糸を織り込むのが特徴で、玉糸《たまいと》*（2匹の蚕がひとつの繭を作ったもので節が多い糸）や紬紡糸《ちゅうぼうし》*（繭くずや製糸くずを紡績*したもの）などを使い平織り*にする。本来は、中国山東省（shangdong：シャントン）で柞蚕糸《さくさんし》*（野性の蚕の繭の一種で糸は淡褐色）を手織りにした節のある織物をいったのでこの名がある。「山東絹《さんとうぎぬ》」ともいう。現在は化学繊維や、綿シャンタン、ウールシャンタンなどもある。

シャンブレー

chambray

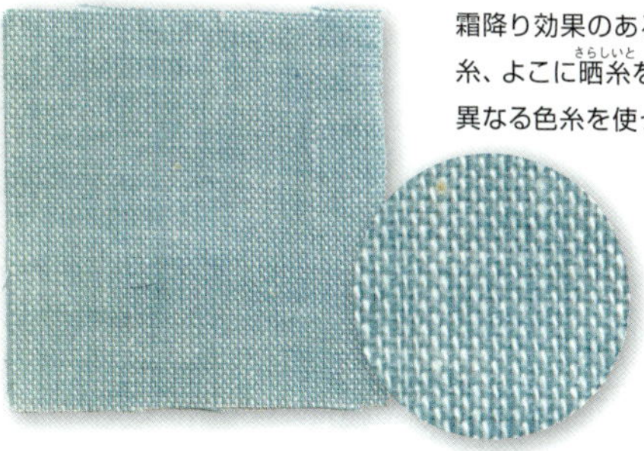

霜降り効果のある無地調の先染め織物*。本来はたてに色糸、よこに晒糸《さらしいと》を使用した平織物*をいうが、たて・よこに異なる色糸を使って玉虫効果*を出した織りも含まれる。

朱子織り／繻子織り（しゅすおり）

satin weave

①織物の三原組織（基本となる3つの組織）のひとつ。
②朱子、サテンともいわれる朱子織物の総称。たて糸とよこ糸の接結点*（組織点*）が少なく、たて糸、またはよこ糸の浮きが多い組織のため、表面が滑らかで滑りが良く、強い光沢があるのが特徴。ドレープ性もある。しかし摩擦には弱く、ひっかきキズがつきやすい。サテン*、ベネシャン*、ドスキン*などがある。フォーマルウエア、ブラウス、裏地などに。

朱子縮緬（しゅすちりめん）

satin crepe / satin back crepe / back crepe satin

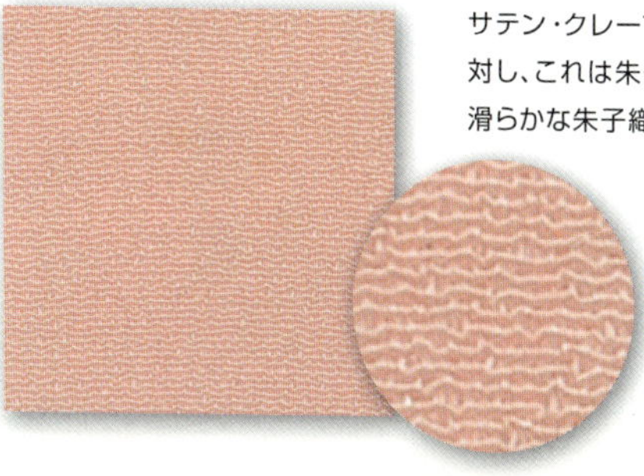

サテン・クレープともいう。通常の縮緬*は平織り*なのに対し、これは朱子織り*の縮緬。片面は細かいシボのある滑らかな朱子織り、反対面はフラット・クレープ*のようなシボの目立たないクレープ*で、両面使用できるのが特徴。光沢感とドレープ感がある。バック・サテン*と呼ばれる代表的な織物。朱子縮緬に朱子地と縮緬地交互の縞や紋柄をあらわしたものは「紋朱子《もんじゅす》縮緬」という。

COLUMN 22 >朱子織り

朱子織りの構造と種類

朱子織りは三原組織（基本となる3つの組織）の中で表面に浮く糸が一番長く、「5本目以上の接結点で1循環」となる。接結点を少なくするほど光沢が増し、また糸密度を高くして地厚にすることができる。糸が浮く本数（接結点までの本数）により「5枚朱子（4本糸が浮き5本目に接結）」「8枚朱子（8本目に接結）」「12枚朱子（12本目に接結）」と呼ばれ、数字が大きくなるほどに光沢が増す。よこ糸を長く浮き上がらせたものは「よこ朱子」、たて糸の場合は「たて朱子」という。一般的な服地は「たて5枚朱子・8枚朱子」が多い。「たて朱子」の場合、表面はほとんどたて糸しか見えず、光沢に富み、滑らか。裏面がサテンになっている「バック・サテン*」、サテンをストライプ状に配列した「サテン・ストライプ*」、「綸子《りんず》*」や「緞子《どんす》*」のようにサテンにドビー*やジャカード*で柄を織り込んだ「紋朱子《もんじゅす》」、かたい地合いに仕上げた「パン・サテン*」、などバリエーションも多い。綿のサテンは「綿朱子《めんじゅす》」ともいい、英語ではサティーンsateenと表記される。綿朱子の高級なものは「綿ベネシャンcotton venetian」とも呼ばれる。

サテンは中国で製織された絹織物で、中国からアラビアを経由してイタリアに渡り「ゼティンzetin」といわれた。美しい光沢のゼティンは19世紀のヨーロッパで人気を博し、その後さらに転訛して「サテンsatin」になったという。

糸が浮く本数が多くなるほど光沢が増す「朱子織り」

朱珍の帯地（部分）

朱珍／繻珍（しゅちん）

Shuchin

朱子《しゅす》組織*や綾組織*に色糸や金糸で紋柄をあらわした、絢爛豪華な紋織物*。帯や打ち掛け、能装束などが代表的。先染め*の練り絹織物*（生糸を精練*して織ったもの）で、数本の絵緯《えぬき》*（文様を織り出す色よこ糸）で柄を織りなす。緞子《どんす》*にも似ていることから、多くの色糸で豪華な紋柄を出したものは「七色緞子」とも呼ばれる。語源はオランダ語のシュティンsetin（サテン*のこと）が転訛したもの。中国から渡来し、日本で織られたのは室町時代からとされる。

シュラー

surah

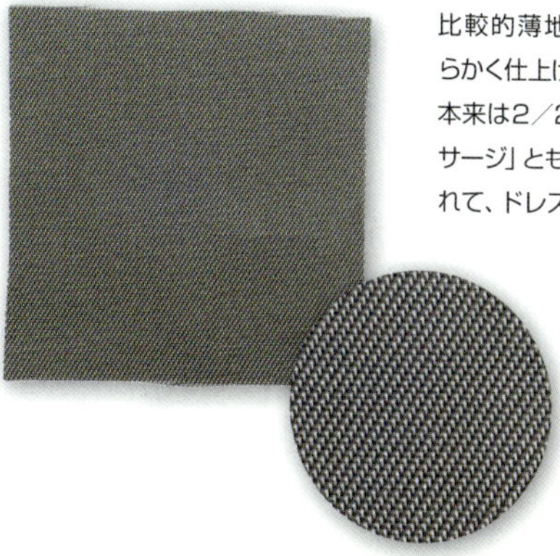

比較的薄地で、糊《のり》などの仕上げ剤を使用せずに、ごく柔らかく仕上げられた、絹や化学繊維フィラメント*の綾織物*。本来は2／2の綾組織の絹織物で、厚地のものは「シルク・サージ」ともいわれる。先染め*の無地、格子や縞柄、捺染《なせん》*されて、ドレス、ブラウス、スカーフ、裏地などに使われる。

紹巴（しょうは）
Shouha

※表面

※裏面

「蜀巴」「蜀羽」「祥波」などいくつかの表記がある。名物裂《めいぶつぎれ》*のひとつで、千利休の弟子であり、連歌師で茶人の「里村《さとむら》紹巴《じょうは》（1525頃～1602）」が好み収集していたことからこの名がついたという。明確な定義はないが、中国の明王朝時代に創織されたという絹の紋織物。綴織《つづれお》り*に似た織り方で、緯糸《ぬきいと》*（よこ糸のこと）の密度を多くし、緯糸でたて糸を包み込むように柄を織り込んでいく。裏に緯糸が渡ることはなく、表裏の柄が同じように出る（色は反転）のが特徴。渋い色使いで異国風の唐草、動植物を織り込んだものが多い。綴織りと同じように帯地向きの織りで、締めるとキュッキュと「絹鳴り」がして緩《ゆる》みにくく、しなやかで柔らかく、シワにもなりにくい。袋帯が多い。

上布（じょうふ）
Jofu

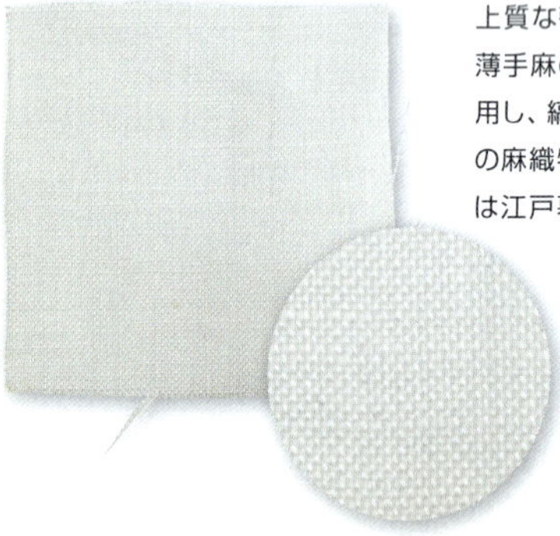

上質な苧麻《ちょま》（ラミー*ともいう）で織られた、光沢のある薄手麻の高級着尺地《きじゃくじ》*。80～100番手*の細い麻糸を使用し、縞や絣《かすり》*なども多い。名前の由来には、一般の無地の麻織物とは差別化した「上等な布」であること、あるいは江戸幕府への「上納布」「献上布」であったことなどがある。なかでも絹のような光沢のある細番手の苧麻は「絹麻《きぬあさ》*」と呼ばれ、これで織り上げたものを「絹麻上布《きぬあさじょうふ》」という。越後上布《えちごじょうふ》*、近江上布《おうみじょうふ》*、宮古上布《みやこじょうふ》、八重山上布《やえやまじょうふ》、薩摩上布《さつまじょうふ》などの産地名を付けたものが有名。手触りがかたく、さらりとしていて、夏の衣料に最適。

ジョーゼット・クレープ

georgette crepe / crêpe georgette（仏）

単にジョーゼットと呼ばれることが多い。クレープ・ジョーゼットともいう。クレープ*や日本の縮緬《ちりめん》*の一種で、シボのある代表的な織物。薄地で、きめの細かいシボとシャリ味が特徴で、さらりとしてしなやか、ドレープ性があり、光沢はあまりない。たて糸・よこ糸に強撚糸《きょうねんし》*を使い、たて・よこ両方にシボを出した（シボが均等にあらわれる）経緯縮緬《たてよこちりめん》*になっているのが特徴。たて・よこいずれの方向にも弾力性があるためシワになりにくい。もとは絹織物だが、現在は平織り*のフィラメント*織物を主に、梨地織《なしじお》り*でザラザラ感を出した「梨地ジョーゼット（ウール・ジョーゼットが代表的）」など幅広い。より薄く透き通った「シフォン・ジョーゼット」、たてシボを出した「楊柳《ようりゅう》ジョーゼット」、表を平織り*、裏を朱子織《しゅすお》り*にした「サテン・ジョーゼット（バック・サテン*）」、二重織《にじゅうお》り*で両面平織りにした「ダブル・ジョーゼット*」など種類も多い。ブラウス、ドレスなどエレガントなイメージを代表する布地。ジョーゼットの名はフランスの婦人服商ジョーゼット夫人Mdm. Georgette de la Planteの名から付けられたもので、もとは商標名であった。

シール

sealskin cloth

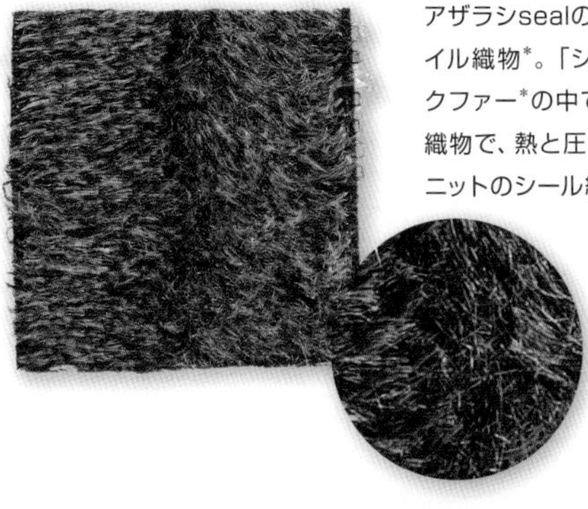

アザラシsealの毛皮に似せた、光沢のある毛足の長いパイル織物*。「シール天」「シール織り」ともいう。フェイクファー*の中では毛足が短い。プラッシュ*の代表的な織物で、熱と圧力をかけて毛並みを寝かせて仕上げる。ニットのシール編み*でも作られる。コート、毛布、椅子張りなどインテリアなどに使われる。また「シールメリヤス」という、シールに似せたカットソー*もある。

ジーン

jean

細綾《ほそあや》*の一種で、丈夫で実用的な綿織物。日本では古くから「ジンス（仁斯）」と呼ばれてきた。細綾はたて･よこに20番手以上の細い単糸を用いたもので、それより太い糸のものはドリル*（太綾《ふとあや》）という。ジンスは*20～40番手の単糸*で1/2の綾織り*にする。デニム*のジーンズjeansは本来ジーンで作られたものを指すが、ジーンが単色であるのに対し、デニムはたてに染め糸、よこに晒《さら》し糸《いと》を使う。語源はイタリアのジェノバGenovaで創製されたのが転訛したという。ジェノバは中世ラテン語で Genua、英語の jean の語源となっている。あるいはジェノバがデニムの輸出港であったことからの名前ともいわれる。

→【コラム29】デニム

人工皮革（じんこうひかく）

artificial leather

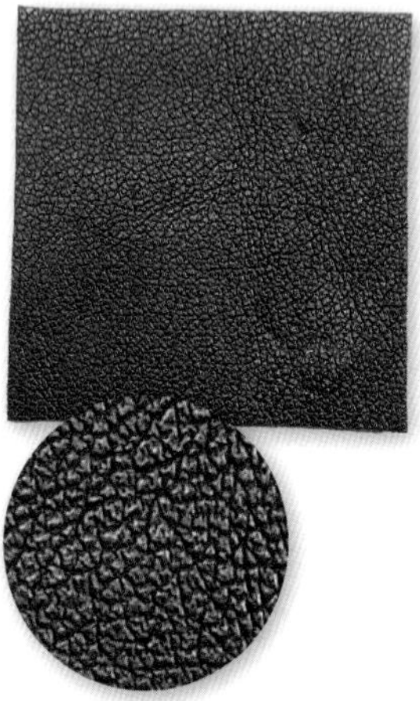

天然皮革に限りなく似せた構造と風合いを出した素材。合成皮革*を進化させたもので、超極細ポリエステルやナイロンを組成した不織布《ふしょくふ》*にポリウレタン樹脂などをコーティングし、加工により天然皮革の風合いを再現している。人工スエードの『エクセーヌ*』（東レ）、人工レザーでは『ソフリナ*』（クラレ）、『クラリーノ*』（クラレ）などの商標があり、衣料、靴、インテリアなど幅広い用途に。人工皮革、合成皮革を合わせて「人造皮革」という。単に「合皮」と呼ばれることも多い。

スイス

Swiss

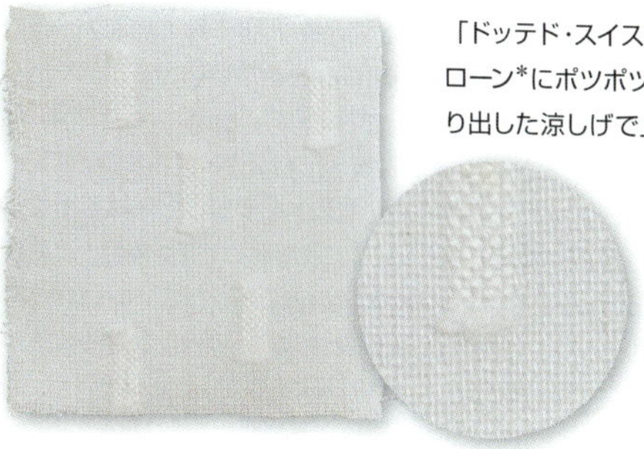

「ドッテド・スイスdotted swiss」ともいう。リネン*風のローン*にポツポツした水玉（ドット）模様を浮き織り*で織り出した涼しげで上質な綿織物。糸が浮いた部分を「裏切り*」にしたものはクリップ・スポット*ともいう。スイスに似せて水玉をフロッキー加工*にしたものもある。ウエディングドレスなど、エレガントな趣《おもむき》の服地やカーテン地などに。スイスで織られたことから付けられた名前。

スレーキ

sleek / silesia

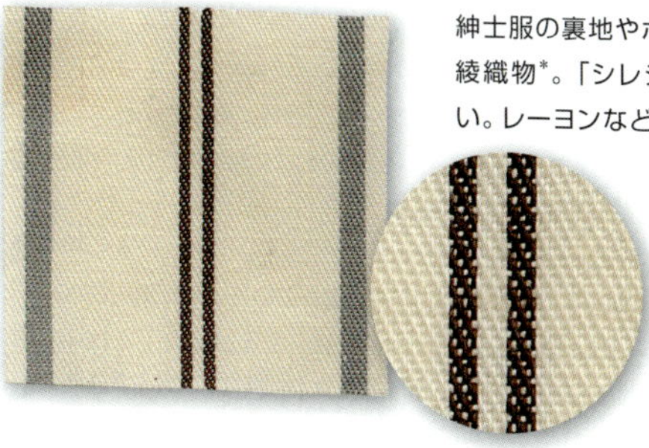

紳士服の裏地やポケット裏に使われる滑りのよい薄手の綾織物*。「シレジア」ともいう。無地やストライプが多い。レーヨンなどもあるが本来は薄地の綿織物で、細綾《ほそあや》*の一種。厚糊《あつのり》をつけて、シュライナー加工*という光沢仕上げをする。スレーキはスリークsleek（滑らかな、光沢のあるの意味）がなまったもの。シレジア silesiaの名は、ポーランドのシレジアSilesia地方で初めて織られたことから付けられたという。

ゼファー

zephyr

薄く軽く柔らかい夏向きの織物。①綿は「ゼファー・ギンガム」ともいわれ、ギンガム*を高級にしたようなイメージ。40 番手以上の細番手*の先染め*コーマ糸*を使った平織り*でチェックやストライプに織ったもの。②夏向きの薄地毛織物。強撚《きょうねん》の梳毛糸《そもうし》*を平織りや斜子《ななこ》織《お》り*にしたもの。シャリ感があり、さらりとした肌触り。ゼファー zephyr は「そよ風」の意味。ゼファー・ヤーン、ゼファー・フランネルなど、軽く柔らかなものをいう。

セル

Seru（和）

和服に用いられる合い着（春や秋に着る）のウールの着尺地《きじゃくじ》*。平織り*や綾織り*の薄手の梳毛織物*で、サージ*に似ている。無地、縞、格子、絣《かすり》*、捺染《なせん》*などがある。モスリン*と共にウール和服地の代表素材。「セル」はドイツのセルジス（サージ*のこと）を模倣した素材であることからの名前。「セルジス」が転訛して「セル地」となり「セル」となった。薄く光沢のあるインペリアル・サージ*を「セル・サージ」と呼ぶこともある。ウールの着物は単衣《ひとえ》仕立てが一般的で、これを「セル仕立て」ともいう。

仙台平（せんだいひら）

Sendaihira

男性の礼装用袴地《はかまじ》を代表する、緻密で引き締まった丈夫な平織り*の絹織物。縞柄が多い。草木染め*にし、よこ糸は水で濡らして生地の密度を高くして強靭《きょうじん》に織り上げる。練《ね》り糸《いと》*（精練した糸）を使用した「練袴《ねりばかま》」と、縞糸以外は未精練*の生糸《きいと》*で織る、コシのある「精好袴《せいごうばかま》（精好仙台平《せいごうせんだいひら》ともいう）」がある。後者はサヤサヤという独特の絹鳴りのする格調高いもので、重要無形文化財になっている。仙台藩主伊達《だて》綱村《つなむら》が、郷土産業振興のために京都・西陣から織工を招聘《しょうへい》し織らせた「精好織《せいごうお》り」を基本とした優美な織物で「伊達衣装」と評された。袴地には「博多平《はかたひら》」「五泉平《ごせんひら》」など「平」の字が付けられているが、これは一般的な平織りの袴地である「平袴地《ひらばかまじ》」に由来。着物の着尺地《きじゃくじ》*と区別されている。

仙台平の袴

ソアロン

Soalon

1967年に生産開始された三菱レイヨン（株）の「トリアセテート*」の商標。トリアセテートは高純度の天然パルプから作られるセルロース系繊維*。適度な張り・コシとソフトな風合い、絹のような光沢、ドレープ性、熱セット性に優れ、プリーツを保つことができる、発色性がよい、吸湿性と速乾性に優れているなどの特徴がある。トリアセテート長繊維は世界で三菱レイヨンだけが生産しているオンリーワン素材。「ソアロン」は主力商品のひとつで高級婦人服に多い。

ソフリナ

Sofrina

1980年に（株）クラレが開発した銀面《ぎんめん》（表面革）の高級人工皮革*の商標。シープ（羊革）のような柔らかさとしなやかさがあり、軽く、型くずれしにくい。水や汚れにも強く、手入れが簡単というイージーケア性などの特徴がある。雨の日にも履ける「全天候人工皮革」のシューズなどに多く使用されている。スエード調のものには「アマーラ」の商標がある。

ダイアゴナル

diagonal

ダイアゴナルは「斜めの、対角線の」という意味で、約45度のはっきりした綾目のある綾織物*。ウールが主で「ダイアゴナル・ウーステッド」ともいう。色糸を用いたり、畝幅《うねはば》を広くして斜め縞をはっきり出したものが多い。あるいは斜め縞の総称で「ダイアゴナル・ストライプ*」のこと。

タイ・シルク

Thai silk / Thailand silk

タイ東北部を中心に生産されるタイ特産の手織り絹織物。約2000年の歴史を持つ。紬糸《つむぎいと》*で平織り*にしたもので、玉虫の輝きのような光沢と鮮やかな色使いが特徴。山野に飼育されている「野蚕《やさん》*」の繭《まゆ》を使用するため、家蚕《かさん》*の繭に比べ糸が太く短く、節《ふし》やムラがある。これが独特の光沢とシャリ感、地厚感を生み出す。民族衣装に用いられる幾何柄や具象柄のタイ伝統の絣《かすり》*は「マットミーmudmee：タイ語で絣の意味」という。絹絣はマットミー・シルクともいう。

タイプライター・クロス

typewriter cloth

タイプライターのインクリボンに用いられる薄く軽い緻密な織物。極細糸を高密度で平織り*にしたきめ細かな織り目が特徴。綿やナイロンがある。綿はエジプト綿*などの高級細番手（70〜120番手）を使用。羽毛の吹き出し防止効果の高い素材であるダウン・プルーフ*の一種で、ダウンジャケットなどに向いている。

ダウンプルーフ

downproof

羽毛down が飛び出してこないような目詰め加工を施した、薄く軽く緻密な織物。高密度に織られた生地に、ローラーで熱と圧力をかけるカレンダー加工*でさらに織り目をつぶしたもの。羽毛布団、ダウンジャケットなどに用いる。

COLUMN 23 >タイ・シルク

タイ・シルクを世界ブランドにした「タイ・シルク王」ジム・トンプソン

タイでは少女の頃から母親に織りを習い始め、家族に伝わる伝統柄や技を受け継いでいった。染織の技量は妻を選ぶ重要な要素で「良き織り手は良き嫁」と評価されている。タイ王室では伝統のマットミーの技術の保存と継承を推奨し、サポート基金を設立。農村の収入の確保と製品の新しい市場開拓などが図られている。

しかし伝統的なタイ・シルクも合成繊維*に圧され、第二次世界大戦終結頃には絶滅状態にあった。このタイ・シルクの危機を救ったのが「タイ・シルク王」といわれたアメリカ人のジム・トンプソンJim Thompson。建築家、諜報員、軍人、実業家など多様な遍歴を持つ彼は、大戦終結後タイに留まり、タイ・シルクに出会い、たちまち野趣溢れるシルクに魅了される。それまで家内手工業に過ぎなかったタイ・シルクは、織りも粗野で色やデザインも欧米人好みのものではなかった。

美への造詣も深かったトンプソンは、新しいアイディアで試作を重ね、同時に宣伝活動を始める。これがファッション雑誌『ヴォーグ』のグラビアを飾ったことで一躍タイ・シルク人気が爆発。1948年には（株）タイ・シルク商会を設立し、本格的なビジネスへと進出。欧米の技術や、色・柄の感性を導入し、洗練さを加え、タイを代表する織物産業へと発展させていく。1951年にはブロードウェイミュージカル『王様と私』で、彼の軍歴と地位を生かし同社の製品が採用され、タイシルクの人気とステイタスをさらに高めるなど、宣伝マンとしての功績も大きい。『ジム・トンプソン』はタイ・シルクを代表する世界ブランドとなっている。

タイ伝統の手紡ぎの絣「マットミー」。Mahasarakham 特有の柄

タオル

towel / terry cloth / towel cloth

「タオル地」のことで、タオル・クロス、テリー・クロスともいう。パイル織り*の一種の「たてパイル織り」で、表面に輪奈《わな》（パイルのこと）を出した織物。吸水性に優れ、水分の蒸発もよく、柔らかい肌触りとボリューム感があり、「心地よい素材」としてバス用品から部屋着、スポーツウエア、バッグなど用途は幅広い。片面にパイルを出した「片面タオル」、両面に出した「両面タオル」がある。パイルをシアリング（剪毛《せんもう》*）してビロード*のような表面に仕上げたものは「シアリング・タオル」「ビロードタオル」などと呼ばれる。ドビー*やジャカード*で模様を織り出した「紋タオル」など種類も多い。パイル地ではないが、欧米では太番手の綿やリネン*で平織り*にした皿拭き用のものを「ディッシュ・タオル」「キッチン・タオル」という。タオルtowelの語源はスペイン語のtoalla（浴布の意味）から。テリー・パイルterry pileは仏語のtirer（引き出すの意味）で、糸を引き出してパイルを作ることからの由来。

タッサー

tussah / tussore / tusser / tussur

①タッサー・シルクのこと。インドや中国に産する野性の柞蚕《さくさん》*（タッサー）という蚕《かいこ》の繭《まゆ》から作られる節《ふし》のある絹糸、またはその絹織物。クリーム、ベージュ～濃茶の天然色が特徴で、織り上げると美しい茶系の濃淡があらわれる。光沢は鈍く野趣に富む、地厚で丈夫な織物。野生の蚕は食べる葉の種類により、さまざまな色やかたさの繭を作り出す。「インド・タッサー」はヒマの葉で、「シナ・タッサー」はナラ、クヌギ、カシワなどの葉で育つ。タッサーtussahは「杼《ひ》*」を意味するヒンディー語のtasarが語源。②ポプリン*の一種で、タッサー・ポプリンtussore poplinとも呼ばれる。よこに太めの糸を使い、よこ畝《うね》をあらわした、やや厚手の丈夫な平織物*で、綿タイプが多い。ポプリンよりよこ畝は太くはっきりし、グログラン*よりは細い。③紳士スーツなどに用いられるよこ畝のある梳毛《そもう》織物*。よこ綾*の破《やぶ》れ斜文《しゃもん》*に織ったよこ糸の浮きが、よこ畝のように見える。

ダッチェス・サテン

duchess satin

通称「ダッチサテン」とも呼ばれる。ダッチェスduchessは「公爵夫人」の意味で、公爵夫人のような気品のある、地厚で重みを感じさせる重厚で光沢のあるサテン*。たて糸に絹、よこ糸に250デニール*のレーヨンを使った、8枚や12枚のたて朱子*で織られる。ウエディングドレスやイブニングドレスなどフォーマルの代表素材。

ダッフル

duffel / duffle

コートや毛布などに用いられる、小さな玉状の毛羽《けば》のある粗い厚地の紡毛織物。「玉羅紗《たまらしゃ》*」にも似ている。本来の「ダッフル・コート」はこの生地を用いたことから付けられた名前。ベルギーのアントワープ近郊のDuffelで初めて織られたことに由来する。

タパ

tapa

タパ・クロスともいう。オセアニアを中心に、パプアニューギニア、ポリネシア、ミクロネシア、メラネシアなどで伝統的に作られる「樹皮布《じゅひふ》」で、不織布《ふしょくふ》*の一種。クワ科の植物（カジノキ、パンノキ、イチジク）の樹皮や靭皮《じんぴ》を根気よく打ち伸ばし1枚の布にしたもの。氏族や家族のゆかりを示す家紋のような文様や、入れ墨のような文様で神話や物語などを描いているのが特徴。大きなものは張り合わせたり継ぎ合わせる。衣料や敷布、テーブルクロス、祭儀や儀式用など用途が広い。ハワイでは「カパ」、フィジーでは「マシ」などの呼び名がある。

タフタ

taffeta

独特のかたい光沢と張感が特徴の、緻密な薄地平織物*。たて糸をよこ糸の2倍密にし、よこ糸を少し太めにするため、わずかなよこ畝があらわれる。琥珀織《こはくお》り*の薄手のものであることから「薄琥珀《うすこはく》」ともいう。本来は生糸《きいと》*を精練*した練《ね》り糸《いと》*の絹織物。素材により、シルク・タフタ、ナイロン・タフタと呼ばれる。色糸使いで玉虫、縞、格子柄を織り出したもの、モアレ*仕上げをしたものも多い。フォーマルからスポーツウエアまで幅広い用途。ナイロン*やポリエステル*の極細のマイクロファイバー*を高密度で織り上げたものは「高密度タフタ」といい、撥水、防風、透湿効果のある付加価値の高い織物となっている。ウインドブレーカー、ダウンンジャケットなどに。タフタの語源は「紡ぐ」という意味のペルシャ語のtaftahからなどいくつか説がある。

ダブル・ガーゼ

double gauze

ガーゼ*を二重織り*にしたもの。織りの密度が増し、ガーゼが重なることで空気の層ができ、ふんわりとした膨らみ感がある。この空気層がガーゼ本来の通気性、吸汗速乾性を高めるため、心地好い肌触りの夏用生地として需要が高い。また冬は空気層が適度な保温性を持ち暖かいという効果を発揮するため、四季を通じての素材としても見直されている。

→ガーゼ

ダブル・サテン

double satin

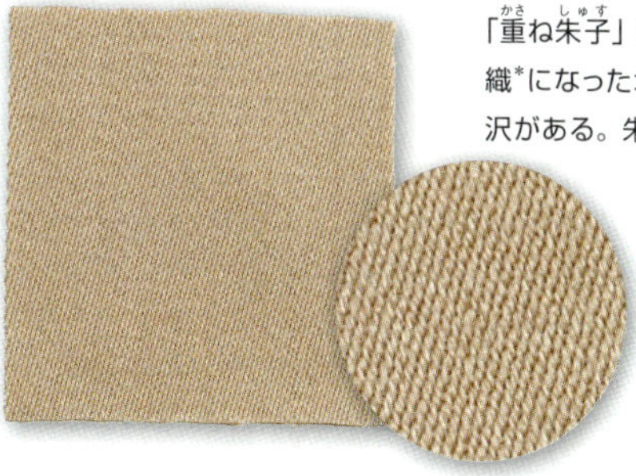

「重《かさ》ね朱子《しゅす》」「二重朱子《ふたえしゅす》」「両面朱子」ともいう、二重組織*になった地合いが丈夫なサテン*。表裏にサテンの光沢がある。朱子織り*の変化組織*の一種で、たて糸とよこ糸が交差する「組織点*」の脇にさらに組織点を作り、丈夫に仕上げたもの。織り上げた後に起毛する綿や毛織物に多く使われる。インペリアル・サテン、ベネシャン*などが代表的。

ダブル・ジョーゼット

double georggete

二重織《にじゅうお》り*で両面平織り*にしたジョーゼット・クレープ*。しっかりした肉厚のものが多く、エレガントな趣《おもむき》のジャケットやコートなどに使われる。

ダブルフェイス

double-faced

表と裏の表情が違う「2つの顔」をもつ素材の総称。あるいは表と裏「両面使える」素材の総称。「ダブル・クロス」「ツーフェイス」「リバーシブル」などの名前がある。風通織《ふうつうお》り*のように、二重織り*で表と裏の色や柄を変えたものや、全く違う表情の素材を張り合わせたボンディング*の手法などがある。二重織りの場合は「ダブル・クロス」、両面使えるものは「リバーシブル」「ダブルフェイス」と限定する場合もある。

ダマスク

damask

ジャカード*の一種で、大柄で東洋的な花・葉・葡萄などの模様をあらわした紋織物《もんおりもの》*。サテン*地に光沢の明暗で浮き模様を織り出したもので、日本の「綸子《りんず》*」や「緞子《どんす》*」がこれにあたる。語源はシルクロードの東西交易の中心であったシリアの首都ダマスカス（ペルシャ語でダマスク）に由来する。もともとは中国の絹織物の錦《にしき》*とされ、金銀糸を織り込んだ豪華な織物としてダマスカスで発達して名声を博し、ヨーロッパに伝わった。その後、綿・麻・毛織物のダマスクも生産された。テーブルクロスやナプキン、カーテンなどの室内装飾や、宗教的な祭壇を飾ったり、イブニングドレスなどが代表的な用途。

玉虫（たまむし）

changeable（仏）/ changeable / iridescent

「シャンジャン」「イリデセント」ともいう。玉虫の羽のように、見る方向、布の屈曲で各部が異なった色に見える織物、または玉虫効果のこと。シャンブレー*の一種。たて・よこに異なる色糸を使って平織り*もしくは綾織り*にする。イリデセントの場合は、玉虫よりも多い3 ～4 色の糸を使い、複雑な多色効果でチカチカとした虹彩色を出したものをいう場合が多い。

玉羅紗（たまらしゃ）

chinchilla / napped cloth

表面にピリング*（毛玉）がたくさんできたように、小さな毛玉で覆われた、柔らかな厚地毛織物。コート地に使われる。英語では「チンチラ（チンチラ・クロス）」という。たて糸には綿や粗剛な梳毛糸《そもうし》*を、よこ糸には紡毛糸《ぼうもうし》*を使い、よこ二重組織*でよこ朱子織《しゅすお》り*か、よこ綾織り*にする。表面にはよこ糸のみあらわれるので、起毛し、縮絨《しゅくじゅう》*し、毛羽《けば》をナッピングマシンで玉状に仕上げる。これを「玉羅紗仕上げ（チンチラ仕上げともいう）*」という。ナッピングマシンで、玉状、波状、渦巻き状の毛羽をあらわした織物を「ナップド・クロス」という。チンチラの語源はスペインのChinchillaで織られていたことから、動物のチンチラの毛皮に似ていることからなどがある。

ダンガリー

dungaree

デニム*の一種で、ダンガリー・シャツに代表される6 ～8オンス*くらいの目の詰んだ、丈夫な薄手綾織物*。たてに色糸、よこに晒《さら》し糸《いと》*を使用するデニムに対し本来のダンガリーは「たてに晒し糸」を使い逆織りにするため、デニムよりも白っぽく見えるのが特徴。現在はたてに晒し糸・よこに色糸を使い平織り*にしたものや、シャンブレー*のようにたてに色糸・よこに晒し糸を使用しているもので、粗野なイメージを出しているものを「ダンガリー」と呼んでいることが多い。西インドの「ダングリDungri」で織られていた、下層階級が着用した、粗野な厚地綿織物に由来する名といわれる。

緞通／段通（だんつう）

rug / china rug

※縮小

広義では絨毯《じゅうたん》やカーペット*と同じ「敷物」のこと、または「敷物用織物」を指す。一般的には手織りの高級敷物（敷物用織物）のひとつで、手工芸的に色糸を織り込んで模様をあらわした、パイル織り*の厚手の敷物をいう。中国緞通が有名で、ペルシャ緞通、トルコ緞通などがある。緞通のパイル織りは、通常平織り*にしてから「地だて糸」というたて糸2本に、パイルをつくる「パイル糸」を1本からませて、一本一本カットしながら1段ずつ複雑な柄を織り上げる。たとえば「120段」は、30.3cm（1フィート）角に120本のパイルが結ばれていることで、パイル数が多いほど手間がかかり、繊細な柄をつくることができ、密度の濃い地厚な高級織物になる。「段を通す」作業を手でこつこつ時間をかけて織ることからこの名がある。パイル糸の素材は、ウール、シルク、ヤク・シルク（ヤクの毛とシルクの交織*）、綿や麻などがある。語源は中国語で毛布や敷物を意味する「毯子 tan-tsu タンツー」という（絨毯のことは「地毯」）。緞通の起源は紀元前のペルシャを中心とする中近東地域で、シルクロードを通り中国に伝来。日本には朝鮮半島を経て元禄年間に佐賀藩に伝わり、綿で織る「鍋島《なべしま》緞通」をはじめ、堺の「堺緞通」、赤穂の「赤穂緞通」などが織られていた。

チーズクロス

cheesecloth

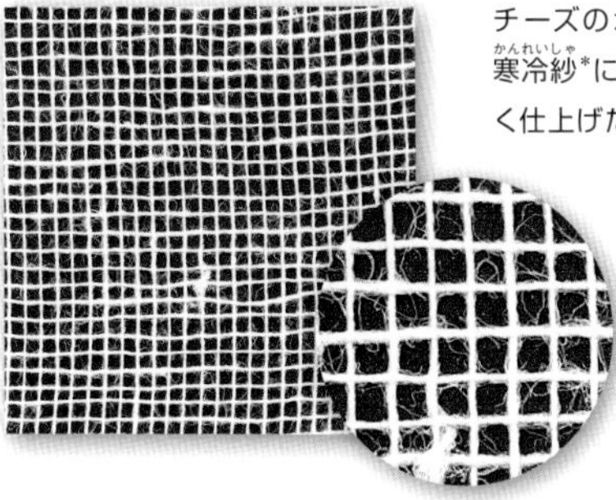

チーズの水切りや肉類の包装に使われる、ガーゼ*や寒冷紗《かんれいしゃ》*に似た薄地の綿の平織物*。濾過布《ろかふ》をはじめ、かたく仕上げたものはコートやスーツの芯地に、漂白し柔らかく仕上げたものはガーゼや包帯に使用。蚊帳《かや》地（モスキート・ネット）、タバコの苗床の覆い（タバコ・クロス）、劇場の紗《しゃ》の背景幕（シアトリカル・ゴーズ）や家具の裏張りに使われる場合は「スクリムscrim」など、用途や加工によりさまざまな名前で呼ばれる。

縮（ちぢみ）

crepe（米）/ crape（英）/ crêpe（仏）

シボをもつ織物の総称で、広義のクレープ*や縮緬《ちりめん》*と同じ。一般的には縮緬が絹織物をいうのに対し、縮は綿織物をいうことが多く、「綿縮《めんちぢみ》」「綿クレープ」とも呼ばれる。たて方向にシボが流れる織物である楊柳《ようりゅう》*を縮という場合もあり、楊柳縮緬*を綿と区別して「絹縮《きぬちぢみ》」ということもある。たて方向に縞状のシボがあらわれた綿縮はピケ*に似ていることから「ピケ・クレープ」という。縮はよこ糸に強撚糸《きょうねんし》*を使ってシボを出すことから、シャリッとした触感と、肌に密着しないサラッとした肌触りが特徴。

チノ

chino

チノ・クロスともいう。軍服に使われた緻密できめの細かい丈夫な綿の綾織物*。「チノパン」の生地としても知られる。たて・よこに双糸《そうし》*のコーマ糸*を使い、シルケット加工*、防縮加工*を施し、カーキやベージュ系に染める。元は英国で作られ、インド・中国へ輸出されていたが、第一次世界大戦のときにフィリピン駐留の米陸軍が軍服用に中国Chinaから購入したことから「チノ」の名が付けられたという。現在は軍服用よりソフトで光沢を抑えたものが多い。

縮緬（ちりめん）

Chirimen crepe

表面にシボをはっきり出した織物の総称で、和服地の代表的な織り。洋服地ではクレープ*にあたるが、特にシボがはっきり出ているものを縮緬と呼び、使い分けていることが多い。たてに無撚糸《むねんし》、よこに強撚糸《きょうねんし》*で平織り*にした後、精練《せいれん》*し、糸の撚りを戻して凹凸のシボを出したもの（糸が戻ろうとする力でシボができる）。よこ糸に強撚をかけてシボを出すためこれを緯縮緬《よこちりめん》という。一般的な縮緬はこれにあたる。逆にたて糸に強撚をかけてシボを出すものを経縮緬《たてちりめん》といい、ジョーゼット*に似たオリエンタル・クレープなどがある。たて・よこ両方に強撚糸を使ったものは経緯縮緬《たてよこちりめん》といい、ジョーゼットが代表的。

COLUMN 24 ＞縮緬 1

縮緬《ちりめん》の生産履歴《トレサビリティ》。「こより」の渋札《しぶふだ》の話

製作会社「加忠織物株式会社」の名前と、織り手と思われる「文恵」の名前の入った渋札。

かつて縮緬《ちりめん》*の反物《たんもの》*の端には、糸が盛り上がった筋のようなものがあり、中に製造メーカーと織り手を表示した「こより」が入っていた。丹後縮緬《たんごちりめん》の産地ではこれを「渋札《しぶふだ》」と呼び、製織工程で反末に織り込む。通常縮緬は白生地で出荷して後染《あとぞ》め*される。染織工程などで欠点が生じた場合、その欠点が製織工程にあるとすれば、その反物を織元に返すことができる。和紙の「こより」にすることで、染色しても渋札の中までは染料が入り込まないために、この方法がとられたという。「織り手」の名前を入れることは、その製品の製織に責任をもつことを意味する。渋札は昭和50年頃まで続いたが、現在はこれに代わって耐精練用の不滅インクを使用し、製織年月日、機《はた》番号などを捺印している。縮緬生地の中に渋札を入れることで生地に凹凸感ができ、それが生地の毛羽立ちを発生させる原因になったこともあり使用されなくなったという。一般的に「渋札」とは、反物の外側についている「商品タグ」のようなものをいい、和紙に「柿渋」を塗った非常に丈夫な紙が用いられることからこの名がある。丹後産地では、丹後縮緬がデリケートな白生地なので、これに代わるものとして考えられた技法かもしれない。製造元や織り手が自分の作ったものに最後まで責任をもつというトレサビリティ（生産履歴）のもの作りが、高品質を保つ「日本の伝統産地」を築いてきたことがうかがわれる。

COLUMN 24 >縮緬2

縮緬《ちりめん》の種類とシボの種類

縮緬は織り方、シボの形状、産地などによりさまざまな名称がある。シボの大きさや深さはよこ糸の撚り数、糸の配列、密度などで変化する。たてに無撚り糸、よこに右撚り・左撚りの強撚糸《きょうねんし》*を1本ずつ交互に打ち込んだものを「一越縮緬《ひとこしちりめん》」、同じく強撚糸を2本ずつ打ち込んだものは「二越縮緬《ふたこしちりめん》」といい、越数《こしすう》（よこ糸の打ち込み数）が少ないほどシボが細かく、多いものはシボが大きくなる。古代の縮緬地の趣《おもむき》がある古代縮緬（二越縮緬と同じ）、大きなシボの鶉縮緬《うずらちりめん》や鬼縮緬《おにちりめん》、ジャカード*で地紋を出した紋意匠縮緬《もんいしょうちりめん》、産地では丹後縮緬《たんごちりめん》（一越縮緬が多い）、長浜縮緬《ながはまちりめん》（二越縮緬が多い）などの名称がつけられている。

織物のシボのつけ方は2種類に大別される。織りでシボを出すには、たてに撚りのない糸、よこに強い撚りの強撚糸《きょうねんし》を使って織り上げてから、「シボ寄せ加工」で強撚糸の糸の撚りを戻してシボを出す。「片シボ（片縮みともいう）」は、たて方向にシワ状のシボを出したもの。よこ糸に右撚りまたは左撚りのどちらかの強撚糸を織り込むことによってできる。楊柳《ようりゅう》*、綿縮《めんちぢみ》*がこれに属する。一方「両シボ（両縮みともいう）」は、よこ糸に右撚りと左撚りの強撚糸を交互に打ち込むことで、均等な細かなシボを出したもの。一般的な縮緬、ジョーゼット*、クレープ・デ・シン*などがある。縮緬の場合は前者を「片縮緬《かたちりめん》」、後者を「両縮緬《りょうちりめん》」と区別して呼ぶことがある。縮緬は平織りがほとんどで、広義には平織りの縮緬を「平縮緬《ひらちりめん》」というが、狭義には両縮緬をさすことがある。

縮緬は南蛮貿易が盛んな16世紀末（室町時代）に、中国の明《みん》から綸子《りんず》*などの織物とともに堺に技術が伝えられたとされる。その後京都の西陣に伝わり、さらに丹後の峰山、長浜、岐阜、桐生など各地に広まり独自の発展を遂げた。綸子に比べ縮緬の普及は江戸時代中期の17世紀末と遅かったが、これには縮緬を染め生地とした友禅染《ゆうぜんぞめ》*の流行が大きく貢献したといわれる。

紋意匠縮緬（もんいしょうちりめん）

縮緬地に友禅染

ツイード

tweed

本来はスコットランド特産のホームスパン*の紡毛織物*。手紡ぎの太い羊毛を手織りで平織り*か綾織り*にざっくり織り、縮絨《しゅくじゅう》*・起毛をしないで粗剛に仕上げた織物をいう。地域、羊毛や糸の種類、織り方によりさまざまな種類がある。現在はそれに似た、糸に節《ふし》などのある目の粗いざっくりした厚手織物を総称して「ツイード」と呼んでいる。綿、麻、シルクなどの素材のバリエーションや薄手のものもある。

ツイード

●エジンバラ・ツイード　Edinburgh tweed

スコットランドのエジンバラ産のツイード。ショート・ダウン種の羊毛を用いているので、バルキー性・保温性が高く、薄く軽い。たてに白か生成り、よこに茶や黒、えんじ、グリーンなどの色糸の紡毛糸を使い、平織り*か綾織り*に織った、霜降り調が特徴。ドニゴール・ツイード*ほどのラフな織り感はなく、ネップ*（繊維の小さな固まり）も控えめで、ソフトで上品なイメージ。現在はエジンバラ・ツイードに似たようなツイードもこう呼ばれる。

ツイード

●ケンピー・ツイード　kempy tweed

ケンプ*は「死毛」のことで、病気や老化などで、羊毛本来の性質を失った毛。短く、太く、かたく、毛色は銀白色が一般的。弾力性や縮絨《しゅくじゅう》*性、吸湿性などをもたない。ケンプを混入したケンプ・ヤーンを織り込んだ野趣のあるツイードのこと。白っぽいケンプ・ヤーンが毛羽《けば》立ち、かたく張りがあり、シャリシャリした手触りがある。ハリス・ツイード*に用いられている。

「ハリス・ツイード」の
ジャケット

COLUMN 25 >ツイード

ツイードの歴史と種類
三代で着て、クタクタになってこそ味が出る

ツイード*は、イングランドとの境界線であったスコットランドのボーダー地域で作られていた、手紡ぎ・手織りの「ホームスパン*」が始まりという。大西洋のヘブリディーズ諸島のハリス島でも典型的なツイード作りが行われ、「ハリス・ツイード*」の名前が広く知られている。北極圏の過酷な気象条件で育った英国羊毛は、外側の毛は強靭な粗毛で、内側に柔らかな綿毛《わたげ》*が密生し、古代羊毛に似た性質を持つ。そのため、ざっくりと素朴な味わいを持ちながら、スポンジーで大変軽く暖かく、丈夫でコシがあるツイードを織り上げることができる。ツイードは耐久性の高さが最大の特徴。ヨーロッパでは親子三代でツイードのジャケットを受け継いでいく家庭もあるくらい長持ちする。がっちりしたツイードを着込んで、自分の体に馴染ませていくのがツイードの本当のお洒落な着こなしという。「雨風にさらされ、クタクタになってこそ味が出る」ともいわれ、「エルボーパッチ（肘《ひじ》当て布）」で補強したジャケットがデザインのひとつにもなっている。また植物染料で染めた、ヒースの丘のような牧歌的な色合いもツイードの魅力。何色もの色が混じり合い渋い色合いを出していく。現在は着古したようなヴィンテージ仕上げ*や、ソフト仕上げも多い。

ボーダー地区で織られていた本来のツイードは「綾織物*twill」で、産地からの送り状をロンドンの商社が「tweed」と誤読したことが語源といわれる。スコットランドとの境界線を流れるツイード川Tweed riverから名付けられたという説もある。「ホームスパン」は家庭で手で糸を紡ぎ、手織りの「平織り*」にした、素朴で野趣に富んだ織物をいう。現在は綾織り、平織りを問わず、ホームスパンも含めてツイードと呼ばれている。ツイードの種類や呼び名は多く、だいたい下記のように分類できる。

■羊の種類による呼び名>サキソニー・ツイード、チェビオット・ツイード*、シェトランド・ツイード*。

■産地名をつけた呼び名>ハリス・ツイード*、エジンバラ・ツイード*、ドニゴール・ツイード*（アイリッシュ・ツイード）。

■織り柄名をつけた呼び名>ホップサック・ツイード、ヘリンボーン・ツイード。

■意匠糸名や素材名をつけた呼び名>ネップ・ツイード*、ブークレ・ツイード、ループ・ツイード*、リネン・ツイード。

■ブランド名をつけた呼び名>シャネル・ツイード*。

■表面感による呼び名>ソルト・アンド・ペッパー*、ファンシー・ツイード*。

ツイード

tweed

ツイード

●サマー・ツイード　summer tweed

節糸《ふしいと》*や甘撚《あまよ》り*の糸を用いた、ツイード*本来のざっくりした野趣のある織りを、春夏用の素材や色にアレンジしたツイード。リネン・ツイードやコットン・ツイード、麻・綿・絹・レーヨンなどの意匠糸《いしょうし》*をミックスしたものなどがある。色も明るいナチュラルカラーや柔らかな色調が多い。

ツイード

●シェトランド・ツイード　Shetland tweed

スコットランド北端のシェトランド諸島の羊毛で織られた、軽く、柔らかく、弾力性に富む、ふっくらした梳毛《そもう》*ツイード。シェトランド種の羊は強健で粗食にも耐える種属。冬の厳しい孤島で、ヒースや灌木《かんぼく》の芽、海藻などを食べて耐え抜くことにより、カシミヤやアルパカのような光沢があり、ソフトでスポンジー性の高い羊毛を生み出す。強靭な刺し毛*（上毛）と、柔らかく絹のような光沢の綿毛*（下毛）が密集している二重構造を持つ。毛色は白、グレー、黒、薄茶、濃い茶などさまざまな色を持ち、自然な毛色を生かしたヘリンボーン*やグレン・チェック*などの伝統的な柄で織られたものが多い。現在はシェトランドに似たものもこう呼ばれる。シェトランド・ツイード、チェビオット・ツイード*、ハリス・ツイード*など、スコットランド産の伝統的なツイードを総称して「スコッチ・ツイード」という。スコッチ、スコティッシュ・ツイードとも呼ばれる。

ツイード

tweed

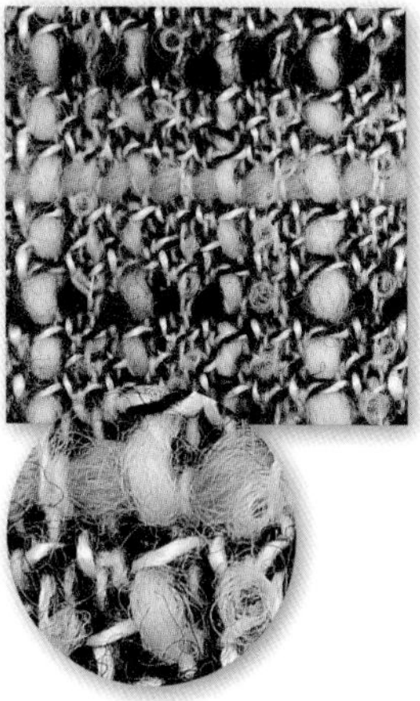

ツイード

●シャネル・ツイード　Chanel tweed

フランスのデザイナー、ガブリエル・シャネルGabrielle Chanel が、「シャネル・スーツ」と名付けたスーツに好んで取り入れたことから呼ばれるようになった、意匠糸《いしょうし》*使いの柔らかで女性的なツイード。ファンシー・ツイード*の一種。甘撚《あまよ》り*の太い糸や、ループ·ヤーン*、リング·ヤーン*、スラブ·ヤーン*などを用いて、糸変化·色変化の表面効果を出した、華やかで装飾的なツイードが代表的。シャネルは、本来男性のアイテムだったものを昇華させ、モードの歴史を塗り替えてきた。ツイードは、恋人であったイギリスの名門貴族ウェストミンスター公爵のツイードのジャケットを自分で着てみて、その着心地と質の良さを発見したという。現在はシャネルが好んだツイードに似たものもこう呼ばれている。

ツイード

●スコッチ・ツイード　Scotch tweed

スコッチ、スコティッシュ·ツイードともいう。広義にはスコットランド産のツイードの総称。エジンバラ·ツイード*、シェトランド·ツイード*、チェビオット·ツイード*、ハリス·ツイード*などがある。狭義には白と黒の紡毛糸*で2／2の綾織り*にした、地厚な紡毛織物で、エジンバラ·ツイードをいう場合もある。

ツイード

tweed

ツイード

●スポーテックス　Sportex

チェビオット・ツイード*の代名詞にもなっているフランスのドーメル社の商標。1922年にゴルフなど、当時のスポーツ用ジャケット地として開発され、その後英国紳士の正装用素材として愛用された、スーツ向きの素材。シャリ感があり目が詰んだ強撚糸《きょうねんし》*の平織り*で、薄く耐久性があるのが特徴。「sports 用のtextile」というところからSportex と名付けられた。リバイバルの「スポーテックス・ヴィンテージ」はさらに軽くソフトに改良を加えたヴィンテージモデル。

ツイード

●ソルト・アンド・ペッパー　salt and pepper

「塩とコショウ」の意味で、塩とコショウを混ぜたような「霜降り調の生地」の総称。ツイードの場合は、白（生成り）に黒や茶などの杢糸《もくいと》*使いの、平織り*や綾織り*の、柄のないシンプルなイメージのものをいう。バナックバーン・ツイード*が代表的。

ツイード

●チェビオット・ツイード　Cheviot tweed

スコットランドとイングランドにまたがるチェビオット・ヒルズ原産の、山岳種（マウンテン・ヒル種）のチェビオット羊毛で作られたツイード。粗剛で手触りはかたく弾力性と光沢に富み、コシと張りがある、丈夫なしっかりした織物で、きれいな色に染色できるのが特徴。紡毛《ぼうもう》*、梳毛《そもう》*の両方に使われ、平織り*か綾織り*にした後に縮絨《しゅくじゅう》*・剪毛《せんもう》*して目を詰め緻密に仕上げる。英国ツイードの中ではスーツ地に向いている。

ツイード

tweed

ツイード

●ドニゴール・ツイード　Donegal tweed

アイルランドのドニゴール州で、農家の副業として織られていた、ネップ*（繊維の小さな固まり）入りのホームスパン*。粗剛なアイリッシュ羊毛を、手紡ぎ・手織りで平織り*や綾織り*にした粗野感のあるツイード*。地名から単にドニゴール、ドネガル・ツイードとも呼ばれる。アイリッシュ・ツイード（アイルランド産のツイード）の代名詞にもなっている。糸は、太さにムラや節《ふし》があり、ネップが入った「ネップ・ヤーン*」が特徴で「ネップ・ツイード*」を代表するツイードとなっている。ホームスパンにカラーネップを入れたものや、カラーネップ入りのヘリンボーン・ツイード*などが代表的。現在はこれに似たネップ・ツイードを「ドニゴール・ツイード」とも呼んでいる。

ツイード

●バナックバーン・ツイード　Bannockburn tweed

スコットランドのバナックバーン（バノックバーン）で創織されたことから付けられた名で、単にバナックバーンともいう。「ソルト・アンド・ペッパー*」といわれる柄の一種で、白（生成《きなり》り）と黒の杢糸《もくいと》*で織られた、粗い霜降りツイード。チェビオット羊毛を使ったものが多く、紡毛《ぼうもう》*・梳毛《そもう》*の両方に使われる、薄手でしっかりした生地。スーツ地にも向いている。

ツイード

tweed

「ケルト十字」をモチーフにした
ハリス・ツイードの商標マーク

ツイード

●ハリス・ツイード　Harris tweed

スコットランド北部、大西洋のヘブリディーズ諸島で飼育されている羊毛種、ヘブリディアン・ブラック・フェイスの新毛を使い、ハリス島・ルイス島の島民に伝統的な手法で織られている最高級ツイード。「キング・オブ・ツイード」ともいわれる。植物染料でヒース・カラーと呼ばれる牧歌的な色合いに染め、手紡ぎか機械紡績した紡毛糸*で、手織機で織り上げる。ざっくりした風合いで、「ケンプ*（羊毛の死毛で、短く太くかたい）」を用いて織るため、手触りは「ざらざら、ごわごわ」しているが、暖かく丈夫。英国を代表するカントリー・ジャケットの素材として知られる。1840 年代に領主のダンモア伯爵夫人の奨励により、島民の漁師の海衣として作られていたツイードを島の産業として発展させブランド化に成功した。ハリス・ツイードの名称はロンドンのハリス・ツイード協会の商標であり、島で織り上げられ厳しい品質基準をクリアした本物には「ケルト十字」をモチーフにした商標マークがつけられている。ヘリンボーン*や、ガン・クラブ・チェック*、ハウンドトゥース*、ウインドーペイン*など英国の伝統チェック柄が代表的。

ツイード

●ファンシー・ツイード　fancy tweed

意匠糸《いしょうし》*使いで、糸変化やミックスカラーで表面効果を出した、装飾的で女性らしいツイード。カラフルなものは「マルチカラー・ツイード」ともいう。甘撚《あまよ》り*の太い糸や、ループ・ヤーン*、リング・ヤーン*、スラブ・ヤーン*、ネップ・ヤーン*などを用いた、カラフルで華やかなイメージ。シャネル・ツイード*が代表的。

ツイード

tweed

ツイード

●ブリティッシュ・ツイード　British tweed

スコッチ・ツイード*、アイリッシュ・ツイードなどを含めた、伝統的な英国調ツイードの総称。ヘリンボーン*、ガン・クラブ・チェック*、ウインドーペイン*などのブリティッシュ柄や、ネップ*(繊維の小さな固まり)の入ったドニゴール・ツイード*、霜降り調のバナックバーン・ツイード*などがある。

ツイード

●ホップサック・ツイード　hopsack tweed

「ホップサック*」は「ビールのホップを入れる麻袋hopsack」に似せた、粗野でラフな織物。太い糸で斜子織《ななこお》り*にした、密度の粗い織物。ウールの場合は「ホップサック・ツイード」と呼ばれ、チェビオット羊毛*の粗剛な毛で織った、野趣のあるザラザラした丈夫な織物をいう。チェビオット羊毛は発色が良いため、きれいな色目の杢糸《もくいと》*使いの無地などが多い。また節糸《ふしいと》*などを使った粗野感のあるホップサックを総称してこう呼ぶこともある。

ツイード

tweed

ツイード

●ホームスパン　homespun

ホームスパンは「家庭で紡いだ」という意味。広義には、手で紡いだ太く節《ふし》のある糸や、それで手織りにしたざっくりした織物をいう。一般的にはウールをいうが、リネン*の場合は「ホームスパン・リネン」と呼ばれる。狭義のホームスパンは、アイルランドやスコットランドの農家で、原毛を手で染め、手で紡いだ節《ふし》のある太い糸で、手織りで素朴な平織り*にし、縮絨《しゅくじゅう》*をしないで、ざっくり仕上げた厚手の紡毛《ぼうもう》織物。柔らかく、暖かく、織り目も不揃いで野趣に富み「ホームスパン・ツイード」ともいわれる。現在は太い紡毛糸で織った、ハンドメイド感覚のある平織りを総称してこう呼んでいる。白(生成《きな》り)に黒や茶などの糸で平織りにしたものが多く、ソルト・アンド・ペッパー*にも似ているが、このような雰囲気のツイードを「ホームスパン」と呼ぶことがある。

ツイード

●ループ・ツイード　loop tweed

ループ・ヤーン*（ブークレ・ヤーン）を用いた、表面にループや粒のあらわれた織りやニットのツイード*。ブークレ・ツイードともいう。柔らかく弾力性があり、暖かなイメージを持つ。ループ・ヤーンだけで織ったモコモコしたものや、他の糸とミックスしてループ効果を出した、ざっくりしたツイードなどがある。

COLUMN 26 ＞意匠糸

意匠糸《いしょうし》の種類

「意匠糸*」は、太さや色の変化、ループやノップ（こぶ）などを意図的に作った装飾効果の高い糸のことで、織物やニットに表面効果を生み出す。さまざまな糸や色がミックスされてつくられるツイード*には、意匠糸が使用されることが多い。

→意匠糸

●リング・ヤーン 

●ループ・ヤーン 

●シェニール・ヤーン 

●ノット・ヤーン 

●壁糸《かべいと》 

●杢糸《もくいと》 

●ネップ・ヤーン 

●スラブ・ヤーン 

●メタリック・ヤーン 

●モヘア 

綴織り（つづれおり）

tapestry

※縮小

「綴錦《つづれにしき》」とも呼ばれ、かなりの時間・技術・芸術性を要する非常に手間のかかる高級織物。英語では「タペストリー（仏語ではタピスリー tapisserie）」が該当するが、タペストリーとは綴織りの壁掛けを指す場合が多い（刺繍の壁掛けも含める場合がある）。綴織りは「爪で織る錦*」との表現もあり、経糸《たていと》の下に図案を置き、図案通りに緯糸《よこいと》（「ぬきいと」とも読む）をノコギリの歯のようにとがらせた爪で一本一本掻き寄せて織る。ジャカード*機で織る綴織りもあるが、爪掻きの手織りのものを「爪綴《つめつづれ》」「本綴《ほんつづれ》」と呼んで区別している。組織は平織り*を応用したもので、緯糸を経糸の3～5倍の密度にし、緯糸で経糸を包み込むように織るため、経糸は見えず、経糸と経糸の境目に細い隙間ができるのが特徴。文様は緯糸に数十種の色糸や金銀糸を使い、図案の部分ごとに、爪先で糸を掻きながら一つ一つ絵を描くように緯糸を織り込んでいく。そのため緯糸が織り幅全体にまたがることはなく、表裏同じ文様があらわれる。手作業で織り込むため色の糸数に制限はなく、微妙なぼかしも美しく表現でき、絵画や写真のような表現も忠実に織り上げることができるが、複雑なものは一日に1cm四方しか織れないものも少なくない。同じ図案でも織り手の絵心や感性、技術により織り上がりが違ってくる。気の遠くなるような根気と高度な技術に、芸術的な資質が織り手に要求される染織技法であるため、値段も非常に高いものとなっている。綴の帯は丈夫で締め緩みがなく家宝ともなる最高級の帯とされ、この他タペストリー、袱紗《ふくさ》、緞帳《どんちょう》などに用いられている。

花鳥図が綴られた「綴織り」の帯（部分）

「綴織り」の帯（部分）

COLUMN 27 ＞綴織り

世界を巡る綴織りの歴史

綴織りの歴史は古く、世界各地で織られている。織り組織は同じだが織り機や糸の太さなどが違い、日本の綴織りの糸が最も細いとされる。最も古いのは紀元前のエジプトのコプト織り*で、ペルシャ絨毯やキリム*、フランスのゴブラン織り*、中国の刻糸《こくし》などの綴織りが知られ、宗教画などを織り描いたものも多い。日本には奈良時代に中国から伝来した綴織りが法隆寺に現存する。奈良の当麻寺《たいまでら》に伝わる「当麻曼荼羅《たいままんだら》」は、奈良時代に藤原豊成《ふじわらとよなり》の娘の中将姫《ちゅうじょうひめ》（バスクリン㈱ツムラのシンボルマークとしても知られる）が蓮糸で織ったものとされ、仏教の教えを織り描き御本尊にされている。その後京都の仁和寺《にんなじ》や本願寺で綴織りの装飾品が織られはじめ、江戸時代中期頃から京都・西陣で綴の帯が織られるようになった。京都祇園祭の山鉾は「動く世界の博物館・美術館」ともいわれ、歴史的にも芸術的にも価値の高い染織品が残され伝わっている。懸想品《けそうひん》（山鉾を飾るタペストリーなどの染織品）には16〜18世紀のペルシャ絨毯、ベルギー・フランドルのタペストリー（ゴブラン織り*）、中国の刻糸など、神話、仏教や聖書物語が織り込まれた国宝級の綴織りが使われており、古くから世界の文明や宗教が日本で共存していたことがうかがえる。豊臣秀吉は舶来品に異様な執着を見せたといわれ、贅を尽くした豪奢な衣装を集めた。秀吉の「鳥獣文様綴織陣羽織《ちょうじゅうもんようつづれおりじんばおり》」は、南蛮渡来の絹の綴織りのペルシャ絨毯で仕立てた陣羽織で、獅子などの動物文様に絢爛たる金銀糸が織り込まれている。綴錦《つづれにしき》*を日本で完成させたのは明治19年にヨーロッパに外遊していた川島織物（現〈株〉川島織物セルコン）二代目川島甚兵衛。ゴブラン織り*の原理が、日本に伝わる綴織りと同じことに注目。ヨーロッパのゴブラン織りが太い糸で織られるのに対し、細い絹糸で緻密に織り上げる日本独自の綴錦のタペストリーを開発し、芸術作品としての「装飾織物」の分野を築き上げた。

紬（つむぎ）

pongee / Tsumugi

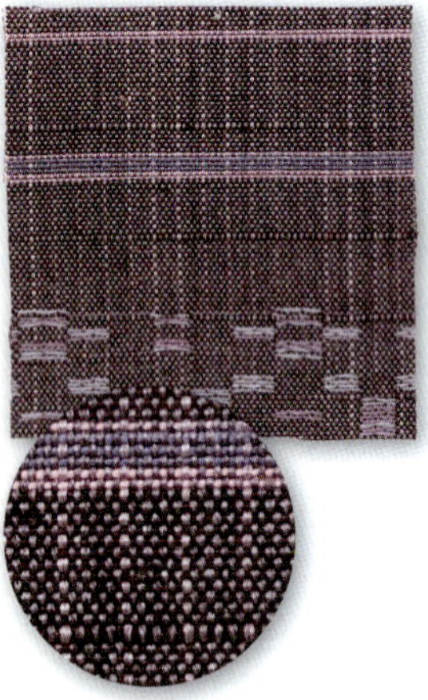

真綿《まわた》*を手で紡いだ、太く節のある紬糸《つむぎいと》*で平織り*にした、野趣のある丈夫な絹織物。絣《かすり》、縞、格子、白紬などがあり、渋い味わいをもつ「通好み」の高級着物地として知られる。結城紬《ゆうきつむぎ》（茨城県）、大島紬（鹿児島県）、上田紬（長野県）、村山大島紬（東京都）など、産地名で呼ばれている。現在は手紡ぎ糸（紬糸）が非常に手間がかかり高価なため、玉糸《たまいと》*などの節糸《ふしいと》を交織して紬風に織り上げたものも多い。

テディ・ベア・クロス

teddy bear cloth

熊のぬいぐるみで知られるテディ・ベアに使われたことから付いた名前で、フラシ天（プラッシュ*）、あるいはこれに似た毛羽《けば》の長い紡毛織物*をいう。テディ・ベアの名の由来は、米国第26代大統領のセオドア・ルーズベルト（愛称テディ）が、ハンティングで子熊を助けたエピソードに由来する。当時流行していた熊のぬいぐるみをテディ・ベアと名付け、1902年独国のシュタイフSteiff社のリヒャルド・シュタイフが製造したのが始まりとされる。テディ・ベアは商標ではなく、シュタイフ社のコンセプトである①手・足・首が自由に動き、グラスアイ（ガラスの目玉）を使用している、②モヘア*などの品質の良い材料を使うこと、③手作りであること、の条件を満たしているものであればすべてテディ・ベアの名前で呼ぶことができる。素材は発売当初からアンゴラ山羊のモヘアのフラシ天が使われている。テディ・ベアの製造では独国のハーマンHermann社、クレメンスClemens社、英国のメリーソートMerrythought社なども知られる。

COLUMN 28 >紬

くず繭糸を利用したリサイクル「紬」は野良着から生まれた日本の伝統絹織物

紬の歴史は古く「ふとぎぬ」とも呼ばれる、太く節《ふし》のある糸の「絁《あしぎぬ》*」が起源とされる。日本は古くから養蚕《ようさん》が行われ、農家ではくず繭《まゆ》や製糸に適さない玉繭《たままゆ》*（1つの繭に2つのサナギが入ったもの）など、生糸《きいと》*にできない下級の繭糸を真綿《まわた》*にして、手で紡ぎ、手で織って日常着や野良着にしていた節のある平織り*が、各地で独特の「紬」として発展。
江戸時代、綿織物のような渋い色合いの絹織物の紬を「通人」が「粋な着物」として見い出したことで人気を博し「高級品」として広まっていった。
真綿は、下級繭を精錬《せいれん》*してセリシン（ニカワ質）を取り除き綿《わた》にしたもので、これを指で撚《よ》りながら紡いだ糸を「紬糸《つむぎいと》*」という。この紬糸で織ったものが「紬」であるが、現在は普通の繭糸を真綿にしたものや、機械で紡いだもの、玉糸《たまいと》*など、「紬糸風」を用いているものも多い。太く節があり毛羽《けば》立った紬糸を泥や植物で染めたり、絣糸《かすりいと》*を作り、それを根気よく手織りにする作業は大変手間がかかる。織り上げるのに1カ月から数カ月、本場大島紬は準備工程から織り上がりまで半年から1年以上かかるという。
仕上がった紬は非常に丈夫で、「数代にわたり使える」「裏地を3度取り替えることができる」といわれるほど。織りたての紬はかたいため、着こなしていくほどに着やすく味が出てくる。これはイギリスの伝統的なツイード*とも通じる部分である。ツイードは羊の毛を家庭で手紡ぎした糸で、手織りにした「ホームスパン*」が原型になっている節のある織物。非常に丈夫で親子三代で着ることも多く、着るほどに体に馴染みほどいい雰囲気になる。どちらも農家から生まれた野趣のある丈夫な伝統織物だ。紬はもとは「野良着」であったことから、高級な絹織物とはいえ、正装に用いないのがルールとされている。

光沢が美しい「本場大島紬」（部分）

デニム

denim

ジーンズに使われる、実用的な厚手綿の綾織物*。基本はインディゴブルーで、洗えば洗うほど味の出てくる丈夫な糸染め*織物。たてに20番手より太い色糸、よこにそれよりやや細い晒《さら》し糸《いと》*で1/2か1/3の綾織りにする。表にたての色糸が多くあらわれ、裏は白の糸が多くあらわれるのが特徴。インディゴ染めの「インディゴ・デニム」、色糸使いの「カラー・デニム」、光沢糸を使った「ブライト・デニム」、麻、シルク、ラメ糸使い、色落ちさせた「ブリーチアウト*・デニム」など、糸や加工の違いでさまざまな呼び名があり種類がある。

天竺木綿（てんじくもめん）

T-cloth

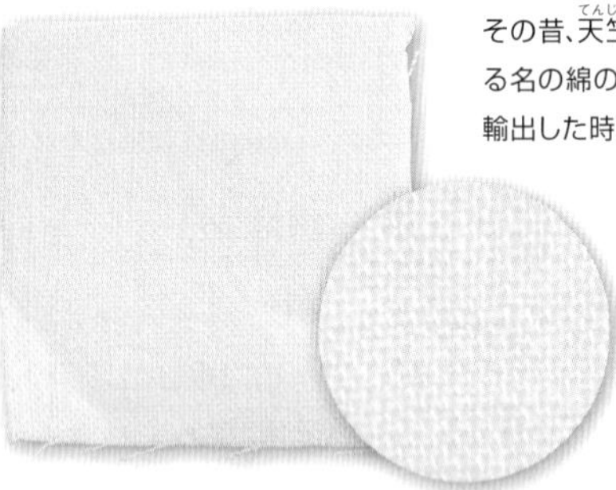

その昔、天竺《てんじく》と呼ばれたインドから渡来したことに由来する名の綿の平織物*。単に天竺ともいう。イギリスでこれを輸出した時に「Good-T」の商標を付けたことから、欧米では「ティー・クロスT-cloth」という。たて・よこに20 番手*程度の単糸*をほぼ同密度に織る。粗布《そふ》*、天竺、細布《さいふ》*、金巾《かなきん》*の順に糸が細く、地合いが薄くなる。織ったままのものは「生天竺《きてんじく》」、漂白したものは「晒《さら》し天竺《てんじく》」という。シーツやカバーなどに使われることが多い。

『リーLee』の「左綾*」

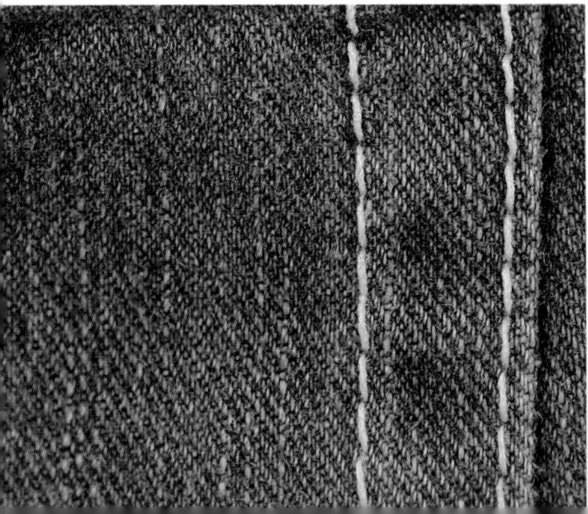

『リーバイス Levi's』の「右綾*」

COLUMN 29 >デニム

デニムの歴史と染色法

デニムの語源は、フランス南部のニームNimesで量産された厚手の綾織物が「セルジュ・ドゥ・ニームserge de Nimes（ニームのサージ）」と呼ばれていたのが「デニム」に転訛した。もとはイギリスで生産された綿の太綾《ふとあや》*で、たてに濃紺や茶色の糸、よこに漂白した糸を織り込んだもの。丈夫であることから船員や工員に用いられ、その後アメリカに渡り西部開拓者の労働着になったという。ジーンズは当初、ゴールドラッシュの最盛期に労働者の作業着として、幌やテント素材の厚手のキャンバスで作られていたが、その後インディゴ染め*のデニムへと変わった。リーバイスLevi's社のジーンズが有名。

■ デニムとインディゴ

デニムにインディゴ（藍）染めが使われたのは、天然藍のもつ「蛇や虫除け効果」を挙げる説がある。現在は合成インディゴ染料が主流。デニムは「色落ち」が魅力のひとつでもあり、「たて落ち」という生地のたて線上の色落ちが特徴。これはデニムのたて糸は中心部が染まらずに白く残る「中白《なかじろ》*」という現象が見られ、洗濯を繰り返すと芯部の白があらわれてくるため。特にシャトル織機*で織った「ヴィンテージ・デニム*」といわれるデニムの色落ちは、ブルーと白が絶妙に混じり合い、マニアに好まれている。色落ち加工は「ウォッシュアウト*」「フェードアウト」「ブリーチアウト*」の順に色褪せ度が増し、「ストーン・ウォッシュ*」「ケミカル・ウォッシュ*」などの加工技術がある。反対に色落ちさせないきれいめ志向もあり「ブライト・デニム」「クリア・デニム*」など、特殊糸や色落ちしにくい「反応染料《はんのうせんりょう》」を用いた濃紺のデニムがある。

■デニムの重さ

デニムは生地の重さの単位の「オンス（OZ）」であらわされ、一般的には7オンス*から14オンス前後。10オンス以下の軽いものは「ライトオンス・デニム」、20オンス以上は「ヘビーウエイト・デニム」と呼ばれる。

■デニムの綾目

通常のデニムは綾目《あやめ》*が左下から右上に上がる「右綾*（正斜文）」だが、ジーンズメーカーによって違いが見られる。リーバイスLevi'sは「右綾（正斜文）」、リーLeeは「左綾（逆斜文）」、ラングラーWranglerは「ブロークン・ツイル*（破れ斜文）」で「ブロークン・デニム」とも呼ばれる。単糸*の撚りは通常は左撚り（Z撚り*）で、逆方向の右綾で織ると緩みが生じ、ざっくりしたイメージの織りになる。同じ方向の左綾で織ると撚りが締まって綾目が立ち、表面がフラットで光沢感やソフト感が出る。アタリが強くなり、洗いを繰り返すとジーンズ独特の「たて落ち」になる。ブロークン・ツイルは綾目を崩すことで表面が滑らかに堅牢になり、綾織りに起こりがちな「ねじれ」が出ないという特徴がある。

天女の羽衣（てんにょのはごろも）

super organza

『天女の羽衣』は、天池合織（株）が開発した超極細繊維*の商標。ラグジュアリーブランドから「スーパーオーガンザ」と命名されたため、こちらの名前の方がよく知られている。一般的なストッキングの1／5の細さの7デニールのスーパーファイン・ポリエステル・モノフィラメントを使用。1㎡の生地の重さが、わずか11gという「世界一薄く・軽い」マテリアル。「空気のような透明感」「空気のような軽さ」が特徴で、ほんの少しの空気にも揺らめく美しさは、まさに「天女の羽衣」と評されている。本来はプラズマTVの内部に使用する電磁波防止のインナーシードル用の産業用資材として開発されたもの。金属メッキを施す素材として限りなく薄く透明な素材が求められていた。これを衣料用に加工し、オーガンジー*を超えたオリジナル繊維が誕生した。

ドスキン

doeskin

牝鹿（ドスキン）のなめし革に似せた、タキシードなどの礼装用最高級紡毛織物*。通常5枚朱子織《ごまいしゅすお》り*で、縮絨《しゅくじゅう》*、起毛、剪毛《せんもう》*、圧絨し、柔軟で光沢のある織物に仕上げる。これをドスキン仕上げ（ビーバー仕上げ）という。現在はたて・よこに梳毛《そもう》*の双糸《そうし》*を使い、または、よこに紡毛糸を用いたものが主流。似たような織物に「バックスキン*」がある。ドスキン仕上げをしたカシミア*またはそれに似たものを造語で「カシドス」という。

ドビー

dobby

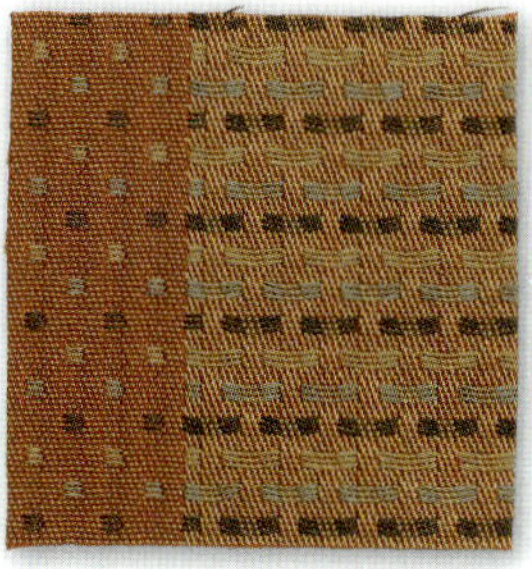

①ドビー装置、またはこれを設置したドビー織機《しょっき》のこと。ピケ*、蜂巣《はちす》織《お》り*、ハッカバック*などの特殊な織り組織や、単純で小柄な地模様を織ることができる。複雑な模様はジャカード*で織られる。②ドビー装置で織ったドビー柄のこと。小柄の連続模様や幾何学模様*が多く、ドビー柄のある織物を総称してドビー・クロスともいう。ドビー柄をストライプ状に配したドビー・ストライプ*、ポプリン*にドビー柄を織り出したドビー・ポプリン*などがある。

ドビー・ポプリン

dobby poplin

ポプリン*地にドビー*で光沢のある小柄の幾何学模様*を連続的に織り出したもので、紳士のドレスシャツに多く見られる。糸染め、晒《さら》し、無地染めがある。超長綿《ちょうちょうめん》*やコーマ糸*使いの、緻密で光沢のある生地が多い。ジャカード*などで複雑な柄を織り出したものは「紋《もん》ポプリン」という。

ドリル

drill

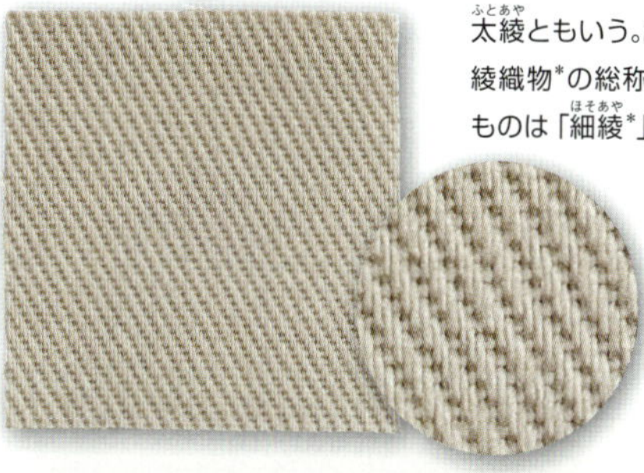

太綾《ふとあや》ともいう。20番手以下の太い単糸*を用いた厚地の綾織物*の総称で、左綾*が多い。それより細い糸で織ったものは「細綾《ほそあや》*」という。2/1（表面に浮いている糸が、たて糸2本×よこ糸1本が交互に繰り返される織り）、2/2、3/1などの綾に織ったもので、「雲斎《うんさい》*」「葛城《かつらぎ》*」などがあるが、英語ではこれらを含めて「ドリルdrill」と呼ぶ。無地染めが多く、ワーキングウエアやジーニングウエアが代表的。

トロピカル

tropical

夏用の紳士スーツ地に代表される、薄地平織り*の梳毛《そもう》織物*。俗称「トロ」。織り目は密にせずに、通気性に富み、軽く、さらさらした手触り。無地、シャドー・ストライプ*、シャドー・チェック*などがある。似た梳毛織物にパンピース*やポーラ*があり、これら夏向きのウールを総称して「サマー・ウール*」「サマー・ウーステッド」という。熱帯地方（トロピカル）や夏向きの素材であることからの名前。

ドンゴロス

dungarees

ジュート*（黄麻：おうま/こうま）などで粗く平織りにしたコーヒー豆などを入れる厚手の麻袋、またはその麻布。インドで輸出用の梱包袋として創織されたといわれる。ドンゴロスdungareesのスペルは「ダンガリー*」と同じ。これはダンガリーの語源である西インドで織られていた「粗野な織物」に由来すると思われる。

コーヒー豆などを入れる
「ドンゴロス」の袋

緞子／鈍子（どんす）

damask / Donsu damask

「金襴緞子《きんらんどんす》の帯締めながら」の歌にもあるように、帯に多く使われる光沢のある豪華な紋織物。撚《よ》りのない糸で、朱子織《しゅすお》り*の表組織と裏組織を組み合わせて模様を織り出す。綸子《りんず》*と同じ織りだが、綸子が織り上がった後に染色を施す後染め*であるのに対し、緞子は精練・染色した糸（先染め*糸）を使う。たて糸・よこ糸を色を変えることで、多色の紋様を出すことができるのが特徴。綸子や緞子にあたる洋服地はダマスク*と呼ばれる。
鎌倉時代から南北朝時代（14世紀頃）にかけて金襴*とともに中国から渡来し、室町時代（15〜16世紀中頃）には茶の湯の発展に伴い盛んに輸入された。豪華な金襴とは異なる渋い美しさの緞子は千利休などの茶人に好まれ、名物裂《めいぶつぎれ》*として茶入れや茶碗の仕覆《しふく》をはじめ掛け軸の表装や袴などに大変珍重された。日本で織られるようになったのは安土桃山時代から江戸時代初期（17世紀初め）にかけてといわれ、女性の着物や帯に用いられるようになったのは元禄時代頃（17世紀末頃）からという。現在は京都・西陣が生産の中心になっている。

→【コラム17】金襴

ナイアガラ

Niagara

表面にたて糸が不規則に浮き出て、流れるような筋を描いている織り。滝の流れにも見えることから「ナイアガラの滝」に見立てて この名が付いた。梨地織《なしじお》り*の一種。

梨地織り（なしじおり）

crepe weave

梨の皮のような細かいしじら*の凹凸感を出した織物、または織り組織の名称。ざらざらした表面感が特徴で、アムンゼン*、梨地ジョーゼット*、モス・クレープ*、オートミール*、バラシア*などがある。

斜子織り（ななこおり）

basket weave / mat weave

織物の組織名であり、この組織で織った織物名でもある。「七子」「魚子」「並子」の文字が用いられることもある。平織り*の一種で地合いがざっくりとした織物。バスケットのような籠目《かごめ》に見えることから、「バスケット・ウィーブ（バスケット織り）」、敷物（マット）や麻袋（ホップサック）の代表的な織りであることから「マット・ウィーブ（マット織り）」「ホップサック・ウィーブ*（ホップサック織り）」ともいう。一般の平織りはたて糸・よこ糸を1本ずつ交互に組み合わせるが、斜子織りは2本または3～4本の糸を引き揃えて織る。そのため織り目にやや隙間ができ「空気の通りが良い」「地合いが柔らかでしなやか」という特徴をもち、夏向きの素材に適している。オックスフォード*、ブッチャー*、ホップサック*などが代表的。

錦（にしき）

brocade

2色以上の色糸や金銀糸で文様を織り出した華やかな絹の紋織物《もんおりもの》*の総称。錦には、たて糸で文様を織り出す経錦《たてにしき》と、よこ糸で織り出す緯錦《ぬきにしき》（よこにしき ともいう）があり、緯錦の方が色数も多く文様も大きく織ることができるため華やかな印象がある。織法などにより、唐錦《からにしき》（唐織り*）、金襴錦《きんらんにしき》（金襴*）など固有の名称が付けられているものもある。また広義には、綴錦《つづれにしき》（綴織り*）や、絵緯《えよこ》*で刺繍のような文様をあらわす縫取織《ぬいとりお》りのように、錦の組織ではないものも錦と呼ばれている。用途は礼装の帯や、能装束、法衣、表装など。

「菊菱（きくびし）」の地紋の「錦」の帯（部分）

秋の紅葉や花々を織り出した「錦」の帯（部分）

COLUMN 30 >錦

「錦」は金にも値する織物
「故郷に錦を飾る」とは…

錦の歴史は非常に古く、紀元前3世紀の中国の秦《しん》時代に経錦《たてにしき》*が織られたことに始まる。日本でも『魏志倭人伝《ぎしわじんでん》』に卑弥呼《ひみこ》が3世紀半ばに、魏《ぎ》の明帝に金印のお返しに錦を贈ったという記述がある。経錦は、同じ三国時代の蜀《しょく》を産地とする蜀江錦《しょっこうにしき》として伝わり法隆寺に残されている。『日本書紀』には、雄略天皇時代（5世紀末）に百済《くだら》から錦織部《にしごりべ》（大陸系の帰化人で、綾錦の機織り技術をもつ織物師集団）が渡来したとの記録があり、国産化が始まった様子がうかがえる。唐時代（7〜8世紀頃）には経錦に代わり、ペルシャから伝わった緯錦《ぬきにしき》（よこにしきともいう）が主流になり、綾織物の綾錦《あやにしき》が発展した。飛鳥時代〜天平時代（7〜8世紀）にかけてはペルシャ錦がシルクロードを経て伝来している。正倉院の「唐花紋錦《からはなもんにしき》」「葡萄唐草紋錦《ぶどうからくさもんにしき》」など、ペルシャ特有の唐草模様*の錦がこれにあたる。日本でも奈良・平安・鎌倉時代（8〜13世紀頃）にかけて独自の緯錦が発展していった。南北朝時代〜室町時代（14〜17世紀頃）にかけての錦は金銀糸使いのさらに豪華な紋織物*となり、明《みん》の金襴や錦織りが能や茶の湯の興隆とともに尊ばれた。応仁の乱（1467〜77）後、精密な紋織りの明様錦（金襴や緞子《どんす》*など）の国産化に取り組んだ京都・西陣が、高級錦織物の産地として発展し、今日に至る。古代には、錦は特殊な技術を要する非常に豪華な織物として珍重され「金・銀・錦の財宝を…」の表現があるように、「錦」は「金にも値する帛《はく》（織物の意）」を意味してつけられた名といわれる。

「故郷に錦を飾る」とは、錦を着て故郷に帰ることが類《たぐ》い希な出世の証しであることを示したものである。また百人一首でも有名な菅原《すがわら》道真《みちざね》の「…紅葉の錦 神のまにまに」の歌にもあるように、錦は神に捧げる織物で、これは古代中国の陰陽道《おんみょうどう》（道教）の影響を受けたものともいわれる。

ニードルパンチ

needle-punch

編物でも、織物でもない、付加価値の高いクラフト技術を持った不織布《ふしょくふ》*の一種。生地を剣山《けんざん》のような無数の針でパンチングすることで、生地と生地、生地と毛糸などの素材を圧着させる。針先にトゲのある特殊な針を上下させることで繊維がからまり、フェルト*化し接合して不織布になる。パッチワーク、ワッペン、刺繍のような柄をあらわすクラフト表現からカーペットまで応用が広い。

ニノン

ninon

シフォン*によく似た、薄く、軽く、非常に柔らかな平織物*。シフォンよりもやや密に織られているが、とても柔らかい。これは絹織物の場合、シフォンは完全に精練《せいれん》*を施さず、ややかために仕上げるが、ニノンは必ず精練し、生糸《きいと》*の外側のかたい成分であるセシリンを取り除いているために、非常に柔らかいのが特徴となっている。ニノンとはフランス語で「絹織物」を意味し、本来は絹であるが、現在はレーヨン、アセテートなどの化学繊維も含め、似たような生地をいう。

ネインスーク

nainsook

薄く、軽く、柔らかく、光沢のある綿の平織物*。日本やフランスには少しかために仕上げたものが多い。キャンブリック*、バティスト*にも似ているが、ネインスークは40 ~50 番手くらいで織り、強い光沢仕上げをする。晒《さら》し*の白地、淡い色無地、縞柄などが多く、幼児服、ブラウス、ランジェリーなどに。インドで製織され、ヒンドゥスターニー語の「nainsuhk 目の歓び」が語源という。

ネオプレン

Neoprene

1930年、アメリカのデュポンDu Pont社が開発した合成ゴムの商標名。ウエットスーツ素材として知られる、気泡の密度が高い発泡ゴム。柔らかく熱伝導率が低いので保冷・保温効果も高く、衝撃吸収力、伸縮性、耐熱性、断熱性にも優れている。クロロプレンchloroprenの重合によって得られる合成ゴム（ポリクロロプレン）で、耐候性、耐油性、対薬品性は天然ゴムより優れ、加工も容易。本来は電線被覆《ひふく》、コンベアベルトなどの工業用素材だったが、現在はバッグやパソコンケース、ジャケットなどにも使用されている。

ネル

flannel / cotton flannel / flannelette

正式名はフランネル*。平織り*、綾織り*に起毛した織物で、本来は毛織物。綿の場合は「コットン・フランネル（略して綿ネル）」「フラネレット」という。平織りのネルは「平ネル」、綾織りは「綾ネル」「朱子《しゅす》ネル」もある。片面起毛したものは「片面ネル」、両面起毛は「両面ネル」という。日本で単に「ネル」という場合は綿ネルをいうことが多い。綿ネルは、よこ糸に甘撚《あまよ》り*の太めの糸を用いて起毛する。肌触りが柔らかく、保湿性に富み暖かい。ベビー服、パジャマや冬のシャツなどに向く。

ノイル・クロス

noil cloth

ノイル織り、仏語では「ブーレット：絹くず、絹紡糸の意味」ともいう。絹紡紬糸《けんぼうちゅうし》*を使った節の多い素朴な平織物*。絹紡紬糸は「ノイル* noil：短毛の意」という絹の紡績過程で生じる「くず物（短繊維）」を紡いだ糸で、節《ふし》やムラが一面にあらわれた柔らかな織物となる。たて糸に無撚《むよ》りのレーヨン*や綿の節糸《ふしいと》*を使ったものもある。かつては絹のノイル・クロスを「薬嚢地《やくのうじ》」（大砲の火薬を詰める袋地）といった。大砲に詰めた薬嚢地は、爆発して燃えてもその灰が他の繊維に比べ微量で柔らかく砲身の溝を摩滅させることが少ないために使用されたという。

パイル織り（パイルおり）

pile fabric / pile weave

織物の表面のパイルを特徴とする織物の総称。添毛織《てんもうお》りともいい、「添毛組織（パイル組織）」という組織名でもある。パイルは、毛羽《けば》やループ（輪奈《わな》）のこと。パイルを作る糸をパイル糸といい、たて糸にパイル糸を使ったものを「経《たて》パイル織り」、よこ糸に使ったものを「緯《よこ》パイル織り」という。「経パイル織り」はパイルの長いものが多く、ビロード*（ベルベット）、モケット*、ベロア*、プラッシュ*、シール*、タオル*（テリー・クロス）、絨毯《じゅうたん》や段通《だんつう》*などがある。「緯パイル織り」はパイルが短いもので、別珍《べっちん》*、コーデュロイ*などがある。織物の表面にループを残しているものをループ・パイル、アンカット・パイル、輪奈ビロード*といい、ループを房状にカットして毛羽を出したものをカット・パイルという。パイル織りには「コール天」「プラッシュ天」「シール天」など「天」の名前がつけられたものが多い。これはビロードが「天鵞絨」と表記されることからの名残と思われる。

パイル織りの種類

ベルベット

モケット

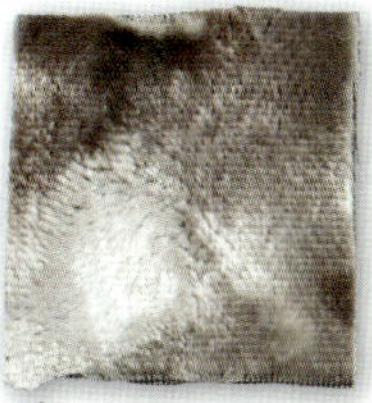
プラッシュ

シール

タオル

コーデュロイ

博多織（はかたおり）

Hakata-ori

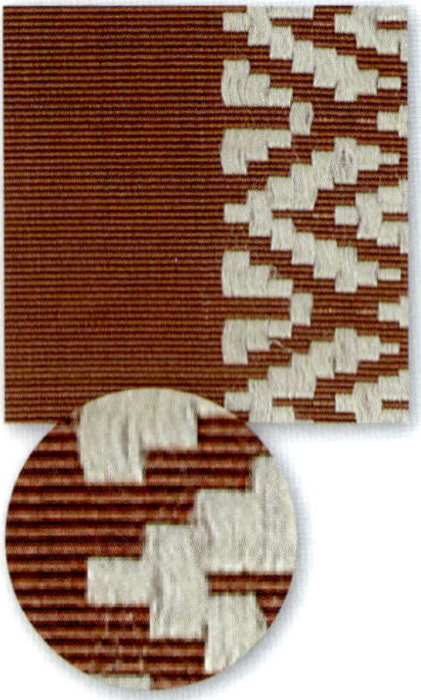

福岡市周辺や博多地区特産の「博多帯」に代表される、刺繍のような紋柄をあらわした、よこ畝《うね》のある練り絹織物*。博多織は細い糸で打ち込むたて糸の密度がよこ糸の5倍、よこ糸はたて糸よりも太い糸を打ち込むことで、はっきりしたよこ畝があらわれ、地厚でシャキッとした風合いが特徴。厚手の琥珀織《こはくお》り*とほぼ同じで、かたく弾力性がある。博多帯は、一度締めたら緩《ゆる》まないといわれるほど締め心地には定評がある。「博多は音《ね》を締める」ともいわれ、締めた時のキュッキュッという絹鳴りが好まれ、帯の評価のひとつにもなっている。紋織り*は「浮紋《うきもん》*」という、たて二重組織*を応用したものが多い。地組織のたて糸とは別に、柄をあらわす絵経糸《えだていと》いうたて糸を用いて刺繍のような紋柄を出す。博多織の袴地は「博多平《はかたひら》」という。平織り*の縞柄が多く、献上柄《けんじょうがら》*を縞柄にしているのが特徴。

パシュミナ

pashmina

カシミヤ*よりも繊維が細く長くしなやかな、ヒマラヤ山脈に生息している山羊の一種の「チャングラ」やカモシカの一種の「アイベックス」のうぶ毛。または、それを使った非常に軽く柔らかで暖かい織物で、パシュミナストールが有名。古くからインド、ネパールの王族やヨーロッパ貴族に愛用されてきた。しかし、パシュミナの定義は曖昧で、カシミヤの14ミクロン以下の細い毛を手織りにしたものをいったり、かつてはシルク・カシミア混まで含める場合もあった。パシュミナの一格上の素材はシャミーナと呼ばれる。

COLUMN 31 >博多織

『いっぽんどっこの唄』にもなった「一本独鈷」の博多帯と「献上柄」

博多織は、鎌倉時代に博多の商人の満田弥三右衛門《みつだやざえもん》が宋《そう》から持ち帰った唐織《からお》り*の技術が始まりとされる。その後、子孫の満田彦三郎が竹若藤兵衛（伊右衛門《いえもん》）と共に、琥珀織《こはくお》り*に紋柄を織り出した織物を創織。「覇家台織《はかたおり》」と名付け帯地にしたのが博多織の起源とされる。

江戸時代は藩主黒田長政により江戸幕府に博多織の反物と帯が献上されるようになり、「献上柄」という独自の柄を配した織りが「献上博多」「献上」などと呼ばれるようになった。献上柄は真言宗の法具である「独鈷《どっこ》」「華皿《はなざら》」に「親子縞*」「孝行縞*」の縞柄を配したもの。独鈷と華皿の間に配列した2種類の縞は、「太い線が両親」、「細い線が子ども」をあらわし、親が子を、子が親を包み込んで守っている日本古来の親子の情愛を表現しているという。博多帯の代表的な柄ともなっている。

「鈷《こ》」とは護身具であり、金属や象牙で作られた煩悩を打ち砕く法具で、握りの両端に1つの爪のあるものを「独鈷」、3つの爪のあるものを「三鈷《さんこ》」、5爪を「五鈷《ごこ》」という。弘法大師が常にこれを持ち歩き、井戸や湯を掘り当てたといわれる。これにあやかり「1本の独鈷をひと筋織り出した」博多帯が、一本刀にも見立てられた“男帯”として有名になり「一本独鈷《いっぽんどっこ》」と呼ばれるようになった。水前寺清子の歌で知られる『いっぽんどっこの唄』は、一本独鈷の博多帯に込められた博多男の心意気がうたわれている。

博多帯の名が全国に広まったのは、江戸の文化年間（1804～18年）で、歌舞伎役者の市川團十郎や岩井半四郎が演目で博多帯を締めたことが話題になり流行したという。

太平洋戦争が始まった時は、密度が高く堅牢でしゃきっとした風合いの博多織が軍事産業として、特攻隊の制服や落下傘ベルトとして使われた。目の詰まった地厚な博多織を手織りで織り上げるのはかなり力のいる仕事で、かつて織り手はほとんどが男性だった。現在はほとんど機械織りで、福岡、桐生、京都・西陣が三大産地とされる。国の伝統工芸品に指定されている。

「献上柄」が特徴の「博多織」の帯（部分）

芭蕉布（ばしょうふ）

abaca cloth

13世紀頃から織られていたという、沖縄県大宜味村喜如嘉《おおぎみそんきじょか》を主とする特産品で、おもにイトバショウの繊維から作られる織物。沖縄に自生する植物の天然染料で染め、平織りの無地やシンプルな絣《かすり》模様*などが織られる。自然の生成りの色合いを生かしたり、琉球藍や車輪梅《しゃりんばい》（テーチ）で染めた濃茶色が代表的だが、福木《ふくぎ》、紅露《こうろ》（クウル）など鮮やかな色を用いるものもある。風通しが良く軽く、夏の素材としては最適。繊維の内側の上質なものは夏物の着尺地*、外側の部分は座布団や帯地などに使い分けられる。伝統的な製法が受け継がれ、喜如嘉の芭蕉布が国の重要無形文化財の指定を受けている。

COLUMN 32 >芭蕉布 1

芭蕉布の製作工程

イトバショウは植え付けから3年で繊維として利用でき、着尺1反織るのに約200本の木が使われるという。芭蕉布が出来上がるまでの工程は長く、気の遠くなるような手間と熟練を要し、半年かけて1反の着尺が織り上がる。

(1) ■苧剥《うーは》ぎ

イトバショウの繊維は「苧《うー》」といい、幹を切り倒し皮を剥ぐ「苧剥ぎ」が行われる。

(2) ■苧炊《うーだ》き

剥いだ皮を灰汁《あく》で煮て繊維を柔らかくする「苧炊き」を行う。

(3) ■苧引《うーび》き

炊き上がった皮を裂いて細い紐状にする「苧引き」を行う。1本の紐を2～3本に裂き、竹ばさみでしごいて皮から繊維を取り出す。柔らかい糸はよこ糸に、かたい糸はたて糸に使用。

(4) ■苧積《うーう》み

苧引きした紐から糸を紡ぐ「苧積み」を行う。爪や指先で繊維を裂いていく。裂いた繊維と繊維は「機結《はたむす》び」で繋いで糸にしていく。根気と時間と熟練を要する作業。

(5) ■撚《よ》り掛《か》け　■整経《せいけい》*

毛羽《けば》立ちを防ぎ、糸を丈夫にするために「撚《よ》り掛《か》け」を行う。その後。1反に必要なたて糸を取り出し、糸の太さや長さを揃える「整経」を行う。

(6) ■絣結《かすりむす》び

絣模様を織るために絣糸《かすりいと》*作りをする。糸の染めない部分にバショウの皮を巻き、その上から紐を巻き付ける「絣結び」を行う。

(7) ■車輪梅《テーチ》染め　■琉球藍染め

染色は「車輪梅染め」と「琉球藍染め」が代表的。「車輪梅染め」は木や枝を煎じた液に浸して茶色に染める。染めは約40～50回繰り返す。「琉球藍染め」も最低でも30回は繰り返し染める。

(8) ■織り準備

染色が終わったら、絣糸に結んでいた紐を解き、糸を図案通りに並べて仮筬《かりおさ》に通す。

(9) ■織り

バショウの糸は乾燥すると切れやすいので、霧吹きで湿気を与えながら織る。5月・6月の梅雨の季節が最も適している。絣柄は十字、格子、井桁《いげた》*、小鳥、銭玉などシンプルなものが多い。

(10) ■洗濯・仕上げ

織り上がった反物は、水洗いして米酢《ユナジ》に浸して中和させ柔らかく仕上げる。

COLUMN 32 >芭蕉布 2

染織家・石垣昭子「見えないプロセスが伝える力」

石垣昭子氏が織り上げるのは島で日常着として織られてきた「芭蕉交布《ばしょうこうふ》」。芭蕉に苧麻《ちょま》*や絹、木綿などの糸を交えたもの。この写真には祖母が織った布もある。

石垣昭子氏が沖縄に戻り、西表島《いりおもてじま》に住みはじめた時にはすでに芭蕉布の伝統は途絶えていた。まずはバショウ畑を作ることから始めた。野生のバショウは糸にはならないからだ。糸や布は西表に自生する紅露《クウル》、琉球藍、フクギ、ヒルギなどの植物染料で染め、最後は「海晒《うみざら》し*」で色を定着させ、カビの発生を防ぐ。海晒しができる最適な環境の残る浦内川河口の汽水域《きすいいき》「カトゥラミナトゥ」…そこは神々の聖地であるトゥドゥマリ浜からうなり崎へ続く一連の美しい環境が保全されている。太陽、空気、風、温度、湿度というデリケートな自然条件が、布に生命を吹き込み生きている色を生み出すのだ。バショウを栽培し、蚕を飼い、糸を作り、植物から染料を取り出し、そして織り上げる。「紅露工房」は、すべての工程が行われる稀な工房だ。しかしそれも島々では古くから「あたりまえ」に行われてきたことだ。かつて沖縄ではどこの島でも「布作り」は女の仕事とされ、家には機織り機があった。子供が生まれると産着《うぶぎ》の布を織り、あの世に旅立つ時は白い上布《じょうふ》*を織り上げて送る。「布は女の文化」であり、それを子供に伝えていく。今でも伝統の布を身につけた時に子供たちの表情が変わってくるという。布を通じて島の「根」の部分が伝わっていくのだ。石垣昭子氏は、人間が暮らす「根」の部分を伝えるには「見えないプロセス」を大切にすることだと語る。自らも「見えないものを見る目」を養いながら製作を続けている。

石垣昭子（いしがき あきこ）／染織家
（1938 年生まれ・沖縄竹富島出身・西表島祖納在住）
女子美術短期大学卒業後、染織作家・志村ふくみ氏に師事。1980 年紅露（クウル）工房を開設。伝統技術の継承と後継者育成にも力を注いでいる。2004 年『地球交響曲第五番』（瀧村仁監督）、2008 年『島の色·静かな声』（茂木綾子監督）に出演。

バーズアイ

bird's–eye

①「鳥目織り」ともいう。鳥の目 bird's-eyeのような白っぽい小さな斑点（やや菱形）の中に「黒目」のような点が入った、紳士スーツの代表的な梳毛《そもう》織物*。クリア仕上げ*にする。「キャッツアイ」と呼ばれることもある。②鳥目織りに似たような柄。③「バーズアイ・ピケ」のこと。鳥目織り組織を利用し、凹凸感のある菱形の柄を出したピケ織り。④バーズアイに似た小さな菱形の織り柄の綿や麻のドビー*織物。ふっくらとソフトで吸水性がよいため、おむつ（ダイアパー diaper）や布巾などに利用。「ダイアパー・クロス」とも呼ばれる。

馬巣織り（ばすおり）

horsehair cloth

「ホースヘア・クロス」ともいう。ヘアクロス*の一種で、たてに綿や麻、粗剛な梳毛糸*、よこに馬毛を交織*させた粗い平織物*。綾織り*、朱子織り*もある。毛芯《けじん》*の代表的な芯地であることから「毛芯」の代名詞にもなっている。「ヘアクロス」という場合は、馬のたてがみや尾毛で緻密に織った、高級ハンドバッグなどに使われる織物のこともいう。柔らかく弾力性に富み、汚れや摩擦に強く、独特の光沢感を維持することができ、牛革よりも軽い。

バスケット織り（バスケットおり）

basket weave / basket cloth

広義には平織り*の一種である「斜子《ななこ》織り* basket weave」のことをいう。その中でも特に籠（バスケット）の編み目のように、たて・よこの織り目が太くはっきりしているものを「バスケット織り」「バスケット・クロス」と呼ぶことが多い。刺繍の基布《きふ》（土台の布）に使われる。

蜂巣織り（はちすおり）

honeycomb weave / waffle cloth

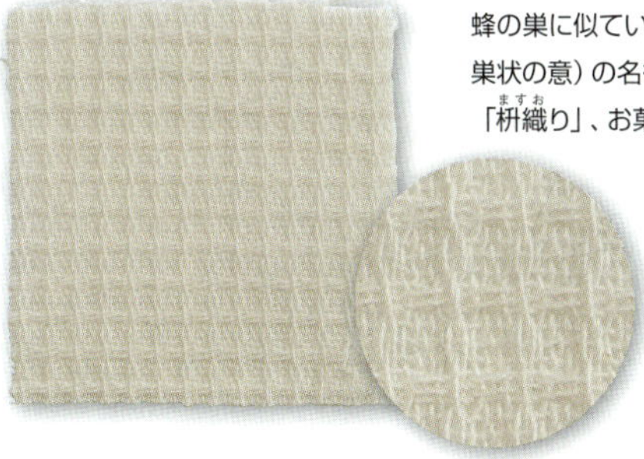

蜂の巣に似ているところからこの名があり、ハニカム（蜂の巣状の意）の名も一般的。形状が枡《ます》形の凹凸があることから「枡織《ますお》り」、お菓子のワッフルに似ているところから「ワッフル織り」「ハニコム・ワッフル」「ワッフル・ピケ」ともいう。立体的な枡目がドライタッチで清涼感があり、柔らかくて肌触りがよく、吸水性に優れているため、シーツやタオルをはじめ、夏向きの衣料に使われる。

ハッカバック

huckaback

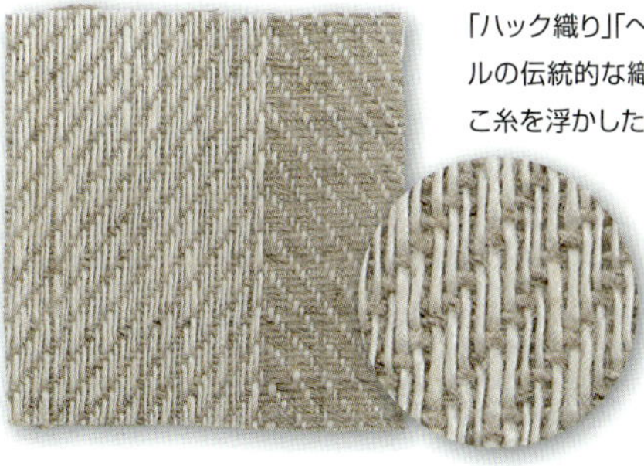

「ハック織り」「へちま織り」「浮き織り*」ともいう。リネンタオルの伝統的な織り方のひとつ。平織り*の部分と、たて糸・よこ糸を浮かした部分が市松模様*のように組み合わさり、柄に凹凸が出ている。蜂巣織《はちすお》り*にも少し似ている。綾織りでストライプ状にしたものもある。凹凸感を出しながら不均一に織るため、生地に膨らみが出て吸水性に富むのが特徴。

バック・サテン

back satin

裏面が光沢のあるサテン*になっている織物の総称で、表面としても使うことができる。表面がクレープ・ジョーゼット*になっているものはクレープ・バック・サテン（バック・クレープ・サテン）といい、サテン・ジョーゼット、クレープ・サテン・ジョーゼットとも呼ばれる。表面がシャンタン*になっているものはバック・サテン・シャンタンという。

バックスキン・クロス

buckskin cloth

バックスキンは牡鹿（バックbuck）の表革を磨《す》って起毛させたもの。それに似せた丈夫な厚手の毛織物。紡毛*か梳毛《そもう》*の朱子織り*の変化組織*を縮絨《しゅくじゅう》・起毛・剪毛《せんもう》し、なめし革のように仕上げる。ドスキン*（牝鹿に似せた織物）にも似ているが、それよりも地が詰まって厚手。19世紀頃に創織され、乗馬パンツに用いられていた。

バティスト

batiste

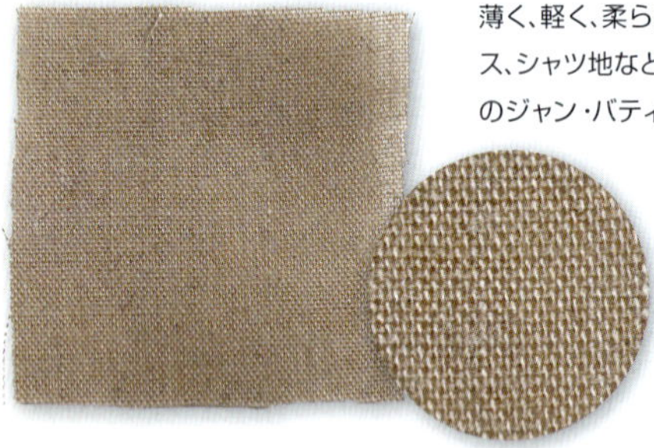

薄く、軽く、柔らかな細番手の綿の平織物*。ハンカチ、ドレス、シャツ地などに使用される。フランスで創織され、機業者のジャン・バティストJean Baptisteにちなんだ名前で、元はリネン*であった。現在はマーセライズ加工*した綿を主流に、麻、絹や毛織物もある。厚地のバティストはブラジャーやコルセットなどのファンデーション素材として使われた。

パナマ・クロス

panama cloth

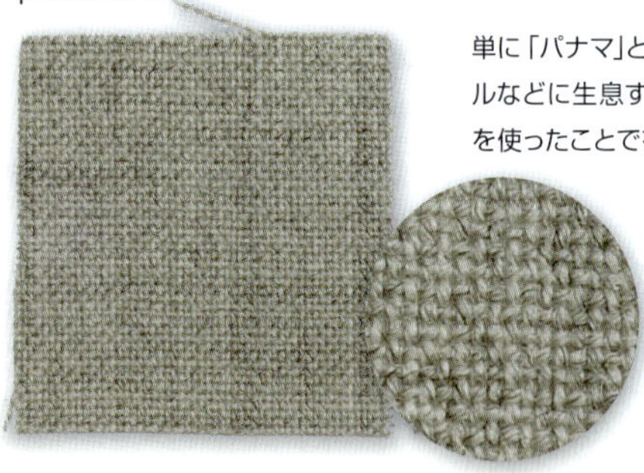

単に「パナマ」ともいう。パナマは繊維名でもあり、エクアドルなどに生息する棕櫚《しゅろ》の一種の葉から作られる。この繊維を使ったことで有名な「パナマ帽」の織り方に似ていることからの名前。①夏の代表的な紳士スーツ地で、さらりとした薄地の梳毛《そもう》*の平織物*。②斜子織《ななこお》り*の一種で、太番手で織り目がはっきり見えるざっくりとした綿織物。柔らかで光沢のある仕上げを施す。夏のドレス、シャツなどに。

バーバリー

Burberry

バーバリー社のトレンチコートに見られるような、綿ギャバジン*に防水加工*・樹脂加工*した生地の通称。本来ギャバジンはバーバリー社の商標。綾目*が急角度の綿の綾織物*で、耐久性・防水性に優れた全天候型レインコート素材として考案し、1888年に特許を取得した。日本では一般の綿ギャバジンより細い糸で織り密度*も高く、防水・樹脂加工したものを「バーバリー」と呼び差別化していることが多い。日本独自の名称で、海外ではこれらを含めギャバジンと呼ばれている。

→ギャバジン

羽二重（はぶたえ）

habutai / habutaye / habutae

古墳時代から織られていたという軽く薄手で上品な光沢をもつ日本の代表的な高級絹織物。非常に柔らかく、滑らかな感触と適度な張りがあり、握ったり結んだりすると、キュッキュッという絹ならではの摩擦音の「絹鳴り」がするのが特徴。縮緬《ちりめん》*と並び、古来、日本で最も美しい白生地の絹織物とされる。一般的には平織り*が多く、たて・よこに無撚《むよ》りの生糸《きいと》*を使用し、織り上げた後で精練*する後練《あとね》り織物*。地合いを引き締め光沢を出すために、よこ糸を水で湿らせて柔らかくする「湿緯《しめよこ》」という羽二重独特の製織法を用いる。

COLUMN 33 >羽二重

羽二重の名前の由来と種類

福島県川俣《かわまた》の「羽二重」

羽二重《はぶたえ》の歴史は古く、羽二重の前身である「平絹（ひらぎぬ／へいけん）」が織られていたのは仁徳天皇《にんとくてんのう》の古墳時代からといわれ、「羽二重」という名前が使われ始めたのは室町・安土桃山から江戸時代にかけてともいう。「平絹」は薄地の平織物で羽二重とほぼ同じものではあるが、羽二重より光沢感やなめらかさが乏しく一段下の生絹織物とされる。また羽二重は古くは献上絹織物で、厳選された純白の繭のみを使用した「光るような真っ白できめ細かくなめらかな絹織物」であったことから「光絹（ひかりぎぬ／こうけん）」とも呼ばれた。

羽二重の名前の由来はいくつかある。通常、平織り*は、たて糸・よこ糸1本ずつ交互に交差させて織り込むが、羽二重の平織りは筬羽《おさは》という、たて糸の通る細い隙間に、細いたて糸を2本（二重）にして織り込むことからついた名前。あるいは、羽二重は古語の「羽振妙《はぶたえ》」のことで、「白羽布《はくうたえ》（白羽妙とも書く）」がなまったものともされる。「白羽（はくう／しらは）」は衣服をさす古語で、「妙《たえ》」は万葉集の「春過ぎて 夏来るらし 白妙《しろたえ》（白細布とも書く）の 衣乾したり 天の香具山」でも知られるが、「妙」もまた（クワ科の植物のコウゾなどで織られた）衣類をあらわすことばとされる。

羽二重は「平羽二重《ひらはぶたえ》」と呼ばれる平織りが一般的だが、綾織り*の「綾羽二重《あやはぶたえ》」、ジャカード*柄をあらわした「紋羽二重《もんはぶたえ》」、縞をあらわした「縞羽二重《しまはぶたえ》」、太いよこ糸を打ち込んでよこ畝《うね》を出した帯地に使われる「塩瀬羽二重《しおぜはぶたえ》」などがある。

羽二重は目付け（織物・編物の単位面積あたりの重量）により区別される。12匁《もんめ》以上の肉厚を「重目《おもめ》」、8匁以下の薄手を「軽目《かるめ》」といい、明治から大正にかけては軽目羽二重が日本の特産品として盛んに輸出され、輸出絹織物のトップを占めたこともあった。中でも軽目羽二重の主産地である福島県川俣《かわまた》が有名で、「KAWAMATA」が欧米での軽目羽二重をさすことばとして定着。ストール、ハンカチ、手袋はもとより、ストッキングなどにも使用されていた。絹羽二重は、シワなどからの回復速度が

日本の絹織物輸出額推移（1891～1925年）

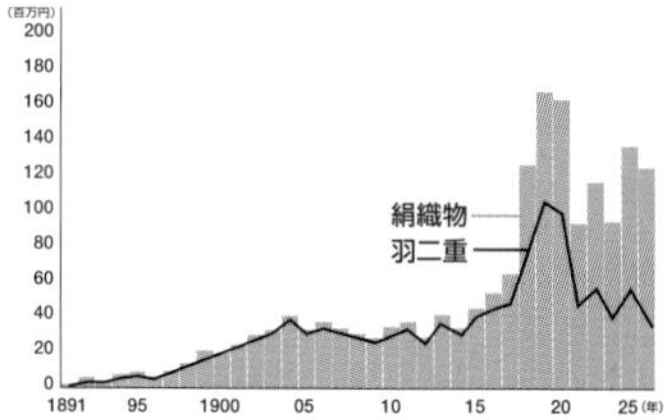

1903年（明治36）下半期の調査によれば、日本の羽二重輸出の6割が越前産。うち5割がフランスへ、残りはアメリカ、イギリス、英領インドに輸出されている。
『図説　福井史』（1998年刊行　福井県編集・発行）

松井機業場（1909年）
福井市の生糸・羽二重商、松井文太郎の経営する機業場。力織機《りきしょっき》*が設置され職工35人が働いていた。
写真：
福井市立郷土歴史博物館　蔵

早いためシワになりにくく、またなめらかで肌触りがよいため、着物の裏地などに多く利用されてきた。重目のものは黒く染めて喪服の紋付や帯地などに。中目《なかめ》や軽目はブラウス地、スカーフなどの服飾品に。現在ではキュプラ*、レーヨン*、ポリエステル*などの化学繊維の羽二重も多い。

羽二重の産地は石川、福井、新潟、富山や福島が代表的だが、これは羽二重がよこ糸に湿り気を与えて打ち込む「湿緯《しめよこ》」という独特の織り方に要因する。常に湿気を必要とするため、夏は多湿で冬も雪で湿度の高い北陸地方が適しているからである。

しかし、昭和初期の世界恐慌により羽二重織物が衰退。福井県鯖江《さばえ》のように、その後、人絹《じんけん》織物*へ移行し、戦後はナイロン*などを契機に合成繊維産業へとシフトした産地もある。

欧文表記ではhabutaiが一般的で、habutaye、habutaeとも表記される。

バラシア

barathea

タキシード、モーニング、軍服などの礼装用生地として知られる梳毛《そもう》織物*。「バラシア組織」という特殊な織りで、畝織《うねお》り*、斜文織《しゃもんお》り*、斜子織《ななこお》り*などの変化組織*で緻密に織り、表面に小さなつぶつぶの右綾*・左綾*の2つの綾目*が走る独特の表面効果（平織りを斜めにしたような）が特徴。カシミアcassimere*とも似ている。本来は「アームア（アーマー）織り」といい、「バラシア」はこの織りのネクタイ地につけられていた商標名。アームアはたてに絹糸、よこに梳毛糸*を使い畝織りの変化組織で織ったもので、梨地織《なしじお》り*にも似たつぶつぶの畝があらわれる。仏語のアームアarmureは「甲冑《かっちゅう》、鎧《よろい》」の意味で、中世の「鎖《くさり》かたびら」に似た表面感であることからの命名。

パラシュート・クロス

parachute cloth

パラシュートに使われる、ごく薄く、軽く、緻密に織られたナイロン*の平織物*。強靭で裂けにくく、速乾性があり、小さく収納できるなどの機能性をもつ。「裂け止め」のリップストップ・ナイロン*をたて・よこに織り込んで、キルティングのような小さな格子状になっているのが特徴。もとはシルク素材であった。ウインドブレーカーをはじめ、風をはらむエアリーな素材として、エレガントなアイテムまで使用される。

パレス・クレープ

palace crepe

縮緬《ちりめん》*の一種で「パレス縮緬」ともいう。柔らかく、しなやかで、シボが目立たない絹の薄手クレープ*。羽二重《はぶたえ》*のようにも見える。たて糸の密度を高くして、たてに撚《よ》りのない糸、よこに左撚り*・右撚り*の強撚糸《きょうねんし》*を、2本ずつ交互に打ち込み平織り*にする。クレープ・デ・シン*にも似ているが、これより撚り数は甘く2,000〜2,500回／mにする。この撚りを「パレス撚り」という。織り模様をあらわしたものは「紋パレス」という。

パン・サテン

panne satin

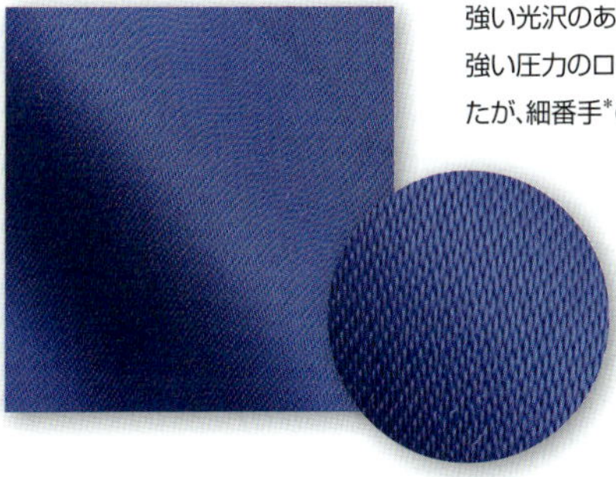

強い光沢のある、やや厚地のサテン。カレンダー仕上げ*という強い圧力のローラーをかけて光沢を出す。もとは絹織物であったが、細番手*の綿や、アセテート*、レーヨン*などがある。

パンピース

palm beach

①夏用の紳士スーツ素材のひとつで、クリアカット仕上げ*でシャリ感を出した、梳毛《そもう》*の薄地平織物*。もとはモヘア*を使用した。目が粗く通気性に富む。俗称「パンピー」。正式名は「パーム・ビーチpalm beach」といい、米国グッドオール・サンフォードGoodall-Sanford 社の商標だった。トロピカル*やポーラ*とも似ている。②毛とレーヨン*などの混紡糸*で、やや粗く平織りにし、張りを出した芯地用素材。毛芯より薄く柔らか。

パン・ベルベット

panne velvet

英語では「パンpanne」ともいう。強い光沢のある薄手のベルベット*で、サテン*にも似ている。絹かレーヨンなどのベルベットの毛羽《けば》に強い圧力のローラーをかけ、毛羽を一方向に寝かせて押しつけて艶《つや》を出す、カレンダー仕上げ*を施したもの。

ビエラ

Viyella

フランネル*に似た、緩《ゆる》く織った薄手の綾織物*。軽く、暖かく、柔らかな感触をもつ。特徴は、毛50〜55%、綿45〜50%の混紡糸*にすることで、2／2の綾織り*にして「フランネル仕上げ*」という縮絨《しゅくじゅう》*・薄起毛加工を施す。ウールの軽さ・弾力性・保温性と、綿の吸湿性・カジュアル性を併せもつ。本来は1784年に英国のウィリアムズ・ホーリーズ社が開発した「梳毛《そもう》*55%／綿45%」の交織*の綾織物の商標。ビエラに似せた綿100%のものは「綿ビエラ」といい、コーマ糸*で2／2の綾織りにし、軽く起毛する。

引箔織り（ひきばくおり）

Hikibaku

※縮小

金銀箔などの糸を織り込んだ、豪華な絹織物。引箔金襴《ひきばくきんらん》ともいう。紙幣の原料でもあるミツマタやコウゾで作った和紙に、金箔、銀箔、プラチナ箔、真珠粉、螺鈿《らでん》や、漆に顔料を混ぜて色や模様をあらわしたものを張り、シート状にしてから、0.3mm 〜6mm 位のさまざまな太さに裁断して糸状にしたものを織り込む。箔の模様がそのままあらわれてくる。裏は裏打ちした和紙が見えてしまうので、たて糸一本一本によこ糸の箔糸を丁寧に引き揃えるように織り込んでいく、非常に時間と手間のかかる高級織物。

ピケ

piqué（仏）

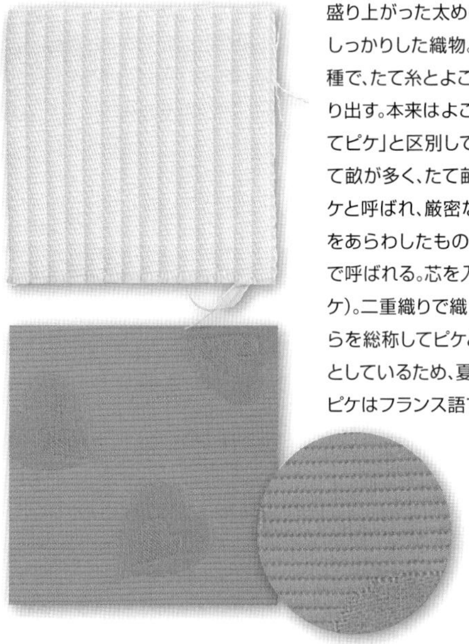

盛り上がった太めの畝《うね》や、凹凸の柄を浮き出させた、厚手のしっかりした織物。「浮き出し織り」ともいう。二重織り*の一種で、たて糸とよこ糸を組み合わせる接結点によって畝を作り出す。本来はよこ畝の梳毛《そもう》織物*だったため、たて畝は「たてピケ」と区別して呼ぶこともあるが、現在は綿タイプやたて畝が多く、たて畝の「ベッドフォード・コード*」も含めてピケと呼ばれ、厳密な区別はない。また波形、菱形など柄の畝をあらわしたものはアート・ピケ*、ファンシー・ピケの名称で呼ばれる。芯を入れて畝を強調したものも多い（芯入りピケ）。二重織りで織った本来のピケとは組織が異なるが、これらを総称してピケと呼ぶ。張り・コシがあり、肌触りがさらりとしているため、夏のジャケットやドレスなどに向いている。ピケはフランス語で「畝」や「刺し子縫い」の意味。

ピケ・ボイル

piqué voile（仏）

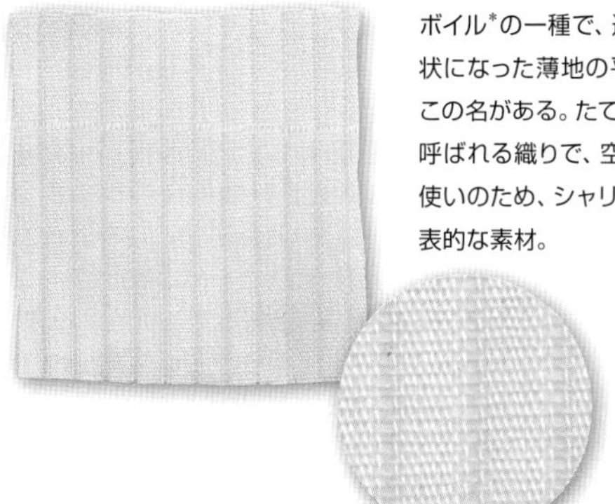

ボイル*の一種で、透ける部分と透けない部分がストライプ状になった薄地の平織物*。ピケ*の畝《うね》に似ていることからこの名がある。たて方向に一定間隔の隙間を入れた空羽《あきは》*と呼ばれる織りで、空羽ボイル、空羽ピケともいう。強撚糸《きょうねんし》*使いのため、シャリ感があり肌触りがよく涼しげで、夏の代表的な素材。

ピーチスキン

peach-skin

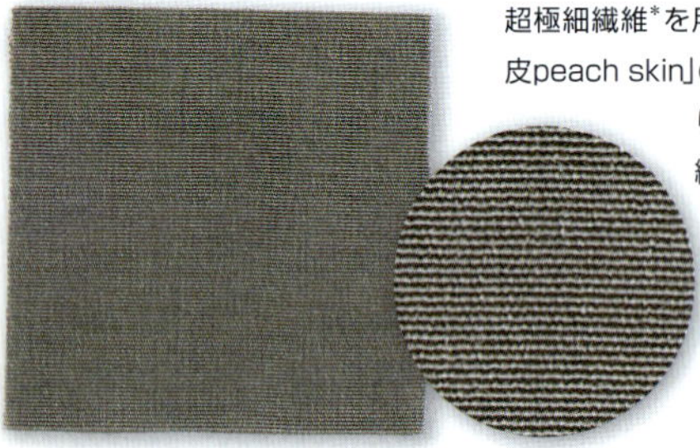

超極細繊維*を用いた高密度ポリエステルの表面を「桃の皮peach skin」のように薄起毛させた生地。微光沢があり、柔らかな心地よい手触りが特徴。「新合繊*」と呼ばれる代表的な繊維。

一越縮緬（ひとこしちりめん）

Hitokoshi chirimen crepe

縮緬*の織り方のひとつで、たてに無撚糸《むねんし》、よこに右撚り・左撚りの強撚糸《きょうねんし》*を1本ずつ交互に打ち込んだもの。細かな繊細なシボをもつ上品な高級縮緬とされる。軽く、薄手で、ほどよい張り・コシがありシワになりにくい。留袖《とめそで》、喪服、訪問着などの和服地に多く使われる。丹後縮緬《たんごちりめん》などが有名。同じような織り方でよこに強撚糸を2本ずつ打ち込んだものは二越縮緬《ふたこしちりめん》*といい、越数《こしすう》（よこ糸の打ち込み数）が少ないほどシボが細かく、多いものはシボが大きくなる。

→縮緬

ビーバー・クロス

beaver cloth

外見や手触りがビーバーの毛並みに似ている、毛足が寝た、柔らかで肉厚の毛織物。太番手*の紡毛糸《ぼうもうし》*を綾織り*や朱子織《しゅすお》り*などにし、強い縮絨《しゅくじゅう》*・起毛・剪毛《せんもう》*・ブラッシングなどを繰り返しながら、毛羽《けば》をたて糸方向にプレスして寝かせる。これを「ビーバー仕上げ」「ドスキン仕上げ」という。表面は毛羽で覆われ、地合いは見えない。ドスキン*よりも肉厚で毛羽が長く、メルトン*よりも毛羽は長くソフト。

平織り（ひらおり）

plain weave

織物の三原組織（基本となる3つの組織）のひとつであり、平織物の総称。たて糸とよこ糸が交互に交差するきわめて単純な組織で表裏同じ組織になる。応用範囲が広く、もっとも多く使われている。組織点*が多く摩擦に強く丈夫だが、高密度で厚地の織物が作りにくいため、薄地や実用的な生地が多い。使われる糸の質・撚りの強弱・太さの違いで、表面感にシボや畝《うね》があらわれる変わり織りもできる。ボイル*、ローン*、ブロード*、キャンバス*、シャンブレー*、縮緬《ちりめん》*など。

ピンウェール・コーデュロイ

pinwale corduroy

ピンのように細い畝《うね》のコーデュロイ*のことで、略してピンコール、極細コール、微塵《みじん》コール、シャツ地に多いことからシャツコールとも呼ばれる。畝数が1インチ（2.54cm）に20本以上のものをいい、目安として15本前後は細コール、9本前後は中コール、6本前後を太コール、3本以下を極太コール、鬼コール、ワイドウェール・コーデュロイ、ジャンボ・コールなどと呼ばれる。ほかにも太い畝と細い畝が交互にあらわれた親子コールやオルタネート・コーデュロイ、四角いブロックにカットされたブロック・コールなどがある。

ファイユ

faille

絹やポリエステルなど、フィラメント糸*で織った、繊細なよこ畝のあるドレッシーな平織物*。たては糸を密に打ち込み、よこは糸を太くすることで、よこ畝を出す。さらりとした手触り、しなやかでドレープ性があり、ブラウスやドレスなどが多い。よこ畝のある平織りはタフタ*、ファイユ、グログラン*の順に畝が太くなるが、ファイユが一番しなやかさがある。

ファンシー・ボイル

fancy voile

柄や装飾効果を出したボイル*。透け感のあるボイル地に朱子《しゅす》*組織の縞を入れて柄を浮き立たせる「縞ボイル」、水玉模様を織り込んだ「クリップ・ドット・ボイル」、刺繍柄を織り込んだ「エンブロイダード・ボイル」、ピケ*のようなたて畝《うね》を出した「ピケ・ボイル*」、ジャカード*やドビー*で柄を出した裏側の糸をカットして柄を浮き出させた「カット・ドビー*」などがある。

風通織り（ふうつうおり）

reversible figured double weave

単に風通といわれることが多い。2 枚の織物が重なり合った二重織《にじゅうお》り*の一種で「両面織り」ともいう。たて糸・よこ糸ともに二重組織になった、たてよこ二重織り*で、たて糸やよこ糸が表裏の織り地に結節されて、2 枚分離しないようになっている。風通は部分的に表裏の織り地が入れ替わったもので、表と裏に異色の糸を使い、交互に違った色の柄を出すことができる。表面に赤、裏面に白の糸を使った場合、表面には赤地に白の柄があらわれ、裏面はこれと反対の色柄となる。

フェイク・ファー

fake fur

イミテーション・ファーともいう。本物の毛皮（リアル・ファー）に似せた偽物（フェイク、イミテーション）の毛皮の織物や編物の総称。毛足の長い動物、毛足を寝かせたシール*（あざらし）、縮れさせたアストラカン*など、本物そっくりに仕上げたり、ヒョウ柄をカラフルに自由に表現したものまで。パイル編み*のボア*、パイル織り*のプラッシュ*などで多く作られる。

フェルト

felt

フェルト

羊毛に蒸気、熱、圧力をかけると互いに絡み合い結合する性質を利用して、織らずに布状にしたもの。反毛《はんもう》*（繊維のくずの再生毛）、落毛《らくもう》（紡績の工程で落ちた毛繊維）、ノイル*（くず毛）なども使われる。これを「圧縮フェルト（プレス・フェルト）」という。織物のフェルトもあり「織りフェルト（フェルト・クロス）」という。紡毛《ぼうもう》*織物を縮絨《しゅくじゅう》*・起毛してフェルト状にする。フェルトは保温力が高く、衝撃の緩和、音響の吸収などの性質がある。吸湿性や保水力が大きい、断ち目がほつれにくい、伸縮性がほとんどない、染色が鮮やかなどの特徴があり、手芸、帽子、防音用布など用途も幅広い。

フェルト・クロス

フォーム・ラバー

foam rubber

スポンジ状のゴム。「気泡ゴム」「スポンジ・ラバー」ともいう。ゴム樹液のラテックス*に発泡剤を加えたりして泡立て、凝固・加硫して作る多孔質のゴム。軽量で保湿性・弾力性に富む。クッション材料や、吸音効果・滑り止め効果を生かしてカーペットの加工などに。

ふくれ織り（ふくれおり）

cloqué（仏）/ matelassé（仏）/ blister cloth

水泡のようにふくれ上がった柄があらわれる織物。絞り染め*（纐纈《こうけち》ともいう）に似ていることから和装地では「纐纈織り」、仏国では「水ぶくれ」を意味するクロッケcloqué、米国では「詰めもの（パッド）入り」「マットレス」の意味のマトラッセmatelassé、英国では「水ぶくれ」を意味するブリスター・クロスblister clothと呼ばれる。たて・よこ二重織り*（たて糸・よこ糸ともに二重組織のもの）のジャカード*で、表面のふくれる柄の部分はたて・よこに無撚り糸、裏面にはたて・よこに強撚糸《きょうねんし》*を織り込む。織り上げた後に精練*すると裏面の強撚糸のみが縮むため、表面の無撚り糸部分はふくらんだ柄となってあらわれる。裏面の強撚糸の代わりに合成繊維の熱収縮性を利用したり、2枚の織物を接着して同じような凹凸効果を出したものも多い。

袋織り（ふくろおり）

hollow weave / circular weave

筒織《つつお》り、中空織《ちゅうくうお》りともいう。二重織《にじゅうお》り*の一種で、表布と裏布を「耳」の部分だけで接結して袋状にした織物。平織り*が多い。和服の袋帯や消防のホース、高密度*に織って衝撃を吸収するエアバッグなどに利用されている。

「袋織り」を代表する「袋帯（ふくろおび）」を広げた写真。左右が「輪」になって「袋状」に織られている

節織り（ふしおり）

knotted silk cloth

節糸《ふしいと》織りともいう。太番手の節糸*で織った野趣のある平織物*。本来は絹織物で、玉糸《たまいと》*という節のある絹糸で織り込み、表面には太さや長さの違う不規則な節があらわれる。縞柄も多い。

富士絹／不二絹（ふじぎぬ）

Fuji silk

たて・よこに絹紡糸《けんぼうし》*を使って織る、羽二重《はぶたえ》*に似せた平織物*。明治末期に富士瓦斯《がす》紡績(株)で創製されたのでこの名がある。絹紡糸は、繭屑《まゆくず》や製糸屑を紡績*した絹糸のことで、絹紡糸ならではの鈍い光沢とやや毛羽《けば》のある地合いが特徴。精練《せいれん》・漂白し、無地染めや捺染《なせん》*を施したものもあるが、漂白をしないナチュラルのものは、絹紡糸特有の黄色みが残り、富士絹ならではの趣《おもむき》のある色合いをもつ。ブラウス、着尺《きじゃく》*裏地、寝具地などに。「不二絹」の表記もあるが、これは「富士絹」が創製された後に桐生の織物業者が自家製織の織物に付けた名前という。

不織布（ふしょくふ）

non-woven fabric

「織ったり編んだりしない布」のことで、繊維同士をいろいろな方法で結合させてシート状（布状）にしたもの。広義には繊維をからめて布状にしたフェルト*や、オセアニアの伝統的な樹皮布の「タパ*」も不織布に入る。しかし、フェルトは羊毛のもつ縮絨性《しゅくじゅうせい》*を利用して布状にするのに対し、不織布は「機械を用いて結合させたり科学的な接着で布状にしたもの」をいうため、フェルトやタパとは分けている場合が多い。紙、絨毯《じゅうたん》に代表されるタフティング*（パイルを基布に植毛する）なども含まれない。

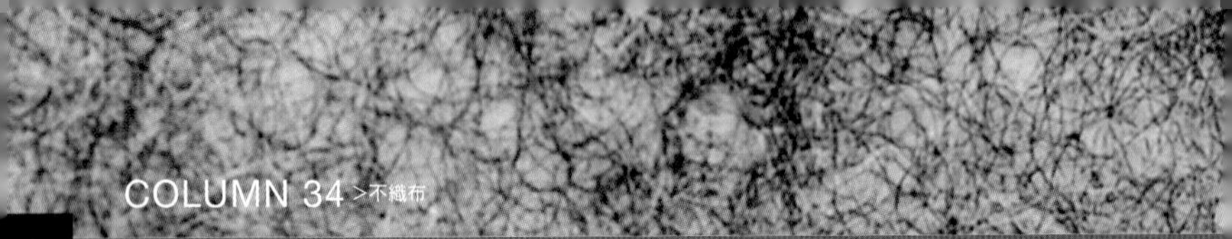

COLUMN 34 >不織布

「不織布」の拡大図

古くて新しい不織布

■不織布の歴史

フェルト*は繊維製品の中で最も歴史が古く、その起源は「ノアの方舟」という逸話もあるほどで、3000年前とも5000年前ともいわれる。不織布は1920年代に独国のフェルト業者が、羊毛屑《くず》を接着剤で固めてフェルトの代用品を誕生させたのが始まりとされる。1948年には独国のフロイデンベルグ社が、世界初の本格的な不織布製品の製造・販売を開始。1952年には米国ペロン社がナイロンと綿などからなるウェブ*（繊維のシート）を合成ゴムで接着した不織布を開発。これが不織布産業の始まりとされ、「pellonペロン」が不織布の代名詞にもなった。日本で不織布の生産が始まったのは1954年頃。その後各社が次々と不織布の生産を開始した。

■不織布の製造工程と製法

不織布の製造工程は、⑴ フリース*やウェブと呼ばれる「繊維の薄いシート」の集積層を形成する工程があり、次に ⑵ 重ねたフリースの「繊維同士を結合させる」工程を経て作られる。

⑴ のフリースを形成する代表的な方法には、①水を使わず機械や空気流で形成する「乾式法（乾式不織布）」と②水と繊維を混ぜて、紙のように漉《す》いて形成する「湿式法（湿式不織布）」③紡糸したフィラメントに熱と圧力を加える「スパンボンド法（スパンボンド不織布）」などがある。⑵ のフリースを結合する方法には①針で繊維を結合させる「ニードルパンチ*（法）」②接着剤を使用する「ケミカル・ボンド（法）」③熱を加え融解して接着させる「サーマル・ボンド（法）」④ジェット水流で繊維をからませる「スパンレース（法）」などがある。

■不織布の特徴

天然繊維、化学繊維*、無機繊維などほとんどの繊維が使用でき、衣料から衛生用・医療用材料、インテリア用、建築用、工業用まであらゆる分野で用途に応じた高性能・高機能の製品を作ることができる。

①強度や伸びに方向性を持たない。カットしても断面がほつれにくい。

② 大量生産ができ、安価。コストが安いのでおむつやマスクなどのディスポーサブル（使い捨て）用途に広く使用できる。

③ どんな繊維も材料にでき、複数素材を容易に組み合わせることが可能。

④ 厚みや繊維の隙間、硬さ・柔らかさなどを自在に作れる。布状、レザー状、わた状、紙状など、さまざまな形状にできる。しかし、透明なものを作るのは難しい。

⑤ 不織布はポーラス（多孔質）構造が特徴で「通気性・濾過《ろか》性、保温性」などの基本特徴がある。さらに吸水性、撥水性、耐洗濯性、抗菌性、防臭性など、用途に応じて機能を持たせることができる。

⑥ 織物や編物より耐久性が低いが、芯地のように他の素材と合わせたり、ラミネート加工*などで耐久性を持たせることが可能。

二陪織物／二重織物（ふたえおりもの）

Futae orimono / double weave silk

有職織《ゆうそくお》り*のひとつで、地紋の上にさらに刺繍のような文様をあらわした綾織り*の絹織物*。浮き織り*で地紋を出し、その上に絵緯《えぬき》（文様をあらわす色よこ糸）で、刺繍のような縫取織《ぬいとりお》り*で大型の文様をあらわす。地紋の上に別の文（上文という）を重ねることから「ふたえ」の名前が付けられた。

二越縮緬（ふたこしちりめん）

Futakoshi chirimen crepe

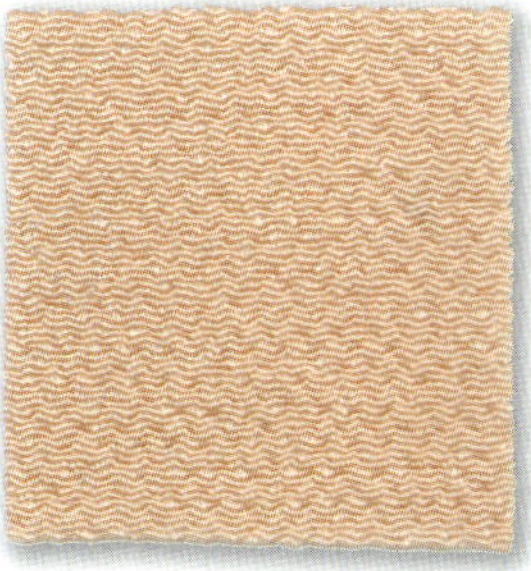

縮緬*の織り方のひとつで、たてに無撚糸《むねんし》*、よこに右撚《よ》り・左撚りの強撚糸《きょうねんし》*を2本ずつ交互に打ち込んだもの。よこ糸が太くなるため波状のよこ畝《うね》がはっきりあらわれ、シボが大きく光沢もある。古代縮緬、鶉縮緬《うずらちりめん》や鬼縮緬《おにちりめん》と呼ばれるシボの大きなもの、産地では長浜縮緬《ながはまちりめん》がこれにあたる。同じような織り方でよこに強撚糸を1本ずつ打ち込んだものは一越縮緬《ひとこしちりめん》*といい、細かな繊細なシボをもつ。「越《こし》」とはよこ糸のことで、越数《こしすう》（よこ糸の打ち込み数）が少ないほどシボが細かく、多いものはシボが大きくなる。

→縮緬

ブッチャー

butcher

「ブッチャーズ・リネン」ともいう。青と白のブッチャー・ストライプ*でも知られる肉屋（ブッチャー）のエプロン生地に似せた、丈夫で無骨な厚手織物。本来は亜麻*（リネン*）織物で、亜麻特有の不規則な節のある粗野な地風を、ドビー織機*で平織り*と斜子織《ななこお》り*を不規則に組み合わせて、表面に凹凸感を出したもの。綿やポリエステルなどの化学繊維も多い。さらりとした肌触りが特徴で、漂白したり色無地にして紳士や婦人の夏用ジャケットに。

プラッシュ

plush

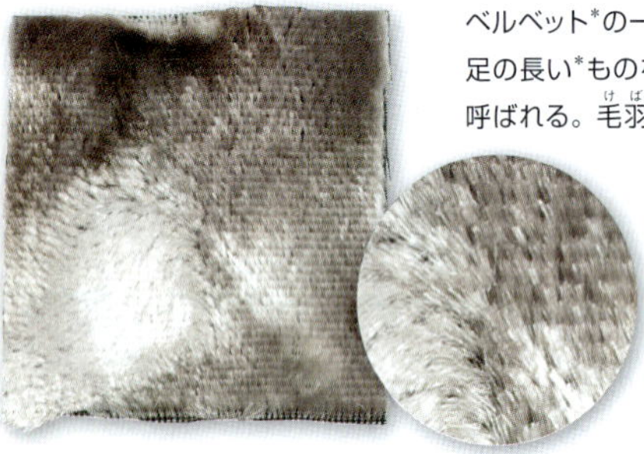

ベルベット*の一種で、ベルベットよりも密度がやや粗く毛足の長い*ものをいう。「フラシ天」「プラッシュ天」とも呼ばれる。毛羽《けば》の長さを変えたり、捺染《なせん》*したり、熱と圧力をかけて縮れさせたり寝かせるなどして、ヒョウやアザラシの動物の毛並みに似せて加工ができる。フェイク・ファー*やシール*と呼ばれる素材や、テディ・ベアなどのぬいぐるみによく使われる。豪華な椅子張り素材のイメージもある。

フラット・クレープ

flat crepe

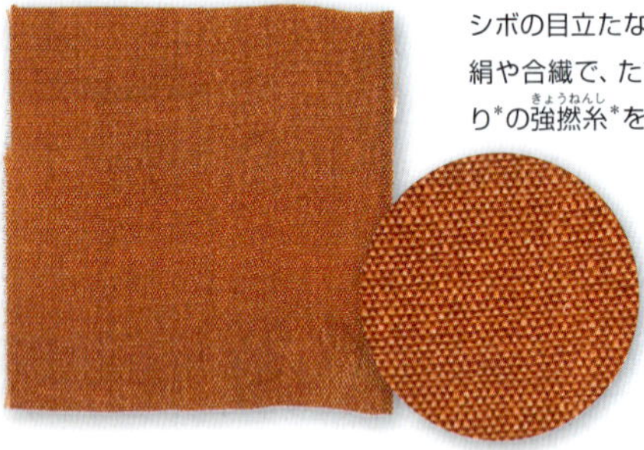

シボの目立たない、フラットなイメージのあるクレープ*。絹や合繊で、たてには撚《よ》りのない糸、よこに右撚り*・左撚り*の強撚糸《きょうねんし》*を交互に打ち込んで微妙なシボを出した薄く柔らかい平織物*。クレープ・デ・シン*より、たて糸の密度が多く、シボがあまり目立たず、羽二重《はぶたえ》*にも似ている。無地染めや捺染《なせん》*して、スカーフやブラウスなどに使われる。

フーラード

foulard（仏）

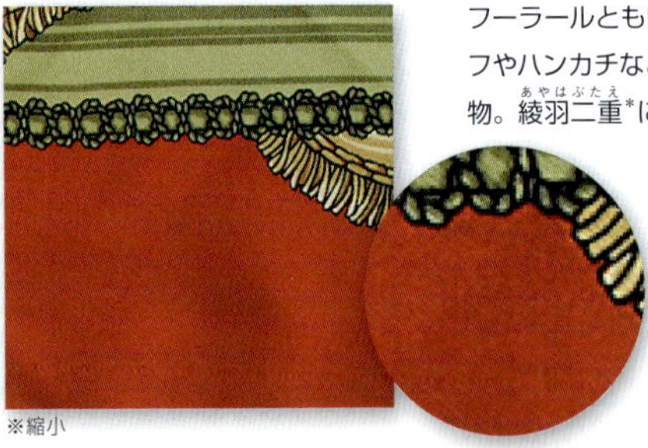

※縮小

フーラールともいう。仏語で「スカーフ」の意味で、スカーフやハンカチなどに使われる、薄く、軽く、しなやかな絹織物。綾羽二重《あやはぶたえ》*に似ている。もとは水玉柄など小柄を捺染《なせん》*した絹の綾織物*であったが、現在は化合織、綿、毛などや平織り*もある。花柄、先染め*チェックなど柄のバリエーションも多い。

ブランケット

blanket

毛布（ブランケット）や、起毛したブランケット生地の総称。1340年、英国トーマス・ブランケットThomas Blanketにより作られた、柔軟で厚みのある両面起毛の防寒用織物。紡毛《ぼうもう》*を綾織り*や二重織《にじゅうお》り*にして縮絨《しゅくじゅう》*した後、両面を十分に起毛して毛羽《けば》を立たせる「ブランケット仕上げ」をしたものをいう。現在は羊毛、アクリル、綿などの素材や、織り・編みがある。パイル織り*のシール*や、パイル糸を編み込んだマイヤー毛布（マイヤー編み）などがある。マイヤー毛布はカール・マイヤーKarl Mayerが発明した編み機で作られたもので、アクリル毛布の主流。軽く暖かく、毛抜けや毛玉になりにくいなど長所も多い。

フランス綾（フランスあや）

fancy twill

太い綾目《あやめ》*と細い綾目、太い綾目と太い綾目など、はっきりとした2本以上の綾目の組み合わせが特徴の綾織物*。綾目の角度は急で（急斜文《きゅうしゃもん》*という） 右綾*が多い。「フランス綾」は和名で、正式名は“変わり綾”であることから「ファンシー・ツイル」という。柔らかくコシがあるため厚地素材に向き、梳毛《そもう》糸*使いでウールコートやスーツに使われるが、綿や化学繊維使いも多い。落ち着いた光沢がある。

フランネル

flannel

「フラノ」と呼ぶことも多い。トップ糸*使いで霜降りの「グレー・フランネル」に象徴される、スーツの代表的素材。平織り*や綾織り*をゆるく織って縮絨《しゅくじゅう》*をかけて、片面か両面に起毛し、柔らかな薄手毛織物*に仕上げる。弾力性があり保温性が高い。このようなフランネル独特の柔らかく滑らかな仕上げを「フランネル仕上げ」という。本来は紡毛織物*であるが、日本では梳毛《そもう》*が一般的。「梳毛フラノ（ウーステッド・フランネル）」ともいう。似たような起毛ウールに「サキソニー*」と「メルトン*」があるが、その中間的なイメージ。サキソニーは織り目がうっすら見えるが、フランネルは見えない。「メルトン」よりは薄手で柔らかい。綿のフランネルは「コットン・フランネル（綿ネル）」といい、単に「ネル*」とも呼ばれる。フランネルは18世紀頃に英国のウェールズWalesで創織され、「ウェルッシュ・フランネル」と呼ばれ、婦人の肌着として用いられたのが始まりとされる。

プリペラ

pripela

太い糸と細い糸の交織《こうしょく》*で、バスケット織り*のようなザックリとした凹凸感を出した織り。太い糸に節糸《ふしいと》*を使い、糸を何本か引き揃え、粗く平織り*にしたものが多い。梨地織り*やドビー*であらわしたものもある。もとは毛織物で、柞蚕絹《さくさんぎぬ》*の交織で高級婦人服のツイード風に仕上げたり、綿や麻の交織で通気性や吸湿性に優れた織物にする。ジャケットからインテリアファブリックまで幅広い。プリペラはある生地卸と機屋《はたや》が共同で名付けたとされる業界用語。

プリンセス・サテン

princess satin

プリンセス・ダイアナのウエディングドレスなどにも使われた、英国王室に伝わる、重厚なサテンに似せたシルクサテン。気品ある光沢と張り感があり、ウエディングドレスの生地として人気が高い。

ブロークン・ツイル

broken twill

綾目《あやめ》*が中断された、変化組織*の綾織り*。綾組織を数本ずつ右綾《みぎあや》*に織り、次に数本ずつ左綾《ひだりあや》*に織り、これを繰り返すと綾目が中断された織物になる。「ヘリンボーン*」もこの一種。綾目の方向転換を細かくすると綾目は見えなくなり、ブロークン・ツイル独特の表面感となる。ジーンズの「ブロークン・デニム」が代表的。表面が滑らかになり、綾織りに起こりがちな「ねじれ」が発生しないという特徴がある。

ブロケード

brocade

ジャカード*の一種で、色糸や金銀糸で文様を織り出した豪華な紋織物。錦《にしき》*がこれにあたる。中国の絹織物の錦がペルシャやヨーロッパに伝わったもので、綾織《あやお》り*や朱子織《しゅすお》り*の地組織に、よこ糸で文様を織り出す。多彩な絵緯《えぬき》（色文様を織り出すために、地糸のほかに特別に用いるよこ糸のこと）を文様部分に通し、刺繍のような盛り上がった文様を織り出す。唐草模様やメダリオン*、牡丹や東洋調花柄など、チャイナドレスにイメージされるようなエキゾチックで重厚なイメージの柄が代表的。

ブロードクロス

broadcloth

ブロードともいう。ワイシャツの代表的な生地で、滑らかで上品な光沢のある非常に緻密な平織物*。ポプリン*とよく似ているが、ポプリンより細い糸が使用され高級感を出しているものが多い。40番手単糸*または60番手双糸*以上の糸で、たて糸はよこ糸の1.5～2倍で織ったものをいう。繊細なよこ畝《うね》があるがポプリンほど目立たない。一般的なものは60番手だが、高番手になるほど柔らかな手触りになり光沢感も増す。上質なものはエジプト綿*などの超長綿*の80～120番手の双糸*を使用する。絹のような艶を出すシルケット加工*や、防縮仕上げのサンフォライズ加工*を施し、緻密でソフトで光沢のある織物に仕上げたものも多い。ブロードクロスは米国の呼び名で、英国ではブロードも含めポプリンと呼ばれる。

ヘアクロス

haircloth

①粗硬《そこう》な獣毛糸《じゅうもうし》*を織り込んだ頑丈な織物の総称。または「毛芯《けじん》*」として芯地にも使われる、粗硬な獣毛糸で織ったかたくて弾性のある薄手平織物*。たてに綿やリネン、雑種羊毛糸を、よこに馬毛、山羊毛、ラクダ毛などの獣毛糸を織り込む。馬毛のものは「馬巣織《ばすお》り*（ホースヘア・クロス）」。粗質な山羊毛を使用した、トロピカル*をかたくしたような平織りは「シリスcilice」といい、古来、敬虔《けいけん》なカトリック信者や修道士が着たシャツや、苦行に使用するベルトに用いられる。あるいは、ベルトそのものを指す。②馬のたてがみや尾毛で緻密に織った、高級ハンドバックなどに使われる織物のことも「ヘアクロス」という。③帽子の芯地に使われるかたいナイロンメッシュのこと。もとは馬毛で作られていたことから「ヘアクロス」「馬巣織り」と呼ばれている。

ヘアコード

haircord

筋のような細かいたて畝《うね》が密に並んでいる丈夫な薄手綿織物。平織り*と斜子《ななこ》織《お》り*を組み合わせ、たて筋を出したもので、トブラルコTobralcoともいう。トブラルコは英国のTootal Broadhurst Lee Co.の創製したもので、社名の頭文字をとって名付けられた商標であるが、現在は一般名となっている。後染《あとぞ》め*や捺染《なせん》*して、シャツ地、夏向きの服地などの用途が多い。

ヘシアン・クロス

hessian cloth

黄麻布《おうまふ》ともいう。上質のジュート*（黄麻）を平織り*にしたザックリした厚地の布。織り目の粗いものから細かいものまである。一般的にジュートは用途により2種類に分類。「ガンニー」は厚手で耐久性が高く、コーヒーや綿花、穀類などを入れる麻袋に使用されガンニー・バッグgunny bagといわれる。ドンゴロス*と同じ。「ヘシアン」はそれより上質で細く軽く、買い物バッグや一般輸出品の包装布などに使われヘシアン・クロスと呼ばれる。

別珍（べっちん）

velveteen

ビロード（ベルベット*）に似せた、毛羽《けば》があり肌触りの良い綿織物。本来絹であるビロードを綿で作ったため綿ビロードともいう。英語ではベルベティーンvelveteenといい、これが転化して「べっちん」と呼ばれるようになった。「別珍」の漢字は、大正の初め松井良輔という人が別珍足袋の商標に別珍の字を用いたのが始まりで、後に織物の名称に使われるようになったという。別珍は、織物の表面に毛羽やループを特徴とするパイル織り*の一種。平織り*か綾織り*の組織を使い、よこ糸に地糸とパイル糸の2種類の糸を織り込み、パイル糸を切って毛羽を出す。綾織りの方が高密度な別珍となり毛羽も抜けにくい。ベルベットよりパイルが短く、毛羽は剪毛《せんもう》*（毛を刈り上げる）し、滑らかに美しく整える。18世紀にフランスのリヨンで創案され、18世紀半ばイギリスのマンチェスターで生産された。日本には明治の初めに輸入され、コーデュロイ*より遅い明治43年頃に生産されるようになった。別珍やコーデュロイの約90%以上は静岡県磐田市福田地区で生産されている。

ベッドフォード・コード

Bedford cord

コーデュロイ*に似た、盛り上がった、たて畝《うね》を出した肉厚の織物。また、織り組織の名称でもある。本来「たて畝がベッドフォード・コード」で、「よこ畝がピケ」であるが厳密な分類は薄れ、薄手のものはピケ*、たてピケと呼ばれることが多い。たてに畝があらわれる「よこ二重織り」に属し、畝は平織り*や綾織り*であらわしたり、芯を入れて畝を強調したものなどがある。ウールのものは「ウール・ベッドフォード」、綿は「コットン・ベッドフォード」とも呼ばれる。耐久性のある丈夫な織物で、狩猟服、乗馬服、ホワイトジーンズをはじめ、綿タイプのカジュアルウエア、ワークウエアやインテリアファブリックなどに多い。ベッドフォードは英国の町の名で、ここでコーデュロイ*を模倣して作られたことから命名されたともいわれる。

ベネシャン

venetian

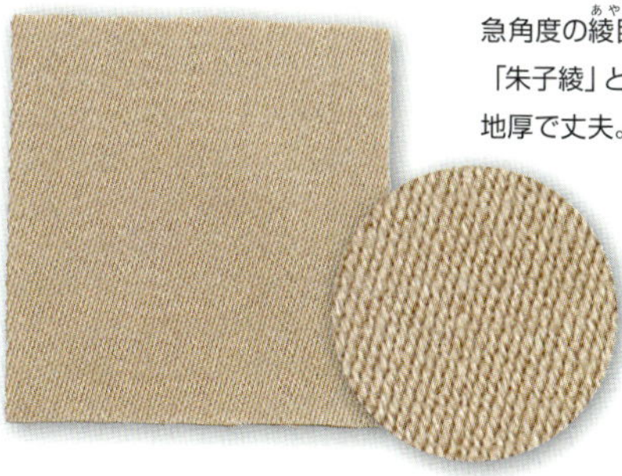

急角度の綾目《あやめ》*のはっきり見える厚手の朱子織物*で、別名「朱子綾」ともいう。光沢があり、手触りが滑らかでソフト、地厚で丈夫。たて糸を密にした、5枚朱子*か8枚朱子*のたて朱子*、あるいは綾織り*の変化組織でも織る。もとは梳毛《そもう》*織物であるが、紡毛《ぼうもう》*や「綿ベネシャン」も一般的。毛織物は紳士スーツ、レーヨンや綿は婦人服や裏地、遮光カーテン、暗幕などが用途。語源はイタリア、ベニス北方のVenetian Alpsからという。

ヘリンボーン

herringbone

「ニシンの骨herringbone」に似ている織りで、日本では「杉」に見立てて「杉綾《すぎあや》」、仏語では「屋根の垂木《たるき》」を想像して「シェブロンchevron」の名がある。綾織り*の変化組織*の破《やぶ》れ斜文《しゃもん》*で織った「織物名」であるが、「組織名」でもある。同じ変化組織の「山形斜文《やまがたしゃもん》」で織ったものもある。また「柄の名前」でもあり、別に「ヘリンボーン・ストライプ」の名もある。基本的には右綾*と左綾*を等間隔に組み合わせた山形であるが、間隔を変えたり不規則にあらわしたものは「ブロークン・ヘリンボーン（乱れ杉綾）」という。

ベルベット

velvet

和名ではビロード（天鵞絨）という。羽毛のような滑らかな手触りの毛羽《けば》立ちと上品な光沢感を放つ、フォーマルを代表する素材。シルクやレーヨンなどのフィラメント糸*が用いられる。古くから憧れの高級品だったこともあり、懐古的な意味合いや和服地、シルクベルベットには「ビロード（天鵞絨）」のことばが使われることが多い。また広義には別珍《べっちん》*も含めてビロードと呼ばれる。織物の表面に毛羽やループを特徴とするパイル織り*の一種。

COLUMN 35 >ベルベット

ベルベットの織法、種類、歴史

■ベルベットの織法と種類

ベルベットの組織は平織り*や綾織り*で、2種類の織法がある。①二重織《にじゅうお》り*をした2枚の生地の間にパイルを作る糸（パイル糸）をたて糸に織り込み、後でその糸を切り取って毛羽《けば》を出し（カットパイル*という）2枚のベルベット（ビロード）にする織り方で、二重ビロードという。②細い針金にたて糸のパイル糸をかけながら地組織と交互に織り込み、後で針金を引き抜く織り方で、「有線《ゆうせん》ビロード」という。針金を引き抜いたまま糸が輪奈《わな》（ループ）状になっているものを「輪奈ビロード*」といい、針金を引き抜く前に輪奈をカットして毛羽立たせたものを毛切りビロード（本天、切天）という。有線ビロードは手間とコストがかかり現在は非常に少なくなっている。

特に毛足の長いものはプラッシュ*（フラシ天）と呼ばれ、ジャカード*で凹凸のある柄を織り出す金華山織《きんかざんお》り*などの紋ビロード、透ける効果で柄を出したオパール・ベルベット、（デボレdevore）*、シフォン・ベルベット*、シワ加工を施したクラッシュ・ベルベット*などがある。ベルベットと似た織物に別珍《べっちん》*やコーデュロイ*がある。ベルベットがたて糸に毛羽を出すパイル糸を織り込んでいるのに対し、別珍やコーデュロイは1枚の生地のよこ糸を切ってパイル糸を作っているためパイルが短い。つまりベルベットは別珍よりもパイルの毛羽立ちが良いため、色に深みが出、風合いがより滑らかになるのが特徴である。

■ベルベットの歴史
ビロードに魅了された織田信長や上杉謙信

ビロードは日本には16世紀の室町時代に南蛮貿易で渡来したとされる。ビロードの名はポルトガル語でベルベットを意味するveludoが転

ベルベットの種類

ベルベット

オパール・ベルベット

金華山織り（紋ベルベット）

訛したものとされ、白鳥の羽根のように滑らかで優美な織物という意味からか、中国語で白鳥を意味する「天鵞」の文字が当てられている。13世紀のイタリアが発祥の地とされ（伊語velluto）、語源は「毛羽立った，毛深い」を意味するvillosoと言われる。

ポルトガルやスペインの宣教師が時の権力者に献上した数々の珍しい贈り物は驚異であり、中でもビロードに魅了されたことが来日したポルトガルの宣教師ルイス・フロイスの『日本史』の記述にも見られる。織田信長の羽根飾りを付けたビロードの帽子、上杉謙信の紋ビロードのマント「赤地牡丹唐草文天鵞絨洋套《あかじぼたんからくさもんびろうどまんと》」など、戦国武将達は錦《にしき》*や緞子《どんす》*の豪華な衣装や、ビロードや羅紗《らしゃ》*などの南蛮渡来の衣装に身を包んでいた。また茶人などにも名物裂《めいぶつぎれ》*として珍重されている。

日本で織られるようになったのは江戸時代初め頃で、舶載《はくさい》されたビロードの中に輪奈《わな》*を作る針金（銅線）が残されていたのを発見し、技法を知ることができ、それをもとに「有線ビロード」の織法を研究したという。江戸時代の浮世絵には、着物の襟や下駄の鼻緒に黒ビロードを使った芸者の姿が描かれている。

現在ベルベットやビロードは福井県の鯖江《さばえ》や今立《いまだて》地域、滋賀県の長浜が主産地となっている。長浜は江戸時代中期に京都・西陣より織法が伝えられた。江戸時代末期には彦根藩の保護を受けビロードの織元としての特権が与えられて繁栄し、その伝統が今日まで織り継がれている。

→【コラム17】金襴

クラッシュ・ベルベット

輪奈ビロード

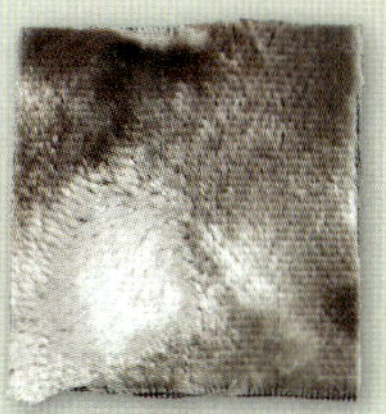

プラッシュ

ベロア

velour / Velours（仏）

ベルベット*を仏語でベロアveloursといい、ポルトガル語ではveludoといい、これが転訛し日本でビロード*と呼ばれるようになった。これらの語源は「毛むくじゃら，絨毛」の意味をもつラテン語のvillosusからきている。本来、ベルベットもビロードもベロアも同じものではあるが、日本でベロアという場合は次の3つに分類される。①毛羽《けば》の長いベルベットのことで、「プラッシュ*（フラシ天）」とほぼ同じ。②「ニットベロア」のことで、パイル編み*（プラッシュ編みともいう）にして、ループ状のパイル糸を短くカットし、ビロードのような毛羽に仕上げたもの。③紡毛織物*を仕上げ加工でビロード状にすることで、「ベロア仕上げ」という。最近はニットベロアをベロアと呼ぶことが多くなっている。

ベンガリン

bengaline

太いよこ畝《うね》と細いよこ畝が交互に並んだ、絹糸と梳毛糸《そもうし》*の交織《こうしょく》*織物。俗称「厚地ポプリン」ともいい、グログラン*にも似ている。原形は「ベンガリン・ド・ソワ」という絹織物。光沢やドレープ性もありドレッシーな趣があるが丈夫。たては絹糸を密にし、よこに甘撚《あまよ》り*の太番手*の梳毛糸を1杼口《ひぐち》*（よこ糸の通り口）に2〜3本、次に1杼口に1本打ち込み（これを「締めよこ」という）、これを繰り返す。よこ方向には太い畝と細い畝が交互にあらわれる。喪服、コート、婦人帽、リボンなどに多い。インドのベンガル産の織物であったことからの名前。

ベンタイル

Ventaile

超高密度の綿100%の高機能素材。1930年代末に英国空軍パイロットの耐水服素材として開発された。超長綿《ちょうちょうめん》*をブロード*の160%という超高密度で織り込み、地厚で丈夫な織物に仕上げる。上品な光沢と張りがあり、自然な風合いと通気性・透湿性をもちながら防水・撥水性《はっすいせい》、防風性、保温性に優れ、ハードな使用にも耐えることができる。軍用、極地探検隊やヒマラヤ登山隊などのアウトドアウエア、ワークウェア、コートなどにも使用。

ボイル

voile

薄地で、織り目が粗く透けて見える平織物*。たて・よこにボイル撚り*という強撚糸《きょうねんし》*を使って織るため、シャリッとした感触と、さらりとした肌触りがあるのが特徴。voileとは仏語で英語のベールveil（顔覆い）にあたり、薄地の強撚絹織物が始まりとされる。現在は綿を中心に毛、麻、ポリエステル、レーヨンなど幅広い。綿ボイルは逆撚りをかけた双糸《そうし》*使いのものを「本ボイル」、たてに強撚糸・よこに普通撚りの単糸を用いたものを「半ボイル」、単糸使いは「単糸ボイル」という。ボイル地にストライプや水玉柄を織り込んだもの、柄を織り込んだ糸をカットして毛羽《けば》のある模様を出した「カット・ボイル*」など、柄や装飾性のあるものも多く、これらを総称してファンシー・ボイル*と呼ばれる。

細綾（ほそあや）

jeans

たて・よこに20番手以上の細い単糸を用いた薄手の綾織物*の総称。ジーン*をいう場合もある。ジンス*（仁斯）、ギャバジン*、スレーキ*など、綿の丈夫な織物が多い。20番手より太い糸のものはドリル*（太綾）という。

細綾

太綾（ドリル）

ホップサック

hopsack

ビールの苦み原料のホップhopを入れる麻袋hopsackに似せた、粗野でラフな織物。原形はジュート*やヘンプ*だが、綿や毛、絹などが多い。綿は太い糸で斜子《ななこ》織り*にした、密度の粗い柔らかな織物。ホームスパン*にも似ている。毛のホップサックはチェビオット羊毛*の粗剛な毛で斜子織りにしたもの。野趣のあるザラザラした丈夫な織物で「ホップサック・ツイード*」という。極太の絹の紬紡糸《ちゅうぼうし》*で織った高級なものもある。

ポプリン

poplin

ワイシャツ地に代表される手触りの柔らかい緻密な平織物*で、通気性に優れている。たて糸はよこ糸より細い糸を使用し、織り密度も2倍近いため、横方向に細い畝があらわれるのが特徴。ブロード・クロス*はこの一種であるが、ポプリンよりも細い糸を使用し、よこ畝《うね》もあまり目立たない。本来はアイルランドの伝統的な織物の「アイリッシュ・ポプリン*（絹と毛を交織した畝のある平織り）」を指したが、現在のポプリンは、その後、ランカシャーで織られた綿の「ランカシャー・ポプリン」をいう。語源は「ペイプーリンPape-Lin」とされ、14世紀にローマ法王（仏語でpape）が幽閉されていた南仏のアヴィニョンAvignonがポプリンの産地であったことに由来するという。また絹と毛の交織ポプリンは高級品で法衣などに用いられており、アヴィニョンの教会で採用されていたことからという説もある。

ポーラ

poral

ポーラ糸*（三子撚《みこよ》り*＝3本の糸を撚り合わせる）にした強撚《きょうねん》*の梳毛糸《そもうし》*を用いた、織り目の粗い薄地平織物*。多孔性《たこうせい》の風通しのよい織物で、サラサラした感触が特徴。梳毛のサマースーツの代表素材。本来はモヘア*の梳毛糸で織られたもので、手触りがかたく、よりサラリとしてシャリ感があり、落ち着いた光沢もある。霜降り調も多く、3種の色糸で杢糸《もくいと》*にして織ったものは「三つ杢ポーラ」という。ポーラより少し柔らかいが、似た織物にパンピース*がある。語源は「多孔性」を意味するポーラスporusから。「ポーラPoral」は、もとは米国エリソン社の商標名で、正しくは「ポーラス」。英国ではロンドンのガニア商会の商標名で「フレスコFresco」と呼ばれる。

ポンジー

pongee

絹紬《けんちゅう》ともいう。本来は手で紡いだ柞蚕糸《さくさんし》*を用いた、野趣のある手織り平織物。柞蚕ならではの独特の光沢と、節《ふし》や不規則なよこ畝《うね》があらわれた上品な粗野感が特徴。柞蚕糸は特有の薄い黄褐色をもつため、真っ白に漂白できず染色しにくいこともあり、自然の色をそのまま活かして使うことが多い。斜子織《ななこお》り*で粗野感を出したり、生糸《きいと》*、絹紡糸《けんぼうし》*、レーヨン*などとの交織《こうしょく》*でポンジーに似せたものも多い。もともとは中国山東省で織られていたもので、語源は山東省の方言で平織りをいうpeng-chihからとも、いくつか説がある。

ボンディング・クロス

bonding cloth

「ボンデッド・クロス」、単に「ボンディング」ともいう。ボンドbondは「接着する、接着剤」の意味で、2枚（2種類）の布を特殊な接着剤で接着して1枚の布地にしたもの。織物や編物に芯地がなくても形態安定やコシをもたせ、シワになりにくい。裏地の必要がなくリバーシブル*効果もある。2枚の布の間に薄いポリウレタン・フォーム*をはさんで熱処理で1枚の布にしたものもあり、「フォーム・ラミネート（米国名）」「フォーム・バックス（英国名）」と呼ばれる。

マーキゼット

marquisette

①ネットのように織り目が透けて見える織物。たて・よこに強撚糸*を使った搦《から》み織り*で、隙間の大きさやかたさも色々ある。もとは絹織物で、蚊帳《かや》*やカーテン地に用いられた。現在はレーヨン、アセテート、ナイロン、木綿などでも作られ、プリント、フロッキー*、ドビー*やジャカード*など種類も多い。②経《たて》編み*のラッセル編み機*で編んだ「角目状ネット」の代表的な組織。「角目」「マーキ目」とも呼ばれる。よこ伸びに強い組織。たて糸・よこ糸がしっかり編み込まれているので、糸がずれて目が大きくなることがない。

マッキノー・クロス

mackinaw cloth

※縮小

単にマッキノーともいう。森林作業員などの労働着であった「マッキノー・コート（マッキノー、マッキノー・クルーザーともいう）」の生地としても知られる。バージン・ウールを使用した厚手ウールで、太番手*の綾織り*を縮絨《しゅくじゅう》*して毛羽《けば》を出した、大柄のチェックが特徴。目が詰まり、防風・防寒効果があり頑丈。アメリカンワークウエアの代表的なアイテムとして、米国フィルソンFilson社の赤と黒のバッファロー・チェック*のマッキノー・クルーザーが代表的。もともとは植民地時代、米国ミシガン州のマッキノー島Mackinac Islandで、政府からネイティブアメリカンに支給されたブランケットであった。これをネイティブがポンチョ風に着こなし、やがて森林労働者や採鉱者の労働着となり、マッキノー・コートとして着られるようになった。現在は無地のものもこう呼ばれることがある。

マッキントッシュ

mackintosh / macintosh

英国マッキントッシュ社のゴム引きコート、またはその素材の「マッキントッシュ・クロス」のこと。1823年、チャールズ・マッキントッシュCharles Mackintoshが発明。2枚のコットン・ギャバジン*の間に溶かした天然ゴムを塗り、ローラーで圧着して熱を加えたもので、防水・防風機能と、非常に張りのある素材感が特徴。乗馬コート、レインコート、英国陸軍のコートなどにも採用された。現在もクラフツマンシップを大切に19世紀当時の製法が受け継がれている。

マット・ウーステッド

mat worsted

マットウースと業界用語で呼ばれることが多い、夏の紳士スーツの代表的な梳毛《そもう》*の平織物*。平織りの一種の「斜子織《ななこお》り*（マット・ウイーブmat weave）」で織られることからこの名がある。クリアカット仕上げ*やミルド仕上げ*を施す。斜子織りは2本または3〜4本の糸を引き揃えて織る。そのため織り目にやや隙間ができ「空気の通りが良い」「地合いが柔らかでしなやか」という特徴を持ち、夏向きの素材に適している。

マル

mull

細い綿糸で織った、ソフトで上質な薄地平織物*。綿紗《めんしゃ》*、マルマルmulmulともいう。薄手モスリン*の一種で、ローン*やボイル*よりやや糸が太く密度が粗い。薄手の金巾《かなきん》*のイメージ。晒したものが一般的だが、無地染めや捺染《なせん》*もあり、無糊かごく薄く糊付けした柔らかい仕上げが特徴。しなやかで肌触りが良いため、幼児や子供服などに使われる。もとはインドで手織りで作られ、英国に輸入されペチコートなど広く使われた。マルmullはモスリンmuslinを意味するヒンディー語のmulmullからという。

花崗織り（みかげおり）

granite weave / granite cloth

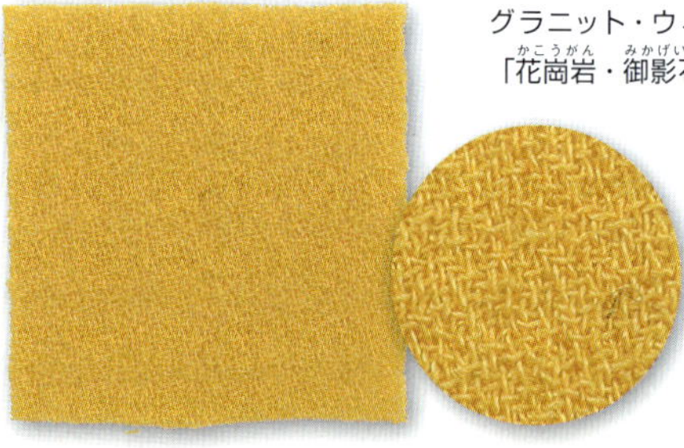

グラニット・ウィーブ、グラニット・クロスともいう。「花崗岩《かこうがん》・御影石《みかげいし》：グラニットgranite」の表面に似た、凹凸感のある織物の総称。梨地織《なしじお》り*で、ザラザラした表面感を出したり、2色でつぶつぶ感を出したものなど。またつぶつぶのあるオートミール*の別名を「花崗織り」ともいう。

ミカド・シルク

Mikado silk

ウエディングドレスの最高級素材として知られる、地厚なシルクサテン*。たては20デニールの細い糸、よこ糸は太い240デニールの練り糸*を使用するため、サテンではあるが綾目《あやめ》*のような織りがあらわれるのが特徴。シルクならではの気品ある光沢と張り感があり、美しいフォルムを表現できる。本来は福島の絹産地で、重厚な最高級シルクを日本の最高位の「帝《みかど》」に見立てて「ミカド・サテン」と命名したもの。当初ニューヨークに輸入され、その後ヨーロッパでウエディングドレスに使われ「ミカド・シルク」と呼ばれるようになった。

ムガ・シルク

muga silk

インドのアッサム地方に生息する野蚕《やさん》*の一種である「ムガ蚕《かいこ》」からとれる、黄金色に輝く最高級絹糸、またはその織物。「黄金（ゴールデン）シルク」「シルクの宝石」とも称される。野蚕独特の節《ふし》があり、糸は強く軽く、その輝きは褪せることがない。また多孔質であり自然の温度調節機能を持ち、紫外線を遮断するUVカット効果も高いという特徴がある。ムガ蚕は限られた谷や丘にしか生息せず、この地域特産のsomやsoaluという木の葉を食べて育つ。それが独特の黄金色の糸となるが、生産量はきわめて少ない。1kgの糸を得るためには約5000個の繭《まゆ》が必要という。高級サリーや婚礼衣装として数百年にわたり使われてきた。衣類、ストールをはじめ、日傘などの需要も高い。アッサム地方ではcastar treeの葉を食べる「エリ蚕」からとれる「エリ・シルク」（白っぽく、柔らかな手触りが特徴で保温性に優れている）、arujun treeの葉を食べる「タッサー蚕」からとれる「タッサー・シルク*」（褐色で太くかたい）などがあり、食べる葉の種類により糸の性質が異なる。

銘仙（めいせん）

Meisen

明治から昭和30年代前半の、中流階級の実用着として着物の主流をなしていた、先染め柄*に特徴のある平織り*の絹織物。熨斗糸《のしいと》*（繭の外側の節《ふし》のある糸）や玉糸《たまいと》*（繭に2つの蚕《かいこ》が入ったもの）などの、太い節糸《ふしいと》*を用いた丈夫な織物。もとは縞柄が主流だったが、大正以降は絣《かすり》*など、たくさんの色を用いた複雑な模様ができるようになり、時代の流行を織り込んだ様々な模様で人気を博した。大正や昭和のモダンレトロを代表する着物地。

COLUMN 36 >銘仙

銘仙の歴史と変遷「一世を風靡したモダンレトロな絣模様」

牡丹柄の「銘仙」の着物（部分）

モダンな柄の「銘仙」の着物（部分）

解《ほぐ》し織り*で絣柄を出した「銘仙」

銘仙は「名仙」「目千」「綿織」「銘撰」とも書かれる。もとは農家が自家用に屑繭《くずまゆ》の熨斗糸《のしいと》*や玉糸《たまいと》*をよこ糸に用いて織った「太織《ふとお》り」と呼ばれた、丈夫で実用的な織物から発展したもの。古くから埼玉県秩父地方や群馬県伊勢崎地方などで生産され、江戸期の天明（1781～89年）頃には簡単な縞柄が織られるようになり、明治期には「縞銘仙」の流行で関東一円に広がった。大正期には絣《かすり》模様*を織り出した「絣銘仙」が流行。群馬県の桐生、栃木県の足利、東京都の八王子など、養蚕と織物の産地でも盛んに生産されるようになった。

大正期に「解《ほぐ》し織《お》り*」が発明されてから絣模様の表現も広がる。草根や木皮などの天然染料に代わり、彩度の高い人工染料が用いられるようになったり、力織機*による大量生産が行われたことも相俟って、安価な銘仙が出回り庶民の代表的な着物として全国に広まっていった。

本来は手紡ぎ糸を用いた節《ふし》のある織物だった銘仙も、手紡ぎから機械撚糸《ねんし》*へ代わり、太さが均一な絹紡糸《けんぼうし》*が使われるようになった。その後、人絹糸《じんけんし》*やナイロン糸なども使われ、織り方にもさまざまな工夫が加わる。太織りとは風合いも外観も異なる、表面がつるりとして光沢のある洗練された銘仙が各産地で織られ、一世を風靡した。

銘仙の魅力のひとつは、欧米の影響を受けたモダンな模様にある。大正末期や昭和初期にはアールヌーボーやアールデコ調の模様、洋服地のような幾何学模様、抽象画のような大胆な色使いのものなど、着物地をキャンバスにしたような自由な発想の模様が多い。

「銘仙」の名前は明治になってつけられたもの。銘酒をイメージする「銘」、仙境《せんきょう》（俗界を離れた清浄な土地の意味）で織られることから「仙」の字が使われたという。

メタリック・クロス

metallic cloth

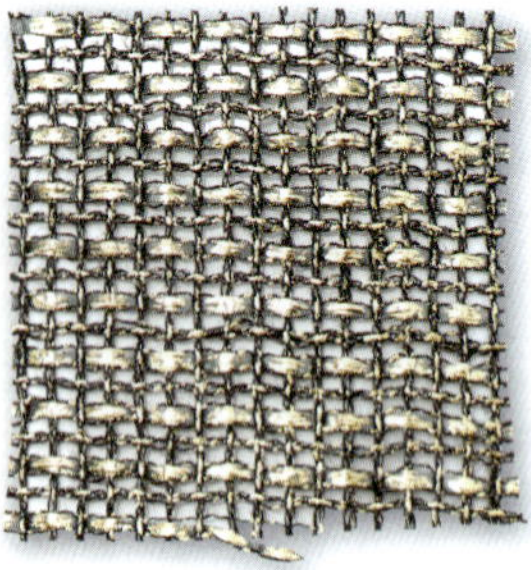

メタル・クロスともいう。表面に金属的な外観をもたせた織物の総称。ラメ糸*や金・銀・銅などのメタリック・ヤーン*（金属糸）を織り込んだり、布の表面にメタリックコーティング*したものが主。メタリック・サテン、メタリック・タフタなどと織物の名前を付けて呼ばれることが多い。

メルトン

melton

ダッフルコートやピーコートの素材に代表される、縮絨《しゅくじゅう》加工*した、厚手の紡毛織物*。平織り*か綾織り*にして（厚地の場合は二重織り*）強く縮絨し、表面の毛羽《けば》を剪毛《せんもう》*する。起毛はしない。これを「メルトン仕上げ*」という。表面は毛並みの揃わないフェルト*のような毛羽で覆われ、手触りはソフト。地合いが極めて密なので保温性も高い。梳毛《そもう》*を使いメルトン仕上げをしたものは「ウーステッド・メルトン」、薄地で軽めのメルトンは「メルトネット」という。日本では古くから「羅紗《らしゃ》*」と呼ばれてきたものがこれにあたる。

モアレ

moiré（仏）

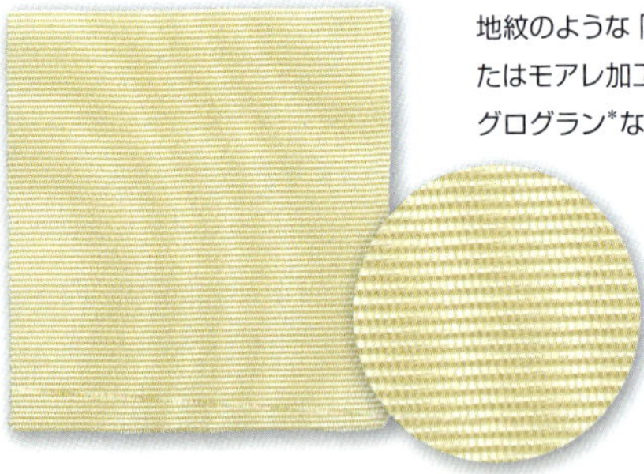

地紋のような「波紋や杢目《もくめ》＝モアレ」があらわれた織物。またはモアレ加工のこと。モアレは、琥珀織《こはくお》り*、ファイユ*、グログラン*など「よこ畝《うね》のある織物」に、細い平行線を彫刻した金属ローラーを加熱して強い圧力をかけるとあらわれる。畝のある布同士を重ねてプレスしたり、モアレ模様を彫刻したロールでエンボスしたものもある。ポリエステル*やアセテート*などの熱可塑性《ねつかそせい》*の繊維に施すと永久性が高い。

毛氈（もうせん）

felt carpet / rug

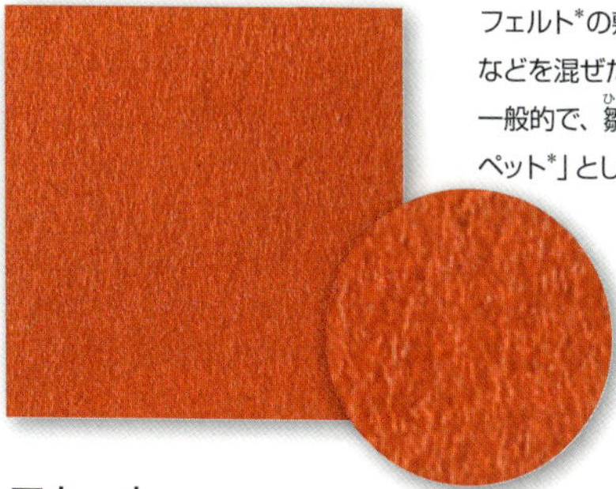

フェルト*の敷物（フェルト・カーペット）で、獣毛《じゅうもう》、羊毛、綿などを混ぜた繊維が用いられる。赤く染色した「緋毛氈《ひもうせん》」が一般的で、雛壇《ひなだん》や茶道の茶席や寺院の廊下に敷く「和製カーペット*」として知られる。花柄のあるものは「花毛氈《はなもうせん》」という。歴史は古く紀元前からといわれ、日本には奈良時代に新羅《しらぎ》を通してもたらされたという。現在は本来の製法で作られた毛氈は少なく、化学繊維を用いニードルパンチ*で作られた「レッドカーペット」を毛氈と呼んでいることが多い。

モケット

moquette

電車やバスの椅子張りに使われる素材でパイル織り*の一種。光沢があり、柔らかく滑らかな感触で、織りは緻密で耐久性や弾力性に優れている。ビロード*と同じ織り方だが、地糸には綿糸や麻糸を使い、毛羽《けば》やループ（輪奈《わな》）を作り出すパイル糸にはアンゴラなどの梳毛糸《そもうし》*を使う。織った後でパイル糸のループを切って毛羽を立てたものを毛切りモケット、ループを残したままのものは輪奈モケット、毛羽と輪奈で模様をあらわしたものを金華山《きんかざん》*モケットという。

モス・クレープ

moss crepe

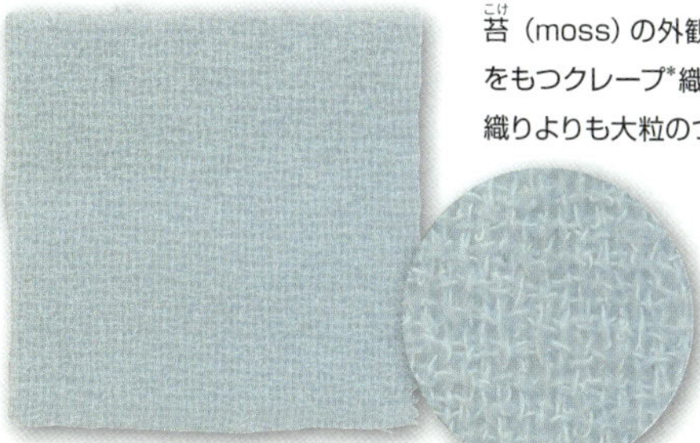

苔《こけ》（moss）の外観（ビロードゴケ）に似た変化のあるシボをもつクレープ*織物。梨地織《なしじお》り*の一種で、一般的な梨地織りよりも大粒のつぶつぶが表面にあり、砂sandのように見えることから「サンド・クレープ」とも呼ばれる。ザラザラ感があるが、地厚でふっくらして弾力性があり、鈍《にぶ》い光沢感がある。

モスリン

muslin

①本来は薄手の綿の平織物をいう。②日本では単糸*で織られる薄地の梳毛《そもう》*平織物をいうことが多い。「毛斯綸《もすりん》」とも書き、メリンス（スペイン語に由来）、唐縮緬《とうちりめん》、単にモスとも呼ばれる。薄く、軽く、柔らかで暖かく、滑りがよくシワになりにくい。また友禅染《ゆうぜんぞ》*のような捺染《なせん》*ができる数少ない和服向きの毛織物ということもあり、戦前は、ウールの着物地や長襦袢《ながじゅばん》、布団地などに使われ、一世を風靡した織物でもある。戦後の化学繊維の登場などで衰退を余儀なくされた。

モック・レノ

mock leno / imitation gauze

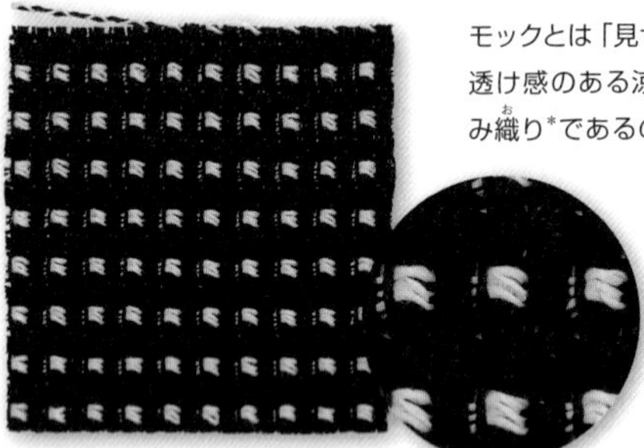

モックとは「見せかけの、偽《にせ》の」の意味で、レノ*に似せた透け感のある涼しげな織物。組織名でもある。レノが搦《から》み織《お》り*であるのに対し、モック・レノは斜子織《ななこお》り*の一種である模紗組織《もしゃそしき》mock leno weave／imitation gauze weaveという複雑な織りで作られる。「模紗織《もしゃお》り*」，「擬絽《ぎろ》」、「目透織《めすきお》り」ともいわれる。
→レノ

モッサー

mosser

「苔《こけ》moss」に似せた手触りの、短く密な毛羽《けば》の紡毛織物*。織り上げて片面を起毛し、毛足を立たせた状態で短く剪毛《せんもう》*し、苔に似せた表面に仕上げる。これを「モス仕上げ」という。モッサーは日本での造語。

COLUMN 37 ＞モスリン

モスリンの歴史

本来モスリンは、メソポタミア（現イラク）の首都でもあったモスル（モスール）Mosulで織られていた薄手の綿の平織物を、アラビア人が「モセリニ」と呼んだことが始まりという。フランスに渡りムスリンmousselineと呼ばれた。薄地から厚地まで色々な種類の綿の平織物*をいうが、インドではソフトで薄い綿織物や金巾《かなきん》*のようなものをいう。18世紀の終わり頃、イギリスではインドから輸入された木綿モスリンに刺繍を施したものが人気となり、レース産業を脅かすほどになった。日本でモスリンと呼ばれる薄地の毛織物は、江戸末期に日本人好みに合わせてオランダ人により持ち込まれ、「呉絽服綸《ごろふくりん》」と呼ばれていた。当時、羅紗《らしゃ》*などの舶来の毛織物は、一部の武士階級だけでなく裕福な町人にも広がっていた。羅紗に比べて安価なモスリンは庶民にも愛好され、脛当《すねあて》、羽織、合羽《かっぱ》、帯などに用いられていた。明治の初めにはフランスなどから輸入されたが、特にファイン・モスリンという綿の天竺《てんじく》*に似た白生地の梳毛《そもう》*平織物を型紙で捺染《なせん》*し、国産化したことにより、日本では毛織物をモスリンと呼ぶようになった。綿やスフ*の場合は「綿モスリン」「スフモスリン」と呼び区別している。

刺繍が施された木綿モスリン地のドレス（下）拡大図

木綿モスリン地のドレス
（1805年頃　フランスか）
文化学園服飾博物館 蔵

紅絹（もみ／べにぎぬ）

Momi / red silk

鮮やかな紅色の無地の絹織物のことで、紅絹《べにぎぬ》ともいう。「もみ」の名称は「紅葉《もみじ》色」からとも、「揉《も》み染め」をすることからともいわれる。揉み染めとは、ウコンで下染めをした後に紅花《べにばな》を揉んで紅い汁を絞り出して染める手法。平絹《ひらぎぬ》*を主流に、節絹《ふしぎぬ》*、高級なものは羽二重《はぶたえ》*などで染められる。紅花は高価なため濃色の上等なものは「本紅《ほんこ》」と呼ばれる。上品な光沢があり、手触りがよく、薄く柔らかく、滑らかで、「キュッキュッ」という絹独特の「絹鳴り」がある。絹の着物の裏に最適で、かつては着物の胴裏《どううら》や袖裏《そでうら》に、若い女性は紅絹を、年配者は白絹を用いていた。古くから紅花の効果として、血行をよくすることや、紅絹の下着や裏地は虫がつかなくてよいとか、眼病の治療に紅絹で目をぬぐうとよいなどと信じられていた。今では本物の紅絹の生産は少なく、埼玉県の「糸好絹《いとよしぎぬ》」「小節絹《こぶしぎぬ》」、石川県の「加賀絹《かがぎぬ》」などがある。現在は化学染料が中心で、レーヨンやアセテートなども多い。

モール

chenille / chenille yarn / chenille cloth

①もじゃもじゃと毛羽《けば》で覆われたモール糸（シェニール糸*ともいう）。あるいはモール糸を使用した織物のモール織り（シェニール・クロス*ともいう）や、モール糸で編まれたニットのこと。シェニーユchenilleは仏語で「毛虫」の意味。②芯糸に金・銀などの飾り糸をからませた糸のこと。軍服の装飾やエンブレムの「金モール・銀モール」などで知られる。この糸を使った緞子《どんす》*に似た織物で、金糸・銀糸で模様を浮き出させた織物は「モール織り」と呼ばれる。

モールスキン

moleskin

「モグラの毛皮moleskin」に似せた手触りと外観をもった、厚手の起毛綿織物。太番手の綿糸を綾織り*にして両面起毛する。しっかりした地厚な生地でありながら手触りが柔らかく滑らかで、保温性に富む。独特の光沢感がある。ワークウエアや、ミリタリーウエアのジャケットやパンツにも使われる。

モロケン

marocain crepe

「マロケーン」「モロケン・クレープ」ともいう。縮緬《ちりめん》*の一種で、大きなシボのあるやや厚地の平織物*。たてに無撚糸《むねんし》、よこに２本引き揃えた強撚糸《きょうねんし》*を右撚り２本、左撚り２本を交互に打ち込むためよこ糸が太くなり、よこ方向に少し波状の畝《うね》があらわれ、粗いシボとなる。もとは絹織物であったが、現在はレーヨン*などのフィラメント糸*なども多い。仏領であったモロッコ Morocco で織られていたことからこの名がついたとされる。

山繭紬（やままゆつむぎ）

wild silk pongee

「やままいつむぎ」ともいう。「天蚕《てんさん》*」という野生の蚕《かいこ》の糸を紡いで織られた紬*。美しい光沢のある緑色の糸で、丈夫でシワになりにくく、軽くて暖かい。染まりにくい欠点を生かし、染まりやすい家蚕糸*と交織《こうしょく》*したり、2種類の糸を撚り合わせて染色すると、糸に濃淡が生じ、絣《かすり》*や霜降り風の効果を出した、独特の紬となる。主に長野県の松本地方で織られている。

有職織物（ゆうそくおりもの）

Yusoku weave

平安時代に朝廷や公家の装束や調度品など、公私にわたる生活に用いられた絹織物のこと。それらに施された文様を「有職文《ゆうそくもん》*」という。奈良時代に唐から伝わった織物が和様化し、独自の「公家様式」になったもの。「綾《あや》*」「唐織《からお》り*」「浮き織り*」「羅《ら》*」「紗《しゃ》*」「二陪《ふたえ》織物*」「錦《にしき》」などがある。「有職」とは元来「学識豊か」の意味をもつ語であったが、儀式や官職なども含める規範・法式にも使われたことから「職」の字が当てられることになったという。その後、他の範疇の織物と区別するために公家様式の絹織物が「有職織物」と呼ばれるようになった。

→有職文

楊柳クレープ（ようりゅうクレープ）

yoryu crepe

単に楊柳と呼ばれることが多い。縮緬《ちりめん》*やクレープ*の一種で、たてに波のような細かいシボのある織物。楊柳縮緬《ようりゅうちりめん》*、縮《ちぢみ》*ともいう。たてに無撚糸《むねんし》*、よこに強撚糸《きょうねんし》*を使い、平織り*にした後「シボ出し加工」で強撚糸の撚りを戻してシボを出す。楊柳のようにたて方向にシボを出した織り方を「片しぼ」といい、よこ糸に右撚りまたは左撚りのどちらかの強撚糸を織り込むことによってできる。シボがたて・よこ均等に出るものは「両しぼ」といい、よこ糸に右撚りと左撚りの強撚糸を交互に打ち込む。シボがあるため肌に密着せず、さらっとした肌触りがあり夏用素材として多く使われる。

楊柳縮緬（ようりゅうちりめん）

yoryu crepe

縮緬《ちりめん》*の一種で、たてに波のような細かいシボのある平織物*。「たてしぼ縮緬」、楊柳クレープ*、元来絹織物であったことから「絹縮《きぬちぢみ》」ともいう。楊柳*のように、たて方向にシボを出すことを「片しぼ」というため「片しぼ縮緬」とも呼ばれる。「片しぼ」は、たてに無撚り糸、よこに右撚り*または左撚り*どちらかの強撚糸《きょうねんし》*を打ち込むことによってできる。シボがたて･よこ均等に出るものは「両しぼ」といい、よこ糸に右撚りと左撚りの強撚糸*を交互に打ち込む。シボがあるため肌に密着せず、さらっとした肌触りがある。

→楊柳クレープ／縮《ちぢみ》／縮緬《ちりめん》

吉野織り（よしのおり）

Yoshino weave

平織り*に畝織《うねお》り*を組み合わせて、縞柄や格子柄をあらわした織物。絹やフィラメント糸*が多く、着尺地《きじゃくじ》*や帯地などに使われる。畝に特徴のある真田織《さなだお》り*にも似ている。たて畝をたて縞状に配したものを「たて吉野」、よこ畝をよこ縞状に配したものは「よこ吉野」、たて畝とよこ畝を格子状に配して、重なる部分を平織りにしたものは「格子吉野」という。縞織物は「間道《かんとう》*」ともいい、名物裂《めいぶつぎれ》*のひとつでもある、縞格子柄の「吉野間道《よしのかんとう》」が知られる。「吉野」の名前は地名ではなく、江戸時代の初期に京都の豪商・灰屋紹益《はいやしょうえき》が島原で盛名を馳せた「吉野太夫」に贈った打ち掛けからの命名といわれる。太夫との恋物語が世間に広まり「吉野」の名を有名にした。

写真：「大正五年 染織物標本 第貳類（日本染織物標本社）」山梨県富士工業技術センター所蔵

ラオ・シルク

Lao silk

※縮小

ラオス・シルクともいう。ラオスは「織物の国」といわれ、絹織物は代表的な伝統産業。特にタイとの国境のラオス北東部山岳地域が織物の名産地で、桑の栽培から養蚕《ようさん》、製糸、染色、織布の一連の作業が農作業の合間に女性たちの手で行われてきた。ラオスの女性は自家用に四角い織物をたくさん織り、「パー・ビエンpha-biang」というショールや、「シンsinh」というスカートをはじめ、布団カバーや敷物など、多種多様な用途に使用している。ラオ・シルクの魅力は自然や精霊などの先祖伝来のスピリチュアルな模様と、非常に複雑な織りにある。菱形模様、蛇、神話上の鳥、長い鼻の半身象など、特別な意味のある模様の組み合わせが、刺繍のような浮き織り*や縫取織《ぬいとりお》り*、綴織《つづれお》り*、絣《かすり》*など高度な技法で表現される。

羅織り（らおり）

Ra / gauze

「羅織り」端の部分

単に「羅」ともいう。2000年以上前に中国で織られた薄い絹織物のことで、広義では紗《しゃ》織《お》り*や絽《ろ》織《お》り*など、糸をからめて織る搦《から》み織《お》り*の総称。「うすはた」「うすもの」ともいわれる。古代では薄い衣を総称して「羅」と呼んでいた（ちなみに「天麩羅」の「羅」も薄い衣の意味）。狭義では搦み織りの中でもっとも歴史が古く、搦みながら紋を形成する複雑な織りをいう。紗織りや絽織りはもじり合った2本のたて糸によこ糸をからませて織るが、羅織りは3本、5本、7本など、奇数のたて糸同士が互いにからみ合い、織り目が網のように見えるのが特徴。このため筬《おさ》*を使う織機では織ることができない。3本のたて糸がもじり合っているのを「3本羅」、5本の場合は「5本羅」という。このたて糸のもじりによって織物の表面に斜線模様が生まれ、織りの凹凸が光の加減で透け感のあるさまざまな表情を生む。京都迎賓館の藤の間には最高級の技術を駆使した「羅」の几帳《きちょう》（間仕切り）があることでも知られる。日本には飛鳥時代頃に伝わったという。奈良時代には盛んに製織されたが、鎌倉時代には衰退。室町時代あたりには明《みん》から紗が伝わり、羅に代わって織られるようになった。複雑な組成のため特殊な織機《しょっき》が必要で、通常の織機で織ることのできる紗織りや絽織りに取って代わられ生産が少ない。

→搦み織り

羅紗（らしゃ）

melton / felt cloth

厚地の紡毛織物*の総称。平織り*、綾織り*、朱子織り、二重織り*などの毛織物を縮絨*し、起毛して密で丈夫な毛織物に仕上げたもの。フェルト・クロス*、メルトン*、フランネル*などが当てはまる。16世紀に南蛮貿易で渡来し、戦国武将の陣羽織、マント、陸軍の軍服などに用いられた。縮絨ウールは難燃性が高いため火事羽織にも利用。19世紀の英国の消防士のジャケットにも採用されていた。軍服などに使う赤羅紗は「緋絨《ひじゅう》」、黄羅紗は「黄絨《きじゅう》」などと色の名をつけて呼ばれる。毛織物を扱った生地屋は「羅紗屋」と呼ばれた。

ラチネ

ratine（仏）

英語ではラチーヌという。①意匠糸の一種で「リング・ヤーン*」ともいう。細い芯糸に太い糸をからませ、さらに細い押さえ糸を反対方向に撚《よ》り合わせて安定させたもの。縮れた小さな輪奈《わな》があらわれた糸になる。②この意匠糸を使い、粗い平織り*などにした織物のこと。表面に不規則なつぶつぶがあらわれた、海綿状の柔らかな織物になる。「スポンジ・クロス」「スポンジ織り」「エポンジ（仏語で「海綿」の意味）」とも呼ばれる。ラチネratineは仏語で「縮れた毛」の意味。

ラテックス

latex

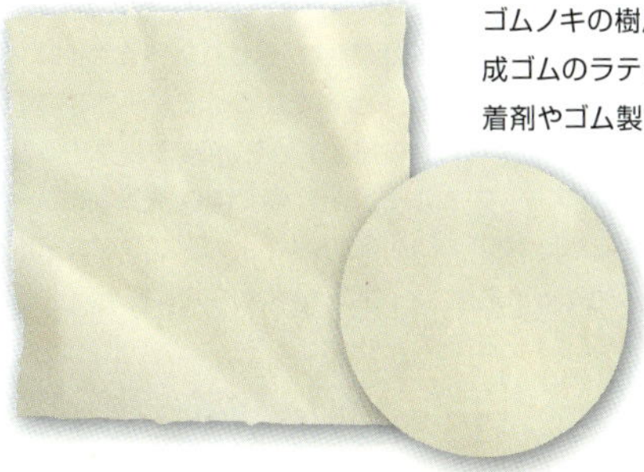

ゴムノキの樹皮から分泌されるゴムの原料。天然ゴムと合成ゴムのラテックスがある。高い弾力性と強さをもつ。接着剤やゴム製品が主要な用途。タフテッド・カーペット*などの接着剤、ゴム手袋、フォーム・ラバー*、ボンデージ・ファッションのラバースーツなど。

ラペット織り（ラペットおり）

lappet weave

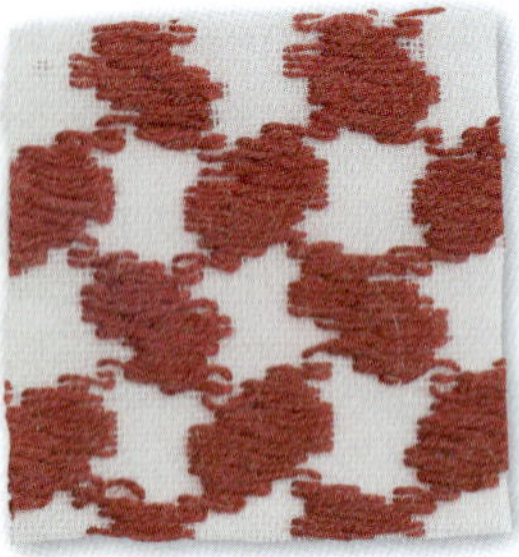

単に「ラペット」ともいう。薄地の平織り*に刺繍のような模様を織り出したもの。「ラペット織機」という特殊な装置で織ることからこの名がある。模様を織り出すラペット糸には太い糸を用い、ジグザグやドットなどの幾何学模様や、花柄などをあらわす。一時は中東のイスラム教徒が頭に被る「ヤシマグyashmak / yashimag」というスカーフのような被布（パレスチナのアラファト議長が被っていたもの）に使われ、兵庫県・北播磨地区から盛んに輸出された。「ラペット・ヤシマグ」ともいわれる。

ラメ・クロス

lamé cloth

ラメ糸*（金属糸）を織り込んだキラキラした織物の総称。平織り*、綾織り*、ツイード*などに織り込んだもの、ジャカード*で柄を織り出したものなどがある。金属糸には金・銀・アルミニウムなどの箔をポリエステルフィルムに接着して糸状にした「切《き》り箔《はく》*」と、金属糸を普通糸に撚り合わせたものなどがある。

リップストップ・ナイロン

lipstop nyon

単に「リップストップ」とも呼ばれる。リップストップは「裂け目防止」のことで、裂け目補強が施された特殊ナイロン糸のこと。またはこのナイロン糸をたて・よこに小さな格子柄に織り込んだナイロンの補強生地をいう。シルク地の場合はリップストップ・シルクという。薄く軽く、光沢があり、通気性・防水性も高い。パラシュート・クロス*などの軍用素材、アウトドア素材、レインコート素材などに使用。

リップル

ripple

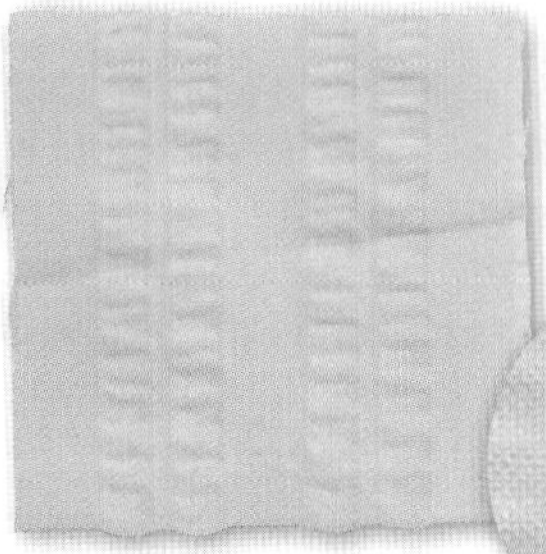

リップルは「さざ波」の意味。苛性ソーダで布を収縮させる「リッルプル加工*」で、「シボ」や「しじら」をあらわしたもの。シアサッカー*のようにたて縞状のしじらをあらわすだけではなく、苛性ソーダを含んだ糊をプリントして自由な模様にシボを出すことができる。シアサッカーとリップルの見分け方は、シアサッカーは織りでしじらを出すため波状の地合いが密になっているが、リップルのしじらは薄く透け感があり、シボも取れやすい。「さざ波」のようなよこ畝のあるニットをいうこともある。

綸子（りんず）

figured satin

ジャカード*の一種で、地紋を出した、滑らかで光沢がある絹の着物地。訪問着のほか、長襦袢《ながじゅばん》や伊達衿《だてえり》などにも多い。地紋のない無地織りもあり、地紋のあるものは「紋綸子《もんりんず》」とも呼ばれる。撚《よ》りのない糸で、朱子織《しゅすお》り*の表組織と裏組織を組み合わせて模様を織り出し、織り上がったものに後から精練《せいれん》*・染色を施す。強撚糸《きょうねんし》*を使い縮緬《ちりめん》*風のシボを出したものは綸子縮緬《りんずちりめん》といい、手描き友禅*などの高級着物に用いられる。同じ織りだが、先染め糸を使った、やや重め華やかな織物は緞子《どんす》*といい、帯などに多い。綸子や緞子にあたる洋服地はダマスク*と呼ばれる。綸子は室町時代〜桃山時代（16世紀頃）にかけて、南蛮貿易により中国の明《みん》から縮緬などの織物とともに技術が伝えられ、京都・西陣や堺で織られるようになり、江戸時代初め（17世紀頃）に着物地として定着したといわれる。

レノ

leno

レノ・クロスともいう。透け感のある搦《から》み織《お》り*の総称で、紗《しゃ》織《お》り*、絽《ろ》織《お》り*、マーキゼット*などがある。ゴーズ*と同じニュアンスで使われるが、レノという場合はネット状に見えるものをいう場合が多い。もじり合った2本のたて糸をよこ糸にからませて織るため、独特の隙間ができ通気性に富む涼しい感じの織物となる。糸同士がからみ合うので、密度が粗く織られていても目ずれ（糸が動いて隙間などが生ずること）を起こさない。レノに似せた織物にモックレノ*がある。

→搦み織り

絽織り（ろおり）

leno / gauze

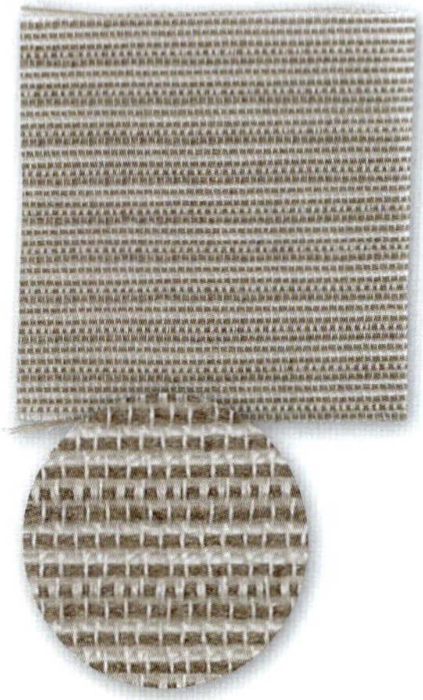

糸と糸をからませて織る、搦《から》み織《お》り*の一種で、たてやよこ方向に「絽目《ろめ》」という透け柄があらわれる涼しげな薄地織物。もじり合った2本のたて糸をよこ糸にからませることにより隙間（絽目）ができるもので、たて糸をよこ糸3本ごとにからめたものを「3本絽」、からめるよこ糸の本数により「5本絽」「7本絽」と呼ぶ。絽目を透かし縞のようによこ方向に出した「緯絽《よころ》／横絽《よころ》」と、縦方向にあらわした「経絽《たてろ》／竪絽《たてろ》」がある。平織り*に絽目を出した「平絽《ひらろ》」が多いが、文様を織り出した「紋絽《もんろ》」、強撚糸《きょうねんし》*を使い縮緬《ちりめん》*にした「絽縮緬」、複雑な技術を組み合わせた「鶉絽《うずらろ》」など種類も多い。海外では絽や紗*の搦み織りを総称して「ゴーズ* gauze」、「レノ*leno」と呼ばれる。夏の正装用の着尺《きじゃく》*を代表に、服地やカーテン地など。

→搦み織り

ローデン・クロス

loden cloth

オーストリアのチロル山岳地帯で昔から織られてきた、強い縮絨《しゅくじゅう》*を施した厚手の紡毛織物*。密な毛羽《けば》で覆われ、柔らかで軽い。単に「ローデン」ともいう。ローデン・コートやチロリアン・ジャケットの生地としても知られ、「ローデン・グリーン」と呼ばれる渋いグリーンが代表的。ヘアクロス*の一種でもあり、山岳地帯の粗剛な毛質の羊毛をあまり脱脂しないで織り、3分の1〜2程度まで縮絨させ、起毛・剪毛《せんもう》*・刷毛掛けして仕上げる。目が詰まり油脂分があるため自然な撥水性《はっすいせい》・防水性があり、防風効果も高い。アルパカ、モヘア、キャメルなども混紡されるが、現在はウール80%・アルパカ20%が一般的。語源は「獣毛で織った毛布」を意味するlodaからで、この毛布はローデラーズloderersと呼ばれていた。

ローン

lawn

夏のブラウス地に代表される、薄地で、織り目は密だがやや透けて見えるしなやかな平織物*。本来は高級な薄い麻織物のため、薄糊《うすのり》仕上げで麻に似せた張りのある感触を特徴としたが、現在は綿の繊細な持ち味を生かし、ソフトな風合いやシルキーな光沢を出したものも多い。たて・よこに60〜100番の細番手のコーマ糸*を使った綿や、綿／ポリエステルの混紡糸などが代表的。語源はフランスのランLaonで織り始めたことから、または織物を芝生（ローンlawn）に広げて晒《さら》した天日晒《てんびざら》し*からつけられた名とされる。

輪奈ビロード（わなビロード）

loop velvet

表面が輪奈《わな》（ループのこと）で覆われた、毛羽《けば》も光沢もないシルクベルベット*（ビロードともいう）のこと。輪奈も0.5〜0.8mmと短い。和装のコート地が代表的。通常ベルベットはたて糸を切断して毛羽を出すが（カット・パイル*、毛切りビロード、切天《きりてん》などという）、切断しないで輪奈をそのまま残したもので、輪奈天《わなてん》、アンカット・パイルともいう。

COLUMN 38 ＞輪奈ビロード 1

上杉謙信の「輪奈ビロード」マントと輪奈ビロードの製法

上杉謙信像
（米沢市上杉博物館 蔵）

輪奈ビロードは細い針金を用いた「有線ビロード」という織法で、織り上がった後に針金を引き抜く「針抜き」を行い輪奈を作る。現在は針金に代わりテグス（ポリエチレンモノフィラメント）などを使っている。輪奈や毛羽《けば》で凹凸感のある模様を織り出したものは「紋ビロード」という。輪奈ビロードの場合は、針抜きを行う前に、特殊なカッターで輪奈部分の糸を一本一本切り毛羽のある柄を出す「紋切り」を行う。基本的には「白生地」という白地のジャカードを織り上げて、紋切りを行った後に染める。複雑な準備工程や、織り上がった後の細かな手作業を要するために生産が難しく、現在は滋賀県長浜でわずかしか生産されていない。

織田信長が上杉謙信に贈ったことで知られる絹のビロードの「赤地牡丹唐草文天鵞絨洋套《あかじぼたんからくさもんびろうどまんと》」はこの輪奈ビロードである。ジャカード織機のないこの時代は、細い針金を用いた「有線ビロード」織法で無地の総輪奈ビロードを織り、その上に絵を描く。絵の部分を輪奈ビロードで残し、柄以外を全てカットして毛羽を出す手法であったと見られる。絵柄には輪奈が残り、柄のない部分はビロードの毛羽と光沢があらわれている。

→ベルベット

COLUMN 38 ＞輪奈ビロード２

輪奈ビロードの製作工程

1 輪奈ビロードを織り上げる

色のついたテグスを差し込み
ジャカード織機で織る。

織り上がった染める前の白生地。
グレーの柄に見えるのはテグスの色。

2 輪奈をカット（紋切り）してテグスを抜く

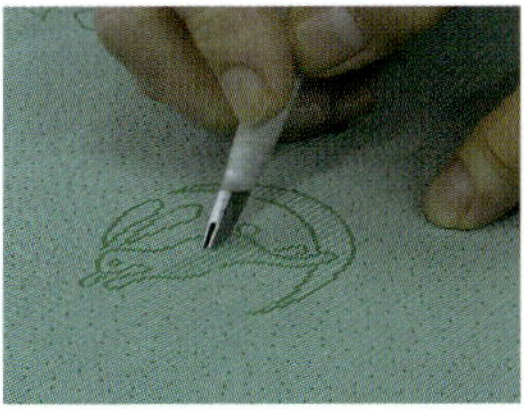

模様部分の輪奈をカットし、
毛羽のある模様に仕上げる。

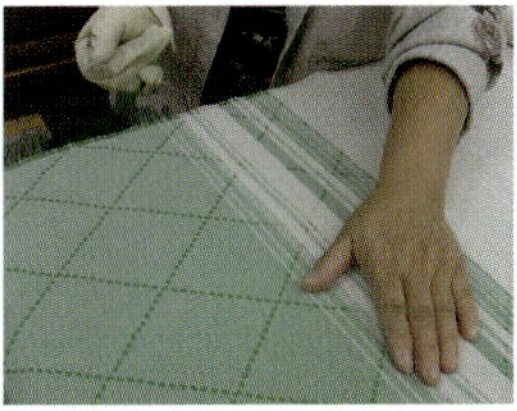

テグスを抜く。
グリーンに見えるのはテグスの色。

3 パイル模様が浮き立った白生地を染める

パイル模様が浮き立っている、
染める前の白生地。

パイルをカット（紋切り）したところは柄が
濃く浮き立って見える。

撮影協力：株式会社タケツネ

LACE
レース

■【LACE】の章は、アンティーク・レースや新しいレースの生地写真とその解説
■アンティーク・レースは当時のものが数多く掲載されている
（p.230〜p.239「レース資料：16〜19世紀のレース一覧」参照）

アイリッシュ・クロッシェ・レース

Irish crochet lace

かぎ針編みレース（クロッシェ・レース*）の一種。「糸の宝石」ともいわれたニードル・レース*に似せて作られた、高度な技術を要する立体的なレース。シャムロック(クローバー)、バラ、葡萄、アザミなどの植物柄が配され、モチーフのまわりが盛り上がっているのが特徴。18 世紀後半頃から機械レースが作られるようになり、ハンドレースが減少していたが、1846 年の「ジャガイモ飢饉《ききん》」の時にアイルランドの農民たちがこのレースを輸出し、外貨を稼いだことから世界的に知られることになった。

アイリッシュ・クロッシェ・レース

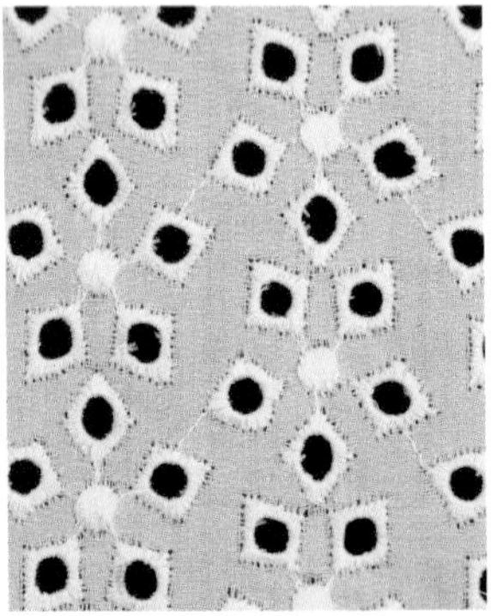

アイレット・レース

eyelet lace

エンブロイダリー・レース*の一種で、アイレット（ハト目穴）をあけて「小さな穴あき模様」にしたレースの総称。アイレットに縁かがりや巻き縫いの技法を用いるもので、カットワーク技法の一種でもある。この小さな穴かがり刺繍を「アイレット・ワーク」「アイリッシュ・ワーク」などともいう。「ボーラー・レース*」とほぼ同じであるが、特に穴の小さなものをこう呼ぶ。

アランソン・レース

Alençon lace

フランスのノルマンディー地方のアランソンで17世紀頃より作られていたニードル・レース*。仏語では「ポワン・ダランソン（ポワン・ド・アランソン）point d'Alençon」という。18世紀のロココ・レース*を代表する繊細で優美なレースで「レースの女王」とも称される。フランスで作られた「ポワン・ド・フランス*」が進展したもの。グランドの六角形のチュール*地にユリの紋章、ドット柄、ロゼット、蜜蜂などの王家ゆかりの紋様を配し、モチーフに立体感がある。ノルマンディーのアランソンとアルジャンタンには、フランスの宰相コルベールの重商主義の一環で「王立レース工房」が設立された。アランソン・レースは「アルジャンタン・レース（仏語ポワン・ダルジャンまたはポワン・ド・アルジャンタン）point d' Argentan)」と競い合い、ルイ14世・15世の時代には絶頂期を迎えフランスの財政を潤した。ポンパドゥール侯爵夫人や王妃マリー・アントワネットに愛されたことでも知られる。アルジャンタン・レースは、アランソン・レースより歴史が古く、グランドのチュール部分がブライド*（枝）と呼ばれるボタンホール・ステッチで作られるのが特徴。網目も粗く模様も大きめ。これらはフランス革命と共に一時途絶えたが、ナポレオン帝政時代に復活。アランソン・レースはナポレオン3世のウジェニー皇后の結婚衣装に使用された。

→ポワン・ド・フランス

アランソン・レースのボーダー

ヴェネチアン・レース

Venetian lace

15 ～ 16 世紀頃にイタリアのヴェネチア（ヴェニス）を発祥とし、ヨーロッパ各地に輸出されたレースの総称。カットワーク*、ドロンワーク*、フィレ・レース*などもあるが、主にレティセラ*以降の「ニードル・レース*」をいうことが多い。ヴェネチアは数々のレースの発祥地として世界のレースビジネスの中心となり、ヴェネチアで作られたレースはヴェネチア商人によりヨーロッパ各国に伝えられ、「ヴェネチアン・レース」として王侯貴族のトップモードになった。ヴェネチアン･レースをもっとも有名にしたのは、ニードル･レースを代表する「グロ・ポワン*」。複雑な技法で作る盛り上がった柄を特徴にしたもので、「大きい（グロ gros)」柄の「グロ･ポワン」､バラなどの花を配した中柄の「ローズ･ポワン」､小さい雪柄を散らした「ポワン・ド・ネージュ*」､柄に盛り上がりのない「フラット・ポワン」などがある。特にグロ・ポワンなどの 17 世紀後半のバロック時代のデザインのものは「ヴェネチアン･ニードル･レース」とも呼ばれ、各国で数多くの類似品が作られていった。フランスはヴェネチアン・レースを徹底的に模倣、研究して高いレベルに上げ、フランス独自のモチーフを特徴にした「ポワン・ド・フランス*」を完成。ヴェネチアやフランドルが模倣するまでになった。

ヴェネチアン・レースのボーダー

エンブロイダリー・レース

embroidery lace

刺繍レース*のことだが、特に大型の「エンブロイダリー・レース機」によって刺繍加工を施したレースを総称する。編みレース*よりも表現が自由で、さまざまな糸やテープで立体感のある特殊加工ができる。チュール*に刺繍を施した「チュール・レース*」、水溶性の基布《きふ》(土台の布)に刺繍を施した後、基布を溶解して刺繍糸のみを残した「ケミカル・レース*」、生地全面に刺繍やレース加工を施した「オールオーバー・レース*」、穴あき刺繍を施した「ボーラー・レース*」などがある。

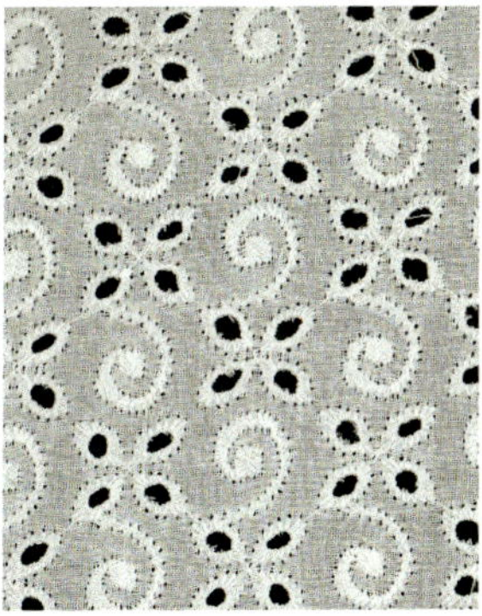

オールオーバー・レース

allover lace

生地全面に刺繍や透かしの連続模様が施されているレースの総称。生地の部分が多いエンブロイダリー・レース*をいうことが多い。俗に「生地レース」、単にオーバー・レースとも呼ばれる。連続柄の穴あき刺繍を全面に入れた「アイレット・レース」などが代表的。生地の耳*側のみにカットワーク*や刺繍を施したものは「ボーダー・レース」という。「ボーダー border」は「縁、へり」の意味。スカートやブラウスなどの裾の部分に使われる。

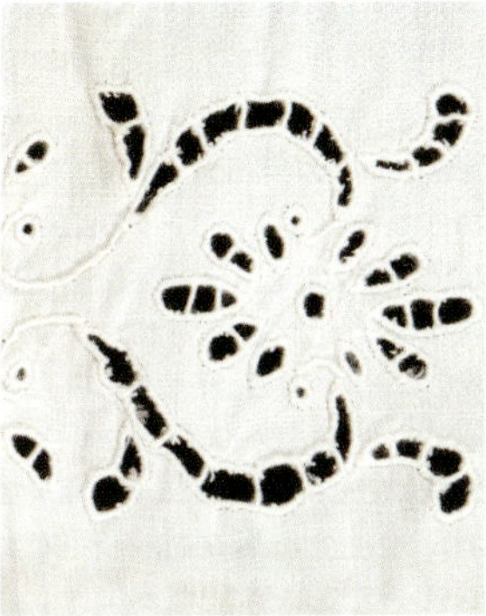

カットワーク

cutwork

オープンワーク*(透かし技法)の一種で、「切り抜き刺繍」のこと。刺繍を施した後に、輪郭の刺繍部分を残して中を切り抜く。あるいはカットした柄の周辺を糸でかがったもの。この技法で柄をあらわしたレースは「カットワーク・レース」という。歴史は古く、13 世紀頃から始められていたといわれ、糸を抜いていくドロン・ワーク*も合わせてニードル・レース*の基礎となった代表的な手工レース。現在は刺繍にレーザー・カット*を応用したものもある。

カリクマクロス・レース

Carrickmacross lace

1820年にアイルランドのカリクマクロス（キャリックマクロス）で始められたというニードル・レース*の一種で、アップリケ技法を用いたアイルランドの伝統的なチュール・レース*。マシーンで作られたチュールの上に、モスリン*やオーガンジー*などの薄い布をのせて、花や葉などの図案に合わせてレース糸でボタンホールステッチなどをしていき、最後にモチーフとなるオーガンジー部分だけを切り取る。アップリケとカットワーク*を駆使して細かく模様を作っていく大変手間のかかる手法で、1900年代初めにはほとんど姿を消している。英国王室伝統のレースとして、ヴィクトリア女王時代から愛され、1981年ダイアナ妃、2011年キャサリン妃のウエディングドレスにも使用された。キャサリン妃のドレスのトップにはフランスのシャンティイ・レースから切り取られたバラ（イングランドの国花）、アザミ（スコットランドの国花）、シャムロック（アイルランドの国花）、スイセン（ウェールズの国花）のモチーフがカリクマクロス・レースの技法でちりばめられている。アンダースカートには英国のクリュニー・レース*のシルク・チュールがトリミングされている。これらはハンプトン・コートにある英国王立刺繍学校 Royal School of Needlework の教師や学生、卒業生によって作られた。

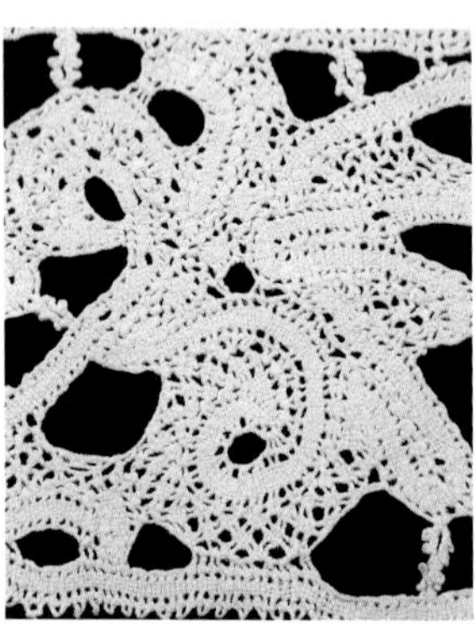

ギュピール・レース

guipure lace

「ギュピア・レース」「ギューパー・レース」ともいう。「飾り紐、組み紐」という意味の「ギンプ gimp」が語源とされ、本来は太い麻糸が用いられ、組み紐を基本とするボビン・レース*の中でも重厚感のあるものをいう。模様と模様の間に網目などの地模様がなく、デンマーク・ボビン・レースのクリスチャン4世のレースが有名。その後、花・葉・葡萄などの大柄モチーフを、ボビン・レースやニードル・レース*に刺繍を組み合わせるなどした、立体感のある華美なレースをいうようになり、現在はヴェネチアン・レース*を模した重厚なケミカル・レース*をいうことが多い。

クリュニー・レース

Cluny lace

18 世紀のフランスのブルゴーニュ地方のクリュニーで作られていた手織りのトーション・レース*（太い糸で織る粗いボビン・レース*）の一種で、オフホワイトの太い麻糸や木綿糸で作られた幾何学模様*が特徴。渦巻きや花などの円模様を繋ぐブライド（枝模様）やバーが多く、目の粗いレースとなっている。黒のクリュニー・レースや、太い綿糸で織られたギュピール・レース*などもある。その後、機械レースなどでも作られた。現在は、世界でもっとも古いレースメーカーであるイギリスのノッティンガムにある創業 1845 年のクリュニー・レース Cluny lace 社が、当時と同じリバー・レース機*で、クリュニー・レースの伝統のデザインを受け継いで生産している。そのため、クリュニー・レースという場合、「クリュニー・レース社」の作る独特の素朴感のあるリバー・レース*をいう場合もある。双糸《そうし》*のエジプト綿*の糸で作る幾何学模様のレースで、特に「ロスト・モーション・スポット」と呼ばれる膨らんだ米粒のような小さなドット柄を特徴にしている。ノッティンガムは 19 世紀のヴィクトリア時代に、イギリスの機械レース（ボビネット機*やリバー・レース機によるレース）発祥の地としてレース産業が栄えた。

クリュニー・レースのボーダー

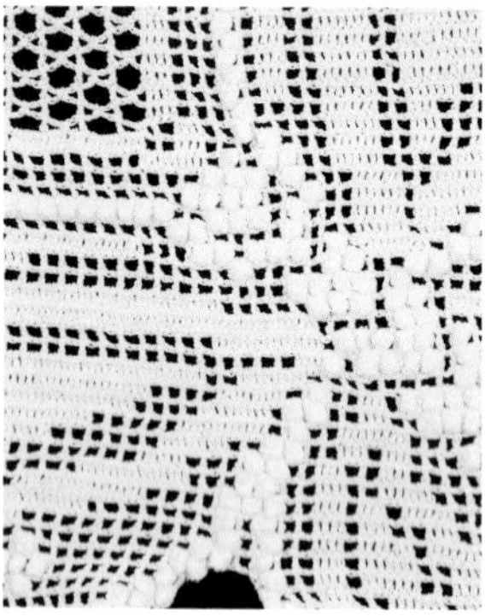

クロッシェ・レース

crochet lace

クロッシェcrochet は「かぎ針、かぎ針編み*」のことで、「かぎ針編みレース」の総称。レース編み*の代表的な技法で、鎖《くさり》編み*、細《こま》編み*、長編み*などを組み合わせて透け感のある模様を編み出す。レース糸だけではなく毛糸でレース編みにしたものもこう呼ばれる。パイナップルの形をあらわした「パイナップル編みレース*」、四角い方眼状のネット*にピクセル柄*のように模様をあらわした「方眼編みレース*」、紐状《ひもじょう》に編んだブレードで図柄をあらわした「ブリューゲル・レース」などの手法がある。小さなモチーフを繋げたり立体的な花などをあらわしたものは「モチーフ編み*」といい、特に大きな立体モチーフは「グロ・クロッシェ」と呼ばれる。アイルランド発祥の「アイリッシュ・クロッシェ・レース*」は、「糸の宝石」ともいわれるニードル・レース*を模した高度な技術のクロッシェ・レース。モチーフの回りに立体的なステッチを施した草花のモチーフが特徴で、19世紀中頃にヨーロッパで人気になった。

クロシェ・レース（部分）

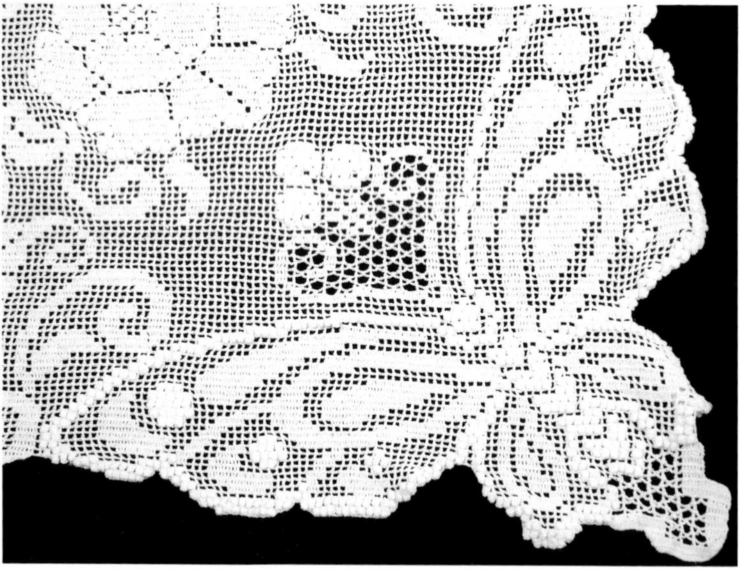

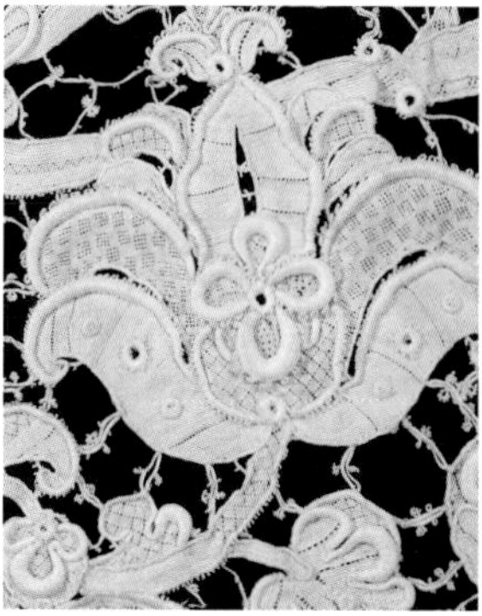

グロ・ポワン

gros point（仏）

ヴェネチアン・レース*を代表する、立体的で複雑な技法を用いたニードル・レース*。「大きい（グロ gros）レース（point がこれにあたる）」の意味。「グロ・ポワン・ド・ヴェニーズ（ヴェネチアのグロ・ポワンの意）」ともいう。17世紀半ば頃に作られた流動的で力強い男性的なレース。約50本もの糸束や馬の毛を用いたボタンホール・ステッチで、モチーフの縁回りを盛り上げているのが特徴。アンティーク・レース*の最高峰とも評される。ヴェネチアン・レースはモチーフの大きさや形により、一番大きい「グロ・ポアン」、バラなどの花を配した中柄の「ローズ・ポワン」、雪の結晶(ネージュ)のようなピコットをちりばめた小柄の「ポワン・ド・ネージュ*」などの呼び名がある。これらは「ヴェネチアン・ニードル・レース」とも呼ばれ、バロック時代（17〜18世紀頃）のヨーロッパ王侯貴族にもてはやされ、グロ・ポワンはトップモードの地位を築いた。クラバット（ネクタイのようなもの）、襟、上着の袖口や裾飾りなど、重厚なレースは男性の衣装にも不可欠なものとなった。そのためこのレースを真似た安価なボビン・レース*や、数々の類似品が作られた。フランスは徹底的に模倣し研究し高いレベルに達し、独自のモチーフを特徴にした「ポワン・ド・フランス*」を完成。逆にヴェネチアやフランドルが模倣するまでになった。

グロ・ポワン

ケミカル・レース

chemical lace

化学処理で作られるレースで、エンブロイダリー・レース*の一種。湯で溶ける水溶性ビニロンなどを基《き》布《ふ》*（土台の布）にエンブロイダリー・レース機で刺繍を施した後、基布を溶解し、刺繍糸のみを残す。一見豪華な糸レースのように見えるものが多く、ウエディングドレスやフォーマルウエアに使われる。ニードル・レース*のような肉厚感のあるゴージャスなレースは「ギュピール・レース*」とも呼ばれる。モチーフを切り離して、立体装飾に使うことができる。

コード・レース

cord lace

紐状 cord のもので、チュール*や布地にコード刺繍を施したレースの総称。細い紐から幅のあるテープやリボンなどを含む。エンブロイダリー・レース*が多く、モチーフのまわりを縁取ったり、“一筆描き”のようにコードで柄を描いたり、太いテープで立体的な柄を表現したりしたものなどがある。一般的には細いコードでモチーフの輪郭を刺繍し立体的にしたものを「コード・レース」といい、幅の広い紐状のものは「リボン・レース」「テープ・レース*」と分けられることが多い。

コード・レース（部分）

シャンティイ・レース

Chantilly lace

パリ近郊のシャンティイで作られたことに由来する「黒シルクのチュール・レース*」。18 世紀を代表するレースのひとつで、外郭を細いコードで縁取ったフラットなモチーフが特徴。17 世紀にロングヴィル公爵夫人がシャンティイにレース製造会社を設立。麻やシルクで作られた手織りのボビン・レース*で、白や黒も作られていたが、黒シルクのチュール・レースが特に人気でシャンティイの名を高めた。スペインとアメリカが大きな市場になり黒レースといえば「シャンティイ・レース」と「スパニッシュ・レース」が最も知られるところとなった。ヴェルサイユ宮殿では王妃マリー・アントワネットやデュ・バリー侯爵夫人、皇妃エリザベート（オーストリア皇后・ハンガリー王妃）に愛好されたことから貴婦人たちに人気を呼んだ。しかし、1789 年のフランス革命と共にシャンティイ・レースも潰され、フランス・レースは作られなくなった（王妃の贅沢なレース好きもフランス革命の原因のひとつといわれる）。その後、ナポレオン 1 世がシャンティイ・レースなどを復活。1840 年頃までシャンティイで白いウエディングレースやヴェールが作られていたが、19 世紀のイギリスの産業革命でリバー・レース機やエンブロイダリー・レース機が発明されたことで機械レースに取って代わられ、手織りレースは衰退した。

シャンティイ・レース（部分）

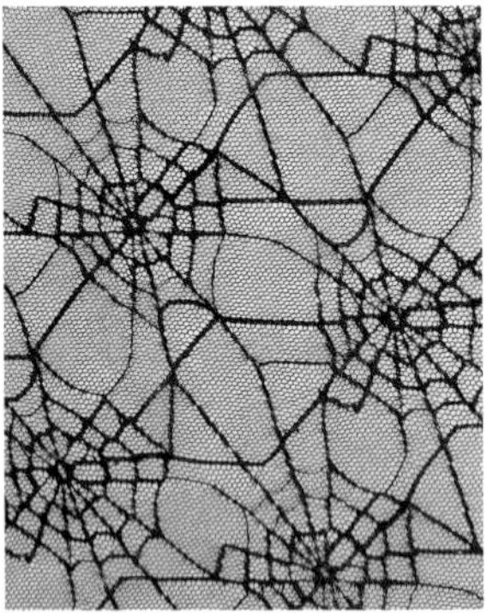

スパイダー・レース

spider lace

「クモの巣レース」、「スパイダー・ネット」ともいう。ラッセル・レース機*で作られるクモの巣状のレースやネット*のこと。糸が複雑にからまったようにランダムに配置された糸レースのエンブロイダリー・レース*もこう呼ばれる。ストッキング、ランジェリー、ゴシック風のファッションなどに多い。

スワトー・レース

汕頭／ Shan tou lace

中国の汕頭(スワトー)で作られる、汕頭刺繍《スワトーししゅう》を施したレース。オープン・ワーク*(透かし技法)の一種で、糸を引き抜いてかがり刺繍を施すドロン・ワーク*や、カットワーク*を入れたもの。白の綿・麻・絹地に白の糸で巻きかがりなどをした細かい刺繍が特徴。清の時代に訪中した宣教師が、当時西洋の上流階級の貴婦人に流行していたレース技術を伝えたもので、中国の伝統刺繍を融合させた独自のレースが生まれた。吉祥の花や鳥模様を配したハンカチやブラウスが代表的。

タティング・レース

tatting lace

糸を巻いたシャトル*(舟形の小さな糸巻き)を操作しながら1本の糸で結び目を作っていくノッテド・レース*の一種。「タッチング・レース」「シャトル・レース」ともいう。ループを並べた美しい弓状の曲線を組み合わせているのが特徴で、シャムロックや車状模様が多い。17世紀末のイングランド女王メアリー2世は熱心なタティング・レース愛好家としても知られる。大がかりな器具を使用せずに作ることができるため、18世紀には「貴婦人のたしなみ」として流行し、シャトルを持って肖像画に描かれるのを好んだ。

チュール・レース

tulle lace

①チュール*を基布《きふ》（土台の布）に、柄を編み込んだり、刺繍やアップリケなどの装飾を施したレースの総称。別名「紗状レース」という。本来は手織りのボビン・レース*の一種で、フランスのチュール Tulle が発祥でこの名がある。チュール地に模様を織り込むなど大変手間のかかるもので、各地によりさまざまな技法がある。アンティーク・レースでは、デンマークのトゥナーのチュール・レース、フランスのシャンティイ・レース*、イギリスのバックス・ポイント・レース*がよく知られる。②19世紀初めに「ボビネット機*」が開発され機械チュールが可能になってからは、機械編みのネット*をチュール*と呼ぶようになり、手工レースのチュールは衰退した。現在は経《たて》編み*のラッセル編み機*で作るナイロン*やポリエステル*の「ラッセル・チュール」が主流。ラッセル・レース機で柄を編み込んだチュール・レースや、水溶性の生地にチュールを張り合わせ、エンブロイダリー・レース機で刺繍やアップリケを施した後に、生地を溶解して刺繍したチュールのみを残す製法がある。

→チュール

テープ・レース

tape lace

テープやリボンで刺繍を施したレースの総称。「リボン・レース」ともいうが、リボン・レースの場合は「レースのリボン」をいうこともある。“一筆描き”のように図案に沿ってテープを留め、空間をステッチでかがって埋めていく「バテン・レース*」が代表的。エンブロイダリー・レース機でテープ刺繍を施し、ケミカル・レース*の手法で基布（基布:土台の布）を溶解して透かし柄にしたり、コサージュのような立体的モチーフをあらわしたエンブロイダリー・レース*などもある。

デュシェス・レース

duchess lace

ブリュッセル・レース*を代表する、繊細で優美な最高級の手織りボビン・レース*。仏語「デュシェス duchess」は「公爵夫人」の意味で、「ダッチェス・レース」ともいう。レース工業の発展に尽くしたベルギー王妃ブラバン公爵夫人であるマリー・アンリエットに因んだ名。網目をもたず花や葉のモチーフの輪郭を作り細かなステッチで埋めた「ドゥロシェル」と呼ばれるモチーフをバーで繋ぎ合わせたもの。「スプリッグ sprig」という「小枝模様」の技法でモチーフが繋がれているのが特徴。ウエディングドレスなどに使われた。英国の「ホニトン・レース*」はこれを真似たもの。

デュシェス・レースのボーダー

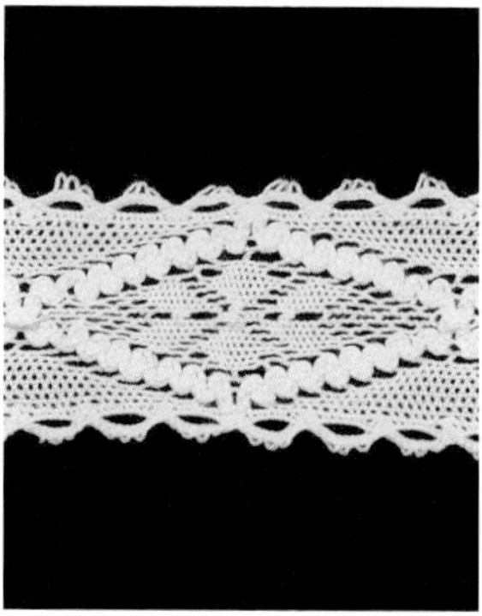

トーション・レース

torchon lace

①手織りのボビン・レース*の一種で、太い甘撚《あまよ》り*の麻糸や木綿糸で作る、機何学模様*や簡素な模様の目の粗い細幅のレース。縁飾りにしたり、繋ぎ合わせて使用する。丈夫で素朴。トーション（トルション）torchon とは仏語で「ぞうきん、布巾」の意味であり、「ベガーズ・レース beggar's lace(乞食のレース)」、農家で作られたことから「ペザント・レース peasant lace(農民のレース)」の名もある。また、ドイツのバイエルン地方の「ババリアン・レース Bavarian lace」、透けるように美しいベルギーのバンシュの「バンシュ・レース Binche lace」など地名を付けたものも多い。手芸レースとしてはもっとも愛好者が多く全世界に技法が広まっており、「ボビン・レース=トーション・レース」の代名詞にもなっている。②機械レースではトーション・レース機*で作られた、細幅のレースをいう。組みレース機の一種で、円形の編み機の前に糸を巻いたボビン*を立て、糸を交差させながら組み紐のように「組んで作る」のが特徴。ジャカード*装置を取り付けて柄を作り出し、天然繊維から化学繊維、太い糸、意匠糸などさまざまな糸が使用できる。ヨーロッパなどでは機械のトーション・レースは「マシン・ボビン・レース」と呼ぶことが多い。

ドロン・ワーク

drawn work

オープンワーク*(透かし技法) の一種で、「抜きかがり刺繍」ともいう。「ドロン drawn」は「引き抜く」の意味。生地のたて糸やよこ糸を抜き取り、残った糸を束ねたり刺繍でかがり、透かし模様を作っていく。「ドロン・ワーク・レース」ともいう。カットワーク*と共に歴史は古く、特に 16 世紀のイタリアで発達しニードル・レース*の基礎となった。欧米各国に技法が存在し、イタリア式、ドイツ式、メキシコ式、中国式など種類が豊富。

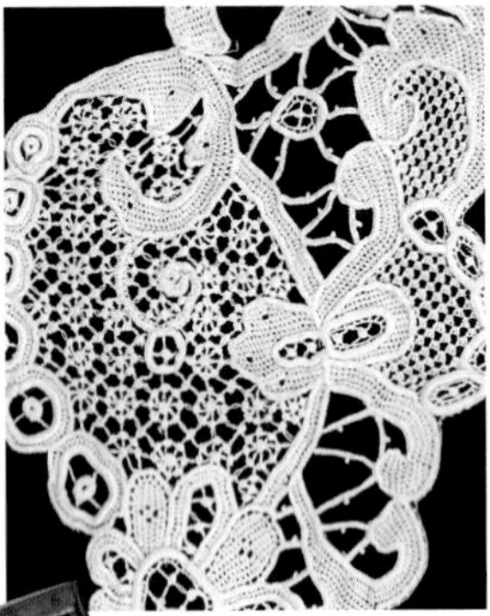

ニードル・レース

needle lace

針レース*の一種で、「縫い針（ニードル）」と「糸」だけで「かがって」作るアンティーク・レースの代表的な技法のひとつ。「ニードルポイント・レース」ともいう。「ボタンホール・ステッチ」を中心に、糸の上や、まわりの糸に糸を引っ掛けて編んでいく（縫っていく）もの。本来は布を全く使わない「プント・イン・アリア*」をいうが、広義ではレースのように加工した「刺繍レース*」も含む。カットワーク*やドロンワーク*、刺繍の技法を応用して透かし模様を作っていくもので、刺繍のように一針一針縫っていき、その後布の部分をカットして糸の部分だけを残す。「レティセラ*」が代表的。ボビン・レース*と並び中世ヨーロッパでは「糸の宝石」と称賛され、富や権力の象徴となり珍重された。糸の流れに制約のあるボビン・レースよりも柄が自由に表現できることが特徴だが、緻密な作業のため膨大な時間がかかり、ボビン・レースよりも作るのが難しいとされる。

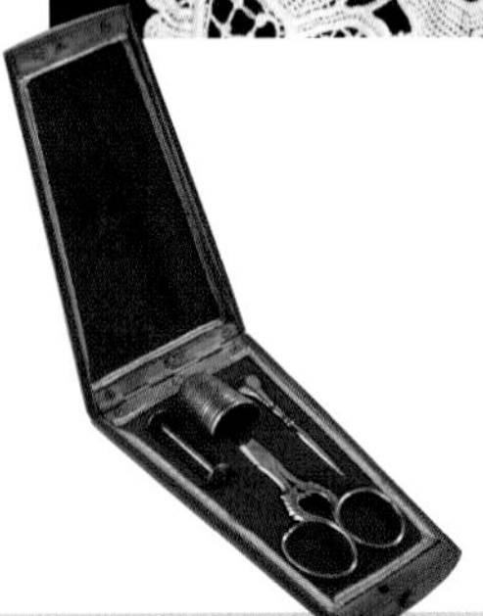

ニードル・レース用の縫い針、指抜き、はさみのセット

COLUMN 39 >ニードル・レース

ニードル・レースの呼び名と分類

「ニードルポイント・レース」は「針でステッチしたレース」の意味で、「ニードル・レース*」と「刺繍レース*」の両方を含めて呼ばれることが多い。しかし刺繍レースをいう「エンブロイダリー・レース*」と間違えやすいので、1980年代頃からは広義でも「ニードル・レース」の呼び名を採用することが多くなった。また「ニードルポイント」という場合は、キャンバス地に1目ずつ細かく刺繍していく刺繍技法のことをいう。

「ニードル・レース」の種類には、「プント・イン・アリア*」、アンティーク・レース*の最高峰といわれる「ヴェネチアン・ニードル・レース*」、フランスで作られた「ポワン・ド・フランス*」、ベルギーの「ポワン・ド・ガース*」などがある。またこれらを真似たものにさまざまな名が付けられていたり、国によっても呼び名が違っている。「ニードル・レース」の初期のレースとされる「レティセラ*」は、「刺繍レース」と「ニードル・レース」の両方でとらえられていることが多い。

パイナップル・レース編み

pineapple lace / pineapple stitch

パイナップルのような形を編み込んでいく、かぎ針編みレース（クロッシェ・レース*）の代表的な手法。木の実や松ぼっくり pinecone のようにも見える。鎖編み*と細編み*を組み合わせてネット*状に編んだネット編み*が特徴で、ポップコーン編み（パプコーン編み*）を加えて立体的にパイナップルを表現したものもある。

バックス・ポイント・レース

Bucks point lace

英国の伝統的なボビン・レース*のひとつ。バッキンガムシャー Buckinghamshire（略称 Bucks.）を中心としたイースト・ミッドランド地方で織られていたことからこの名がある。フランスのシャンティイ・レース*にも似ているチュール・レースの一種で、模様の縁には「ギンプ gimp」という太い飾り糸が使用されているのが特徴。16 世紀の宗教改革で迫害されたユグノー教徒がフランドルから亡命したことにより高度なレース技術が伝えられた。子供も含めバッキンガムシャーの人口の４分の1の約３万人がレース作りに携わっていたという。

バックス・ポイント・レース（部分）

バテン・レース

Battenberg lace

テープ・レース*の一種で、一筆描きのように図案に沿って輪郭をテープ（ブレード*）で留め、ブレードの間をさまざまなステッチでかがって埋めていく技法。正式には「バッテンバーグ・レース（バッテンベルグ・レース）」という。米国のレースデザイナー、サラ・ハドレー女史が 19 世紀末に「バッテンバーグ・レース」と名付けたレースを考案。1885 年ドイツ貴族のバッテンバーグ公ハインリヒとヴィクトリア女王の五女ベアトリスの結婚式があったことなどから、この名前を付けたレースが一躍有名になったといわれる。産業革命の走りともなる機械で編まれたブレード*（テープ）を、模様の輪郭部分に利用したもので、生産性の高いレースとして人気を呼んだ。英国でもっとも美しいボビン・レース*とされる、繊細で手の込んだホニトン・レース*を模倣し、デザインの輪郭の部分をブレードにしたものなどが代表的。日本には同時期の明治時代に入ってきており、新潟県高田（現・上越市高田）で冬場の手内職としてバテン・レース作りが始められた。やがてブレードの生産も行われ、上越地方は日本有数のバテン・レース産地となり、日傘、替え衿、ハンカチ、テーブルクロス、ブラウスなどのデザインから製品作りまでの一貫生産を行うようになった。

パンチング・レース

punching lace

丸や四角など「穴抜き」や「抜き型」で透かし柄を表現したレースの総称。革や合成皮革にパンチングしたり、レーザーカット*で生地に穴をあけたり、ボーラー・レース*であらわしたりする。単純なドット柄、小さなアイレット（ハト目）を組み合わせて花柄などを形作るアイレット・レース、凝ったカットワーク*などがある。

ヒーダボー

Hedebo

デンマーク南西のヒーダボー Hedeboで作られたホワイトワーク*（白糸刺繍や白糸レース）の総称。ヒーダボー刺繍、ヒーダボー・レースなどとも呼ばれる。ドロンワーク*、カットワーク*、ニードル・レース*の技法が組み合わせた透かし模様。手の込んだ精緻な技法をしっかりした基布《きふ》*（土台の布）に比較的太い糸で施すのが特徴。18世紀中頃に生まれ、ルネサンス様式の影響を受けた幾何学模様*、シンプルな花や植物模様などが多い。

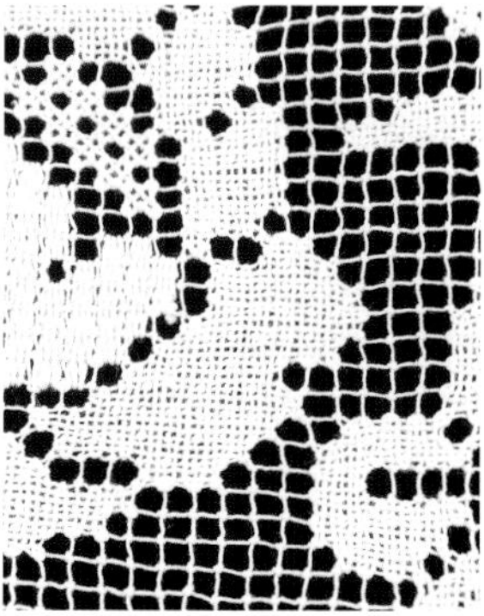

フィレ・レース

filet lace

フィレは仏語の「網目、レース」の意味で、魚網のように糸を結び合わせて四角いネット*を作り込んでいくレース。網針《あばり》と目板を使い、糸をネット上に繋ぎながら糸にからませてモチーフを編んで柄を出したり、網目に刺繍を施す。刺繍モチーフを付けたものもある。網状のレースの起源は古く、紀元前 1500 年頃のエジプトともいわれる。13世紀頃にイタリアのトスカーナ地方の漁師の妻たちによって始められたとされるフィレ・レースは「タスカーニ・レース」といわれる。

フィレ・レース（部分）

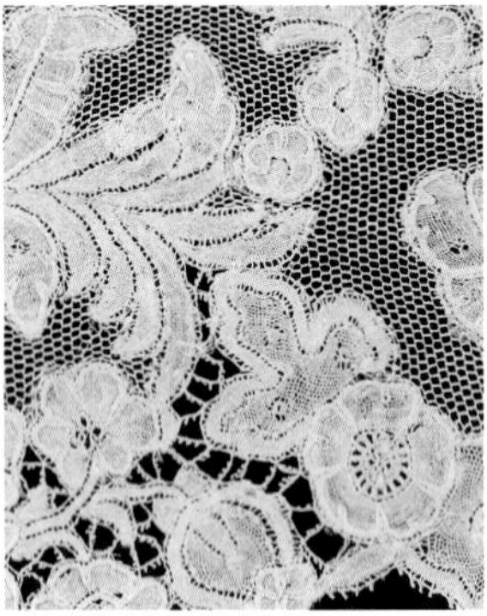

ブリュッセル・レース

Brussels lace

ベルギーのブリュッセルを中心に作られた、繊細で優美なボビン・レース*。16～17世紀頃のフランドル地方に起源をもつレースは「フランドル・レース」または「フレミッシュ・レース」といい、19世紀以降のものは「ベルギー・レース」とも呼ばれる。もっとも華麗なレースといわれる「ポワン・ド・ガース*」や「デュシェス・レース*」が代表的。フランドル地方（旧フランドル伯領を中心とするオランダ南部、ベルギー西部、フランス北部にかけての地域）は、ヴェネチアと並び高度なレースの生産地で、16世紀後半にはヨーロッパ各地の王室宮廷からの注文で繁栄していた。ヴェネチア・ニードル・レース*の技法をボビン・レースのメッシュ*に取り入れた「軽やかさ」が特徴。モチーフを作りながら網目に繋ぐ技法を編み出し、重厚なヴェネチアン・レース*とは一線を画した。特に18世紀になるとモードの主役は女性へと移行し、フランスでは繊細で軽やかな「ロココ・スタイル」が展開され、レースのトレンドも軽やかなレースへと一変した。ベルギーで良質の麻が採れたこともあり、フランスのレース製作拠点がベルギーへと移転し、生産性の高いボビン・レースが発展した。ブリュッセルはブリュージュ Bruges、バンシュ Binche と並び、美術史上名高い「ロココ・レース」の産地となっていった。

ブリュッセル・レースのボーダー

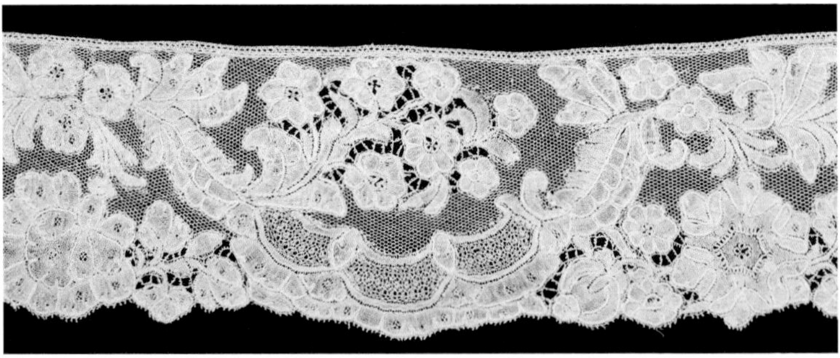

プリンセス・レース

princess lace

「ロイヤル・レース」「インペリアル・レース」とも呼ばれる。1800 年代末にベルギーで始まった新しいタイプの手芸レース。テープ・レース*の一種で、波形模様のテープや幅の狭いリバー・レース*で花や葉を表現し、チュールネット上に一針一針ハンドメイドで縫い留めていく。ボビン・レース*やニードル・レース*に比べると比較的短時間で手軽にできるため、商業化できるレースとして広まった。レオポルト 2 世の王妃マリー・アンリエット（ブラバン公爵夫人）はプリンセス・レースの熱心な愛好者で、ベルギー王室は「プリンセス・レース」と呼ぶ名前の許可を与えている。

プリンセス・レースの全体柄

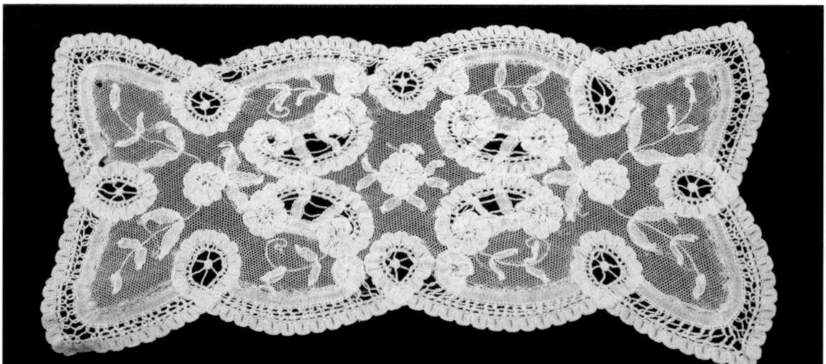

プント・イン・アリア

punto in aria（伊）

ニードル・レース*を代表するレース。「空中ステッチ」の意味で、基布《きふ》*（土台の布）を使用せずに糸だけで作られた最初の正規のレース。透かし穴が多いのが特徴。レティセラ*の技法を改良し、17 世紀頃にイタリアで発明された。これまでの幾何学模様*のレースとは違い、プント・イン・アリアはイスラム文化の影響を受けた草花文様が特徴。最高級の技術と美しさがありながら、ヨーロッパの王族たちのトップ・ファッションとならなかったのは、このイスラム色が原因ともいわれる。

ベッドフォードシャー・レース

Bedfordshire lace

英国の伝統的な手織りボビン・レース*のひとつ。英国東部のベッドフォードシャーで 19 世紀のヴィクトリア朝時代を中心に生産された。レース業者で図案家でもあるトーマス・レスター Thomas Lester の、細かな描写のエキゾチックでゴージャスな植物図案でも知られる。英国王室御用達となったホニトン・レース*やフランスのクリュニー・レース*などの図案や技法を模倣しながら、独自の図案と技法を編み出したもので、花や葉の写実的な自然モチーフや、数少ないピンで臨機応変の製作ができるのが特徴。英国のチュール・レース*であるバックス・ポイント・レース*よりも短時間でできることや、台頭してきた機械レースが複雑な柄ができなかったため、凝った写実柄がレース業者に歓迎された。英国の伝統的なボビン・レースは「トーション・レース*」「バックス・ポイント・レース*」「ホニトン・レース*」「ベッドフォードシャー・レース」が代表的だが、ベッドフォードシャー・レースが最も近代的なレースで、アール・ヌーヴォーへも影響を与えている。グロ・ポワン*などのヴェネチアン・レース*は「工房」で作られるレースであるのに対し、英国レースは「家庭」で作られるレースが多いのが特徴。どことなく温もりや素朴感がある。

ベッドフォードシャー・レース（部分）

方眼編みレース（ほうがんあみレース）

クロッシェ・レース*（かぎ針編みレース）の基本的な編み方で、四角い方眼状のネット*に模様を編み込んでいく、シンプルなレース。方眼用紙に模様を描き、長編み、鎖編み*、長々編みを組み合わせて四角の目を作り、その中にピクセル柄*のような花などの具象柄*や幾何柄*をあらわす。

ホニトン・レース

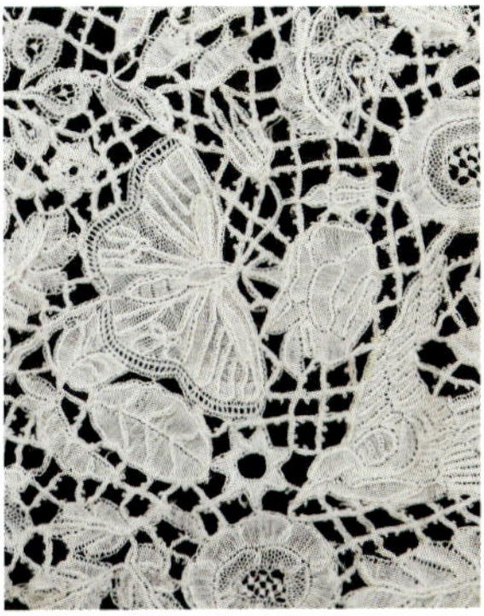

Honiton lace

英国を代表する繊細で優美な手織りのボビン・レース*。デヴォンシャー公爵領（デヴォン州）のホニトンで作られていたことからこの名がある。花や小枝の輪郭を作って中の地模様をステッチで埋めていく「スプリッグ* sprig（花や葉のついた小枝、小枝模様の意味）」というモチーフを作り「小枝」のようなステッチで繋ぐのが特徴。スプリッグを無地のチュール*にアップリケしたものもある。当時最高峰を誇っていたブリュッセルの「デュシェス・レース*」に似せたもので、シャムロック（クローバー：アイルランドの国花）、アザミ（スコットランドの国花）、バラ（イングランドの国花）、水仙（ウェールズの国花）などが代表的なモチーフ。ニードル・レース*で作られたものもある。デュシェス・レースはモチーフを編みながら繋げていくが、ホニトン・レースはあらかじめ編んだモチーフを後で繋げる方式に改良されている。そのためデュシェス・レースの花は花びらひとつひとつが分離しているのに対し、ホニトン・レースの花はぐるぐる巻いたようになっている。「スクエア」という透かし格子柄があるのも特徴。ホニトン・レースはヴィクトリア女王のウエディングドレスとヴェールに用いられたことを契機に世界に名声を轟かせた。

COLUMN 40 >ホニトン・レース

英国王室御用達のホニトン・レースとは…

ホニトン・レースのブランド化と産業革命

18世紀初頭、レースの主要生産地はフランドル（旧フランドル伯領を中心とするオランダ南部、ベルギー西部、フランス北部にかけての地域）に移り、18世紀中頃までベルギーのブリュッセル・レース*が質量ともに世界の中心になっていた。イギリスでは、16世紀に起こった宗教改革によりフランスから迫害された新教徒（ユグノー教徒）がフランドルから亡命したことにより、高度なレースの技術が伝えられた。エリザベス1世時代（在位1558〜1603年）にはホニトンでレース作りが行われていた。当初はブリュッセルのデュシェス・レース*を模していたので「ブリッュセル」の名前がつけられていたが、のちに「ホニトン・レース」と呼ばれるようになった。

17世紀のイギリスは保護貿易政策がとられ、1662年フランドル産レースの輸入を禁止し、自国内の生産を図った。しかしブリュッセル・レースの密輸は公然として行われ「イギリス・レース」の名前で売りさばかれていた。18世紀終わり頃は刺繍などをあしらったインドのモスリン*（薄手綿の平織物*）がレースと競合し、レースの需要が低迷。1789年のフランス革命の勃発やその後起こった戦争により、レースの生産地は大きな打撃を受けた。

また19世紀の産業革命は、「機械レース生産」をもたらし、レース産業にも大きな変化を及ぼした。1808年ジョン・ヒースコート John Heathcoat により機械チュール*地を生産する「ボビネット機*」が開発。1833年にはドイツでケミカル・レース*が発明され、ハンドレースを模した完成度の高いレースが安価に短期間で作られるようになった。機械レースは新興ブルジョアジーに歓迎され、レース産業界は大混乱していた。貴族階級は差別化できる希少な手織りのボビン・レース*を支持していたが、イギリスの手工レースは、まだまだブ

ホニトン・レース。あらかじめ花、蝶、鳥などのモチーフを作り後で繋げる方式

リュッセル・レースに押されて苦しく、イギリスの不況はますます深刻な状況になっていた。

英国不況を救った
ヴィクトリア女王のロイヤルウエディング

このような中、ヴィクトリア女王は1840年、ドイツのアルバート公との結婚式を挙げた。女王は国内産業を活性化させようと、以前より英国製品を身につけていた。そのためウエディングドレスもそれまでの金糸・銀糸で飾られた重厚なドレスとベルベット*のマントの王室伝統の衣装ではなく、ドレスはイギリスのスピタルフィールズ産の白のシルクサテン*、ヴェールとドレスにはホニトン・レースを使用するなど、全てに自国製品を用い、国内産業の後押しをしようとした。ホニトン・レースは200人以上の熟練者により7カ月もかけて作られ、破格の金額が支払われたともいわれる。また髪には王冠ではなく、当時アッパーミドルのウエディングスタイルの流行であったオレンジブロッサムの花輪を飾り、国民との距離を身近なものにした。女王のウエディングスタイルは大きな話題となり、その後「純白のウエディングドレスとヴェール」が花嫁衣装として定着していった。ホニトン・レースは名声を博し、イギリスのレース産業の活性化に大きく貢献した。

その後ホニトン・レースは洗礼式に用いたり、王女たちのウエディングドレスやヴェールにも用いられるなど英国王室伝統のレースとなっている。女王が結婚式で使用したヴェールは五女のベアトリス王女がドイツのバッテンベルク公ハインリヒと1885年結婚する時に譲られたという。ベアトリス王女のドレスは白ではなくクリーム色のシルクドレスであったが、これは経年し変色したヴェールの色に合わせたものといわれる。

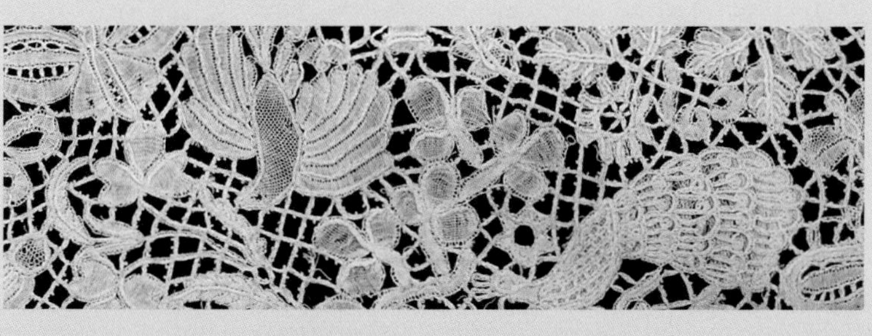

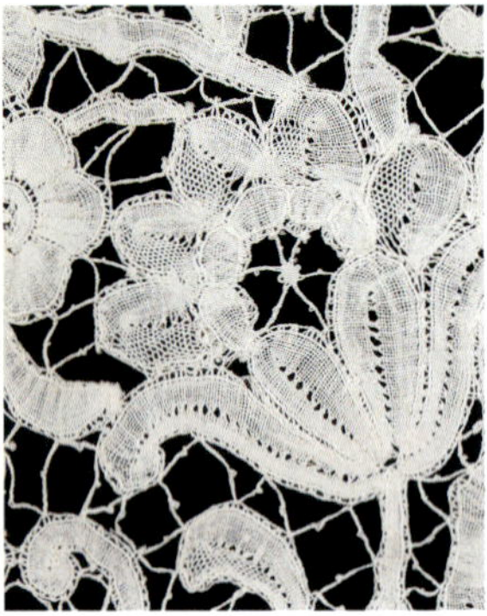

ボビン・レース

bobbin lace

ヨーロッパ伝統の手工レースで、アンティーク・レースの代表的な技法のひとつ。細長いボビン（糸巻き）に巻かれた何本もの糸を、型紙のデザインに従ってピンで固定しながら糸を交差させたりもじったりして組み紐*のように模様を作る。「手織りレース」と位置づけられ、手編みレースとは区別されている。ピロー（レース用の枕台）に図案をのせて作ることから「ピロー・レース」とも呼ばれる。織物のようにたて糸とよこ糸をボビンに巻き、平織り*、綾織り*、重ね綾織りの３種類でさまざまな模様を織り上げていく。熟練の技術と膨大な時間を要し、ニードル・レース*と並び中世ヨーロッパでは「糸の宝石」と称賛され、富や権力の象徴ともなった。ボビン・レースは針を用いて作るニードル・レース*よりも作るのが比較的簡単とされ、細い糸で薄く繊細巧緻なレースができるのが特徴。織り方は２種類で「連続糸レース（ストレート・レース）」と、糸を切りながら作る「切断糸レース（フリー・レース）」がある。連続糸レースはトーション・レース*、チュール・レース*、ギュピール・レース*、ロシアン・レースなど、切断糸レースはデュシェス・レース*やホニトン・レースなどの種類があり、織られる地域により模様や糸に特徴がある。現在は趣味の手芸を除き、生産は機械レースが主流。

ボビン・レース機（ミニチュア）

ボビン・レース（部分）

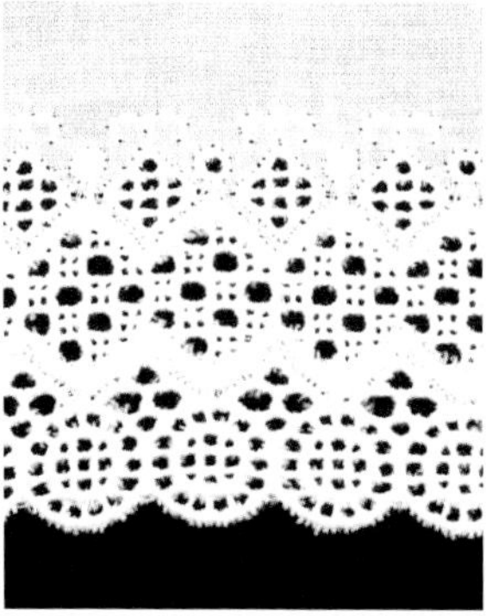

ボーラー・レース

borer lace

刺繍レース（エンブロイダリー・レース*）の一種で、穴あき刺繍を施したレース。ボーラー borer は穴あけ機、穿孔《せんこう》機、錐《きり》のこと。エンブロイダリー・レース機にボーラーという錐を取り付けて行う。穴の小さなものは「アイレット・レース*」と呼ばれることが多い。

ポワン・ド・ガース

point de gaze（仏）

19 世紀にフランスの「アランソン・レース*」を基にフラマン地方(ベルギー) で作られたブリュッセル・レース*で、「もっとも華麗なニードル・レース*」「ニードル・レースの最高峰」と称される。「ガーゼ* gaze のように薄く細かい編み地」であることからこの名がある。フランス・レース*はベルギーで良質の麻が採れたこともあり、ベルギーでも製作されていた。アランソン・レースは、アルジャンタン・レースと共に 18 世紀のロココ・スタイルのトップモードを飾り一世を風靡した。しかしフランス・レースはフランス革命により焼き尽くされ、逆にベルギーでロココ・レースの遺伝子が花開き、19 世紀後半に技法が確立し最盛期を迎えた。ポワン・ド・ガースは糸の流れに制約があるボビン・レース*とは違い、草花やロココ調の華麗な具象柄が自由に表現できるところに特徴がある。小さなモチーフを巧妙なステッチではぎ合わせて模様を作りながら細かなネット*に繋げていく。1 点のレースは数十人のレース職人の共同で仕上げられた。ポワン・ド・ガースのなかでもバラ柄のものは特に「ポワン・ド・ローズ」と呼ばれる。

ポワン・ド・ネージュ

point de neige（仏）

モチーフに盛り上がりのあるヴェネチアン・ニードル・レース*の代表的なひとつで、もっとも小さい模様をいう。ネージュは「雪」の意味で、雪の結晶のような白く小さなピコットがちりばめられているのが特徴。ヴェネチアで創作された最後のレースといわれ 1680 年頃登場。その後トップの座はフランスに奪われる。ヴェネチアン・ニードル・レースはモチーフの大きさにより、一番大きい「グロ・ポワン*」、バラなどの花を配した中柄の「ローズ・ポワン」、模様を小さく配した「ポワン・ド・ネージュ」などがある。

ポワン・ド・フランス

point de France（仏）

17 世紀後半、イタリア、ヴェネチアのニードル・レース*の最高峰といわれた「グロ・ポワン*」を模倣してフランスで作られた「フランス・レース」のこと。「ロココ・レース」を代表するレースで、その後「アランソン・レース*」「アルジャンタン・レース」などの生産地名を付けて呼ばれるようになった。グロ・ポワンは立体的で複雑な技法を用いた重厚なレースで、当時の王侯貴族のトップモードになり盛んに輸入されていた。フランスではこのグロ・ポワンが財政を圧迫し海外に莫大な金が流出しはじめたので、ルイ 14 世の財務総監である宰相コルベール Jean - Baptiste Colbert は 1660 年王侯貴族以外の「レース使用禁止令」を発令。しかし効果がなく、コルベールは重商主義の一環としてレースやゴブラン織り*などの国営製作所を作ることで国内産業の保護を図った。1665 年、セダンやアランソンなど数か所に王立レース工房が設置され、フランス・レースの宮廷着用が義務付けられた。フランスはヴェネチアのグロ・ポワンを徹底的に研究して技術を習得し、ルーブルの画家たちにもデザインさせた。太陽やユリの花、左右対称模様などフランス独自のモチーフで高い評価を受け、やがてヴェネチアやフランドルが「ポワ ン・ド・フランス」を模倣するようになり、18 世紀のレースの中心はフランスの「ロココ・レース」へと移っていった。

COLUMN 41 >ポワン・ド・フランス-1

ロココに花開いたフランス・レースの歴史　1

レースは門外不出の基幹産業

16世紀頃のレースは「宝石」にも匹敵する価値あるもので、イタリアではニードル・レース*の「ヴェネチアン・レース*」、フランドル（旧フランドル伯領を中心とするオランダ南部、ベルギー西部、フランス北部にかけての地域）では「フランドル・レース」や「ブリュッセル・レース*」ともいわれるボビン・レース*が二大生産地を誇っていた。莫大な利益をもたらすレース産業は“国策産業”として重要で、ヴェネチアでは「レース職人が国外に出てレースを作ると死刑」という法律があった。フランスでは17世紀に宰相コルベールJean-Baptiste Colbert（1619～83年）の重商主義により王立レース工房が設立され、イタリアやベルギーより100年遅れてレース生産が始まった。

フランスがレース産業を始めるには多くの技術者が必要とされる。コルベールはヴェネチアから職人を流出させるもくろみを何度も図ったがヴェネチア側はあらゆる手段を使い職人たちの出国を防ごうとしたという。技術者の国外移転が難しい時代に実現できたのは、背景に大きな権力なくしてはできない。

フランスとイタリアのメディチ家との関係は深く、アンリ2世（在位1547～59年）に嫁いだカトリーヌ・ド・メディシスより、イタリアのレースがフランスに持ち込まれ、宮廷のレース文化が全盛を迎えた。アンリ4世（在位1589～1610）もまたメディチ家のマリー・ド・メディシスと結婚しており、幼少期にはカルヴァン派プロテスタントのユグノーの盟主となっている。宗教戦争により弾圧されたユグノーにはレース技術者も多い。フランスにレース産業導入が実現できたのは、ユグノーの協力やメディチ家の配慮でレース技術者の流入があったのではないかとも推測される。その後迫害されフランスから国外脱出したユグノーもまた英国やドイツにそのレース技術を伝えている。

ポワン・ド・フランス（部分）

王妃マリー・アントワネット

COLUMN 41 >ボワン・ド・フランス-2

ロココに花開いたフランス・レースの歴史　2

ポンパドゥール夫人とマリー・アントワネット

18世紀はファッションでも大きな変化を迎えていた。17世紀のバロック時代は男性がトップモードを作り、重厚なヴェネチアン・レースに代表されるニードル・レースが全盛であった。しかし18世紀の主役は女性に移り、軽やかな「ロココ・スタイル」へと変化。レースも繊細なボビン・レースが好まれ、美しいリネン*のレースが豪華な衣装を飾った。この頃のフランスはイタリアばかりではなくフランドルや英国のレースの長所を取り入れた独自の「ロココ・レース」を確立。繊細で優美なロココ・レースは英国やイタリアにも輸出され、国の財源のひとつとなった。しかしまもなくベルギーで良質の麻が採れたこともあり、フランス・レースの製作拠点がベルギーへと移転し、生産性の高いボビン・レースが発展。ブリュッセルを中心にブリュージュ、バンシュが「ロココ・レース」の産地として花を咲かせていていく。

ファッションにおける王室の役割は、自国の素晴らしい衣装を身に着け、自らがファッションリーダーとなりそのスタイルを流行させ、自国の産業を発展させ輸出外貨を稼ぐことでもある。ロココ・スタイルを大きく広めたのは「ロココの王様」と呼ばれるルイ15世（在位1715〜74年）と、その愛妾であり「美の守護神」とあがめられたボンパドゥール侯爵夫人。彼女はもともと男性司祭に使われていたレースを女性の服飾に使用するなど、その贅沢で優雅な趣味が人気を呼び、貴族の女性たちは髪型やファッションを競って真似た。ルイ16世（在位1774〜92年）の王妃マリー・アントワネットも誇張されたロココ調の贅沢な衣装でフランスの織物業者を潤わせていた。18世紀末当時のリヨンの絹織物技術は現在では作ることのできない"芸術品"ともいえるブロケード*、緞子《どんす》*、金襴《きんらん》*などを産し最高峰に達した。

アランソン・レース（部分）

COLUMN 41 >ポワン・ド・フランス-3

ロココに花開いたフランス・レースの歴史　3

アングロマニー（英国趣味）と フランス革命

18世紀末のもうひとつの特徴は「アングロマニーAnglomanie（英国趣味／英国心酔）」がファッションに与えた影響力の大きさがある。英国では高価なレースや絹織物に手の届かないアッパーミドルやミドル層の間で、美しい花模様のインド更紗や、モスリン*（綿の薄手平織物*）に刺繍を施した衣装が流行になり、フランスでもこの新しい「英国趣味」が好まれだした。そのため「ポワン・ド・フランス」の華麗なフランス・レースも流行から外れていった。フランスやイギリスでは自国の織物工業を圧迫するプリントキャラコ*(インド更紗*)の輸入を禁止したが、その人気には勝てず、フランスでは1760年禁止が解除された。

衣装の浪費を宮廷や国民から非難されていた王妃マリー・アントワネットは、プチ・トリアノン宮で当時の流行でもあった白いリネンや寒冷紗《かんれいしゃ》*の簡素なドレスを身に着けはじめた。しかしこの“簡素さ”と“節約趣味”が今度は「王妃は外国製品を使いリヨン織物業者を潰そうとしている」と、世間から非難されるようになった。また王妃はフランスのシャンティイ・レース*を愛好するなど、大変贅沢なレース好きであった。これがフランス革命の原因のひとつともいわれ、1789年のフランス革命と共に“悪の権化”とされたフランス・レース産業も潰され大きな打撃を受けた。インドのモスリンがレースに取って代わったことや、フランス革命の余波で各国のレース産地が大打撃を受けている時に、イギリスでは産業革命により機械レース機が開発され、手に入りやすいレースの生産が始まっていた。

第二帝政時代の手工レースの 復活と衰退

フランス革命の頃のレースは、キャミソールやペティコートなどの下着に使われることが多く、表に露出することが少なかった。その後ナポレオン1世（在位1804〜14年）は国策的にもレース産業の復活は重要と考え、贅沢産業を奨励し、宮廷のレセプションにレースの着用を義務づけ、フランス・レースの復活を図った。アランソンのレース産業への助成金やノルマンディーやバイユー、ベルギーのブリュッセルも支援し、主な生産地となった。第二帝政時代のフランスでは、植民地化と貿易の世界

シャンティイ・レース（部分）

拡大によって、前代未聞の繁栄を経験した。ナポレオン3世（在位1852～70年）のウジェニー皇后は大変なレース好きとしても知られ、新しい機械レースの導入にも、伝統的な手工レースの保護にも熱心だった。19世紀初頭に影を潜めていたレースは、ロマン主義スタイルやクリノリン・スタイルの台頭と共に再び流行し始める。ノルマンディーでは中流資産家を対象にしたレースが生産されており、巨大なクリノリンスカートを飾るレース産業が発展した。フランスの大企業家オーギュスト・ルフェーブルはバイユーの工房でシャンティイ・レース*やアランソン・レース*の手工レースを産業として復活させた。しかし、初めは機械レースでは真似のできない手工レースならではの技術も、機械レースの熟練工が完璧に模倣できるようになり、次第に衰退。手工レースは“芸術品”になり、トップモードから姿を消した。

ブリュッセル・レース（部分）

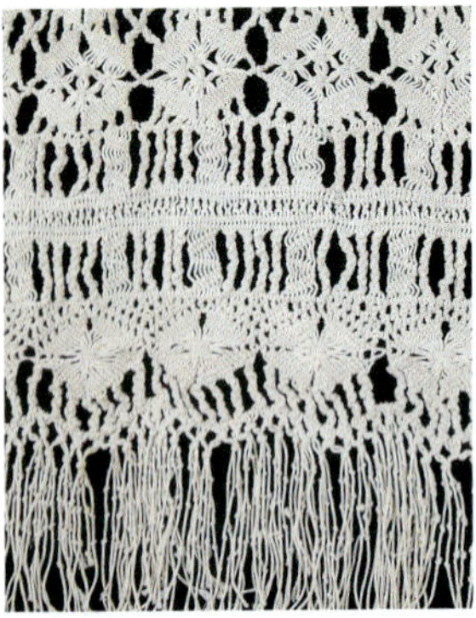

マクラメ・レース（全体柄）

マクラメ・レース

macramé lace

マクラメ、マクラメ編みともいう。針などを使わず、糸や紐をクッションにピンを刺しながら結んで作るレース。平結びや巻き結びなどの「接結飾り（飾り結び）」技法で装飾的な模様を作る。幾何学的な模様が多い。アラビア語で「組み紐、飾り房、刺繍したヴェール」を意味する「ミクラム（ムカラム）」、あるいはトルコ語で「タオル*」を意味する「マクラマ」がフランス語に転訛したといわれる。もっとも古いレース技法とされ、タオル（織物）の端のたて糸をほつれないように結んでいたものが、装飾的な模様に発展。中世にはアラビアでラクダの鞍《くら》や袋物に付けられていた「飾り房」となり、その後スペインに伝わった。12 世紀頃に十字軍がイタリアに持ち帰り、寺院の装飾や僧侶の房飾りに用いられヨーロッパに広まった。16 世紀以降はニードル・レース*やボビン・レース*の発達で下火になったが 19 世紀半ばにカーテンやテーブルクロス、ショールやバッグなどに付けるタッセルやフリンジの流行と共に復活。ビーズ使いなど、以前にも増して精巧で技巧的なものが作られていった。マクラメ技術はイタリアで産業化されて以来急激に普及。ジェノバを中心にルーマニア、東欧やバルカン地域でも独自に発展。またロープワークが得意な船乗りのクラフトとしても盛んで、多くの国に伝える一役を担っていた。

ラッセル・レース

raschel lace

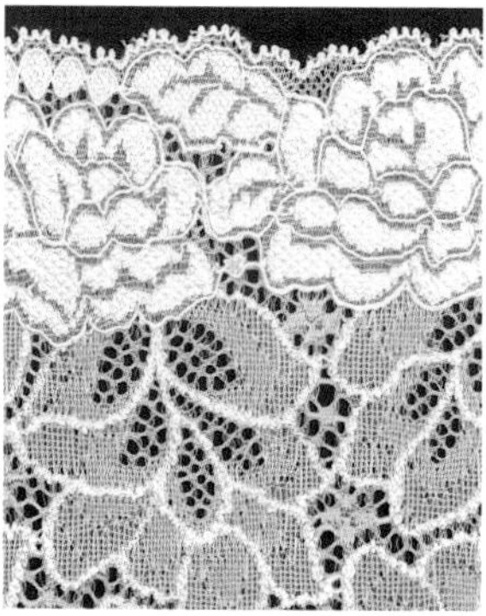

経《たて》編み*のラッセル編み機*で「編まれた」レースの総称。高級なリバー・レース*を安価に作るために開発されたもの。従来の編み機の編み地に比べ、薄く平らに仕上がるのが特徴。「撚《よ》り合わせて」作る繊細なリバー・レースには及ばないが、今日では技術開発も進み、かなり近いものができるようになり「ラッセル・リバー」とも呼ばれている。リバー・レースが約 10000 本の糸を使用するのに対し、ラッセル・レースは半分の約 5000 本 (しかしトーション・レースや*エンブロイダリー・レースに比べると遥かに多い)。早いスピードで大量に編むことができるので､比較的安価になっている。チュール*やさまざまな編み柄のカーテンや服地をはじめ､チュール・レース*に伸縮性のあるスパンデックス糸*を編み込めるので、レース調のブラジャーやガードルなどのファンデーションに使われる。

リバー・レース

leaver lace

1813 年イギリスのジョン・リバー John Leavers により発明されたリバー・レース機を発祥とする、繊細で精巧優美なレース。機械で作る最高級のレースで、「レースの王様」とも称される。細い糸を「撚《よ》り合わせて」より締まった複雑な組織のチュール*を作るもので、約 10000 本以上の柄糸や芯糸を用いる。もっとも手工業に近く熟練の技術を要し、しかも低速機のため生産性が低く高価なレースとなっている。1808 年「ボビネット機*（機械チュール機)」が発明されるとイギリスのノッティンガムはボビネットの一大生産地になり、機械レース製造に弾みがついた。リバー・レース機はこれに柄が入れられるように改良したもの。その後、ジャカード*装置を応用して複雑な模様を表現できる今日のリバー・レース機の原形ができた。本来熟練者が気の遠くなるような時間をかけて作るボビン・レース*を機械化したことにより、イギリスに莫大な富をもたらしたため政府はリバー・レース機の輸出を禁じた。しかしイギリスの技術者が北フランスのカレー Calais に技術を持ち込むことに成功。その後コードリー Caudry でも作られるようになり、英国職人も流入し、これらの地で機械レース産業が発展した。特にカレーで作られるリバー・レースは「カレー・レース」と呼ばれ最高級レースと評されている。

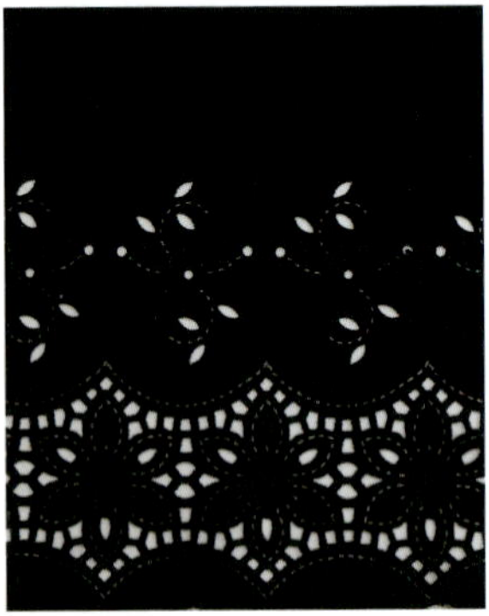

レーザー・カット・レース

laser cut lace

レーザー・カット機で布地や革などをカットしてレース柄をあらわしたもの。人の手や金型ではできないような複雑な柄や細かい柄に対応でき、切れ目がきれいに仕上がるのが特徴。アイレット・レース*のような小さな穴あきレース、カットワーク・レース*、細かな穴の点描画レース、大胆な幾何柄*レースをはじめ、切断面に焼き跡を残す「焦がし加工」やレーザー・カットした立体的なモチーフを付けたものなどもある。熱で繊維を溶融して切り口を固めて作るものはヒートカット・レースという。

レティセラ

reticella（伊）

カットワーク*、ドロンワーク*、刺繍を併用した初期のニードル・レース*。レティセラ・レースともいう。基《き》布《ふ》*（土台の布）の織り糸の一部を抜いて作った「透かし格子」に糸を張り渡してボタンホール・ステッチで模様を刺していく。レティセラは「小さい格子」の意。16 世紀初めイタリアで作られ、その後基布を用いず糸だけで作る「プント・イン・アリア*（空中ステッチ）」に発展していった。当初は円、ロゼット文様*、星、斜め十字などを配した幾何学模様*が多かったが、その後複雑な美しい模様が作られるようになり、王侯貴族に一大ブームを起こした。大変高価なものであったため、比較的簡単で安価にできるボビン・レース*でも似たようなものが作られた。

ロシアン・レース

Russian lace

帝政ロシア時代（1721～1917）を中心に作られた、手織りのボビン・レース*で作るテープ・レース*。6対の少ない数のボビン（糸巻き）で作ることができる。テープを織りながら模様を作り、細かいメッシュに繋げ装飾的なモチーフを作っていくもので、“一筆描き”のような連続糸レース*が特徴。17・18世紀の装飾的なペザント・レースの極致で、花柄、蝶や雪の結晶などの具象柄、ダイヤ模様、額絵のようなスクエア模様などが多い。

ロシアン・レース（部分）

16世紀・17世紀のレース

レティセラ (p.228参照) ダイアン・クライス氏 所蔵

プント・イン・アリア (p.213参照) ダイアン・クライス氏 所蔵

ヴェネチアン・レース (p.196参照) ダイアン・クライス氏 所蔵

■レースの年代分類は、写真のレースが製作された時代で分けている。製作が当時のレースでないものや年代が不明なものに関しては「※」で但し書きをしている。レースの歴史的背景は各解説ページを参照

グロ・ポワン (p.201参照)

ダイアン・クライス氏 所蔵

ポワン・ド・ネージュ (p.220参照)

ダイアン・クライス氏 所蔵

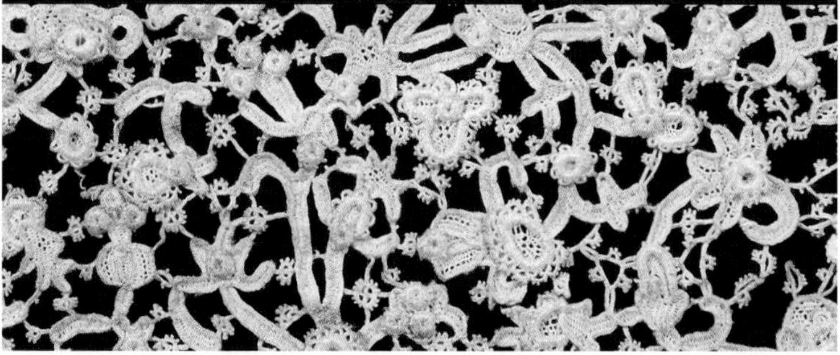

ポワン・ド・フランス (p.220参照)

ダイアン・クライス氏 所蔵

16世紀・17世紀のレース

ギュピール・レース (p.198参照)　ダイアン・クライス氏 所蔵

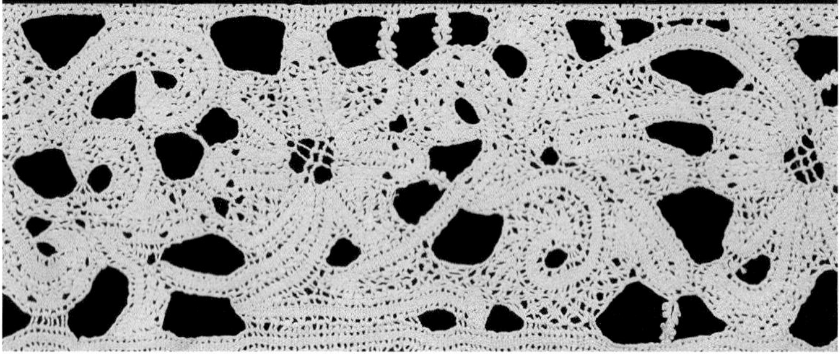

18世紀のレース

ブリュッセル・レース (p.212参照)　ダイアン・クライス氏 所蔵

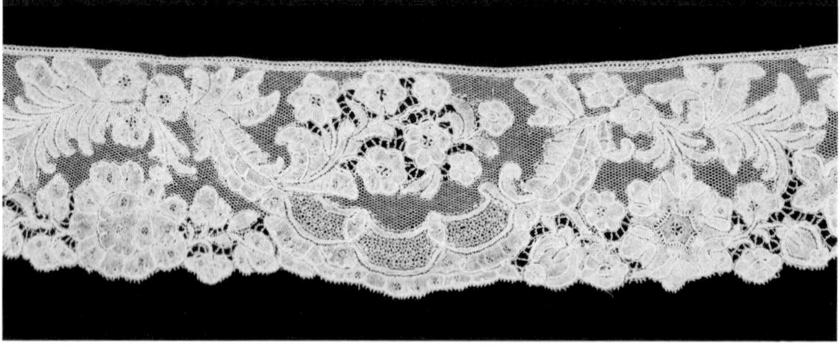

19世紀のレース

ニードル・レース（p.208参照） 有限会社ミヤコ 米澤美也子氏 所蔵

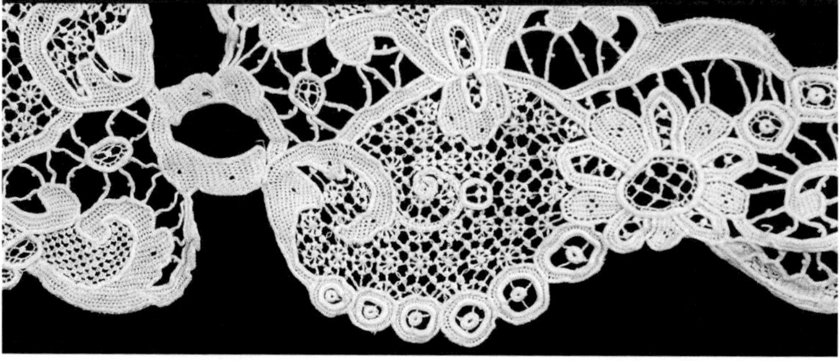

ボビン・レース（p.218参照） 有限会社ミヤコ 米澤美也子氏 所蔵

19世紀のレース

シャンティイ・レース (p.203参照)　ダイアン・クライス氏 所蔵

アランソン・レース (p.195参照)　有限会社ミヤコ　米澤美也子氏 所蔵

ポワン・ド・ガース (p.219参照)　有限会社ミヤコ　米澤美也子氏 所蔵

デュシェス・レース (p.206参照)　　ダイアン・クライス氏 所蔵

ホニトン・レース (p.215参照)　　ダイアン・クライス氏 所蔵

クリュニー・レース (p.199参照)　　有限会社ミヤコ　米澤美也子氏 所蔵

※このレースは19世紀末のデザインを当時と同じリバー・レース機で製作した今日のもの（クリュニー・レース社製）

19世紀のレース

アイリッシュ・クロッシェ・レース (p.194参照)　有限会社ミヤコ　米澤美也子氏 所蔵

※このレースは19世紀末か20世紀初め頃製作のもの

バテン・レース (p.210参照)　有限会社ミヤコ　米澤美也子氏 所蔵

※年代不詳

バックス・ポイント・レース (p.209参照)　ダイアン・クライス氏 所蔵

ベッドフォーシャー・レース (p.214参照)　ダイアン・クライス氏 所蔵

19世紀のレース

リバー・レース (p.227参照)

有限会社ミヤコ　米澤美也子氏 所蔵

※このレースは19世紀と同じリバー・レース機で製作した今日のもの（クリュニー・レース社製）

プリンセス・レース (p.213参照)

有限会社ミヤコ　米澤美也子氏 所蔵

※このレースは19世紀末か20世紀初めに製作したもの

カリクマクロス・レース (p.198参照)

有限会社ミヤコ　米澤美也子氏 所蔵

※このレースは19世紀末か20世紀初めに製作したもの

タティング・レース (p.204参照) 有限会社ミヤコ　米澤美也子氏 所蔵

※このレースは19世紀頃のデザインを今日製作したもの

ロシアン・レース (p.229参照) ダイアン・クライス氏 所蔵

■【KNIT】の章は、「緯《よこ》編み（横編み、丸編み）」と「経《たて》編み」の編み地写真とその解説
■「角形」の編み地写真の左側は「表側」、右側は「裏側」
■「丸形」の編み地写真は「角形」の250%の拡大

ニット
KNIT

アイレット編み（アイレットあみ）

eyelet stitch

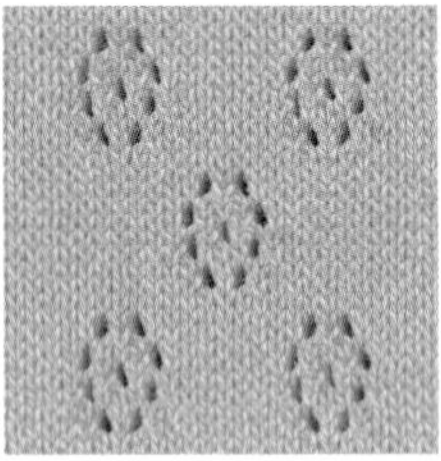
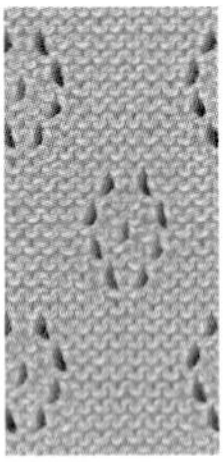

ハト目のように小さな穴(eyelet)のあいた、透かし目の編み地。「ペレリン編み」ともいう。ペレリン・ジャックという特殊な「目移し*針」を使い、シンカー・ループ*(針と針の間のループ)を本来のコースではなく、次のコースの両隣の針にかけて編むことによって、小さな穴状の透かし目ができる。ゴム編み*に応用したリブ・アイレットと、平編み*で作るプレーン・アイレットがある。

アコーディオン編み（アコーディオンあみ）

accordion stitch

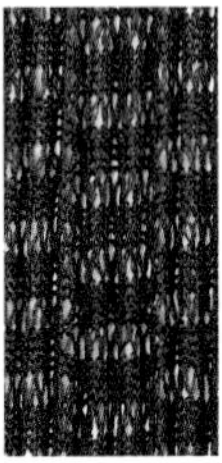

アコーディオンの蛇腹のようなプリーツを作る編み方。横編み機*や丸編み機*の両面編み*(インターロック) で編まれるダブル・ジャージー*の一種。両面出合い*の針列で総ゴム編み*を編み、表側の針を抜くと表側に、裏側の針を抜くと裏側に折れやすくなる性質を利用したプリーツ。「針抜きプリーツ」とも呼ばれる。ニットスカートなどに利用される。

アトラス編み（アトラスあみ）

atlas stitch

経《たて》編み*の基本組織のひとつ。「ヴァンダイク編み」ともいう。編み目を斜めに動かしてジグザグを作る組織。編み目が隣の列を飛び越えて2目先まで移動し、これを左右繰り返しジグザグを作る。1枚筬《おさ》*で作るのを「シングル・アトラス編み(シングル・ヴァンダイク編み」、2枚筬で編むものは「ダブル・アトラス編み*(ダブル・ヴァンダイク編み)」という。

アラン・ケーブル

Aran cable

フィッシャーマンズセーター、アランセーターといわれる、アイルランドのアラン諸島の伝統的なセーターに見られる「交差柄*」で作られる独特の縄編み*。一般的な縄編みと区別してこう呼ばれることが多い。「アラン模様*」というアラン伝来の模様を編み込むのにもっとも多く使われる基本編み地で、ロープ、ハニコム*、ジグザグなど、多くのアラン模様にアレンジされている。

1×1ゴム編み（いち、いちゴムあみ）

English rib / 1×1 rib stitch

「ゴム編み*」の一種。表目《おもてめ》*と裏目《うらめ》*を1列ずつ交互に配列したもので、「1《いち》×1《いち》リブ」「一目《ひとめ》ゴム編み」「イングリッシュ・リブ」ともいう。たて方向にはっきりと隆起した畝《うね》が走り、表裏とも同じ編み目となる。リブ編み機*で、針を「1本おきに1本ずつ抜いて」編むため「1×1針抜きゴム」ともいう。カットソー*の場合はフライス*がこれにあたる。よこ方向に伸縮性が高く、袖口や裾部分に用いられる。

インターシャ

intarsia

複数の色糸を用い、模様をモザイク式にはめ込むような編み方。語源はイタリア語の「寄木細工《よせぎざいく》 intarsiare」「象眼《ぞうがん》 intarsio」。配色を切り替えるときに、地編みと柄の糸をからみ合わせて結合させるので、多色の糸を使っても糸が重ならず、表と裏が同じ配色の柄になるのが特徴。裏に複数の糸が渡るジャカード*に比べ、手間と時間はかかるが、一枚仕立てで軽くて薄い美しい仕上がりとなる。インターシャ編み機で作られる。

インレイ編み（インレイあみ）

inlay stitch

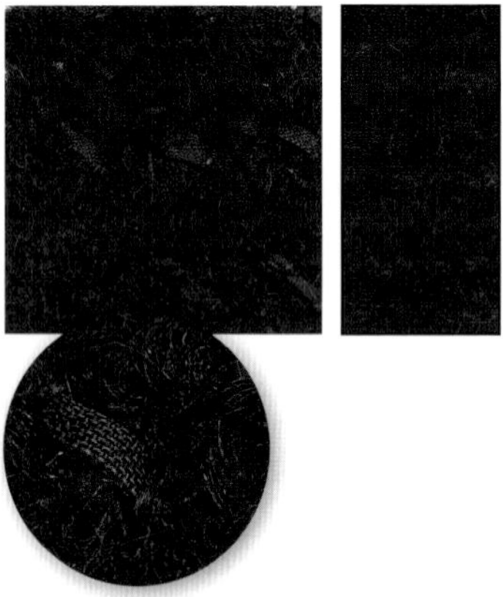

インレイ・ステッチ、「挿入編み」「緯入《よこい》れ編み」ともいう。インレイは「はめ込み、象眼《ぞうがん》」の意。地編み中に、別の糸(インレイ糸)を挿入する技法。インレイ糸自体では編み目を作らず、他の糸の編み目に編み込ませる。緯《よこ》編み*、経《たて》編み*で行われる。編み地の裏側でところどころシンカー・ループ*(ループの谷の部分)に引っ掛け、残りは糸を浮かせる。タック編み*と複合した組織。編み目を作っていないので抜けやすい。意匠糸《いしょうし》*を差し込んで装飾効果を高めたり、「裏毛編み*」に応用したり、靴下の「くちゴム」にスパンデックス*などのストレッチ・ヤーン*を差し込んで使う。経編みでは、鎖編み*、デンビー編み*、プレンコード編み*などと組み合わせて使う。

ウエルト・リップル

welt ripple

横編み機*や丸編み機*で作る、「さざ波(リップル)」のようによこ段状に隆起した編み地。両面編み*と浮き編み*を組み合わせて編む。丸編み機では、ダブル・ニードル*の両面編み機*を用い、シリンダー針*とダイヤル針*の両方で両面編みを何コースか編み、次にダイヤル針を全針ウエルト*(糸を針の後ろに浮かせる)させて、シリンダー針だけで何コースか編む。これを繰り返す。ウエルトの代わりにタック*させてよこ畝《うね》縞を作ったものもあり「タック・リップル」という。俗にテレビ柄といわれるよこ畝柄のひとつ。

浮き編み（うきあみ）

float stitch / welt stitch

「フロート編み」、単に「ウエルト」ともいう。ある箇所で糸を針にかけずに針の裏側に「浮き糸」として浮かせた組織。針に糸をかけ忘れる“ミス”ということから「ミス」という呼び名も一般的。編み地が密で、伸び縮みしにくい。2色以上の糸でゴム編み*に浮き編みを組み合わせ、ジャカード編み*で模様をあらわしたり、畝《うね》やふくれ効果を利用して、縞柄や市松模様*を表現したりする。また両面編み*に応用して、緻密で安定した編み地を作る時に使われる。

裏毛編み（うらげあみ／うらけあみ）

fleecy fabric / fleecy knitting / fleecy stitch / inlay fleecy stitch

単に「裏毛」、「スウェット(地)」と呼ばれることが多い。トレーナー(スウェット・シャツ)の代表的な素材で、裏面がループパイル、あるいは起毛され、表面は平編み*(ジャージー*)になっている地厚なカットソー*。「裏毛メリヤス編み」ともいう。肌触りが柔らかく保温性があり吸汗性にも優れている。

エイトロック

eightlock

両面編み*の変化組織で、ダブル・ジャージー*の一種。ゴム編み*(リブ編み)を交互に2つ組み合わせた組織。表目《おもてめ》*・裏目《うらめ》*を2列ずつ交互に配列した「2《に》×2《に》リブ*」で編まれたもの。適度な伸縮性と厚みがあり、表裏が同じ外観。表面が平滑な「1×1リブ*」の「インターロック*(スムース)」より畝《うね》がはっきり立ち、生地が少し厚手となる。

COLUMN 42 >裏毛編み

「裏毛編み」の編み方と種類 ヴィンテージ・スウェットと吊り編み機

裏毛編みの編み方は2種類ある。①表糸(地糸)、裏毛糸(インレイ糸*として使う甘撚《あまよ》り*の太番手*の糸)、中糸(接結糸)の3種の糸で編む。表糸と中糸を天竺《てんじく》編み*の「添え糸編み*」にし、中糸に裏毛糸を挿入(インレイ)させる「インレイ編み*」にする。裏面には太い裏毛糸がよこ方向にループパイル状に浮いている。裏がパイル状のものを「裏毛パイル」、パイルを起毛させたものは「裏起毛《うらきもう》*」と区別して呼ぶことも多い。②中糸を使わずに、表糸で平編みにし、裏毛糸でインレイ編みにする。これは裏毛糸が表糸と接結している部分が表側にあらわれてしまうので、表面がきれいな①の編み方を使うことが多い。現在は丸編み機*の高速の「シンカー編み機」が主流だが、ヴィンテージ・スウェットを編む低速の「吊り編み機*」の良さも見直され人気が高まっている。高速機の約20分の1のスピードでゆっくり編まれるため、空気を含んだように生地がふんわり柔らかく、伸縮性があるのが特徴。裏のループもふっくらと肌触りの優しい生地になる。洗い込むほどに起こる微妙な縮みと独特の斜行*の経年変化が、味わいのある風合いを作り、「洗濯するほどに味が出る」素材といわれている。吊り編み機は生産速度は高速編み機の約20分の1、コストは約3倍かかるため価格も高い。日本のわずかな工場でしか稼働していない、非常に貴重なものとなっている。

吊り編み機
写真提供:カネキチ工業(株)

片畦編み（かたあぜあみ）

half cardigan stitch / royal rib

ゴム編み*の変化組織。通常のゴム編みに比べ、畦《あぜ》*が大きくはっきりあらわれるのが特徴。伸縮性は少ない。表目《おもてめ》*1列・裏目《うらめ》*1列のゴム編みに、片側だけタック*した組織を組み合わせたもの。表目の畦は「玉目《たまめ》」と呼ばれる膨らみのある目で、裏目の畦はたて長の目があらわれる。1コースめは総針ゴム編み*、2コースめは総針ゴム編みに片側針列のみ総タック編み*を交互に繰り返して編む。厚手で弾力性に富む編み地のため、バルキー・ニット*に使用されることが多い。ハーフ・カーディガン編み、ロイヤル・リブともいう。

片袋編み（かたぶくろあみ）

half Milano rib

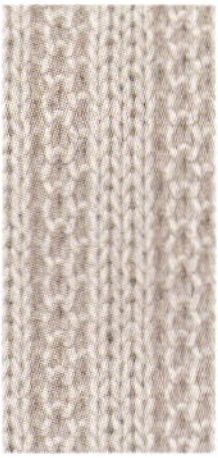

横編み機*や丸編み機*で編まれるゴム編み*の変化組織。ミラノ・リブ*の一種で、「ハーフ・ミラノ」ともいう。横編み機ではダブル・ニードル(2列針)の編み機を使い、総針ゴム編み*と、片側針列だけを使用した平編み*を繰り返す。ゴム編みは凸状に、平編みは凹状の編み地になるため、「1コースおきによこ畝状の編み目があらわれる」。ミラノ・リブは表裏同じ編み地だが、片袋編みは「片面だけ」によこ畝状の編み目があらわれるのが特徴。安定した編み地で通常のゴム編みよりフラット。ミラノ・リブ*よりややよこ方向に伸びる。

カット・アンド・ソーン

cut and sewn

略して「カットソー」と呼ばれることが多い。反物《たんもの》状に編まれたニット生地を、織物と同じように「裁断して(cut)縫製した(sewn)」製品、またはそのようなニット生地をいう。横編み機*で行われる、編み目を増減しながら製品の形に編んでいく「成型《せいけい》編み*」と区別するために使われる。丸編み機*で編まれるジャージーを中心に、経《たて》編み機*や横編み機の「流し編み*(生地風の長い編み地)」などで編まれる。

鹿の子編み（かのこあみ）

moss stitch

「鹿《か》の子絞《こしぼ》り*」のような、ポツポツとした凹凸感が特徴の編み地の総称。このような編み地を「鹿の子柄」ともいう。「モス・ステッチ（苔《こけ》編み）」とも呼ばれる。棒針編みでは、表目《おもてめ》*と裏目《うらめ》*を上下左右交互に組み合わせて編む。ボリュームのある凹凸があらわれた、表裏が同じ編み地で、ジャケットやニットコートに使用される。横編み機*や丸編み機*では、平編み*とタック編み*(糸を引き上げる)を組み合わせて作る。丸編み機の鹿の子編みはポロシャツが代表的。清涼感があり、通気性にも優れている。

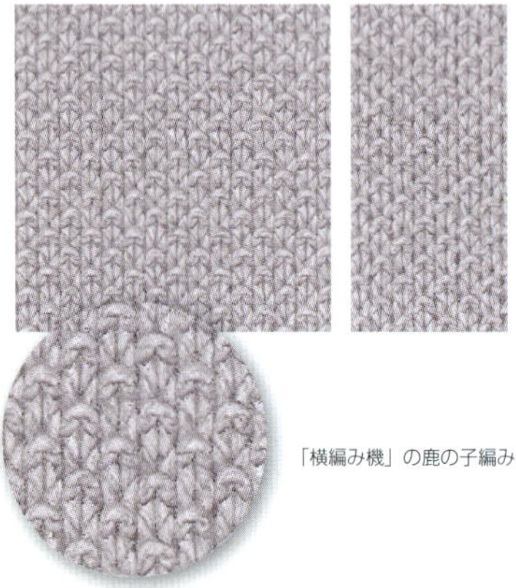

「横編み機」の鹿の子編み

「丸編み機」の鹿の子編み

クイーンズ・コード編み（クイーンズ・コードあみ）

queen's cord stitch

経《たて》編み*のコード編み*の一種。2枚筬《おさ》*を使い、前筬で鎖編み*、後ろ筬でシングル・コード編み*を編む。厚地で伸び縮みのしない、織物に近い編み地で、裁断・縫製がしやすい。シャツや肌着などに。前筬でシングル・デンビー編み*、後ろ筬でシングル・コード編みを編んだものは「シャークスキン編み」という。伸び縮みが無く、サメ肌のようなざら感とかたさが特徴。織物のシャークスキン*と風合いが似ている。

COLUMN 43 >鹿の子編み

鹿《か》の子《こ》編みの種類と特徴

鹿の子編みは「基本編み+タック編み*」のさまざまな組み合わせ方で多種の鹿の子編みが作られる。平編み*（天竺《てんじく》編み）を基本組織にした「天竺鹿の子」の代表的なものは①「表鹿の子（編み）」：表側に鹿の子柄があらわれたもの。たて（ウェール*）、よこ（コース*）とも 1針ずつ交互に平編み*とタック編みを編む。②「総鹿の子（編み）」：表鹿の子組織を2コースずつにしたもの。裏側に鹿の子柄があらわれるので「裏鹿の子（編み）」ともいう。③「並鹿の子（編み）」：「一目鹿の子（編み）」ともいう。1コースめを平編みに、2コースめは平編みとタックを交互に編む。平編みのようにも見える。ゴム編み*組織で作るものは④「両面鹿の子（編み）」：表裏両面に鹿の子柄があらわれたもの。ゴム編みを二重にした両面編み*にタックの応用で作る。「シングル・ピケ」ともいう。変わり鹿の子では⑤「浮き鹿の子（編み）」：あるコースの中で、2〜5針続けてタック編みにしたもの。タックした編み目のループが裏面でよこに浮いて見える。⑥「たて縞鹿の子（編み）」：2色の糸で編むとたて方向（ウェール）に細い縞柄があらわれる。

鎖編み（くさりあみ）

chain stitch / pillar stitch

①かぎ針編み*、アフガン編み*の一番基本となる編み方。糸で輪を作り、鉤針を通し、その鉤に糸をかけて引き抜き、鎖のような輪を連ねていく編み方。②経《たて》編み*の基本組織のひとつ。1本針にたて糸が連続して鎖状に編まれていくもの。隣のたて糸とは連結しないで紐状に連なる。フリンジを作るときに用いるため「房《ふさ》編みfringe」ともいう。鎖編みだけでは布地にならないので、他の編み目と組み合わせて使う。しっかりした編み目で、鎖編みを組み合わせると伸びにくくなる。ほとんどのラッセル・レース*に使われる。

かぎ針編みの鎖編み

交差柄（こうさがら）

cross pattern

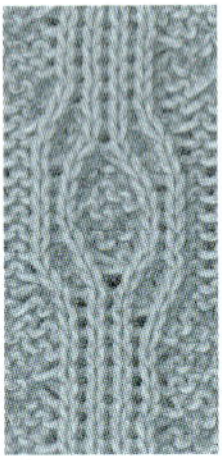

編み目が交差しているような柄の総称。または目移し*の技法で、針にかかっている隣り合ったいくつかの編み目(ループ*)を一緒に交差させて、別の針に目移しすることであらわす柄のこと。うねったような柄があらわれる。「縄編み*」が代表的。

コード編み（コードあみ）

cord stitch

経《たて》編み*の基本組織*のひとつ。編み目が隣りの列を飛び越えて2つめ先まで移動する編み方。編み針の右端と左端1コース*ごとに交互に掛け渡して編む。2つめ先に糸を掛けるものを「1《いち》×2《に》コード編み」、3つめ先、4つめ先は「1《いち》×3《さん》コード編み」「1×4コード編み」という。糸を掛ける長さが長くなるほど、編み込んだ糸が水平になり、光の反射で光沢が増すため、サテン編み*を作るのに利用される。また起毛機にかけると毛羽《けば》も立たせやすくなるので、ニット・ベロア*などにも応用される。1枚筬《おさ》*で編まれたものを「シングル・コード編み」「プレーン・コード編み」という。2枚筬で二重に編まれたものは「ダブル・コード編み」という。給糸量を多くすることができ、パイル編み*などに利用される。シングル・コード編みと鎖編み*を組み合わせた「クイーンズ・コード編み*」、シングル・コード編みとシングル・デンビー編み*を組み合わせ、サメ肌に似せた「シャークスキン編み」などがある。

ゴム編み（ゴムあみ）

rib stitch

「リブ編み」「畦《あぜ》編み」、「畝《うね》編み」、カットソー*のように丸編み機*で編まれる場合は「フライス(編み)」とも呼ばれる。ニットの基本編み地である三原組織*(基本となる3つの組織)のひとつで、機械編み*の場合は、ダブル・ニードル*(横編み機では2列針、丸編み機ではダイヤ針とシリンダー針)の「リブ編み機」で編まれる。表目《おもてめ》*の針列と裏目《うらめ》*の針列が互い違いに並び、表目が凸、裏目が凹となり、たて方向に隆起した畝《うね》が平行に走って見える。よこ方向の伸縮性に優れ、もっとも編み幅が狭くなる。「耳がまくれ*(カーリング)」にくいので裁断・縫製がしやすい。セーターの袖口、裾、衿などに多く使われる。表目・裏目を1列ずつ交互に配列したものは「1《いち》×1《いち》ゴム編み*English rib」または「1×1リブ」「平ゴム編み」といい、2列ずつ交互に配列したものは「2《に》×2《に》ゴム編み*Swiss rib」という。表側と裏側の針を半ピッチずらして、編み機の「全部の針を使って」編むものは「総針ゴム編み*」という。畝はあまり目立たない。

総針ゴム編み

1×1ゴム編み

2×1ゴム編み

2×2ゴム編み

COLUMN 44 >ゴム編み

「横編み機」「丸編み機」のゴム編みの「組織と種類」

ゴム編みを編むには、棒針を使う「手編み」と「機械編み」に大きく分けられる。機械編みのゴム編みは、緯《よこ》編み*の「横編み機*」や「丸編み機*」で編まれ、ダブル・ニードル*（2列針）の「リブ編み機」を使う。

「横編み機」のリブ編み機の場合、針床《はりどこ》*（針を取り付けているバー。針釜ともいう)が「2列に平行に」並んでいる「両針床《りょうはりどこ》」または「両釜《りょうがま》」と呼ばれるもので編む。針床は、前向きの「前床」と後ろ向きの「後ろ床」があり、前床で「表目《おもてめ》*」、後ろ床で「裏目《うらめ》*」を編む。

「丸編み機」の場合は、円筒形の「シリンダー*（針筒《はりづつ》）」に針が並べられており、この針を「シリンダー針*」という。ゴム編みの場合はこのシリンダーに、さらに「ダイヤル」という円形の針床を「上下」に合わせて使う。この針を「ダイヤル針」という。シリンダー針で「表目」、ダイヤル針で「裏目」を編む。

ゴム編みの種類には「総針《そうばり》ゴム編み*」「1《いち》×1《いち》ゴム編み*」「2《に》×1《いち》ゴム編み」「2《に》×2《に》ゴム編み*」などがある。「総針ゴム編み」は前床（シリンダー針）と後ろ床（ダイヤル針）の針を半ピッチずらして、編み機の「全部の針を使って」編む。針数が多いので密度の高いしっかりした編み地で、凹凸の少ないフラットなイメージ。「1×1ゴム編み」は「1×1針抜きゴム」ともいい、前床（シリンダー針）と後ろ床（ダイヤル針）の針を「1本おきに1本ずつ抜いて」編む。針数が総針の半分になるため、幅は出ないがよこ方向の伸縮性が高く、表目と裏目のウェール*（ループのたての並び）一本一本の凹凸感がはっきりあらわれた畝《うね》になる。

「2×2ゴム編み」は表目2目・裏目2目の凹凸が交互にはっきりあらわれたゴム編み。表裏の編み地が同じに見える。前床（シリンダー針）・後ろ床（ダイヤル針）の針を「交互に2本おきに1本抜いて」編む。そのため「2×1針抜きゴム」ともいう。丸編み機では同数の表目と裏目が「互い違いに」針抜きされることから「テレコ*」と呼ばれる。「1×1ゴム編み」や「2×2ゴム編み」は、よこ方向の伸縮性が高いため、袖口や裾部分に用いられる。

「2×1ゴム編み」は表目2・裏目1が交互にあらわれたゴム編み。表面は表目が多く見え、裏面は裏目が多く見える。編み地は凹凸が目立たずフラットなイメージでよこ方向の伸縮性も少ない。前床（シリンダー針)は全針を使い、後ろ床（ダイヤル針）は1本おきに針を抜いていく。「2×1針抜きゴム」とは違うので注意が必要。これら緯編みのゴム編みは「針を抜いて作るゴム編み」であることから「針抜きゴム編み*」とも総称される。

サテン・トリコット編み（サテン・トリコットあみ）

satin tricot stitch

経《たて》編み*のトリコット*の一種。サテン*に似た外観を持ち、「サテン編み」「トリコット・サテン」ともいう。ハーフ・トリコット編み*の変形で、2枚筬《おさ》*を使い、後ろ筬でデンビー編み*(シングル・デンビー編み)を編み、前筬で1×3や1×4のコード編み*をした二重組織。コード編み部分は糸の浮きが多いため、重厚でサテンに似た光沢となる。裏を起毛する場合もある。サテン・トリコットより浮き糸を長くし起毛したものは「ベルベット編み」「ニット・ベロア*」「トリコット・ベロア」などと呼ばれる。編み上げた後、起毛機でコード編み部分の糸を引き出してループを作ったものは「フレンチ・パイル*」と呼ばれる。ほつれにくく薄く柔らかい繊細なループパイル地が特徴。

ジャカード編み（ジャカードあみ）

jacquard stitch

シングル・ジャカード

ダブル・ジャカード

2色以上の色模様や、無地の地模様を作る編み方。複雑な模様を編み出す「ジャカード*装置」を編み機に取り付けることからこの名がある。以前は穴をあけて模様をあらわしたパンチカードを用いて編まれていたが、現在は模様をプログラミングしたコンピューター・ジャカードが中心。手編み(棒針)の場合はインターシャ*も含め「編み込み模様」と呼ばれることが多い。ジャカードには、裏面が「よこに糸が渡る(浮く)」シングル・ジャカード*と、「糸が渡らない」ダブル・ジャカード*がある。

ジャージー

jersey

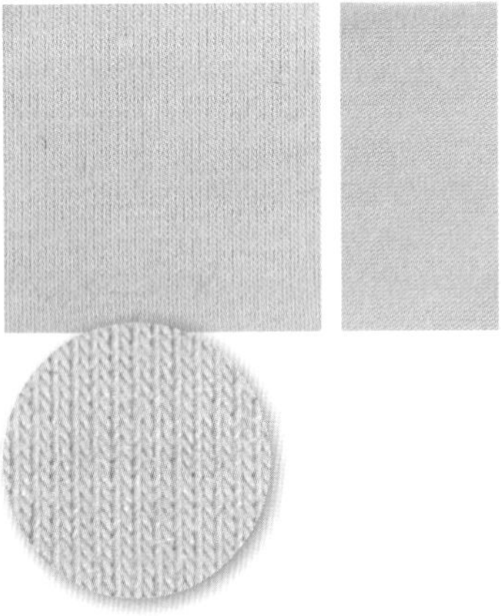

英米では平編み*をいう。日本では平編みを中心にしたプレーンなニット生地(カットソー*)をいうことが多い。広義には緯《よこ》編み*、経《たて》編み*を含む、プレーンな反物状の編み地の総称。また伸縮性がよいポリエステル・ジャージーがトレーニングウエアやスポーツユニフォームに使われるため、これらのウエアを「ジャージ」と呼ぶことも多い。1列針*の「シングル編み機*」で編まれたものは「シングル・ジャージー」、2列針*の「ダブル編み機*」のものは「ダブル・ジャージー*」という。イギリス海峡のジャージー島で漁民のセーターに編まれたニットが語源といわれる。

シール編み（シールあみ）

sealskin fabric

パイル編み*で作る、アザラシ(シールseal)の毛皮に似せた、毛足が寝た光沢のあるニット。あるいは、特殊な針でパイルを切って立ち毛状のパイルを編む「シール編み機」で編まれた編物の総称。フェイク・ファー*の一種で、織物のシール*もある。パイル糸を編み込みながらループ(輪《わ》奈《な》)を切って毛《け》羽《ば》を立たせる。「ボア*」の場合は毛足を長く出し、シールは熱と圧力をかけて毛並みを寝かせて仕上げる。

シングル・ジャカード

single jacquard

色模様を編み出すジャカード編み*の一種で、表面は模様がきれいにあらわれるが、裏面は「表面に模様があらわれない部分の糸」がよこにフロート(浮く)するのが特徴。そのため「フロート・ジャカード」「裏飛びジャカード」ともいう。機械編みの場合はシングル・ニードル（1列針)の編み機で、2色の糸を使い「浮き編み*」を組み合わせて、表面に出てくる糸で柄模様をあらわす。「浮き糸（渡り糸）」は引っかかりやすいため、長く浮かないよう適宜にループに編み込んで調整したりもする。裏面をあえて柄デザインとして表面にすることもある。

総針ゴム編み（そうばりゴムあみ）

all needles / full needles

「総ゴム(編み)」ともいう。横編み機*で作る、代表的なゴム編み*で、表側と裏側の針を半ピッチずらして、編み機の「全部の針を使って」編む。畝《うね》はあまり目立たず、針数が多いので密度の高いしっかりした編み地になり、幅も出る。左右の伸縮性もよい。「1《いち》×1《いち》ゴム編み*」と似ているが、こちらは表側と裏側の針を「1本おきに1本ずつ抜いて」編むもので、針数が総針の半分になるため、幅は出ないが左右の伸縮性がよく、畝《うね》一本一本の間隔が離れ凹凸感がはっきりあらわれるのが特徴。

添え糸編み（そえいとあみ）

plating stitch

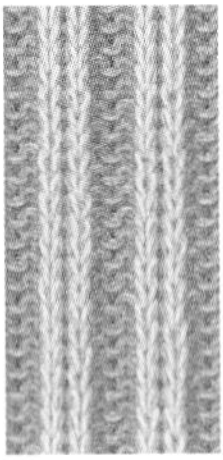

「プレーティング」ともいう。異なった２種の糸を同時に給糸し、地編み糸にもう１種の糸を“添えて” 編んだもの。一方の糸が表に、もう一方の糸が裏にあらわれる。平編み*、ゴム編み*、パール編み*などに用いる。針先に遠い糸は表にあらわれ、針先に近い糸は裏にあらわれる。表面と裏面の異色効果、異素材効果を狙って編まれる。裏毛編み*、パイル編み*で地糸と毛羽《けば》のある糸を表裏に使い分けるのにも応用される。

タック編み（タックあみ）

tuck stitch

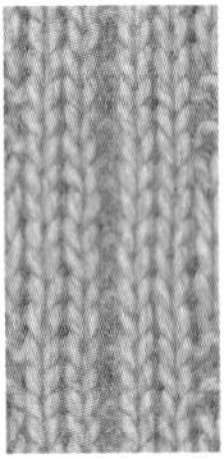

手編みでは「引き上げ編み」ともいう。俗に「かぶり目」ともいわれ、下段のループ（編み目）を上方向に引き上げ(タック*)、針にかぶせる編み方。引き上げられたループは二重、三重と積み重ねていくことができ、そこに糸が集中する。編み地の隆起（凹凸)や、「透かし目*」を出す編み柄に用いられる。「タック編みと基本編みを組み合わせる」ことで種々の編み地ができる。ゴム編み*に応用した「片畦《かたあぜ》編み*」や「両畦《りょうあぜ》編み*」、平編み*に応用した「鹿《か》の子《こ》編み*」、タックの積み重ねや配列変化で作る立体透かし柄の「ラーベン編み*」などがある。タック編みで柄を出したものは「タック柄」ともいう。

ダブル・アトラス編み（ダブル・アトラスあみ）

double atlas stitch

経《たて》編み*のアトラス編み*の一種。ヴァンダイク編み*は編み目を斜めに動かしてジグザグを作る組織で、1枚筬《おさ》*で作るのを「シングル・アトラス編み(シングル・ヴァンダイク編み)」、2枚筬で編むものは「ダブル・アトラス編み(ダブル・ヴァンダイク編み)」という。色糸を用いると菱形や斜め格子などのダイヤ柄を作ることができる、「ダイヤモンド編み」ともいわれる。

ダブル・ジャカード

double jacquard

2色以上の色模様や、無地の地模様を編み出すジャカード編み*の一種。シングル・ジャカード*が裏面に「浮き糸」が渡るのに対し、ダブル・ジャカードは二重編みになっており、裏面に浮き糸が渡らないのが特徴。機械編みの場合、ダブル・ニードル（2列針）の編み機で、2〜6色くらいの色糸を使い「浮き編み*」を応用しながら表面に模様をあらわす。裏面は「バーズ・アイ*」調や、糸が混じり合ったミックス調の編み地になっている。裏側のすべての目が編まれるため、表糸と裏糸の密着が強くなりしっかりした編み地になるが、表面の模様に裏糸の色がにじんで見える欠点もある。シングル・ジャカードより厚みと重さがあるため、メンズセーターなどによく使われる。無地のダブル・ジャカードには凹凸の地模様を出した編み地で、リップル*(さざ波)や畝《うね》状の柄をあらわした「ジャカード・リップル」や「ジャカード無地ツイル」などと呼ばれるものがある。

ダブル・ジャージー

double jersey

ジャージー*とは、主に平編み*を中心にしたプレーンなニット生地をいう。1列針列*の「シングル編み機*」で編まれたジャージーを「シングル・ジャージー」または「シングル・ニット」といい、薄手で平編みが中心。2列針列*の「ダブル編み機*」で編まれた二重のものを「ダブル・ジャージー」または「ダブル・ニット」といい、少し地厚でしっかりした地合いが特徴。次の種類がある。①「ゴム編み*」:ミラノ・リブ*、ダブル・ピケ*、片袋編み*(ハーフ・ミラノ)。②「両面編み*」:モック・ミラノ・リブ*、ポンチ・ローマ*、エイトロック*、シングル・ピケ、ウエルト・リップル*など。

ダブル・トリコット編み (ダブル・トリコットあみ)

double tricot stitch

「ダブル・デンビー編み」「プレーン・トリコット編み」ともいう。経《たて》編み*のトリコット*の代表的な編みで、2 枚筬《おさ》*でデンビー編み*を編むものをいう。編み目は二重になり、特有の細いたて畝《うね》があらわれた、伸縮性のある軽く薄い編み地。単に「トリコット」という場合は、ダブル・トリコットを指すことが多い。アンダーウエア、手袋、靴下などに用いられる。経編みは緯《よこ》編み*には出せない「たて縞」が出せるのが特徴。整経《せいけい》*の時に色分けして配列するとたて縞があらわれる。

ダブル・ピケ

double pique

織物のピケ*のように、凹凸感のある編物。丸編み*のゴム編み機*を使い、ゴム編み*に浮き編み*の組織を合わせたダブル・ジャージー*の一種。安定性がよく密度の高い編み地になる。少し地厚な「スイス・ダブル・ピケ(スイス式)」と、弾力性のある「フレンチ・ダブル・ピケ(フランス式)」がある。両面編み*にタック編みの組織を合わせたものには両面鹿の子*ともいわれる「シングル・ピケ」などがある。ポロシャツの代表的な編み地。

ダンボール・ニット

表面糸、裏面糸とそれらを繋ぐ、中糸(接結糸)の3種の糸で編むもので、生地が段ボールのように二重構造になっているのでこの名がある。2枚の生地の間に少し空間があるので保温性に優れ、独特の張りとコシがあり、厚みがあっても柔らかく軽いのが特徴。よこ方向に伸縮性があるが、たて方向には伸びにくいので、パーカやジャケットに向く。

チュール

tulle

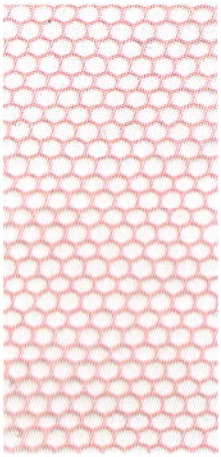

ヴェールやドレスなどに使われる「亀甲目《きっこうめ》」ともいわれる六角形の網目が繋がっているネット*。「チュール・ネット」ともいわれ、和名では「亀甲紗《きっこうしゃ》」という。経《たて》編み*の代表的な編み目の組織で、六角の網目は「チュール目」とも呼ばれる。地糸1セット(1枚)で編まれたものは「1枚チュール」、地糸2セットのものは「2枚チュール」といい、枚数が多くなるほど安定性が高くなる。

COLUMN 45 >チュール

チュールの歴史

本来チュールは糸を撚《よ》り合わせたものをからめて作る「撚りレース」の一種。漁網のように糸を結んで作るネットの「結節網《けっせつあみ》」に対し、糸を結ばず撚りながらからめて作るものは「撚成網《ねんせいあみ》」と分類される。もともとチュールは手織りのボビン・レース*の一種で、手でからめて作られていた大変手間のかかるものであった。1808年、ジョン・ヘスコートJohn Heathcoatによりボビネット機*が開発されてからは「ボビネット」がチュールの代名詞となり、非常に繊細なものから重量感のあるものまで幅広くシルク・チュールをいうようになった。

19世紀には産業革命に伴いリバー・レース機*など複雑なレースの機械化が進む。イギリスのノッティングガムNottinghamはボビネットの一大生産地になり、これを契機にチュール地に模様を入れたリバー・レース機などの機械レース製造に弾みがついた。その後フランスのカレーCalaisがリバー・レース*で一世風靡した。しかし、これらのレース機は熟練の技術を要する手工業に近い非常に手間のかかるものであり、現在は少量作られているのみ。代わって、今日では経《たて》編み*のラッセル編み機*で作るナイロン*やポリエステル*の「ラッセル・チュール」が主流となっている。チュールを素地に柄糸を編み込んで模様を出したものは「チュール・レース*」、別名「紗状レース」という。ラッセル・チュールにエンブロイダリー・レース機*で刺繍やアップリケをしたものが多い。ラッセル編み機で作られるチュール・レースは、リバー・レースにも似ているので「ラッセル・リバー」とも呼ばれる。フランスのチュールTulleが発祥でこの名がある。

テレコ

TERECO fabric (和)

丸編み機*のゴム編み*の一種で、表目《おもてめ》*と裏目《うらめ》*が同数のゴム編み。表裏同じに見える。よこの伸縮性に非常に優れているため、裾や袖口をはじめ、フィットした細身のセーターの編み地などに向いている。「テレコ」とは「互い違い、逆さま」を意味する関西地方の方言で、表目と裏目が互い違いに同数配列される編み方からこの名がある。ダブル・ニードル*(2列針)の「リブ編み機*」で編まれ、円筒形の「シリンダー*」についている「シリンダー針」と、「ダイヤル*」という円形の針床についている「ダイヤル針」を上下針で「裏目」を編む。表目2目・裏目2目が交互に繰り返してあらわれるものを「2《に》×2《に》テレコ」または「2×2ゴム編み」という。シリンダー針、ダイヤ針を「2針ごとに1針交互に抜いて編む」ため「2×1針抜きゴム」とも同じ編み地となる。「3×3テレコ」は表目3目・裏目3目が交互に繰り返されるテレコ。3針ごとに2本交互に抜いて編むため「3×2針抜きゴム」と同じものになる。「フライス*」は丸編み機のゴム編みの総称、または「1×1ゴム編み*」をいう。

天竺インターシャ (てんじくインターシャ)

天竺編み(平編み*)で編まれるインターシャ*。インターシャは複数の色糸を用い、模様をモザイク式にはめ込むような編み方。配色を切り替える時に、地編みと柄の糸をからみ合わせて結合するので、多色の糸を使っても糸が重ならず、表と裏が同じ配色の柄になるのが特徴。裏に複数の糸が渡るジャカード*に比べ、手間と時間はかかるが、一枚仕立てで軽くて薄い美しい仕上がりになる。アーガイル柄*などで配色した平編みが典型的。

天竺ボーダー（てんじくボーダー）

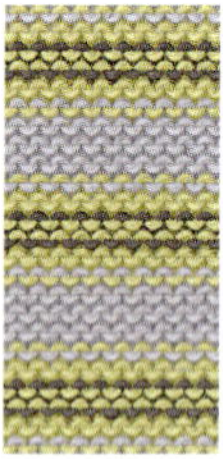

天竺編み(平編み*)のボーダー柄。配色効果をシンプルに表現する、ニットボーダーの典型的な編み地。2色から複数色の糸を使い、何コースかごとに糸の色を替え、よこ段に縞柄を編む。

天竺メッシュ（てんじくメッシュ）

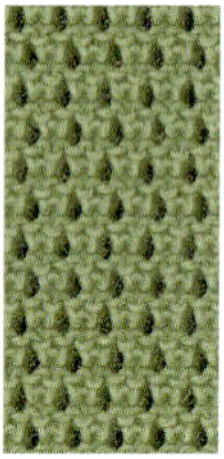

天竺編み(平編み*)を目移し*で作るニットのメッシュ*(網目状の透かし目)。針にかかっているニードル・ループ*(ループの山の部分)を隣の針に移動させて透かし目を作る。ニットの場合は緯《よこ》編み*の平編みで作るものと、経《たて》編み*ではラッセル編み機で作る「ラッセル・メッシュ」、トリコット編み機の「トリコット・メッシュ」などがある。

度違い天竺（どちがいてんじく）

天竺編み(平編み*)の度目《どもく》*(編み地の密度)を変えることで(詰まった目や緩い目の組み合わせ)イレギュラーな表面効果を出していく編み方。1コースごとに度目を変えると編み目に凹凸感や透かし感のあるラフな編み地を作ることができる。通常の平編みの表裏がフラットであるのに対し、度違い天竺は裏目《うらめ》*にも凹凸感が出てガーター編み*のように見えるのが特徴。裏使いでローゲージ*のニットジャケットに用いられたりする。「親子天竺」とも呼ばれる。

トリコット

tricot（仏）

経《たて》編み*の代表的な編み地で、トリコット編み機で編まれる生地の総称。トリコットの基本となる編み地を「デンビー編み」といい、トリコットと同義で使われる。単に「トリコット」という場合はダブル・トリコット編み*(プレーン・トリコット編み)をいうことが多い。tricot(トリコ)は仏語で「編む」の意味で、ニット全般をいう。日本では別名「経《たて》メリヤス」ともいわれ、非常に目の細かい経編みの平編み*(メリヤス編み)を総称して「トリコット」といわれてきた。

COLUMN 46 >トリコット

トリコットの特性、編み方と種類

トリコットは繊細で緻密な地合いに編むことができ、緯《よこ》編み*に比べ伸縮性には乏しいが、形態安定性に優れている。緯編みのように容易にほつれることがなく、織物と編物の中間的な扱いができる。レースのような透かし目*から織物に似た生地など変化に富む編み目ができるのが特徴。ランジェリーからアウターウエアまで幅広く使われる。トリコットの基本組織を「デンビー編み」という。1コースごとに隣の針に給糸し、2本のウエール*(たてに連続したループの列)に交互に編み目を作る組織で、左右にジグザグに編み込まれている。閉じ目*と開き目*があり、閉じ目を多く使う。通常編み針は固定されており、筬《おさ》*(ガイドバー)が前後左右に動くことで編み針に給糸し編成を行う。
1枚筬(1列針床《はりどこ》)で編むものを「シングル・トリコット編み(シングル・デンビー編み)」「1《いち》×1《いち》トリコット編み(1×1デンビー編み)」という。トリコットは1枚筬では編み地が薄く安定性がないため2〜4枚の筬で編まれることが多い。1枚の筬でデンビー編みを編み、他の筬でデンビー編み、アトラス編み*、コード編み*、チェーン編み*などと組み合わせ、しっかりした経《たて》編み*地を作る。
2枚筬でデンビー編みを編むものを「ダブル・トリコット編み*(ダブル・デンビー編み)」「プレーン・トリコット編み」といい、もっとも一般的。単に「トリコット」という場合は、ダブル・トリコットを指すことが多い。2枚筬を使い、後ろ筬でデンビー編み(シングル・デンビー編み)を編み、前筬で1×2コード編みをしたものは「ハーフ・トリコット編み*」。逆の組み合わせのものは「逆ハーフ・トリコット編み」という。3枚筬・4枚筬など筬の数が増すと、厚みのある安定した編み地となり編み柄の種類も多くなる。

トリコット・パイル

tricot pile

経《たて》編み*のシングル・トリコット編み機で編んだパイル編み地*の総称。目の細かい編み地ができるので繊細なパイルを作ることができる。よこ方向の伸縮性が小さく形態安定性に優れており、織物にも近く縫製しやすい。インレイ編み*を応用し、地糸にパイル糸*をインレイ(挿入)してパイルを作るものや、サテン・トリコット*を編み上げ、糸を引き出しループを作った「フレンチ・パイル*」などがある。

トリコット・メッシュ

tricot mesh fabric

経《たて》編み*のトリコット編み機で編まれるメッシュ*の総称。1列針の2枚筬《おさ》*(ガイドバー)を用いネット状に編み上げたもの。トリコット編み機はゲージ*が細かくソフトな薄地を編むことができ、伸縮性が少ないため形態安定性に優れているのが特徴。通気性や肌触りが良く夏の肌着に適している。下着からアウターまで幅広く使われる。

梨地編み（なしじあみ）

crepe knitting / crepe stitch

梨の皮のような細かい凹凸感を出した編み地。アムンゼン*ともいう。織物の梨地織り*とも外観が似ている。①平編み*にタック編み*を不規則に配置した組織で、凹凸の地模様をあらわす。②パール編み*を用いたリンクス・アンド・リンクス*で、表目《おもてめ》*と裏目《うらめ》*を不規則に組み合わせて細かく凹凸効果を出す。セーター、ポロシャツなどで。

縄編み（なわあみ）

cable stitch / cable knitting

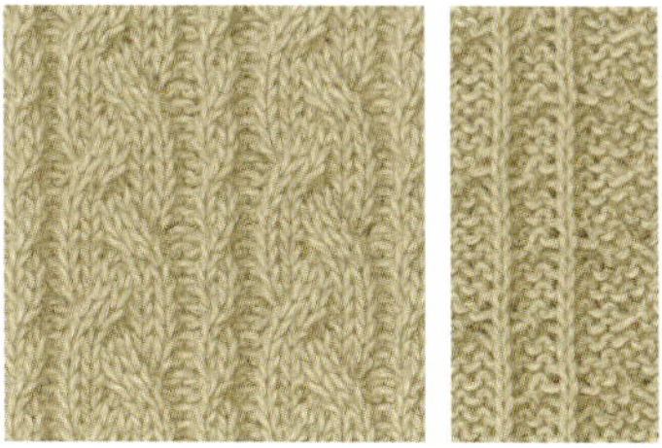

「ケーブル編み」「チェーン編み」ともいう。アランセーターやチルデンセーターに代表される「縄模様」の編み地。「交差柄*」の一種で、縄を編み込んだようなたて縞状の縄模様が代表的。「目移し*」の技法で作られ、隣り合ったいくつかの目を一度に右の針や左の針に目移ししながら交差させることで縄状の模様があらわれる。アランセーターに見られる縄編みは「アラン・ケーブル*」ともいわれ、さまざまなバリエーションがある。

ニット・ベロア

knitting velours

パイル編み*の一種。片面のループ状のパイルを短くカットして起毛し、ビロード*のように仕上げたパイル編物の総称。織物のベロア*に似ているが伸縮性がある。針抜き*でコーデュロイ*のような畝《うね》を作ることができる。吊り編み機*、シンカー台丸編み機、シール・フライス編み機、経《たて》編み機《き》などで編まれる。特に吊り編み機は毛立ちが密で毛羽《けば》の抜けにくい上質なベロアとなる。肌触りが柔らかく、保温性にも優れ、深みのある美しい光沢が特徴。

2 × 2 片畦編み (に、に かたあぜあみ)

path rib

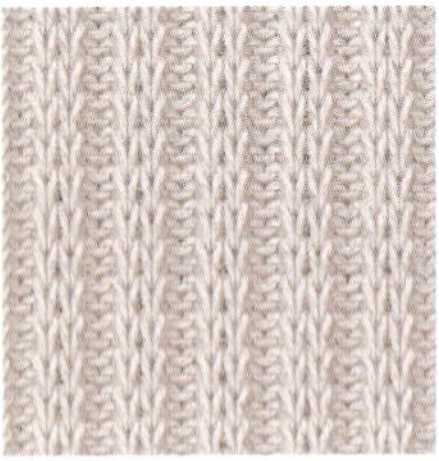

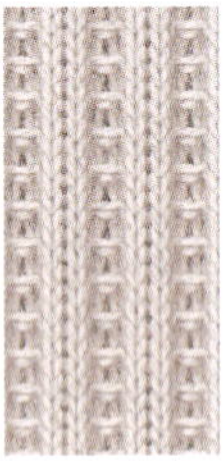

ゴム編み*の変化組織。片畦《かたあぜ》編み*は通常のゴム編みに比べ、畦*が大きくはっきりあらわれるのが特徴。表目《おもてめ》*2列・裏目《うらめ》*2列のゴム編みに、片側だけタック*した組織を組み合わせたもの。1コースめは2《に》×2《に》ゴム編み*、2コースめは2×2ゴム編みに片側針列のみタック編み*を交互に繰り返して編む。太いはっきりした畝《うね》があらわれる、厚手で弾力性に富む編み地のため、バルキー・ニット*に使用されることが多い。

2 × 2 ゴム編み (に、に ゴムあみ)

Swiss rib / 2×2 rib stitch

「ゴム編み*(リブ編み)」の一種。表目《おもてめ》*2目・裏目《うらめ》*2目の凹凸が交互にはっきりあらわれたゴム編み。表裏の編み地が同じに見える。「2《に》×2《に》リブ」「二目《ふため》ゴム編み」ともいう。「横編み機*」や「丸編み機*」で編まれ、ダブル・ニードル*(2列針)の「リブ編み機」が使われる。前床(シンカー針*)・後ろ床(ダイヤル針*)の針を「交互に2本おきに1本抜いて」編む。そのため「2×1針抜きゴム」ともいう。丸編み機では同数の表目と裏目が「互い違いに」針抜きされることから「テレコ*」と呼ばれる。よこ方向の伸縮性が高いため、袖口や裾部分をはじめ、フィットした細身のセーターの編み地などに向いている。

ネット

net

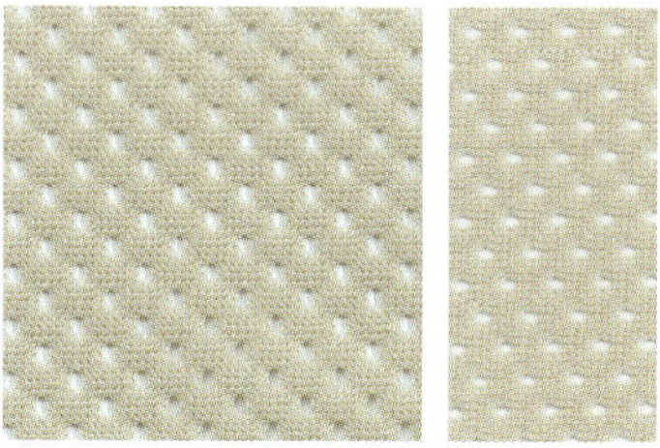

「網《あみ》」または「網地《あみじ》」のこと。漁網のように糸を結び合わせて作るものを「結節網《けっせつあみ》」といい、「本目《ほんめ》結び」と漁網に多い「蛙又《かえるまた》結び」がある。チュール*のように「糸を撚《よ》って、からみ合わせて」作るものは「撚成網《ねんせいあみ》」という。これらを総称してネットというが、これに似た「網目状の編物」もネットと呼ばれる。漁網のような「菱目《ひしめ》の編み地」のネットは「フィッシュネット*」という。経《たて》編み*のラッセル編み機やトリコット編み機で編まれる。カーテンなどに使われる、ラッセル編み機の「角目の網地」は「マーキゼット*」と呼ばれる。チュールは「亀甲目《きっこうめ》」の六角の網目が特徴。網タイツ、網シャツ、スポーツ用ネット、刺繍用ネットなどに利用される。「ネット編み」とは、かぎ針編み*で鎖編み*と細《こま》編み*を組み合わせてネット状に編むことをいう場合が多い。

パイル編み（パイルあみ）

pile stitch / plush stitch

「プラッシュ編み」「立ち毛編み」ともいう。パイルは「毛羽《けば》やループ(輪奈《わな》)」のことで、編み地の片面(片面パイル)または両面(両面パイル*)にパイルを出した編物。緯《よこ》編み*と経《たて》編み*両方で作られる。緯編みの丸編み機の場合、「片面パイル」は地糸とパイル糸を平編み*の「添え糸編み*」にし、裏側にパイル糸を出す。「両面パイル」は、ループを表裏交互に引き出して両面にパイルを出したもの。パイルのままのもの、パイルを剪毛《せんもう》*して起毛したもの、パイルのままで起毛したものなどがある。パイル糸で柄を浮き出したものは「パイル・ジャカード」という。「ボア*」はパイル糸を編み込みながら輪奈を切って長い毛羽を立たせたもの。毛羽が短くビロード*状のものは「ニット・ベロア*」、タオル*に似たループのままのものは「テリー・ニット」「ニット・パイル」などという。経編みでは薄く繊細な「トリコット・パイル*」、多種のフェイク・ファー*を作れる「ラッセル・パイル」がある。

ハーフ・トリコット編み（ハーフ・トリコットあみ）

half tricot stitch / tricot jersey（米）/ locknit（英）

トリコット*の代表的な素材。単に「ハーフ」と呼ばれることも多い。「トリコット・ジャージー(米)」、「ロックニット(英)」ともいう。ランジェリー、手袋、ボンディング*などの基布、産業資材としてもっとも多い。2枚筬《おさ》*を使い、後ろ筬でデンビー編み*を編み、前筬で1×2コード編み*をした二重組織。地合いは滑らかで肌触りがよくほつれにくい、薄く丈夫な編み地。逆に、後ろ筬で1×2コード編み、前筬でデンビー編みをしたものは「逆ハーフ・トリコット編み」といい、織物のようなしっかりした地合いになる。

針抜き編み（はりぬきあみ）

welt stitch

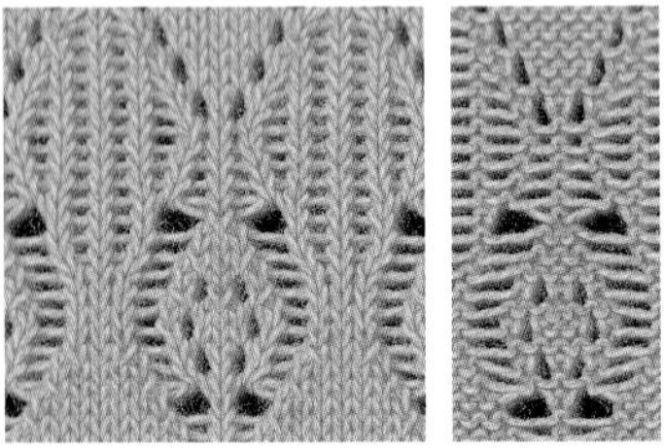

単に「針抜き」と呼ばれることが多い。機械編みで、針を部分的に抜いて作る編み方。針抜きされた箇所は編み目が作られないので「はしご状」の透かし目ができる。透かしの大きなものは「針抜きメッシュ」ともいう。目移し*、タック編み*などを組み合わせて透かし柄を作ったものは「針抜き柄」ともいう。天竺《てんじく》編み*に針抜きを施したものは「針抜き天竺*」と呼ばれる。

「針抜きプリーツ」は、総針ゴム編み*の表側の針を抜くと表側に、裏側の針を抜くと裏側に折れやすくなる性質を利用したプリーツ。ニットスカートなどに利用される。

針抜きゴム編み（はりぬきゴムあみ）

circular rib welt stitch

横編み機*で作るゴム編み*には、全ての針を使って編む「総針《そうばり》ゴム編み*」と、表側と裏側の針を何本かおきに抜いて作るものがあり、これを「針抜きゴム編み」「針抜きゴム」と呼んでいる。「2《に》×1《いち》ゴム編み」は、表側と裏側の針を「2本おきに1本抜いて」編む。「2×2ゴム編み」は針を「2本おきに2本抜いて」編む。針を抜く本数が多いとウェール*(ループのたての並び)とウェールの間隔が開くので、凹凸感がはっきりとあらわれるのが特徴。袖口などに使われることが多い。

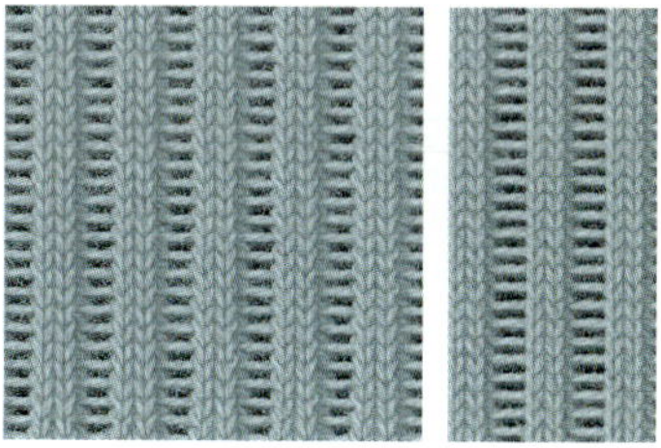

パール編み（パールあみ）

pearl stitch

手編みの場合は「ガーター編み」ということが多い。ニットの基本編み地である三原組織*(基本となる3つの組織)のひとつ。平編み*の裏目《うらめ》*にも似ており、よこ方向にΩ形の編み目があらわれ、表裏とも外観が同じであるのが特徴。両頭針《りょうとうばり》*を用いて、表目《おもてめ》*と裏目を1コースごとに交互に配列した組織で、「両頭編み*」「リンクス・アンド・リンクス*」の代表的な編み。「パール編み」はこれらの代名詞にもなっている。表目2コース、裏目1コースずつ編んだものは「2《に》×1《いち》パール編み」など、コース数による呼び名もある。

バルキー・ニット

bulky knit

バルキーは「かさばった、大きな」の意味。バルキー・ヤーン*(太くかさ高の糸)を用い、ロー・ゲージ*で編んだ、ふっくらとかさ高の厚手ニットの総称。手編みではアラン模様*を入れたフィッシャーマンズ・セーターなどが代表的。横編み機*では1.5ゲージ、3ゲージ、5ゲージ位で編まれたものをいうことが多い。

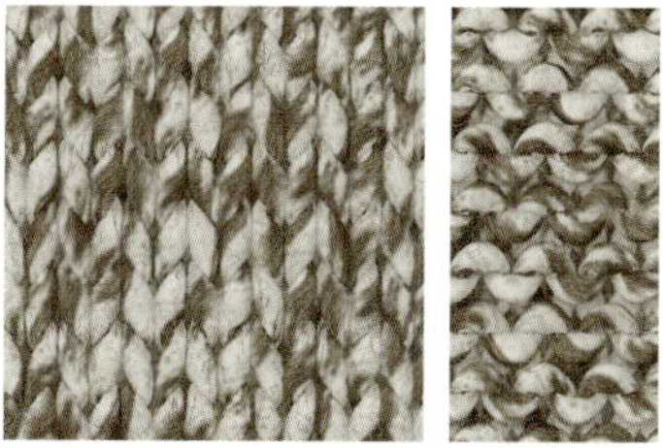

パワー・ネット

power net

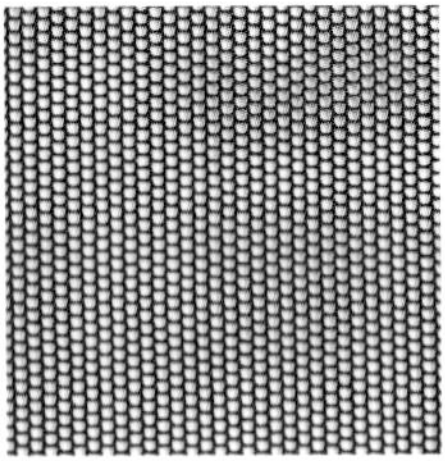

ゴム、ポリウレタン*などの弾性糸を挿入し、伸縮性・弾力性を強めたメッシュ*生地の総称。ナイロンとスパンデックス*のポリウレタン弾性繊維*の交編《こうへん》*などがある。キックバック性*に優れ、ガードル、コルセット、ブラジャーなどのファンデーションに多く使われる。経《たて》編み*のラッセル機で、4枚筬《おさ》*(ガイドバー)を使い編まれる。

平編み (ひらあみ)

plain stitch / plain knitting / jersey stitch

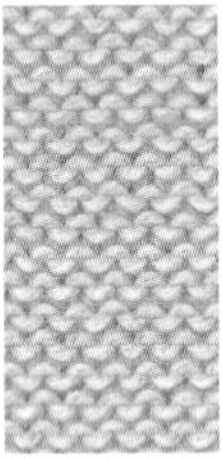

「天竺《てんじく》編み」ともいう。カットソー*や手編みでは「メリヤス編み*」ともいう。ニットの基本編み地である三原組織*(基本となる3つの組織)のひとつで、もっとも簡単に編め、もっとも薄く、もっとも多く用いられる編み地。表裏の外観がはっきり区別できるのが特徴で、表面はたて方向(ウェール*)にV形の編み目が、裏面はよこ方向(コース*)にΩ形の編み目があらわれる。表を表目《おもてめ》*、裏を裏目《うらめ》*と呼ぶ。編み地の左右の端は内側へ、上下の端は外側にまくれる性質を持つ。この耳まくれ*(カーリング)しやすい性質を利用、襟や裾などの編み出し*にデザインとして使われることもある。たて方向より、よこ方向に伸縮性が大きいため下着などに向き、ソックス、Tシャツ、セーターまで幅広く使用される。手編みなどで「平編み」という場合は、筒形ではなく「平らに編まれたflat knitting」棒針編みを総称する場合もある。織物で「平織り*木綿」を「天竺」というが、これが転じて「平編み」を「天竺編み」と呼ぶようになったという説もある。

フィッシュネット

fishnet

経《たて》編み*のラッセル編み機で編まれる、漁網のような「菱目《ひしめ》編み地」形状のネット*。ナイロン*や、ナイロンとポリウレタン*を交編《こうへん》*させた、「網タイツ」といわれるストレッチ性のあるネットのストッキングが代表的。

袋編み（ふくろあみ）

tubular stitch

袋状になり、表裏どちらから見ても平編み*になっている編み方。「リバーシブル編み」のひとつ。手編みの棒針などでも編まれるが、横編み機*ではダブル・ニードル機*(2列針)で1コースめは片側針列だけを使用した平編み、2コースめはもう一方の針列を使用した平編みで、袋状の編み地を作る。袖口や裾の編み出しに用いたり、リバーシブルのマフラーなどに使われる。

袋ジャカード（ふくろジャカード）

袋編み*で表裏どちらも使える両面柄を出したもの。無地もある。色柄を出したものは「袋編み込み柄」とも呼ばれる。シングル・ジャカード*の柄は裏面に浮き糸が渡っており、ダブル・ジャカード*の裏面は糸が混じり合ったミックス調になっているが、袋ジャカードは「表裏の色柄が反転」し、どちらもくっきりと柄があらわれるのが特徴。斜行糸《しゃこうし》を使うと、「ふくれ織り*」のような凹凸感が出る。

フライス

circular rib fabric / fraise knit fabric

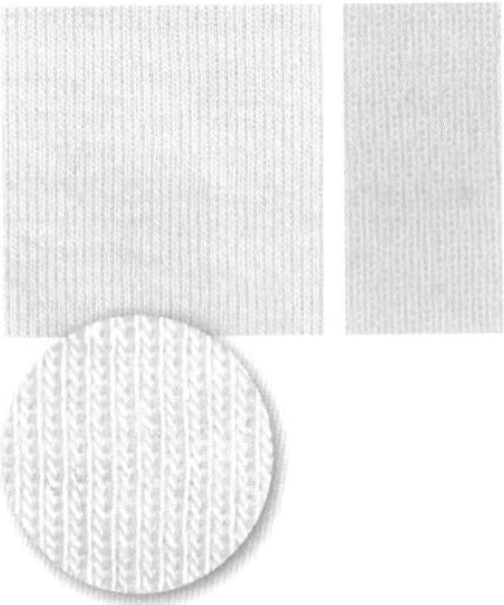

ゴム編み*のこと。一般的には丸編み機*で編まれるカットソー*のゴム編みをいい、「1《いち》×1《いち》ゴム編み*」を指すことが多い。「サーキュラー・リブ」ともいう。表目《おもてめ》・裏目《うらめ》を1列ずつ交互に配列したゴム編みで、表裏同じ編み地が特徴。一見平編み*に似ているが、平編み*よりやや厚めで、編み地に密できれいなたて畝《うね》が見える。よこの伸縮性に富み、カーリング（耳まくれ*）もしにくい。

振り編み（ふりあみ）

racking / shogging / racked stitch / shogged stitch

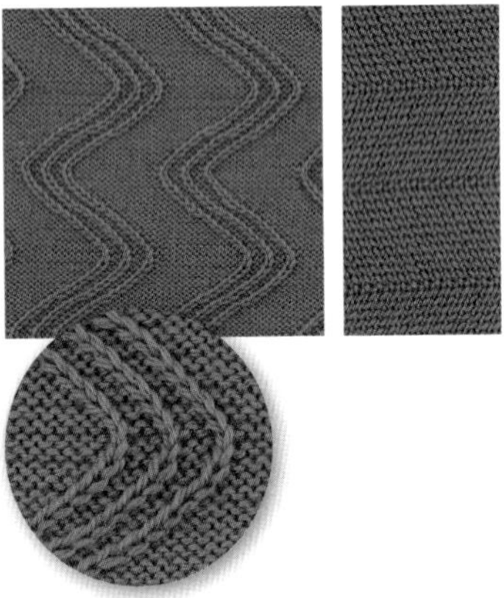

編み地の外観が「山道文様《やまみちもんよう》*」のように斜めにジグザグに振れる編み方。2列針床《はりどこ》*の横編み機*だけにできる編み方で、一方の針床をよこ方向に移動させる（振る）ことによって、片側のウエール*が斜めになる。両畦《りょうあぜ》編み*や片畦《かたあぜ》編み*によく応用され、さまざまな柄を作り出す。矢羽根《やばね》が並んだような「矢振《やぶ》り*」が代表的。柄効果をあらわしたり「止め編み*」に使う。

フリース

fleece

①1頭の羊から毛を刈り取ったままの、一枚毛皮のような羊毛のこと。フリースは、頭部は毛が細く、尻部は太くごわごわしているなど、部位によって毛質が違う場合が多く、用途に応じて使い分けられる。ギリシャ神話に登場する「ゴールデン・フリース（金羊毛皮）」は、最高品質の羊毛の象徴として、英国の毛織物業界の紋章とされてきた。1818年よりブルックス ブラザーズBrooks Brothers社のシンボルマークにもなっている。②羊毛フリースのような、「繊維の集積層」のこと。③羊毛のフリースに似せて「フリース仕上げ*」した織物。表面を両面起毛した伸縮性のあるポリエステル素材が中心で、軽くて保温性が高いのが最大の特徴。毛玉になりやすい、防風性に弱いという欠点もあるが、最近は毛玉が起きない、透湿性・防水性を備えた防風フリースなど、ハイテク・フリースも多い。極薄のものは「マイクロ・フリース」という。当初は、米国パタゴニア Patagonia社のペットボトルから作った「リサイクル・フリース」をはじめ、ポーラテック Polartec社、ノースフェイス Northface社などのアウトドア品が主だったが、1998年に「ユニクロ」がフリースで一世を風靡《ふうび》してから広く浸透するようになった。

ブリスター

blister

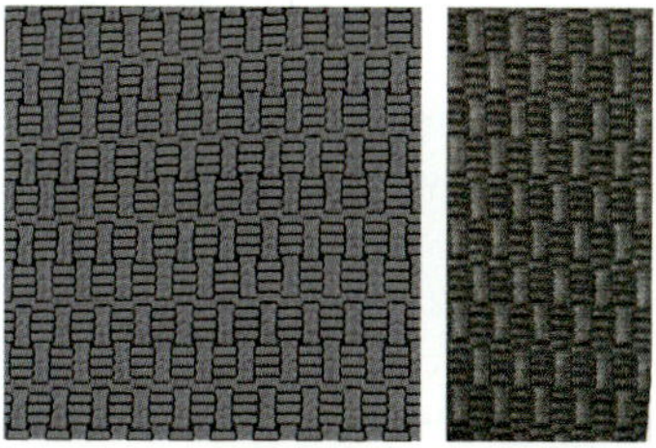

ふくれ織り*と同じような外観を持つ、「水ぶくれblister(英)」のように膨らんだ凹凸感のあるジャカード*編物。「ブリスター・ジャカード」ともいう。同じ意味で「クロッケ(仏)」、凹凸の意味の「レリーフ」ともいう。ジャカード装置を使い、ゴム編み*に浮き編み*を加えた組織で編み、ふくれ効果を出したもの。

振りタック柄（ふりタックがら）

ゴム編み*組織を用い、タック編み*と振り編み*を組み合わせて作る編み柄。タック編みを利用した編み地の隆起（凹凸）や「透かし目」、振り編みのジグザグ模様などを応用し、総合的に柄を表現する。

フレンチ・パイル

French pile

経《たて》編み*のパイル編み*の一種。サテン・トリコット編み*を編み上げた後、起毛機でコード編み部分の糸を引き出してループを作ったもの。ほつれにくく薄く柔らかい繊細なループパイル地が特徴。

ボア

boa

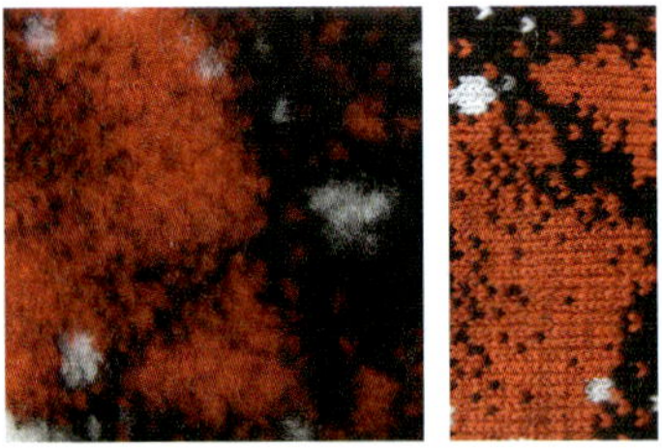

羊やプードルのような毛並みに似た、もこもこした軽く暖かな厚地の編物生地の総称。アクリルやポリエステルが多い。パイル編み*（プラッシュ編み）で、パイル糸を編み込みながらループを切って長い毛羽《けば》を立たせたもの。「ボア」は本来は毛皮のロングストールをいい、その形が南米の大蛇である「ボアboa」を巻き付けているのに似ていることからの名前。

ポインテール

pointille（仏）

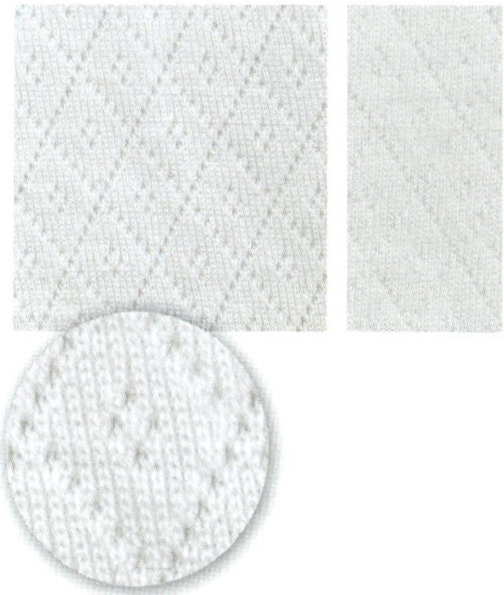

ポインテールは仏語で「斑点のある、点を打った、点線、点描（法）」の意味。ニット、カットソー*に見られる針抜き*の透かし柄、またはそのような編み地をいう。ポツポツした小さな穴あき模様で、小花柄のような可憐なイメージがある。ニットでは「アイレット編み*」ということが多い。カットソーでは、ゴム編み*地に小さな穴あき模様のあるものをいうことが多い。

ホールガーメント

WHOLEGARMENT

無縫製型コンピューター横編み機*によって作られた縫い目のない「無縫製ニット」。通常ニットは、前身頃、後ろ身頃、袖など別々のパーツを編んだ後に縫い合わせて製品にされるが、ホールガーメントは一着丸ごと、編み機から立体的に編成できる。継ぎ目によるごわつきがなく、ニット本来の伸縮性やフィット感、軽くて美しいシルエットが得られるのが特徴。平編み*ベースのプルオーバーで約50分で編み上がる。（株）島精機製作所*が開発した商標名。

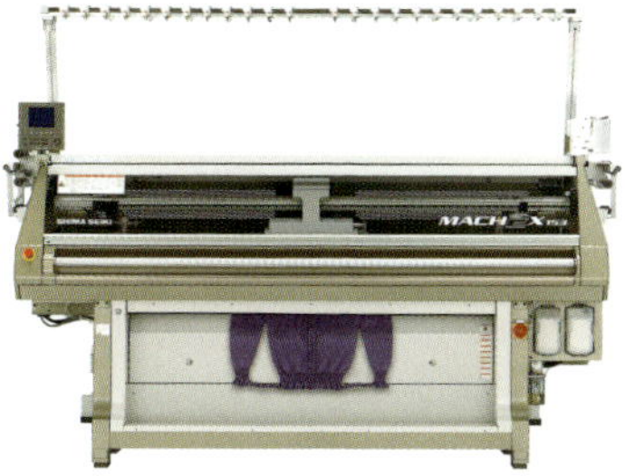

ミニチュアサイズで
編まれたホールガーメント

ポンチ・ローマ

ponti roma(伊) / ponte di roma

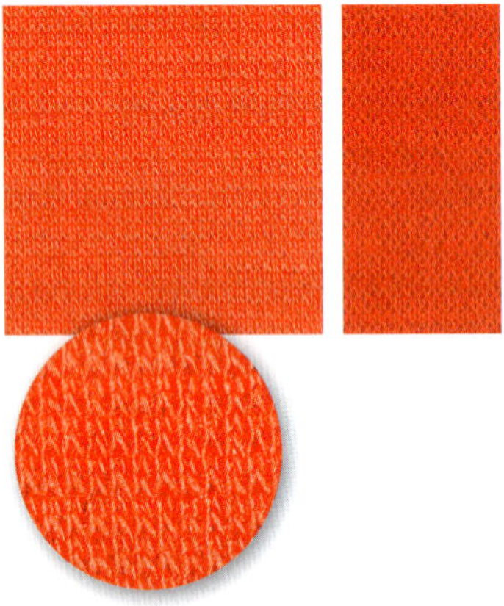

「ポンチ・デ・ローマ」ともいう。緯《よこ》編みの両面編み機で編まれる、ダブル・ジャージー*の一種。両面編み*2コースに、平編み*2コースとタック編み*2コースを組み合わせた組織で、6コースで1完全組織の編み地となる。表面にミラノ・リブ*に似た細い畝《うね》があらわれるのが特徴。よこ方向の伸びがなく、両面編みの緻密で安定した性質とミラノ・リブの弾力性を持っている。スーツ、ジャケット、スカートなどアウター素材に向いている。「モック・ミラノ・リブ」は、両面編みと袋編み*を組み合わせたもので、4コースで1完全組織の編み地となる。ポンチ・ローマと似ていることから、この組織も含め「ポンチ・ローマ」と呼ばれることが多い。「モックmock」は「模倣」の意味で、ミラノ・リブに似た編み地であることからこの名がある。

ミラニーズ

milanese / milanese fabric

経《たて》編み*の代表的な編み地で、ミラニーズ編み機で編まれる生地の総称。斜めに走る柄が特徴。編み目が二重に交錯し、表面は細い畝《うね》があらわれ、裏面に特有のダイヤ柄の編み地があらわれる。数色の色糸を用いると、きれいなダイヤ柄(斜め格子)を編み出すことができる。丈夫で、ラン(伝線)やラダリング*(はしご状のほつれ)が起こらない。伸縮性が少なく裁断しやすい。

ミラノ・リブ

Milano rib

横編み機*や丸編み機*で編まれるゴム編み*の変化組織。伸縮性が少なく、緻密で安定した少し重めの編み地で、表面が通常のゴム編みよりフラットなため、ジャケットなどに使われることが多い。リブ編み機*の代表的な編み地のひとつで、ダブル・ニードル*(横編み機では2列針、丸編み機ではダイヤル針*とシリンダー針*)を使い、1コースめは総針《そうばり》ゴム編み*、2コースめは片側針列(ダイヤル針)だけを使用した平編み*、3コースめはもう一方の針(シリンダー針)列を使用して平編みをし、これを繰り返す(2コース、3コース合わせた編み方を「袋編み*」という)。ゴム編みは凸状に、平編みは凹状の編み地になるため、「1コースおきによこ畝《うね》状の編み目」があらわれ、「表裏同じ編み地」になっているのが特徴。イタリアのミラノで創編されたことからこの名がある。

目移し（めうつし）

transferring stitch

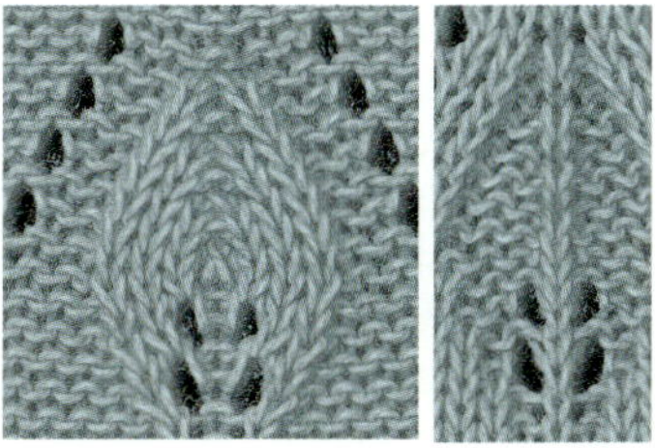

針にかかっている編み目（ループ）を他の針に移すこと。目移しは以下に応用できる。①編み目を隣の針に移すことで透かし目ができ、応用しながらレース柄を作る「レース編み*」を行うことができる。②隣り合ったいくつかの編み目を一緒に交差させて目移しすることで、「縄編み*」を作ることができる。交差させて作る編み柄を「交差柄*」という。③編み地の耳部（端）で 「目減らし*」「目増やし*」を行うことで成型編み*（フル・ファッショニング）ができる。

メッシュ

mesh

「網目」のことで、網目状のニット、織物、不織布《ふしょくふ》*の総称。チュール*、ネット*も含まれる。ニットの場合「メッシュ編み」ともいう。一般的には丸編み機*、ラッセル編み機やトリコット編み機で作ったものを「丸編みメッシュ」「ラッセル・メッシュ」「トリコット・メッシュ*」と、編まれる編み機の名前を付けて総称されることが多い。緯《よこ》編みの横編み機*や丸編み機では、平編み*(天竺《てんじく》編み)を目移し*(トランスファー)で作る「天竺メッシュ*」「トランスファー・メッシュ」、ゴム編み*(フライス*)のリブ・アイレット*を応用した「リブ・メッシュ」、針抜き*を応用した「針抜きメッシュ*」、タック*を応用した「タック・メッシュ」などと呼ばれるものがある。

メリヤス／莫大小／目利安

knit fabric

広義には「ニット」と同義。「メリヤス編み」という場合は、カットソー*や手編みの「平編み*（天竺《てんじく》編み）」をいう。メリヤスは「靴下」を意味するスペイン語の「メディアス medias」またはポルトガル語の「メイアシュ meias」が転訛したもの。伸縮性があり「大きい人でも小さい人でも着られる」ことから「莫大小…大小が莫(なし)の意味」の漢字が当てられている。「目利安」とも書く。メリヤスの起源は古代エジプトの靴下に見られ、その後、靴下編み機の製造と共に発展していった。日本には江戸時代に伝来したといわれる。昭和の中頃までは、肌着、靴下などの伸縮性のある薄地の編み物全般を「メリヤス」と称した。現在は肌着類のインナーニット生地を「メリヤス」、カジュアルなアウターニット生地を「ジャージー*」、編み物を総称して「ニット」と呼ぶことが多い。

モチーフ編み

knit and crochet motifs

鉤《かぎ》針編み*(クロッシェ)で小さなモチーフを作り、それをいくつか繋げたものの総称。特にクロッシェ・レース*を繋げたものが多い。あるいは花などの立体的なモチーフを編み上げたものもいう。残り糸を利用してパッチーワークのようにしたカラフルな膝掛けや、モチーフ編みを部分的にはめ込んだり、立体的な柄のようにニットの上につけるなどさまざまなクラフト表現がされる。
→クロッシェ・レース

矢振り（やぶり）

編み地の外観が斜めにジグザグに振れる「振り編み*」の振り模様の一種。「矢羽根《やばね》」の外観に似ていることからこの名がある。横編み機*の両畦《りょうあぜ》編み*に応用され、片側の針床《はりどこ》*を一定回数左右に振る(移動する)ことで、矢羽根が並んだような模様や、ジグザグの「止め編み」を作ることができる。

寄せ柄（よせがら）

目移し*によって作られる、さまざまな柄のこと。①編み目を隣の針に移すことで透かし目ができ、応用しながらレース柄を作る「レース編み*」を行うことができる。②隣り合ったいくつかの編み目をいっしょに交差させて目移しすることで、「縄編み*」を作ることができる。

ラッセル

raschel fabric

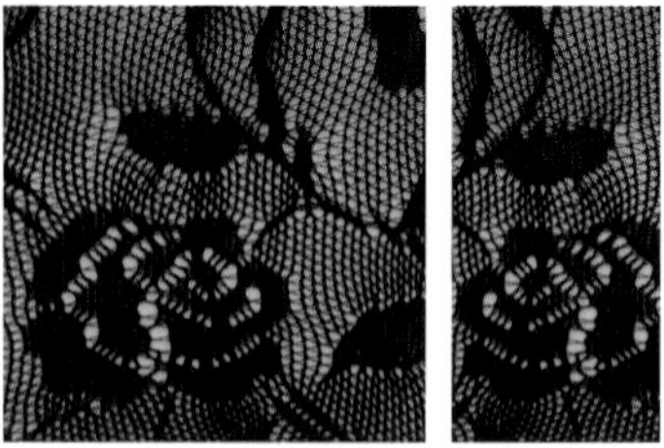

経《たて》編み*の一種で、ラッセル編み機で編まれる編み地の総称。「ラッセル・ニット」ともいう。トリコット編み機よりも筬《おさ》*の枚数が多く、左右への振り幅も大きいため、ジグザグ柄を代表に多種多様な編み地を編むことができる。ゲージは粗く、レース*、ネット*、チュール*、フィッシュネット*、パワー・ネットなどの目の透いたものを得意とするが、毛布やカーペットのような厚地や、ジャカード*装置を付けて変化に富む編み柄ができる。1列針列*、2列針列*があり、2列針列*のダブル・ラッセルではパイル編み*の応用で、アストラカン、ビーバーなど毛足の長い多種のフェイク・ファー*を作ることができる。

ラッセル・パイル

raschel pile stitch fabric

ラッセル編み機で作るパイル編み*で、パイルの長い編み地を編成できる。ラッセル*特有の変化ある肉厚の編み地が作れ、伸縮性もあまりないため形態安定に優れている。パイル・ニットは地糸にパイル糸を添え糸編み*にして、長めのループパイルを出したもの。2列針列*のダブル・ラッセルではカールした糸を使ったアストラカン、毛足の長いビーバーなど、起毛や整理の仕方で多種のフェイク・ファー*を作ることができる。

ラーベン編み（ラーベンあみ）

rahben stitch

平編み*やゴム編み*にタック編み*を組み合わせたもの。タック*の積み重ねや、配列変化させることで鹿《か》の子《こ》柄*や隆起柄、立体的な透かし柄を作ることができる。横編み機*のラーベン機と丸編み機*によるものがある。無地のラーベンと、地糸の切り替え色を併用した色柄式のラーベンがある。「ラーベン柄」とも呼ばれる。

両畦編み（りょうあぜあみ）

full cardigan

ゴム編み*の変化組織。ボリュームのある畦《あぜ》*がはっきりあらわれる、表裏同じ編み地が特徴。「フル・カーディガン」ともいう。2列針の片側で全針ゴム編みにし、もう一方の針列で全針タック編み*にする。次は逆に片側全針タック編み、片側全針ゴム編みにし、これを繰り返す。片畦《かたあぜ》編み*よりも厚手で弾力性に富むが伸縮性は少ない。重厚感がある。

両頭編み（りょうとうあみ）

links and links

両頭針*を用いた「両頭編み機(リンクス・アンド・リンクス機)」で編んだ編物の総称。「リンクス・アンド・リンクス*」ともいう。丸編み機*と横編み機*がある。表目《おもてめ》と裏目《うらめ》を組み合わせて凹凸感のある編み地を作る。表目と裏目を1コースごとに交互に配列した「パール編み*」が代表的で、両頭編みの代名詞にもなっている。

両面編み（りょうめんあみ）

interlock stitch

ダブル・ニードル*(2列針)の編み機のひとつである両面編み機で編まれた編み地の総称。ダブル・ジャージー*(ダブル・ニット)の基本となる組織。狭義にはゴム編み*(リブ編み)を交互に2つ組み合わせた組織をいい、表裏とも天竺《てんじく》編み*の表目《おもてめ》*のような外観のため「両面編み」の名がある。適度な伸縮性があり、編み地は緻密で平滑(スムース smooth)で安定性に富む。「スムース(編み)」「インターロック(編み)」「ダブル・リブ」ともいう。基本的には長短2種類の針で、「1×1ゴム編み*」を二重に編むものを「インターロック」、「2×2ゴム編み」の場合は「エイト・ロック」といい、インターロックより生地が少し厚手となる。長短2種類の針で編むものは「2段両面」、3種類(長中短)の針で編むものは「3段両面」といい、段数が多くなるほど地合いは密に、厚く、重めになる。ハイゲージ*編み機による細番手《ほそばんて》*の高級ジャージーも多い。冬物肌着、ジャケットなどに。

両面パイル（りょうめんパイル）

double pile stitch fabric

パイル編み*の一種で、表裏の両面にリング状のパイル(輪奈《わな》)を出した編物。片面だけにパイルを出したものは「片面パイル」という。丸編み*の場合、「片面パイル」は地糸とパイル糸を天竺《てんじく》編み*の添え糸編み*にし、裏側にパイル糸を出す。「両面パイル」は、ループを表裏交互に引き出して両面にパイルを出したもの。パイルのままのもの、パイルを剪毛《せんもう》*して起毛したもの、パイルのままで起毛したものなどがある。

リンクス・アンド・リンクス

links and links

両頭針《りょうとうばり》*を用いた「両頭編み機(リンクス・アンド・リンクス機)」で編んだ編物の総称。「両頭編み」「リンクス リンクス」、単に「リンクス(編み)」ともいう。丸編み機*と横編み機*があり、特に「靴下編み」で使われることが多い。表目《おもてめ》*と裏目《うらめ》*を組み合わせて凹凸感のある編み地を作る。「パール編み*」が代表的で、リンクス・アンド・リンクス(両頭編み)の代名詞にもなっている。表目が凸、裏目が凹の編み目になり、この配列変化で凹凸感のある種々の立体的な柄を作ることができ、「リンクス・アンド・リンクス柄」、略して「リンクス柄」ともいう。

レース編み（レースあみ）

lace stitch

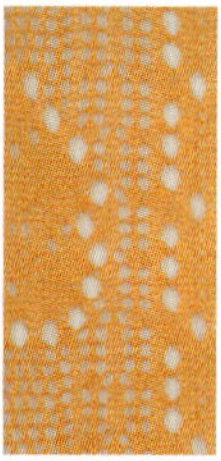

レースのような透かし目*(透孔《とうこう》)を作る編み方の総称。「レース目編み」「透かし編み」「透孔編み」ともいう。緯《よこ》編み*では「タック(編み)*」「目移し*」などを応用してさまざまな透かし柄が作られる。小さな穴状の透かし目は「アイレット編み*」で作る。経《たて》編み*の場合はラッセル編み機で編む「ラッセル・レース*」、四角いネット状に編んだレースカーテン地の「マーキゼット*」、ジャカード*装置を付けて編む「ジャカード・レース」などがある。透けるニットは「レーシー・ニット」と総称されることが多い。

DYEING & PATTERN

染色・柄

■【DYEING & PATTERN】の章は、「染色」と「柄（模様·文様）」に関する図版とその解説

■美術柄、ブランド柄、民族柄などの名がつけられている見出語の図版は、①「コプト織り」「ジュイ更紗」のように、その時代の写真図版を使用しているもの（博物館などが所蔵のものは図版の下に明記）、②「エルメス柄」「ソレイヤード」のようにブランドの柄をそのままを載せているもの、③「ロココ柄」「モンドリアン柄」のように、アレンジしたものを載せているものがある

染色・柄

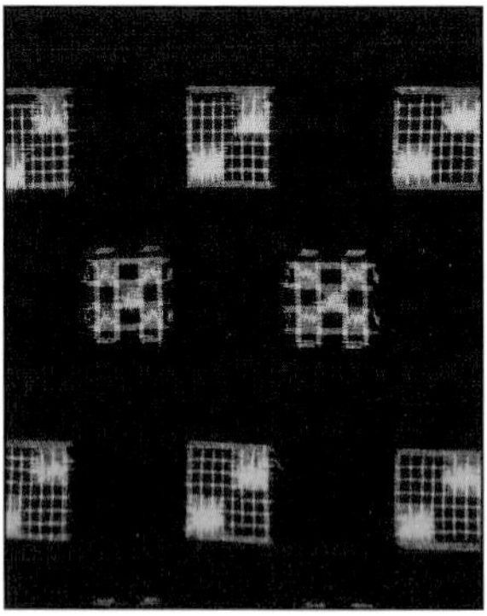

藍染め（あいぞめ）

indigo dyeing

藍色素のインディゴ* indigoを染料とした染め物の総称。藍は古くから日本の生活に密着し、絣《かすり》*、上布《じょうふ》*、浴衣《ゆかた》生地の中形《ちゅうがた》*などに染められ、庶民に親しまれ常用されてきた身近な染料でもある。かつては「紺屋《こうや》」と呼ばれる藍染め屋が日本各地にあった。

藍染めの抜染《ばっせん》*柄

COLUMN 47 >藍染め

藍の種類とジャパン・ブルー

天然藍の種類には、日本で使われてきたタデ科の「蓼藍《たであい》」、インド原産で世界中に広まり青色染料や藍の代名詞でもある“インディゴ”の語源にもなっている「インド藍」、発酵させて沈殿したものを染料にする“泥藍《どろあい》”と呼ばれる「琉球藍《りゅうきゅうあい》」、西アジアやヨーロッパ原産の「大青《たいせい》」などがある。現在は1878年ドイツで発明された「インディゴ・ピュア」(ピュア・インディゴともいう)という合成インディゴが主流になっている。天然藍と同じインディゴ成分を100%(ピュア)抽出したことから名付けられたもので、天然藍よりも安価に簡単に藍染めを行うことができ、ジーンズの染料などに使われている。

蓼藍で染める日本の天然藍染めは、「ジャパン・ブルー」「サムライ・ブルー」ともいわれる日本を代表する深く鮮やかな青が特徴。藍の葉を発酵・熟成させた染料である「蒅《すくも》」を固めた「藍玉《あいだま》」を用いて染める。藍を発酵させ、染色できる状態にすることを「藍を建てる」といい、この工程を「発酵建て」という。発酵建ては土に埋められた「藍甕《あいがめ》」の中で温度管理をしながら行われ、発酵状態を見ながら糸が染められる。天然藍染めは防虫効果や殺菌効果があるとされ、使えば使うほど、洗えば洗うほど藍の色が青く鮮やかになるのが特徴。インディゴ成分100%の合成インディゴと違い、天然の藍(ナチュラル・インディゴ)には不純物が含まれているが、洗い込まれるうちに取り払われ、深みのある藍本来の青色があらわれ、合成染料には出せない味わい深い色となる。

藍の色は濃淡のある微妙な色合いを表現することができ、それぞれ複雑な呼び方がされてきた。古くから藍色は「縹《はなだ》(花田)」と呼ばれ、水色の薄い(浅い)色は「浅葱《あさぎ》」「露草《つゆくさ》」という。濃い黒紺色は「褐色《かちいろ》」といい、「勝色《かちいろ》」の字もあてられ縁起のいい色とされ、武士の鎧《よろい》などに使われた。産地では平安時代を起源にする阿波《あわ》(徳島県)の「阿波藍」、剣道着の8割を「正藍染《しょうあいぞめ》」で生産している北埼玉地方の「武州藍染《ぶしゅうあいぞめ》」、芭蕉布《ばしょうふ》*、紅型《びんがた》*、宮古上布《みやこじょうふ》などに使われる「琉球藍染《りゅうきゅうあいぞめ》」がよく知られる。

藍染めの絵絣

アカンサス模様（アカンサスもよう）

acanthus pattern

古代ギリシャのコリント式柱頭装飾をはじめ、アラベスク模様*などの建築装飾、室内装飾、家具、額縁などの装飾に使われる、アカンサスの葉の植物模様。様式化したものは「アカンサス文様」ともいう。アカンサスは地中海地方などを原産とし、和名では「葉薊《はあざみ》」と呼ばれる常緑多年草植物。天に向かい大きく広げたとげのある葉や、冬に生長する耐寒性植物であることなどから力強い生命力の象徴と見られている。

麻の葉文様（あさのはもんよう）

hemp leaf pattern

麻の葉（大麻*）を図案化した日本独自の文様で、正六角形を基本とした幾何学文様*の一種。麻はすくすくとまっすぐに伸びることから赤ちゃんの産着《うぶぎ》の文様に用いられていた。江戸の文化年間に、歌舞伎役者の五代目岩井半四郎が「八百屋お七」の衣装に黒繻子《くろじゅす》*と鹿《か》の子《こ》絞り*の麻の葉文様を組み合わせた半幅帯《はんはばおび》を用いたことで人気を呼び、一方上方《かみがた》では嵐《あらし》 璃寛《りかん》が「お染久松」のお染を麻の葉文様の衣装で演じ大ブームとなった。以後、芝居などでは麻の葉文様は町娘の代表的なスタイルとなっている。また、麻の葉文様は「災いを防ぐお守り」ともされるが、これは籠目紋《かごめもん》*など六芒星《ろくぼうせい》*に代表されるような六角星《ろっかくせい》は、「魔除けや護符の効果がある」とされることからきていると思われる。単独の麻の葉は「麻の葉紋」といい、神社の紋や家紋などに用いられている。

アズテック模様（アズテックもよう）

Aztec pattern

「アステカ模様」ともいう。14 ～ 16 世紀にメキシコ中央高原で栄えたアステカ文明に見られる特異な絵文字に代表される独特の民族模様や、それを図案化したもの。アステカ族はマヤ文明などを継承し、精密な優れた天体観測を行い「アステカカレンダー」といわれる精巧な暦の「太陽の暦石《こよみいし》」を使用。多神教で、生贄《いけにえ》信仰をもち、占いを生活の基盤としていた。「太陽の暦石」にあらわされている戦士、鷲《わし》、ジャガーなどを描いた怪奇な日付文字や象徴的な記号・幾何学模様が代表的なイメージ。

アニマル柄（アニマルがら）

animal pattern

縞柄や斑点《はんてん》柄など、毛皮の模様に特徴のあるさまざまな動物柄。ヒョウ（レオパード）、キリン（ジラフ）、シマウマ（ゼブラ）、トラ（タイガー）、ダルメシアンなどが代表的。プリントが多いのでアニマル・プリントともいわれる。

アブストラクト・パターン

abstract pattern

「抽象柄」のこと。現実的なものの形をあらわした「具象柄（フィギュラティブ・パターン*）」に対し、具体的な形をあらわさない柄の総称。狭義には「抽象絵画（アブストラクト・アート）」から発想したものをいう場合が多い。

アラベスク模様（アラベスクもよう）

arabesque pattern

イスラムのモスクや宮殿などの壁面装飾に見られるイスラム美術の一様式。「アラベスク文様」ともいう。アラベスクとは「アラビア風」の意味で、イスラム的世界観に基づいた文様を総称した呼び名であり、「アラビア文様」ともいう。イスラム教が偶像崇拝を禁じていることから、抽象的で平面的な装飾文様が発展した。曲線的な「植物文様」や直線的な「幾何学文様」、「組み紐文様」、コーランの「文字文様」が代表的で、左右対称の連続性を重視した永遠不滅を意味する文様などで構成される。植物文様では唐草《からくさ》文様 が典型的で、渦巻き状の曲線的な蔓草《つるくさ》（冬にも枯れないスイカズラが多い）、アカンサスの葉（多年草。冬に活動し葉は天に向かい広がっている）などが描かれる。幾何学文様はどこまでも果てしないユークリッド幾何学が原型になっている。アラベスクの唐草文様は複雑に入り組み、幾何学的な構成でびっしり空間を埋め尽くしているのが特徴。中世以降のヨーロッパ文化はアラビアの影響を受けた草花柄が多い。

アラン模様（アランもよう）

Aran pattern

アイルランドのアラン諸島の「アランセーター」「アランニット」と呼ばれる伝統的なセーターに見られる縄編みを基本にした凹凸感のある編み模様。生成《きな》りのアランニットが代表的なイメージ。島の女性が漁に出る夫や恋人のために、防水性のある未脱脂（脂を抜かない）の太糸を使って編んだのが始まり。漁師用セーターであることから「フィッシャーマンズ・セーター」とも呼ばれる。古くからアラン諸島に伝わり、それぞれに意味を持つ独特の編み模様を組み合わせたもので、編み手の工夫でアレンジしながら、漁に出る男たちのために安全と豊漁を願うメッセージを込めた柄を構成していく。家紋とは違う性質を持つ。アラン模様の凹凸感と陰影のある模様の美しさは「糸による最高の彫刻」とも称えられている。

COLUMN 48 >アラン模様

アラン模様の種類と模様の意味

■縄模様 cable

「縄編み*」、「アラン・ケーブル*」ともいうアランニットの基本的な編み模様。漁師の使うロープや命綱をあらわし、安全と大漁の願いが込められている。

■人生のはしご ladder of life

永遠の幸福に向かって、地上の人が上るはしごを「たてとよこ」であらわした模様。

■ダイヤモンド diamond

ダイヤ柄（菱形）の編み地。海や陸から得られる富や財宝、成功の象徴。結婚生活や人生の浮き沈みもあらわす。

■三位一体《さんみいったい》 trinity stitch

キリスト教の原理の三位一体（父と子と聖霊は一体である）をあらわし、模様では「1目から3目を編み出し、次の段で3目を一度に編み込む」ポコポコした丸い編み地。英国では「ブラックベリー」、イタリアでは「スパイダー」、アメリカでは「パプコーン」と呼ばれている。

COLUMN 48 >アラン模様

アラン模様の種類と模様の意味

■ハニカム（蜂の巣）honeycomb

蜜蜂のように勤勉に働くことで得られる報酬のことで、骨の折れる仕事に対する報酬を意味する。織物のハニカム（蜂巣織り*）にも似ている編み地。

■生命の樹* tree of life

木の幹と大枝をあらわす模様で、長寿と漁の手助けをしてくれる丈夫な子供たちが生まれるよう子孫繁栄を願う。

■トレリス（格子）trellis

アラン諸島でよく見かけるトレリスという石塀を模した格子柄模様。

■バスケット（かご）basket stitch

漁師の使うかごをあらわした模様。大漁の願いが込められている。織物のバスケット織り*にも似ている。

■ジグザグ zig-zag

島の断崖に沿ったくねくねした崖っぷちの道をあらわす模様。

■スプーン spoon

スプーン模様。家族が十分な栄養を摂り健康に過ごし、飢饉などで食べることに困らないようにという願いが込められている。

■伊勢エビのはさみ lobster claw

アイルランド沖に多い、伊勢エビのはさみを模様にした縄編みの一種。

アール・デコ柄

Art Deco pattern

1920 ～ 30 年代を中心に流行した装飾様式のアール・デコに多く見られる柄。またはこれをイメージしたもの。植物などの有機的なアール・ヌーヴォー柄*に対し、「簡潔な合理主義」を打ち出したアール・デコ柄は、芸術と産業が結びついた直線や幾何学的な表現が特徴。電波をあらわしたジグザグ模様や、噴水をモチーフにした柄が典型的。ラウル・デュフィ、ソニア・ドローネーの絵画。建築ではクライスラービルなどが代表的。

アール・ヌーヴォー柄

Art Nouveau pattern

19 世紀の産業革命後、無機質で粗悪な実用品に芸術性を取り戻そうと、19 世紀末から 20 世紀初頭にかけてヨーロッパに広まった美術工芸運動であり、装飾様式であるアール・ヌーヴォーに多く見られる柄の総称。またはこれをイメージしたもの。トンボ、蝶、花、葉など自然や植物から発想した模様が多く、蔓草のような曲線を多用した有機的なデザインが特徴。ウイリアム･モリス、エミール・ガレ、ルネ・ラリックなどの作品が代表的。

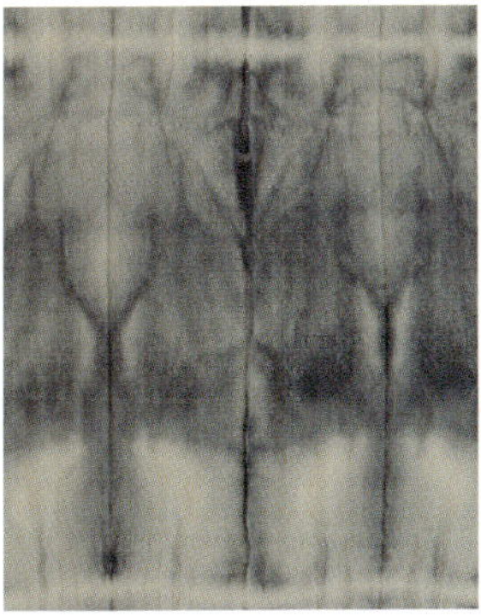

板締め（いたじめ）

die-dye / Itajime shibori

絞り染め*の一種で、「板締め絞り」ともいう。模様を彫った2枚の版木の間に布を折りたたんで挟み、強く締めつけて防染《ぼうせん》*する染色技法。古くは夾纈《きょうけち》と呼ばれていた。世界でも希少な染色技法で、江戸時代後期から明治時代にかけては京都の「紅板締め《べにいたじ》」や、出雲の「藍板締め《あいいたじ》」などが起こったが、現在は行われていない。板締めは生地の折りたたみ方や板の形状、染料の浸し方でさまざまな柄を作ることができ、シンプルでモダンな表現を得意とする。代表的なものには「豆絞り」や雪の結晶柄の「雪花《せっか》絞り（雪華絞り）」などがある。手ぬぐいの柄として有名な豆絞りも、本来は「絞り」であるが、その手法が「板締め」と分かったのは最近のことだという。日本の絞り染めの産地である名古屋の「有松《ありまつ》・鳴海《なるみ》絞り」が豆絞りや雪花絞りの再現を契機に板締めの復活を図っている。

インカ模様（インカもよう）

Inca pattern

南米のペルーからボリビア北部に栄えたアンデス文明の最後となった「インカ文化（1250～1532年。インカ文明ともいわれる）」の染織や土器などに見られる模様。紀元前1000年頃からのプレ・インカ（チャビン文化、ナスカ文化、チャンカイ文化など）を含める約2500年間をいうことが多い。コンドルやピューマといった神聖化された動物やアルパカ*、ビキューナ*、鳥、魚などの身近な動物や植物、人間などがユニークな表現で描かれている。これらを幾何学模様*や縞柄と合わせたユーモラスな模様形式と、赤や緑の鮮やかな多配色が特徴になっている。

COLUMN 49 >インカ模様

生地見本からオーダーしていた インカの豊かな庶民文化

今なお染色の鮮やかさが残る古代インカの布人形。

インカ文化（インカ文明）は、簡素で無駄のない国家運営がされており、貧富の差が少なく文化レベルの高い豊かな社会が形成されていた。織物や土器に見られる模様は、どことなく親しみがありユーモラスが漂う、鮮やかで多色使いの文化はほかにあまり例がない。染織は緑色となる草木染料が非常に多いのが特徴。チルカという葉が代表的だが、苔《こけ》類なども多い。赤色ではコチニールという、サボテンに付くエンジ虫から採る色素が代表的で、ピンク、オレンジ、紫などのバリエーションも出せる。このような鮮やかな色が出せたのは、鉱物資源が豊富で媒染《ばいせん》剤となる銅や鉄などを使った媒染*技術も発達していたためと見られる。本来鮮やかな色に染めにくい木綿も色鮮やかで染織堅牢度《せんしょくけんろうど》*の高い織物が作られている。インカの染織は、1500年経ち生地がぼろぼろでも、色がしっかり元のまま残っている、優れた染色技術だ。

またインカの大きな特徴は、他の国では王侯貴族にしか使われなかった「羅《ら》*」をはじめ、「綴《つづれ》織り*」「紋織り*」「レース」「刺繍」「絞り染め*」などの高度な織物が、庶民に当たり前のように用いられていたことである。13色の糸を使った綴織り、超極細の250番手*の木綿糸を使った織物もある。アクセサリーのトルコ石には0.19mmの穴があけられていたが、現代ではレーザー光線でしかできない技術である。また、いくつもの生地サンプルが織り込まれた「生地の織り見本」が、一般の墓から見つかっており、庶民が生地の段階からオーダーして衣服を作っていたという豊かな暮らしぶりがうかがえる。

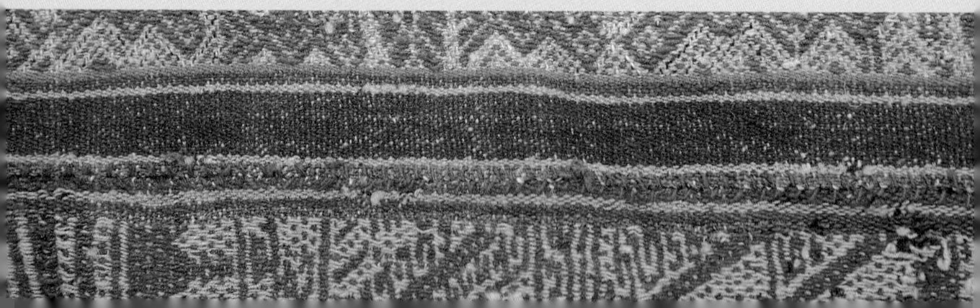

印金(いんきん)

Inkin

金銀の箔《はく》や金粉を接着加工する、中国で作られた金加工技術のこと。日本では摺箔《すりはく》、インドの金更紗《きんさらさ》がこれにあたる。現在はさまざまな金加工技術を総して「金彩《きんさい》」と呼んでいる。印金は、紗《しゃ》*や緞子《どんす》*、朱子《しゅす》*などの生地に紋型を用いて、漆《うるし》や糊《のり》、膠《にかわ》などの接着剤で文様を摺り込み、その上に金箔を押し当て金文様を表現する。文様は牡丹《ぼたん》や蓮《はす》の花、唐草《からくさ》文様、簡素化された柄の反復文様が多い。金箔を衣服に用いる方法は、箔そのものを貼り付ける印金と、糸状にして織物にする金襴《きんらん》*や刺繍に大別できる。

COLUMN 50 >印金

印金の歴史

印金《いんきん》の歴史は金襴《きんらん》*よりも古く、中国では「銷金《しょうきん》」と呼ばれ、唐《とう》(7~10世紀頃)の時代に始まったとされる。日本には宋《そう》代(10~13世紀頃)に高僧の袈裟《けさ》などを通じてもたらされ、平安時代中期頃からの男女の装束に箔の文様が見られたといわれる。室町時代には茶の湯の興隆と共に、名物裂《めいぶつぎれ》*のひとつとして茶人に珍重され、書画の表装に用いられた。地色は紫が最上とされ、萌葱《もえぎ》、浅葱《あさぎ》、白などがある。印金の技法は日本では「摺箔《すりはく》」の名で開花した。摺箔は繰り返し柄の多い印金よりも自由な表現で、着物を1枚の絵に見立てた大胆で緻密な絵模様も描かれるようになった。桃山時代から江戸時代にかけては小袖や能装束などに多く使われ、華やかな刺繍と摺箔を併せた「繍箔《ぬいはく》(小袖の場合の表記。能装束の場合は縫箔と表記)」や、辻《つじ》が花*などにさまざまな摺箔の技法が駆使され優れた名品が生み出された。安土桃山時代は、信長や秀吉をはじめ、武将や町人も衣装、調度品、居住空間などに黄金の輝きを求め、金銀の装飾文化のまさに黄金時代となった。江戸時代には「奢侈《しゃし》禁止令」により贅沢な金銀の使用が制限されたことなどもあり、一時、印金の技法は途絶えたが、明治時代に復活し、友禅染《ゆうぜんぞめ》*と併用されている。

ヴィクトリア調花柄（ヴィクトリアちょうはながら）

Victorian floral pattern

ヴィクトリア朝（1837～1901）の壁紙やポストカードに見られるような、スモーキーパステル調のロマンティックな花柄。英国を象徴するバラが多く、華麗なダマスクローズ、手描きタッチの大花柄、ブーケ柄、精密なボタニカル柄*（植物柄）、ストライプと組み合わせた壁紙風花柄などが代表的。バロック要素が入った「ヴィクトリアン・バロック」の壁紙柄も含むことがある。

ヴィクトリアン柄（ヴィクトリアンがら）

Victorian pattern / Victoriana

ヴィクトリア朝（1837～1901）のポストカードや壁紙などに見られる、ロマンティックな装飾柄の総称。このようなヴィクトリア朝趣味を「ヴィクトリアーナ」ともいう。バラなどの花柄、ブーケ、鳥、リボン、レース、子供、天使などをポイントにしたものや、クリスマスカードやスケートシーンを描いたものなどが代表的。ヴィクトリア女王が統治していたこの時代は、産業革命により“世界の工場”として大発展を遂げた。バロックやゴシック様式、ロココ調などの装飾美が復活し、大衆芸術として大量生産された。

ウイリアム・モリス柄（ウイリアム・モリスがら）

William Morris pattern

19 世紀の詩人、デザイナーであるウイリアム・モリス（1834～1896）がデザインしたテキスタイルデザイン。ゴシック美術を取り入れた装飾芸術で、連続性のある蔓草《つるくさ》・葉・花の植物模様や果実、鳥などの表現が特徴的。ヴィクトリア朝の英国では、産業革命による大量生産品が溢れるようになり、モリスは職人の手仕事や芸術性を生活に取り戻そうとする「アート＆クラフツ運動」を起こした。

ウォールペーパー・パターン

wallpaper pattern

「壁紙柄」ともいう。広義には壁紙に見られるデザインを総称するが、19 世紀のヴィクトリア朝などに見られる小花柄と縞柄が交互に入っているデザインが典型的。アカンサスの葉、蔓草、ザクロなどを配した装飾的なゴシック柄*やバロック柄*を含むことも多い。

渦巻き文（うずまきもん）

spiral pattern / scroll pattern

ケルト模様*やアラベスク模様、ロココ装飾、日本の土器や埴輪《はにわ》など、古代より世界中に見られる文様で、呪術的性格があるとされる。スパイラル文（螺旋《らせん》文）、スクロール文（巻軸文：先端が渦巻き）ともいわれ、蔓草などで渦巻きをS字に組み合わせたり、巴文《ともえもん》などで生命力や宇宙の気をあらわしている。日本の小紋柄*の渦巻き文様は丸い渦巻きで繋がり、水や流水に見立てられている。

鱗文（うろこもん）

Uroko-mon

正三角形や二等辺三角形を上下･左右に配した文様で、魚、蛇や竜の鱗《うろこ》に似ていることからの名。神聖な文様とされ、厄除《やくよ》けや魔除けの文様として女性の着物や帯などに多く、厄年のお守りとして身につける風習もある。埴輪などにも見られる古来からの幾何学文様*で世界中に広がっている。家紋では「三つ鱗」などが有名。よこ一列に三角形が並んだものは「鋸歯文様《きょしもんよう》*」という。

江戸小紋（えどこもん）

Edo-komon

江戸時代の武士の裃《かみしも》をルーツとする伝統的な型染め*の小紋柄*。反物《たんもの》*一面にちりばめられた白抜きの細かな柄が特徴。「小紋」とは「大紋《だいもん》」に対してのことばで、各藩は特定の「紋」を裃の文様に定め、藩のシンボルとした。細かな文様は微細で遠目には無地に見えるほどで、染織の最高峰ともされている。その後、庶民にも広まり抽象化した粋な文様が数々生まれた。

エルメス柄（エルメスがら）

Hermès print pattern

フランスの高級ファッションブランド、エルメス Hermès社のスカーフ柄に代表される、絵画的で鮮やかなシルクスクリーン・プリント*の総称。「カレ carre」と呼ばれる正方形の大判スカーフで、馬具工房として創業したエルメス社を象徴する「馬蹄《ばてい》柄」が代表的。馬、乗馬、馬具などの柄も多い。専属のデザイナーと熟練した職人の手で鑑賞品のように芸術的に仕上げられ、コレクターも多い。

オーバー・プリント

over print

チェックやストライプの先染め柄*やジャカード*柄、プリント柄の上にさらにプリント柄を重ねるなど、「柄の上にプリント柄を重ねる」手法、もしくはそういう手法で表現した柄をいう。

COLUMN 51 >江戸小紋

江戸小紋の種類と製法

伊勢型紙（錐彫り／だるま）
写真提供：銀座もとじ

細かい文様を生地一面に染める江戸小紋は、一見無地に見える地味な単色柄ではあるが、職人の技術の粋《すい》を集めた「粋《いき》な柄」として、武士の裃《かみしも》や町人の洒落着《しゃれぎ》として発達した。小紋が大名家の間で着用する裃に用いられた当初は、豪華な文様を競うようになったため幕府から規制が加えられ、文様を細かくするようになった。しかし、このことが高度な染色技術を駆使した染め物を発展させることになったという。

その後、各大名が使える文様が固定化され、裃が発祥の小紋は「裃小紋」や「定め小紋」といわれるようになった。紀州徳川家の「鮫《さめ》小紋*」「行儀《ぎょうぎ》小紋」「角通《かくとお》し」が「江戸小紋三役」といわれる代表的な文様で、将軍家の「御召十《おめしじゅう》」、加賀前田家の「菊菱《きくびし》」などが知られる。

江戸中期頃には庶民の間にも小紋が流行し、青海波《せいがいは》*、麻の葉文様*、蜻蛉《とんぼ》など動植物などを抽象化した粋な文様が生まれた。縁起をかついだり語呂合わせにしたり、庶民の遊び心から生まれたものは「いわれ小紋」と呼ばれる。「狐の嫁入り（狐詰め）」「結び文」など数々の小紋柄がある。

江戸小紋は「型染め*」の代名詞ともいわれ、「型紙」なくして江戸小紋は生まれない。細かい文様を切り抜いた型紙を布の上に置き、糊を置いて文様を染め分ける。糊が置かれた部分は防染《ぼうせん》*され、染まらずに白い文様となる。糊に染料を混ぜて柄の部分を別色に染めることもある。型紙は三重県の伊勢が産地で、美濃産の和紙を何枚も柿渋*（柿渋には防水性があり紙を強靭《きょうじん》にする）で貼り合わせた「伊勢型紙*」が使用される。約9cm四方に800〜1200粒の細かい点を彫り抜くものもある精巧な型紙で、型紙師と染め師が技を競い合って優れた江戸小紋を生みだしてきた。

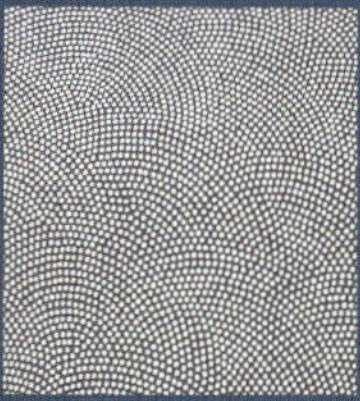

鮫小紋

亀甲文様

籠目文様

菱文

オプ・アート柄（オプ・アートがら）

op art pattern

オプティカル・アート、略して「オプ・アート」と呼ばれる「視覚的芸術」に代表される柄。錯視《さくし》による特殊な視覚的（オプティカル）効果を与えるように計算された作品で、1960年代を代表する抽象絵画のひとつ。波状や四角、丸のパターンを多用した白黒作品が多く、図形が律動的に伸縮したり、立体的に浮き上がって見えたりする。ヴィクトル・ヴァザルリ、ブリジッド・ライリーなどが代表的。

カウチン柄（カウチンがら）

Cowichan sweater pattern

カナダのバンクーバー島のカウチン族に伝わる「カウチン・セーター」に編み込まれている柄。本来は狩猟用の防寒性・耐久性・撥水《はっすい》性のある肉厚なセーターで、未脱脂《みだっし》のバージン・ウールの極太糸で編まれる。柄は先住民の伝説や神話に語られる動物や自然モチーフ。もっとも基本的なのがクジラとサンダーバード（雷神鳥といわれるワシに似た伝説上の鳥）。その他メープル（カエデの葉）、スノークリスタル（雪の結晶）、エルク（ヘラジカ）などが幾何学模様と組み合わされて表現される。

籠目文様（かごめもんよう）

star of david / Kagome lattice

竹などで編んだ、六芒星《ろくぼうせい》*になっている籠《かご》の網の目、あるいは籠目状の連続模様にした「籠目格子《かごめごうし》」のこと。日本の家紋、文様として使われている。六芒星は、正三角形を上下に重ね合わせた、正六角形の対角線で構成される星形で、ユダヤ教では「ダビデの星」といわれる。宇宙の中で特別の意味を持つ形として魔除け、護符の効果があるともいわれている。

写真提供：
岩立フォークテキスタイルミュージアム

カシミール模様（カシミールもよう）

Kashmir pattern

インドのカシミール地方の伝統的な手織りの「カシミア・ショール」に見られる、緻密な植物模様を特徴にした装飾模様。ムガール帝国、ナポレオン帝政、ヴィクトリア王朝など、王侯貴族のためのショールとして発展。ペイズリー*と呼ばれる勾玉《まがたま》風の模様を特徴に、パルメット*（棕櫚《しゅろ》、ナツメヤシ）、生命の樹*、小枝模様、唐草模様*、円花模様、花束などの植物模様を組み入れたものなどが多い。カシミア・ショールは、その後ペルシャ、フランス、イギリスなどでも生産されるようになり、特にスコットランドのペイズリー地方で大量に生産されるようになったことで一般にも普及した。なかでもカシミア・ショールに見られる代表的な勾玉模様はこの生産地の名を取り「ペイズリー」と呼ばれるようになった。イタリアのエトロ Etro社はカシミール模様の再現に力を注ぎ、ブランドを代表する柄となり、俗に「エトロ柄」と呼ばれている。

矢絣

絣模様（かすりもよう）

ikat pattern / Kasuri pattern

絣*は「かすれた」ような模様をあらわした織物や「かすれた模様」のこと。インドネシアやマレーシアなどでは「イカット*」と呼ばれ、染めや織りの色調・柄・技法もそれぞれ独自の文化を育んでいる。日本の絣は白地や紺地に十字やキの字、縞などのシンプルな幾何学模様*が多いが、イカットなどには、霊力を持つ生き物や人物などが描かれ「魔除けの布」といわれるものも多い。

COLUMN 52 >絣模様

日本の伝統的な絣模様

■井桁絣《いげたがすり》

井桁の文様を表した絣模様。「井桁」は井戸の孔口《こうこう》（口元のこと）のまわりを「井の字」状に木材で組んで囲ったもの。丸く囲ったものは「井筒《いづつ》」という。井桁に似た文様を「井桁文《いげたもん》」という。家紋では「井」を水平・垂直にした正方形の文様を「井筒」、斜めにした菱形の文様を「井桁」という。

■絵絣《えがすり》

十字絣*や井桁絣《いげたがすり》*のような単純な模様ではなく、絵画的な大柄の絵柄を織り出した絣模様。一般的にはよこ糸に絣糸《かすりいと》*を用いて絵柄を織り出す「よこ絣」が主だが、たて･よこに絣糸を用いて、複雑な柄を織り出す「たてよこ絣」もある。染める前からデザイン（絵柄）を考え工夫を重ねて織る高度な織りのため「工夫絣《くふうがすり》」とも呼ばれていた。福岡県の久留米絣《くるめがすり》を代表に山陰や越後、近江《おおみ》など全国に広がった。柄は松竹梅、鶴亀、恵比須《えびす》、大黒など吉祥文《きっしょうもん》*が多く、母親が娘の嫁入り道具として作る婚礼布団地に用いられた。他にも、俳句や和歌を織り出したもの、竹に雀、梅に鶯《うぐいす》、牡丹に唐獅子《からじし》などに対句の画題、珍絣《ちんがすり》と呼ばれる絵変わりなど種類が多い。昭和に入ってからの近江上布《おうみじょうふ》*の絵絣には、紺絣とは違う華やかな色使いの特徴が見られる。

■蚊絣《かがすり》

蚊が群がって飛んでいるように見える、細かい十字の絣。細い糸でたて･よこの絣糸《かすりいと》*を合わせて十字を作るので高度な技術を要し、高価なものとなる。細かな柄は男性用の着物に多い。

■亀甲絣《きっこうがすり》

亀の甲羅に似ている正六角形の亀甲文様*をあらわした絣柄。亀甲文様は中国や朝鮮から伝わったとされ、亀は中国では神の意を使え

井桁絣

絵絣

亀甲絣

る能力を持ち、長寿のシンボルとされていたため、おめでたい模様の代表格となっている。

■キの字絣

「キの字」に似ている絣柄。トンボに似ていることから「蜻蛉《とんぼ》絣」とも呼ばれる。

■サの字絣

「サの字」に似ている絣柄。

■十字絣《じゅうじがすり》

「十字」の絣柄。「十の字絣」ともいう。幾何学模様の基本模様で、「キの字」「サの字」などの応用模様がある。正方形を5個十字に並べた幅の広い十字文様は「角十字絣」といい、絣の中心的な模様となっている。「十字文《じゅうじもん》」はキリスト教と共に日本に渡来したといわれ、オランダ語で十字（クロス）をいう「久留子文《くるすもん》」とも呼ばれる。また十字は太陽の象徴ともされている。円の中に十字を描いたものは「太陽十字sun cross」または「太陽車輪sun wheel」といい太陽のシンボルや十字の一種とされる。キリスト教では十字と円を組み合わせたケルト十字が知られる。

■矢絣《やがすり》

矢飛白《やがすり》、矢羽根絣《やばねがすり》、矢筈絣《やはずがすり》の表記や呼び名もある。弓矢の矢羽根《やばね》の形を交互にずらして配置した模様。「矢絣の着物を持たせてお嫁入りさせると離婚して戻ってこない（射た矢は戻ってこない）」といわれたことから縁起柄とされるようになった。その後、絣柄以外の小紋*や御召《おめ》し*などにも矢羽根模様が用いられるようになり、このような矢羽根模様を総称して「矢絣」と呼ぶようになった。江戸時代の大名家の奥女中や腰元などの「お仕着せ」や、明治・大正期の女学生に流行した模様としても知られる。

絵絣

蚊絣

矢絣

鹿の子絞り（かのこしぼり）

Kanoko shibori

絞り染め*の一種で、「括《くく》り染《ぞ》め*」という技法で作られる、ポコポコした立体感が特徴の染め物。絞りの模様が子鹿の背の斑《まだら》模様に似ていることからこの名が付いた。大変手間のかかる技術を要する和装の高級品。生地を小さな四角に糸で括って締めて染めると、締めつけたところが染まらず中心部が隆起した白い斑点模様（鹿の子目）ができる。やや大きめの鹿の子目を、生地全体に斜め 45 度にびっしり隙間なく敷き詰めたものは「疋田《ひった》（匹田《ひった》絞り）」、「疋田(匹田鹿の子)」または「総鹿の子」ともいう。1 尺《しゃく》（幅約 30cm）のよこ 1 列に 40 ～ 60 粒の鹿の子目が括られる。糸の種類や糸を巻く回数など括り方の加減により変化に富んだ柄があらわれ、「本疋田《ほんひった》（匹田）」「中疋田《ちゅうひった》（匹田）」、木綿糸で括り、貝が巻いているように見える「唄《ばい》（貝）絞り」、線柄を描くときの細かな絞りの「一目《ひとめ》（人目）絞り」など種類も多い。また京都で生産される絹の鹿の子絞りは「京鹿の子絞り」と呼ばれ、伝統工芸品に指定されている。

カムフラージュ柄（カムフラージュがら）

camouflage pattern

「迷彩《めいさい》柄」ともいう。もともとは軍事用語で、カムフラージュは仏語で「偽装、迷彩」を意味し、周囲の風景にとけ込むための偽装道具や迷彩服などをいう。敵の目をくらますために自然の土や植物、風景に混じり合うような柄、輪郭や陰影をつけない柄が特徴。草むら、ウッドランド、市街地迷彩、雪上迷彩などがあり、オリーブ系、カーキ系、茶系、グレー系が代表的。

唐草模様（からくさもよう）

arabesque pattern

渦巻き状の曲線的な蔓《つる》、蔦《つた》、茎がパルメット模様*（ナツメヤシの葉）やアカンサス模様*などとからみ合うように図案化されたリズミカルな装飾模様で、植物模様が多い。様式化したものは「唐草文様」と呼ばれることが多い。生命力、古代のアニミズム信仰とも深く関係している模様といわれ、吉祥的な意味をもつ。「唐草」は「絡《から》み草《くさ》」の略からきているという説もある。蔓草は忍冬《すいかずら》が使われることが多く「忍冬唐草文様《すいかずらからくさもんよう》」「忍冬文《にんどうもん》」ともいわれる。蔦花文様《ちょうかもんよう》、蔦蔓文様《つたかずらもんよう》の名もある。蔓がからまる植物により葡萄唐草《ぶどうからくさ》、柘榴唐草《ざくろからくさ》、牡丹唐草《ぼたんからくさ》などと呼ばれる。ドラゴンや蛇の文様と組み合わせたものもある。ギリシャ、エジプト、ペルシャ、インド、中国を経て日本に伝わり、一方ではアラベスク模様*としてモスクの装飾美術として発展。日本では蔓葵文《つるあおいもん》、笹蔓文《ささつるもん》などの様式化した唐草文様がある。緑地に白の唐草文様の風呂敷がよく知られている。

カンディンスキー柄（カンディンスキーがら）

Kandinsky pattern

抽象絵画の先駆者とされる、ロシアの画家ワシリー・カンディンスキー（1866～1944）に見る、モダンな抽象絵画風の柄。特にバウハウス時代の幾何学的なアート作品を指すことが多く、『コンポジションⅧ』1923年、『白の上にⅡ』1923年、『黄-赤-青』1925年などの作品をイメージに構成されたプリント柄やニットの柄などが代表的。

カントリー調花柄（カントリーちょうはながら）

country-style flower pattern

欧米のカントリーライフに見るような素朴で可憐な木綿の小花柄の総称。西部開拓時代のような少しくすんだパステル調の小花柄やリバティ・プリント*、南仏のプロバンス風の白やブルーを基調にした小花柄などがイメージ。

幾何学模様（きかがくもよう）

geometric pattern

直線や曲線、点や面などの図形を組み合わせた模様で、三角形、方形、菱形、円形、星形、多角形などの組み合わせが代表的。幾何学は図形について研究する学問で、数学の分野にも分類される。アラベスク模様*の幾何学模様は左右対称な連続性で永遠に広がっていくユークリッド幾何学が原型となっている。単純な丸や三角形などの構成は「幾何柄」、幾何柄を使って模様を描いたものは「幾何学模様」、様式化されたデザインは「幾何学文様」ということが多いが、あまり使い分けはされていない。

亀甲文様（きっこうもんよう）

hexagonal pattern

亀の甲羅《こうら》に似ている正六角形の幾何学模様*。中国では「亀甲占い」が行われており、亀は神の意を伝える能力を持つとされていた。甲羅の正六角形は途切れのない連続模様で、永遠の繁栄や長寿のシンボルとされ、おめでたい模様の代表格となっている。亀甲を３つ組み合わせた「毘沙門《びしゃもん》亀甲」などの変形亀甲文様や、「亀甲花菱《はなびし》」など亀甲の中に花・動物・文字が入れられたものもある。

キャス・キッドソン柄（キャス・キッドソンがら）

Cath Kidston pattern

イギリスのデザイナー、キャス·キッドソンによるファブリックブランド「キャス·キッドソン」を代表する柄。ヴィンテージモチーフとポップな色調を融合させた柄が特徴で、バラ（アンティークローズ）を代表とする花柄が定番となっている。他にも野いちご、チェリー、スター、ドットなど、女性に人気のある甘さのあるモチーフが多い。

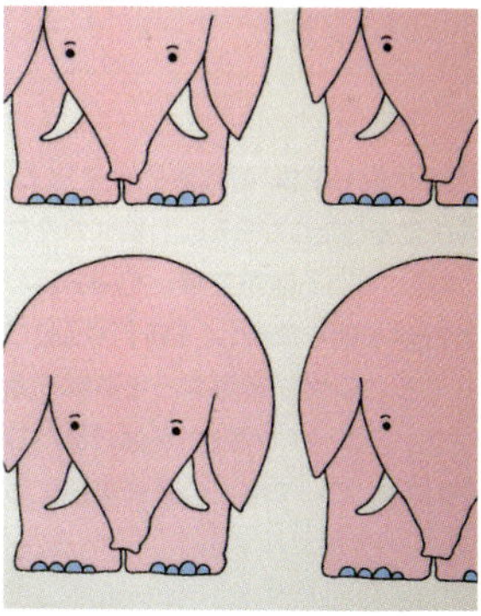

キャラクター・プリント

character print

アニメ、漫画、映画、コンピューターゲームなどに登場するキャラクター性の高い人物や動物をはじめ、擬人化によりキャラクター化されたさまざまなモチーフをプリントしたもの。ミッキーマウス、ハローキティ、ドラえもんなど、商業的な価値の高いものや、「ゆるキャラ」と呼ばれるイベント PR、地域 PR、企業 PR のためのマスコットキャラクターなどがある。

鋸歯文様（きょしもんよう）

sawtooth pattern

ノコギリの歯に似たジグザグや三角形、あるいは鱗文《うろこもん》*をよこ一列に並べたような連続文様。古代の埴輪《はにわ》、土器、銅鐸《どうたく》などにも多く使われ、護符《ごふ》や信仰的な意味合いをもつ柄とされる。インドネシアでは「トゥンパル」と呼ばれ植物の芽や山をあらわすともいわれ、山形文様の中に花や草が描かれている装飾模様が多い。無地の鋸歯文様は火消しの羽織、芝居の忠臣蔵の討ち入りの衣装、新撰組の衣装の模様としても知られ、「だんだら模様」ともいわれる。

括り染め（くくりぞめ）

Kukuri shibori / tie-dye

絞り染め*技法の一種で、生地の一部をつまんで糸で根元をかたく括って、染料に浸して染める方法。糸で括った部分は防染《ぼうせん》*されて染まらずに白く残る。京都の「鹿《か》の子《こ》絞り*」、名古屋市の有松《ありまつ》・鳴海《なるみ》地区で生産されている「有松絞り」「鳴海絞り」と呼ばれる木綿の藍の絞り染めが代表的。「蜘蛛《くも》絞り」「三浦絞り」などの技法がある。これらは伝統工芸品にも指定されている。

組み紐文様（くみひももんよう）

guilloche

「ギローシュ」ともいう。ケルト模様*の代表的な文様で、組み紐のように紐や綱が交差したりからんだり結ばれたりしながら「組み柄」を構成している装飾文様。初めも終わりもない連続文様は無限や永遠を象徴し、「紐」や「結び目」は呪縛する霊力をもち、疫病や悪霊などを防御する護符と見なされたという。アラベスク模様*をはじめ、コプトやビザンチン、ギリシャ、ローマなどの装飾美術にも見られる。

クラック・プリント

crack print

劣化した感じを出すダメージ・プリントの代表的なプリントで、通称「ひび割れプリント」ともいう。古着風に、プリントしたラバーインクが劣化したように見えるひび割れを再現したもの。樹脂剤と希釈剤を調整しながらプリントした後に熱処理をしてひび割れ感を出す。あるいはフロッキー・プリント*などでひび割れ感を出すなどの手法がある。

グラニー・プリント

granny print

「おばあさん風のプリント」の意味で、明確な定義はないが「おばあさんの時代」風のレトロなニュアンスをもつ花柄や小紋柄のプリントをいう。特に西部開拓時代や農婦風の素朴感のあるカントリー調のものをいうことが多い。

クレスト柄（クレストがら）

crest pattern / heraldic pattern

俗に「紋章柄」と訳されるが、本来は紋章の楯《たて》の頭飾りのことで、鷲、ライオン、王冠などが飾られている。クレストは子孫へと受け継がれる血族の象徴で、家紋のようなものといわれる。所属する軍、クラブ、カレッジの紋が織り込まれるが、現在は馬、鳥、犬などのハンティングモチーフも多い。「ヘラルディック・パターン heraldic pattern」「クラブ・フィギュア」「クラブ小紋」ともいう。

ケルト模様（ケルトもよう）

Celtic pattern

アイルランドやスコットランドなどのケルト文化に見られる独特の装飾模様。空間を埋め尽くす渦巻き文*、組み紐文様*、装飾文字の流動的な連続模様を代表に、神聖化した蛇や鳥などを組み入れた緻密な装飾性が特徴。福音書の装飾写本である「ダロウの書」や「ケルズの書」、ケルト十字の装飾文様がよく知られる。宇宙や無限、永遠を象徴するともいわれる。

ゴシック柄

Gothic pattern

ゴシックは中世のヨーロッパでキリスト教美術と共に栄えた美術様式。ノートルダム寺院などの尖塔形《せんとうけい》アーチの教会建築などに特徴がある。しかしゴシック柄という場合は、19世紀にリバイバルした、中世の古城を舞台にした怪奇ロマンの「ゴシック小説」に見られるようなイメージをいう場合が多い。ドラキュラ伯爵やサブカルチャーのゴシック・ファッションにイメージされる、怪奇さを取り入れた白黒のクラシックロマンが代表的。バラ窓のようなステンドグラス柄、十字架、繊細なレース柄や蔓草《つるくさ》柄、バラ柄、ユリや王冠などの十字軍風の紋章柄など、秘密めいた象徴的なモチーフをポイントにしたものが多い。

エンジェル・スター

デビル・スター

安倍清明判

五芒星（ごぼうせい）

pentagram

正五角形の対角線からなる星文《せいもん》*で「五星文《ごせいもん》」「五角星《ごかくせい》」「ペンタグラム」などともいう。無限のパワーの象徴、魔除けの印とされ、西洋魔術で魔法円の意匠にも用いられる。陰陽道《おんみょうどう》でも魔除けの呪符とされ、平安時代の陰陽師《おんみょうじ》、安倍清明《あべのせいめい》を象徴する紋として「安倍清明判」ともいう。これは桔梗《ききょう》を図案化した桔梗紋の変形として「清明桔梗」と呼ばれ、家紋などにも使用されている。また、「セーマン」とも呼ばれ、三重県志摩地方の海女《あま》が身につける魔除けの印のひとつともなっている。五芒星は一筆書きで書くことができるため、初めも終わりもなく「魔物の入り込む余地がない」、元の地点に戻ることから「無事に戻れる」などの意味が込められているという。国旗、軍隊のマークにも多く、アメリカの国防総省（ペンタゴン）や北海道の五稜郭《ごりょうかく》、長崎の市章なども五芒星を基にしている。上部が尖っている通常の星の向きは、天使が羽を広げているように見えるため「エンジェル・スター」と呼ばれるが、逆さにすると尖った耳の悪魔の顔になるため「デビル・スター」と呼ばれ、悪魔の象徴とされている。

コミック柄（コミックがら）

comics pattern

コミック（漫画）誌のページをそのまま切り取ったような、コマ割りや吹き出しのある漫画プリント柄。特にアメリカンコミック柄をいうことが多い。1960 年代のポップアートの画家ロイ・リキテンスタイン（1923 ～ 97）の、漫画のコマを拡大したような作品が代表的なイメージ。

小紋柄（こもんがら）

Komon pattern

「小紋」は着物の種類のひとつで、上下方向関係なく、型染め*や手描きにした繰り返しの小さな模様が全体に入った着物、またはその柄（小紋柄）をいう。武士の裃《かみしも》がルーツの単色染めの「江戸小紋*」、多色染めで華やかさのある「京小紋」、京小紋の流れを汲《く》む「加賀小紋」が代表的。ネクタイで小紋柄という場合は、小さな家紋風柄や細かい幾何柄などを規則正しく配置した柄をいうことが多い。また、現在は柄の大きさや密度に関わらず、上下方向関係なく柄の入っている着物を「小紋」と呼ばれている。

サイケデリック柄（サイケデリックがら）

psychedelic pattern

サイケデリックは、LSDなどの幻覚剤の服用で引き起こされる幻覚・幻聴に似た感覚をアート、音楽、ファッションなどであらわしたものを総称することば。アートでは、極彩色《ごくさいしき》や蛍光色であらわされる幻覚的なフラクタル模様*や渦巻きや、ペイズリー*などの装飾柄、流動的なサイケデリック書体などにイメージされる。1966・1967年を中心にヒッピー・カルチャーと共に流行した。この時代を代表するロックバンドのジェファーソン・エアプレイン、クリームなどのポスターなどが代表的。

柘榴模様（ざくろもよう）

pomegranate pattern

柘榴を下地にしたさまざまな装飾模様。柘榴は西アジア原産の果実で、種子が多いことから豊穣や子孫繁栄の象徴とされた。古代メソポタミアやササン朝ペルシャが発祥とみられ、中国に伝わり牡丹の花などにもアレンジされている。14〜15世紀にはイタリアを中心に紋ビロード*やブロケード*の文様に用いられ大流行。パイナップルやアザミ風などさらに複雑になった。マイセン窯を代表する「ブルー・オニオン」は、デザイン源にした東洋陶磁器の柘榴を玉葱《たまねぎ》と誤認したことによる命名という。

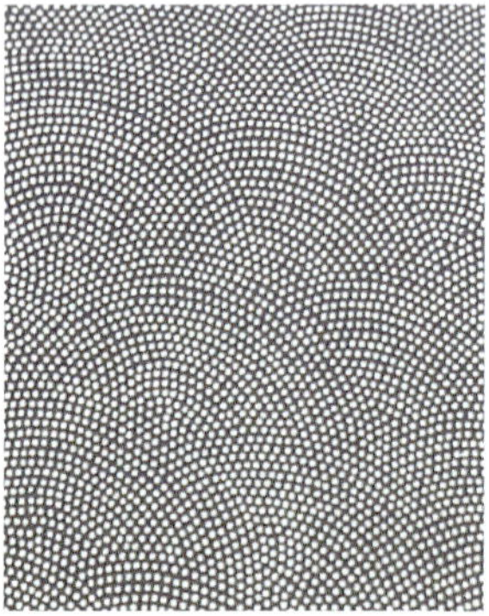

鮫小紋（さめこもん）

Same-komon

江戸小紋*を代表する「裃《かみしも》小紋（武士の裃の紋になっている小紋柄）」の一種で、鮫肌の模様をあらわしているところからこの名がある。鮫肌はかたいことから鎧《よろい》に例えられ「厄除《やくよ》け・魔除け」の意味があるとされる。紋の細かさにより「並鮫」「中鮫」「極鮫」「極々鮫」というように呼び分けられている。「極」とつくものは、一寸（約3cm）四方に800〜900個の孔が彫られた型紙で染められる。

更紗（さらさ）

chintz / calico / print calico

インドが起源といわれる木綿地の模様染め。定義は難しいが、金巾《かなきん》*やキャラコ*に唐草《からくさ》、樹木、花鳥、ペイズリー*、人物や動物、幾何学模様*など民族独自の図柄を手捺染《てなせん》*（ハンドプリント）したもの。植物や動物から抽出された天然染料を用い、手描き、木版、銅版、絞り染め*、ろうけつ染め*などの手法で柄付けされた、手染めならではの趣《おもむき》と異国情緒のある模様が特徴。藍や茜《あかね》など多色彩に染め上げられたものが多い。「インド更紗*」のほか、「ジャワ更紗（バティック*）」「イギリス更紗（チンツ*）」、フランスの「ジュイ更紗*」「ペルシャ更紗*」「和更紗*」など、伝来した国々により独自の発展を見せ、呼び名や手法、柄ゆきなどが変わってくる。産業革命後は機械による大量生産や合成染料、シルクや合繊素材などによるものも含め「更紗」と呼ばれる。単に「更紗」という場合、英語ではチンツ*やキャラコ（インドの都市Culicutに由来）がこれにあたる。スペイン語で「インディアナスindianas」、フランス語で「アンディエンヌindiennes」と呼ばれたように「インド=更紗」の代名詞になるほど歴史的にも大きな影響を与えた模様染めでもある。

更 紗

アジュラック ajrak / ajrakh

インドのカッチ地方やパキスタンのシンド（スィンド）地方など、インダス文明のインダス川下流地域で染められてきた、赤（茜《あかね》：マダー）と青（藍：インディゴ）を基調にした木綿の「木版防染《ぼうせん》*ブロック・レジスト・プリント」布。イスラム美術の影響を受けた幾何学模様*が特徴で、本来はイスラム教徒の男性だけが着用するのが伝統となっている。アジュラックはアラビア語で青を意味する「アズラック azrak」が語源ともいわれる。イスラム教では青や緑は神聖な色とされ、また偶像崇拝が禁止されているため、人物や動物は描かれず、草花や雲、波をモチーフにした幾何学模様が基本。卓越した数学の能力が必要とされる対称的なイスラムのデザイン原理で表現されている。布の下染めにはじまり、木版型を使ったろうの防染などたくさんの複雑な製作工程を経て染められる。

更紗（さらさ）

chintz / calico / print calico

更紗

●アフリカン・バティック African batik

正式にはワックス・プリントという。西アフリカなどの民族衣装に見る、赤・黄・青などのカラフルな色彩と大胆な模様が特徴のろうけつ染め*。黒を効かせた力強い幾何学模様*や花や鳥・動物などをユニークに図案化したものが特徴。仏語圏では「パーニュ（パーニャ）」ともいわれる。オランダ占領時代にインドネシアのバティック*が伝わったこともあり、デザインにその影響が見られるものもある。現在はオランダなどからの輸入が多く、両面の機械ろうけつ染めが中心。東アフリカなどに見られる連続プリント柄は「キテンゲ」と呼ばれるが、これは片面プリントが多い。

花の折枝文様装飾布
（木綿地捺染　1830 年代イギリス）
文化学園服飾博物館 蔵

更紗

●イギリス更紗（イギリスさらさ）English chintz

ヨーロッパにおけるインド更紗*の大流行をきっかけに、イギリスで生産が始められた更紗の総称。17世紀後半にはプリント工場が設立。初期の更紗はインド更紗の模倣のような異国風の植物模様が用いられたが、ヴィクトリア朝期（1837～1901）になると身近な草花からモチーフを得た、バラ、ユリ、なでしこ、ふうりん草、釣り鐘草、ケシなどをロマンティックでリズム感ある模様に表現。カシミア・ショールのペイズリー*柄も取り入れられた。当初は木版によるハンド・ブロック・プリント*だったが、その後銅版捺染《なせん》*技術の開発で多彩色使いの精巧な模様を刷ることが可能になり、「ヴィクトリアン・チンツ*」と呼ばれる、花や鳥を特徴にした多色使いの華やかな更紗が生み出される。現在これらは「オールド・イングリッシュ・チンツ」と総称され、イギリスの伝統的な更紗となっている。8色（赤3色・紫2色・青・緑・黄）使うものを「ホール・チンツ」、5色（赤2色、紫1色を省く）のものは「ハーフ・チンツ」という。「チンツ」は「更紗」の総称として、また「イギリス更紗」の総称として使われている。語源はヒンディー語の「多彩色」を意味する「チト」が転訛したもの。

更紗（さらさ）

chintz / calico / print calico

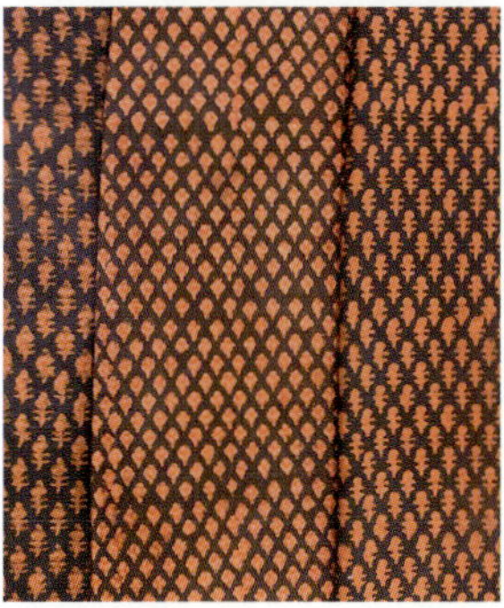

更 紗

●インド更紗（インドさらさ）Indian chintz

更紗*はインドを起源とする、木綿地の模様染めのこと。インドの染織品の歴史は約2000年前とも5000年前ともいわれるが、インド更紗が流通上にあらわれたのは、16世紀の大航海時代からとされる。茜《あかね》から採取した艶やかな赤を特徴とする植物染料を用い、優れた媒染《ばいせん》*技術で、堅牢度《けんろうど》*が高く発色が良く、模様は唐草模様*、生命の樹*の樹木模様、ペイズリー*、人物や動物模様、小花模様が隙間なく繊細に描かれたものなど地方により特色がある。製法は、木版などのブロック・プリント*、カラムという鉄や竹のペンのような道具を用いた手描き染めや手描きろうけつ染め*などがある。国内向けの他、インドネシアやタイ、日本、ヨーロッパなどに輸出され世界に広まった。当時、他の国々では媒染技術が発達していなかったので、染まりにくい木綿が艶やかな茜や藍の色となり、細かな花柄や繊細な幾何学模様*が描かれているのは驚きだった。折しもの「東洋趣味」人気と相まって人々を魅了し、17世紀にはヨーロッパで大ブームになり大量に輸出された。模様は地域の嗜好を取り入れ、輸出先に合わせたデザインが採用された。その後、各国でインド更紗を模倣した独自の更紗が生産されるようになった。

→ヨーロッパ更紗

インド更紗の版木

COLUMN 53 >更紗

欧州の織物業を震撼させた「更紗革命」

更紗《さらさ》*は16世紀の大航海時代にインドからヨーロッパにもたらされた。羊毛や麻、絹が主だったヨーロッパの人々にとって「綿は何よりも軽く、吸湿性に富み、しかも洗濯が容易な清潔な繊維」という、まさに画期的な素材。シルクにも似た柔らかな風合いと、花鳥・植物などの異国情緒溢れる色鮮やかな柄のインド更紗*は上流階級の奢侈品《しゃしひん》として、瞬く間に人気を呼んだ。

17〜18世紀に入ると更紗は大量輸入され中産階級が競って求めるようになった。折りしもインド更紗*は中国の磁器、日本の漆器などの「舶来趣味」「東洋趣味」人気と相まって一大ブームとなる。ベッドカバー、テーブルクロス、カーテンなどの室内装飾から衣服までさまざまな用途に使用され、消費行動を大きく変化させる「更紗革命」を引き起こすまでになった。このため、今までヨーロッパで中心となっていた絹織物、麻織物、毛織物などの織物業は大きな打撃を受けた。自国の伝統織物工業を保護するために、17〜18世紀にかけて、フランス、イギリス、スペインでは一時インド更紗輸入禁止令が発布された。

しかし、インド更紗に対抗しようとヨーロッパ

花と孔雀文様装飾布（木綿地捺染　1815年頃　イギリス）文化学園服飾博物館 蔵

「ラ・モットピケの海戦」文様装飾布（木綿地捺染　1782年頃　フランス・ジュイまたはナント）文化学園服飾博物館 蔵

の製造業者は奮起。イギリスでは18世紀末頃に自動紡績機や力織機《りきしょっき》*を発明することに成功。銅版のローラー捺染機*も開発され、精度を高めた大規模工業化が可能になった。インド更紗をヨーロッパ好みの図柄にアレンジしたイギリス更紗*は幅広い階層に普及。綿織物工業が起点となりイギリスの「産業革命」は拡大していった。

日本に更紗がもたらされたのは、16世紀中頃の室町時代といわれる。スペイン、ポルトガルの南蛮船《なんばんせん》から、金襴《きんらん》*、緞子《どんす》*、錦《にしき》*などの最高級織物と共に舶載《はくさい》されたインド更紗も、「名物裂《めいぶつぎれ》*」と称されて茶人に珍重された。当時、麻や絹が主流だった日本においても、色鮮やかでエキゾチックな模様染めの綿は注目の的。小さな端裂《はぎれ》でも希少価値が高く、茶道具を入れる袋物などにして愛用された。17～18世紀の鎖国時代も、欧州諸国で唯一交易のあったオランダによって、ヨーロッパ更紗*、ジャワ更紗（バティック*）、ペルシャ更紗*など各国の特徴をもつ舶来更紗も広がっていった。なかでも、18世紀初期の江戸時代までに舶載されたインド更紗は、「古渡《こわた》り更紗」と呼ばれ特に珍重された。日本で製作された更紗は「和更紗《わさらさ》*」といい、17世紀初めには鍋島《なべしま》更紗、江戸後期には天草《あまくさ》更紗、長崎更紗、江戸更紗などが各地で製作された。

更紗（さらさ）

chintz / calico / print calico

更 紗

●ヴィクトリアン・チンツ Victorian chintz

花と孔雀文様装飾布
（木綿地捺染 1815年頃 イギリス）
文化学園服飾博物館 蔵

ヴィクトリア朝期（1837～1901）に生み出された、花や鳥などを自然主義的に描き出した、多彩色使いの華やかな更紗。インド更紗*から発展した「イギリス更紗*」を代表する更紗で、初期はインド更紗に似た幻想的で異国風の植物模様が用いられた。ヴィクトリア朝期になると、銅版捺染《なせん》*技術の開発で、多色使いの精巧な模様を刷ることが可能になり、植物学や動物学の細密画のような装飾デザインが登場した。豪華なダマスク*の模様に見られるような、大柄で東洋的な花・葉・葡萄などに鳥を配した模様が特徴で、「棕櫚《しゅろ》に孔雀」などの異国的な表現が代表的。ミルフルール（千花《せんか》模様*）のように花を敷き詰めたような更紗は「花更紗《はなさらさ》*」といい、ヴィクトリアン・チンツの代名詞にもなっている。

更 紗

●ジュイ更紗（ジュイさらさ）toile de Jouy

「ラ・モットピケの海戦」文様装飾布
（木綿地捺染 1782年頃 フランス・ジュイまたはナント）
文化学園服飾博物館 蔵

1761年、ドイツ人オーベル・カンプによりフランスのジュイに建てられたジュイ工房で製作された更紗*。銅版捺染《なせん》*を中心に、風景や神話、聖書の物語などを取り入れた絵画的な描写が代表的で、「トワル・ド・ジュイ（ジュイの布）」と呼ばれ、フランス更紗を代表する伝統的な更紗となっている。当初はインド更紗*の模倣から始まり、中国・日本様式の写実的な花鳥や風景などを取り入れた装飾文様を創案し、家具布として人気が高まった。捺染綿布は「トワル・パント」「トワル・アンディエンヌtoile Indienne」と総称され、木版による捺染を行っていたが、銅版捺染が開発されたことにより、細かな写実表現が可能になった。「ブルー・レジスト」と呼ばれる藍染めやボルドーなど単色に染めた風景画が典型的で、ルイ16世時代を代表する装飾家ジャン・バティスト・ユエの田園風景が特に有名。その後、ナポレオン帝政時代になるとローラー捺染*も併用され生産力も増加。アンピール様式（帝政様式／エンパイア・スタイル）を取り入れたメダリオン*などの図柄になるなど、時代と共に変化している。ジュイ以外の土地でも似たような柄が模倣されたが、ジュイ更紗と総称された。

更紗（さらさ）

chintz / calico / print calico

更紗

●ソレイヤード Souleiado

南仏のプロヴァンス・プリント*を代表する最古のブランドのひとつで、プロヴァンス・プリントの代名詞にもなっている。プロヴァンス・プリントは、17世紀にインド更紗*の技法を基に生まれた版木染め。ペイズリー柄*などオリエントの影響を受けながらも、オリーブ、ひまわり、ミモザ、野の花、セミ、スカラベなどプロヴァンス地方ならではの柄や、明るい色合いを特徴にした「プロヴァンス柄」と呼ばれる独自のプリント生地に発展した。梨の木の版木に模様を彫り、主に植物系の染料で捺染《なせん》*を行うもので、茜《あかね》やアネモネの赤、南仏の青い空と海をイメージするインディゴのブルー、太陽やひまわりのイエローなどで表現。この捺染綿布は「トワル・パント」と総称される。ソレイヤードは「雨のあと雲間から射す一条の光」の意味で、創業者でもあるシャルル・ドゥメリーが産業革命の影響などで危機に陥っていたプロヴァンス・プリントの版木と職人の技の保存に乗り出し、1939年に「ソレイヤード」と命名し復活させたのが始まり。ソレイヤード博物館には約4万点の版木が保存され、機械プリントになった現在も活躍し、プロヴァンス・プリントの伝統を守り続けている。

更紗

●バティック batik

インドネシアのジャワ島を中心に、マレーシアなどで作られるろうけつ染め*の更紗《さらさ》*で、「ジャワ更紗」ともいう。広義では「ろうけつ染め」を意味する国際共通語として使用されている。綿や絹に、手描きや型押しで模様をろうで防染《ぼうせん》*して染めたもの。藍色や茶褐色の色合いを特徴に、点描などで緻密な動植物模様や幾何学模様*が描かれている。伝統的な技法で作られるバティックは2009年ユネスコの世界無形文化遺産に認定されている。

COLUMN 54 >バティック

バティックの種類と特徴

更紗《さらさ》*の起源はインドといわれている。インドとインドネシアの海上交易は、17世紀のオランダ東インド会社の設立後、インドネシアの香辛料とインド更紗を交換する交易に発展。インドでは、インドネシア向け更紗の生産に力を入れるようになった。オランダ東インド会社撤退後の18世紀頃から、インドネシアではバティック（ジャワ更紗）が作られるようになり、王宮を中心にジャワ文化の伝統工芸として発達していった。当初は、貴族階級しか着用が許されていなかったが、その後ジャワ島全体をはじめ、マドラ島やスマトラ島の一部でも作られるようになり、庶民にもサロン（腰巻き）などで着用されるようになった。バティックの製作はジャワ島を主としたインドネシアの先住民、ジャワ島に移住した中国、アラブ、ヨーロッパの人々の文化や宗教などの影響も加わり、土地ごとに特色のあるさまざまな模様のバティックが生まれた。大きく分けると、「中部ジャワ様式」と「ジャワ北岸様式」がある。

バティックの地域別特徴

●中部ジャワ様式

王宮を中心にヒンズー教、仏教文化の影響が強く見られる伝統工芸として発達したバティック。斜柄の幾何学模様*の「パラン模様」、七宝柄の「カウォン模様」、動植物を図案化してジャワ文化の世界観を象徴した「スメン模様」などが中心。王族・貴族以外は着用を禁じられた模様もあった。「ソガ」という茶褐色の植物染料と藍を使った茶（黄・赤茶・濃茶）と紺の色彩が特徴で、このバティックは「カイン・ソガ」と呼ばれる（カインは「布の」の意味）。他に、「ジョクジャカルタ（ヨクヤカルタ）」や「スラカルタ（ソロ）」などがある。

●ジャワ北岸様式

中国、イスラム、ヨーロッパの影響が濃いバティック。多色の派手な色調が多く、中国風の動植物模様や、花・鳥・ペイズリーなどヨーロッパの壁紙や陶器の絵柄風のものが特徴。「チルボン」「ラスム」「プカロンガン」などがある。

ソロ・バティック

ソロ・バティック

ソロ・バティック

チルボン・バティックの製作工程

写真提供：バティック工房 FUSAMI

ろう描き

ろう伏せ

染色

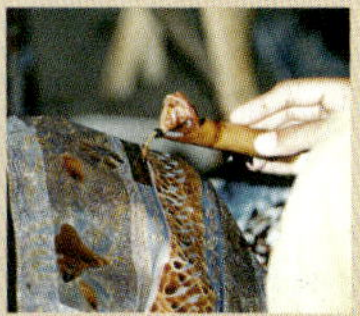
色重ねのためのろう伏せ

バティックの技法

●手描きバティック
（バティック・トゥリスbatik tulis）

古くからの伝統技法で、チャンティンと呼ばれる銅または真鍮《しんちゅう》の器具にろうを流し込み、表裏両面に直接模様を描き出す手法。手間や時間がかかり、精密なものはろう描きに数カ月要するもっとも高価なバティックで、柄が細かいほど高価とされる。

●型押しバティック
（バティック・チャップbatik cap）

チャップと呼ばれる銅製のスタンプでろうを押し付けるハンドメイド技法。片面押しと両面押しがある。手描きのバティック・トゥリスよりも早く安価にできるため、一部の富裕層しか手に入らなかったバティックが一般の人にも普及することになった。

●サブロナン
（バティック・プリントbatik print）

ろうを用いず、シルクスクリーン・プリント*で捺染《なせん》*した「バティック柄プリント」のこと。厳密にはバティックといえないが、安価で色使いが豊富で取り扱いが簡単なため、広く普及している。

●バティック・コンビナシ
（コンビネーション・バティックcombination batik）

手描き、型押し、プリントを組み合わせたバティック。一般的には、チャップで型を押し、細部を手描きで仕上げたバティックをいう。両面型押しをしてから手描きで点描を描いたものは、手描きのバティック・トゥリスと見分けがつきにくいものもある。

プカロンガン・バティック

ラッサム（ラスム）・バティック

チルボン・バティック

更紗（さらさ）

chintz / calico / print calico

現代のプリント更紗

更 紗

●花更紗（はなさらさ） Victorian chintz

千花《せんか》模様*のように、たくさんの大小の花が敷き詰められた花柄更紗*の総称。ヴィクトリアン・チンツ*が代表的で、バラや牡丹などを艶やかな色調と植物図鑑のような細密表現にしたものが多い。

大きなペイズリーにもうひとつのペイズリーが埋められた複雑な構成
写真提供：岩立フォークテキスタイルミュージアム

更 紗

ペルシャ更紗（ペルシャさらさ） ghalamkar / Persian chintz

インドを起源とする更紗*はペルシャでも歴史が古く、約2500年前のアケメネス朝時代のものが現存している。ペルシャ語では「ガラムカール」といい、ガラムは「筆」、カールは「仕事」を意味し、かつては筆で模様が描かれていたことからこの名がある。その後、木版のブロック・プリント*で染め付けし、現在もその製法を受け継いでいる。インド更紗*が幻想的表現の植物模様が多いのに対し、ペルシャ更紗は自然表現が多く、ヨーロッパからの影響を受けたバラ、チューリップ、ヒヤシンスなどの洋花も用いられ、ゾロアスター教やイスラムの影響によるペイズリー*や唐草模様*、聖樹とされる糸杉の模様なども多様されているのが特徴。ペルシャから更紗職人が多数移住した南インドのマスリパタムや、イランの古都イスファハンが産地として知られる。

更紗（さらさ）

chintz / calico / print calico

現代のプリント更紗

更紗

●ヨーロッパ更紗（ヨーロッパさらさ） European chintz

「ヨーロピアン・チンツ」ともいう。17世紀後半、ヨーロッパ各地で起こったインド更紗*の大ブームに奮起したヨーロッパ各国が独自に開発した更紗。インド更紗*の柄の模倣から始まり、銅版技術の開発で緻密な捺染《なせん》*が可能になり、異国情緒やヨーロッパ風の装飾模様を特徴にした独自の様式を築き上げた。華麗な花鳥柄のヴィクトリアン・チンツ*に代表される「イギリス更紗*」、牧歌的な柄のジュイ更紗*に代表される「フランス更紗」をはじめ、花鳥模様の「ロシア更紗」、アジア各国から持ち帰った更紗の特徴を取り入れ、中間色の小花模様が多い「オランダ更紗」、化学染料を発明し、高度な染色技術を用いた華やかで可憐な「ドイツ更紗」などがある。

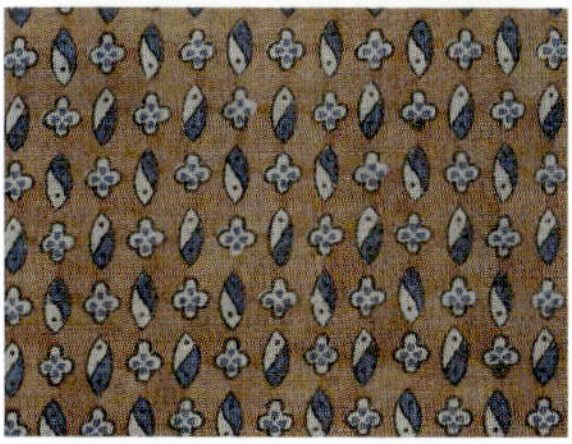

更紗

●和更紗（わさらさ） Japanese chintz / Wa-sarasa

日本で作られ、独自の花鳥風月を表現した更紗*。更紗はインドが起源とされる木綿の模様染めで、日本に伝わったのは室町時代という。南蛮船（スペイン、ポルトガル）や紅毛船（オランダ）によってもたらされた更紗は高級舶来品として大名の間で「古渡《こわた》り更紗」と呼ばれ愛好され、特に茶人の間では「名物裂《めいぶつぎれ》*」のひとつとして珍重された。日本で更紗が作られるようになったのは17世紀初めに始められた鍋島《なべしま》更紗が最初で、江戸後期には天草更紗、長崎更紗、京更紗、江戸更紗などが生まれた。模様は手描きや木版のほか、日本独自の「伊勢型紙《いせかたがみ》*」を用いた型染め*がある。これらを併用したものもある。茜《あかね》など、インドと同じ染料がないことから顔料《がんりょう》*を用いたり、木版に墨で模様の輪郭を型押ししたあとに型紙で植物染料を刷り込むなど、日本独自の技法が用いられたため、渋く深く独特の趣《おもむき》のある色調が特徴になっている。模様は日本に伝来した唐草模様*などの異国情緒を入れながら、友禅染め*の模様とも融合させた花柄・鳥・蝶・扇子など風趣《ふうしゅ》に富み、モダンな小紋柄や幾何学模様も多い。

60's 調幾何柄（シックスティーズちょうきかがら）

60's geometric pattern

1960年代のモダンアートやポップアートに影響を受けた幾何学模様*。白黒のオプ・アート柄*、大きなハウンドツゥース*、水玉、モンドリアン柄*など、単純で大胆な配色柄が代表的。

60's 調花柄（シックスティーズちょうはながら）

60's flower pattern

1960年代をイメージするモダンな花柄で、マーガレット、デイジー、ポピーなどの愛らしくシンプルな花柄を中心に、オレンジ、イエロー、ライムなどのビタミンカラー配色などを特徴にしたものが多い。マリー・クヮントの花柄やマリメッコ柄*が代表的。

シノワズリー柄（シノワズリーがら）

Chinoiserie pattern

シノワズリーは仏語で「中国趣味」の意味で、ヨーロッパで流行した中国趣味の美術様式をいう。17世紀後半から18世紀のロココ時代にかけて、フランス貴族の異国趣味から始まりヨーロッパで流行した。柄では中国風の陶磁器、中国刺繍、蓮や牡丹の花、竜や鳳凰《ほうおう》、中国人などのモチーフをヨーロッパ風にアレンジしたものが多い。現在は解釈が曖昧《あいまい》になり日本風も含め「東洋風」というニュアンスで使われていることもある。

絞り染め（しぼりぞめ）

shibori / tie-dye

布の一部を糸でかたく括《くく》ったり、柄の部分を糸で縫い締めたり、板で締め付けるなどで「防染《ぼうせん》*」して染める手法。圧力をかけて締め付けたところは染料が染み込まず、糸の括り方や圧力のかけ方により柄のあらわれ方が違ってくる。糸で括ったものは「括り染め*」、板で締め付けたものは「板締《いたじ》め*」と呼ばれる。日本の染色には「三纈《さんけち》」と呼ばれる3つの手法があり、「纐纈《こうけち》」は絞り染め、「夾纈《きょうけち》」は板締め、「臈纈《ろうけち》」はろうけつ染め*にあたる。絞り染めは日本で一番古い染色の技法で、7世紀には始められていたといわれる。アジア地域でも広く見られ、インド、アフリカ、プレ・インカなどでも伝統的な絞り染めが発達。国際的にはタイダイといわれることが多いが、日本の絞りは多彩な技法をもっていることから最近は「shibori」と表記されることも多い。

ジャポニズム柄（ジャポニズムがら）

Japonism pattern

日本趣味、日本心酔のこと。仏語でジャポニスムJaponismeまたはジャポネズリーJaponaiserieともいわれる。19世紀のフランスを中心にヨーロッパの潮流となった東洋趣味、異国趣味のひとつだが、西洋人とは違う視点や美意識をもつものとして「芸術的」評価が高い。浮世絵、琳派などの日本美術が注目され、マネ、モネなどの印象派や、ゴッホやクリムトにも影響を与えた。浮世絵、着物柄、扇子、朝顔、あやめ、梅、唐草、流水、渦巻きなどの日本画のモチーフを取り入れたものが多い。

蜀江（蜀甲・蜀紅）（しょっこうもんよう）

Shokkou

蜀江錦《しょっこうにしき》*に見られる独特の幾何学文様*で、八角形と四角形を交互に連結させ、中に唐花《からはな》などの文様を織り出したもの。蜀江は中国の蜀《しょく》の首都を流れる川で、古くから絹織物の産地として蜀江錦が織られていた。帯によく使われるほか、能の翁《おきな》の衣装や名物裂《めいぶつぎれ》*として珍重された。唐花は蓮華《れんげ》とする説もあり、蓮華は万物を生み出す根源であり、これが翁の寿福性と通じているともされる。また文様が亀甲状であるため「蜀甲」、紅の色を多く使ったので「蜀紅」とも書く。

水彩画柄（すいさいがから）

watercolor pattern

水彩画で描いたような、にじみやかすれのある、淡く優しいプリント柄の総称。花などの植物柄、風景、抽象的なぼかしタッチ、墨絵風のものなど。

ステンシル・プリント

stencil print

型染め*の一種で、「型抜き染め」のこと。文字や図形、絵型などをくりぬいたテンプレート（template：型板）を使い、木や布、紙などに置き絵の具や顔料をのせていく。ハンドクラフトならではのインクむらや少しかすれたような味のあるプリントができる。ヴィンテージ風の文字プリントや、小花や木の実、麦穂などをあしらったカントリークラフトなどによく使用される。ステンシルは、壁紙が手に入らない時代に絵型をくりぬいた型紙で壁に模様を刷り込んだのが始まりという。

ストライプ

stripe

縞柄のこと。縞より細い「筋《すじ》」や「線」も含めストライプいう。「たて縞」「よこ縞」があり、交差したものは「格子縞」という。日本ではたて縞を「ストライプ」、よこ縞を「ボーダー」と分けて使うことが多いが、英語ではたて縞・よこ縞とも「ストライプ」と呼ばれる。
よこ縞は「ホリゾンタル・ストライプ」（ホリゾンタルは「水平の、水面の」の意味）などの名称がある。ボーダーの語源は定かではないが、ボーダーborderは「へり、縁、境界線」の意味で、レースではへりを飾る「よこに長いレース」を「ボーダー」ということから、「よこに長い柄」を「ボーダー」と呼ぶようになったとも考えられている。

ストライプ

●アイビー・ストライプ IVY stripe

アイビー・リーグIvy League（アメリカ東部の名門私立大学8校の連盟）の学生および卒業生である「アイビー・リーガー」好みのストライプの総称。シャツ、ジャケット、ネクタイなどに見られる、はっきりしたストライプで、オックスフォード・ストライプ*も含まれるが、特に各校のスクールカラーやスクールタイのレジメンタル・ストライプ*に似た、2～4配色ストライプをいうことが多い。エンジ、山吹、ダークグリーン、ネイビーなど、深みのある色使いが特徴。

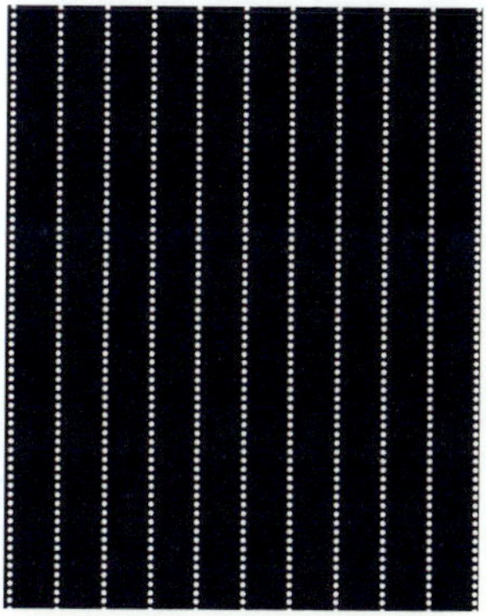

ストライプ

●ウォバッシュ・ストライプ wabash stripe

「ワバッシュ」ともいう。インディゴ染め*した生地を細かなピン・ストライプ*（ピンドット・ストライプ）に抜染《ばっせん》*して白く抜き、たて縞柄に配列したワークウエア素材。薄手のものが多く、1900年代頃からオーバーオールズなど、保線作業員trackwalkerや炭鉱作業員などの作業着として使われた。ヒッコリー・ストライプ*と似ているが、ヒッコリーは織りでストライプをあらわしたもの。

COLUMN 55 >ストライプ

縞柄の歴史

縞柄が歴史上にあらわれてきたのは中世の頃からといわれる。中世では2色の縞模様は排斥された者たち（私生児、農奴、受刑者、ハンセン病患者など）や異端者に着せられた服という。明らかに「区別」するために「縞」が用いられ、軽蔑的・悪魔的な意味をもっていたが、時代と共にその性格も変わってくる。いずれにしても縞柄は「革命」「反骨」などの要素のある柄とも分析されている。かつて囚人服に縞柄が用いられたのは、このような歴史的性格や「目立つ」ことで一般社会と明確な区別をするためでもある。

また、漁民や船乗りに縞柄のシャツが多いのは、船上の仕事は危険が伴うため、常にお互いを見分けられる縞が用いられたとも考えられている。パジャマ、シーツ、マットレスなどにストライプが多いのは、「縞柄」には悪霊や悪魔の手先から身を守る「柵や格子」の役割があり、休息中に悪霊などから身を守ってくれる「守護的な力の柄」と考えられていたという説もある。

日本に縞柄が登場しはじめたのは、16世紀の南蛮貿易（対スペイン、ポルトガル）頃といわれる。それまで日本では「筋」と呼ばれる柄はあったが明確な縞柄はなく、南方諸島から渡来した縞柄木綿は、「島渡り物」ということで当初は「島」の字が当てられ「島物《しまもの》」と呼ばれていた。町人文化が花開いていた江戸中期頃にはインドから唐桟縞《とうざんじま》*などが舶載され人気となり、文化・文政期頃には、単純明快な縞柄が江戸好みの「粋」とされ、大流行した。

エキゾチックな多色使いの「ベンガル・ストライプ*」

シンプルな「シングル・ストライプ」

ストライプ

stripe

ストライプ

●オックスフォード・ストライプ Oxford stripe

トラディショナルなボタンダウンのシャツを代表する、オックスフォード*地の先染め*ストライプ。少し太めのはっきりした明るめのストライプで、キャンディ・ストライプ*のような単純配色や3〜4配色の大胆なものなど、バリエーションも多い。オックスフォード・チェックもある。

ストライプ

●オーニング・ストライプ awning stripe

オーニングawningは「日除《よ》け、天幕」のことで、日除け用のテントやビーチパラソルのような大胆で単純な等間隔の太い棒縞《ぼうじま》*をいう。白地に赤や青の配色が典型的。青に黄色、ピンクにオレンジなどの派手な配色も特徴。「日除け縞」「ブロック・ストライプ」とも呼ばれる。

ストライプ

●御召縞（おめしじま）Omeshi stripe

「縞御召」ともいう。御召し*と呼ばれる、絹の先染《さきぞ》め*縮緬《ちりめん》*の縞柄のことで、徳川 11 代将軍家斉《いえなり》が好んで「お召しになった」ことからこの名がつけられた。濃い青地に渋い赤や鼠《ねず》など 2 色以上の細かい縞柄を配したもの。これを「御止縞《おとめじま》」「法度縞《はっとじま》」と称して一般人の着用を禁止していた。紺地の藍縞、茶縞、細い千筋《せんすじ》*、万筋《まんすじ》などもある。

ストライプ

stripe

ストライプ

●親子縞（おやこじま） thick and thin stripe

広義には、「太い縞（親）」と「細い縞（子）」が寄り添うように組み合わされた縞柄。「子持ち縞」ともいう。「太い（thick）縞」と「細い（thin）縞」の組み合わせなので「シック・アンド・シン・ストライプthick and thin stripe」ともいう。狭義には左右の「太い縞（両親）」に囲まれて（守られて）内側に「細い縞（子）」のあるものをいう。これとは逆で、外側の「細い縞（子）」にいたわられるように内側に「太い縞（親）」があるものは「孝行縞」と呼ばれる。

ストライプ

●オルタネート・ストライプ alternate stripe

オルタネートは「交互に、互い違いに」の意味で「交互縞」をいう。2色の異なった色の縞を交互に配列したものや、異なった織りの縞が交互に配されているもの。シャツ地や毛織物のストライプなど、バリエーションも多い。

ストライプ

●オンブレ・ストライプ ombré stripe

オンブレは仏語の「陰影、濃淡を付けた」の意味で、1色の濃淡だけで縞柄をあらわしたものをいう。ぼかしたタッチでグラデーションのような縞柄をあらわしたカスケード・ストライプ*や、ぼかしの濃淡を交互に配列した縞柄などがある。「シェイデッド・ストライプ」ともいう。

ストライプ

stripe

ストライプ

●カスケード・ストライプ cascade stripe

カスケードは「小さい滝」の意味で、「滝縞」ともいう。太い縞から次第に細い縞になる縞で、片側だけ次第に細くなっているものは「片滝縞《かたたきじま》」。中央に太い縞があり両側が次第に細くなっていくものは「両滝縞《りょうたきじま》」という。グラデーションのように陰影を付けていくものもあり「シェイデッド・ストライプ」とも呼ばれる。

ストライプ

●鰹縞（かつおじま）Katsuo-jima

鰹の背から腹にかけての体色のように、だんだん薄くなっていく色調の縞柄。濃藍から薄藍、白鼠《しろねず》（明るい灰色）までの微妙なニュアンスのグラデーション縞を配置し、これを繰り返していく。

ストライプ

●キャンディ・ストライプ candy stripe

白とパステルカラー、白と赤などの甘さのある等間隔の棒縞*で、オックスフォード*地の先染め*シャツ・ストライプ*を特にこう呼ぶ。ロンドン・ストライプ*よりも細い0.3cm位の幅で、ブルックスブラザーズ社のキャンディ・ストライプが典型的。ペロペロキャンディ（渦巻き形飴）やキャンディケーン（J形のステッキ状棒飴）の配色に似ていることからこの名がある。パステルカラーのマルチカラー・ストライプ*もキャンディ・ストライプと呼ばれることがある。

ストライプ

stripe

ストライプ

●ギンガム・ストライプ gingham stripe

ギンガム*で織られた、白とパステルカラー、白と赤などの甘さのある等間隔の先染め*棒縞*。ギンガムは、染め糸と晒《さら》し糸*、または異なる色の染め糸を用いて格子やたて縞の柄を出した平織物*。ギンガム・チェック*と呼ばれるチェック柄が有名。ギンガム・チェックとギンガム・ストライプは同じ規格の色付けをされることが多い。

ストライプ

●コンペティション・ストライプ competition stripe

コンペティションは「競争、競技会」のことで、競技用のユニフォームなどに用いられる1～3本くらいのアクセントとなるシャープなライン。アディダス社の「3本線」やパンツのサイドライン、ランニングシャツに斜めに入れたラインなどがイメージ。

ストライプ

●サッカー・ストライプ sucker stripe

サッカー（シアサッカー*）は、「縮みジワ」がたて縞状にあらわれる薄手の平織物で、織りで「たてジワ」を配列したストライプのことをいう。さらりとした肌触りで代表的な夏向き素材として使われる。

ストライプ

stripe

ストライプ

●サテン・ストライプ satin stripe

サテン織り*で縞柄を配列した織物。サテン織りのところは光沢が出て、織りがやや盛り上がっているので、単色でも織りの陰影でストライプを表現できる。織りでストライプを表現したものにはサッカー・ストライプ*、ピケ・ストライプ*などがある。

ストライプ

●ジプシー・ストライプ Gypsy stripe

「ロマニー・ストライプ」ともいう。かつてジプシーと呼ばれてきた、中東欧に居住する移住型民族「ロマ民族」が好んで用いた多配色の縞。赤、紫、青、緑、黄色などの鮮やかな色使いのマルチカラー・ストライプ*が特徴。音楽や踊りを好み、旅芸人や占いなどを職業としながら自由に生きるロマを象徴する情熱的な柄のひとつ。

ストライプ

●シャツ・ストライプ shirt stripe

シャツに使われるストライプの総称であるが、主にワイシャツに使われるストライプをいう。太いものではロンドン・ストライプ*、細いものはヘアライン*があるが、親子縞*やオルタネート・ストライプ*など2～3本の組み合わせの品のいいストライプをいうことが多い。

ストライプ

stripe

ストライプ

●シャドー・ストライプ shadow stripe

「影縞《かげじま》」ともいう。光のあたる角度により縞が浮き出て見える織り柄。糸の撚《よ》り方向*の違うものを組み合わせて作る「SZ 交織《エスゼットこうしょく》」が代表的。甘撚《あまよ》り*で光沢の出るS撚り*（右方向に回転）の双糸《そうし》*と、強撚《きょうねん》*で艶消《つやけ》しになるZ撚り*（左方向に回転）の双糸を配列したもの。メンズのダークスーツなどに多く、上品な趣《おもむき》がある。ウールとシルクなど、フィラメント糸*の組み合わせも多い。

ストライプ

●千筋（せんすじ）pin stripe

筋が千本もあるような、非常に細かい縞柄。縞糸2本・地糸4本位を並べた割合のものをいう。「万筋《まんすじ》」はさらに細かな筋で、縞糸2本・地糸2本を並べたもの。万筋よりも細かな筋は「ヘアライン*（刷毛目《はけめ》）」や「微塵筋《みじんすじ》」と呼ばれる。「微塵」は非常に細かな状態をいうことば。

ストライプ

●ダイアゴナル・ストライプ diagonal stripe

ダイアゴナルは「斜めの、対角線の」という意味で、約45度のはっきりした斜め縞の総称。単に「ダイアゴナル*」ともいう。「ダイアゴナル」という場合は、綾目《あやめ》*のはっきりした綾織物*（ウールが主で「ダイアゴナル・ウーステッド」ともいう）のこともいう。

ストライプ

stripe

ストライプ

●大名縞／大明縞（だいみょうじま）Daimyo-jima

「大名筋」ともいう。江戸時代中期に大流行した、縞と縞の開きが広い単純な細いたて縞柄で、縞糸と地糸の割合が約１対３になっている。縞糸２本に対して地糸６本のものは「四つ目大名」という。大名縞の側に細い縞を添えた「子持ち大名」、赤い糸を用いた「赤大名」などの種類もある。

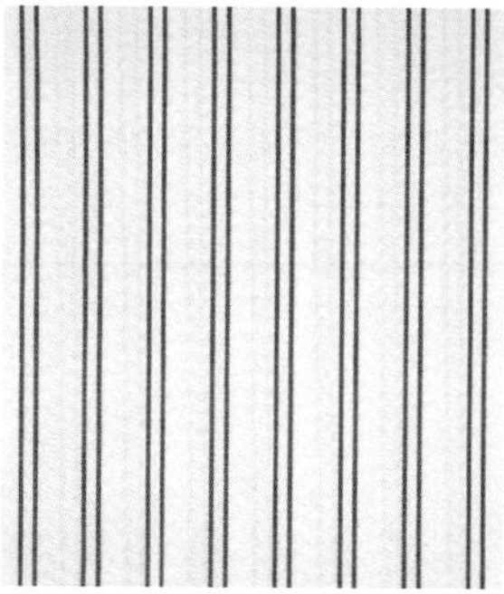

ストライプ

●ダブル・ストライプ double stripe

平行に並んだ2本の縞を1組にして等間隔に配列した、単純な連続縞の総称。「ダブルバー・ストライプdouble-bar stripe」、和名では「金通縞《きんつうじま》」ともいう。2本の縞の間隔がやや広いものは「トラック・ストライプtrack stripe（車のわだち・線路の意味）」「レイルロード・ストライプrailroad stripe（鉄道線路の意味）」と呼ばれる。シンプルな1本の連続縞は「シングル・ストライプ」という。

ストライプ

●チョーク・ストライプ chalk stripe

フランネル*のダークスーツの代表的なストライプ織り。チョーク（白墨《はくぼく》）で書いたような、かすれたタッチで0.8～2cm位の間隔に繰り返されるたて縞で、ペンシル・ストライプ*よりも太い。チョーク・ストライプやペンシル・ストライプなどのはっきりしたストライプは、ウォール街で成功した銀行家bankerやエリート金融関係者が好んで着ていたことから「バンカー・ストライプbanker's stripe」とも呼ばれる。それよりも太い縞に「シシリー・ストライプ」がある。

ストライプ

stripe

ストライプ

●ティッキング・ストライプ ticking stripe

ティッキングは、綿やリネン*で織られた、マットレス地などに使われる地厚でかための丈夫な布。杉綾*、平織り*、朱子織り*などがあり、このティッキング素材に織り込まれたストライプ柄をいう。白地に1～2配色した単純な棒縞*や、細い縞と細い縞を組み合わせた清潔感のあるもので、白地にブルーのストライプが多い。

ストライプ

●デッキチェア・ストライプ deckchair stripe

デッキチェア（キャンバス*地などを張った折り畳み携帯椅子）に見られる、大胆でカラフルなストライプ。幅の太い「ボールド・ストライプ」や、太い縞と細い縞を組み合わせた多色使いの「マルチカラー・ストライプ*」などがある。

ストライプ

●唐桟縞／唐桟島（とうざんじま）Touzan-jima

「桟留縞《さんとめじま》」ともいう。江戸時代中期にインド南東部のコロマンデル地方（セント・トマスが布教に来たといわれ、ポルトガル語でサントメとも呼ばれる）から舶来し、大流行した木綿の縞柄。藍色を基調に、草木染めにした赤・浅葱《あさぎ》・黄などの細い縞柄を配した渋い色調で、細番手*で織られた独特の光沢感が特徴。当初は、サントメから舶来したので「桟留」「算留」などの字があてられ「桟留縞」と呼ばれていたが、川越などで国産化され、「唐桟(縞)」と呼ばれるようになった。

ストライプ

stripe

ストライプ

●ドビー・ストライプ dobby stripe

ドビー織機*で織られた、ドビー柄をストライプ状に配列した縞柄の総称。小柄の連続模様や幾何柄が多く、単色で光沢とマットのコントラストでストライプ柄を出したものや、色糸で柄をあらわしたものなどがある。シャツやブラウス地が主流。

ストライプ

●トリプル・ストライプ triple stripe

平行に並んだ3本の縞を1組にして等間隔に配列した、単純な連続縞の総称。「トリプルバー・ストライプtriple-bar stripe」、和名では「三筋立《みすじだて》」ともいう。太さの違う3本1組の連続縞もこう呼ばれる。

ストライプ

●パイレーツ・ボーダー pirates border

「海賊縞」ともいう。カリブの海賊スタイルをイメージするような、太い白黒のボーダー*。マリン・ボーダー*よりも縞の幅が太く等間隔のもので、赤と黒、黄と黒など、黒との配色が多く力強さがある。漁民、船乗り、水兵、ゴンドラの船頭など、「水」に関わる人々の衣類に縞柄が多いのは、船上の作業は危険が伴うため、常にお互いが見分けられる縞が用いられたと考えられている。

ストライプ

stripe

ストライプ

●パジャマ・ストライプ pajama stripe

パジャマに多く見られる、2〜3色のやや幅広のたて縞柄。単純な棒縞*や、太い縞と細い縞を組み合わせた親子縞*などが多い。パジャマ、シーツ、マットレスなどにストライプが多いのは、「縞柄」には悪霊や悪魔の手先から身を守る「柵や格子」の役割があり、休息中に悪霊などから身を守ってくれる「守護的な力のある柄」と考えられていたという説もある。

ストライプ

●ピケ・ストライプ piqué stripe

盛り上がった太めの畝《うね》や凹凸の柄を浮き立たせたピケ*地であらわした、たて縞柄。単色で、織りの凹凸で縞柄をあらわしたもの。織りによる縞柄は、光沢とマットで縞柄をあらわした「サテン・ストライプ*」、たてジワで縞柄をあらわした「サッカー・ストライプ*」などがある。

ストライプ

●ヒッコリー・ストライプ hickory stripe

ワークウエアの代表的なストライプ素材。「ワーカー・ストライプ」、単に「ヒッコリー」ともいう。生成り糸とインディゴ染め*糸などで織られた先染め*の丈夫な厚手綾織り*で、ペインターパンツやカバーオールジャケット、オーバーオールなどに用いられる。元は、レイルロードワーカー（鉄道作業員）の作業着ともいわれる。極細のストライプは「ピン・ヒッコリー」といわれ、櫛（コームcomb）の目のような縞柄ということで「コーム・ストライプ」の名もある。

ストライプ

stripe

ストライプ

●ピン・ストライプ pin stripe

メンズのスーツに見られる代表的なたてストライプのひとつ。ピンの頭のような細かなドットを連ねた縞柄なので「ピンヘッド・ストライプ」「ピン・ドット・ストライプ」などの名もある。スーツのストライプではもっとも細いストライプで、線の間隔は約2cmが一般的だが、それより間隔が狭いものは「ナロー・ストライプ」と呼ばれる。線の太さでは「ペンシル・ストライプ*」「チョーク・ストライプ*」、シチリアマフィアをイメージする「シシリー・ストライプ」の順に太さが増していく。

ストライプ

●ファンシー・ストライプ fancy stripe

ファンシーは「風変わりな、装飾的な」の意味で、通常のストライプの領域からはみ出たような、「変わりストライプ」を総称して使われる。

ストライプ

●ブッチャー・ストライプ butcher's stripe

ブッチャーは「肉屋」のことで、欧米などで定番となっている「ブッチャー*」と呼ばれる肉屋のエプロン生地に見られるたて縞柄で、青と白のストライプが代表的。地色をブルーにして、ドビー織機*で凹凸感のある白いストライプを配した、丈夫で無骨な厚手織物。

ストライプ

stripe

ストライプ

●プリズナー・ストライプ prisoner stripe

プリズナー（囚人、捕虜）に着せられた服に多かった、たて縞やよこ縞の総称。かつて受刑者や強制収容所の囚人服は、一般社会と区別し差異を際立たせるために、太く目立つ縞柄が用いられた。アウシュヴィッツ強制収容所のブルーグレーの太い棒縞*や、マンガに登場する囚人服の黒と白の太い等間隔のボーダー*などが一般的なイメージ。実際に受刑者に着せられているパジャマ・ストライプ*のようなたて縞もこう呼ばれる。現在、囚人服は無地の作業着が多い。

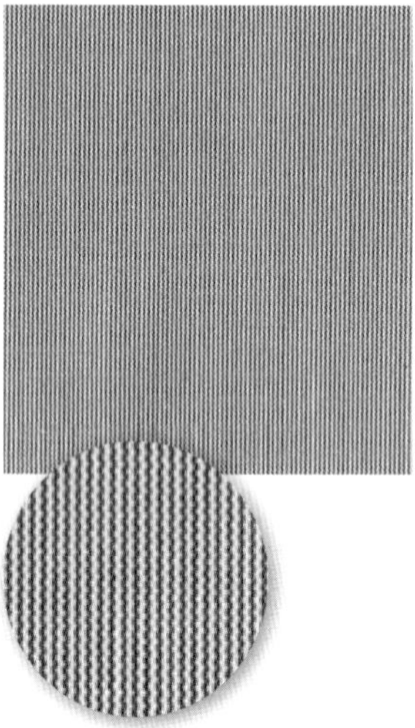

ストライプ

●ヘアライン hairline

髪の毛のように細い縞ということからの名で、「ヘアライン・ストライプ」ともいう。和名では刷毛で引いたようなイメージから「刷毛目《はけめ》」「刷毛目縞」という。織物の名称であり、縞柄の名称でもある。たて・よこに染め糸と晒《さら》し糸を交互に平織り*にすることで、表にたて縞、裏によこ縞があらわれるのが特徴。万筋《まんすじ》*よりも細い縞をいう。

ストライプ

stripe

ストライプ

●ベンガル・ストライプ Bengal stripe

「弁柄縞《べんがらじま》」ともいう。インドのベンガル地方で織られていたベンガリン*という、絹と綿の交織《こうしょく》*の畝《うね》織物*に見られる赤褐色系の縞柄。ベンガル地方は「ベンガラ」と呼ばれる酸化鉄の赤色顔料を産していることから、赤、赤褐色、紫系などのベンガラ色を特徴にした縞織物を輸出していた。日本には鎌倉から江戸時代初期にかけて舶来し、間道《かんとう》*、桟留縞《さんとめじま》*などと共に「島（縞）もの」と呼ばれ、珍重され流行した。現在は、マルチカラー使いの暖色系ストライプをベンガラ縞とかベンガル・ストライプと呼んでいる。また、メンズシャツなどで「ベンガル・ストライプ」という場合は、ロンドン・ストライプに似た、はっきりした色調の太めの棒縞*を指す場合が多い。

ストライプ

●ペンシル・ストライプ pencil stripe

鉛筆（ペンシル）で線を引いたような太さの、等間隔のたて縞柄。ピン・ストライプ*よりも太く、チョーク・ストライプよりも細いが、輪郭がはっきりしている。メンズスーツの代表的なストライプのひとつ。

ストライプ

stripe

ストライプ

●棒縞（ぼうじま） bold stripe / block stripe

縞糸と地糸が等間隔で配置されている、太い単純なたて縞柄。「棒」を並べたように見えることからこの名がある。「大胆なbold」の意味から「ボールド・ストライプ」、ブロックのように区切られていることから「ブロック・ストライプ」とも呼ばれる。棒縞は、太さにより大棒縞《だいぼうじま》、中棒縞《ちゅうぼうじま》、小棒縞《しょうぼうじま》に区別される。小棒縞は千筋《せんすじ》*よりも縞が太い。

ストライプ

●マリン・ボーダー marine border

マリン・ルックやマリン・スポーツなどで登場する、白地にブルーのボーダー*。フランス海軍のユニフォームやスペインのバスク地方の船乗りに愛用されてきた、白地にブルーの配色のボーダーシャツ（正式にはバスクシャツ）に発想を得たもの。フレンチ・ネイビー・モデル（フランス海軍公式バスクシャツ）が代表的で、縞糸と地糸はほぼ1対2の割合。フランス海軍御用達のオーチバルOrcival社やセント・ジェームスSaint James社のカットソー*のコットンボーダーシャツが典型的。

ストライプ

●マルチカラー・ストライプ multi-color stripe

多配色使いのストライプの総称。南米インディオや北米ネイティブ・アメリカンなどのエスニックなマルチカラー・ストライプや、フランスのレ・トワール・デュ・ソレイユLes Toiles du Soleil社のデッキチェア生地に見られるようなマルチカラー・ストライプが代表的。

ストライプ

stripe

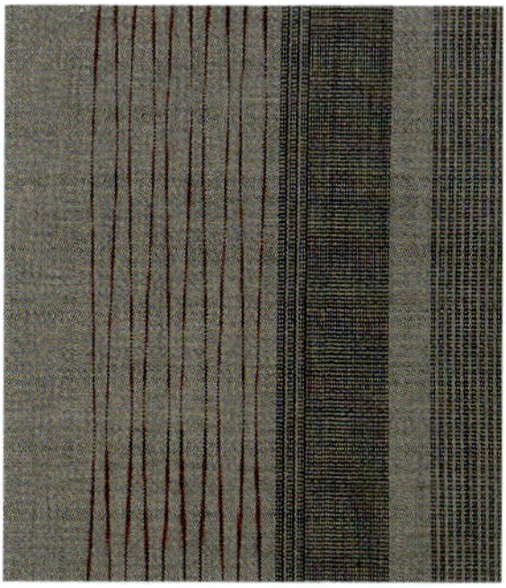

ストライプ

●やたら縞 / 矢鱈縞 (やたらじま) random stripe

やたらは「むちゃくちゃ、節度がない」というような意味で、縞糸や地糸の幅や色の配列が不規則な縞柄。「乱立縞」「ランダム・ストライプ」ともいう。「播州《ばんしゅう》やたら」と呼ばれる、播州《ばんしゅう》織りのやたら縞などが知られる。スラブ糸*、リング糸、杢糸《もくいと》*などさまざまな残糸を用いて織る縞柄で、模様の配列が一貫していないのが特徴。「世界に一枚」の織物となる。

ストライプ

●よろけ縞 / 蹣跚縞 (よろけじま) ondulé stripe

ひょうたん形によろけた (湾曲した)、不規則な波状の縞柄。よろけ織り (オンジュレー*) という特殊な織りによるものや、型染め*による柄模様がある。たてがよろけているものを「たてよろけ」、よこがよろけているものを「よこよろけ」、両方のものは「たてよこよろけ」という。オンジュレーは仏語で「波状」の意味。

ストライプ

●ラガー・ボーダー rugger border

ラグビーのジャージ (ラガーシャツ) に見られる、太く大胆なよこ縞柄。2配色が多い。本来、ラグビーユニフォームは単色であったが、単色には限りがあるので他チームと区別するために配色ボーダーが採用されたという。特に日本ではボーダーが多いといわれる。早稲田大学の「臙脂《えんじ》と黒」、慶応義塾大学の「黒と黄」、明治大学の「紫紺と白」などの伝統あるチームカラーのラガー・ボーダーが有名。

ストライプ

stripe

ストライプ

●レジメンタル・ストライプ regimental stripe

「レジメンタル・タイ」と呼ばれるトラディショナルなネクタイに使われる「斜め縞」。「レジメントregiment」は「連隊」の意味で、16世紀の英国連隊旗の配色に由来する。本来は、各々の連隊ごとに制定した配色のストライプ柄をいい、ネクタイには19世紀後半頃に採用されたという。ロイヤル・エアフォース（英国空軍）、ロイヤル・ネイビー（英国海軍）など、所属する軍や連隊により配色や縞の幅まで厳密に決められていて、その組み合わせが重要な意味を持つ。現在は、似たような配色のストライプもこう呼ばれる。向かって右上がりのレジメンタル・ストライプは伝統的な正統派の「ヨーロピアン・ストライプ」、左上がりのものはアメリカン・トラッドに代表される「アメリカン・ストライプ」という。ジェントルマンの「クラブ」で用いられるレジメンタルは、「クラブ・ストライプ」と呼ばれ、左上がりのものが多い。また、英国のケンブリッジやオックスフォード大学のカレッジ別、アメリカのアイビー・リーグなど名門校の「スクール・タイ」としても使われている。レジメンタル・ストライプは所属する軍、クラブ、学校に由来する集団帰属性の高い柄であることが大きな特徴となっている。

ストライプ

●ロイヤル・クレスト royal crest

トラディショナルなネクタイ柄のひとつで、一般的には「王室の紋章」を小さく散らした柄をいう。紋章柄とレジメンタル・ストライプ*を組み合わせた「ロイヤル・レジメンタル*」をいう場合もある。厳密には王室の紋章は「royal coat of arms」といい、「クレストcrest」は紋章の楯《たて》や、兜《かぶと》の上部に動物や鳥などを装飾した「兜飾り」のことをいう。親から子へと受け継がれる血族の象徴で、家紋のようなものといわれる。紋章は「楯（エスカッシャン）」と、それを左右から支えるライオンやユニコーンなどの「サポーター」、頭飾りの「クレスト」、銘文や家訓の「ファミリー・モットー」を書いた飾り枠（スクロール）や帯状飾り（バンドロール）からなっている。「ロイヤル・クレスト」という場合は、これらの装飾がついた「全紋章full coat of arms」をいい、単に「クレスト柄*」といわれる場合は、楯（エスカッシャン）、兜飾り（クレスト）、小冠（コロネット）などの部分柄も含めて「紋章柄」と表現されることが多い。本来、紋章は所有者個人の称号・地位・社会的階級をあらわすもので、同じ図案の紋章はない。

ストライプ

stripe

ストライプ

●ロイヤル・レジメンタル royal regimental

トラディショナルなネクタイ柄のひとつで、ロイヤル・クレスト*とレジメンタル・ストライプ*を組み合わせた柄。「クレスト・アンド・ストライプ」ともいう。クラブやカレッジの紋章を組み合わせたもので、レジメンタルより格式が高いとされる。「クレストcrest」は「紋章」と訳されるが、正しくは「紋章royal coat of arms」の楯（エスカッシャン）の上部を飾る装飾のこと。現在はクレストだけに限らず、楯や紋章、あるいは鳥、犬、馬などハンティングモチーフも多い。

ストライプ

●ロンドン・ストライプ London stripe

白とブルー、白とワインなどの、はっきりした等間隔の太めのシャツ・ストライプ*。約0.5〜1cm幅のものが中心。ロイヤル・ワラント（英国王室御用達）の称号をもつ、ロンドンの老舗《しにせ》シャツメーカー、ターンブル&アッサーTurnbull & Asser社がミュージカル衣装用に作った派手なストライプ・シャツを一般向けに販売したところ人気を呼んだものといわれる。本来は「ブロック・ストライプ」というが、ロンドンで流行していたことから日本では「ロンドン・ストライプ」と呼ばれるようになった。

スプラッシュ柄（スプラッシュがら）

splash pattern

スプラッシュは「飛沫《しぶき》」の意味で、塗料や絵の具を「滴《したた》らせたり（ドリッピングdripping）」、「注いだり（ポーリングpouring）」、キャンバスに飛沫のように「たたきつけたり」、「まき散らした（スプラッシュsplash）」ような柄をいう。抽象表現主義を代表するアメリカの画家ジャクソン・ポロックJackson Pollock（1912〜56）の絵画が代表的。

スポッテド・パターン

spotted pattern

スポットは「斑点、まだら、染みのついた」の意味で、さまざまなドット*、ヒョウ柄のような動物の斑点柄、染みが点在しているような柄をいう。

青海波（せいがいは）

Seigaiha

日本の古典文様のひとつで、円弧を同心円《どうしんえん》に重ねた鱗《うろこ》状の形を連ねて「波」を意匠化した幾何学文様*。「青海波」というめでたい雅楽の演目の装束に用いられたことからこの名がある。「無限に広がる吉祥《きっしょう》の波」として伝統的な吉祥文様*となっている。ササン朝ペルシャ（226〜651）の文様が中国を経て日本に渡ったとされ、江戸の元禄時代に勘七という漆工が青海波の漆絵を巧みに意匠したことがきっかけで人気を呼び、文様が広く普及。吉祥ブームを生み出したといわれる。

生命の樹（せいめいのき）

tree of life

世界各地の神話や樹木崇拝に広く見られる「生命を象徴する樹」をモチーフにしたもの。生命力、宇宙観、世界観があらわされている。聖書の「生命の樹」、北欧神話の「世界樹《せかいじゅ》」、仏教の「菩提樹《ぼだいじゅ》・沙羅双樹《さらそうじゅ》／娑羅双樹《さらそうじゅ》」、メソポタミアの「生命の木」などがある。インド更紗*、キリム*、ペルシャ絨毯《じゅうたん》、イスラムのアラベスク模様*、朝鮮半島のポシャギ（パッチワーク）、日本の着物などにも見られ、ナツメヤシ、イチジク、トネリコ、松竹梅などの木に託されている。

星文／星紋（せいもん）

star crest

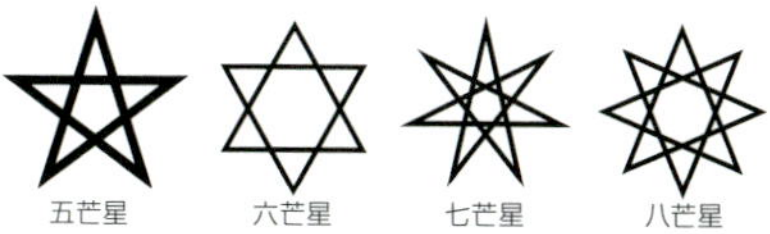

星形の図形で、「星形正多角形（多角形の対角線からなる星形）」が代表的。円に内接する接点の数により「五芒星《ごぼうせい》*ペンタグラム」「六芒星《ろくぼうせい》*ヘキサグラム」「七芒星《しちぼうせい》エニアグラム」「八芒星《はちぼうせい》オクタグラム」などと呼ばれ「十二芒星《じゅうにぼうせい》」まである。それぞれは「五星文」「六星文」などとも呼ばれる。「芒《ぼう》」は「光の姿」を意味し、神秘をあらわすともいわれ、星文は魔除けや神秘性の象徴ともなっている。星文の内部の線を除いた星形は「五光星」「六光星」などと呼ばれる。「米印（※）」に似た「アスタリスク／アステリスク（*）」も6本の放射線からなる星形の一種で、「小さい星」の意味をもつ。家紋の場合は「星紋」と書き、「星形（★）」ではなく「丸形（●）」の図形であらわされ「曜《よう》」と称されることが多い。9つの丸い星を並べた「九曜」、「亀甲に七曜」、将軍星といわれる「三つ星」などがある。

セリア・バートウェル柄（セリア・バートウェルがら）

Celia Birtwell pattern

英国のテキスタイルデザイナー、セリア・バートウェルのテキスタイル柄の総称。特に、1960～70年代のスウィンギング・ロンドンを代表するデザイナーで、オジー・クラーク Ossie Clark（1942～1996）の妻でありビジネスパートナーだった頃のデザインをいうことが多い。花や葉、蔓草《つるくさ》などの植物柄と幾何柄*を組み合わせた大胆な表現が特徴。画家デビッド・ホックニーのミューズとしても知られる伝説的な存在で、彼女のテキスタイル・アーカイブでコレクションを展開するブランドも多い。

千花模様（せんかもよう）

Mille-fleur

「ミルフルール」「万華模様《まんげもよう》」ともいう。たくさんの花々や植物を一面にちりばめた中に、小動物や鳥が隠れている模様様式。「千もの花が咲き誇る場所」とは天国を意味し、草花にはキリストや聖母マリアを象徴するもの、毒消しの薬草など、それぞれに意味を含ませたものが多い。花を地紋に使う手法はペルシャが発祥と考えられ、ペルシャ絨毯をはじめ、16世紀のフランドルのタペストリーなどにも多く見られる。

タイポグラフィ

typography

文字を用いたデザインのこと。かつては印刷物の文字の体裁をととのえる技法をいったが、現在は文字による表現全般を指すことが多い。テキスタイルでは文字を組んでデザイン化したプリントをいうことが多く、俗に「文字プリント」ともいう。

タトゥ柄（タトゥがら）

tattoo pattern

刺青《いれずみ》／入れ墨《ずみ》柄の総称。針で点描画のように細かいぼかしを入れて竜や牡丹、唐獅子《からじし》などを描く和彫りの刺青や、ボルネオ、ポリネシアンなど部族内独特の「トライバル・タトゥ」、インドや北アフリカに見る植物染料のヘナでさまざまなシンボル、数字、図形、文字などを目や手などに描く「ヘナ・タトゥ」などが代表的。お守りや魔除けに用いられ、不思議なパワーがあると信じられている。これらに似たようなものも含めて、タトゥ柄と呼ばれる。

COLUMN 56 ＞タトゥ柄

TRIBAL TATOO トライバル・タトゥの種類

世界中に存在し、部族内で独特に表現されているトライバル・タトゥは、独特の法則性があり、宗教的・呪術的・社会的ステイタスや既婚のサインなどがあらわされている。多くは煤《すす》などで黒く塗りつぶしたもので、これらにインスパイアされたものが、ストリートファッションの新しいジャンルにもなっている。

Iban ボルネオ／イバン族

今日のトライバル・タトゥブームの火付け役となったともいわれる、ボルネオ島のタトゥデザイン。白黒が優雅に絡み合う渦巻き柄の曲線が特徴。

Samoa ポリネシアン／サモア

男性のタトゥデザインは「ペア」と呼ばれ、線模様が帯状に折り重なるようなパターンが特徴。

Henna/Mehndi ヘナ／メンディー

植物のヘナ（インド名：メンディー）から採取した色素で施される鮮やかなヘナ・タトゥ。ヘナは、主に女性の装飾素材としてタトゥをはじめ髪のカラーリングとして使用されてきた。色は2～3週間くらいで抜ける。インドをはじめ、アジアから中近東、アフリカなど広い地域に見られる。

Maori ポリネシアン／マオリ族（モコ Moko）

伝統的なマオリ・トライバル・タトゥは、「モコ」と呼ばれ、戦士の顔に施されたタトゥがよく知られる。螺旋（らせん）模様を白抜きにしたデザインが特徴。

Haida カナダ／ハイダ族

カナダ先住民のハイダ族は、アニミズム思想を反映し、動物などの具象モチーフを一定の法則で描いたタトゥが特徴。「赤」を使用しているのも他の地域にはない特色。

Hajichi & Ainu ハジチ＆アイヌ

日本のトライバル・タトゥとしての習慣が見られた、琉球とアイヌ。アイヌはカミソリの刃を用いる独特の施術で、女性は口のまわりにも施す。琉球のタトゥはハジチ（ハリジチ／針付きの意味）と呼ばれ、女性の成人の証しとして指から手の甲に入れられていた。

チェック

check

格子柄のこと。たて縞とよこ縞が交差しているので「格子縞」とも呼ばれる。英語ではたて・よこに縞や筋《すじ》を交差させて四角い格子柄をあらわしたものを「plaidプラッド／プレイド」、市松《いちまつ》文様*（チェッカーボード・チェック*）のように、四角い形をたて・よこに組み合わせた格子は「チェックcheck」「チェッカーchecker」といい、使い分けられていることが多い。日本ではこれらを含めてチェックと呼んでいる。日本の格子は、たて縞とよこ縞の太さや本数を変えてさまざまなバリエーションが生み出された。太い大柄は「弁慶格子*」のように威勢のよさを、細かな格子は上品さや粋をあらわした。

チェック

●アーガイル・チェック Argyle check

「アーガイル・プラッド」、単に「アーガイル」ともいう。トラディショナルなスタイルに見られる代表的な菱形格子。本来はダイヤ柄と細い斜め格子を組み合わせた左右対称の模様編みで、クラシック・アーガイルは3色の糸で編み込む。スコットランド西部沿岸のアーガイル地方に因む名前で、アーガイル・チェックはこの地方を治めた名門貴族アーガイル公爵家の氏族（クラン）であるキャンベル一族のクラン・タータン*（タータン・チェック*）をニットの編み模様にしたもの。

チェック

●市松文様（いちまつもんよう）checkerboard check / block check

2色の正方形を交互に配した格子文様。江戸時代の歌舞伎役者の初代佐野川市松《さのがわいちまつ》が、「心中万年草」の演目で、白と紺の正方形を交互に配した袴《はかま》をはいたところ評判になり、着物の柄として流行。以来、「市松模様」「市松格子」「元禄模様」「元禄格子」などと呼ばれるようになった。英語のチェッカーボード・チェック*、仏語のダミエ（チェッカー盤の意味）と同じ柄。正方形を上下・左右に繋げたものは、もともとは石畳文《いしだたみもん》といい、平安時代には「霰《あられ》」と呼ばれていた。

チェック

check

チェック

●ウインドーペイン windowpane

ウインドーペインは「窓ガラス」のこと。「ウインドー・ペイン・チェック」「窓枠格子《まどわくごうし》」ともいう。窓ガラスの枠に似た、細い線のややたて長の単純な格子柄。ウールのスーツ地やシャツ地に多い。クラシックなチェック柄のひとつ。

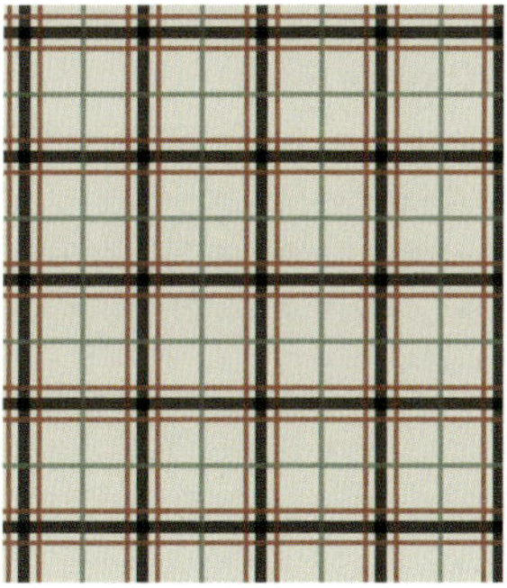

チェック

●翁格子（おきなごうし） Okina lattice

大きな太い格子の中に小さな格子をいくつも交差させた格子文様。翁（老人）が大勢の孫を大切に守っている姿になぞらえて、子孫繁栄を願うおめでたい柄とされる。また、能や郷土芸能の演目である「翁・三番叟《さんばそう》」の翁の衣装に使われたことからの名前ともいわれる。歌舞伎の勧進帳《かんじんちょう》で、弁慶の衣装となった「弁慶格子《べんけいごうし》*」もそのひとつ。

チェック

●オーバー・チェック over check

チェックの上に大きなチェックを重ねた柄のことで、「オーバー・プレイド」「越格子《こしごうし》」ともいう。グレン・チェック*に大きなウインドーペイン*を重ねたり、先染め*チェックの上にチェックプリントを施したものなど、単純で大きな格子を重ねることが多い。ある柄の上にチェックを重ねた柄を総称する場合もある。

チェック

check

チェック

●オルタネート・チェック alternate check

オルタネートは「交互に、互い違いに」の意味で、2色の異なった色、あるいは織りや糸などを変えた縞を、たて·よこ交互に配列した格子柄をいう。装飾的な変わり格子やシンプルな2配色のもの、化学繊維や毛織物など、バリエーションも多い。

チェック

●オンブレ・チェック ombré check

オンブレは仏語の「陰影、濃淡を付けた」の意味で、単色や同系色の濃淡だけで格子柄をあらわしたものをいう。ぼかしたタッチでグラデーションのような格子柄をあらわした先染め*チェックが多く、滲《にじ》んだような柔らかいイメージ。「シェイデッド・チェック」ともいう。

チェック

●ガン・クラブ・チェック gun club check

多色使いにしたシェパード·チェック*、あるいはハウンドトゥース*に似ており、この両方の柄をいう場合が多い。3色使いでシェパード·チェックに似た柄は、和名の「二重弁慶格子《にじゅうべんけいごうし》」にあたる。本来はスコットランドのコイガCoigachという領地のディストリクト·チェック*（地方の領地独自のチェック柄）の、生成《きな》り·黒·赤茶を配したシェパード·チェックだったといわれる。1874年、アメリカの狩猟クラブ（ガンクラブgun club）が結成時のユニフォームに、この格子柄を採用したことから「ガンクラブ」と呼ばれるようになった。

チェック

check

チェック

●ギンガム・チェック gingham check

ギンガム*と呼ばれる織物に見られる特有のチェック柄。染め糸と晒《さら》し糸*、または異なる色の染め糸を用いた、平織りの単純な等幅格子柄。白赤、白黒などの2色使いが多い。たて縞もありギンガム・ストライプ*という。フランスのガンガンGuingampにおいて、木綿で作られていたことからの名前といわれる。フランスでは、保養地として有名なヴィシーVichyも生産地であったことから「ヴィシー・チェック」とも呼ばれる。50's・60'sファッションの代表的な柄。

チェック

●クラン・タータン clan tartan

タータン*は、スコットランドの高地地方（ハイランド）で生まれた伝統的な格子柄*。氏族（クラン）や一族（ファミリー）などを象徴する独自の格子柄として発達したものは「クラン・タータン」と呼ばれ、一族の結束を高める柄として20世紀前半までに定着していった。柄にはハイランド地方やそれぞれの家にまつわる自然染料や独自の染色法が施され、タータン柄で出身地・階級などが一目瞭然となり、戦場では敵と味方を見分ける役割を果たした。

チェック

●クレイジー・マドラス crazy Madras

パッチワーク・マドラスのこと。マドラス・チェック*の色々な柄をつぎはぎした生地（柄）のことで、俗に「パッチマドラス」ともいう。1960年代のアイビーファッションの流行と共に浮上した柄で、アイビートレンドをリードしていた「VAN」創業者の石津謙介が1966年に命名して販売。インパクトあるネーミングでヒット商品となった。

チェック

check

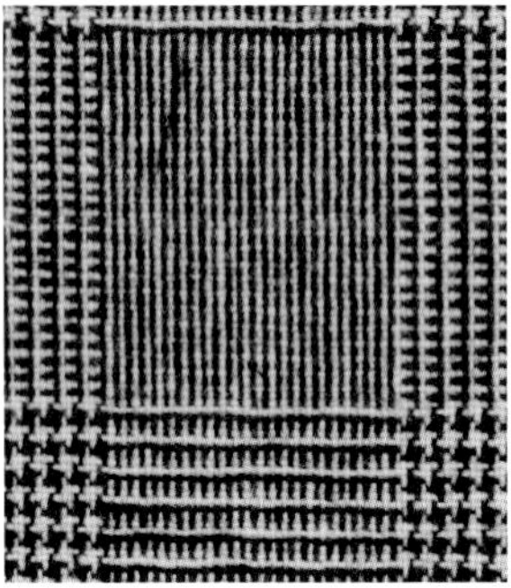

チェック

●グレン・チェック

Glen check / Glen plaid / Glenurquhart check

グレナカート・チェックGlenurquhart checkの略で、スコットランド北部インバネス州の「アーカートUrquhart峡谷Glen（グレン）」で織られていたことから名付けられたチェック柄。正式には「グレン・プラッド（Glen Urquhart plaidの略）」ともいう。19世紀にディストリクト・チェック*として使用されたもので、白黒を基調に、千鳥格子*とヘアライン*が組み合わされたような格子柄。細かな4種類の格子柄が大きな格子柄を形成している。メンズの梳毛《そもう》（そもう）*スーツの代表的な柄。英国のウインザー公爵がプリンス・オブ・ウェールズ時代に愛用していたことから「プリンス・オブ・ウェールズ」の名もある。本来の「プリンス・オブ・ウェールズ」はグレン・チェックに「暗青色の一本格子」を配したものをいうが、現在は何色の配色でもこう呼ばれている。

チェック

●碁盤格子（ごばんごうし）check / Goban check

碁盤の目のように、たて･よこ同じ幅の升目《ますめ》を並べた正方形の格子柄の総称。「碁盤縞」「天井格子《てんじょうごうし》」ともいう。柄のイメージは細いたて縞･よこ縞を交差させた、線だけの格子柄が一般的。よこ長の格子柄は「障子格子《しょうじごうし》」、たて長の格子柄は、花柳界の芳町《よしちょう》に見られた格子窓に似ていることから「芳町格子《よしちょうごうし》」と呼ばれる。

チェック

check

チェック

●シェパード・チェック
shepherd's plaid / shepherd('s) check

シェパードは「羊飼い」のことで、本来はスコットランドの羊飼いの着ていた白と黒の綾織り*の単純なチェック柄をいう。「シェファード・チェック」「シェパード・プレイド」とも呼ばれる。和名の「小弁慶格子《こべんけいごうし》」にあたる。スコットランドのハイランド地方から生まれたディストリクト・チェック*（地方の領地独自のチェック柄）の起源となった柄。ハウンドトゥース*（千鳥格子）と間違えやすいが、格子にハウンドトゥースのような「牙（トゥース）」がない。

チェック

●シャドー・チェック shadow check

光のあたる角度により格子が浮き出て見える無地感覚の織り柄。糸の撚りの方向が違うものを組み合わせて作る「SZ交織《こうしょく》」が代表的。甘撚《あまよ》り*で光沢の出るS撚り*（右方向に回転）の双糸《そうし》*と、強撚《きょうねん》*で艶消《つやけ》しになるZ撚り*（左方向に回転）の双糸をたて・よこに配列して織ったもの。控えめで上品なイメージの格子柄。

チェック

●タータン tartan check

「タータン・プラッド」、ゲール語で「ブレアカン breacan」ともいう。日本では「タータン・チェック」と呼ばれることが多い。スコットランドのハイランド地方で生まれた伝統的な格子柄で、氏族（クラン）や一族（ファミリー）などを象徴する独自の格子柄として発達し、「クラン・タータン*」とも呼ばれる。スコットランドではキルト（スカート状の衣装）、アリセド（肩掛け）などの民族衣装に使われてきた。現在は英国調を代表する柄として、ファッションに幅広く用いられている。

COLUMN 57 >タータン

タータンの歴史と種類

クラン・タータンの歴史

タータンの歴史は古く、海を渡りアイルランドやスコットランドに定着したケルト系民族に由来する。スコットランドに定住したケルトは、次第に血族関係の団結を重視する「氏族制度（クランシップ）」を形成していった。高地地方（ハイランド）を中心に氏族（クラン）や一族（ファミリー）を象徴するタータンのチュニックなどが用いられるようになった。

タータンの語源はいくつかあるが、フランスの古語で「麻と毛の交織織物」を意味する「テリターナteritana」からともいわれる。当初は麻織物だったが、後にウールを用いるようになり、16世紀頃にはタータンということばが定着。タータンはケルトを識別する象徴となり、結束を強めていったといわれる。

1746年、追放されたジェームズ2世の復位を支援して戦った「カロデンの戦い」で、王を支持するジャコバイト軍はイギリス政府軍に大敗。政府は反乱軍の中心となっていた高地民族（ハイランダー）の結束を弱めるために、タータンを含む民族衣装の着用やクラン姓の使用などを禁止。スコットランドの制度や風俗が弾圧され、クラン制度も消滅した。

1782年にタータンの使用が許されたが、すでに多くのタータンが失われてしまったため、氏族ごとに新しいタータンを定めて身につけるようになった。現在「クラン・タータン」と呼ばれるものの多くは、19世紀中頃から20世紀中頃にかけて作られたもの。1963年に設立された「スコティッシュ・タータンズ・ソサエティ」がタータンを公認している。現在も旧大英帝

Princess Beatrice

Princess M Rose

Stewart Hunting Old Colours

国圏の国々を中心に使われ、カナダやアメリカ合衆国などでも国や州に独自のタータンがある。生地では、1798年創業のスコットランドの生地メーカー、ジョンストンズJohnstons社のタータンがよく知られる。

タータンの種類と特徴

タータンは時と場合により使い分けられ、日常用の「クラン・タータン」には、植物染料などを用いた「アンシェント・タータン（古代色）」と、合成染料を用いた「モダン・タータン（現代色）」がある。白地のものは「ドレス・タータン」といい、正装用やクランの夫人に愛好されたという。狩猟用や野外など非公式で使うものは「ハンティング・タータン」といい、自然界に融合する緑や青などの暗色が多い。また、王のみに使用が限定されるパープルなど、身分により色や色数が制約され、身分が高くなるほど色数は増し、複雑で贅沢なタータンを身につけることができた。族長やその直系家族しか身につけることのできない「チーフ・タータン」、王族専用のものは「ロイヤル・タータン」と呼ばれている。「ブラック・ウォッチ*」のように、軍隊専用のタータンもある。

「クラン・タータン」をもっていなかった新興貴族などが、独自にもちはじめたチェックは「ディストリクト・チェック*」という。またバーバリー・チェック*などのように、ブランドの象徴や商標として開発したものは「ハウス・チェック*」と呼ばれる。

Stewart Dress

Rob Roy

Black Watch Dress

チェック

check

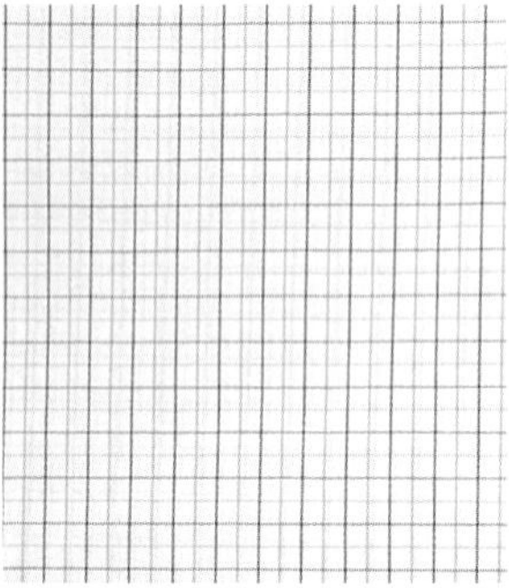

チェック

●タッタソール・チェック tattersall check

単に「タッタソール」「乗馬格子」ともいう。明るい生成《きな》り地に赤と黒などの2色のストライプが、たて・よこ交互に交差したシンプルなチェック柄。1766年にリチャード・タッタソールがロンドンに馬市場を作ったことに因む名前。馬市場で鞍《くら》用の毛布や競馬師たちのウエストコート（ベスト）に用いられていた格子柄をこう呼ぶようになった。次第に上流階級にも用いられるようになり、ビエラ*の代表的な柄にもなった。

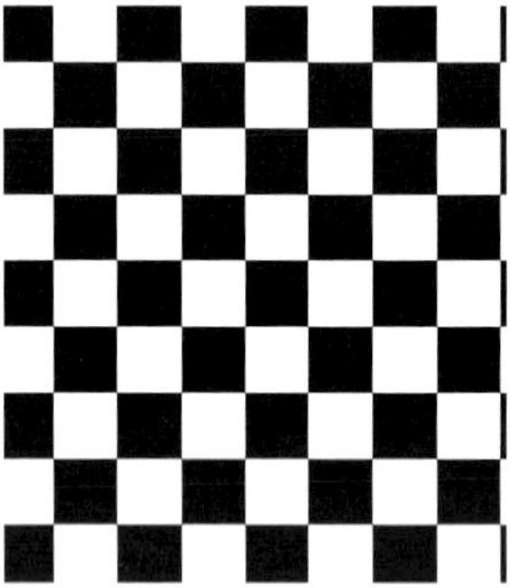

チェック

●チェッカーボード・チェック checkerboard check

チェスのチェッカー盤（チェッカーボード）やチェッカーフラッグのような、2色の正方形を上下・左右交互に色違いに配した格子柄。仏語でダミエdamier（チェッカー盤の意味）、和名では「市松格子」「市松模様」「元禄格子」「元禄模様」ともいう。江戸時代の人気歌舞伎役者の佐野川《さのがわ》市松《いちまつ》が「心中万年草」で袴に白と紺のこの格子柄を採用したところ評判になったことに由来する名前。

チェック

check

チェック

●ディストリクト・チェック district check

ディストリクトは「地域、地方」を意味し、スコットランドのハイランド（高地）の領主から生まれた「地方の領地独特のチェック柄」をいう。独自のクラン・タータン*（各氏族特有のチェック柄）を持っていなかった新興貴族などの領主が、使用人の衣服の「仕着《しき》せ（使用人に与える制服）」のために考えた柄。羊飼いが着ていた白と黒のシェパード・チェック*に赤い格子を重ねたオーバー・チェック*がディストリクト・チェックの起源とされる。「グレン・チェック*」「ガン・クラブ・チェック*」「ハウンドトゥース*」、ヴィクトリア女王の夫アルバート公がデザインしたといわれる「バルモラル・チェック」などがあり、スコッチ・ツイードの伝統的なチェックとなっている。現在は、タータン・チェック以外のツイードなどに付けられている「ブリティッシュ・チェック*」を指していうことが多い。

チェック

●ハウス・チェック house check

英国などでその家に伝わるチェック柄のことだが、ブランド独自のチェック柄として開発し商標登録された象徴的なチェック柄をいうことが多い。「バーバリーBurberry」「アクアスキュータムAquascutum」「ダックスDAKS」などの英国ブランドのチェック柄が知られる。本来は氏族（クラン）を象徴した由緒あるタータン・チェック*の一種であるが、バーバリーでは一般公募で採用された、カントリー・タータンをアレンジしたチェック柄が使われている。

チェック

check

チェック

●ハウンドトゥース hound's-tooth

格子ひとつひとつの形が猟犬（ハウンドhound）の牙（トゥースtooth）に似ていることからの名前。「ドッグトゥース」ともいう。日本では千鳥が飛ぶ姿に似ていることから「千鳥格子」、フランスでは「雌鳥《めんどり》の足跡」を意味する「ピエ・ドゥ・プールpied-de-poule」という。白・黒、白・茶などの2配色が基本で、3～4配色のものは「ガンクラブ・チェック*」と呼ばれる。大柄のものは「ジャイアント・ハウンドトゥース」という。

チェック

●バスケット・チェック basket check

バスケット織り*に見られるように、籠《かご》（バスケット）の網目のような織り組織であらわしたチェック柄。籠の網目に似ているから「籠格子《かごごうし》」、竹などをたて・よこ・斜めに編んだ「網代《あじろ》」に似ていることから「網代格子」ともいう。
→網代織り、バスケット織り

チェック

check

チェック

●バッファロー・チェック buffalo check

CPOジャケットやマッキノー*に代表されるアメリカンワークウエアの代表的なチェック柄。単純な大柄のチェックで、赤と黒の配色が代表的。米国ウールリッチWoolrich社のバッファロー・チェックがよく知られる。西部開拓時代、バッファロー狩りなどを行うカウボーイや五大湖周辺の森林労働者などに、危険を伴う作業で“目立つ”ことから用いられたという。本来は、スコットランドのハイランド地方のタータン・チェック*が原型。18世紀前後にスコットランドの伝説の英雄となったアウトロー、ロブ・ロイ（ロバート）・マグレガーRob Roy (Robert) MacGregorが身につけていたマグレガー一族のクラン・タータン*がモデルとされる。英国では「クラン・ロブ・ロイ・マグレガーclan Rob Roy MacGregor」「ロブ・ロイ・アンシェントRob Roy ancient」「ロブ・ロイ・プラッドRob Roy plaid」「ロブ・ロイ・タータンRob Roy tartan」などの呼び名がある。

→【コラム57】タータン

チェック

●バーバリー・チェック Burberry check

バーバリーBurberry社の登録商標になっている、ブランドを象徴する独自のチェック柄。キャメル地に黒・白・赤で構成されたチェックで、1924年にトレンチコートの裏地として使われたのが始まり。カントリー・タータンというタータン・チェック*をアレンジしたもので、公募で決定した。「ヘイマーケット・チェック」または「バーバリー・クラシック・チェック」が代表的だが、「ノバ・チェック」「ハウス・チェック」「ブラック・レーベル・チェック」など、ブランドやコンセプトにより新しいチェック柄が生まれ、約20種のバーバリー・チェックが展開されている。

チェック

check

チェック

●ハーリキン・チェック harlequin check

ハーリキンharlequinは「道化師、アルルカン（仏）」のことで、道化師の典型的な衣装に見る、ダイヤ柄を配列したチェック柄をいう。2色のダイヤ柄を交互に並べたものや、光沢とマットの織り柄でダイヤ柄をあらわしたものなどがある。ダイヤモンド・チェックという場合は、ダイアパー・クロス（バーズアイ*）に見る、菱形の小さなドビー柄をいうことが多い。

チェック

●ピン・チェック pin check

「ピンヘッド・チェック」ともいう。ピンの頭を並べたような、一見無地のようにも見えるごく小さな格子柄の総称。「タイニー・チェック」「ミニチュア・チェック」ともいい、和名では微塵格子《みじんごうし》にあたる。狭義には、たて・よこに２色の糸を２本ずつ交互に配列したもので、「微塵縞《みじんじま》」「微塵筋《みじんすじ》」と呼ばれることもある。「微塵」は非常に細かな状態をいうことばで、縞のようにも見えることからこのように呼ばれる。

チェック

check

チェック

●ブラック・ウォッチ Black Watch

「ブラック・ウォッチ・タータン」ともいう。紺と濃緑と黒で構成されるダークなタータン・チェック*。スコットランドの歩兵連隊であるロイヤル・スコットランド連隊を象徴する「レジメンタル・タータン（連隊タータン）」として着用されている。ブラック・ウォッチ black watch は「黒い監視兵」の意味で、18 世紀の中頃にハイランド監視兵中隊（Highland Watch）として編成され、通称“ブラック・ウォッチ”と呼ばれたロイヤル・ハイランド連隊をいう。ブラック・ウォッチ・タータンは、連隊タータンとして使用されていたもの。一時期、反乱軍の中心となっていたハイランダー（スコットランドのハイランド高地住民）の結束を弱めるため、象徴となっていた各氏族（クラン）のタータンの着用が禁止された時期も、ブラック・ウォッチは禁止対象外とされていた。のちにロイヤル・スコット連隊に統合され、ブラック・ウォッチ・タータンも引き継がれている。途絶えることなく続いているブラック・ウォッチは、もっとも代表的なタータンの基本形のひとつとなっている。これに似た配色のタータンを総称して「ブラック・ウォッチ」と呼ばれることが多い。

チェック

●ブランケット・チェック blanket check

「ブランケット・プラッド」ともいう。ブランケット*（毛布）に見られる、起毛した厚地素材につけられた大柄チェックの総称。タータン・チェック*、バッファロー・チェック*などの大柄のものも含まれるが、同系色使いやオンブレ・チェック*などで柔らかな表現をした大柄チェックをいう場合が多い。

チェック

check

チェック

●ブリティッシュ・チェック British check

タータン・チェック*、ディストリクト・チェック*などを中心に、英国紳士に用いられてきた伝統的な英国調チェックの総称。アーガイル・チェック*、グレン・チェック*、ガン・クラブ・チェック*、ハウンドトゥース*、ウインドーペーン*、タッタソール・チェックなどがある。

チェック

●ブロック・チェック block check

赤黒、黒白など、2色の方形が交互に並んだ、大きめの単純な格子柄の総称。2色の糸を用いた、同じ幅の碁盤格子《ごばんごうし》*（たて・よこの幅が同じ格子）で、たて・よこの縞が交差する部分は色が重なり、濃くなっている。大きめのギンガム・チェック*やシェファード・チェック*、バッファロー・チェック*、弁慶格子*などがこれにあたる。また、チェッカーボード・チェック*のように、2色の方形を上下・左右交互に配した格子柄を言う場合もある。

チェック

check

チェック

●弁慶格子（べんけいごうし）Benkei check

（1）歌舞伎狂言の「勧進帳《かんじんちょう》」で着られた、山伏《やまぶし》姿の弁慶の衣装に因む大柄の格子。「勧進帳」を十八番とする市川家の成田屋や高麗屋《こうらいや》が演じる弁慶の衣装が代表的で、「市」を太い「一本の縞」、「川」を細い「三本の縞」であらわした市川家伝統の格子柄。太い格子柄の中に細いいくつもの格子柄を抱えているので「翁格子《おきなごうし》*」ともいわれる。（2）ギンガム・チェック*を大きくしたような、大胆な格子柄。2色の糸を用いた「碁盤格子《ごばんごうし》*」（正方形の格子）で、たて・よこの縞が交差する部分は色が重なり、濃くなっている。白と紺、茶と紺の「茶弁慶」、紺と浅葱《あさぎ》（薄い藍色）の「藍弁慶」など、配色により名前がある。また柄の大きさにより大弁慶格子《おおべんけいごうし》、小弁慶格子《こべんけいごうし》と呼び分けられている。大胆で男らしい柄であることから「弁慶」の名が付けられたといわれる。

チェック

●マドラス・チェック Madras check

インド東南部のマドラス地方（現チェンナイ）原産の綿で織られる平織物*の、インディア・マドラス*に見られる特有の格子柄。渋い多色使いの格子柄で、アイビーファッションのシャツやジャケットなどに使われる代表的なカジュアル素材としても知られる。本来は草木染め*の糸を手織りにした、節《ふし》やムラのある、独特の野趣のある織物。洗濯で色落ちするが、それが独特の味わいとなっている。

チェック

check

チェック

●三筋格子（みすじごうし）

同じ太さの筋が3本1組でたて･よこに等間隔に配置された格子柄。「三本格子」ともいう。歌舞伎の七代目市川団十郎が、家紋の三升《みます》を崩して格子柄にしたことから「三升格子*」と共に、「団十郎格子」「団十郎縞」とも呼ばれる。2本1組の格子柄は「二筋格子《ふたすじごうし》」、4本1組のものは「四筋格子《よすじごうし》」という。

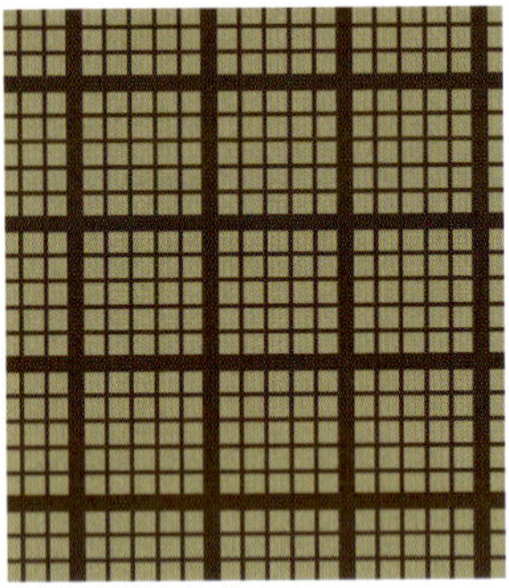

チェック

●味噌漉格子（みそこしごうし）

「味噌漉縞《みそこしじま》」ともいう。細い碁盤縞《ごばんじま》*に太い筋をたて･よこに配した格子柄。竹細工で作った味噌を漉す道具の「味噌漉し」に形状が似ていることからの名前。太い筋の格子の中に細い格子をたくさん抱えている様子を翁《おきな》（お爺さん）が孫を抱えているように見えることになぞらえて「翁格子《おきなごうし》*」ともいう。

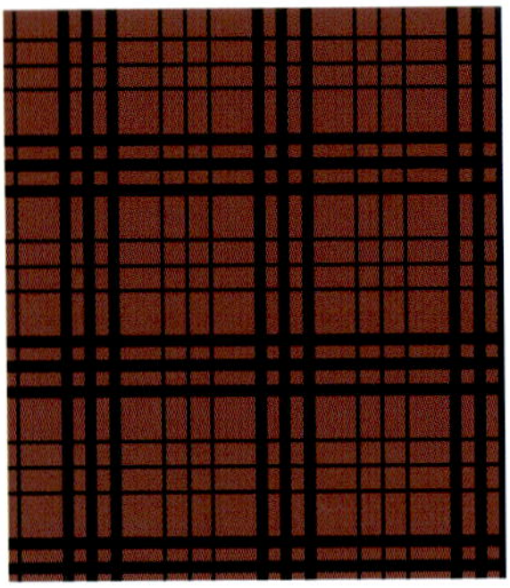

チェック

●三升格子（みますごうし）

歌舞伎の市川家の紋である三つの升《ます》が重なっている「三升《みます》」をアレンジした格子柄。3本1組の筋をたて･よこに配した格子であるため、「三筋格子《みすじごうし》*」ともいう。しかし「三升格子」という場合は、筋の太さや色を違えて強弱を付けたものをいう場合が多い。七代目の市川団十郎が、考案したことから双方共に「団十郎格子」「団十郎縞」とも呼ばれる。

チェック

check

チェック

●ランバージャック・チェック lumberjack check

ランバージャックは「木材伐採人、樵《きこり》」のことで、アメリカ北部やカナダの樵が愛用している厚手のシャツ（ランバージャック・シャツ）や起毛したジャケット（ランバージャック・ジャケット）などに用いられている大柄の格子の総称。ジャケットでは「バッファロー・チェック*」、シャツなどでは数本の配色した縞をたて・よこに組み合わせした大胆な格子柄などが代表的。

チェック

●ロイヤル・スチュワート Royal Stuart

スコットランドの王朝であるスチュワート家を起源とするクラン・タータン*。俗に「赤タータン」といわれ、格調ある赤の地に、緑と青の中細ライン、白と黄の細ラインを交差させたチェック柄が特徴。19世紀にイギリスのハノーヴァー朝の国王ジョージ四世が、スチュワート家発祥の地であるスコットランドのエジンバラを公式訪問した際に着用し、のちにウインザー朝のジョージ五世がスチュワート家との絆を示すためにウインザー一族のタータンに採用した。現在は、英国女王エリザベス二世が個人で所有。スコットランド騎兵連隊のスコッツガーズなどが制服の柄に採用し、女王への忠誠心を示している。ブラック・ウォッチ*と並び、クラン・タータンを代表するひとつ。

中形（ちゅうがた）

Thugata

型紙による木綿の藍染めで、大紋《だいもん》、小紋《こもん》*に対し、中形の大きさの型紙やそれで染めた模様をいう。江戸時代頃、木綿の藍染《あいぞ》め*が浴衣《ゆかた》地に多く使われたこともあり、今日では江戸浴衣の代名詞として、模様の大きさに関係なく藍の型染《かたぞ》め*浴衣地を「中形」と呼ぶようになっている。生地の両面に型付けし、「藍甕《あいがめ》」の液に浸して染める浸染《しんせん》*が特徴。

COLUMN 58 >中形

中形の染色技法と種類

中形は江戸時代から始まった藍染め*の江戸浴衣《ゆかた》地で、生地の両面に型付けする模様染めが特徴。長板《ながいた》に貼った生地に型紙を置き、防染《ぼうせん》*の糊《のり》置きを行い、同じように裏面にもぴったり柄合わせして糊付けを行う。両面に糊置きをした生地を「藍甕《あいがめ》」の液に3〜5回くらい浸して染め上げる。糊付けしたところは染まらず白い柄となる。型紙には美濃《みの》和紙を3枚柿渋《かきしぶ》*で張り合わせて精巧な柄を彫った、「伊勢型紙*」が使用されている。型付けの「型付屋《かたつけや》」、染め物の「紺屋《こうや》」と呼ばれるところで分業が行われてきた。

生地の地が白で模様が藍の「地白《じしろ》中形」、地が藍で模様が白抜きの「地染《じぞめ》中形」、型紙を2枚使って複雑な模様にした「追掛型《おいかけがた》」、小紋《こもん》*のような細かい柄の「小紋中形」などがある。表と裏を異なる型紙で染めたものもある。浴衣生地を長板に張って糊付けし、「藍甕」の液に浸染した江戸時代からの伝統技法は、「長板本染中形《ながいたほんぞめちゅうがた》」と呼ばれ、重要無形文化財に指定されている。

明治末期頃には「注染《ちゅうせん》*中形《ちゅうがた》」「手拭中形《てぬぐいちゅうがた》」「折付中形《おりづけちゅうがた》」と呼ばれる、手軽で効率のよい中形が出現。晒木綿《さらしもめん》*を手ぬぐいの長さに折りたたみながら型紙を置いて防染糊を施し、上から染料を注ぎ込む（注染）染色法。手ぬぐいの長さの繰り返しの模様で染められる。

多種の絞りの技術が辻が花の特徴

辻が花（つじがはな）

Tujigahana

室町時代から桃山時代にかけてあらわれた絞り染め*の一種で、多色染め分けによるさまざまな高度な絞り染めを基調に、描《か》き絵、摺箔《すりはく》*（金箔加工）、刺繍などを併用した、豪華な染色手法。基本となる絞り染めは、小さなものは「鹿《か》の子《こ》絞り*」、模様の輪郭を縫い締めるさまざまな「縫締《ぬいし》め絞り*」、大きな規模では「巻き上げ絞り」（染めたくない部分を糸でぐるぐる巻いて防染《ぼうせん》*）「竹皮絞り」（絵柄を縫い締めた上を和紙や竹皮〈現在はビニール〉で巻き、麻糸で締めて防染）などがある。模様を大きく染め分ける技法では、染めない部分を桶《おけ》に入れ、染める部分だけ桶の縁から取り出して染める「桶絞り」などがある。絞りを入れた後で微妙なぼかしを描くなど、繊細で優美な色調に仕上げたり、摺箔《すりはく》や刺繍を入れて豪華に仕上げる。しかし江戸中期に友禅染《ゆうぜんぞめ》*が台頭するに伴い、後継者もなく急速に廃れ消滅した。長い間「幻の染め物」と呼ばれていたが、昭和後半に友禅職人だった久保田一竹《いっちく》が長い歳月をかけて研究し、辻が花を復活。「一竹辻が花」と呼ばれる芸術性の高い幽玄華麗な作品を完成させた。

デジタル・プリント

digital print

テキスタイルなどでは、写真やイラストなどの画像をコンピューター処理で、質感を変化させたりや、コラージュなどを加えグラフィカルなデザインに仕上げたプリント柄の総称。コンピューター・グラフィックス・プリントのことで、通称「CG（シージー）プリント」ともいう。

ドット

dot

水玉、水玉模様のことで、円形を散らした柄。「ドット（小さな点、水玉）」の方が点描のような「点」まで含めて幅広く使うことが多い。原始美術にも登場する幾何柄*のひとつで、太陽や普遍的なものなどさまざまなものを象徴する柄として使われてきた。現代美術家の草間彌生《くさまやよい》は、水玉を描き続けるアーティストとして知られ、水玉模様に宇宙や分子構造に至る、永遠の生命力などを表現している。水玉（ドット）は、縞（ストライプ*）、格子（チェック*）などとともに、時代や民族を超えて好まれる「エターナル・グローバル・パターンeternal global pattern（普遍的な柄）」にもなっている。流行に関係なく取り入れられる柄ではあるが、これらの柄は1930年代に大流行するなど、不況時（1929年世界大恐慌）に流行する柄としても注目される。大きさにより「ピン・ドット*」「ポルカ・ドット」「コイン・ドット」などの種類がある。

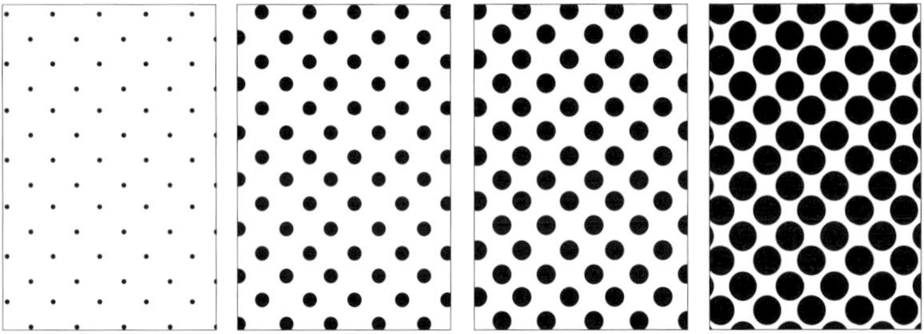

ドットは、時代や民族を超えて好まれる「エターナル・グローバル・パターン」

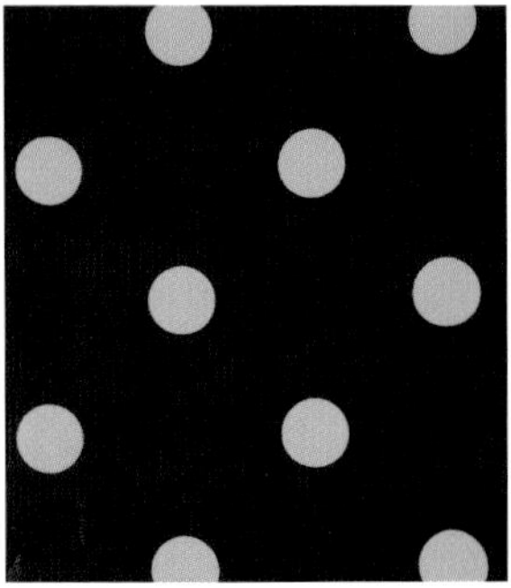

ドット

●コイン・ドット coin dot

コイン（硬貨）位の大きさのドット*（水玉）柄。コインの大きさは米国内で一番出回っている25セント硬貨（直径約2.3cm）が基準とされ、直径約2～3cm程度の大きさのドットをいうことが多い。25セントは1ドルの4分の1で「クォーター」とも呼ばれるため、「クォーター・ドット」ともいう。

ドット

dot

ドット

●シャワー・ドット shower dot

シャワーや夕立のようなイメージを持つ、さまざまな大きさのドット*が不規則に配置された水玉模様。多色使いでカラフル感を出したものもある。

ドット

●ピン・ドット pin dot

1〜2mm位の針（ピン）を刺したような、あるいは針の頭のようなごく小さな無地感覚のドット柄。ネクタイやシャツなどに多く、控えめで上品なイメージ。

ドット

●ポルカ・ドット polka dot

ピン・ドット*とコイン・ドットの中間の大きさのドット*（水玉）。直径5〜10mmのもっとも標準的な大きさで、俗に「中水玉《ちゅうみずたま》」といわれる。「ポルカ」は19世紀にチェコなどのボヘミア地方に起こった民族舞踏曲。ボヘミアの風俗は「ポーランド風」と呼ばれ、チェコ語では「ポルカpolka」という。ボヘミアの染め物に水玉模様が多かったことから、「ボヘミア風の水玉」という意味で「ポルカ・ドット」と呼ばれるようになったという。

トロピカル柄（トロピカルがら）

tropical pattern

「熱帯地方」をイメージする柄の総称。特に南太平洋、ハワイ、ニューカレドニア、タヒチなどの南の島、ハイビスカスやヤシの木などの南国の花や植物、熱帯魚、熱帯フルーツなどのイメージをいうことが多い。ハワイアン柄*もそのひとつ。

トロンプ・ルイユ

trompe-l'œil（仏）

仏語で「だまし絵」の意味。シャツにネクタイを締めたように見えるプリントTシャツ、デニムのオーバーオールを着ているように見えるプリントドレスなど、あたかも存在しているかのように見せかける手法。プリント柄やニットの編み込み模様などで表現されることが多い。1920年代の芸術運動であるシュールレアリスム（超現実主義）に用いられた手法でもある。

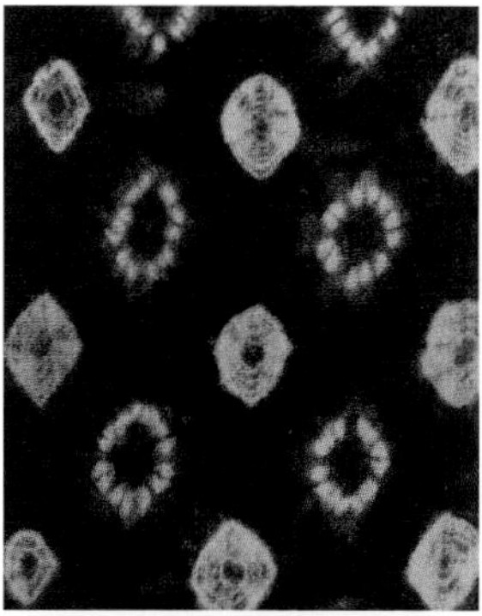

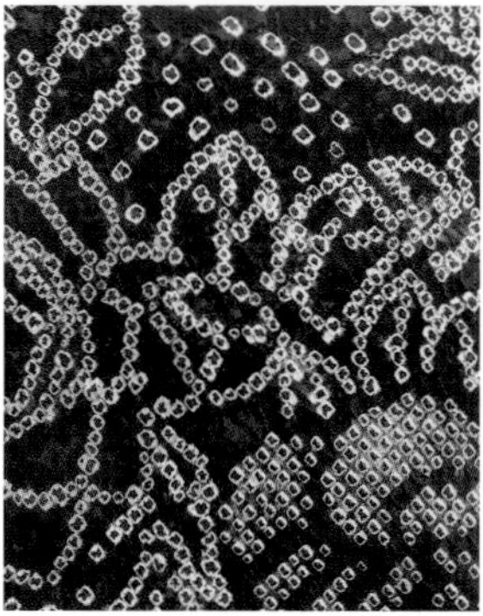

縫締め絞り（ぬいしめしぼり）

Nuishime shibori / tie-dye

絞り染め*の模様をあらわす絞り技法の一種。「縫《ぬい》絞り」ともいう。模様の輪郭を平縫い（ぐし縫い）で縫って絞って防染《ぼうせん》*（染め液が染み込まないようにする）したり、さらに糸を巻き付けて絞る、模様の中を平縫いで埋めていって絞るなど、さまざまな縫い絞りによる防染で模様効果を出す。模様の輪郭を平縫いにして絞り、単純な点線状の輪郭模様をあらわすものは「平縫い絞り」という。何本も平行線に縫い絞り、杢目《もくめ》のような筋模様のシワを縫い出した「杢目絞り／木目絞り」などがある。平縫いにして絞り、膨らんだ部分にさらに糸を巻き付けたものは「巻き上げ絞り」という。膨らんだ部分にビニールなどをかぶせて防染するのは「帽子絞り」といい、かつて竹の子の皮を巻いたことから「竹皮絞り」「皮巻き絞り」の名もある。模様の輪郭を平縫いにして絞り、中の部分を巻き上げて蛇の目傘のような絞り目を出した「傘巻き絞り」など種類が多い。

ノルディック模様（ノルディックもよう）

Nordic pattern

ノルディック・セーターに見られる、北欧の伝統的な編み模様。ノルウェーに古くから伝承されているセーターで、編み込み模様を入れ、二重に編んで厚手に仕上げ、防寒効果を高めている。雪の結晶を主流に、トナカイ、もみの木、幾何学模様*など北欧や寒冷地にまつわる模様が多く、特に「ルース・コスタ」と呼ばれる小さな水玉を散らしたような点描模様が特徴となっている。創業1879年のダーレ・オブ・ノルウェーDale of Norway社のノルディック・セーターがよく知られる。

箔プリント（はくプリント）

foil print / hot stamping

金箔や銀箔などの金属箔を熱で転写し、張り付けたプリントの総称。「箔押し」ともいう。生地に接着剤を塗布して、箔をのせて熱をかけたローラーで圧着する方法などがある。樹脂などに加圧や加熱で金属箔を転写する加工法は「ホット・スタンピング」という。ポリエスティル・フィルムに金属などをコーティングしたホット・スタンプ箔を用いる。和服地では「摺箔《すりはく》*」の技法がある。

発泡プリント（はっぽうプリント）

foam printing

表面がスポンジのように膨らんでいるプリント。模様に沿って発泡剤を敷き、インクをのせプリントした後で熱を加えると、発泡剤が膨らみ立体的なプリントになる。

パネル柄（パネルがら）

panel pattern

パネルは「1仕切り、1区間」の意味があり、生地全体に施された総柄ではなく、1枚の絵のような表現のものをいう。花柄の場合、絵画のような花園の絵柄のものや、装飾的な大きめの花柄をボーダー（縁《へり》）にあしらい、小花の全体柄と組み合わせたものなどがある。

パルメット模様 (パルメットもよう)

palmette pattern

古代エジプトが起源とされる、葉が扇状に広がっている植物模様で、2本に分かれた渦巻き文*の上にのっているような形が多い。唐草模様*の重要な模様のひとつで、「忍冬文《にんどうもん》」ともいわれる忍冬《すいかずら》のような蔓草《つるくさ》と一体化している。シュロの葉(ナツメヤシ)を基にした模様といわれるが、蓮《はす》(ロータス)の花の断面図などの説もある。繁栄、発展、生命力をあらわしているという。

バロック柄 (バロックがら)

baroque pattern

16世紀から17世紀にかけてイタリアから起こりヨーロッパに広まったバロック様式に見る、装飾過多の誇張された模様の総称。紋ベルベット*やブロケード*、ダマスク*などの室内装飾布や衣装の模様が代表的。過剰装飾の柘榴《ざくろ》模様*や花壷《はなつぼ》文様にアカンサス模様*を施し左右対称に配置されたものなどが代表的。

ハワイアン柄 (ハワイアンがら)

Hawaiian pattern

ハワイアンキルトやフラに見られるような、古くからの言い伝えのあるモチーフをいうことが多い。ハイビスカスやプルメリアなど、花には神が宿ると考えられ、ウミガメは幸運を運ぶ海の守り神とされる。モンステラ、レイ、フラ、波、マイレの葉、パイナップルなども代表的。アロハ柄という場合は、アロハシャツに見られる柄をいい、サーフィン柄も多く、ヴィンテージアロハには日本の着物柄もある。

ピクセル柄（ピクセルがら）

pixel pattern

ピクセル（画素）はデジタル画像を構成する最小単位のことで、色のついた「点」であらわされる。この色のついた「点」の集合が画像を構成しているが、画像を拡大すると画像は粗くなり「正方形」の点描画のように見える。ピクセル柄はこの正方形のピクセルで構成された柄、またはピクセル柄のように見せた柄をいう。「モザイク柄*」といわれることもある。

ビザンチン柄（ビザンチンがら）

Byzantine pattern

5～15世紀にわたり長く栄えた東ローマ帝国（ビザンチン帝国）に見られたビザンチン美術で、イコン（聖画像）、モザイク柄*、赤紫と金の色彩を特徴にした豪華な装飾模様や、それをイメージしたもの。東西の文化が交差する首都のコンスタンティノポリス（現イスタンブール）では、キリスト教宗教美術に、ギリシャ、ローマ、ヘレニズム、オリエント文化が混じり合った独特の装飾文様が生み出された。幾何学文様*を地模様に、十字架、メダリオン*、植物文様、空想上の獣などを施したものが多い。

紅型（びんがた）

Bingata

沖縄の伝統的な型染め*による染め物。朱・丹色《にいろ》・黄土・臙脂《えんじ》・群青《ぐんじょう》など独特の多色使いと、装飾的な花・鳥・亀などの南国的な柄表現が特徴。型紙に糊を置いて防染《ぼうせん》*を施すが、さらに糊の間に手で色を差す「手差し」で微妙なぼかしを入れていく。技法には、一般的な「型染め*」、糊筒を用いて模様を描く「筒描《つつが》き」、琉球藍に生地を漬《つ》け込んで染める「藍染め*（漬染め）」がある。

フィギュラティブ・パターン

figurative pattern

「具象柄」のことで、現実にある、目に見える形や姿のあるもの。人物、動物、植物、家具、自動車などをデフォルメしたりデザイン化したもの。反対語は「抽象柄（アブストラクト・パターン*）」という。

50's 調花柄（フィフティーズちょうはながら）

50's flower pattern

1950年代のフィット&フレアーのスカートファッションなどに見られるエレガントな花柄。パリのオートクチュールから影響を受けたバラやブーケなどの中柄から大柄の花を、手描きタッチやぼかしタッチにしたものが多い。

フェアアイル模様（フェアアイルもよう）

Fair Isle sweater pattern

スコットランド北のシェトランド諸島のフェアアイル（フェア島）を発祥とする伝統的なフェアアイル・セーターの編み込み模様*。異文化がミックスしたような、多色使い独特のよこ段の幾何学模様*が特徴。400年以上も編み続けられ、ケルト文化と北欧文化の影響を受けた柄、あるいはイスラム文化色の濃いスペインの編み技術の影響を受けているなどいくつか説がある。北欧の伝統ニットに多いエイトスター（八つ星）と呼ばれる雪の結晶風の模様、クロス模様、OX《オー・エックス》の連続模様が見られたり、スペインの十字架、ムーア式の矢、グラナダの星、バスクの百合など、スペインの模様も多く見られる。1921年プリンス・オブ・ウェールズが、ゴルフ大会でシェトランド島民から送られたフェアアイル・セーターを着たことから一躍有名になった。

プッチ柄（プッチがら）

Emilio Pucci pattern

イタリアの高級ファッションブランド、エミリオ・プッチを代表するプリント柄の総称。特に、1950年代に発表されたプッチの代表作ともいえるグラフィカルで抽象的なデザインや、万華鏡のようなプリント柄をいうことが多い。

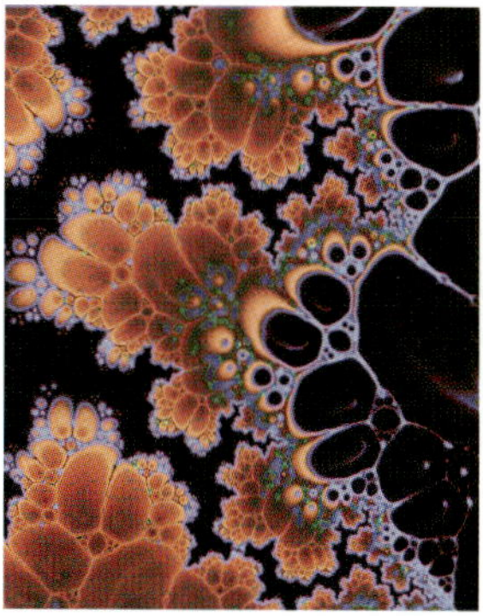

フラクタル・パターン

fractal pattern

コンピューター・グラフィックス（CG）であらわされるさまざまなフラクタルの形や色彩のこと。フラクタルはフランスの数学者ブノワ・マンデルブロが提唱した幾何学の概念で、自然や図形の部分と全体が相似形になっているものなどをいう。丸・三角・四角・立方体などのユークリッド幾何学では説明が困難だった複雑な形や物理現象を定量化したもので、CG技術の発展で表現が可能になった。サイケデリック柄*にも似たものがある。

ペイズリー

paisley

日本では勾玉《まがたま》の形に似ていることから「勾玉模様」ともいわれる装飾的な植物文様。起源はペルシャとされ、ペルシャの花鳥文《かちょうもん》がインドやイスラムに伝わり抽象化されたという。松かさ、菩提樹の葉、ヤシの葉、糸杉、あるいはゾウリムシなどの説もある。インドでは、カシミール地方で織られている「カシミア・ショール」の代表的な模様となっている。カシミア・ショールは19世紀初め頃、ヨーロッパで大流行となり、生産が追いつかなくなったため、イギリスで模造品が作られるようになった。スコットランドのペイズリー市でも、インドのモチーフを様式化したカシミア・ショールが量産されるようになったことから広く知れ渡り、代表的なこの柄が「ペイズリー」と呼ばれるようになった。

→カシミール模様

ボタニカル柄（ボタニカルがら）

botanical pattern

ボタニカルは「植物学」のことで、ボタニカル・アートbotanical artのような細密画や、専門書に描かれているような表現をいう。あるいはボタニカル・ガーデン（植物園）botanical gardenのような、花や植物が密集している柄や、たくさんの種類を描いたものが多く、単なる植物柄とはニュアンスを変えた使われ方がされている。

ポップ・アート柄（ポップ・アートがら）

pop art pattern

ポップ・アートは、1960年代初めに台頭した「ポピュラー・アートpopular art（大衆芸術）」を語源にした前衛的な美術表現のひとつ。大量生産・大量消費時代を背景に、「芸術は崇高」という既成概念をひっくり返し、コミック（漫画）、キャンベルスープ缶、雑誌や広告写真のコラージュなど、大衆の世俗性にテーマを求めたもの。アンディ・ウォーホル、ロイ・リキテンスタインなどのアートが代表的。

マリメッコ柄（マリメッコがら）

Marimekko pattern

鮮やかで大胆なデザインのプリント柄で知られる、フィンランドのアパレル企業のマリメッコMarimekko 社のプリント柄の総称。ヴォッコ・ヌルメスニエミやマイヤ・イソラのデザインが代表的で、特に1964年に誕生した「ウニッコ」と名付けられたケシの花のプリント柄シリーズは世界的に有名となり、ブランドを代表するデザインとなっている。

紗綾形文様（さやがたもんよう）

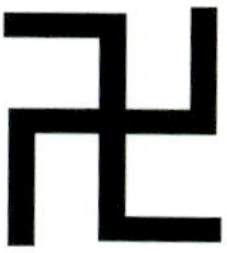

卍（正鉤十字）

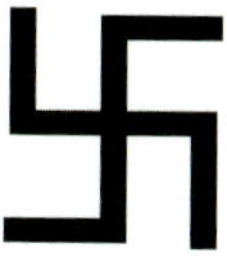

逆卍（逆鉤十字／ハーケンクロイツ）

卍文／万字文（まんじもん）

swastika

十字の先が鈎《かぎ》のように曲がっているもので、「鉤十字」、サンスクリット語で「スヴァスティカ」、英語で「スワスティカ」ともいう。太陽の光を示す印ともされ、宗教的な意味合いも強い。ヒンズー教や仏教では吉祥《きっしょう》の印（めでたい兆し）とされる。日本では家紋や市章、寺院の地図記号などにも使われている。左回りの卍《まんじ》と右回りの逆卍（卐）があり、卍は「正鉤十字」ともいい「和の元」「女性」をあらわし、卐は「逆鉤十字」、「ハーケンクロイツ」ともいい「力の元」「男性」をあらわすとされる。卐はナチスのシンボルだったことでよく知られている。日本では卍が多い。卍を斜めに崩して組み合わせた連続模様は「紗綾形文様《さやがたもんよう》」といい、「卍崩《まんじくず》し」「卍繋《まんじつな》ぎ」などの名もある。綸子《りんず》*の地紋、女性の慶事礼装用の白襟の地紋などの染織の文様をはじめ、陶磁器の文様や建築の装飾などにも使われている。

メダリオン

medallion / médaillon（仏）

仏語で「メダイヨン」ともいう。「大型メダル」のことで、レースやペルシャ絨毯《じゅうたん》などに見られる円形・卵形・六角形・菱形《ひしがた》の大きな装飾模様をいう。モスクのドームを下から見上げた状態、天空の太陽、魔除け、仏座、宇宙をシンボライズしたものなどさまざまな解釈がされている。本来は大きな徽章《きしょう》やメダルのついた飾り、ロケット（写真などを入れたペンダント）などを意味する。

メランジ

mélange（仏）

「メランジェ」「メランジュ」ともいう。仏語で「混合、ごちゃ混ぜ」の意味。繊維では霜降り調になっている状態をいう。「メランジ・ヤーン*」は、スライバー*（棒状のわた）の状態で染めた異なる色を合わせて紡績*して霜降り糸にしたもの。織りやニットでは、異なる色や糸をミックスさせたものの総称。

杢調（もくちょう）

grandrelle

単色ではないミックス調の色合いのこと。複数の色糸を撚《よ》り合わせて1本の糸にした杢糸《もくいと》*を使用したニットや織り。あるいは、複数の色糸を使ったミックス調のニットや織りの総称。同じ種類の同じ太さの糸を使った、2〜3色の単純な配色が多く、素朴なニュアンスがある。「杢」は木材用語で、通常の木目とは異なる装飾性の高い絶妙な模様になっている部分をいう。

モザイク柄（モザイクがら）

mosaic pattern

タイル、陶器のかけら、紙片、ガラス、貝殻などを組み合わせ敷き詰めた手法の装飾や絵画。イスラム建築のモスクのモアッラクと呼ばれるモザイクタイルが有名で、幾何学模様*や唐草模様*を特徴にしたアラベスク模様*で装飾されている。モザイクがかかっているようにも見えるピクセル柄*をモザイク柄と呼ぶこともある。

モダン・アート柄（モダン・アートがら）

modern art pattern

一般的に写実主義以外の抽象的・象徴的なモダンなイメージのアート柄をいうことが多い。モダン・アートとは「近代美術」のことで、20世紀に入ってから第二次世界大戦までに生まれた新しい美術をいう。キュビスム、シュールレアリスム、ダダイズム、フォービスムなどがあり、このようなアート柄のプリントなどを総称して「モダン・アート柄」と呼んでいる。

モノグラム柄（モノグラムがら）

monogram pattern

モノグラムを小紋柄*のような総柄にしたり、大きなワンポイントにした柄のこと。モノグラムは「組み合わせ文字」のことで、イニシャルなど2つ以上の文字を組み合わせて図案化したもの。単に並べただけのイニシャルとは区別される。企業やブランドなどのロゴタイプとして使われることが多い。ルイ・ヴィトンLouis Vuitton社のLとVを組み合わせたモノグラムがよく知られている。

モンドリアン柄（モンドリアンがら）

Mondrian pattern

19世紀末から20世紀初頭に活躍したオランダの抽象画家ピエト・モンドリアンの代表作『コンポジション』のシリーズに見られる柄。たて・よこの黒の直線と、その中に塗られた赤・青・黄・白・黒・グレーのカラーブロック*を特徴にしている。1965年にイヴ・サンローランがその画風をそのままドレスに展開した「モンドリアン・ルック」を発表。その後たびたびファッションに登場している。

山道文様／山路文様（やまみちもんよう）

chevron / raharia

山形が連なったジグザグ文様。山道に見立てたことからつけられた名前。山路文様《やまみちもんよう》との表記や山形文《やまがたもん》の名前もある。もともとはインドの「ラハリア（染め）」という波形模様の絞り染め*が日本に伝わったもの。ラハリアは「波」という意味。布をかたく斜めに巻き、その上を糸で巻いて防染《ぼうせん》*した「巻き絞り」で模様があらわされ、「ラハリア模様」ともいわれる。

友禅染（ゆうぜんぞめ）

Tuzen-zome

日本を代表する模様染めで、「友禅」は多彩色の絵画調の模様やその染色法を指す。色が混じり合わないよう糊で防染《ぼうせん》*しながら多色使いの絵を描く独特の染色技法が特徴。「友禅」の名は元禄時代の扇絵師・宮崎友禅斎《みやざきゆうぜんさい》が小袖に描いた華やかな絵画調の模様が人気を呼んだことに由来する。「本友禅」とも呼ばれる本格的な「手描き友禅」と、型紙を用いて型染め*をする「型友禅」がある。

有職文（ゆうそくもん／ゆうしょくもん）

Yusoku pattern

平安時代に朝廷や公家の装束《しょうぞく》や調度品など、公私にわたる生活に用いられた有職《ゆうそく》織物*に施されている文様。身分・家柄・年齢・正装・略装などによって用い方が定められていた。異国の草花鳥獣を珍貴なものとし、鶴、鳳凰《ほうおう》、麒麟《きりん》など、長寿や吉祥《きっしょう》をあらわすものが格式が高いとされている。天皇だけが用いる「桐竹鳳凰《きりたけほうおう》」文様などがある。日常の私服には身近で親しみのある草花蝶鳥を様式化した丸文や菱文《ひしもん》が使われている。唐草模様《からくさもよう》*、立涌《たてわく》、亀甲文様《きっこうもんよう》*、小葵《こあおい》、青海波《せいがいは》*、向かい鶴文様なども身分が高い人の文様とされた。

雷文（らいもん）

meander

雷や稲妻を図案化した、四角い渦巻き状の文様。S字（左巻きと右巻きで一対）に組み合わせたり、よこの連続模様が多い。中国で古くから愛好され、青銅器の装飾文様などにも見られ、中華食器の柄としても知られる。雷は陰と陽が交わるところに落ち、落ちた場所は潤うといわれている。古代ギリシャでは雷文や卍文《まんじもん》*を連続させた装飾は「メアンダーmeander」と呼ばれる。「曲がりくねった」という意味で、小アジアを流れる曲がりくねったメアンダー川に由来する。

COLUMN 59 ＞友禅染

友禅染の歴史と染色技法

＜元禄の奢侈禁止令《しゃしきんしれい》と宮崎友禅斎《みやざきゆうぜんさい》＞

江戸の元禄時代（1688～1703）に「奢侈禁止令《しゃしきんしれい》」が出され、贅沢品が禁止。総鹿《そうか》の子絞《こしぼ》り*、金銀の刺繍《ししゅう》、金紗《きんしゃ》*、摺箔《すりはく》*など手の込んだ豪華な着物は身につけることができなかった。しかし武士以上に豊かな経済力をもつようになっていた裕福な町人たちは、贅沢への欲求を満たすため「隠れた贅沢品」を考案し、新たな流行を生み出していた。表地は地味に見せながら裏は派手な絵柄で染め上げた「裏勝《うらまさ》り」と呼ばれた裏に凝った羽織、職人の技術の粋を集めた一見無地に見える「江戸小紋*」、地味な縞柄は禁令の縮緬《ちりめん》*よりも高価な舶来の「唐桟縞《とうざんじま》*」という具合に、目立たない中にちらりと垣間《かいま》見える贅沢こそが「江戸の粋」とされた。

一方当時、京都の知恩院《ちおんいん》の門前に住み、当代一の扇絵師として名を轟《とどろ》かせていた宮崎友禅斎は、呉服屋から依頼された小袖《こそで》の図案を機に、禁令には触れず「防染《ぼうせん》*糊《のり》」を使用するのみで花鳥画を絵画的に描いた豪華な着物を打ち出した。扇絵を応用した手法で雅《みやび》に描かれた友禅斎の美しい染め模様は、華やかな着物に飢えていた町人たちの間で大流行し、「友禅模様、友禅染」と呼ばれるようになった。

＜京友禅、加賀友禅、江戸友禅＞

京都で生まれた雅で流麗な友禅は「京友禅」と呼ばれ、「御所解《ごしょど》き文様」という御所車や扇、鳳凰、有職文《ゆうそくもん》*などの「御所風」の模様を特徴とする。色彩は明るく華やかで大柄が多い。奢侈禁止令が解かれた後は、絞り染め*、刺繍、摺箔などの技法が加わりいっそう絢爛《けんらん》豪華になっていった。製作は職人集団による徹底した分業が行われている。

晩年、宮崎友禅斎は加賀に移り住み、加賀藩前田家の庇護を受けて発展させたのが「加賀友禅」といわれる。写実的な鳥や草花模様や「先ぼかし」「虫食い」などの手法を特徴とし、加賀五彩と呼ばれる紅・黄土・緑・藍・紫が基調となる。華美な金彩《きんさい》*や刺繍は行わず、染めの技法のみを用いる。

東京で染められる友禅は「江戸友禅」「東京友禅」と呼ばれる。参勤交代などと共に、大名お抱えの染め師が京から江戸に移り住むようになり友禅染が広まったとされる。江戸友禅は磯の松や釣り船、千鳥などの風景模様が好まれ、江戸城内の奥女中たちには「御殿風」といわれる武家好みの渋く粋な柄が流行した。製作は分業で行わず、作家や友禅職人がほとんどすべての工程を一人で担当していることが多い。

その後、明治時代になると型染め*の小紋《こもん》*などに使用されていた伊勢型紙《いせかたがみ》*に、化学染料を合わせた糊を置いて模様を写し取る「写し友禅（型友禅）」が発明される。友禅は量産が可能になり一気に普及した。

下絵描き

青花

糸目糊置き

「龍に鼓（部分）」想定復元
原品：文化学園服飾博物館所蔵

写真提供：瀬藤貴史
（友禅師・染色作家）

＜本友禅の染色法＞

①「本友禅」は、水に流れやすいツユクサ科のオオボウシバナから採った「青花《あおばな》」という青い汁で「下絵」の模様を描く。②下絵に沿って糊（糸目糊）で模様の輪郭を引く「糊置き（糸目置き）」をして防染《ぼうせん》*する。現在、糸目糊には「ゴム糊」と糯《もち》米を用いた「真糊（餅粉・糠《ぬか》・塩・石灰）」で行う技法がある。染め上がった時に模様の輪郭に白い線が見られ、この線を「糸目」といい、友禅染の大きな特徴になっている。③糊で描いた輪郭の内側に筆や刷毛《はけ》を用いて彩色《さいしき》する「色挿《いろさ》し」を行う。友禅染の代表的な作業で、柄の大体の色が彩色される。地色や彩色場所によっては、ゴム糊による「ゴム糸目」を行う場合、「地染め（引き染め）」を先に行う場合もある。④彩色した模様の上に糊を置く「伏せ糊（糯粉・糠・塩・石灰）」をして防染する。⑤生地の地色を染める「地染め」を行う。⑥榁《むろ》（蒸し器）に入れ、90～100度の蒸気に当てて色を定着させる「蒸し」を行う。⑦生地についた糊や余分な染料を水で落とす「水元《みずもと》」という、いわゆる「友禅流し」と呼ばれる洗い流しを行う。図案によってはこの一連の作業を数回繰り返す。⑧その後、縮んだ生地を「湯のし」して伸ばし反物の丈や幅を整える。⑨京友禅は「金彩《きんさい》*」や「刺繍」などを施して加飾する場合もあり、⑩最後に「地直し」して仕上げる。

リバティ・プリント

Liberty print

ロンドンのリバティLiberty社のプリント柄の総称。可憐な小花柄を中心とする花柄が代表的なイメージで、リバティは「小花柄」の代名詞にもなっている。リバティ社は1875年リバティ商会を設立し、リバティ百貨店を開業。日本など東洋の装飾品やファブリック、芸術工芸品を扱っていたが、特にアール・ヌーヴォーやアーツ＆クラフツ運動の主導者ウイリアム・モリスのプリント柄のファブリックで有名になった。ウイリアム・モリスが作り出したリピート柄のデザインや草花柄のモチーフは、その後のリバティの基礎となる伝統的なスタイルを築いた。プリント生地には独自に開発した「タナ・ローンTana lawn」という上質な綿ローン*を使用。スーダンのタナ湖付近から採集される超長綿《ちょうちょうめん》*で、絹のような艶《つや》・独特のしなやかさ・柔らかさ・軽さ・ドレープ性が特徴。

レオナール柄（レオナールがら）

Leonard pattern

パリのファッションブランド、レオナールLeonard 社のプリント柄の総称。1958年、プリント生地メーカーとして設立され、ニットにプリントをする独特の技法で有名になった。南の島の蘭のシリーズや、フューシャピンクと黒の色使いが代表的。「花のレオナール」「世界一美しいプリント」とも称される。デッサンが生地にプリントされ、そのまま服に仕立てられるfully fashionedと呼ばれる唯一の技術を持っている。

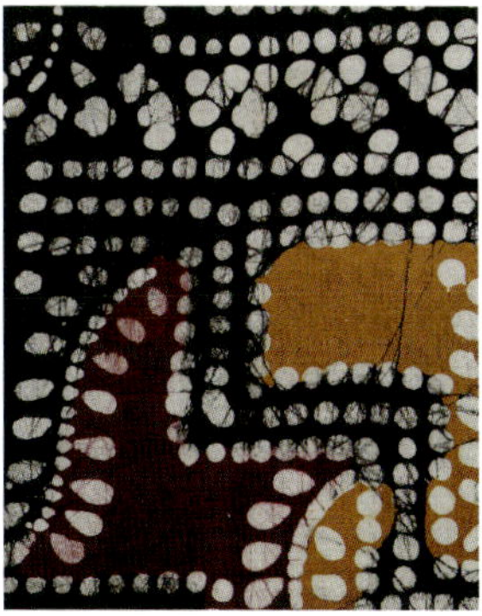

蝋纈染め／臈纈染め（ろうけつぞめ）

batik

模様部分をろうで防染《ぼうせん》*して染める伝統的な染色法。溶かしたろうを筆やチャンチンという、ろうを入れた道具を使って、模様を描いてから染める。ろうで描いた部分は染まらずに、細いひび割れのような独特の亀裂模様があらわれるのが特徴。インドネシア、マレーシアではバティックbatik*といわれる、ろうけつ染めの更紗《さらさ》*が有名で、batikはろうけつ染めの国際用語になっている。

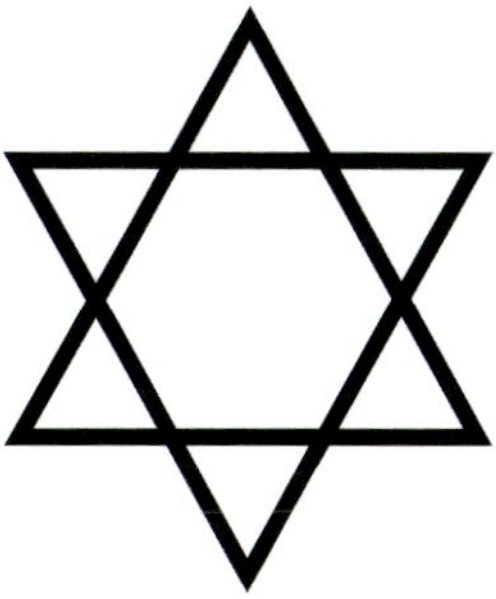

六芒星（ろくぼうせい）

hexagram

正三角形を上下に重ね合わせた、正六角形の対角線からなる星文《せいもん》*で「六星文《ろくせいもん》」「六角星《ろっかくせい》」「ヘキサグラム」ともいう。ユダヤ教では神聖な図形とされ、イスラエルの国旗には「ダビデの星」と呼ばれる青色の六芒星が描かれている。日本では「籠目文様《かごめもんよう》*」と呼ばれるものがこれにあたる。宇宙の中で特別な意味を持つ形として魔除け、護符の効果があるともいわれる。

ロココ柄（ロココがら）

Rococo pattern

ロココは18世紀、ルイ15世のフランス宮廷から始まった、優美で繊細なイメージを持つ装飾様式。パステル調のバラ柄やシノワズリー柄*（中国趣味）、「ロカイユ装飾」という曲線を多用する繊細な室内装飾柄、フラゴナールやブーシェなどのロココ絵画など、ロココの装飾美術のイメージを総称して「ロココ柄」ということが多い。ロカイユrocailleは仏語で「岩」を意味し、ロココの語源にもなっている。ロカイユ装飾は植物の葉、珊瑚《さんご》、花飾り、貝殻《かいがら》、タツノオトシゴのような曲線が複雑・優美にちりばめられているのが特徴。色は白や金色に、水色、ピンクの淡色が主流で、リボンや花の飾りを施した、女性的でロマンティックなイメージも多い。

ロココ調花柄（ロココちょうはながら）

Rococo floral design

ロココの装飾美術や衣装に見られる花柄。ブーシェやフラゴナールのロココ絵画のような絵画調バラ柄、豪華な綴《つづ》れ織り*の椅子張りに見る大柄の花模様、葉や花飾りを組み合わせたロカイユ装飾柄などが代表的で、少しくすんだパステル調のロマンティックな色調が特徴。孔雀《くじゃく》や牡丹《ぼたん》など、エキゾチックな鳥や花が描かれたシノワズリー柄*（中国趣味）などもある。

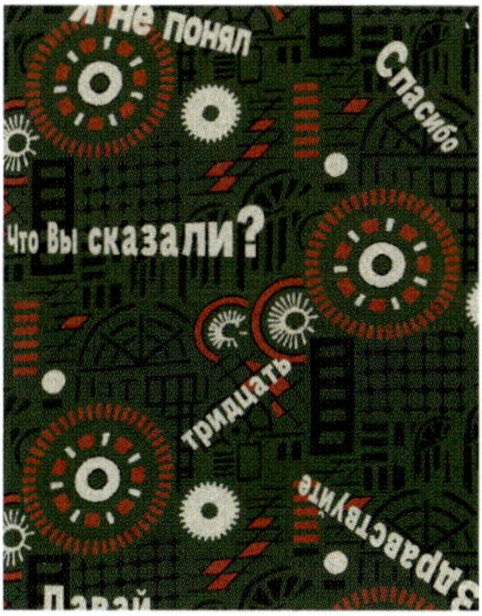

ロシア構成主義柄（ロシアこうせいしゅぎがら）

Russian constructivism pattern

ロシア構成主義のポスターなどに見るダイナミックなグラフィカル柄、またはそれをイメージしたもの。フォトモンタージュ（合成写真）、コラージュ、幾何学表現、レタリング、赤や黒を効かせた色使いが特徴。20世紀初頭からソビエト連邦誕生時を経て起こった「ロシア・アバンギャルド」と呼ばれる造形運動のひとつ。芸術と現実社会の関わりを重視し、国家と民衆を繋ぐコミュニケーション手段のプロパガンダ・アートでもある。

ロゼット模様（ロゼットもよう）

rosette pattern

中央から放射状に広がる円形装飾。元来はバラの花から由来し、花びらの配列をあらわしたことばとされるが、蓮の花を真上から見た形、あるいはさまざまな花を真上から見た形ともいわれる。日本の菊花文（きっかもん）にも似ている。また、葉を放射状に広げた形は「ロゼット葉」ともいう。メソポタミア、ギリシャ、ペルシャでは一種の太陽マークとされている。

和柄（わがら）

Japanese pattern

日本の着物や手拭いなどの和雑貨に使われてきた伝統的な文様の総称。小紋柄*、格子、縞、絣《かすり》模様*、刺し子模様などの幾何学文様*をはじめ、桜、朝顔、すすき、月見、鶴、金魚、蛇《じゃ》の目傘《めがさ》など、花鳥風月から日本の玩具・遊び・暮らしまで、さまざまなモチーフがある。

FINISHING

仕上げ加工

■【FINISHING】の章は、生地の仕上げや加工に関する項目を載せている

ジーンズ加工（ジーンズかこう）

jeans processing

ケミカルウォッシュ（p.406参照）

アタリ加工（p.398参照）

シェービング加工（p.408参照）

ヒゲ加工（p.413参照）

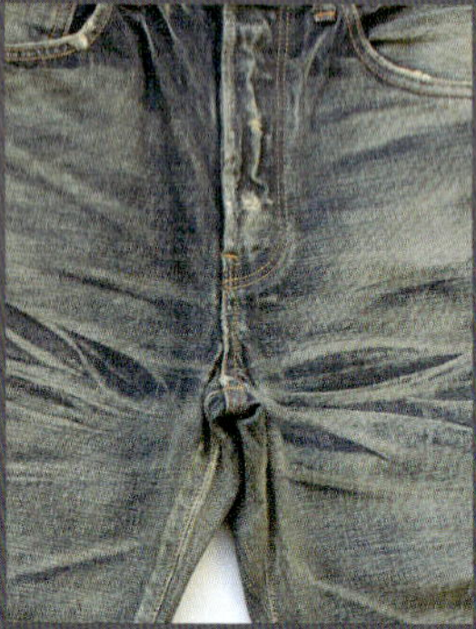

ダメージ加工（p.410参照）

スペック染め（p.464参照）

ヴィンテージ加工
(p.398参照)

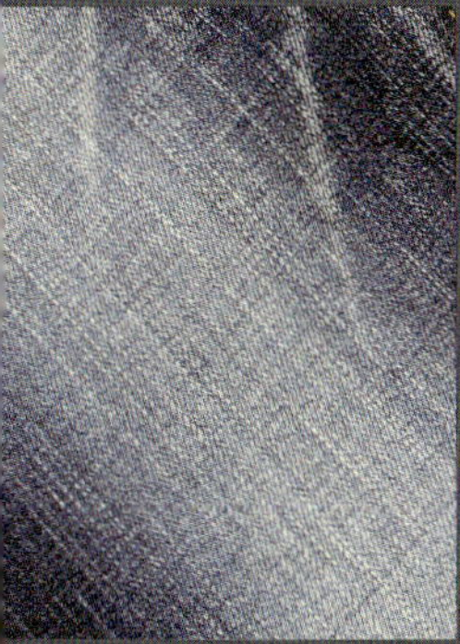

ンドブラスト (p.407参照)

ストーンウォッシュ (p.410参照)

ブリーチアウト (p.414参照)

エコブリーチ (p.400参照)

写真提供：豊和 (株)

アタリ加工（アタリかこう）

ジーンズのユーズド加工*の一種。製品にアイロンなどをかけた時に裏側の縫い代部分がゴロゴロしているため「あたって」跡がつくが、これを「アタリ」という。ゴロゴロしているアタリの出るところは擦れて色落ちする頻度が高くなるため、裾、サイドシーム、ポケットの縁、ベルトループなどのステッチがかかっている縫い代部分を手擦りして色落ちさせる加工を「アタリ加工」という。
→p.396「ジーンズ加工」写真参照

洗い加工（あらいかこう）

washing

ウォッシュ加工、ウォッシュアウト*ともいう。生地や製品を洗うことで、風合いを柔らかくしたり洗いジワを出したり、色落ちさせてナチュラル感を出したり古びた感じを出す加工の総称。水や湯で洗うほか、砂や小石を入れて摩擦で色落ち感や古びた感じを出すサンド・ウォッシュ*、ストーン・ウォッシュ*、酵素で洗うバイオ・ウォッシュ*などがある。「ワッシャー加工*」ともいうが、この場合は洗濯機（ワッシャー）で水洗いしてシワを出したものをいうことが多い。

アルカリ減量加工（アルカリげんりょうかこう）

alkali reduction processing

アルカリ水溶液でポリエステル繊維の表面を溶解し、風合いを改善する加工法。ポリエステルを水酸化ナトリウム水溶液で加水分解して質量を減量することで、繊維間の隙間を大きくし、ふくらみやしなやかさ、ドレープ感を与えることができ、色の深みも得られる。当初は絹の精練《せいれん》*にヒントを得、絹織物からセリシン*を除去したときのような柔らかな風合いをポリエステルに与えるために開発された。その後、マイクロファイバー*や複合繊維*に減量加工を行い、物理的処理によるフィブリル化*を生じさせた結果「新合織*」と呼ばれる高品質・高感性の商品も生まれている。また、セルロース系繊維*や羊毛は酵素による減量加工が行われている。

イレイザー加工（イレイザーかこう）

eraser processing

イレイザーは「消しゴム、消去剤」などの意味。フロッキー・プリント*、ラバー・プリントなど、さまざまなプリントを部分的に消して古着風の風合いに仕上げる加工。

ヴィンテージ加工（ヴィンテージかこう）

vintage finish

「年代物」風に仕上げる加工のこと。単なる「古着」ではなく、「使い込まれ、時間が経ったからこそ味の出る色や風合い」に加工するものをいう。洗い加工*などで色落ちさせたり、風合いを柔らかくしたり、わざと年代物風な汚れ感、擦り切れ、毛玉・毛羽《けば》などを出す。革はアンティーク・レザー*と呼ばれ、自然な色ムラ、使い込んだような深い艶《つや》などを特徴にしている。ジーンズなどに施される「ユーズド加工*」は、長年はき込まれたものにしか出ない「アタリ」や「はきジワ」、膝や腿《もも》部分の色落ちや擦り切れ感などにこだわり人工的に作り上げた加工。「ダメージ加工*」は、さらにはき込んで傷がついたり、穴があいたり、糸がほつれたり、ペンキなどの汚れが飛び散ったりなどの「損傷」の雰囲気を出したもので、その加工の仕方が重要なデザインとなっている。
→p.397「ジーンズ加工」写真参照

ウェルダー加工（ウェルダーかこう）

welder processing / radio-frequency welding / high-frequency welding

ウェルダーwelderとは「溶接工」や「溶接機」の意味。素材に高周波電解をあたえて内部発熱を起こして溶着する加工法。ビニールなどを型抜きして熱着加工を施し、立体的な文字や柄を表現したり、透明なビニールにフィギュアを入れたオブジェのような加工などができる。

ウォッシャブル加工（ウォッシャブルかこう）

washing process

シルクやウールなど、本来は手洗いのものを洗濯機で洗える「マシン・ウォッシャブル加工」のこと。ウールでは酵素のバイオ加工*やオゾンを利用して、縮みの原因となる羊毛繊維のスケールを除去したり、スケールが立ち上がって絡み合わないようにするなどの、さまざまな「オフ・スケール技術」による形態安定加工*が施されている。ウォッシャブル加工に折り目の取れないPP加工（パーマネント・プレス加工*）を施し、手入れを簡単にした「イージーケア・ウール」は、メンズスーツの主力になっている。ウールと極細ポリエステルを混紡することでウォッシャブル効果を出したものもある。デュポン社がウール用に開発したファインデニールポリエステル「スプリーバ」繊維とウール原料を混紡した繊維『ウール＆スプリーバ』などがある。シルクでは糸の精練《せいれん》*染色時に架橋《かきょう》反応で繊維を化学結合し安定させることで、ウォッシャブル性能が得られると同時に、擦れ防止、防シワ性、形態安定性、堅牢度の向上などが得られる加工法がある。いずれも樹脂加工を施さないため、風合いもよく、人体や環境への配慮もされている素材とされる。

ウォッシュアウト（ウォッシュアウト）

washed-out

ウォッシュアウトは「洗いざらし」の意味で、「洗い加工*」ともいう。生地や製品を洗うことで風合いを柔らかくしたり洗いジワを出したり、色落ちさせてナチュラル感を出したり古びた感じを出す加工の総称。狭義には、数回の洗い程度で色をあまり落とさずに「洗いざらし感」を出す加工をいう。ウォッシュアウト、フェードアウト*、ブリーチアウト*の順に色落ち度が増していく。

ウォッシュ・アンド・ウエア加工（ウォッシュ・アンド・ウエアかこう）

wash and wear finish

水で洗濯でき、乾きも早く、洗濯によるシワをできにくくし、「洗濯した衣類にアイロン掛けをしなくても着られる」加工のこと。「W&W加工」と表記されることが多い。合成繊維は本来W&Wの性質を持っているため、綿、麻、レーヨンなどのセルロース系繊維*や、ポリエステルなどの合成繊維との混紡糸*に加工される。主に繊維に樹脂加工*をするものに、ホルマリンや液体アンモニアなどを用いた形態安定加工*を施す。非ホルマリン系の架橋剤《かきょうざい》を用いたり、ホルマリンの発生を低温プラズマ処理などで軽減させたり、繊維の残留ホルマリンを除去する加工なども増加している。

ウレタン・コーティング

polyurethane coating

基布にポリウレタン樹脂をコーティングしたり、薄膜フィルムをラミネートしたもの。天然皮革に似せた合皮（合成皮革*）や、カラフルな色使い、光沢&マットの表面感などバリエーションが多い。

エアー・ウォッシュ

air wash

オゾン脱色のことで、空気からオゾンを生成し、オゾンの強力な酸化作用でジーンズなどの染料を分解・脱色させる加工。オゾンは分解し酸素にかえっていくので有害な脱色剤の残留・排出はなく、エコロジーな脱色法とされる。脱色加工中に水を入れず、空中にジーンズが舞っている様子から「エアー・ウォッシュ」と呼ばれている。

エアー・タンブラー仕上げ
（エアー・タンブラーしあげ）

air tumbler finishing

「タンブラー仕上げ」ともいう。通常の生地はプレスしてフラットにきれいに仕上げるが、エアータンブラー仕上げは生地を大きな乾燥機に入れて、蒸気の熱で空気を含ませたようにふっくらふんわり仕上げる。ワッシャー加工*のような水洗いの深いシワではなく、自然なシワ感があらわれ、ソフトな風合いを作り出すことができる。

エコ・ブリーチ

eco-bleach

ブドウ糖脱色のこと。塩素系漂白剤などの化学薬品を使用せず、ブドウ糖の還元作用でインディゴ染料などを脱色させるブリーチ加工。環境負荷の大幅な低減や高い安全性が期待されることからの命名。

→p.397「ジーンズ加工」写真参照

SR加工（エスアールかこう）

soil release finish

「ソイル・リリース加工」の略称。soil releaseとは「汚れを取り除く」の意味。防汚加工*の一種で、「汚れが洗濯などで落ちやすくした加工」または「再・逆汚染防止加工」のこと。いったん繊維に染み込んだ油分は洗っても水を受け付けず落ちにくくなるため、繊維に親水性（水に馴染む性質）を与え、水を吸いやすくして汚れを洗い落としやすくする。ポリエステル100%やセルロース系の白生地などは繊維の特性上、汚れが染み出た洗濯液から再度汚れを吸着し黄ばんでしまうので、黄ばみを抑制する加工として施される。

SEKマーク（エスイーケーマーク）

SEK mark

抗菌防臭加工の品質と安全性を保証する信頼のマーク。「使用する加工剤と製品」の両面から安全性と性能が評価され、繊維製品衛生加工協議会の基準を通過した製品のみに「SEKマーク」の表示が許諾される。用途と加工などにより4種類のマークがある。①「抗菌防臭加工SEKマーク(水色)」。繊維上の細菌（黄色ブドウ球菌）の増殖を抑制し、防臭効果があるものに付けられるマークで、もっとも一般的。②「制菌加工SEKマーク(オレンジ色)」。黄色ブドウ球菌、肺炎かん菌、大腸菌、緑膿菌など、特定菌種の増殖を抑制する加工に付けられるマーク(大腸菌、緑膿菌はオプション菌)。オレンジ色は「一般用」に分類され、一般家庭や食品業務用の繊維製品が対象。③「制菌加工SEKマーク(赤色)」。「一般用」の特定菌種にMRSA(メチシリン耐性黄色ブドウ球菌)を必須菌として加えたもので「特定用途」に分類される。医療機関、介護施設等で使用される業務用繊維製品が対象。④「光触媒抗菌加工SEKマーク(紫色)」。光触媒効果により、繊維上の細菌の増殖を抑制するものに付けられるマーク。酸化チタンなどの光触媒加工剤は、紫外線などの光が当たると活性酸素を発生。これにより強力な酸化力が生まれ、有機物が分解・除去される。家電製品、キッチン用品など繊維製品以外の抗菌加工には抗菌製品技術協議会(SIAA=Society of Industrial-technology for Antimicrobial Articles※通称:エスアイエーエーまたは、サイア)のガイドラインを満たした製品に適用される「SIAAマーク」が付けられる。

SSP(エスエスピー)

super soft peach phase

1993年に日清紡績(株)(現:日清紡テキスタイル〈株〉)が開発した、形態安定加工*の先駆けの商標。SSPはSuper Soft Peach Phaseの略称。液体アンモニア加工と樹脂加工*を施した生地で縫製してから高温プレスをかけて形態を安定させるもので、「SSP加工」とも呼ばれている。防シワ性、防縮性のあるノーアイロンのシャツ素材としてもっとも知られる形態安定加工でもある。その後精度が高められ、2009年にはナノレベルのコントロール技術を応用した新加工法で、綿100%では不可能とされていたシワカット率95%に成功した商標『アポロコットAPOLLOCOT』が開発されている。

SG加工(エスジーかこう)

soil guard finish

ソイル・ガード加工という。ソイルは「汚れ」の意味。防汚加工*の一種で、染み汚れや油汚れをはじいて汚れにくくする加工。繊維製品にフッ素樹脂加工などを施して撥水・撥油などの機能を持たせたもの。

SG-SR加工(エスジー エスアールかこう)

SG-SR finish / soil guard - soil release finish

汚れが付着しにくい「撥水・撥油機能」を施すSG加工*(ソイル・ガード加工)と、汚れが落ちやすい「防汚機能」を施すSR加工*(ソイル・リリース加工)の両方を併せ持つ防汚加工*。親水基と撥水基を有する有機高分子防汚剤を繊維表面層に固着反応させたハイテク技術。

エメリー起毛(エメリーきもう)

emery / sueding

エメリーは「研磨剤、サンドペーパー」の意味で、サンドペーパーなどで擦った微起毛・ソフト起毛のこと。ピーチスキン*調(ピーチスキン加工)やスエード調(スエーディング加工)、サンド調(サンディング加工)などに仕上げる。ヴィンテージ風の味わいや上品な温かみが出る。

塩縮加工（えんしゅくかこう）

salt shrinking

硝酸カルシウムや塩化カルシウム、苛性《かせい》ソーダ（水酸化ナトリウム）などの塩類の濃厚液に浸して、凹凸やシボを付ける加工。リップル加工*と同じ。糊と混ぜて模様を捺染《なせん》して部分的に収縮させる方法も多い。古くに絹を塩類に漬けて収縮させる方法が行われていたことからの名前。綿繊維は苛性ソーダによって膨潤《ぼうじゅん》と収縮する性質をもっている。シルケット加工*はこの性質を利用し、繊維を引っ張って膨潤させたもの。綿の塩縮加工は収縮する性質を利用して収縮させ、表面効果を表現したもの。

エンスイ加工（エンスイかこう）

ensui processing

形態安定加工*の主な加工剤であるホルマリン、液体アンモニア、樹脂などを使用しない環境配慮型の形態安定加工。分子と分子を結合させる加工で、シルク、ウール、綿や麻などセルロース系繊維*に適用される。シルクのセリシン*定着法を応用して、水と塩化シアヌールとその誘導体だけで、天然繊維やセルロース系繊維*を新形質素材に作り替える。薬剤は使用後に塩と水に分解されるため、廃棄しても環境を害することもない。防縮性・防シワ性の形態安定と、ウォッシャブルの機能を持ち、柔らかな風合いを持続できるなどの効果がある。

遠赤外線加工（えんせきがいせんかこう）

体に温感作用を与える温感加工*の一種。加熱されると遠赤外線を放射するセラミックスなどを繊維に練り込んだりコーティングする加工。人間の体温をセラミックスが感知して遠赤外線を放出。遠赤外線は物質にあたると熱を放出するので、着用したときの摩擦で生地温度を上昇させ、保温性を向上させたもの。他にも遠赤外線の効果として血行促進、代謝促進、抗菌防臭などがうたわれている。

エンボス加工（エンボスかこう）

embossing finish

型押し加工のこと。織物などに模様を彫刻した金属ローラーで加熱しながら凹凸のある模様をつける加工。大きな花柄から、シア・サッカー*や縮緬《ちりめん》*のような細かなシボなどさまざま。合成繊維*は熱可塑性《ねつかそせい》*があるので凹凸模様が保たれるが、熱可塑性のない綿やレーヨンなどのセルロース系繊維*は合成樹脂を付着させ凹凸模様を固定させる。

オイル・コーティング

oil coating

生地に桐油《とうゆ》や亜麻仁油《あまにゆ》などの乾性油《かんせいゆ》（空気中で徐々に酸化して固まる油）の塗料をコーティング*したもの。「オイルクロス」「油布」とも呼ばれる。防水性や防汚性があり、かつてはレインコート素材として使われていた。桐油は日本では古くから傘《からかさ》や油紙に使われる油として知られる。現在は薄手の綿やポリエステルにポリウレタン系などの合成樹脂をコーティングし、オイルのようなぬめりと光沢を出したものをオイルクロスと呼んでいることが多い。

オパール加工（オパールかこう）

opal finish / burn-out finish

薬品で織物の糸を溶かして透かし模様を作る加工のこと。「バーンアウト加工」ともいわれる。薬品に反応する糸と反応しない糸の2種類の繊維で織り上げ、薬品を混ぜた染料や糊で捺染《なせん》*して、酸に反応する一方の糸を溶かして透けさせ、酸に反応しない糸で織った柄部分を浮き出たせたもの。耐酸繊維には絹やポリエステル*などの合成繊維*、非耐酸繊維には綿やレーヨン*などのセルロース系繊維*がある。オパール・ジョーゼット*、オパール・ベルベット*などがある。

温感加工（おんかんかこう）

体に温感作用を与える加工の総称。体から出る水分を吸収して発熱させる「吸湿発熱加工*」、太陽光の熱を吸収して蓄熱する「蓄熱保温加工*」、繊維に練り込んだ特殊セラミックの遠赤外線から熱が放射される「遠赤外線加工」、唐辛子の辛み成分から抽出した成分で温感効果を与える「カプサイシン加工*」などがある。

カプサイシン加工（カプサイシンかこう）

capsaicin processing

体に温感作用を与える温感加工*の一種。「唐辛子加工」ともいう。唐辛子の辛味成分でもあり、発汗作用や血液の循環を促し体に温感作用を与えるカプサイシンを生地に付着させた加工。脂肪代謝を盛んにし、脂肪酸の蓄積を抑える作用があるとされている。

カレンダー加工（カレンダーかこう）

calendering

「カレンダー掛け」ともいう。ローラーで熱と圧力をかけて生地の表面を平滑にし、光沢を出す加工。糊剤や樹脂を付与してからカレンダーをかけて強い光沢を出したものは「チンツ加工*」と呼ばれる。ローリング・カレンダー、フリクション・カレンダー、シュライナー・カレンダー（シュライナー加工*）、エンボス・カレンダー、フェルト・カレンダーなどの種類がある。

含浸加工（がんしんかこう）

impregnation

生地に、ゴムや合成樹脂をしみ込ませる加工。生地の風合いや色の調子を変えることなく張りやコシが出せ、洗濯糊を施したようなかたさをもたせることができ、「堅仕立《かたじた》て」とも呼ばれる。防汚効果もある。

キシリトール涼感加工
（キシリトールりょうかんかこう）

人工甘味料でもあるキシリトールやエリスリトール、美肌効果があるとされるスクワラン、シルクプロテインなどを繊維に付与し、快適な涼感性をもたせた加工。キシリトールとエリスリトールの2種類の糖アルコールが水と結合すると吸熱作用を起こす性質を利用したもので、発汗時の水分が吸収されると熱が奪われるため、皮膚に涼感を与えることができる。

擬麻加工（ぎまかこう）

imitation linen finish

綿やレーヨンなどを、麻の外観に似せて張り、コシ、シャリ感を与える加工。①ゼラチンやカゼインなどの糊状の物質を浸透させる加工、②苛性ソーダで処理する加工、③濃硫酸液で処理する加工、④セルロース系樹脂をコーティングして張りを出す加工法などがある。「リンネット仕上げ」ともいう。

起毛加工（きもうかこう）

raising / gigging

生地の表面を引っ掻いたり擦ったりして毛羽《けば》を立てる加工。保温を高めたり、肌触りの柔らかさを出したり、ボリューム感を増すなど効果が得られる。ピーチスキン*のような微起毛からシャギー*のような長いもの、毛玉（ピリング）のようなものまで種類も多い。起毛の方法には①「針布《しんぷ》起毛」。針を植え付けた起毛機で起毛してから剪毛《せんもう》*（シアリング）機で毛羽を切りそろえて仕上げる。ネル*などが代表的。②「エメリー起毛*」。サンド・ペーパーなどで擦った微起毛。ピーチスキン*が代表的。③「ウエット起毛」。「水中起毛」ともいわれ、生地を湿らせて、エメリー起毛よりもさらに短い毛羽を出す。④「フィブリル化起毛」。「フィブリル加工」ともいう。フィブリル*は「小繊維」のことで、繊維内部のフィブリルが摩擦で表面にあらわれて毛羽立ち、ささくれる状態を「フィブリル化」という。繊維を酵素の水溶液で表皮を弱化させ、内部のフィブリルがほぐれ出るようにして、柔らかな手触り作り出す加工。フィブリルを毛玉にした「ピリング加工*」、玉状や渦巻き状にしたものは「ナップ仕上げ*」などと呼ばれている。

キャンブリック仕上げ
（キャンブリックしあげ）

cambric finish

キャンブリック*は、高級麻織物の地薄なシアー・リネン*に似せ、シャリッとした手触りと艶出し加工を施した地薄な晒金巾《さらしかなきん》。40～60番手*の細い糸を使用した緻密な金巾*を漂白して糊を付け、カレンダー加工*(艶出し加工)を施したもので、この加工をキャンブリック仕上げという。30～40番手くらいの金巾に濃いめの裏糊を付けてカレンダー加工を施し、光沢を出してパリッと仕上げたものは「キャラコ*」といい、この加工は「キャラコ仕上げ」と呼ばれる。

吸湿発熱加工（きゅうしつはつねつかこう）

moisture absorptive fever finish

体から発せられる水分を繊維に吸着させて発熱・保温する加工。人間の体は汗をかかない平静時でも1日に約800～900ml(成人)の水分を皮膚から蒸発させており、水分を吸湿効果の高い繊維に吸収させ、その時に生じる「湿潤発熱（吸湿発熱）」で熱エネルギーに変換させ、生地に保温効果を与える。哺乳類や鳥類の体毛・羽毛は「濡れた時、その水分を吸って熱を出す」特性があり、体温低下を抑える役割を果たしている。羊毛繊維も吸湿して暖かくなる性質があり、「吸湿発熱加工」はこの原理を応用したもの。しかし、水は気体に変化する時に熱を吸収し蒸発するため、発汗した衣類が濡れたままの状態にあると、水分が体から熱を奪ってしまう。そのため「吸湿発熱性」には「吸水速乾性」も付加され、衣服内の湿度をコントロールし、発汗を招くほどの必要以上の熱変換を防止したものも多い。アクリル系繊維、ポリエステル系繊維などに水分を多く含むように改質したり、保温性を高める中空糸《ちゅうくうし》*使い、吸汗速乾を高める異形断面糸《いけいだんめんし》*使い、綿やレーヨンなどのセルロース系繊維と混用するなどの多機能を入れた複合繊維使いで「薄く暖かな」生地が多い。肌着などインナーへの活用が主で、（株）ファーストリテイリング（ユニクロ）が東レ（株）と共同開発し2004年に発売した『ヒートテック*』が人気の火付け役になり、（株）アルペンと東レ（株）が共同開発した『イブニオ アイ ヒート』、ミズノ（株）と東洋紡績（株）が共同開発した『ブレスサーモ』など種類も多い。

キルティング

quilting

2枚の布の間に綿《わた》や芯地などを入れて、ミシンや手差しでステッチをかけたものや技法をいう。「キルト」ともいう。もともとは保温や防寒のために行われたが、ステッチでさまざまな浮き彫り模様を描いたり、多色の布を縫い合わせてさまざまな絵柄を描くパッチワークキルトなど、装飾的・手芸的な要素も高い。シャネルバッグに代表されるような、升目《ますめ》形のキルティングは「チョコレートバー・キルト」「キャラメル・キルト」など、升目の大きさにより俗称がある。

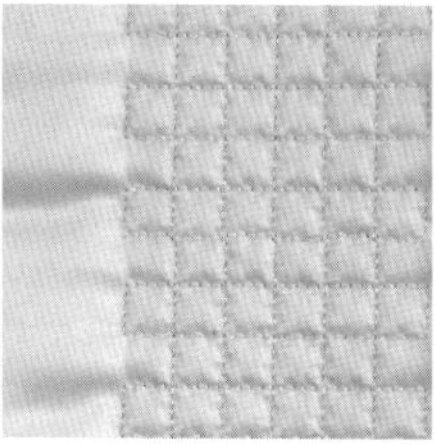

クリアカット仕上げ（クリアカットしあげ）

clearcut finish

「クリア仕上げ」ともいう。織物の表面の毛羽《けば》を剪毛《せんもう》*機できれいに取り去り、織り目を美しくはっきり見せる仕上げ。通常、梳毛《そもう》織物*の仕上げに用いられ、サージ*、ギャバジン*、夏用服地のポーラ*、トロピカル*、クレープ・ジョーゼットなどが代表的。

クリンクル加工（クリンクルかこう）

crinkle finish

クリンクルは「シワ、縮れ」のことで、薬品や熱処理などでシワ加工*を施し、しじらや縮緬《ちりめん》*風の縮みをあらわした加工。綿*やレーヨン*は苛性ソーダで、合繊などは熱処理をしてしじらを出す。リンクル加工（シワ、ひだの意味）とも同じ。

クレポン仕上げ（クレポンしあげ）

crepon finish

クレポン*は仏語で「クレープ*のような外観」という意味で、大きめのシボを出したクレープの総称。たて・よこに撚《よ》り数の異なる糸を打ち込み張力の差でシボを出したり、綿織物は苛性ソーダなどを用いた後加工でシボを出す。後加工でクレポンのような大きなシボを出す仕上げを「クレポン仕上げ」という。

クロリネーション

chlorination

羊毛に行う防縮加工*。クロリネーションは「塩素処理」の意味で、羊毛を塩素ガス、次亜塩素酸ナトリウム、塩素化イソシアヌル酸などの薬剤で処理して、縮みの原因になる羊毛繊維のスケール（キューティクル）のかたい層を溶解して除去し、防縮効果を与える加工。スケールが取れると同時に染料の浸透性を向上させ染色性が良くなる。

形態安定加工（けいたいあんていかこう）

shape stabilizing finish

アイロンをかけずに着用できるように、生地の縮み・シワに対する防縮性・防シワ性や、プリーツの保持安定などの機能を付加した加工。「形状記憶加工」ということもある。主に綿をはじめとするセルロース系繊維*に用いられる。シャツの加工に多く「形態安定シャツ」と呼ばれている。①セルロース系繊維の浸透性に優れている液体アンモニアの性質を利用した「液体アンモニア加工」。繊維がふっくらとし、洗濯を繰り返しても形態が安定している。②樹脂とセルロースを熱処理で化学結合し安定させる「樹脂加工*」がある。代表的なものとしては③1993年に日清紡績（株）（現：日清紡テキスタイル（株））が開発した、液体アンモニア加工と樹脂加工を施した生地で縫製してから高温プレスをかけて形態を安定させる『SSP* (Super Soft Peach Phase) エスエスピー』が形態安定加工の先駆けの商標としてよく知られる。④もうひとつの代表的な加工は、製品にホルマリン混合ガス（ホルムアルデヒド）を吹き付け浸透させる「VP加工* (vapor phase)」で、東洋紡績（株）、ユニチカ（株）などがAmerican Textile Processing社と技術提携した『ミラクルケア』などが知られる。⑤ホルマリン樹脂などを使わない「環境配慮型加工」としては「エンスイ加工*」、蝶理（株）の商標『ノックスノック NOCXNOC』などがある。

ケミカルウォッシュ

chemical wash

漂白剤などの化学薬品で人工的にムラのある色落ちをさせた洗い加工。「ケミカル加工」ともいう。塩素系漂白剤を含ませた軽石と製品を回転ドラムの中で混ぜ合わせることで、軽石に含ませた漂白剤が製品にあたり、まだらな白っぽい模様をあらわす加工法。1980年代後半に流行し、一世を風靡した。

→p.396「ジーンズ加工」写真参照

抗菌防臭加工（こうきんぼうしゅうかこう）

antibacterial deodorization processing

繊維に付着した菌の増殖を抑制し、悪臭の発生を防止する加工。悪臭は、人体から発生する垢、汗、脂などを栄養源にしている黄色ブドウ球菌が増殖する時に発生する。菌の増殖を抑えるために抗菌作用のある銀イオンなどを繊維に浸透させたり、抗菌防臭加工剤を繊維に練り込んだり、糸・生地・製品に後加工で付着させる方法がある。環境や人体への影響を配慮した、ホルマリンを使用しない天然系有機抗菌剤としては、ヒノキから抽出されるヒノキオールや、エビやカニの殻に含まれるキチン・キトサン、牛乳などに含まれる機能性タンパク質のラクトフェリン、柿のカキカテキン（ポリフェノール）を使用したもの、光触媒酸化チタンによるものなどがある。抗菌防臭加工製品の効果・耐久性・安全性の基準をパスした製品には繊維製品衛生加工協議会により「SEKマーク*」の表示が許諾される。「抗菌加工」が繊維上で発生する菌(黄色ブドウ球菌)の増殖を抑える加工であるのに対し、「制菌《せいきん》加工」という場合は、黄色ブドウ球菌はもとより、肺炎かん菌、大腸菌、床ずれの原因である緑膿菌の感染を制御するなど、特定菌種の増殖を抑制する加工をいう（大腸菌、緑膿菌はオプション菌）。既述は一般家庭などで使用される「一般用途」に分類される。MRSA（メチシリン耐性黄色ブドウ球菌）を必須菌として加えたものは「特定用途」に分類され、医療機関や介護施設で使用される。

抗ピル加工（こうピルかこう）

pilling resistant finish / antipilling finish

織物などで使用中に毛玉（ピル）の発生（ピリング）を抑える加工。「アンチピリング加工」ともいう。綿、レーヨンなどは毛玉が発生しても、脱落しピリングになりにくいが、合成繊維は毛玉の脱落はなくピリングとなる。特に綿と合成繊維の混紡糸*などは、綿から脱落した繊維が核となりピリングを増長する。このため、毛焼き*などで表面の毛羽《けば》を減少させたり、樹脂加工*によって織物表面をカバーする方法がとられている。この性質を応用したり、ナップ仕上げ*などで、ヴィンテージ風の着古した味を出すためにわざと毛玉を作るものは「ピリング加工」と呼ばれる。

コーティング

coating

生地に特殊薬品、化学樹脂などを塗布して表面を薄い皮膜で覆い、生地を保護したり、防水・涼感・保温・抗菌防臭・UVカット（紫外線遮断）などの機能を持たせたり、ファッション的な表面効果を出したもの。防水性や防汚性のあるオイル・コーティング*（オイル・クロス）やマッキントッシュ*で有名なゴム引き*（ラバー・コーティング）、グロッシーな光沢のあるエナメル・コーティング（エナメル・クロス）やラッカー・コーティング（ラッカー・クロス）、金属を塗装するメタリック・コーティング、合皮のような表面感を出せるウレタン・コーティング*などがある。

ゴム引き（ゴムびき）

rubber coating

「ラバー・コーティング」ともいう。2枚のコットン・ギャバジン*の間に溶かした天然ゴムを塗り、ローラーで圧着して熱を加えた英国マッキントッシュ社の「マッキントッシュ・クロス」が有名で、ゴム引きの代名詞にもなっている。優れた防水・防風機能と、非常に張りのある素材感が特徴。

こんにゃく加工（こんにゃくかこう）

こんにゃく糊《のり》を水に溶解して糊状にし、糸にコーティングする加工。糸に光沢とほどよいシャリ感、独特の張りとしなやかさが出る。清涼感を与える夏用素材の最高かつ最適の加工とされる。70～80年前から主に麻糸に行われてきた加工で、合成糊に比べ粒子が非常に細かいため、細番手*のラミー糸*に適している。最近は綿やニットなどにも使用されるようになっている。同様の加工に「擬麻加工《ぎまかこう》*」があり、セルロース系*の樹脂をコーティングすることで糸に張りを出す。セルロース系の樹脂は粉落ちする欠点があるのに対し、こんにゃく糊は粉落ちがない。天然素材を使用しているため、肌にも環境にも優しいエコロジーな加工法とされている。

サンドブラスト

sandblast

「サンド・ウォッシュ」「ブラスト加工」ともいう。サンドは「砂」、ブラストは「吹き付ける」の意味で、デニムなどに砂などの細かい粒子の研磨剤をコンプレッサーエアで吹き付けて表面を削り中古感を出す加工。生地表面にダメージを与え、着古したようなアタリ、色落ち、毛羽《けば》立ちなどを表現する。イラストなどを描くこともできる。

→ p.397「ジーンズ加工」写真参照

サンフォライズ加工
（サンフォライズかこう）

Sanforized

綿を中心にレーヨンなどのセルロース系繊維*に施される代表的な防縮加工*。生地に湿気を与え、あらかじめ生地を縮ませて、これ以上縮まないようにしておく。原反《げんたん》に蒸気を吹き付け、収縮テストで生地の収縮率を測定し、その分だけ生地を縮ませ、たて・よこの洗濯収縮率を1%以内にとどめる。アメリカのクルエット・ピーボディCluett Peabody社が特許権・商標権を持つ防縮加工で、同社のサンフォライズ機を使用して、たて方向に押し縮めて仕上げる。発明者 サンフォード・クルエットSanford L. Cluettの名に由来する。

シェービング加工
（シェービングかこう）

shaving

デニムなどにはき込んで擦《す》れたようなユーズド感をサンドペーパーで出す加工。グラインダーに巻き付けたサンドペーパーで、腿《もも》やヒップの綾目《あやめ》*の部分や着ジワの凸部分にシェービング（剃る／削る）を施す。脚の付け根の部分に動物のヒゲ状にあらわれる「ヒゲ加工」や、形状が似ていることから「蜂の巣」といわれる膝《ひざ》部分のシワ加工などにも施される。
→p.396「ジーンズ加工」写真参照

縮絨／縮充（しゅくじゅう）

fulling / milling

羊毛や獣毛《じゅうもう》(ヤギ、ラクダ、ウサギなど)繊維に蒸気、熱、圧力をかけると互いに絡み合い結合する性質（フェルト化*という）により、織物やニットが収縮し組織が緻密になること。適度な縮絨加工を施すと表面が均一化するため生地の地《じ》の目《め》*や柄のゆがみを調整でき、厚みや強度も増し生地の安定化を図ることができる。メルトン*、フラノ*など少し厚手の紡毛織物*の加工に用いられる。縮絨しすぎると風合いはかたくなり、伸度もなくなり「フェルト*」となる。

樹脂加工（じゅしかこう）

resin finish

繊維や繊維製品に合成樹脂を含浸《がんしん》させ、（しみ込ませ）繊維に防シワ効果、防縮効果、かたさ、張り・コシ、厚みなどを与える加工。「レジン加工」ともいう。レジンは「樹脂」の意味。

シュライナー加工（シュライナーかこう）

Schreiner finish

カレンダー加工*やエンボス加工*の一種で、「シュライナー・カレンダー」ともいう。約45度の角度で1cmに約100本の細い斜線を刻んだ金属ロールで高熱を与え、強い圧力をかけて強い光沢を出す方法。生地に微細な平行斜線の型がつき、その部分の反射効果で光沢を出したもの。

シュランク仕上げ（シュランクしあげ）

shrunk finish

「地詰《じづ》め」ともいう。防縮《ぼうしゅく》加工*の一種で、製品になって洗濯などで織物が縮まないように、織物の仕上げの段階であらかじめ収縮させる加工。毛織物では蒸気、熱、圧力を与えて収縮させる。綿や麻などでは苛性《かせい》ソーダ溶液につけてから中和させて仕上げる。英国の伝統的な毛織物の地詰め仕上げは「ロンドン・シュランク」と呼ばれる。毛織物と湿らせた布を交互に挟んで積み重ね、一昼夜置いた後に陰干しにして自然乾燥させるスローな仕上げ法。生地の歪《ゆが》みをなくし、地合いが密になり柔らかな手触りとなる。高級毛織物の仕上げに用いられている。「シュランクshrunk」は「シュリンクshrink」の過去形で「縮む、詰まる」の意味。シュリンク加工という場合はシワやシボを出した加工をいうことが多い。

シュリンク加工（シュリンクかこう）

shrink finish

シュリンクは「縮む、詰まる」の意味で、薬品を使ったり、洗い加工*、型押しなどでシワやシボを出したシワ加工*や凹凸加工をいう。革や合皮などで細かいシボを出したものをいうことが多い。

消臭加工（しょうしゅうかこう）

deodorant finish

繊維が臭気成分に触れることにより、不快臭を減少させる加工。臭気物質を化学的に吸着したり、臭わない他の物質に化学変化させて臭いを取り除くなど、酸化・還元・中和・付加・置き換えといった化学反応を利用して消臭する。
不快臭の種類と成分は①汗臭（アンモニア・酢酸・イソ吉草酸《きっそうさん》）②加齢臭（アンモニア・酢酸・イソ吉草酸・ノネナール）③排せつ臭（アンモニア・酢酸・メチルメルカプタン・インドール・硫化水素）④たばこ臭（アンモニア・酢酸・アセトアルデヒド・ピリジン・硫化水素）⑤生ごみ臭（硫化水素・メチルメルカプタン・アンモニア・トリメチルアミン）などがある。
消臭剤には、銀イオン、柿から抽出したフラボノイドなどの植物抽出成分、酵素・酵母菌・乳酸菌などのバイオ消臭剤、光触媒加工*作用を利用した酸化チタン、悪臭だけを吸着して無臭化するクラフト重合高分子吸着剤などがある。
山本香料（株）とシキボウ（株）の共同開発による『デオマジック』は、「臭いを消す消臭加工」ではなく、「香りで消臭」という新しいメカニズムが特徴。香水などの芳香品に糞便臭のような不快臭の成分が含まれていることに着目し、糞便臭成分が加わった時に更に良い香りに変化させるもの。おむつカバーなどの用途に活用されている。

シレ加工（シレかこう）

ciré（仏）

シレは仏語で「ろう引き、ワックス」の意味。光沢加工の一種で、漆《うるし》に似た濡れたような光沢を出す加工のこと。またそのような光沢の生地も「シレ」と呼ばれる。もとは、ろうやラッカーで加工したり、漆糸で織られていた。現在はアセテート、ポリエステル、絹などのフィラメント繊維*の織物に、カレンダー加工*を施したり、ウレタン樹脂をコーティングして光沢を出すのが一般的。

シロセット加工（シロセットかこう）

Siroset process / Siroset finish

プリーツ加工*の一種で、ウールに施されるパーマネントプレス加工*。スラックスの折り目やスカートのプリーツが長期の着用や洗濯などで取れないようにする形状記憶加工（形態安定加工*）の一種でもある。天然アミノ酸の一種のL-システインを使用し、織り目やプリーツを付けた状態でウール分子間の結合を永久的に再配列する。オーストラリア連邦科学産業研究機構（CSIRO）で開発された商標で、頭文字をとって「シロセットSI-RO-SET」と名付けられた。

皺加工（しわかこう）

crease finish

生地に規則的または不規則なシワを付ける加工の総称。「クリンクル加工*」ともいうが、クリンクル加工が薬品や熱処理などでシワ加工を施すのに対し、シワ加工は洗い加工*なども含め、広範囲で使われることが多い。綿*やレーヨン*などのセルロース系繊維は苛性ソーダで収縮させたり、型をつけた後に樹脂加工*でかためる。合成繊維*は熱可塑性《ねつかそせい》*を利用して、熱処理で耐久性のあるシワを施すことができる。

ジーンズ加工（ジーンズかこう）

jeans processing

ジーンズの仕上げ加工のこと。織り上がった生地に付いている糊《のり》を湯洗いで落として風合いを整える「ワンウォッシュ*」から、「ストーン・ウォッシュ*」や「バイオ・ウォッシュ*」などのさまざまな「洗い加工*」、年代物風のヴィンテージ感を出す「ヴィンテージ加工*」、ダメージ感を強めた「ダメージ加工*」など、はきこなされたジーンズならではの味わいを出す技巧を凝らした「ユーズド加工*」がある。

→p.396「ジーンズ加工」写真参照

ストレッチ加工（ストレッチかこう）

strech processing

生地にたて、よこ方向、あるいは両方向に伸縮性をもたせる加工で、主に伸縮性の高いストレッチ・ヤーン*を使ったものが多い。

ストーンウォッシュ

stonewash

水と軽石、研磨石《けんませき》などを入れて製品洗いする洗い加工*。全体にほどよいムラ感のある色落ちができるのが特徴で、風合いも柔らかくなる。ジーンズに中古感覚を出す仕上げ加工として1970年代に流行した。ケミカル・ウォッシュ*は塩素系漂白剤を含む軽石を入れ、さらに色落ちのムラやブリーチ感を強く出したもの。セラミックボールやゴムボールを入れて洗うものは「ボール・ウォッシュ」と呼ばれ、ストーンウォッシュよりもソフトな仕上げなので薄手の生地などに行われる。

→p.397「ジーンズ加工」写真参照

スパッタリング

sputtering

生地の表面に金属皮膜を付着させる皮膜コーティングのひとつで、ステンレスなどを生地に付着させる加工。イオンを金属（ステンレス、チタン、銅など）に衝突させて、はじき飛ばされた金属分子を付着させる。均一で薄い緻密な皮膜を作ることができ、生地の風合いをそのまま保持し、剥がれることもない。太陽光の反射率が高いため、遮光、遮熱、UVカット（紫外線カット）効果が得られる。抗菌性に優れ、防臭効果、導電性がある、独特の金属光沢・色相が得られるなどの特色がある。スポーツウェア、アウトドア洋品、傘、カーテンなどに利用される。

帯電防止加工（たいでんぼうしかこう）

antistatic finish

「制電加工」ともいう。合成繊維*は一般的に吸湿性に乏しいため帯電し静電気が発生しやすい。パチパチと放電したり汚れを吸着する性質があるため、静電気の発生を防ぐ加工が施される。界面活性剤を塗布して繊維に水分を含みやすくしたり、カーボン・ファイバーやスチール・ファイバーなどの導電性の繊維を絡ませて表面抵抗を低下させ、静電気を漏えいさせる方法が主流。

ダメージ加工（ダメージかこう）

damage processing

長年はき込まれた雰囲気を出すユーズド加工*の中でもさらに「損傷（ダメージ）」が多くあらわれている加工。ストーンウォッシュ*などの洗い加工*をして、サンドペーパーでシェービング加工*をしてユーズド感を出し、さらにサンダーという電動ヤスリで生地をほつれさせ、白いよこ糸を渡らせた「ほつれ加工」を入れていくのが典型的。また、茶系などの違う色で製品染め*にするオーバーダイ*を行いデニム*の白糸を汚れた感じに仕上げたり、部分的に汚したり、ペンキなどをスプラッシュさせるなど、ダメージの施し方が重要なデザインになっている。

→p.396「ジーンズ加工」写真参照

蓄熱保温加工（ちくねつほおんかこう）

太陽光を効率よく吸収し熱エネルギーに変換し、温熱効果を高めて蓄熱させる加工。炭化ジルコニウムなどのセラミック粒子をポリエステル繊維内に固着させたもの。一般的に物質は遠赤外線などの比較的長い波長の光に当たると発熱するが、炭化ジルコニウムは波長の短い可視光線や近赤外線反応し発熱する。ユニチカトレーディング（株）の『サーモトロン』などがある。

チンツ加工（チンツかこう）

chintz finish

生地に光沢を施すカレンダー加工*の一種で、ろう引きして糊付けした後、加熱したローラーで圧力を掛けて強い光沢を出す。洗濯後に光沢が消えてしまう難点があるため、樹脂加工*を施したうえでローラーをかけることが多い。チンツは更紗《さらさ》*の総称であるが、この場合は発祥地であるインド更紗*やそれを模したイギリス更紗*を指し、ソフトで光沢のあるチンツ（更紗）の表面感に似せた加工であることからこの名がある。

ナップ仕上げ（ナップしあげ）

nap finish

毛織物の仕上げ方法の一種で、表面の毛羽《けば》を玉状、渦巻き状、波状に仕上げる加工。毛織物を縮絨《しゅくじゅう》*し、起毛したあと加熱した2枚の摩擦板（ナッピングマシン）に挟み、適度な温湿度を与えながら振動させて玉状に仕上げる。「ナッピング」「玉羅紗《たまらしゃ》仕上げ」「チンチラ仕上げ」とも呼ばれる。

→玉羅紗

ナノペル加工（ナノペルかこう）

nano-pel

撥水撥油《はっすいはつゆ》加工*の一種。『ナノペル』は、米国・ナノテックスNANO TEX社で開発された、ナノテク（ナノテクノロジー）を利用した耐久撥水・撥油・防汚加工の商標。樹脂や油脂を媒体とせずに、ナノレベルで生地に隙間なく炭素フッ素加工を施して耐久性の優れた撥水撥油機能をもたらしたもの。繊維の特性を損なうことがなく、通気性もそのままで風合いもかたくならないのが特徴。当初は綿や合成繊維への加工が主だったが、東亜紡織(株)がナノテックス社とのライセンシーで改良を行い羊毛にも実用化が可能となり、メンズスーツなどに広く用いられている。「ナノテクノロジー」は原子や分子レベルのスケールで展開させる技術。「ナノ」は、10億分の1のことで、1ナノメーターは10億分の1メーター。

バイオウォッシュ

bio-wash

セルラーゼ（酵素）を用いて行う洗い加工*。酵素における微生物作用で、微生物が天然繊維のセルロース*を食べる性質を利用し、繊維を柔らかく仕上げるのに活用されている。綿、麻、レーヨン、テンセル*などの布地を微生物を含むバイオ溶液に浸し長時間バイオウォッシュを行うことで、着古したような風合いを表現することができる。

バイオ加工（バイオかこう）

biological chemistry process

微生物作用の工学的利用のひとつで、特に繊維分野で実用化が進んでいる。セルラーゼ（酵素）を用いて、微生物が天然繊維のセルロース*を食べる性質を利用し、綿、麻、レーヨン、テンセル*などをバイオウォッシュ*で繊維を柔らかく仕上げたり、着古したような風合いを表現するのに利用されている。ほかにも毛焼き*などでは除去できない表面の毛羽《けば》を取り除き光沢のある滑らかな風合い、洗濯によるピリング防止効果、防縮効果があり、風合いの変化や色の劣化がほとんどないなどの特徴がある。羊毛にはタンパク質分解酵素のケラチン分解酵素を利用して羊毛のキューティクル*を除去して防縮性を高める「羊毛防縮加工」などが行われている。環境や人体への影響が懸念される塩素系化学薬品などを使わないエコロジーな加工法とされている。

撥水撥油加工（はっすいはつゆかこう）

生地表面に付いた水や油を表面張力の特性で、水玉にしてはじく加工。空気や熱は通すので比較的蒸れにくい。雨粒のように粒子の大きいものははじくが、霧雨のような粒子の細かいものは強い水圧では浸透してしまう。防水加工*は表面を隙間なく覆い、完全に水を通さない加工をいう。体から発散される水分や湿った空気が外に発散できないので蒸れやすい。撥水加工には、①ろう、油、アルミニウム化合物や普通樹脂を付着させた「一次撥水加工」と、②硅素《けいそ》樹脂系（シリコン）、過フッ素系化合物（スコッチガード）の薬剤と繊維を化学結合させ、撥水の耐久性を高めた「耐久撥水加工durable water repellent（DWR加工）」、③DWR加工をさらに進化させ、特殊な撥水剤と架橋《かきょう》剤を使い、風合いがソフトで、洗濯耐久性や撥水持続力が高く、防汚性に優れた「超耐久撥水加工super durable water repellent（SDWR加工）」などがある。さらにアウトドア素材などでは④通気性のほかにも透湿性があり、高い撥水性をもつ「防水透湿加工」を施したものもある。水蒸気分子は通過し、小さな水滴は通らないミクロンの穴があいているポリウレタン樹脂をコーティングしたり、多孔性フィルムをラミネート*する方法などがある。⑤樹脂や油脂を媒体としない、分子レベルのナノテク（ナノテクノロジー）を利用した耐久撥水撥油加工には、ナノレベルで生地に隙間なく炭素フッ素加工を施して機能の耐久性や精度を高めた、米国・ナノテックスNANO TEX社が開発した「ナノペル加工*」がある。撥水撥油の耐久性が長持ちし、風合いがかたくなることもなく繊維の特性を損なうことがないのが特徴。綿、合成繊維をはじめ、ウールにも使用されている。

パーマネント・プレス加工
（パーマネント・プレスかこう）

permanent press / durable press

製品に半永久的（permanent）な折り目を付ける加工。略して「PP加工」と呼ばれる。綿、麻、レーヨンなどのセルロース系繊維*に樹脂加工*を施し、高熱で処理することで、折り目やひだが半永久的に取れにくい加工となる。防シワ性、防縮性なども得られ、型くずれしにくい。パーマネントと同じ「永続性の、耐久性の」の意味をもつ「デュラブル・プレス加工durable press」ともいい、「DP加工」とも呼ばれる。

光触媒加工（ひかりしょくばいかこう）

photocataltic process

光触媒とは、光を照射することで触媒作用を示す物質の総称で、酸化チタンの光触媒作用を利用した、消臭・抗菌加工をいう。酸化チタン光触媒が太陽光や蛍光灯の紫外光を吸収すると、酸化還元作用で有機物を水と炭酸ガスに分解するもので、一般細菌類・悪臭・カビ・有害な化学物質などが分解され、消臭・抗菌機能が得られる。光触媒を繊維に練り込むものと、繊維に付着させるタイプがある。

ヒゲ加工（ヒゲかこう）

ジーンズの脚の付け根周辺にできる「逆ハの字形」のはきジワを人工的作り出す加工。「猫のヒゲ」に似ていることからこの名がある。
ジーンズの中に「ヒゲのシワ型」を入れて上からブラシで擦って「アタリ」を出し、さらにシェービング加工*で削ってヒゲが白っぽくくっきりあらわれるように仕上げる。膝の部分には「蜂の巣」と呼ばれる、形状の似たシワ加工が施される。
→p.396「ジーンズ加工」写真参照

ピーチスキン加工（ピーチスキンかこう）

peach-skin finish

起毛加工*の一種で、桃の実の表面（ピーチスキン）に似た微起毛。サンドペーパーなどで仕上げるエメリー起毛*の代表的なソフト起毛。「新合繊*」と呼ばれた、超極細繊維を用いた高密度ポリエステルの起毛加工として知られる。

ヒートセット

heat setting

熱を与えることで、形態を安定させる加工。熱可塑性《ねつかそせい》*（熱セット性）の高い合成繊維*などに施され、繊維、糸、織り、編みの段階で行われる。ポリエステルなどの合成繊維は高温で軟化するため、安定した形態で熱セットを行うと、その後の処理などで発生しやすい収縮やシワを防止し、製品の形態を安定させることができる。

ビーバー仕上げ（ビーバーしあげ）

beaver finish

毛並みを寝かせた紡毛織物*の仕上げで、布面が密で短い柔らかい毛羽《けば》で覆われ、柔らかな光沢がある。「ドスキン仕上げ」ともいう。強い縮絨《しゅくじゅう》*・起毛と、剪毛《せんもう》・ブラッシングなどを繰り返しながら、毛羽をたて方向にプレスして寝かせる。毛並みの反対方向から擦ると逆毛《さかげ》*となる。ビーバー*、ドスキン*などに施される。

VP加工（ブイピーかこう）

vapor phase

洗濯後にノーアイロンで着用できる加工である形態安定加工*の代表的な加工のひとつ。VPはvapor phaseの略。空気を意味する「気相《きそう》」のことで、「気相加工」ともいわれる。綿・麻・レーヨンなどのセルロース系の製品に、ホルマリン（ホルムアルデヒド）ガスと触媒ガスを吹きつけ繊維内で結合させ、形態を安定させる方法。シワや毛羽《けば》立ちができにくく、防縮性があり、風合いがソフトで性能に持続性があり、吸水速乾性にも優れているという特性をもつ。東洋紡績（株）がアメリカン・テキスタイル・プロセッシングAmerican Textile Processing社と技術提携して開発した商標『東洋紡ミラクルケアmiracle care』などがよく知られる。

フィブリル加工（フィブリルかこう）

fibrils processing

古着のように表面が毛羽《けば》立った加工。フィブリル*は繊維内部の「小繊維」のことで、表面が摩擦で毛羽立ち、ささくれる現象を「フィブリル化」といい、このような表面感を出した加工をいう。レーヨン*、ポリノジック*、綿などのセルロース系繊維*を酵素処理したバイオ・ウォッシュ*、サンドペーパーで仕上げるピーチスキン加工*などがある。

フェードアウト

fade-out

「フェード加工」ともいう。「次第にぼんやりする」という意味で、洗い加工*などを施して色落ちさせた「少し褪《あ》せたような色調」をいう。腿《もも》の部分を白っぽく色落ちさせ、グラデーションのように自然にぼやけさせた仕上げもこう呼ばれる。

ブランケット仕上げ（ブランケットしあげ）

blanket finish

毛布(ブランケット)のように両面起毛して、地組織が見えないくらい毛羽《けば》を長く出した仕上げ。紡毛*を綾織りや二重織りにして、縮絨《しゅくじゅう》したあと両面を十分に起毛して毛羽を長く立たせる。柔軟で厚みがあり保温性に富む。ブランケット*やフリース*が代表的で、「フリース仕上げ」ともいう。最近はアクリル毛布やポリエステル・フリースなどが主流で、これらを長く両面起毛した仕上げもこう呼ばれている。

フランネル仕上げ（フランネルしあげ）

flannel finishing

ゆるく織った平織り*や綾織り*の薄手毛織物*などに軽く縮絨《しゅくじゅう》*をかけて、片面か両面に起毛した柔らかく滑らかな仕上げ。毛足を剪毛《せんもう》*する場合とそのままの場合がある。弾力性があり、保温性が高い織物となる。似たような起毛ウールに「サキソニー*」と「メルトン*」があるがその中間的なイメージ。サキソニーは織り目がうっすら見えるが、フランネルは見えない。「メルトン」よりは薄手で柔らかい。フランネル*、ビエラ*、ネルなどに施される。

ブリーチアウト（ブリーチアウト）

bleach-out

ジーンズなどに主に塩素系の漂白剤を使い漂白を行う脱色加工。色落ちの程度により、明るいブルーの「フェード」、水色のものは「ブリーチ」、かなり白に近い「スーパーブリーチ」と色味の階調により呼び分けられている。1970年代に世界的なブームになった。

→p.397「ジーンズ加工」写真参照

プリーツ加工（プリーツかこう）

pleating

布に折り目やひだを付ける加工。ポリエステルなどの合成繊維*や合成繊維の混合率が高い混紡糸は、熱可塑性《ねつかそせい》*を利用して、プリーツに熱をかけて固定する熱セットを行う。絹・麻・綿・レーヨンなどのプリーツがとれやすいものには樹脂加工*を施し、羊毛織物には特殊な液体と蒸気で固定するシロセット加工*を施して耐洗濯性のあるプリーツをつけることができる。手で折るハンド・プリーツと機械で折るマシン・プリーツがあり、マシン・プリーツは原反《げんたん》*の状態で細かな複雑なプリーツを折ることができる。衣服のパーツや半製品の状態でプリーツ加工を施すものには、花や幾何柄などを折り出したグラフィカル・プリーツ、鹿《か》の子《こ》絞り*のような凹凸を出したプリーツなどがある。折り紙のような形状のものは「折り紙プリーツ」と呼ばれている。形状記憶加工*を施し、折り鶴の形にたたまれたブラウスなどもある。

フロック加工（フロックかこう）

flocking

フロックは「毛くず、繊維の毛羽《けば》」の意味で、静電気を発生させて繊維の毛羽を布地などに植え付ける加工。柄などを出す部分に接着剤や樹脂を塗布し、その上に電着《でんちゃく》させていく。植毛された繊維の毛羽はベルベット状の柄となる。フロッキー、電着加工、電着捺染《なせん》（フロック・プリント）、静電植毛、植毛加工など多数の呼び名がある。

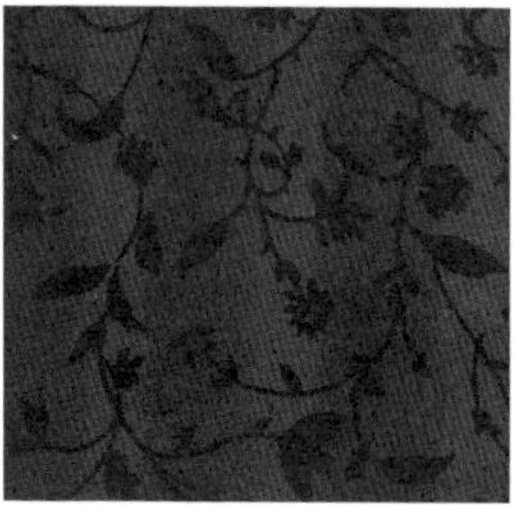

ベロア仕上げ（ベロアしあげ）

velours finish

紡毛織物をビロード（ベルベット*）のような表面感に仕上げる加工。縮絨《しゅくじゅう》*した後、深く強く起毛して毛羽《けば》を密に立て、剪毛《せんもう》*で刈り揃える。毛羽が短く緻密に直立しているのが特徴で、ふっくらと滑らかで柔らかい。織物のベロア*の仕上げに用いられる。モス仕上げ*とも似ている。

防汚加工（ぼうおかこう）

soil release finish

汚れをはじいて繊維製品に汚れを付きにくくする加工。「SG加工*（ソイル・ガード加工）」、一度付着した汚れが洗濯などで落ちやすいようにした「SR加工（ソイル・リリース加工）」、これら両方の機能を持つ「SG-SR加工*」などがある。

防縮加工（ぼうしゅくかこう）

shrink resistant finish

洗濯などによる繊維の縮みを防ぐための加工。綿などではあらかじめ収縮させておき、これ以上収縮が進まないようにする方法がある。羊毛繊維が水に濡れると縮むのは、繊維の表面のスケール(うろこ状のもの)の先端が立ち上がり、スケール同士が引っかかり絡み合うことでフエルト化*（収縮）が起きることが原因。スケールの引っかかりをなくすために、スケールを固めたり、除去したり、立ち上がらないようにしたものなど、繊維の性質によりさまざまな加工法がある。①〈あらかじめ生地を収縮させる方法〉綿やレーヨンのセルロース系繊維*に蒸気を吹き付けて施す「サンフォライズ加工*」が代表的。ウールでは蒸気・熱・圧力をかけて収縮させる「シュランク仕上げ*」。綿をアルカリ液に浸し光沢と防縮効果をもたらす「シルケット加工*」。合成繊維を熱で処理して生地を安定させる「ヒートセット*」などがある。②〈樹脂加工*で固める方法〉綿の繊維や羊毛のスケールに樹脂を浸透させて固める方法。③〈繊維の性質を変える方法〉ウールのスケールを塩素で溶解して防縮効果を出す「クロリネーション加工*」。綿などのセルロース系繊維*を液体アンモニアで化学的に改質し防縮・防シワ性を向上させる「液体アンモニア加工*」。酵素の作用で綿の毛羽《けば》や羊毛のスケール（キューティクル）を除去して防縮効果を出す「バイオ加工*」。羊毛のスケール（キューティクル）を樹脂で固めたり除去したりせずに、「オゾン防縮加工」でスケールの先端が立ち上がらないようにしたもの。スケールのダメージが少ないために、羊毛本来の性質である撥水機能や風合いを保持できる。クラボウの『エコ・ウォッシュECO・WASH』などがある。

膨潤加工（ぼうじゅんかこう）

膨潤とは「物体が水などを吸収して体積が膨らみ大きくなる現象」のことで、綿などのセルロース系繊維*に潤いと膨らみなどを与える加工をいう。①「シルケット加工*（マーセライズ加工）」。苛性《かせい》ソーダに浸し、引っ張りながら処理して絹のような光沢を与える加工で、染色性が向上し強度も増す。②「液体アンモニア加工*」。形態安定加工*の代表的な加工のひとつで、セルロース系繊維の浸透性に優れている液体アンモニアの性質を利用したもの。繊維がふっくらとし、強度、防縮性、防シワ性、セット性が大きく向上し、洗濯を繰り返しても形態が安定している。光沢や染色性の向上は少ない。

保湿加工（ほしつかこう）

温度変化などに対して安定した保湿効果で衣服内の環境を快適に保つ加工。風合いをソフトに滑らかにする。繊維に保湿成分を付着させたり、特殊結合薬剤により繊維と保湿成分を分子結合させる方法などがある。天然保湿成分スクワラン、コラーゲン、セラミド、シルクプロテイン、キチン・キトサン（保湿）、ヒアルロン酸、コンドロイチン（保水）、ヒオウギエキス（促進）など、スキンケアに使用される保湿成分・抗菌成分が配合されている。

ボンディング加工（ボンディングかこう）

bonding finish

ボンドbondは「接着する、接着剤」の意味で、2枚(2種類)の布を接着剤や樹脂を挟んで熱融着させて1枚の布地にした「接着加工」のこと。芯地がなくても形態安定やコシをもたせ、シワになりにくい。裏地の必要がなくリバーシブル*効果もあるなどの特徴がある。樹脂を熱で融着させるにはポリウレタン樹脂が使われ、「泡状（フォーム）」と「シート状」があり、泡状はポリウレタン・フォーム*（通称ウレタン・フォーム）という。これを使用したボンディング加工は米国では「フォーム・ラミネート」、英国では「フォーム・バックス」と呼ばれている。断熱性や衝撃吸収のクッション性がある。

マーセライズ加工
（マーセライズかこう）

mercerize finish / marcerization

「シルケット加工」ともいう。綿などに施されるシルキーな（シルクのような）光沢を出す加工であり、同時に防縮性も得られる加工。生地に張力を加えながら光沢苛性《かせい》ソーダ（水酸化ナトリウム）などの濃厚アルカリ液に浸し、薬品で糸の毛羽《けば》立ちを処理して光沢をあたえる。生地の強度が増し、寸法などの「形態安定性」が保たれ、染料や薬剤の浸透性がよくなり「染色性が向上」するなどの利点もある。綿繊維はアルカリ液によって膨潤《ぼうじゅん》（体積を増す現象）と収縮する性質をもっている。マーセライズ加工はこの性質を利用し、繊維を引っ張って膨潤させることにより生地に丸みが出て光沢が得られる。同じ苛性ソーダに浸す綿の塩縮《えんしゅく》加工*やリップル加工*は収縮する性質を利用して収縮させ、シボのある表面効果を出したもの。マーセライズの名は、発明者のJ.Mercerの名前に因んだもの。

ミルド仕上げ（ミルドしあげ）

milled finish

梳毛織物《そもう》*に施す仕上げ加工で、薄く毛羽《けば》を残した柔らかでしなやかな仕上げが特徴。ミルドmilledは「縮絨《しゅくじゅう》milling」のことで、少し強めの縮絨で毛羽を立たせてから剪毛《せんもう》*し、起毛は行わない。縮絨で毛羽立たせるとともに、しなやかさが出る。ミルド・サージ*、バラシア*などの仕上げに行われる。縮絨の強弱で地組織の詰まり具合や毛羽の立ち方が違い、「クリアカット仕上げ*」よりもやや毛羽を残した仕上げは「1／8ミルド（セミミルド）仕上げ」といい、「1／4ミルド（クォーター・ミルド）仕上げ」、「ハーフ・ミルド仕上げ」、メルトン*やフラノ*の仕上げに施される織り組織の見えない密な毛羽の「フル・ミルド仕上げ」などがある。

メルトン仕上げ（メルトンしあげ）

melton finish

メルトン*に代表される紡毛織物*に施される、強く縮絨《しゅくじゅう》*し、密な毛羽《けば》で覆われ織り組織が全く見えない仕上げ加工。縮絨後に表面の毛羽を剪毛《せんもう》*して毛足を揃え、毛羽を押さえて仕上げる。起毛は行わず、縮絨のみを行うことから「縮絨仕上げ」ともいう。毛並みの揃わないフエルト*のような毛羽で覆われ、手触りはソフト。地合いがきわめて密なので保温性も高い。

モアレ加工（モアレかこう）

moire finish

モアレは「木目模様や波紋」のこと。エンボス加工*の一種で、地紋のような「波紋や杢目《もくめ》＝モアレ」があらわれた織物。またはモアレ加工のこと。モアレは、琥珀《こはく》織り*、ファイユ*、グログラン*など「よこ畝《うね》のある織物」に、細い平行線を彫刻した金属ローラーを加熱して強い圧力をかけるとあらわれる。畝のある布どうしを重ねてプレスしたり、モアレ模様を彫刻したロールでエンボスしたものもある。ポリエステル*やアセテート*などの熱可塑性《ねつかそせい》*の繊維にすると永久性が高い。

ユーズド加工（ユーズドかこう）

古着加工の総称。特にジーンズの分野で盛んに行われ、長年はき込まれたもの（着込まれたもの）にしか出ない生地の「アタリ」や「はきジワ」、膝や腿《もも》部分の色落ち、擦《す》り切れ感などの表現にこだわり、人工的に作り上げた加工。製品洗い（ガーメント・ウォッシュ*）、製品染め（ガーメント・ダイ*）などで使い込んだり褪《あ》せたような色合いを出したり、染め上がっている製品をさらに染めるダブル・ダイ*で経年化したような味わいを出したり、ムラ染めなどの染色法もある。ウールやニットでは長く着込まれて毛玉が出ているような仕上げをするナッピング*やピリング加工と呼ばれるものなどがある。

UVカット加工（ユーブイカットかこう）

UV-cut finish

UVは紫外線を意味するultravioletの略で、紫外線遮蔽《しゃへい》加工ともいう。肌の老化やシミ、ソバカス、皮膚ガンなどの原因になるともいわれる紫外線から肌を守る加工。大別すると①紫外線吸収剤を繊維に付与する方法、②紫外線を反射する微粒子を繊維に付与する方法がある。主として、カーボン、セラミックス、チタン、アルミニウム粒子などを繊維に練り込んだりコーティングする。ポリエステル、絹、羊毛は紫外線透過率が低い。また生地が厚く色が濃いほうが紫外線をカットできる。

ラミネート加工（ラミネートかこう）

laminate

樹脂などによる表面保護加工のことで、生地の表面に透明フィルムを貼り合わせる加工。ビニールのような光沢のある表面感になり、防水・防汚、色落ち、摩耗の防止などの効果がある。「フィルム・コーティング」とも呼ばれる。

リップル加工（リップルかこう）

ripple finish

リップルは「さざ波」の意味。綿やレーヨンなどのセルロース繊維*と苛性《かせい》ソーダ（水酸化ナトリウム）の化学反応を利用して生地を収縮させ、シボやしじらをあらわした加工。シアサッカー*のようにたて縞状のしじらをあらわしたり、苛性ソーダを含んだ糊をプリントして自由な模様にシボを出すことができる。リップル加工した布地はリップル*と呼ばれる。

ワッシャー加工（ワッシャーかこう）

washer finish / washer treatment

自動反転洗浄機／洗濯機（ワッシャー）で水洗いしたり熱処理で自然なシワやシボを寄せた「シワ加工」のこと。広義では洗い加工*のことで、「ウォッシュ加工」「ウォッシュアウト加工*」ともいう。生地や製品を洗うことで、風合いを柔らかくしたり洗いジワを出したり、色落ちさせナチュラル感を出したり古びた感じを出す加工の総称。

ワン・ウォッシュ

one wash

縫製され仕上がったジーンズの生地に付着した糊剤、樹脂などを洗い流したり、かたい風合いを和らげるために行う洗い加工*。「リンス・ウォッシュrinse wash」ともいう。柔軟剤を入れ、40〜60度のお湯で一度洗うためにこの名があり、染料の色落ちはほとんどない。他の洗い加工の「前処理工程」として行うことが多いが、ワン・ウォッシュの色合いとかたさも「ワン・ウォッシュ・デニム」と呼ばれ好まれている。全く洗っていないデニム*は「ロー・デニムraw denim」「リジッド・デニムrigid denim」「ノンウォッシュnon -washing」などとも呼ばれる。

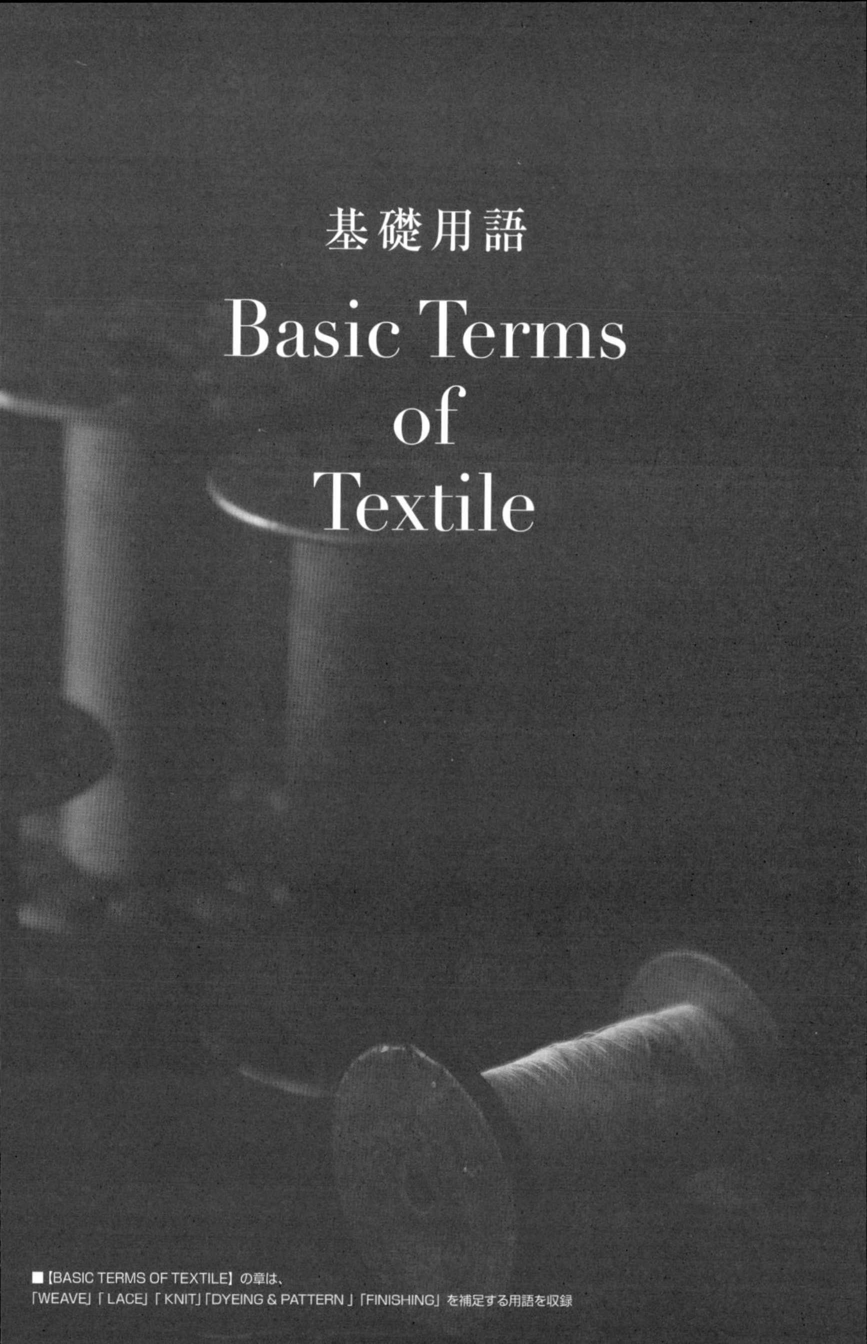

基礎用語

Basic Terms of Textile

■【BASIC TERMS OF TEXTILE】の章は、
「WEAVE」「LACE」「KNIT」「DYEING & PATTERN」「FINISHING」を補足する用語を収録

■藍建て（あいだて）【染色】
藍染め*は、藍の葉を発酵・熟成させた染料である「蒅《すくも》」を固めた「藍玉《あいだま》」を用いて染める。しかし藍染料は水に溶けない不溶性であるため、藍を発酵させアルカリ性にし、還元作用を起こして染色できる状態にする。これを「藍を建てる（藍建て）」といい、この工程を「発酵建て」という。発酵建ては土に埋められた「藍甕《あいがめ》」の中で温度管理をしながら行われ、発酵状態を見ながら糸が染められる。
→藍染め

■藍玉（あいだま）【染色】
Indigo leaves ball
藍染め*に使われる、藍の葉を発酵・熟成させた染料である「蒅《すくも》」を固めたもの。
→藍染め

■青苧（あおそ）【繊維】
ramie fiber
日本でも古くから栽培されているイラクサ科の苧麻《ちょま》*の茎から剥ぎ取った皮のこと。あるいはそれを晒《さら》して細く裂いて粗繊維にしたもので、茎が青く、やや青みがかった透明感のある繊維であることからこの名がある。繊維の色により「赤苧《あかそ》」「白苧《しろそ》」と呼ばれ、種類も若干違う苧麻となる。苧麻は「からむし（苧麻／苧）」「そ（苧）」「お（苧）」「まお（真苧）」など多くの名前で呼ばれている。英語ではラミー*ramieにあたる。厳密にはラミーと苧麻は別のもので、自生種が「からむし」、栽培種が「ちょま」とされている。リネン*linenよりも柔らかく、白さもある。新潟県の「越後上布《えちごじょうふ》*」「小千谷縮《おぢやちぢみ》*」、滋賀県の「近江上布《おうみじょうふ》*」は「からむし（青苧）」が原料になっている。日本では「からむし」は北海道を除く全国に自生しているが、越後産の「からむし（越後青苧）」は質がいいこともありブランド化され、中世後期には越後や近江などの青苧を扱う商人たちが「青苧座《あおそざ》」という「座（排他的・独占的に商いを行う組織）」を結成していた。青苧から作られた麻布は丈夫で長持ちし、武士の裃《かみしも》や庶民の衣料に欠かせないものとなっていた。

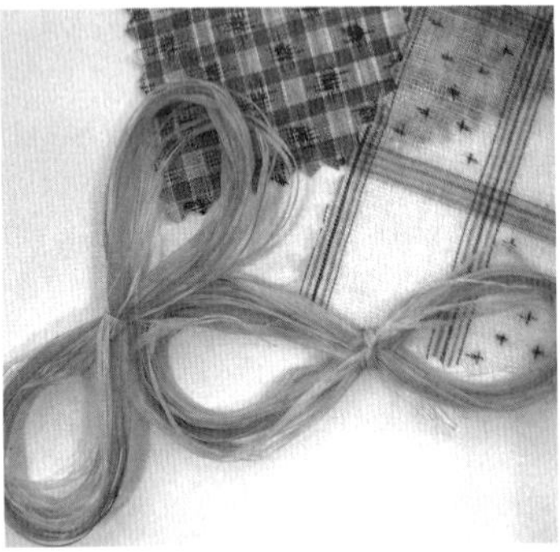
越後上布の青苧

■青花（あおばな）【染色】
友禅染《ゆうぜんぞめ》*の下絵の模様を描くのに使用する、水に溶けやすいツユクサ科のオオボウシバナから採った花の汁。

■赤耳（あかみみ）【織物】
red line
織物の「耳*」の部分に赤い糸のステッチが施されている耳の通称。青糸のステッチがあるものは「青耳」と呼ばれる。低速織機*で織られる麻やデニム*（ジーンズ）などに見られるもので、デニムではリーバイスのヴィンテージ・デニム*の「赤耳」が有名だが、1986年以降生産が中止されている。低速織機で織られるデニムではサイドの縫い代部分にそのまま「耳」が利用されるが、高速織機で織られる広幅《ひろはば》*のデニムでは、耳の部分は切り取られてしまうので耳はなく、縫い代にはロックミシンがかけられている。

■アクリル【繊維】

acrylic

合成繊維*の一種。ポリアクリロニトリルを主成分にし、85%以上含むものを「アクリル」、35%以上・85%未満を「アクリル系」という。アクリル短繊維*（ステープル）の要素が主となる。合成繊維の中で一番羊毛*に似た性質があり、嵩高《かさだか》性があり、ふんわり柔らかで、暖かな肌触りもあり軽い。ニットや毛布など衣料、寝具、インテリアを中心にかつらなどにも使用されている。「アクリル系」は「モダクリル繊維」ともいい、アクリルと似た性質をもつ。アクリルよりも耐熱性が落ちるが難燃性があり、自己消化性に優れる。アクリル長繊維*（フィラメント）は絹のような光沢をもち、黄ばむことがないので、絹の分野の和装品に利用される。アクリルは1948年米国デュポン社が『オーロン』の商標名で商品化し、日本では1959年初の国産技術で旭化成（株）が『カシミロン』を、アクリル系では1957年鐘淵化学工業（株）（現（株）カネカ）が『カネカロン』（アクリル系）の名前で製造したのが始まりで、一世を風靡《ふうび》した。しかし、比較的簡単な技術で生産が可能なことから、中国などへの技術移転が進み生産量も増加。厳しいコスト競争が行われている。そのため日本を含めた先進国では生産が減少傾向となり、2002年には旭化成（株）が『カシミロン』をはじめ、アクリル長繊維*の『ピューロン』、アクリル耐炎繊維の『ラスタン』の事業から撤退。2010年には三菱レイヨン（株）がフィラメントの事業から撤退したため、生産は海外を含めてステープルのみとなっている。ステープルでは『トレロン』東レ（株）、『ボンネル』三菱レイヨン（株）、『エクスラン』日本エクスラン工業（株）などがある。

■アクリレート系繊維

（アクリレートけいせんい）【繊維】

acrylate fiber

分子を超親水化、高架橋《こうかきょう》化したアクリル*の改質繊維。合成繊維*は天然繊維*に比べ浸湿性が低い性質を改質したもので、多くの親水性基を分子中に組み込み、さまざまな快適機能を付加した新しいタイプの合成繊維。天然繊維を超える吸湿性（綿の約3.5倍）を有し、吸湿時に発熱する発熱機能、消臭機能（ヤシガラ活性炭の約4倍のアンモニア消臭能力）、抗菌性、pH緩衝《かんしょう》性、難燃性などさまざまな機能を併せ持つ。インナーなどの衣料品や介護用品など幅広い用途がある。

■絁（あしぎぬ）【織物】

古代日本に存在した、糸が太く節《ふし》のある平織りの絹織物で、「ふとぎぬ」ともいう。玉糸《たまいと》*などで織られた粗い織物で、紬《つむぎ》*の起源ともされる。朝廷への貢献用として絹（この場合は羽二重*の祖ともなる織物をいう）とともに諸国に織らせた。

■足踏み織機（あしぶみしょっき）【織物】

foot loom

高機《たかばた》*やバッタン織機*にペダル（踏み板）を取り付けて改良し、生産性を高めたもの。ペダルの操作でたて糸の開口を行うことができ、シャトル*でよこ糸を通し打ち込む作業がスムーズに行える織機。手織り機から動力機への過渡的な織機。

■畦（あぜ）【織物・ニット】
wale / causeway / rib

畦は、水田と水田の境界の盛り上がっている部分をいう。畑の「畝《うね》」とほぼ同じような意味合いをもつ。英語では「リブrib（あばら骨の意味）」と表現される。畦編み*（リブ編み）、畝織り*は、盛り上がり連なっている形状の編み地や織りをいう。

■アセテート【繊維】
acetate

半合成繊維*の一種で、木材パルプやコットン・リンター*（綿花の種を包む産毛《うぶげ》）を主原料に、酢酸を化学的に作用させたアセチル・セルロース（酢酸繊維素）で作られる繊維。植物繊維と合成繊維の性質をあわせ持つ。付加するアセチル基の数で呼び名が異なり、2つ付いたもの（di-は2つの意味）を「ジアセテートdi-acetate」、3つのもの（tri-は3つの意味）は「トリアセテート*tri-acetate」という。生産量はジアセテートの方が合成が容易であることから多く生産され、一般的に「アセテート」という場合は、ジアセテートをいうことが多い。1919年頃から開発がはじまり、工業生産にこぎつけたのは1924年とされる。アセテートは一般的に、レーヨン*、ポリエステル*などの他の繊維と複合することで服地用繊維として使用される。フィラメント糸*使いが多く、光沢に富み、ふっくらした風合いで、弾力性にも富む。適度な吸湿性をもち、絹に似た美しい光沢を出すことができる。熱可塑性《ねつかそせい》*もあるので、プリーツ加工*やエンボス加工もできる。しかし、シワの問題や、湿潤時の強度低下などもある。商標では三菱レイヨン（株）の『リンダ』などがある。服地や裏地の他、タバコのフィルターとしても使用されている。

■後晒し（あとざらし）【加工】
after-bleaching

晒《さら》し*は、不純物や糊《のり》を取り除いたり、色素や臭いをとる「精練《せいれん》・漂白」工程のこと。後晒しは織り上げた後で晒し*工程を行い、糊やろう、不純物などを落とすことをいう。タオルなどは、製造工程で付着する不純物が洗い流され、綿本来の柔軟性が取り戻され、ふんわりと柔らかに仕上がる。糸の状態で晒すものは「先晒《さきざら》し」という。

■後染め（あとぞめ）【染色】
piece dyeing

織物に織り上げたり編み地に編み立てた後に染色すること。①織物や編物の生地の状態で染める「反染《たんぞ》め*」、②成型ピースや製品にしてから染める「製品染め*」がある。生地を織り上げる前のわたや糸の状態で染色することは「先染《さきぞ》め*」という。

■後練り（あとねり）【加工】
piece boiling

生糸《きいと》*のまま織って、後で精練《せいれん》*すること。生糸を精練してから織るものは「先《さき》練り」という。「練り*」は「絹の精練」をいう用語。

■後練り織物（あとねりおりもの）【織物】
raw silk fabric

精練《せいれん》*した生糸《きいと》*を「練《ね》り糸《いと》*」といい、練り糸で織ったものを「先練《さきね》り織物」または「練《ね》り絹《ぎぬ》織物」という。生糸で織ったままの織物は「生織物《きおりもの》*」、織った後で精練したものを「後練り織物」という。「練り*」は精練のことで、絹業界独特の用語。

→生糸

■アフガン編み（アフガンあみ）【ニット】

Afghan stitch

棒針編みと鉤《かぎ》針編みの技術を組み合わせた技法で、「アフガン針」という両端に鉤のついた棒針で編む。厚手のしっかりした編み地で、アフガニスタンの織物に似ていることからの名前ともいわれる。

■亜麻（あま）【繊維】

linen / flax

麻の一種で、英語のリネン*linenにあたる。亜麻は、亜寒帯に適した栽培植物で、比較的寒い地方で湿気が多く排水の良い土壌で良質の繊維用の亜麻が育つ。茎から靭皮《じんぴ》繊維*を採取して、糸をつくり、織りや編物に使用する。植物体から繊維までを「フラックスflax」といい、糸および製品は「リネンlinen」と呼ばれてる。

■甘撚り糸（あまよりいと）【糸】

soft twist yarn

一定の撚りの回数より撚りの少ない糸のこと。ニット糸が代表的で、ふんわり柔らかな織物や編み物となる。織りではよこ糸使いが多い。フィラメント糸*の場合、糸の太さにもよるが一般的に撚り数*は100〜300回／mくらいをいう。撚り係数*では、3.4以下をいうことが多い。

■編み出し（あみだし）【ニット】

set up / casting on

編み地を作るための最初のループ*のコースを編むこと。

■編み針【ニット】

knitting needle

機械編みの編み針には「ベラ針（舌針《したばり》）」と「ヒゲ針」がある。「ヒゲ針」は、針を細くできるので細い糸を密に編むのに適する。「ベラ針」は針に“舌”を付けるので、針幹が太めになり、太めの糸を編むのに適する。針幹の両端がベラ針になった針を「両頭針《りょうとうばり》」といい、パール編み*を編むのに使う。

編み針の種類

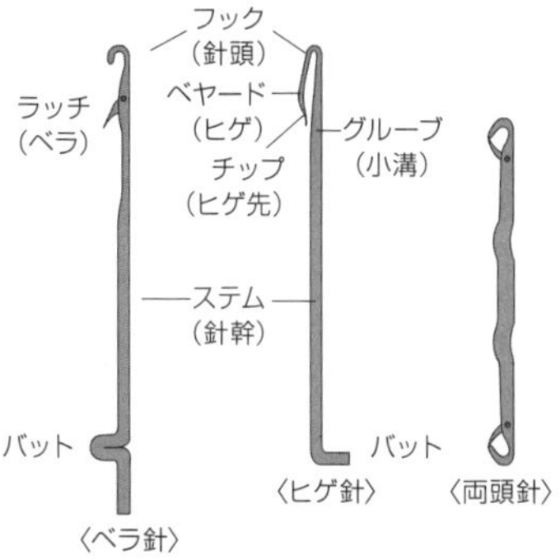

■編み目（あみめ）【ニット】

knitted loop / stitch

ニットの編み地を構成する単位。ループ*とループを組み合わせたものがひとつの単位となる。

緯《よこ》編み

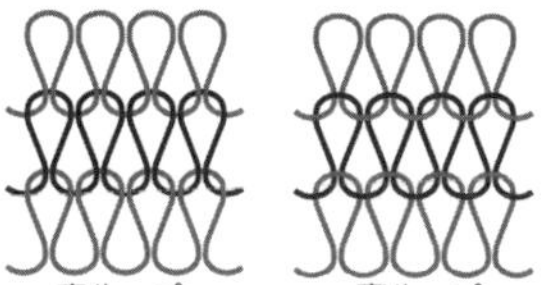

表ループ　裏ループ

経《たて》編み

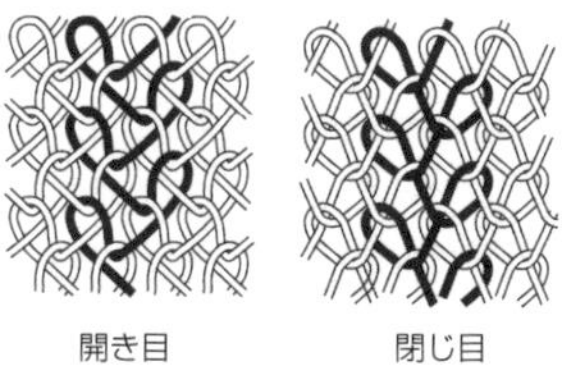

開き目　閉じ目

■編み目密度（あみめみつど）【ニット】
density

ニットの編み目*の密度。一定の幅（コース*）や長さ（ウエール*）にどれだけの編み目があるかという密度のことで、通常1インチ（2.54cm）間のウエールとコースの編み目の数で計る。数値が小さいほど編み目が大きく粗く、数値が大きいほど編み目が細かく密になる。編み目密度を度目《どもく》*ともいい、この場合の数値は、半インチ（1.27cm）間のウエール数とコース数の合計であらわす。

■綾目（あやめ）【織物】
twill line

「斜文線《しゃもんせん》*」、「綾線《あやせん》」ともいう。綾織り*に見られる斜めにあらわれる線のこと。通常の綾織りは綾目が右肩上がりで、「右綾《みぎあや》」「正斜文《せいしゃもん》」という。左肩上がりは「左綾《ひだりあや》」「逆斜文《ぎゃくしゃもん》」という。

→【コラム02】綾織り

右綾

左綾

■荒巻整経（あらまきせいけい）【織物】
beam warping

織物を織る準備工程のひとつである「整経*」の方式のひとつで、「仮《かり》整経」を行う整経方式のこと。整経は、織物を織るのに必要なたて糸の本数・長さ・張力を均等に整えるために行う「経糸《たていと》を整える」工程。荒巻整経は、綿やフィラメント*などで、大ロット生産の無地染めなどを行う場合に適している。整経工程は「チーズ*」という形状に巻かれた糸を「クリール*」という糸掛けに配置。たて糸に必要な数（数百個）のチーズから糸を引き出し、数メートル先にある整経機に取り付けられている「ビーム*（長い糸巻きのようなもの）」に、必要な長さの糸を「荒巻き」にする「仮整経」を行う。通常、荒巻整経ではビームに巻き付けた糸を染色する「ビーム染色*」が行われるため、この染色のための準備工程となる。染色されたビームは次に「一斉《いっせい》サイジング*」で複数のビームを並べて糊付けと柄組みした整経が行われ、サイジング（糊付け）した糸をビームに巻き取り、製織用のビームに仕上げる。このビームを製織機に取り付け、製織を行う。大量生産向きのかなり広い場所を要する整経方式であるため、小ロット生産や先染め柄*などの整経には「部分整経*」が行われる。

■アラミド繊維（アラミドせんい）【繊維】
aramid fiber

スーパー繊維*と呼ばれる高強度なナイロン*の一種で、「芳香族ポリアミド」ともいう。ナイロンと同じポリアミド系に属するが、分子の化学構造の違いから一般のナイロンとは区別されている。アラミド繊維には「メタ系」と「パラ系」があり、「メタ系アラミド繊維」は、耐熱性や耐薬品性の高さに特徴がある。ポリエステルの汎用《はんよう》繊維*と同じくらいの繊維機能（強さ、密度、風合いなど）をもち、熱分解点が400度以上と高い耐熱性があり、燃焼ガスの毒性もない優れた難燃性繊維。防火服、宇宙服や、電気配線の絶縁用材料などの工業用資材が多い。『ノーメックス』（デュポン社）、『コーネックス』（帝人テクノプロダクツ）などの商標がある。「パラ系アラミド繊維」は、弾性率と引っ張り強度の高さに特徴がある。高強度タイプのナイロンの約2.5～3倍あり、防弾服やコンクリート補強材などに使われている。『ケブラー』（東レ・デュポン）、『トワロン』（帝人アラミド）、

『テクノーラ』（帝人テクノプロダクツ）などの商標がある。

■アンダーラップ【ニット】

under-lapping

経《たて》編み機*のガイド・バー*の編成動作のひとつ。編み針の背後をガイド・バーが針列と平行に移動する動作。

■異型断面繊維（いけいだんめんせんい）【繊維】

「異型断面糸」ともいう。合成繊維*の断面を星形、三角、パイプ形などさまざまな形状にしたもの。合成繊維の断面の多くは円形をしているため、表面が扁平《へんぺい》でてらてらした感がある。これに変化をあたえるためにノズルの孔の形状を星形、十字形、三角形などに変えて紡糸《ぼうし》*し、断面の異なった繊維を作ったもの。このことにより繊維の表面積が増えるため、しなやかさが増し、光が乱反射するため深みのある色となる、薄地でも透けて見えないなどの利点があることや、吸水性が高まるなどの効果が得られる。絹と同じような三角形の断面にしたものは、絹に似たシルキーな光沢になるなど、断面の形により天然繊維に似た風合いや光沢を出すことができる

■居座機／居坐機／伊座り機（いざりばた）【織物】

backstrap loom

「地機《じばた》*」「神代機《じんだいばた》」「下機《しもばた》」ともいう。古くから世界各地に存在する水平方向で織る原始的な手織り機《ばた》で、腰で調節しながら織るので「腰機《こしばた》」「バックストラップ織機」ともいわれる。織り手は足を前に出して座って、足縄で糸を操作しながら織る。平織り*が中心で、長い織物を織ることができる。向かい合わせに２本のビーム*（たて糸を巻いた丸棒）があり、「千切り《ちきり》（経糸《たていと》ビーム*）」（織り手の向こう側にあるたて糸を

「居座機」
写真提供：南魚沼市　教育委員会　社会教育課 文化振興係

巻いた丸棒）から送り出された糸を織り、織った織物を「千巻《ちま》き（クロス・ビーム*）」という織り手側の丸棒に巻き取る。居座機は、千巻きに付けたベルト状の腰布を当てて、腰でたて糸を調整しながら体を織機《しょっき》の一部として使いながら織っていくのが特徴。この織り方が生地の独特の風合いを生み出す。現在も越後上布《えちごじょうふ》*や結城紬《ゆうきつむぎ》などが居座機で織られている。

→【コラム05】越後上布

■イージーケア加工

（イージーケアかこう）【加工】

easy-care treatment

洗濯後にアイロン掛けがいらないシャツ、家庭の洗濯機で洗えるウール（マシン・ウォッシャブル・ウール）やニット、汚れがつきにくい、乾きが早いなど、手入れの時間や手間が省け、クリーニング代が浮き、お金の節約にもなる加工。合成繊維は本来このような性質があるが、天然繊維では形状記憶加工（形態安定加工*）、撥水加工*、防縮加工*などを施した綿やウールがある。

■意匠糸（いしょうし）【糸】

fancy yarn

特殊な意匠効果のある糸。「飾り糸」、「ファンシー・ヤーン」ともいう。太さや色の変化、ループやノップ（こぶ）などを意図的に作った装飾効果の高い糸で、織物やニットに表面効果を生み出す。意匠糸を大別すると①「糸を作る紡績《ぼうせき》*の段階で作る意匠糸」。小さなつぶつぶの入っている「ネップ・ヤーン*」、不規則な節《ふし》のある「スラブ・ヤーン*」。②芯糸・からみ糸・押さえ糸を基本に、「撚糸《ねんし》*の段階で作る意匠撚糸」。「意匠撚糸」「飾り撚糸」ともいう。大きめのループを形成した「ループ・ヤーン*（ブークレ・ヤーン）」、からみ糸が凸状に出る「リング・ヤーン*（ラチーヌ）」、こぶのような膨らみがあらわれる「ノップ・ヤーン*（ノット・ヤーン）」、短い毛羽《けば》のある「シェニール・ヤーン*（モール・ヤーン）」、ループ・ヤーンをカットして毛羽をだした「タムタム・ヤーン（プラッシュド・ヤーン）」などが代表的。③意匠撚糸には入らないが、太い糸と細い糸を撚り合わせ、太い糸で波状をあらわした「壁糸《かべいと》*」、異色の糸を2本以上撚り合わせた「杢糸《もくいと》*」も、広義で意匠糸に入れることもある。

→【コラム26】意匠糸（写真参照）

■意匠紙（いしょうし）【織物・ニット】

design paper

織物や編物の組織図*をあらわすために用いる方眼用紙のこと。織物はたて糸とよこ糸が交差した組織点*をあらわし、白黒の升目に塗りつぶしていく。緯《よこ》編みは升目に編み目の記号を入れていく。経《たて》編みは小さなドットなどであらわした「ポイント・ペーパー」という特殊な意匠紙を使用し、糸の流れる線を描いていく。

織物の意匠紙

片面斜文（表）

片面斜文（裏）

緯《よこ》編みの意匠紙

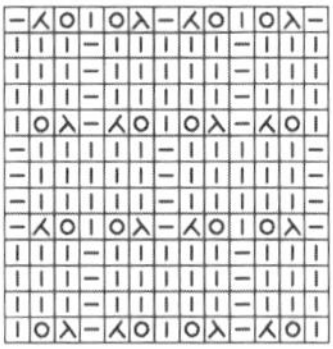

経《たて》編みの意匠紙

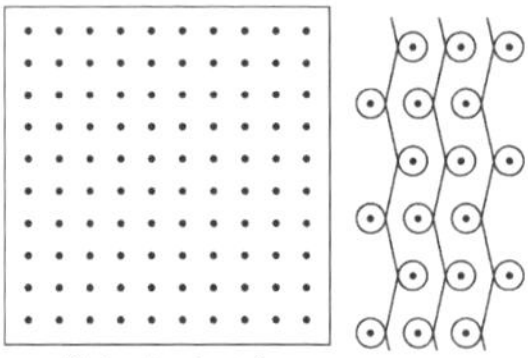

ポイントペーパー

■異色染め（いしょくぞめ）【染色】

cross dyeing / multicolor dyeing

「クロス・ダイイング」、「クロス染め」ともいう。染色性の異なる繊維で織った織物を染色し、染料に反応するものとしないものの性質を利用しながら、2色以上の色に染め分けること。生地のまま染める「反染《たんぞ》め*」の一種であるが、「先染《さきぞ》め*」のような効果を得ることができる。2種の繊維の「混紡糸《こんぼうし》*」では霜降り調に、「交撚糸《こうねんし》*」は杢糸《もくいと》*調に、たて・よこに異なる種類の糸を「交織《こうしょく》*」したものは縞柄や格子柄などを表現できる。

■ 伊勢型紙（いせかたがみ）【染色】

Ise-katagami / Ise pattern paper

型紙捺染《かたがみなせん》*で使用される、三重県の伊勢（鈴鹿市）が産地となる模様を切り抜いた型紙。小紋《こもん》*、中形《ちゅうがた》*、型友禅《かたゆうぜん》*などに利用される。美濃《みの》産の和紙を何枚も柿渋《かきしぶ》*(柿渋には防水性があり紙を強靭《きょうじん》にする)で貼り合わせ、彫刻刀で図柄を彫ったもの。「伊勢紙」「美濃紙」ともいわれる。江戸小紋*では約9cm四方に800～1200粒の細かい点を彫り抜くものもある精巧な型紙で、図柄の芸術性も高い。現在は型紙だけではなく美術工芸品やインテリアなどにも利用されている。1955年に重要無形文化財に指定され、1983年には伝統的工芸品の指定を受けている。

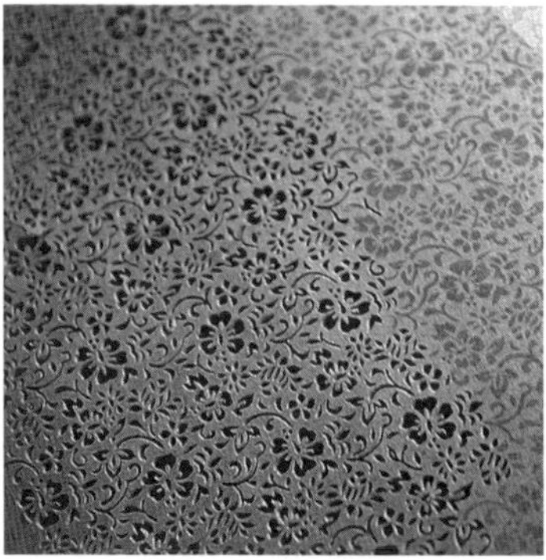

写真提供：銀座もとじ

■ 一重組織（いちじゅうそしき）【織物】

織物の基本となる組織のことで以下の４つがある。①もっとも基本的な組織を「原《げん》組織」といい、「平織り*」「綾織り*（斜文《しゃもん》織り）」「朱子《しゅす》織り*」の３つを「織物の三原組織*」という。②三原組織を変化させたものを「変化組織*」、③三原組織と変化組織を組み合わせたものを「混合組織*」、④これらの組織に属さないものは「特別組織*」という。

→P.434「織物組織の分類表」参照

■ 一斉サイジング（いっせいサイジング）【加工】

たて糸に糊付け*（サイジング）し、同時に整経《せいけい》*を行う加工法で、大量生産に向いている糊付け方法。荒巻整経《あらまきせいけい》*でビーム染色*を行った複数のビーム*（糸を巻き取った長い筒状のもの）をスラッシャ・サイジング・マシン*の入り口に並べて、出口で1本のビームにまとめて柄組みしながら糸を巻き取っていく。整経をしながら同時に糊付けを一斉に行うもの。

■ 糸染め（いとぞめ）【染色】

yarn dyeing

糸の状態で染める染色法の総称。糸の束である綛《かせ》*の状態で染める「綛染め*」、糸を円筒状に巻き上げたチーズ*の状態で染める「チーズ染色*」、整経糸《せいけいし》*（たて糸）の染色には「ビーム染色*」、デニムに使用される「ロープ染色*」などがある。

■ 糸捺染（いとなせん）【染色】

space dyeing

糸を無地に染めずに、染まらない部分を作ったり、異色に染め分けたもの。たて糸捺染《なせん》*、絣糸《かすりいと》*、多色に糸を染め分ける意匠糸《いしょうし》*の一種のスペース・ダイイングなどがある。

■ 糸目（いとめ）【染色】

友禅染《ゆうぜんぞめ》*の模様の輪郭に見られる「糸目状の白い線」のこと。友禅は模様を描く時に、隣接する色に染み込まないよう「防染《ぼうせん》」するために、米糊やゴム糊などの防染剤を模様の輪郭線に置いていくが、染め上がった時にそれが白い線となったもの。友禅染の大きな特徴となっている。黒い「墨の糸目」の輪郭線で描かれた友禅は「カチン摺《ず》り*」という。

■イベーションラップ【ニット】
evasion-lapping

経《たて》編み機*のガイド・バー*の編成動作のひとつ。後ろ筬《おさ》（ガイド・バー）が前筬と同一方向にアンダーラップ*（針の背後に筬が平行移動）すること。

■色泣き（いろなき）【染色】
bleeding

濃い色の染料が近くの薄い染料に流れ、色移りすること。染料が溶けて流れ出ることは「色落ち」という。

■色糊（いろのり）【染色】
color paste / colored size

捺染《なせん》*に使用する染色用の糊。染料*を主に、薬剤などを添加した糊で、染料を糊状にすることで、模様部分の染料が染み出さないようになる。小紋*や友禅染《ゆうぜんぞめ》*では糯粉《もちこ》や米糠《ぬか》なども使われる。

■インクジェット捺染
（インクジェットなせん）【染色】

ink-jet textile printing

「インクジェット・プリント」ともいう。デザインデータをコンピューターで画像処理して行うデジタル・プリント*の一種。大きなインクジェット・プリンターから生地に直接捺染《なせん》*で出力し、蒸気と熱により発色させる。製版が不要のため１枚からでも比較的安価に短納期ができる。多色使い・複雑なデザイン・写真・グラデーションなどの繊細な表現が手軽にできるなどの特徴がある。綿、合成繊維、ウール、絹など幅広い素材に対応でき、直接捺染のため生地に染料が染み込みやすく、裏まで染まりやすい。染色堅牢度《けんろうど》*も高い。

■インディゴ【染色】
indigo

藍のこと。または藍色素の染料*や顔料《がんりょう》*をいう。藍が「天然藍」の染料をいうのに対し、インディゴ染料は水に溶けない不溶性のため、天然藍と同じインディゴ成分を 尿素などのアルカリ性の水溶液で還元《かんげん》して、可溶性にしてから染める。これを空気に晒《さら》して酸化させることで青く発色するため、染めと空気に晒すことを繰り返しながら濃い藍色へと染色していく。不溶性の染料（顔料）を還元して水溶性にしていく染色方法を「建染《たてぞ》め染色*」または「還元染色」という。インディゴは繊維に定着しにくいため、着古したり洗濯を繰り返すと徐々に染料が落ちていき、ジーンズなどは「色落ち」がひとつの味になっている。

→藍染め

■インディゴ・ピュア【染色】
indigo pure

「ピュア・インディゴ」ともいう。1878 年ドイツで発明された合成インディゴ*で、インディゴ染料の主流になっている。天然藍と同じインディゴ成分を 100%（ピュア）抽出したことから名付けられたもので、天然藍よりも安価に簡単に藍染めを行うことができる。ジーンズ（インディゴ・デニム）の代表的な染料。

→藍染め

■イントレチャート【ニット】
intrecciato（伊）

イタリア語で「編み込み」を意味し、短冊切りにしたレザーなどを編み込んでいく（メッシュ編み）技法をいう。イタリアの高級皮革ブランドのボッテガ・ヴェネタを象徴する伝統的なデザインとしても知られる。

■ウインター・コットン【織物】
winter cotton

起毛やキルティングを施したり、厚みがあるなど、保温効果を高めた秋冬シーズン向きの綿素材のこと。別珍《べっちん》*、コーデュロイ*、ネル*、ビエラ*などの起毛素材が代表的。

■ヴィンテージ・クロス【織物】
vintage cloth

紳士服などで、デッドストックの年代物のスーツ生地や、ションヘル織機*などのシャトル織機*で織られた生地をいう。今日の主流となっている高速織機*の生地に比べ、低速織機で織られた生地は、ゆっくり織られるので生地に空気をはらんだような膨らみが出て、あたたかみのある風合いとなる。また、上質の羊毛やリネンなどの糸は保管のよい状態で何年か“ねかせて”織ると、品質や風合いに独特の味わいが出て、生地も長持ちする。本来はこのヴィンテージの糸で織った織物をいう。

■ヴィンテージ織機【織物】
vintage loom

18世紀末のイギリスの産業革命期に開発された「シャトル織機*」など、動力で動く「力《りき》織機*」をいう。今日の主流となっている「レピア織機*」や「ジェット織機*」など、空気や水流を利用してよこ糸を織り込む高速織機*以前の織機で、「低速織機*」ともいわれる。明治時代の末、豊田佐吉が開発した自動織機*にさまざまな改良を重ねたもの。マニュアルがなく手で機械を微調整しながら織り上げていくもので、高速織機には出せない、ふっくらとしっかりした風合いが出せ、極太から極細糸まで織ることができるのが特徴。ヴィンテージ織機ならではの味が見直され、現在も大切に織られている。

■ウエス【織物】

工場などで機械の油拭きなどに使用される、使い古したタオル、シーツ、メリヤス*などの繊維品やボロ布のこと。語源は英語でボロ布や屑、廃品を意味する「ウェイストwaste」。新しい綿布は油分を含んでいるため水分をはじくが、何度も洗濯を重ねているボロ布は、柔らかく水分の吸水率も高く、拭き布に適しており、工場などの必需品になっている。

■ウェブ【不織布】
web

不織布《ふしょくふ》*の製造工程で作られる「繊維の薄いシート」。

■ウエール【ニット】
wale

畝《うね》のこと。ニットでは、たてに連続した編み目*の列のことをいう。よこに連続した編み目の列は「コース*」という。

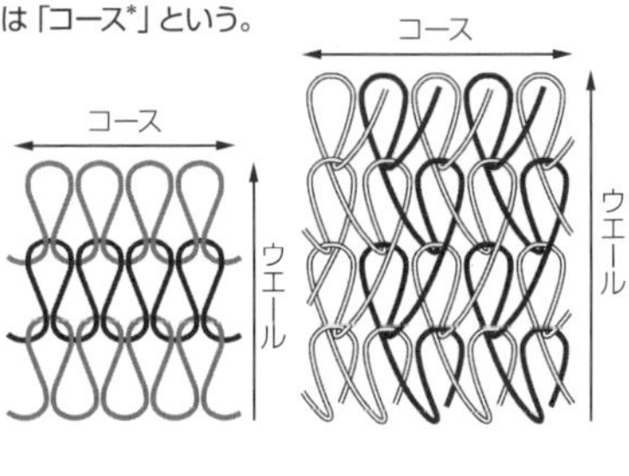

■ウエルト・ポジション【ニット】
welt position

ニットの編成上の編み針の位置のことで、編み針を下にさげたままで、編み針が糸をくわない状態をいう。単に「ウエルト」ともいう。針の背中に糸を渡して、ニットもタックもしない状況にするこのような針上げ*カムの基本動作をミスというが、これと同じ。

■ウォータージェット織機
（ウォータージェットしょっき）【織物】
water-jet loom
よこ糸を入れたシャトル*を使用しないで織る「シャトルレス織機*（高速織機*）」の一種。水の噴射（ジェット）を利用してよこ糸をたて糸の間に織り込んでいく方式。合成繊維*のフィラメント糸の製織に使用される。織機の片側から間欠的に水を噴出し、よこ糸を一方方向に飛ばして織る。シャトル織機*の約4～6倍の生産力がある。空気圧でよこ糸を運ぶものは「エアージェット織機*」という。

■裏編み（うらあみ）【ニット】
purl stitch / purl knitting
ニットの基本的な編み地で、裏目《うらめ》*だけの編み地。よこ方向(コース*)にΩ形の編み目があらわれる。平編み*の裏面に代表される編み地で、「裏メリヤス編み」ともいう。編み目記号は「―」であらわす。表側の編み地は「表編み*」という。

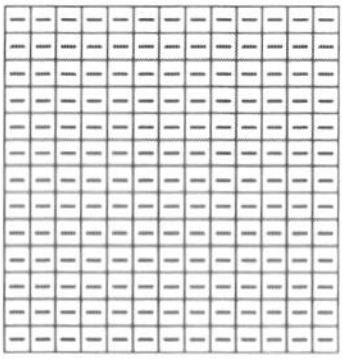

■裏起毛（うらきもう）【織物・ニット】
raised back
生地の裏側が起毛されているものの総称。または裏側に施す起毛加工*のこと。パイル糸*を出して編む「パイル編み」の裏側のパイル部分を起毛したものが多く、裏側を起毛させた裏毛編み*のトレーナー(スウェット・シャツ)などが典型的。

■裏勝り（うらまさり）【染色・柄】
表地より裏地に凝ることで、「裏が表より勝っている」ことからこの名がある。「奢侈禁止令《しゃしきんしれい》」が出され、贅沢品が禁止されていた江戸の元禄時代（1688～1704）に生まれたもので、裕福な町人たちは、贅沢への欲求を満たすため表地は地味な小紋柄*や縞柄、裏には派手な絵柄を染め上げた羽織など「隠れた贅沢品」を考案した。しかも地味な小紋柄は、職人の技術の粋を集めた「江戸小紋*」、地味な縞柄は禁令の絹縮緬《ちりめん》*よりも高価な舶来の「唐桟縞《とうざんじま》*」であったという具合に、目立たない中にちらりと垣間《かいま》見える贅沢こそが「江戸の粋」とされた。
→【コラム59】友禅染

■裏目（うらめ）【ニット】
purl stitch / back stitch
ニットの基本的な編み目*で、前のループ*をくぐって、手前から向こう側に引き出された編み目。緯《よこ》編み*と経《たて》編み*の表目がある。これと反対の編み目は「表目《おもてめ》*」という。
→表目（イラスト参照）

■エアージェット織機【織物】
air-jet loom
よこ糸を入れたシャトル*を使用しないで織る「シャトルレス織機*（高速織機*）」の一種。空気の噴射（ジェット）を利用してよこ糸をたて糸の間に織り込んでいく方式。織り幅が自由に設定でき、綿の紡績糸《ぼうせきし》*をはじめ、さまざまな素材に応用できる。水圧でよこ糸を運ぶものは「ウォータージェット織機*」という。

■S撚り（エスより）【糸】
S-twist
糸の撚り方向*を示すことばで、時計の針と同方向に撚ることを「右撚り」といい、糸の撚り線が「S」と同じ左上がりになっていることから「S撚り」とも呼ばれている。逆の「左撚り」のものは「Z」と同じ右上がりになっているので「Z撚り*」という。一般的に紡績糸《ぼうせきし》*の単糸《たんし》*はZ撚り（左撚り）、フィラメント糸*はS撚り（右撚り）となる。双糸《そうし》*（単糸を2本撚り合わせる）の撚りは、単糸と逆方向にかける。

糸の撚り方向

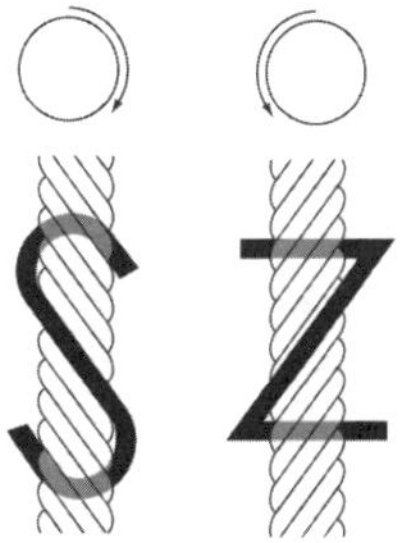

S 撚り（右撚り）　Z 撚り（左撚り）

■絵経（えだて）【織物】

紋織り*の織り方のひとつで、地組織のたて糸とは別に、刺繍のような紋柄を出すたて糸のこと。「絵経糸」ともいう。またはそういう織り方をいう。紋織りは「浮紋《うきもん》*」という、たて二重組織*を応用したものが多い。博多織《はかたおり》が代表的。よこ糸で紋柄を織り出したものは「絵緯*（えぬき／えよこ）」という。

■絵緯（えぬき／えよこ）【織物】

紋織物*で色文様を織り出すために、地糸*のほかに特別に用いる、絵糸や金銀糸などのよこ糸のこと。「絵緯糸」ともいう。またはそういう織り方をいう。金紗《きんしゃ》*、唐《から》織り*、ブロケードなどで使用される。地組織を織り出すよこ糸は「地緯*（じぬき／じよこ）」という。たて糸で紋柄を織り出したものは「絵経《えだて》*」という。

■塩基性染料（えんきせいせんりょう）【染色】

basic dye

塩基性を示す水溶性の合成染料。絹、羊毛のタンパク質系繊維やナイロンなどが中性または弱酸性で直接に染色することができる。綿などのセルロース系繊維は直接染めることができないため、タンニン酸で媒染《ばいせん》*して染める。わずかな量で濃色に染まり、鮮麗な色が出せるが、染色堅牢度《けんろうど》*が低く、特に日光堅牢度が低いという欠点がある。その後、アクリル系合成繊維によく染まり、日光堅牢度の高いカオチン染料が開発された。

■凹版（おうはん）【染色】

intaglio

捺染《なせん》*における「製版*」の型式のひとつで、模様を彫刻した版の凹版部に色糊《いろのり》*を充填《じゅうてん》し、生地に捺染する。「ローラー捺染*」などがある。

■大幅（おおはば）【織物】

full breadth

着物の反物《たんもの》の一般的な幅を小幅《こはば》*（約36cm）というが、その2倍の約72cmの幅を大幅という。広幅《ひろはば》*、「二幅*（ふたの／ふたはば）」とも呼ばれる。

■オーガニック・コットン【繊維】

organic cotton

有機栽培された綿のこと。正式には遺伝子組み換えの種は使わず、3年以上化学肥料を使用していない土地に、農薬を使わずに栽培した綿のこと。糸を洗ったり、染めたりというすべての工程で化学物質を使わないものをいう。

■オーガンジー撚り（オーガンジーより）【糸】
オーガンジー*に代表される糸の撚り方。下撚《したよ》り*をかけた単糸《たんし》*を引き揃え、下撚りと反対方向に上撚《うわよ》り*をかけて撚り合わせた「諸撚《もろよ》り糸*（2本の単糸を撚り合わせた糸）」。撚り数*は下撚り、上撚り共に600回／m前後をいう。

■送り星（おくりぼし）【染色】
resister mark
捺染《なせん》*の模様の継ぎ目を正確に合わせるため、版型または原図などに付ける「送り印」。手捺染《てなせん》*で使われることが多い用語で、ローラー捺染*では「ピッチ*」ともいう。

■筬（おさ）【織物・ニット】
reed
「リード」ともいう。織機《しょっき》に取り付けられているたて糸を通す櫛状の付属用具。たて糸を整えて織物の幅を一定に保ち（織り幅を決め）、織りの密度の強弱を操作する役割と、よこ糸を通す杼《ひ》（シャトル*）のガイドにもなる。たて糸の通る細い隙間を「筬羽《おさは》」といい、筬羽には通常1～6本のたて糸が通される。杼によりたて糸に水平に打ち込まれたよこ糸は、さらに筬を前後させて打ち込むことで目が詰められ密に織ることができる。高機《たかはた》*で、筬を前後させながら“トントン”という音を立てて糸を打ち込む織り姿が機織りの象徴ともなっている。ニットの経《たて》編み機*にも、糸を編み針へと導く筬が取り付けられていて、「ガイド・バー*」ともいわれる。リード reed は「葦《あし》」の意味で、かつて葦で作られていたことから付けられた名前という。

■筬通し（おさとおし）【織物・ニット】
sleying
織りや編みの準備作業で、織機《しょっき》*やニットの経《たて》編み機*に取り付けられている筬《おさ》にたて糸を通すこと。織機では「筬羽《おさは》*」という細い隙間に糸を通す。経編み機では筬をガイド・バー*ともいい、ガイド・バーに取り付けられているガイド・アイ*という孔のあいたスティックに糸を通す。

■落ち綿（おちわた）【繊維】
noil
綿などで、「わた」から糸を作る紡績*の工程で取り除かれた、短い繊維のくずわた。「ノイル*」ともいう。

■オーバーダイ【染色】
overdyeing
製品染め*の一種で、染め上がっているものを再び異なる色で染めることをいう。元の色と混じり合った微妙な色合いを出すことができ、ヴィンテージ加工*のひとつにもなっている。ストーンウォッシュ*を施したジーンズのデニム*をベージュでオーバーダイすると、白いよこ糸や、色落ちした部分がベージュに染まるため、古着のような汚れた色合いを表現することができる。顔料《がんりょう》*を使用すると、洗濯を重ねて色落ちするごとに元の色と混じり合った味のある色合いとなっていく。

■オーバーラップ【ニット】
over-lapping
経《たて》編み機*のガイド・バー*の編成動作のひとつ。糸を保持しているガイドがバック側に揺れて、針のフック*の付いている方に糸を掛け渡す動作のこと。

■オープンワーク【レース】
openwork
「切り抜き刺繍」のことで、糸を引き抜いたり、布地を切り抜いたりして透かした部分を作っていく透かし技法。スワトー刺繍（スワトー・レース*）が代表的。

■朧糸（おぼろいと）【糸】
原綿染め*（綿を紡績*する前の、わたの状態で染めること）にした綿花に、晒《さら》した白の綿花を混ぜて紡績した霜降り調の糸。

■表編み（おもてあみ）【ニット】
plain knitting
ニットの基本的な編み地で、表目《おもてめ》*だけの編み地。たて方向(ウェール*)にV形の編み目があらわれる。平編み*に代表される編み地で「メリヤス編み」ともいう。編み目記号は「I」であらわす。裏側の編み地は「裏編み*」という。

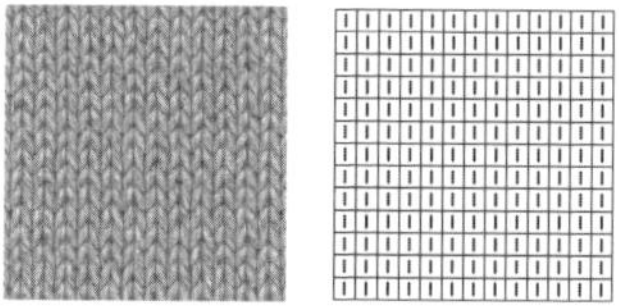

■表目（おもてめ）【ニット】
knit stitch / face stitch
ニットの基本的な編み目*で、前のループ*を通して、次のループを手前に引き出してできた編み目。これと反対の編み目は「裏目《うらめ》*」という。

緯《よこ》編み

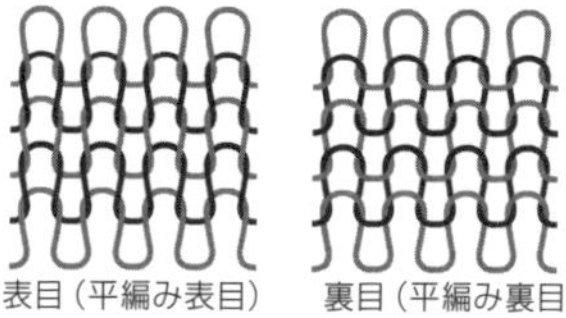

表目（平編み表目）　裏目（平編み裏目）

■織り密度（おりみつど）【織物
density
織物の密度は、糸の打ち込みの密度のことで、一定単位の長さに何本糸が並んでいるかの本数をいう。経《たて》密度と緯《よこ》密度があり、通常1インチinch（2.54cm）間で計算するが、地域や織物の種類により単位が変わる（1cm、10cm、1寸／約3cmなどもある）。密度は糸の太さにも密接な関連があるので、織物の規格*には糸番手《ばんて》*と共に表記される。たとえば、たて糸の糸番手が30番単糸《たんし》*、よこ糸が36番単糸、1インチ間にたて密度が72本、よこ密度が69本の場合、「30/1×36/1」「72/inch×69/inch」と表示される。

■織物組織（おりものそしき）【織物】
織物は、たて糸とよこ糸を交差させ組み合わせて織られるもので、この組み合わせの仕方を「組織」という。組織は「組織図*」によってあらわされる。基本となる組織を「原《げん》組織」といい、「平《ひら》織り*」「綾《あや》織り*（斜文《しゃもん》織り）」「朱子《しゅす》織り*」を「三原《さんげん》組織*」という。搦《から》み織り*を加え「四原《よんげん》組織」という場合もある。この三原組織を変化させたものを「変化組織*」という。三原組織と変化組織を組み合わせたものを「混合組織*」という。上記の組織に属さない独自の外観をあらわしたものは「特別組織*」という。また、2枚以上の布が重なったように織るものを「重ね組織*」という。地組織とは別にパイル糸*を織り込んで輪奈《わな》（ループ）や毛足を出した「パイル組織*」、糸がからみ合って交差する「搦《から》み組織*」、ジャカード*などの模様を織り出す「紋《もん》組織*」、その他綴《つづ》れ織りなど複雑な組織をもつ「特殊組織*」などがある。
→p.434「織物組織の分類表」参照

■織物の規格（おりもののきかく）【織物】
construction of cloth
織物の繊維名、混紡率、糸番手*、織り密度*、幅、長さなどを一定の基準であらわしたもの。複合的な面から織物の特性を判断する目安となる。

■織物組織の分類表

織物組織	一重組織	三原組織	平織り、綾織り、朱子織り
		変化組織	斜子織り、畝織り
		混合組織	しじら織り、吉野織り
		特別組織	梨地織り、蜂巣織り、模紗織り
	重ね組織	緯二重組織	玉羅紗
		経二重組織	ダブル・サテン
		経緯二重組織	風通織り、袋織り
		多重組織	ベルト織り
	パイル組織（添毛《てんもう》組織）	緯パイル組織	別珍、コーデュロイ
		経パイル組織	ビロード、シール、タオル
	搦み組織（もじり組織）		絽、紗
	紋組織		紋綸子、緞子、ダマスク
	特殊組織		綴織り、ゴブラン織り

■オンス【織物】

ounce / oz

オンスは重さや液体の量の単位。デニム*（ジーンズ）は「オンス(oz)」の単位で表され、1平方ヤード（0.84㎡）あたりの重さを示す（生地の厚みではない）。一般的なデニムは7～14oz前後であるが、14ozのデニムは1平方ヤードの重さが14ozということになり、数字が低いほど軽くなる。10oz以下の軽いものは「ライトオンス・デニム」、20oz以上は「ヘビーウエイト・デニム」と呼ばれる。

■オンデマンド・プリント【染色】

on-demand printing

オンデマンドは「必要な時、必要なだけ」という意味で、必要な時に小ロットでも短納期・リーズナブルな価格でプリントできるプリントの仕組みを意味する。製版工程のないデジタル捺染機でダイレクトに出力するため、複雑なデザインのプリントでも短期間に低コストでできるのが特徴。インクジェット・プリンターによる「インクジェット捺染*」などがある。

■オンブレ捺染（オンブレなせん）【染色】

ombre dyeing

ぼかし染め*のこと。オンブレは仏語で「濃淡のある、陰影のある」の意味で、絵の具がにじんだような、境界線をぼかした染めをいう。

■ガイド・アイ【ニット】

guide eye

「導糸針《どうししん》」ともいう。ニットの経《たて》編み機*のガイド・バー*の下部にたくさん取り付けられている“縫い針の頭”のような孔のあいたスティック状のもの。たて糸を１本ずつガイド・アイの孔に通し、ガイド・バーの動きにより編み地が編まれる。

■ガイド・バー【ニット】

guide bar

筬《おさ》*ともいう。ニットの経《たて》編み機*に取り付けられている、糸を編み針へと導く（糸を供給する）役割の櫛状のバー。「ガイド・アイ*（導糸針《どうししん》）」という“縫い針の頭”のような孔のあいたスティックがたくさん付いたもの。たて糸を1本ずつガイド・アイの孔に通し、ガイド・バーの動きにより編み地が編まれる。ガイド・バーの枚数が多いほど複雑な編み地を編むことができる。

■化学繊維（かがくせんい）【繊維】

synthetic fiber / chemical fiber

天然の物質に人間が手を加え、化学的なプロセスで繊維の組織や分子構造を作り変えた繊維。「人造繊維」ともいう。天然繊維の場合は、化学薬品を使用しても繊維独自の形状組織は壊さずに、利用しやすい形に変えるにとどまり、繊維原料を分子レベルにまで溶解したりはしない。化学繊維には、天然繊維（主にセルロース）を原料にして製造される「再生繊維*」（レーヨン*、キュプラ*、リヨセル*など）、天然物質を化学変化させて改質した「半合成繊維*」（アセテート*）、石油・石炭・天然ガスから作られた高分子*を原料にした「合成繊維*」（ナイロン*、ポリエステル*、アクリルなど）などをはじめ、近年ではトウモロコシやサツマイモが原料の環境に配慮した循環型繊維として、「バイオベース繊維*」も増加している。

■柿渋（かきしぶ）【染色】

persimmon tannin / kakishibu

渋柿の未熟な果実をつぶしてカキタンニンを採取した汁液を発酵・熟成させたもの。柿渋（カキタンニン）は防水、腐食効果が期待できることから家の柱、樽や桶をはじめ漆器の下塗り用としても利用され、衣服の染料*としての歴史も古い。また、和紙に塗ると強度が増すことから、小紋*や型友禅《かたゆうぜん》*の型紙として伊勢型紙*に使用されたり、番傘やうちわなどにも利用されてきた。

■鉤針編み（かぎばりあみ）【ニット】

crochet

「クロシェ」「クロッシェ」「クローシェ」ともいう。鉤《かぎ》針を用いて編む編物の総称。鉤針で編むレース編みは「クロッシェ・レース*」という。「鎖《くさり》編み*」「細《こま》編み*」「長《なが》編み*」の３つがもっとも基本的な技法で、「中長《ちゅうなが》編み*」「長々《ながなが》編み*」などの基本編みができ、「パプコーン編み*」「パイナップル編み*」「方眼編み*」「ネット編み*」などの応用編みができる。

■加工糸（かこうし）【糸】

textured yarn

「テクスチャード・ヤーン」ともいう。糸に加工をして、別の風合いや機能をもたせた糸のことであるが、一般的には、ポリエステルやナイロンのフィラメント糸*を加工したものをいう。合織フィラメント糸は表面に毛羽《けば》や凹凸感、膨らみ感が無くつるつるしているため、これを改善するために、熱可塑性《ねつかそせい》*を利用して、熱を加えてクリンプ*（縮れ）などをつけて伸縮性や嵩高《かさだか》性のある糸に加工したもの。仮撚《かりよ》り法による「仮撚り加工糸*」が代表的。捲縮《けんしゅく》加工糸*ともいう。

→仮撚り加工糸

■重ね組織（かさねそしき）【織物】

combination weave

2枚以上の布が重なったように織る組織。たて糸・よこ糸のいずれか、または両方に2種類以上の糸を用いた組織で、二重組織*、三重組織、多重組織にしながら地合いを厚く丈夫にしたり、袋状や筒状にしたり、リバーシブルなどの両面織物などを織ることができる。多重組織になるほど、組織は複雑になる。たて糸を1種類、よこ糸には「表よこ糸と裏よこ糸」の2種類を使って、よこ糸が上下二重になるように織るものを「緯《よこ》二重組織」という。これとは逆にたて糸を2種類にしてよこ糸を1種類にし、たて糸が上下に二重になるように織ったものは「経《たて》二重組織」という。たて糸・よこ糸の両方を2種類の糸で織るものは「経緯《たてよこ》二重組織」という。
→p.434「織物組織の分類表」参照

■家蚕絹（かさんぎぬ）【繊維・織物】

mulberry silk / house silkworm silk

「家蚕《かさん》」で作られる生糸《きいと》*や、絹織物の総称。絹は蚕《かいこ》の繭《まゆ》からとる。一般に知られている白い繭の蚕は、「家蚕」という家で飼われている蚕で、桑の葉を食べて大きくなる。「家蚕」から作られる繭を「家蚕繭《かさんまゆ》」といい、それから繰《く》られる生糸を「家蚕糸《かさんし》」という。これに対し山野などに自然に生息している蚕は「野蚕《やさん》」といい、野蚕の絹は「野蚕絹《やさんし》*」という。家蚕糸は細く、野蚕糸は太いという特徴がある。

■ガス糸（ガスいと）【糸】

gassed yarn

毛焼き*の一種で、紡績*された綿糸の表面に出ている毛羽《けば》を、ガスの炎で焼き、表面を平滑にして光沢をもたせた糸。このような手法を「ガス焼き」という。

■かすみ染め（かすみぞめ）【染色】

糸を綛《かせ》*の状態で部分的に染める手法。「かすみがたなびくような」柔らかなぼかし糸となるためこの名がある。絣糸《かすりいと》*の一種で、絣*などに用いられる。

■絣足（かすりあし）【染色】

絣《かすり》*独特のかすれた模様（絣模様*）の「にじみ」部分のこと。本来絣は模様の下絵に沿って糸を括《くく》って染め分けた「絣糸《かすりいと》*」を用いて織る。絣足は、絣糸の括《くく》られた部分と括られなかった部分の染め際に出る「にじみ」のことをいう。括りの強弱により、絣足の染料のさまざまなにじみが表現され、微妙なタッチの絣模様の美しさが表現されていく。

■絣糸（かすりいと）【糸】

Kasuri thread

絣模様*を織るために、模様の下絵に沿って染め分けた糸のこと。絣*は、「かすれた模様」をあらわした織物。捺染《なせん》*した「染め絣」もあるが、織りで絣模様をあらわす「織り絣」は糸を染め分けた「絣糸」を用いて模様をあらわす。絣糸は糸を防染《ぼうせん》*(染まらない部分を作る)して作るのが特徴で、下記の染色法がある。①「括《くく》り染め(括り絣)」。絣模様の下絵に沿って糸の染まらない部分を紐状のもので括ったもの。糸1本1本を手作業で行う伝統的なものは「手括《てくび》り*」という。②「板締め*(板締め絣)」。凹凸のある板に糸を挟んで締め付けて液を流し込み、染まらない部分を作ったもの。③「織締《おりじ》め」「織貫《おりぬき》」。締機《しめばた》や織締機《おりしめばた》を用い、絣模様の図案に合わせた必要本数の綿のたて糸をセットし、絣用の絹のよこ糸の糸束(約20本位)をかたく織り込み仮織りした後で染める。たて糸が防染の役割をし、たて糸・よこ糸の接点が染まらず白く残る。

■絣括り（かすりくびり／かすりくくり）【染色】

「絣括《くく》り」「絣縛《しば》り」ともいう。絣*の織物に絣模様*をあらわす絣糸*を作る工程のひとつ。絣模様の下絵に沿って糸の染まらない部分を紐状のもので括《くく》ったもの。糸1本1本を手作業で行う伝統的なものは「手括《てくび》り*」という。

■絣染め（かすりぞめ）【染色】

絣*は「かすれた模様」をあらわした織物や「かすれた模様」のこと。本来は絣糸《かすりいと》*を用い、織りで絣模様*をあらわした「織り絣」であるが、捺染《なせん》*して絣模様をあらわした「染め絣*」もあり、「絣染め」という場合はこの染め絣をいう場合が多い。また、絣糸の染め技法や、絣糸のようにまだらに染め分けた糸をいう場合もある。

■綛／桛（かせ）【糸】
hank
糸を綛枠《かせわく》に巻き取って外し、糸束《いとたば》にしたもの。染色、糊付け、運搬、販売などに便利なよう、一定の長さや束の大きさに揃えるもので、糸の種類によって異なる。1綛は、「綿糸は840ヤード」「梳毛糸は1,000ヤード」「紡毛糸は256ヤード」「麻糸は3,600ヤード」。生糸は重量であらわし、「約18匁《もんめ》で、14中《なか》（繭の個数の呼び名で、1個は1中、約1デニール*）は44,000m、21中は29,333m。綛の状態になっている糸を「綛糸《かせいと》」、糸を一定の大きさの綛枠に一定回数だけ巻き付けて枠を抜き取る作業を「綛取り《かせとり》*」、綛のまま染めることを「綛染め《かせぞめ》*」という。綛染めは一般的には手染めが多い。

■カゼイン繊維（カゼインせんい）【繊維】
casein fiber
牛乳に含まれるタンパク質である「カゼイン」から作られる再生繊維*。独特の光沢があり、肌にやさしく、保温性や吸水性にも優れている。

■綛染め（かせぞめ）【染色】
hank dyeing / skein dyeing
糸を束にした綛《かせ》*の状態で染めるもので、糸の状態で染める「糸染め*」を代表する染めの技法。英語では「ハング・ダイ」ともいい、綛糸《かせいと》を「吊るして（hang）」染める手法を特徴とする。小ロット生産やサンプル製作などに向いている。綛糸を部分的に染めたものは「かすみ染め*」といい、絣《かすり》*などに利用される。綛糸を染め棒に下げて液に浸して染める「手染め」のほか、「綛染め機」では染め液が綛糸のまわりを循環する方式、綛糸が回転し噴射式で綛を染める方式があり、「綛を絞る工程」を機械化したものなどもある.

■綛取り（かせとり）【糸】
綛《かせ》*は糸を一定の大きさの綛枠《かせわく》に巻き取って外し、糸束《いとたば》にしたもの。綛枠に一定回数だけ巻き付けて枠を抜き取る作業を「綛取り」という。

■綛糊付け（かせのりつけ）【織物】
hank sizing
たて糸の糊付け方法の一種で、糸を束にした綛《かせ》*の状態で行う糊付け。小ロット生産や、先染め*織物に向いている。綛糊付けした糸は、チーズ*などの形状に巻き取られ、部分整経*を行う時に使用される。

■型紙捺染（かたがみなせん）【染色】
stencil print / paper stencilling
模様を切り抜いた型紙を用いた捺染《なせん》*法。紙の型紙を用いることから「紙型《かみがた》捺染」とも呼ばれる。紙には柿渋《かきしぶ》*を塗って乾かした美濃《みの》和紙に模様を切り抜いた「伊勢《いせ》型紙*」が用いられる。型紙を生地の上に置き、刷毛《はけ》やヘラで色糊《いろのり》*を置いて、版画のように染める。型付けをする際には「送り星*」という送り印をつけながら型合わせをし、使う色の数などに応じて、型紙を替えながら何度も繰り返す。印捺《いんなつ》後は、蒸熱《じょうねつ》して色を固定し、水洗いして乾燥させる。小紋《こもん》*、中形《ちゅうがた》*、型友禅《かたゆうぜん》*などに応用される。

■型染め（かたぞめ）【染色】

printing / stencil dyeing

型紙や版木などの「染め型*」を使用して模様を染める捺染《なせん》*法の総称。手描き捺染*と異なり、模様を繰り返して染めたり、同じ模様を何枚も染めることができる。技法は①「型紙捺染*」。模様を切り抜いた型紙を生地の上に置き、型紙の上から刷毛やヘラで色糊《いろのり》*を置いて染める。②「スクリーン捺染*」。枠に紗《しゃ》*などを張った「スクリーン型」を使い、色糊をヘラで置いていく。③「ローラー捺染*」模様を彫刻した金属のロールを回転させて捺染する。④凹凸感のある版で手捺染する「ブロック・プリント*」などがある。

■型付け浸染（かたつけしんせん）【染色】

dyed style printing

捺染《なせん》*の一種で、染め液につけて染める「浸染《しんせん》*」で模様をあらわす技法のこと。型紙を置いて模様の部分に色糊《いろのり》*や防染糊を固着させて浸染を行う。糊の部分は白く残ったり、異なった色に染まった模様となる。

■片面斜文（かためんしゃもん）【織物】

「片面綾《あや》」ともいう。綾織り*に見られる斜めにあらわれる線を「斜文線《しゃもんせん》*」といい、表と裏の斜文線のあらわれ方が違うものをいう。綾織りは、たて、またはよこの浮き糸が斜めに並列して斜文線があらわれる。たて糸が多くあらわれた斜文線の面を「たて綾」といい、よこ糸が多くあらわれた斜文線の面は「よこ綾」という。たとえば「2《に》／1《いち》の綾」や「3《さん》／1《いち》の綾」の「たて綾」の場合、「たて糸２本、よこ糸１本」「たて糸３本、よこ糸１本」の順に糸が浮いている綾織りをいう。この場合、表と裏の斜文線のあらわれ方が違うので「片面斜文」となる。これに対し、「2《に》／2《に》の綾」の場合は「たて糸２本、よこ糸２本」の順に糸が浮いている綾織りのため、表裏の斜文線のあらわれ方は同一で（斜文線の方向は逆になる）、これを「両面斜文《りょうめんしゃもん》*」という。

■片撚り糸（かたよりいと）【糸】

single twist yarn / tram

絹や化学繊維のフィラメント糸*の単糸《たんし》*は、無撚りかほとんど撚りがかかっていないため、1本か2本以上引き揃えて撚りをかけ1本の糸にしたもの。フィラメントの単糸の撚り方向は「S撚り*（右撚り）」が一般的。片撚り糸を2本以上引き揃え撚りをかけて1本の糸にしたものを「諸撚り糸*」という。諸撚り糸は片撚り糸と反対の方向に撚りがかけられる。

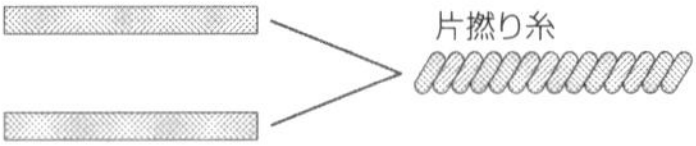

■化炭処理（かたんしょり）【糸】

carbonization

紡毛紡績《ぼうもうぼうせき》*の初期工程で行う、原毛に混合している植物性不純物を取り除く処理。亜硫酸などに浸し高温で乾燥し、羊毛繊維に紛れ込んでいる種や草などの不純物を炭化して除去する。「洗化炭《せんかたん》」ともいう。

■カチン摺り（カチンずり）【染色】

友禅染《ゆうぜんぞめ》*の模様の輪郭線を型紙で摺り、「墨の糸目《いとめ》*」をあらわした高度な型染め技法。カチンとは「墨」のことで、当初はカチン棒と呼ばれる染色用の墨が使われていたが、現在は墨汁を混合したものが使われている。「糸目」とは友禅染の模様に見られる白い輪郭線のことで、模様を描く時に隣接する色に染み込まないよう模様の輪郭を糊で防染《ぼうせん》した跡が白く残ったもの。一般的な友禅染は白い輪郭線だが、カチン摺りは輪郭線を墨で描くことでシャープな絵柄が表現できる。

■カット長 (カットちょう)【繊維】

cut length

化学繊維*のステープル (短繊維*) の長さのこと。化学繊維は長繊維*でエンドレスの長さをもつが、連続長繊維を切断することで短繊維を作ることができる。このステープルの長さを「カット長《ちょう》」という。

■カード【糸】

card

綿や毛の紡績工程で使用する機械の名前、またはカードで行う作業のこと。洗い上げた原綿や原毛を表面に歯を植えたローラーに通し、繊維を解《ほぐ》してさらに細かな不純物を除去し、細かい櫛で一定方向に揃え「スライバー*」と呼ばれる「棒状のわた」にする。この作業を「カーディング」「梳綿《そめん》」ともいう。膝の上にハンド・カード器をのせて行う「ハンド・カーディング」とドラム式カード機の「マシン・カーディング」がある。

■カード糸 (カードし)【糸】

carded yarn

綿の紡績*工程のひとつで、細かい櫛のような「カード」という機械を用いて、わたの中に含まれる不純物を除去し、繊維を一定方向に揃えるための「カーディング」という作業で作られた糸。デニム*地が代表的で、ザックリとした趣のある風合いとなる。通常の紡績にはカーディングが行われるが、高級綿や細番手綿などでは、さらに細かな不純物を取り除き、繊維の平行をより整えるために「コーミング」という工程を行う。糸ムラや毛羽《けば》が少ない均整な糸となり、光沢や強度も増す。ローン*やボイル*などが織られる。通常のカーディングのみを行った糸を「カード糸」、コーミングを行った糸を「コーマ糸*」という。

■カバード・ヤーン【糸】

covered yarn

複合糸*の一種で、延伸したポリウレタン弾性糸 (スパン・ヤーン*) を芯にしてナイロンやポリエステルのフィラメント糸*を巻き付けた (カバーした) もの。このような構造を「芯鞘《しんさや》構造」という。ナイロンフィラメントの強さと透明性に加え、ポリウレタンフィラメントの伸縮性を発揮することができる。カバーする (巻き付ける) 糸が1本のものは「シングル・カバード・ヤーン」、2本のものは「ダブル・カバード・ヤーン」という。ソックスやパンティストッキング、ファンデーションなどに使用される。芯材に金属線を使ったものは、パソコンなどの電磁シールド用として使用されている。芯糸のまわりを綿や羊毛などの短繊維*で被覆したものはコア・ヤーン*という。

シングル・カバード・ヤーン

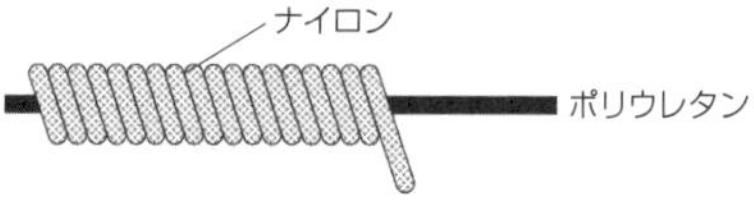

ダブル・カバード・ヤーン

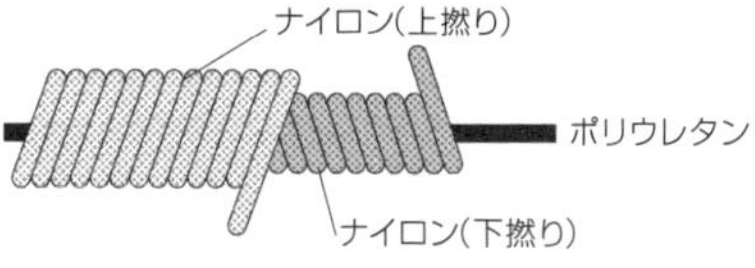

ポリウレタン・フィラメントを「芯」に
ナイロンを巻き付けた「ストレッチ・ヤーン」の場合。

■壁糸 (かべいと)【糸】

Kabe yarn / corkscrew yarn

「壁撚《かべよ》り糸」ともいう。太い糸 (らせん糸) と細い糸 (芯糸) を撚り合わせ、太い糸が細い糸に波状 (らせん状) に巻いているもの。太い糸にはやや強い下撚《したよ》り*をかけて、これに細い糸を引き揃え、上撚《うわよ》り*をかけたもの。土壁《つちかべ》を作る時に、割り竹を組んで縄を巻いた上に壁土《かべつち》を塗るが、この「竹と縄」の形に似ていることから「壁糸」の名がある。
→【コラム26】意匠糸（写真参照）

■カポック【繊維】

kapok

「パンヤ」ともいう。カポック樹の果実から採取できる白いわたのような繊維。コットンのわたのように紡績*して糸にすることはなく、クッションなどの詰め物に使われる。繊維の断面が中空になっており、非常に軽い。手触りはつるつるしていて疎水性《そすいせい》（水と混じりにくい性質）があり水中の油だけを吸収することから、タンカー船事故の海上の油取りなどに利用されることもある。また、保温性があり弾力性に富むなどの性質がある。かつては救命胴衣の充填材《じゅうてんざい》（詰め物）に使われており、現在も競艇業界や海上自衛隊では救命胴衣のことを「カポック」と呼んでいる。

■釜（かま）【ニット】

「針床《はりどこ》*」ともいう。編み機の針を取り付ける部分で、とくに“釜”の形状に似ていることから丸編み機*の針床をいう場合が多い。針がついているので「針釜《はりがま》」ともいう。丸編み機の「釜」は、円筒の「シリンダー*（下釜《したがま》）」と平たい円形の「ダイヤル*（上釜《うわがま》）」がある。「シングル編み機（シングル・ニードル機）」はシリンダーのみを用いたもので「シングル・シリンダー」という。「ダブル編み機（ダブル・ニードル機）」はダイヤルとシリンダー、またはシリンダーとシリンダーを用いたもので「ダブル・シリンダー」ともいう。

■ガーメント・ウォッシュ【加工】

garment wash

「製品洗い」ともいう。洗い加工*の一種で、縫製して衣服（ガーメント）にした状態で洗う手法。製品を洗うことで、風合いを柔らかくしたり、洗いジワを出したり、色落ちさせナチュラル感を出したり、古びた感じを出すことができる。特にガーメント・ウォッシュは「アタリ」といわれる縫い代などが擦れて色落ちした加工を出すことができる。

■ガーメント・ダイ【染色】

garment dye

縫製して衣服にしてから染める「製品染め*」をいう。ガーメントは「衣服」のこと。糸から染める「先染め《さきぞ》*」や、生地を染める「反染め《たんぞ》*／後染《あとぞ》め*」にくらべ、染めムラや色落ちもあり、洗うほどに目が詰まりパッカリング*（縫い縮み）が出やすく、かすれたようなアタリが出やすい。この性質を利用して古着加工（ユーズド加工*）のひとつとして用いられている。

■ガーメント・レングス編み

（ガーメント・レングスあみ）【ニット】

garment length stitch

ガーメントは「衣服」の意味で、「着丈（ガーメント・レングス）」ごとに区切って編み立てることをいう。ガーメント・レングス丸編み機で編まれた、セーターなどの半成形編みのことで、「ガーメント・レングス生地」ともいう。

■柄組み（がらぐみ）【織物】

先染め柄*を織る準備段階のひとつ。整経《せいけい》*（経糸《たていと》を整える工程）の工程で、ストライプ柄やチェック柄などデザインに沿って、デザインどおりの色や幅に経糸を配列すること。

■ガラス繊維（ガラスせんい）【繊維】

glass fiber

「グラス・ファイバー」ともいう。特殊なガラスを融解して繊維状にしたもの。フィラメント（長維*）とステープル（短繊維*）が作られる。フィラメントは織物にできるため、電気絶縁用や不燃性カーテンなどにされる。ガラス繊維を“わた状”にしたものは「グラス・ウール」という。断熱材や吸音材として、また防火性にも優れているためアスベストの代替え材にしたり、プラスチックの補強材として建材に使われる。優れた耐火断熱性を持ちながら、人間が吸引しても体内に蓄積されない生体溶解性繊維のガラス長繊維として『スーパーウール』（新日化サーマルセラミックス）の商標がある。

■カラー・ブロック【柄】

color block

色の配色や柄構成の手法で、多色使いの四角いブロックを組み合わせたような配色や柄をいう。19 世紀末から 20 世紀初頭に活躍したオランダの抽象画家ピエト・モンドリアンの代表作『コンポジション』の絵画が代表的なイメージ。

■ガラ紡（ガラぼう）【糸】

throstle spinning

「ガラ紡機」という、紡績機のこと。またはガラ紡機で行う一連の紡績*工程をいう。ガラ紡で紡がれた糸は「ガラ紡糸《ぼうし》」という。1876 年、三河地方（愛知県東部）の臥雲辰致（がうん ときむね　たっち／たつむね）により発明され、“ガラガラ”と音を立てながら回転することから「ガラ紡」と呼ばれるようになった。筒に入った「わた」に回転を与え、下から上へ「わた」を引き出して糸を紡ぐ日本独自の紡績法。近代的な英国式紡績機よりも非常にゆっくりと糸を紡ぐため、均一に細くきれいな糸を引くことはできず、手紡ぎにもっとも近い素朴な風合いの糸となる。糸は節《ふし》などの凹凸感があり、糸の撚りが甘いソフトな手触りが特徴。そのため吸水性・吸油性に優れ、タオル、雑巾、布巾、寝具などに適している。また、ゆっくりとした紡績法のため、近代的な紡績機では利用することの難しい「落ちわた*」などの短い繊維を再利用できるのが利点。現在は愛知県などで数軒使われているのみ。

■ガリ糸（ガリいと）【糸】

下級の雑種羊毛で紡績した、粗剛な梳毛糸《そもうし》*。この糸で織ったかたい手触りのサージ*を「ガリ・サージ」という。獣毛糸*で織ったかたくて弾性のあるヘアクロス*にもガリ糸が織り込まれる。

■仮撚り加工糸（かりよりかこうし）【糸】

textured yarn / fales twist yarn

加工糸*の代表的な加工法である「仮撚り法」で製造される、ポリエステルやナイロンのフィラメント糸*に嵩高《かさだか》性や伸縮性をもたせた加工糸*。加工糸の代名詞にもなっているため、双方とも「テクスチャード・ヤーン」とも呼ばれる。熱可塑性《ねつかそせい》*を利用し、撚りをかけた糸に熱を加え固定し、撚りを戻すと細かいクリンプ*（縮れ）を生じてふっくらと嵩高く、伸縮性のある糸となる。「仮に撚りを加えてから撚りを戻す」ためこの名がある。「捲縮《けんしゅく》加工糸*」「トルク・ヤーン*」と同義。このクリンプのある仮撚り加工糸に再び熱を加えて固定すると、撚りのない糸ができる、これを「ノン・トルク・ヤーン」という。

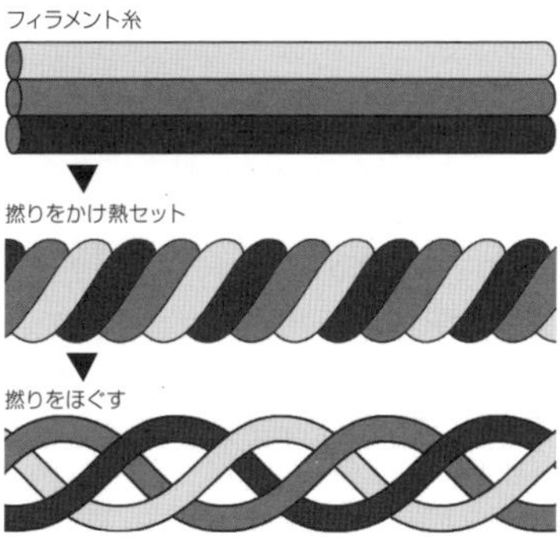

■緩斜文（かんしゃもん）【織物】

reclined twiil

綾織り*に見られる斜めにあらわれる線を斜文線《しゃもんせん》*という。斜文線の角度は45度くらいのものを「正則斜文《せいそくしゃもん》*」といい、サージ*が代表的。急な角度のものは「急斜文《きゅうしゃもん》」といい、フランス綾*など。緩やかなものは「緩斜文《かんしゃもん》」という。

→【コラム02】綾織り

■完全組織（かんぜんそしき）【織物】

complete weave

織物の組織*は、ある一区間の組織を基礎として繰り返して構成されている。この1区間を完全組織、または一循環（リピート）という。

平織りと完全組織

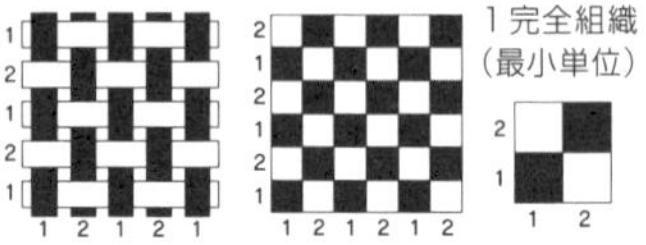

斜文織り（綾織り）と完全組織

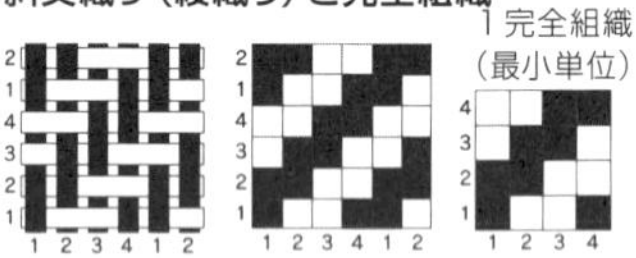

■岩綿（がんめん）

rock wool

「ロック・ウール」ともいう。鉱物繊維（岩石繊維）の一種で、玄武岩《げんぶがん》、鉄炉スラグに石灰などを混合し、高温で溶解し生成される人造鉱物繊維。建築の断熱材、吸音材としても用いられる。耐火性にも優れていることから「ポストアスベスト」として広く使われるようになった。

■顔料（がんりょう）【染色】

pigment

水、油などに溶けない着色剤の総称。水や油に溶ける着色剤は「染料《せんりょう》*」という。顔料は繊維や生地に直接染められないために、接着材（バインダー*）などと混合して、ペンキや塗料、絵の具などとして使われる。染料のように生地に色素が「染み込む」ことがなく、生地の表面に色の粒子を「付着させて」色をつける。植物顔料では藍、鉱物顔料ではウルトラマリンやベンガラなどがあるが、石油などの合成有機顔料が大半。顔料捺染《なせん》*すると、接着剤が混合しているためゴワゴワ、バリバリした風合いになり、洗濯を重ねると色が剥《は》がれたりひび割れすることがある。染料よりも紫外線に対する堅牢度《けんろうど》（耐久性）も高く、色調も安定している。プリント後の水洗いなども不要で熱処理を施すだけでよいため、コストも低減できる。また合成繊維*では、繊維を作る原液に顔料の着色剤を添加した「原着《げんちゃく》*」という技法で着色するものもある。基本的に、顔料で染めることは「着色（着染《ちゃくせん》）」といい、染料*で染める「染色」と区別されている。

■顔料染め（がんりょうぞめ）【染色】

pigment dyeing

顔料*で着色した生地や製品のこと、またはその着色法で、「ピグメント・ダイ」ともいう。「顔料*」は水、油などに溶けない着色剤のこと。繊維や生地に直接染められないために、一般的には糊剤を混ぜ合わせた顔料液に生地や製品を浸して着色させる。染色*のように染料*の色素が繊維に「染み込む」ことがなく、生地の表面に色の粒子を「付着させて」色をつける。そのため混合している糊剤のゴワゴワ感もあり、コーティングされたような表面感になるのが特徴。ウレタン・コーティング*にも似ている。顔料染めのもうひとつの特徴は、ジーンズのヴィンテージ加工*のような加工を施すことができること。顔料染めをした後で「顔料落とし」といわれる後加工を施すと、アタリ*、フェード感、ムラや色落ち感、擦《す》れなどが表現できる。「バイオ・ウォッシュ*」「ストーン・ウォッシュ*」「ブリーチ・アウト*」「サンドブラスト*」などの後加工が応用できる。

■ **顔料捺染**（がんりょうなせん）【染色】
pigment print
「顔料プリント」ともいう。「顔料*」は水、油などに溶けない着色剤のことで、繊維や生地に直接染められないために、合成樹脂などの接着材（バインダー*）と混合して使われる。染料のように生地に色素が「染み込む」ことがなく、生地の表面に色の粒子を「付着させて」色を付ける。顔料捺染《なせん》*すると、接着剤が混合しているためゴワゴワ、バリバリした風合いになり、洗濯を重ねると色が剥《は》がれたりひび割れすることがある。現在ではインクの改良などが進み、また経年によるひび割れも、ヴィンテージ感やユーズド感を出す技巧のひとつとなっている。

■ **生糸**（きいと）【糸】
raw silk
蚕《かいこ》の繭から繭糸を繰り取り、製糸《せいし》*して作られる絹糸で、精練《せいれん》*する前の糸のこと。繭糸から節《ふし》のある「きびそ*」や、繊維の短い繭層の「びす*」などの部分を取り除き、「太さが均一で長い糸」にしたもの。繭糸はタンパク質からできている2本の繊維質の「フィブロイン*」と、このまわりを囲んでいる膠《にかわ》質の「セリシン*」からできている。製糸されたままの生糸は、セリシン*が残っているのでかたく、光沢もなく、染色もしにくい。セリシンを精練して除去することで、柔らかで滑らかなフィブロインがあらわれ、美しい光沢のある絹糸になる。精練する前の絹は「生絹《きぎぬ》」、精練した絹を「練《ね》り絹《ぎぬ》*」という。生糸を精練してから織るものを「先練《さきね》り*」、精練した生糸を「練《ね》り糸*」、練り糸で織り上げたものは「先練り織物」または「練り絹織物」「練り織物*」と呼ばれる。生糸のまま織ってから精練するものを「後練《あとね》り*」、生糸のまま織り上げた後で精練する織物は「生絹織物《きぎぬおりもの》」、または「生織物《きおりもの》*」と呼ばれる。「練り*」は「絹の精練」をいう用語。
→ フィブロイン（イラスト参照）

■ **生織物**（きおりもの）【織物】
raw silk fabric
「生絹《きぎぬ》織物」「後練《あとね》り織物」ともいう。生糸《きいと》*のまま織り上げて、後で精練《せいれん》*する織物。生糸を先に精練してから織り上げるものは「先練《さきね》り織物」、または「練《ね》り絹《ぎぬ》織物」「練り絹」「練り織物*」と呼ばれる。「練り*」は「絹の精練」をいう用語。

■ **機械捺染**（きかいなせん）【染色】
machine printing
「マシン・プリント」ともいう。通常、手で行われる手捺染《てなせん》*を機械化して大量生産を図ったもので、「ローラー捺染」が代表的。模様を彫刻した金属ローラーに色糊《いろのり》*をのせて回転させ、生地に染着させる捺染*法。明治時代後期にヨーロッパから導入され、模様の施された着物が一般庶民に普及した。スクリーン捺染を自動化したものでは、「オートスクリーン捺染」がある。スクリーンを枠に張ったスクリーン型*を用いて手で行う捺染を、スクリーン型が配置された機械で自動的に行うもの。手捺染と同じ平板なフラット式であることから「フラット・スクリーン捺染」ともいう。四角なスクリーン型を円筒形にしたものは「ロータリー・スクリーン捺染」という。円筒から色糊を押し出し、生地に連続的に捺染していく技法で、ストライプや連続柄に適している。

■ 生絹 (きぎぬ) 【織物】

raw silk / raw silk fabric

広義には生糸《きいと》*で織られた、精練《せいれん》*する前の織物をいう。「生絹織物」「生《き》織物」と同じ。または「生糸」と同義で使われることもある。狭義にはたて・よこに生糸や玉糸《たまいと》*（節のある糸）などを使い平織り*にした、羽二重《はぶたえ》*に似た後練り《あとね》*（織ってから精練*する）の着物の裏地用織物をいう。「平絹《ひらぎぬ》*」とほぼ同じ使われ方をする。白地のものは「白張り《しらは》」、紅色に染めたものは「紅絹《べにぎぬ》」または「紅絹《もみ》*」という。たてに生糸、よこに玉糸を用いたものは「玉絹《たまぎぬ》」または「節絹《ふしぎぬ》*」という。

■ 生地長 (きじちょう) 【織物】

cloth length

生地の長さのことで、反物《たんもの》*のたて方向の長さをいう。品種により異なり一定しない。着物地の場合1反は1着の着物を仕立てられる長さをいい、約11.4m〜12m。羽織の場合の1反は、約8.5m〜9.8mとなる。服地の1反は丸棒などに巻いた一巻きのものをいい、50m、46m、23〜25mなどがある。

→反物

■ 生地幅 (きじはば) 【織物】

cloth width

反物《たんもの》*のよこ方向（よこ糸方向）の長さのこと。

【着物地の幅の規格】①「小幅《こはば》*（並幅《なみはば》ともいう）」。鯨尺《くじらじゃく》*9寸5分（約36cm）。反物*の一般的な幅。②「大幅《おおはば》*（二幅《ふたの》、広幅《ひろはば》*ともいう）」。鯨尺1尺9寸。小幅の2倍の72cm前後。③「中幅《ちゅうはば》*」。鯨尺1尺2寸。小幅と大幅の中間で約45cm。

【洋服地の幅の規格】メーカーなどにより多少の違いはあるが、大きくは3つに分けられる。①92cm(90〜92cm)。かつては綿織物の主流だったが、現在は絹織物やレースに多い。②112cm（110〜120cm）。綿織物、麻織物、化合繊織物などに多い一般的な生地幅。③148cm（140〜180cm）。毛織物やカットソー*に多い。毛織物は148cm前後だが、カットソーは180cmのものもある。

生地の長さには、メートル表記とヤード表記（日本では「ヤール」と呼ばれる）があり、また幅の名称により呼び名がある。

①「シングル幅*」。ダブル幅*の約半分で71cm。②「ダブル幅」。シングル幅の2倍で142cm。150cm、137cmのものもある。③「ヤール幅*」。1ヤード（約91〜92cm）幅のこと。④「広幅《ひろはば》*」。ダブル幅とヤール幅の中間くらいで約110cm。綿織物の主流。

■ 着尺 (きじゃく) 【織物】

着物一着分が仕上がる長さの織物のこと。

幅約36cm、長さ約11.4m〜12m。染め物は「染め着尺」、織物は「織り着尺」、羽織用は「羽尺《はじゃく》*」と呼ばれる。

■ 生染め (きぞめ) 【染色】

raw-silk dyeing

絹の染色法のひとつで、精練*しないで生糸《きいと》*のままで糸染め*にしたもの。

■ キックバック性

(キックバックせい) 【織物・ニット】

elastic recovery

「弾性回復性」ともいう。伸びたものが戻ろうとする性質のこと。伸縮性は「ストレッチ性」という。

■ 吉祥文 (きっしょうもん) 【柄】

招福《しょうふく》、長寿、慶賀《けいが》の意味をもつ、めでたい縁起のいい文様のこと。中国の影響を受けたものを中心に、アジア圏で縁起がいいとされる鳳凰《ほうおう》、竜などの動植物や物品を描いたものが多い。①<招福・富貴《ふき》>幸せを招き財宝を願うものとして「宝船」「七福神」、花の王の「牡丹」「孔雀《くじゃく》」などが代表的。文字では「福」「吉」「喜」、動物では長者の「ちょう」に重ねた「蝶」、福の字があることから「福助」「福良雀《ふくらすずめ》」、"めでたい"ことから「鯛」、中国では「蝙蝠《こうもり》」が福の字と音が似ていることから吉祥文になっている。②<長寿>代表的なものでは「鶴・亀」「松竹梅」、不老不死の仙人が住む「蓬莱山《ほうらいさん》」、寿命を延ばす「桃」、「寿」の文字などがある。他にも、多産の象徴「柘榴《ざくろ》」「葡萄《ぶどう》」、夫婦円満の「鴛鴦《おしどり》」、健康を祈る「麻の葉」など多数。

■生成り（きなり）【織物】

gray fabric / unbleached cloth

織り上げたままで、精練《せいれん》*、を行っていない状態の織物。特に絹織物でいわれる。生機《きばた》*と同じ。または織り上がったままで漂白をしていない少し黄ばんだような色合いのこと。

■砧仕上げ（きぬたしあげ）【加工】

hand beetling / kinuta finish

「砧《きぬた》」、「砧打ち」、「ビートル仕上げ」ともいう。古来行われてきた織物の仕上げ法で、織り上がったばかりのかたい織物にやや湿気を与えながら木槌《きづち》でまんべんなく何度もたたく。織り目がつぶれ、かたい繊維がほぐされ柔軟になり、表面も平滑になり、艶が出てくる。綿、麻、絹などに行う。絹の砧仕上げは、セリシン*を除去する精練効果が得られる。

■生機（きばた）【織物】

gray (米) / grey(英) / gray fabric

織り上げたままで、精練《せいれん》*、仕上げ整理、晒《さら》し*などを行っていない状態の織物。主に綿織物に使う用語で「グレー」ともいう。絹や麻などに使われることもある。絹織物では「生成《きな》り*」ともいう。

■生皮苧（きびそ）【繊維】

kibiso

蚕《かいこ》が繭を作るときに最初に吐き出す糸で、まだきれいに糸を引くことができず繭のまわりにからんでいる。「緒糸《しょし》」ともいう。蚕が最初に吐く外側部分の繭糸は繭作りの足場糸となり、鳥や害虫から蛹《さなぎ》を守るため、丈夫で太い糸となり、徐々に細くなる。最初の太い繭糸の部分は「毛羽《けば》」といい、それに続く糸は「きびそ」という。「きびそ」は太さが均一ではないため生糸《きいと》*を引くには不適当で、通常は製糸*の繰糸《そうし》*工程で副蚕糸《ふくさんし》*として除去され、絹紡糸《けんぼうし》*の原料に利用される。「きびそ」は蚕が一番最初に吐く糸のため、最後に吐く糸（繭の内側の糸）よりも清潔度、繊度*（繊維の太さ）、繊維の形状に優れ、光沢があり柔らかいため、混紡糸は「きびそ」の混率の高いものが最上質とされる。現在はこの特質が評価され、副蚕物だけではなく、織物用の糸として使用されるようになっている。

■基布（きふ）【織物・ニット】

foundation cloth / ground fabric

ベースとなる布のこと。コーティングの基布、刺繍の土台になる基布、カーペットのパイルを差し込む基布などさまざまな使われ方をする。

■逆斜文（ぎゃくしゃもん）【織物】

綾織り*に見られる斜めにあらわれる線を斜文線《しゃもんせん》*という。左肩上がりは「左綾《ひだりあや》」「逆斜文《ぎゃくしゃもん》」という。通常の綾織りは斜文線が右肩上がりで、これを「右綾《みぎあや》」「正斜文《せいしゃもん》」という。

→【コラム02】綾織り

■ キャリッジ【ニット】
carriage
横編み機*の針床《はりどこ》*の上にかぶさっている器具で、針床を往復して針の上下運動をさせ、糸を針鉤《はりかぎ》に導き編成していく。

■ 急斜文（きゅうしゃもん）【織物】
steep twill
綾織り*に見られる斜めにあらわれる線を斜文線《しゃもんせん》*という。斜文線の角度は45度くらいのものを「正則斜文《せいそくしゃもん》*」といい、サージ*が代表的。急な角度のものは「急斜文《きゅうしゃもん》」といい、フランス綾*など。緩やかなものは「緩斜文《かんしゃもん》」という。
→【コラム02】綾織り

■ キュプラ【繊維】
cupra / cuprammonium rayon
再生繊維*の一種で、コットン・リンター*（綿花の種を包む産毛《うぶげ》）を原料に、「銅アンモニア(cuprammonium)法」で製造された繊維であることからこの名がある。「銅アンモニア・レーヨン」ともいう。1897年にドイツのJ.P.ベンベルグ社で工業化された繊維で、『ベンベルグ』（旭化成せんい）の商標でも知られる。原料を銅アンモニア溶液で溶解してコロイド状の粘液に変化させて脱泡し、圧縮して細い繊維に再生させたもの。レーヨン*やポリノジック*に比べ摩擦に強いのが特徴。しなやかな風合いでシワになりにくく、吸湿性が高く静電気もおこりにくいという特徴から、下着、肌着、裏地としての利用が多い。

■ 強撚糸（きょうねんし）【糸】
hard-twist yarn
「強撚」「強撚り《つよより》」といわれる、一定の撚りの回数より撚りを多くした糸のこと。かたくてシャリ感のある糸になる。縮緬《ちりめん》*やクレープ*などシボのある織物が代表的。フィラメント糸*の場合、糸の太さにもよるが一般的に撚り数*は約1000～3400回／m、綿糸では38～45回／inchくらいの撚り数をいう。撚り系数*では5以上のものをいう。

■ 金属錯塩染料
（きんぞくさくえんせんりょう）【染色】
metal complex dye
クローム、銅、ニッケルなどの重金属分子と染料の分子が結合して錯塩《さくえん》（複雑な結合の化合物）を形成している染料。含金《がんきん》酸性染料ともいう。通常、媒染《ばいせん》染料*は、金属塩で媒染*することで染着するが、その工程を省くために媒染染料の分子に金属原子を封じ込めた構造の染料にしたもの。水に馴染みにくいためむら染めになりやすいが、染色堅牢度《けんろうど》*が優れている。

■ 銀面／吟面（ぎんめん）【皮革】
革の表面のこと。明治時代に革の技術を習得するために外国から技術者を招聘《しょうへい》した時に、革の表面をいうgrain(グレイン)の発音が「ギン」に聞こえたことからこう呼ばれるようになったという。「銀」や「吟」の漢字が当てられている。

■ 草木染め（くさきぞめ）【染色】
dyeing with vegetables / vegetable dye
植物色素の植物染料を利用した染色法。植物の花、果実、葉、根、樹皮などを煮出した液で染める。「ベジタブル・ダイ」ともいう。鮮やかな色が出しにくく、色数にも限りがあるが、渋く落ち着いた趣がある。天然染料は染料で直接染めて固着させることが難しいため、金属塩や木灰、クエン酸などを媒染剤《ばいせんざい》*にして染める「媒染染料*」が多いが、ウコン、キハダ、クチナシなどは「直接染料*」として染められる。藍などは水に溶けない不溶性のため、還元作用で水溶性にして染める。八丈島特産の黄八丈《きはちじょう》*は八丈島に自生する八丈刈安《かりやす》やタブノキの樹皮などの煮汁に浸《つ》けた後で、灰汁《あく》に浸して媒染して使われる。

■鯨尺 (くじらじゃく)【織物】

長さをあらわす単位。尺貫法《しゃっかんほう》では、長さをあらわす単位に「尺」があり、「鯨尺《くじらじゃく》」と「曲尺《かねじゃく》」がある。曲尺は建築関係で使われている長さの単位で「1尺(曲尺)=約30.30cm」。鯨尺は呉服で使われる単位で「1尺(鯨尺)=約37.87cm」。「鯨尺」は、かつてしなやかな鯨のヒゲで物差しを作ったことからの名前。

■屑紡 (くずぼう)【糸】

spinning waste

綿、絹、毛などの紡績工程で取り除かれた、落ちわた*、ブーレット*(くずわた)、ノイル*(くずわた繊維)などと呼ばれる「くずわた」の紡績*の総称。屑紡で作った糸を「屑紡糸《くずぼうし》」という。絹では紬紡糸《ちゅうぼうし》、または絹紡紬糸《けんぼうちゅうし》*がこれにあたる。太く、糸ムラやネップが多く、柔らかくコシがない。

■グラフト重合 (グラフトじゅうごう)【繊維】

graft polymerization

幹となるポリマー*(高分子化合物)の鎖に異種のモノマー*(低分子化合物)を結合して枝分かれ構造をしている重合*のこと。「グラフト graft」は「接ぎ木」の意味で、枝状に結合しながら新たな機能を付加していく。

■グリッパー織機 (グリッパーしょっき)【織物】

gripper loom

よこ糸を入れたシャトル*を使用しないで織る「シャトルレス織機*(高速織機*)」の一種。「グリッパー(つかみ器具)」と呼ばれる鉄片の小さな“おもり”によこ糸を挟み込んで、たて糸の間に差し込み、一方向に飛ばして織る。この“おもり”が「弾丸(プロジェクタイル projectile)」のように見えることから「プロジェクタイル織機」ともいう。スイスのスルザー Sulzer社の「スルザー」という織機が代表的。綿や毛織物などの広幅《ひろはば》*を織るのに向いており、最高4枚までの織物を同時に織ることができる。

■クリール【織物】

cleel

織物を織る準備工程である、たて糸を整える「整経《せいけい》*」作業で用いられる、チーズ*と呼ばれる形状の糸巻きをたくさん掛ける機材のことで、「クリール・スタンド」ともいう。クリール・スタンドにチーズをセットしていくことをクリーリング(糸掛け)という。クリールに掛けたチーズから糸を引いて、数メートル先にある整経機のビーム*やドラムに糸を巻いていき、糸の本数・長さ・張力を均等にしていく整経(ワーピング)を行う。

■クリンプ【繊維・織物・ニット】

crimp

縮れ、シワ、波形やひだなどをつけること。

■グレナディーン撚り

（グレナディーンより）【糸】

グレナディーン*という薄地織物が典型とされる、強撚糸《きょうねんし》*の代表的な撚り方のひとつ。下撚《したよ》り*をかけた単糸《たんし》*を引き揃え、下撚りと反対方向の上撚りをかけて撚り合わせた「諸撚《もろよ》り糸*（単糸と単糸を撚り合わせた糸）」で、撚り数は1200回／mくらいのものをいう。

■クレープ撚り（クレープより）【糸】

シボのあるクレープ*を典型にした、強撚糸《きょうねんし》*の代表的な撚り方。フィラメント*の無撚りの糸を数本引き揃えて、3000回／m前後の右撚り*をかけた「片《かた》撚《よ》り糸*」（フィラメントの無撚りの単糸を撚り合わせた糸のこと）をいう。

■クロス・ビーム【織物】

cloth beam

「千《ち》巻き」「女《め》巻き」「妻木《つまき》」「布《ぬの》巻き」などとも呼ばれる。織機《しょっき》*には２本のビーム*（たて糸を巻く棒状のもの）があり、織機の奥にあるのが整経《せいけい》*されたたて糸を巻き取り送り出すビームで「経糸ビーム*」という。織機の手前にあり、経糸ビームから送り出された糸で織り上がった織物を巻き取るビームを「クロス・ビーム」という。

■蛍光染料（けいこうせんりょう）【染色】

fluorescent dye

蛍光を発する染料の総称。青・緑・赤などの蛍光を放つものがある。紫外線を当てると黄緑色の蛍光を発する色素のフルオレセンがよく知られる。蛍光増白剤*も蛍光染料の一種で、紫外線を吸収してそれより波長の長い青紫色の光を発する性質を利用し、繊維を白く見せたもの。

■蛍光増白剤

（けいこうぞうはくざい）【染色・加工】

fluorescent whitening agent

「蛍光増白染料」「蛍光漂白剤」ともいう。蛍光を発する染料で漂白効果を出す薬剤、またはその染料のこと。紫外線を吸収してそれより波長の長い青紫色の光を発する蛍光染料の性質を利用したもの。青紫色の蛍光を発する染料で繊維を染めることで、青の補色である黄ばんだ黄色味を打ち消して目立たなくするため、目には「白く」見える。各繊維に適したものが開発されており、セルロース系繊維*に使われるスチルベン系染料の蛍光漂白剤が最も多い。太陽光の下で効果を発揮し、人工光源では効果は低い。長く直射日光に当てると黄変する傾向がある。

■ゲージ【ニット】

gauge

ニットの編み針の密度を示す基準のこと。または編み目の疎密《そみつ》をあらわす単位をいう。「1インチ（2.54cm）の中に、何本編み針（ニードル）が入っているか」であらわす。ゲージgaugeの単位は「G」であらわす。横編み機*の場合、「1.5、3、5、6.5、7、9、10、12、14、16、18、20」などがあり、3～14Gが一般的。ゲージの粗いものは太い編み針と太い糸を使用し、ゲージの細かいものは細い編み針と細い糸を使用する。7Gは1インチの中に7本、10Gは10本針数があるということで、数字が大きくなるほど細かいゲージ（針密度）になる。5G以下（1.5G、3G、5G）は粗い編み地で「ロー・ゲージ*」または「コース・ゲージ」という。6.5G、7G、9G、10Gは「ミドル・ゲージ*」、12G以上は細かな編み地で「ハイ・ゲージ*」または「ファイン・ゲージ」という。丸編み機*、トリコット編み機*など、編み機種によりゲージの呼称や換算法などが違ってくる。

■毛焼き（けやき）【加工】
singeing

「毛羽《けば》焼き」ともいう。糸または織物の表面の毛羽をガスバーナーの直火で焼き切り、表面を滑らかにしたり、織り組織を鮮明にすること。染色トラブルを防ぐ効果もある。短い繊維の集まりである短繊維*は生地の表面に多数の毛羽が出るため、綿などのセルロース系繊維*を中心に、サージ*やギャバジン*などの梳毛《そもう》織物でも、滑らかでクリアな表面に仕上げるために行われる。①「ガス焼き」。ガスの炎で焼く手法で、もっとも一般的な毛焼き。②「熱板毛焼き」。加熱した銅版やローラーで毛羽を焼く手法。③「電熱焼き」。ニクロム線に織物を接触させて毛羽を焼く手法などがある。

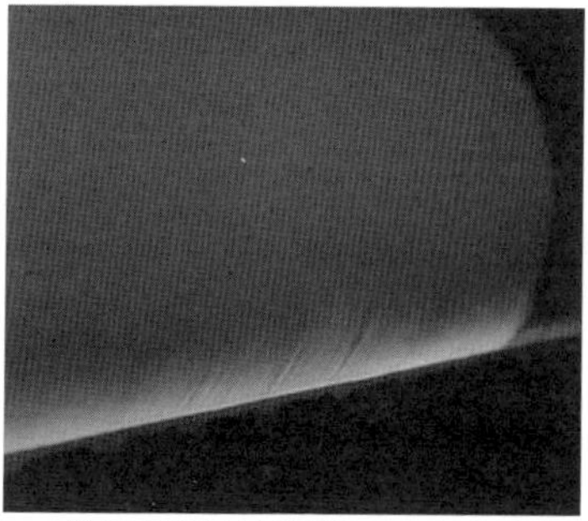

「紡毛の毛羽焼き」写真提供：ニッケ／日本毛織（株）

■捲縮加工糸（けんしゅくかこうし）【糸】
crimped yarn / textured yarn

「テクスチャード・ヤーン」ともいう。ポリエステルやナイロンのフィラメント糸*に、羊毛のようなクリンプ（捲縮：縮れのこと）を与え、嵩高《かさだか》性や伸縮性をもたせた加工糸*。熱可塑性《ねつかそせい》*を利用し、撚りをかけた糸に熱を加え固定し、撚りを戻すと細かいクリンプ*を生じてふっくらと嵩高く、弾力性と伸縮性のある糸となる。仮撚《かりよ》り加工糸*と同義。

■原着（げんちゃく）【繊維・染色】
solution dyeing

「原液着色」または「原液着色繊維」の略称。合成繊維*の着色法のひとつで「原液染め」ともいう。化学繊維の染色法は、「紡糸《ぼうし》*」工程で、原料の液体をノズルから押し出して繊維にし、糸にした状態で染める「先染《さきぞ》め*」と、生地に織り上げてから染める「後染《あとぞ》め*」が一般的。原着は紡糸する前の「原液」に直接的に「顔料《がんりょう》*を加工した着色剤や染料*」を入れて染める技法。多くは顔料が用いられる。ビニリデン*、ポリ塩化ビニル*、ポリプロピレン*などの染色しにくい繊維に応用したり、大量生産に向いている。原着で作られた糸は「原着糸」という。基本的に、顔料で染めることは「着色」といい、染料*で染める「染色」と区別されている。

■ケンプ【繊維】
kemp

「死毛」のことで、病気や老化などで、羊毛本来の性質を失った毛。短く、太く、かたく、毛色は銀白色が一般的。弾力性や縮絨《しゅくじゅう》*性、吸湿性などをもたない。ケンプを多く混入した紡毛糸《ぼうもうし》*は「ケンプ・ヤーン」や「ケンピー・ウール」といい、織物に独特の野趣的効果をあたえるため利用される。ケンピー・ツイード*などがある。

■絹紡糸（けんぼうし）【糸】
spun silk yarn

養蚕《ようさん》*や製糸《せいし》*の時に生じる屑繭《くずまゆ》や副蚕糸《ふくさんし》*を原料として紡績*し、糸にしたもの。生糸《きいと》よりも膨らみや毛羽《けば》立ちがあるのが特徴。副蚕糸には、蚕が最初に吐く不規則な糸の部分の「きびそ*」や、蛹《さなぎ》を包んでいる繭層の「びす」などがあり、均一した長い生糸にできないため、精練《せいれん》*、切断し、短繊維にしてから紡績して糸にする。「きびそ」は、蚕が一番最初に吐く糸の部分。最後に吐く糸（繭の内側の糸）よりも清潔度、繊度*（繊維の太さ）、繊維の形状に優れ、光沢があり柔らかいため、「きびそ」の混紡*率の高いものが、最上質とされる。富士絹《ふじぎぬ》*や銘仙《めいせん》*などに使われていたが、現在生産量は少なくなっている。

■ 絹紡紬糸（けんぼうちゅうし）【糸】

bourette silk yarn / noil silk yarn

「紬紡糸《ちゅうぼうし》」「ブーレット」「屑紡《くずぼう》*」ともいう。絹紡糸《けんぼうし》*を紡績*する工程でできる二等わたや、落ちわた、くずわた（ブーレット bourette）などの「くずわた繊維（ノイル* noil）」を原料として作った紡績糸*。絹紡糸に比べ、光沢、強力に劣り、節《ふし》や糸ムラやネップも多く、太く柔らかい。野趣に富むがあまりコシがない。

■ 原綿染め（げんめんぞめ）【染色】

綿を紡績*する前の、「わた」の状態で染めること。深みのあるミックス調や霜降り調の色合いを出す時に応用される。原綿染めをした綿花に、晒《さら》した白の綿花を混ぜて紡績した霜降り効果のある糸を朧糸《おぼろいと》*という。

■ 原毛染め（げんもうぞめ）【染色】

羊毛を紡績*する前の、わたの状態で染めること。「ばら毛染め*」ともいう。深みのあるミックス調や霜降り調の色合いを出す時に応用され、ホームスパン*、ツイード*などの高級毛織物に使用される。

■ 原料染め（げんりょうぞめ）【染色】

紡績*しない前の「わた」の状態で染色すること。深みのあるミックス調や霜降り効果のある色合いを出す時に綿や毛などに応用される。綿は「原綿《げんめん》染め*」、羊毛は「原毛《げんもう》染め*」または「ばら毛染め*」という。また広義には、トップ染*め（スライバー*という太い棒状のわたの状態で染める）、トウ染め*（フィラメント*をロープ状に束ねたものを染める）や、合成繊維*の「原液着色（原着《げんちゃく》*）」を含むこともある。

■ コア・ヤーン【糸】

core yarn

複合糸*の一種。綿や羊毛の紡績工程で、フィラメント糸*を芯（コア）にしてまわりを綿や羊毛で被覆《ひふく》した糸をいう。このような構造を「芯鞘《しんさや》構造」という。ポリウレタン糸を芯にしたものは「コア・スパン・ヤーン」といい、伸縮性のある「ストレッチ・ヤーン*」となる。ポリエステル糸を芯にしたものはオパール加工*などに使用される。

ポリウレタン・フィラメントを「芯」にした「コア・スパン・ヤーン」の場合。

■ ゴア・ライン【ニット】

gore line

靴下のつま先とかかと部分を立体的に形成するために、編み目が「ライン」のようにあらわれている部分。ゴアラインを長くとっていると、足にフィットしてずれにくくはきやすい靴下となる。

■ 高機能繊維（こうきのうせんい）【繊維】

high function fiber

繊維に新しい機能を付与した付加価値素材。明確な定義はないが、吸湿速乾（加工）素材*、撥水・撥油（加工）素材*、形態安定加工素材*、抗菌防臭（加工）素材*などがある。ポリエステルやナイロン、アクリルなどの合成繊維*は、繊維の原料の中に機能剤を混ぜてから繊維化することにより、機能を付与することができる。綿や羊毛などの天然繊維は、糸や織物の段階で機能材を付与する。また、これらを「機能繊維」

といい、アラミド繊維*やポリアリレート繊維*などの、高弾性率、高強度、耐熱性、耐炎性などの特性を有するものを「高機能繊維」と呼ぶこともある。

■交織（こうしょく）【織物】

「混織《こんしょく》」ともいう。2種類以上の異なる織り糸を、たて・よこに用いて製織すること。織物の性質の改良や、価格のコストダウンなどを目的に行う。綿糸と絹糸、ポリエステル糸と綿糸など、異質の織り糸の組み合わせで行われる。

■高性能繊維（こうせいのうせんい）【繊維】

high performance fiber

「細くて、長くて、強い繊維」を特徴に、それまであった繊維に比べてはるかに性能の良い繊維のこと。「高機能繊維*」「スーパー繊維*」と呼ばれることもある。より強い「高強度繊維」、より細い「超極細繊維（ナノファイバー*）」、繊維に空洞を作る「中空繊維*」など、繊維の断面や表面を処理することで、高弾性率、高強度、耐熱性、耐炎性などの特性を有する。アラミド繊維*や炭素繊維*、PBO繊維*、ポリ乳酸繊維*、ポリアリレート繊維*などがある。

■合成繊維（ごうせいせんい）【繊維】

synthetic fiber

化学繊維*のほとんどを占める代表的な繊維で、石油・石炭・天然ガスなどから化学合成により作られた高分子化合物（ポリマー*）を原料にしたもの。「合繊」と短縮して呼ばれることが多い。ナイロン*（ポリアミド系）、ポリエステル*（ポリエステル系）、アクリル*（ポリアクリロニトリル系）が最も生産量が多く「三大合成繊維（合繊）」と呼ばれる。他にもビニロン*、ビニリデン、ポリ塩化ビニル、ポリエチレン、ポリプロピレン、ポリウレタンなどがある。

■合成染料（ごうせいせんりょう）【染色】

synthetic dye

主に石油から人工的に合成されて作られる染料。天然染料にはない鮮やかな色素を作ることができ、今日の染料の主流となる。水に溶かして直接染めることのできる「直接染料*」、媒染剤《ばいせんざい》*で染める「媒染染料*」「金属錯塩《さくえん》染料」、不溶性の色素を還元作用で染める「建《たて》染め染料*」「硫化《りゅうか》染料*」がある。繊維の性質で分類すると、絹、羊毛などのタンパク質系繊維を染める「酸性染料*」「塩基性染料*」、綿やレーヨンのセルロース系繊維*を染める「反応染料*」「ナフトール染料*」、アセテート*や合成繊維*を染める「分散染料*」、アクリル系合成繊維によく染まる「カオチン染料*」、などがある。特殊染料としては、漂白効果を出す蛍光漂白染料（蛍光漂白剤*）がある。

■高速織機（こうそくしょっき）【織物】

high-speed loom

18世紀末のイギリスの産業革命期に開発された、シャトル*を使ってよこ糸をたて糸に打ち込む動力式の織機を「シャトル織機*（有杼《ゆうひ》織機）」といい、これをさらに高速にして生産性を高めた織機をいう。シャトル*を使わず空気圧や水圧の力で、コーン*巻きなどにしたよこ糸から直接たて糸に打ち込む連続運転ができるもので、「シャトルレス織機（無杼《むひ》織機）」ともいう。以前の低速織機*に比べ、約4〜6倍、ものによっては約10〜25倍の速度で織ることができ、広幅《ひろはば》*の織物も容易な合理性と生産性の高い織機のため今日の主流となっている。よこ糸を打ち込む方式の違いで以下に分類することができる。①「レピア織機*」。棒状または帯状のレピア（よこ入れ具）でよこ糸を挿入して織る。②「ジェット織機*」。空気や水の噴射（ジェット）を利用してよこ糸を運ぶもの。空気圧で運ぶ「エアージェット織機*」と、水圧で運ぶ「ウォータージェット織機」がある。③「グリッパー織機*」。よこ糸をつかんだ金属製の小型グリッパーシャトルで一方向によこ糸を織り込む。幅の広い織物を織ることができる。

■交撚糸（こうねんし）【糸】
twisted union yarn
異種の2本の糸を撚り合わせて1本にした糸。ポリエステルと綿などのフィラメント糸*と紡績糸*、太さの違う糸、異色効果のあるものなど組み合わせは多彩。

■合撚糸（ごうねんし）【糸】
twisted yarn / doubling and twisting yarn
太い糸にするために、単糸《たんし》*を何本か一緒に撚り合わせること。諸撚《もろよ》り糸*と同じで、1本ずつ同方向に撚った単糸を何本か一緒に、これとは反対方向に撚ったもの。

■孔版（こうはん）【染色】
stencil printing plate
捺染《なせん》*における「製版*」の型式のひとつで、色糊が通過する微細な孔《あな》を作った「版型」で捺染する方式。型紙を切り抜いた「型紙捺染*」、スクリーン型を使った、スクリーンに模様に沿って微細な孔《あな》を多数あけ、色糊をつけて押し出し、生地に捺染する、謄写版《とうしゃばん》（ガリ版）と同じ方式の「スクリーン捺染*」「ロータリー・スクリーン捺染*」、「シルクスクリーン*」などがある。

■交編（こうへん）【ニット】
ニットで2種類以上の異なる性質の糸を段を変えて交互に編むこと。これによりそれぞれの素材のもつ特性を生かした効果が得られる。通常糸とポリウレタンの弾性糸（ストレッチ・ヤーン*）、プレーンな糸と意匠糸《いしょうし》*、シルキーな長繊維*のフィラメント・ヤーン*とマットな短繊維*の紡績糸など組み合わせも多い。

■コース【ニット】
course
ニットでは、よこに連続した編み目*の列のことをいう。たてに連続した編み目の列は「ウエール*」という。
→ウエール（イラスト参照）

■小幅（こはば）【織物】
single breadth
着物の着尺《きじゃく》*地の幅で、鯨尺《くじらじゃく》*９寸５分（約36cm）をいう。反物《たんもの》*の一般的な幅で、「並幅《なみはば》」ともいう。小幅の２倍の幅は「大幅《おおはば》」という。

■コーマ【糸】
combed
綿や毛の紡績工程で使用する、櫛（コームcomb）状のものを取り付けた「コーマ機」のこと。または「コーマ機で行う作業」のこと。この作業を「コーミング」「精梳綿《せいそめん》」ともいう。通常は、繊維の中の不純物を除去し、繊維を一定方向に揃えるために「カード*（カーディング）」という作業が行われるが、細番手綿や梳毛糸《そもうし》*などでは、さらに細かな不純物を取り除き、繊維の平行をより整えるためにコーミング（櫛通し）を行う。この工程で短繊維や雑物、ネップ（繊維の小さな固まり）なども完全に除去し、糸ムラや毛羽《けば》が少ない均整な糸となり光沢も増す。綿糸では通常のカーディングのみを行った糸を「カード糸*」、コーミングを行った糸を「コーマ糸」という。

■細編み（こまあみ）【ニット】
single crochet

鉤《かぎ》針編み*の基本の編み方。針を下段の鎖目《くさりめ》に入れて糸をすくい出し、さらに糸をかけて2本の糸を一度に引き抜く。もっとも短く厚みのあるしっかりした編み地になる。

■コーマ糸（コーマし）【糸】
combed yarn

綿の紡績*工程であるコーマ*（コーミングともいう）を行って作られた糸。綿の紡績では通常「カード*」という工程で、わたの中に含まれる不純物を除去し、繊維を一定方向に揃える作業が行われるが、高級綿や細番手綿などでは、さらに細かな不純物やネップ*（繊維の小さな固まり）を取り除き、繊維の平行をより整えるためにコーマを行う。毛羽《けば》や糸ムラが少なく、光沢や強度も増した糸になる。

■混合組織（こんごうそしき）【織物】
mixed weave

織物の「三原組織*」と、それを変化させた「変化組織*」の2つを組み合わせた組織。凹凸感のはっきりした表面効果の高いものが多い。しじら織り*、吉野《よしの》織り*などがある。

→p.434「織物組織の分類表」参照

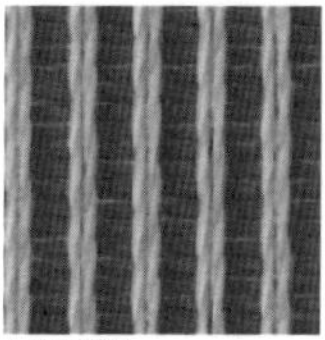

しじら織り

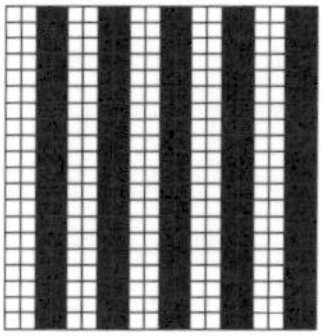

■コンジュゲート繊維
（コンジュゲートせんい）【繊維】

conjugate fiber

複合繊維*のこと。1本の繊維の中に異なる2つのポリマー（重合体）を結合して、二層構造とした繊維。複合紡糸《ぼうし》*でさまざまな形で結合ができ、弾力性や保温性に富み、霜降り効果などの微妙な表面感が出せ、優れた機能性を表現できる。

■混繊糸（こんせんし）【繊維】
blended filament yarn

2種類以上の異なる長繊維*（フィラメント）を、紡績工程で混ぜ合わせて1本の糸にしたもの。染色性の差によって玉虫効果や杢調《もくちょう》*、単一繊維ではできない機能性や風合い、着心地などを作り出すことができる。

■コーン染め（コーンぞめ）【染色】
cone dyeing

糸染め*の一種。糸を「コーン」という円錐系の形状で糸巻きされた状態で染める染色法。円筒形に巻き取った「チーズ*」という糸巻きの状態で染めるものはチーズ捺染*、（チーズ染め）という。チーズやコーンの形状で染めることから「チーズ・コーン染め」とも呼ばれる。

■混紡糸（こんぼうし）【糸】
2種類以上の異なる短繊維*を紡績工程で混ぜ合わせて1本の糸にしたもの。単一繊維ではできない機能性や風合い、着心地などを作り出すことができる。天然繊維*と合成繊維*、または再生繊維*と合成繊維の組み合わせが多い。綿とポリエステル、毛とポリエステル、毛とアクリル*などがあり、それぞれの混紡率がパーセンテージで表示される。天然繊維同士の混紡は精練《せいれん》*などに技術的な難しさがあり少ないが、

「ビエラ・ヤーン」ともいわれる、ビエラ*を織る約綿50%毛50%の混紡糸が知られる。

■再生繊維（さいせいせんい）【繊維】
regenerated fiber
化学繊維*の一種で、天然繊維を原料にしているものをいう。主にセルロース*を原料にしたものが多い。木材パルプやコットン・リンター（綿花の種を包む産毛）などの主成分であるセルロースを化学薬品で溶解して取り出し、紡糸《ぼうし》*して繊維に再生し、もとのセルロースに戻すことから「再生繊維」の名がある。「再生セルロース系繊維」とも呼ばれる。原料や化学的処理により区別され、レーヨン*、ポリノジック*、キュプラ*、リヨセル*、アセテート*などがある。吸湿・放湿性がよい。光沢がありドレープ性に優れている。染色性がよい。熱安定性が高く、熱軟化、熱融解しない。制電性に優れ静電気を起こしにくい。生分解性（土中で分解する性質）に優れ、焼却した場合でも有害物質の発生がほとんどない。摩擦によりフィブリル化*を起こしやすいなどの特徴がある。タンパク質を原料にした再生繊維は「再生タンパク質系繊維」といい、カゼイン繊維*、落花生タンパク繊維、とうもろこしタンパク繊維、大豆タンパク繊維などがある。

■再生ポリエステル繊維
（さいせいポリエステルせんい）【繊維】
recycled PET fiber
ポリエステルの原料となるPET（polyethylene terephthalateの略名）を再生して作られる繊維で、主に「PETボトル」を再生した繊維をいい「PETボトル再生繊維」ともいう。PETはポリエステル繊維の原料と同じで、PETボトルを粉砕し溶かし直すことでポリエステル繊維やポリエステルシートに再生される。1997年から施行された容器包装リサイクル法で、PETボトルのリサイクルが義務づけられ、回収されたPETボトルから再生ポリエステル繊維が生産されるようになった。2002年には、ケミカルリサイクル技術が実用化され、バージン原料と同等レベルの再生ポリエステル繊維を作ることが可能となっている。PETボトルを再生した衣料としては、『パタゴニア』の再生フリース*がよく知られる。

■サイロスパン【糸】
Sirospun
IWS国際羊毛事務局（現ザ・ウールマーク・カンパニー）が開発・実用化した特殊糸の一種。丸みのある毛羽《けば》の少ない梳毛《そもう》*の双糸《そうし》*で、梳毛リング精紡機*で作られる。表面がクリヤーでしなやかな肌触りをもち、独特の光沢があり発色性もよい。細番手の糸が引けるので、薄地の軽量化毛織物を織ることができ、クールウール（サマーウール*）に最適な素材とされる。

■逆毛（さかげ）【織物】
コーデュロイ*やベルベット*などのパイル織り*の毛羽《けば》には方向があり、撫でると毛羽が寝た状態になるのを「なで毛」「順目《じゅんめ》」といい、色が白っぽく見える。毛羽が立った状態になるのは「逆毛《さかげ》」「逆目《さかめ》」といい、色が濃く見える。

■先染め（さきぞめ）【染色】
top dyeing / yarn dyeing
生地を織り上げる前に染色すること。①綿や羊毛のわたの状態で染める「原料染め*」「ばら毛染め*」、②スライバー*という棒状のわたを染める「トップ染め*」、③糸の状態で染める「糸染め*」がある。わた（繊維）の状態で染めたものは霜降り効果のある糸が作られる。先染めで作られた糸を「先染め糸」という。ストライプ*、チェック*など、先染め糸から織った柄は「先染め柄」という。生地や製品の状態で染色することは「後染《あとぞ》め*」という。

■先練り（さきねり）【加工】

生糸《きいと》*を精練《せいれん》*してから織り上げること。生糸のまま織って、後で精練するものは「後練《あとね》り」という。「練り*」は「絹の精練」をいう用語。

→生糸

■先練り織物（さきねりおりもの）【織物】

精練《せいれん》*した生糸《きいと》*を「練《ね》り糸《いと》*」といい、練り糸で織ったものをいう。「練り絹《ぎぬ》織物」「練り織物*」ともいう。生糸で織ったままのものは「生《き》織物*」、織った後で精練するものは「後《あと》練り織物」という。「練り*」は精練のことで、絹業界独特の用語。

→生糸

■柞蚕絹（さくさんぎぬ）【糸・織物】

tussah silk

「柞蚕」で作られる絹糸や織物の総称。「タッサー」「柞蚕糸《さくさんし》」ともいう。「柞蚕」は、山野などに自然に生息している「野蚕《やさん》*」の蚕《かいこ》の一種で、中国やインドに多く生息する。クリ、カシ、カシワなどの葉を食べ、繭の色は淡褐色で、繭は少し大きめ。繊維には「節《ふし》」が多く、一般的な絹よりは丈夫。漂白が困難なため、天然の茶褐色を生かして、野趣のある織物が織られる。「タッサー*」「シャンタン*」「ポンジー*」などが代表的。

■刺し毛／差し毛（さしげ）【繊維】

guard hair

「上毛《じょうもう》（うわげ）」「ガード・ヘア」ともいう。動物の表面にはえている体を守る役割の強い毛のこと。弾力性に富み、艶があって動物によりさまざまな色彩があらわれている。刺し毛の下に生えている毛は「綿毛《わたげ》*」という。

■サマー・ウール【織物】

summer wool

盛夏用に適した、軽くて薄い涼感のあるウール織物の総称。伝統的なものではポーラ*やトロピカル*などがあり、「サマー・ウーステッド」とも呼ばれる。ウールにコットン、リネン、カシミアなどの天然素材や革新的化学繊維*をブレンドしたり、速乾性などを加えて改良し、機能性や快適性を高めたものは「クール・ウール」と呼ばれている。

■晒し（さらし）【加工】

bleaching

染色する前に、織り上がった布の繊維に付いた不純物や糊を取り除いたり、色素や臭いをとり、きれいに染まりやすくする「精練《せいれん》*・漂白」工程のこと。晒しの方法には「天然晒し」と「薬品晒し」があり、天然晒しは「天日干《てんぴぼ》し」と呼ばれる「太陽に晒す」ものが代表的。空気中のオゾンの力で除菌・消臭・漂白する。河原や芝生に干すものは「天日晒《てんぴざら》し」、または「グラス・ブ

和晒し／写真提供：大東寝具工業（株）

リーチング」という。オゾン発生効果の高い雪の上で晒すものは「雪晒《ゆきざら》し」といい、新潟の越後上布*や小千谷縮《おぢやちぢみ》*の雪晒しがよく知られる。また、沖縄には芭蕉布《ばしょうふ》*を作る際に、海水と真水が混ざり合う汽水域《きすいいき》で布を浸《つ》けて晒し、天日で干す「海晒《うみざら》し」がある。古くから伝わる晒し法で、太陽、水、空気の条件が整った自然環境が、色が布に染み込むのを手助けし、カビの発生を防ぐ。本来の「晒し」は自然の力で除菌・消臭の効果を持たせたものだが、現在は「薬品晒し」が主流。水素の還元作用を利用する「還元漂白」と、酸素のもつ強い酸化作用を利用する「酸化漂白」とがある。「酸化漂白では」、さらし粉、次亜塩素酸ソーダ、過酸化水素などが使われる。石鹸やソーダなどで煮たあとに水洗いし、熱やテンション(張力)や塩素系漂白剤を加え、繊維にストレスを付加しながら短時間で処理する。「天然晒し」はまたの名を「和晒し」ともいい、天日晒しのほかに、蒸気加熱でじっくり仕上げる特殊な釜で繊維にストレスをかけないで不純物を何日もかけてしっかり取り除く方法もあり、これを「本晒《ほんざら》し」という。ホルムアルデヒドなど人体に影響を与える物質を「残留ゼロ」まで取り除き、無添加素材に仕上げたもの。

■三原組織（さんげんそしき）【織物・ニット】

織物やニットの基本組織。もっとも基本的な組織を「原《げん》組織」といい、織物では「平織り*」「綾織り*（斜文《しゃもん》織り)」「朱子《しゅす》織り*」の３つを「織物の三原組織」という。これに「搦《から》み織り*」を加えたものを「四原組織」ともいう。編物では、「緯《よこ》編み*の三原組織」として「平編み*（天竺編み)」「ゴム編み*（リブ編み)」「パール編み*（ガーター編み)」をいい、これに「両面編み*（インターロック)」を加えたものを「四原組織」ともいう。「経《たて》編みの三原組織」は、「デンビー編み*」「アトラス編み*（バンダイク編み)」「コード編み*」で、これに「鎖編み*」を加え「四原組織」とも呼ばれる。

→p.434「織物組織の分類表」参照

三原組織

平織り

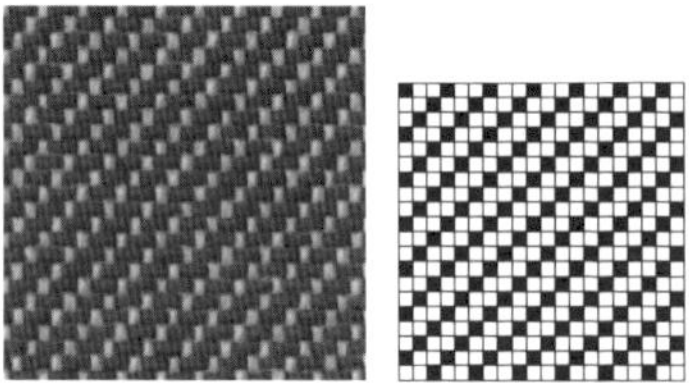

綾織り（斜文織り）

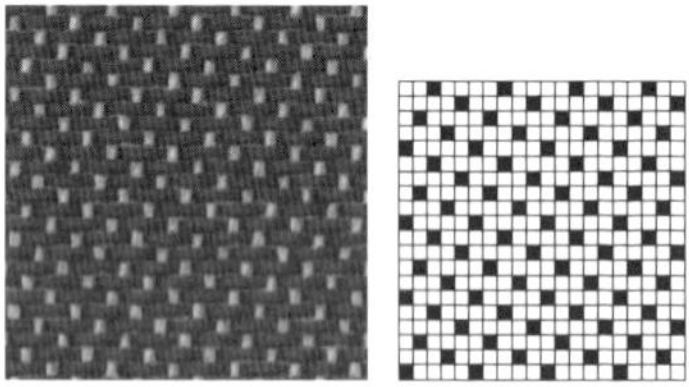

朱子織り

■酸性染料（さんせいせんりょう）【染色】

acid dye

絹、羊毛などのタンパク質系繊維やナイロンを染める染料。綿やレーヨンのセルロース系繊維*には染まらない。水に溶かしてそのまま染まる直接染料*でもあるが、酸性にして染めるのでこの名がある。色調は鮮麗。

■ 地糸 （じいと）【織物・ニット】

ground yarn

織物やニットの地組織を構成する糸のこと。一重組織*の無地織物では、両端の耳糸《みみいと》以外の糸のこと。縞織物や絣《かすり》*織物では、縞糸や絣糸*以外の糸を指す。紋織物では、模様となる絵緯《えぬき》*（模様を織るよこ糸）以外の地組織の糸をいう。パイル織り*では、パイル糸*以外の地組織の糸をいう。

■ ジェット織機 （ジェットしょっき）【織物】

よこ糸を入れたシャトル*を使用しないで織る「シャトルレス織機*（高速織機*）」の一種。空気や水の噴射（ジェット）を利用してよこ糸を飛ばし、たて糸に織り込む。空気圧で運ぶ「エアージェット織機*」と、水圧で運ぶ「ウォータージェット織機」がある。

■ シェニール・ヤーン 【糸】

chenille yarn

意匠糸《いしょうし》*の一種。ビロード*状の短い毛羽《けば》やモジャモジャした毛羽のある糸で、「モール・ヤーン」「毛虫糸」ともいう。シェニールchenilleは仏語で「毛虫」の意味。搦《から》み織り*で一度織った織物をたて糸方向に細く裂き、これに撚りをかけ太い毛虫糸にしたもの。あるいは芯糸を撚りながら他の糸を巻き付けループを切断して毛羽を出していく方法があるが、芯糸に電着《でんちゃく》加工*で毛羽を接着させたものなどもある。

→【コラム26】意匠糸（写真参照）

■ 絓絹 （しけぎぬ）【織物】

本来は節《ふし》やムラのある太い「絓糸《しけいと》*」をよこ糸に、たて糸には生糸《きいと》*を使った、野趣のある薄地絹の平織物をいう。現在は絓絹に代わり、似たような性質の玉糸《たまいと》*が使われることが多い。節絹《ふしぎぬ》*、玉絹《たまぎぬ》とほぼ同じ。シャンタン*にも似ており、「絓羽二重《しけはぶたえ》」、「節《ふし》羽二重」、「玉《たま》羽二重」ともいわれる。ブラウスや裏地、掛け軸の表装や襖《ふすま》地などに使われる。

■ 地染め （じぞめ）【染色】

texture dyeing / ground dyeing

生地の地色部分の無地染め*のこと。一般的には生地を織り上げてから染める「後染《あとぞ》め*」をいい、大別すると生地を染め液に浸して染める「浸染《しんせん》*」または「反染《たんぞ》め*」と、染め液をつけた刷毛《はけ》で引いて染める「引き染め*」がある。友禅染《ゆうぜんぞめ》*のような模様染めには「引き染め」が行われるが、模様の部分を防染糊《ぼうせんのり》*で防染*したあとで、さらにその上に地染めとなる色糊《いろのり》*を重ねていく「板場《いたば》しごき」などもある。

■ 下撚り （したより）【糸】

糸にかける撚りの順番を示す用語。最初の単糸《たんし》*にかける撚りを「下撚り」という。さらに単糸を２本合わせて撚る双糸《そうし》*や、３本撚り合わせる三子糸《みこいと》*などにかける撚りは「上《うわ》撚り」という。双糸をさらに２本以上撚り合わせた場合は、最後に撚り合わせた糸を「上撚り」、中間で撚り合わせた双糸を「中《なか》撚り」という。

■ 自動織機 （じどうしょっき）【織物】

automatic loom

運転中によこ糸が切れたりなくなったりした時に、よこ糸を自動的に補充し、運転を止めないで連続して機織り作業ができるようにした織機*のこと。1924年、豊田佐吉により豊田自動織機（G型自動織機）が完成し、全世界で爆発的な売れ行きを示した。当時、世界の織機トップメーカーだったイギリスのブラット社への特許権譲渡で生まれた莫大な資金は、国産自動車の開発につぎ込まれ、現在のトヨタ自動車の源になった。

■地緯（じぬき／じよこ）【織物】
「じよこ」ともいう。紋織物*の地組織を織り出すよこ糸のこと。色文様を織り出すために、地糸*のほかに特別に用いるよこ糸は「絵緯*（えぬき／えよこ）」という。

■篠絣糸（しのかすりいと）【糸】
ニットの糸などに使われる「まだらに染められた糸」。篠《しの》は、紡績《ぼうせき》*で糸が作られる前段階のスライバー*という「太い棒状のわた」のこと。スライバーの状態で絣染め*（まだら染め）した後で、さらに紡績工程でスライバーをドラフト*（引き伸ばし）することで、色のグラデーションが生まれた糸となる。

■地機（じばた）【織物】
ground loom

たて糸を水平方向に設置して織る、もっとも古い手織り機《ばた》の形式で、織り手が床に座って織る（または低い腰掛け板に座る）織機《しょっき》*の総称。腰紐や足引き紐で糸を操作するなど、体を織機の一部として織るのが特徴。居座機《いざりばた》*が代表的。

■湿緯（しめよこ）【織物】
絹織物で、生糸《きいと》*のよこ糸を水で湿らして織っていく製法。水で湿らせて柔らかくしてから織ることで、地合いが引き締まりコシが強く丈夫になり、光沢のある緻密な織りを生み出す。羽二重《はぶたえ》*などに用いられる。「湿《しめ》し緯《よこ》」「濡《ぬ》れ緯《よこ》」などの呼び名もある。

■ジャカード織機（ジャカードしょっき）【織物・ニット・レース】
Jacquard loom

紋織物であるジャカード*を織り出す「ジャカード装置」を取り付けた織機。19世紀初めに、フランス人のジョセフ・マリー・ジャカールにより発明され、この名がつけられた。それまで複雑な紋織物は、「空引《そらび》き機《ばた》*」で織られていた。織機に組んだやぐらの上に紋引《もんび》き手《て》が座り、織り手の作業に合わせ、たて糸を上下させながら織り込む二人がかりの作業だった。「ジャカード装置」により一人で織ることができるようになり、しかも紋紙《もんがみ》*により誰でも同じ柄が織れるようになったことは織物業界では革命的な出来事だった。急速にヨーロッパに普及し、日本には明治時代の初めに導入された。ジャカードは普通の織機に取り付けて使う付加装置であることが画期的であった。孔をあけた紋紙というパンチカードを差し込んで模様を織り込んでいく。パンチカードは図柄を織りなすデータであり、この原理は後の時代に登場するコンピューターの原理と同じものといわれる。現在は紋紙に代わり、コンピューターに図柄がプログラミングされた織機が開発されている。図柄をコンピューター・グラフィックスで描き、デジタルメディアに紋データとして入力し、織機に連動させ自動的に織り上げるもので、「コンピューター・ジャカード」と呼ばれている。

■斜行（しゃこう）【織物・ニット】
織りの地の目やニットの編み目がまっすぐにならず、斜めに織り上がったり編み上がっていく状態。ニットでは糸の撚糸《ねんし》*のバランスが悪いときなどに、天竺《てんじく》編み（平《ひら》編み*）に見られる。斜行の性質を生かし矢羽根《やばね》のようなボーダーに編んだものもある。

■シャトル【織物】
shuttle

「杼《ひ》」とも呼ばれる。織機《しょっき》*で織物を織る時に、よこ糸を通す器具の総称。ボビンに巻いたよこ糸を入れた舟型の器具が代表的で、たて糸が張られている間を、左右に往復してよこ糸を打ち込む。簡単な細い木切れのようなスティック・シャトルもある。シャトル shuttle は「往復」の意味。1733 年イギリスのジョン・ケイによってバネ式の「飛び杼《ひ》（フライ・シャトル）」が発明されたことで、シャトルは片手で遠くまで飛ばせるようになり、速度は 2 倍、幅の広い布が織ることができるようになった。当時の織布は、織工が一方の手で杼をたて糸の間に投げ込んで、もう一方の手で受けていたので、織布の幅は織工の両手の幅で決定され、広幅《ひろはば》*の織布を織るには 1 台に 2 ～ 3 人がつかねばならなかった。「飛び杼」の発明により生産性が向上したため糸が不足するようになり、今度は優れた紡績機が発明され、さらには 1785 年カートライトにより「力《りき》織機*」が発明されることになるなど、「飛び杼」の発明がイギリスの産業革命を促していくことになった。

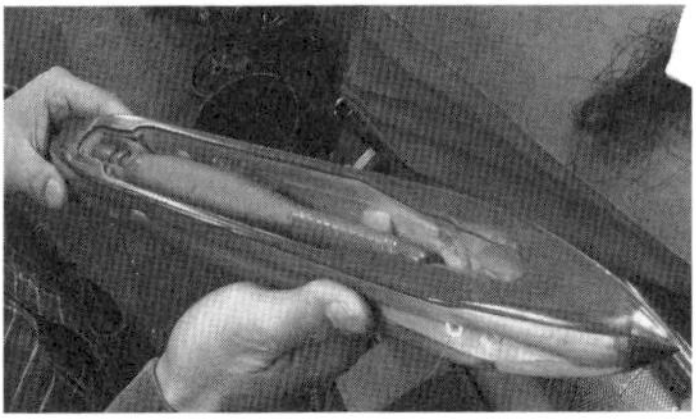

■ **シャトル織機**（シャトルしょっき）【織物】

shuttle loom

よこ糸をボビンに入れて織り込む「シャトル*」という器具を使って動力で織る織機の総称。力《りき》織機*の代名詞にもなっている。1733年イギリスのジョン・ケイによって発明された「飛び杼《ひ》*（フライ・シャトル）」の原理が応用され、手織り機よりもより早く幅の広い布を織ることができるようになった。毛織物ではドイツの「ションヘル織機*」、英国の「ドブクロス織機*」などがある。今日ではシャトル織機より、さらによこ糸を高速に飛ばす高速織機*（シャトルレス織機*）

が主流となり、生産性が低い織機として稼働率が減少している。しかし、シャトル織機の低速織機*ならではの良さが見直され、ジーンズ、紳士服の毛織物、麻織物などで、もの作りにこだわりや質を求める人たちから支持されている。小ロット生産に向いていることをはじめ、極太から極細糸まで織ることができる汎用性《はんようせい》のある織機であること、低速で織り上げていくために糸によけいなテンション*がかからず、高速織機には出せない、やわらかくふっくらとした風合いができる、着込むほどに素材の味が出てくるなど、優れた特性がある。

■ **シャフト**【織物】

shaft

「綜絖枠《そうこうわく》」ともいう。綜絖*を固定する枠。綜絖は、織り組織や織り柄に応じてたて糸を上下運動させながらたて糸の動きを操作し、複雑な織りや柄を作り上げることのできる装置。複雑な織りになるほどシャフトの数が増え、シャフトの組み合わせでさまざまな織り方ができる。

■斜文線（しゃもんせん）【織物】

twill line

「綾目《あやめ》*」「綾線《あやせん》」ともいう。綾織り*に見られる斜めにあらわれる線のこと。通常の綾織りは綾目が右肩上がりで、「右綾《みぎあや》」「正斜文《せいしゃもん》」という。左肩上がりは「左綾《ひだりあや》」「逆斜文《ぎゃくしゃもん》」という。斜文線の角度は 45 度ぐらいのものを「正則斜文《せいそくしゃもん》」といい、サージ*が代表的。急な角度のものは「急斜文《きゅうしゃもん》」といい、フランス綾*など。緩やかなものは「緩斜文《かんしゃもん》」という。

→【コラム 02】綾織り

■重合（じゅうごう）【繊維】

polymerization

モノマー*（単量体／低分子化合物：基本単位の分子）を多数結合させてポリマー（重合体*／高分子）を作る化学反応。モノマーが結合されて鎖状や網状の長い分子（高分子）になること。重合により「細く長い分子」となり、「糸を曳《ひ》く」性質が出て、合成繊維*の糸が作られていく。

■重合体（じゅうごうたい）【繊維】

polymer

「ポリマー」「高分子（化合物）」ともいう。一定の種類の複数のモノマー*（単量体／低分子化合物：基本単位の分子）が重合*（結合して重合体を作る化学反応）することによりできた化合物。2 種類以上の異なるモノマーからなる重合体は「共重合体（コーポリマー）という。合成繊維*は重合体を原料として、これを紡糸《ぼうし》*して「細く長い」繊維状にしたもの。ポリマー polymer の「poly-」は「たくさん」を意味する接頭語。

■ジュート【繊維】

jute

「黄麻（おうま／こうま）」ともいう。「ツナソ（綱麻）」「インド麻」などの名もあるシナノキ科の植物で、インドやバングラデシュが主な生産地。ジュートは植物名でもあり、これらの靭皮《じんぴ》部（茎の部分）を原料にした「靭皮繊維」の名前でもある。シマツナソもジュートと呼ばれる植物で、アラビア語では「モロヘイヤ」といい、食用としても知られる。ジュート繊維は伸びの度合が小さいため生地が安定しており、また毛羽《けば》があるため保温性に富む。導火線、カーペットの基布《きふ》、畳表《たたみおもて》、紐、コーヒー豆などを入れる袋（南京袋《なんきんぶくろ》：ドンゴロス*が有名）やバッグなどの用途がある。耐久性に乏しいためロープには適さない。また、ジュート製品は生分解性*が高いことから、環境への負荷が少ない素材としても注目されている。

■順撚り（じゅんより）【糸維】

糸と糸を撚り合わせる方向をいう用語。上《うわ》撚り*と下撚りの*の撚り方向*は逆にするのが一般的で、Z撚り*（左撚り）の単糸《たんし》*（下撚りにあたる）を2本撚り合わせて双糸《そうし》*（上撚りにあたる）にする場合は、上撚りはS撚り*（右撚り）にする。これを「順撚り」という。Z撚りの単糸を2本合わせて逆方向のS撚りにすることで糸の撚りのバランスをとっている。下撚りと上撚りを同じ方向にする場合もあり、これを「逆撚り」という。逆撚りの糸は細く締まったかたい感じになり、これで織った織物はシャリ感があり、サラサラした感触になる。ボイル*やポーラ*などが代表的。

〈順撚り〉

■蒸着加工（じょうちゃくかこう）【加工】
metalizing
金属を真空中で加熱蒸発させて、他のものに付着させる加工。

■織機（しょっき）【織物】
loom
「機《はた》」「はたご」ともいう。たて糸とよこ糸を組み合わせて織物を織る装置や機械のことで、古くから世界各国で広く分布している。たて糸の形状としては、床に対したて糸が水平に張られた「水平織機*（水平機《ばた》）」と、たて糸が垂直に張られた「垂直織機（竪機《たてばた》*）」に分類される。また、人力で織る「手織り機（手機《てばた》*）」と、動力で織る「力織機《りきしょっき》」に大別される。織機の変遷は、床に座って織る原始的な「地機《じばた》*」から、腰掛けに座って複雑な織りのできる「高機《たかばた》」に進化。高機にバネ仕掛けの「飛び杼《ひ》*」を取り付け、効率化を図った「バッタン織機*」、たて糸操作を行う綜絖《そうこう》*の上げ下げを足元のペダルで行う「足踏み織機*」などがある。その後それに動力を付け生産性を高めた「力織機」、自動化した「自動織機*」に機械化され、さらにシャトル*よりも早いよこ糸入れで高速化を図った「高速織機*」が、現在主流の織機となっている。しかし生産効率を追求する織機だけではなく、旧式の低速織機*の良さも見直され、ニーズに合わせた織機でもの作りが行われるようになっている。

■ションヘル織機（ションヘルしょっき）【織物】
schonherr weaving looms
シャトル織機*の一種で、19世紀後半から1960年代後半まで毛織物などで活躍していたドイツで開発された低速織機。高速織機*の約4分の1、中には高速織機が一日に3～5反《たん》（1反は約50m）織るのに対し、ションヘルは1日40mくらいしか織ることができないため、今日では生産性の高い高速織機に取って代わられ、稼働率がかなり低い。しかしションヘル織機は生産効率では劣るが、優れた品質の生地を織り上げることができるため、その良さが見直され、複雑な組織や繊細な糸を織るのに欠かせない織機となっている。高速織機は糸のテンションをピンと張った状態で早い速度でよこ糸を打ち込んでいくため、生地が薄くかたい風合いになる。しかし、ションヘル織機は糸の張りも緩《ゆる》く遊びをもたせてゆっくり織っていくため、その分空気をはらみ手触りは柔らかく風合いもよくなる。また機械が繊維を傷めることが少なく、極細糸やカシミアなどの繊細な繊維を織ることができる。たて糸の動きを操作する綜絖《そうこう》*を20枚以上使用し、複雑な組織や模様を作り出すことができるなどの優れた特性が多い。

■シリンダー【ニット】
cylinder
丸編み機の「釜*（針のついた筒状のもの）」には、円筒の「シリンダー*（下釜《したがま》）」と平たい円形の「ダイヤル*（上釜《うわがま》）」がある。シリンダーのまわりには針がたてに並べられ、この針を「シリンダー針」という。「シングル編み機（シングル・ニードル機）」はシリンダーのみを用いたもので「シングル・シリンダー」という。「ダブル編み機（ダブル・ニードル機）」は、ダイヤルとシリンダー、またはシリンダーとシリンダーを用いたもので「ダブル・シリンダー」ともいう。

■シルクスクリーン【染色】
silk-screen printing / serigraphy
「シルクスクリーン・プリント」、「シルクスクリーン捺染《なせん》」ともいう。枠にスクリーンを張った「スクリーン型」を用いて色糊《いろのり》*を通過させて染着させるスクリーン捺染*の一種で、スクリーンにシルク地を使うことからこの名がある。現在はシルクに代わり、ポリエステル*（テトロン*）のメッシュ*を張ったものなどが多い。製版*法は、①図柄を切り抜いた型紙をスクリーンに張り合わせて、ヘラ（スキージー）でインクを伸ばし押し出して捺染するもの。②スクリーンに溶剤を塗布し、図柄になる部分を熱や薬剤で溶かし孔をあけた「版」を作って捺染する。③写真製版法を応用した写真型捺染などがある。

■ シンカー・ループ【ニット】

sinker loop

ニットのループ*の谷の部分。山の部分はニードル・ループ*という。

→ループ（イラスト参照）

■ シングル・ニードル【ニット】

single needle

編み機で、針が1列に配列されている状態（1列針床《はりどこ》）や、1列針床の編み機（シングル・ニードル機）をいう。シングル・ニードルで編まれたものは「シングル・ニット」という。編み機ではフルファッション編み機*、丸編み機の吊り編み機*や台丸《だいまる》機などがあり、編み地では天竺《てんじく》編み（平編み*）が代表的。2列に配列されたものは「ダブル・ニードル*（2列針床）」という。

■ シングル幅（シングルはば）【織物】

single-width cloth

洋服地の幅で71cmのことをいう。シングル幅の2倍の142cmは「ダブル幅*」という。71cm幅は量が少ないため、ヤール幅*（91〜92cm）がシングル幅とも呼ばれてきた。しかし、綿などでは110cm幅が主流になっているため、現在は70〜110cmをシングル幅と呼ぶことが多い。

■ 新合繊（しんごうせん）【繊維・糸・織物】

1980年代後半に登場しブームになった、超極細繊維を用いた高密度のポリエステルフィラメント*や、その糸を使った織物をいう。従来のものより膨らみとソフト感があり、独特の風合いを持っているのが特徴。「ピーチスキン*」という微起毛した高密度ポリエステルが代表的。

■ 浸染（しんせん）【染色】

dipping / dyeing / dip dyeing

「浸《ひた》し染め」「浸《し》み染め」「ディップ・ダイ」ともいう。わたや糸、生地などの状態で染料溶液に浸して染める方法。主に無地を均一に染色するのに利用される。染着後は、よけいな染料*や助剤を除去するために、水や洗剤で洗浄が行われる。染色方法には、①わたや糸の状態で染める「先染《さきぞ》め*」、②生地や製品の状態で染める「後染《あとぞ》め*」がある。部分染めをしたり、染め模様をあらわす染色法は「捺染《なせん》*」という。

■ 水平織機（すいへいしょっき）【織物】

「水平機《ばた》」ともいう。たて糸が床に対して水平方向に張られた織機で、たて糸を巻いた2本のビーム*（糸を巻いた長い棒）により糸が渡され、よこ糸を差し込みながら長い織物を織ることができる。手織りでは、床に座った状態で織る「居座機《いざりばた》*」、綜絖《そうこう》*という装置を用い、腰掛けて織る「高機《たかばた》*」、力《りき》織機*（機械式織機）では、シャトル*というよこ糸を通す器具を用いて織る「シャトル織機*」、シャトルを用いない高速織機の「シャトルレス織機*（エアージェット織機*、ウォータージェット織機*、レピア織機などがある）」など、今日の織機の主流となる。たて糸を床に対して垂直方向に張った織機は「垂直織機（竪機《たてばた》*）」といい、タペストリーなどが織られている。

■**透かし目**（すかしめ）【ニット】
レースのように孔《あな》のあいた透け感のある編み目。

■**蒅**（すくも）【染色】
藍染め*に使われる、藍の葉を発酵・熟成させた染料。蒅《すくも》を固めた「藍玉《あいだま》*」を用いて染める。
→藍染め

■**スクリーン捺染**（スクリーンなせん）【染色】
screen printing / hand screen printing
紗《しゃ》*などの薄く目の粗いスクリーンを使用した、手作業で行う手捺染《てなせん》*。「ハンド・スクリーン捺染」ともいう。枠にスクリーンを張った「スクリーン型」を用い、生地の上に置いて、その上から色糊《いろのり》*をヘラで置いて生地に染着させる。スクリーン型には模様が描かれており、模様以外の部分は膠《にかわ》などでふさがれているので、模様部分だけがスクリーンを通して捺染されていく。1反の生地を染めるのに複数回繰り返して染めるので、型枠と型枠の継ぎ目や色糊を均一に置く技術などに、熟練を要する。これを機械捺染*で自動的に行ったのが、「オートスクリーン捺染」で、平板なフラット式であることから「フラット・スクリーン捺染」ともいう。円筒形の「スクリーン型」から色糊を押し出し、布地に連続的に捺染していく技法は「ロータリー・スクリーン捺染」という。ストライプや連続柄に適している。

■**捨て編み**（すてあみ）【ニット】
waste course
ニットで肩の部分などをリンキング*（編み地と編み地をかがり合わせること）する前に編み目を休めるためにする仮止めの編みのこと。必要な寸法に編地を編み終わった後で、「捨て糸*」に切り替えて編む。この部分はリンキングする時に解《ほど》いてしまう（捨ててしまう）ので、この名がある。

■**捨て糸**（すていと）【ニット】
ニットで、リンキング*や止め編み*をするときの「捨て編み*」に使用する糸のこと。後で解《ほど》いて（捨てて）しまうのでこの名がある。

■**ストレッチ素材**【織物・ニット・レース】
stretch fabric
伸縮性や弾力性に富み、運動性能の高い生地、または糸・繊維の総称。(1)「ストレッチ・ヤーン」と呼ばれるストレッチ性のある特殊な糸を使用したもの。(2) 羊毛など、ある程度伸縮性のある繊維を、糸の撚りを工夫することでストレッチ性を高めたもの。(3) 織物を加工してある程度の伸縮性を出したもの（ニットは本来伸縮性がある）などがあるが、(1) の方法が一般的。ポリウレタン*（ポリウレタン弾性糸）を使用したものが主流で、①「ベア・ヤーン*」：ポリウレタン弾性糸をそのままニットなどにブレンドする。②「カバード・ヤーン*」：ポリウレタン弾性糸を芯として、まわりに他の繊維を巻き付けたもの。③「コア・スパン・ヤーン*」：ポリウレタン弾性糸を芯にして、まわりを綿や羊毛で被覆《ひふく》して紡績したもの。④「合撚糸《ごうねんし》*」：ポリウレタン弾性糸と他の糸を一緒に撚った糸などがある。他の繊維では⑤「仮撚《かりよ》り加工糸*」：ポリエステル*やナイロン*の合繊フィラメント糸*を「熱可塑性《ねつかそせい》*」の利用によって伸縮性を出したものなどがある。

■**スナッギング**【織物・ニット】
snagging
生地やカットソー*を引っ掛けた時におこる「引っ掛けほつれ、引きつれ」のこと。縫製時に針に生地が引っ掛かったり、偶発的な引っ掛かりにより、繊維・糸が生地表面からループ状に突き出し、引きつれなどを起こす現象で、特に合成繊維*のカットソーに起こりやすい。合成繊維は、摩擦による影響を軽減させるために（摩擦溶融防止）生地に樹脂加工*などが施されている。このため生地が滑りやすくなり、繊維や糸が何らかの引っ掛かりにより引きつれを起こすスナッグが発生しやすくなっている。

■スーパー繊維（スーパーせんい）【繊維】

super fiber

「ハイテク繊維」とも呼ばれる。「高強度、高弾性率、高耐熱性、高難燃性」などが特徴の、細く、長く、強靭な繊維。より強い「高強度繊維」、より細い「超極細繊維（ナノファイバー*）」、繊維に空洞を作る「中空繊維*」など、繊維の断面や表面を処理することで、高弾性率、高強度、耐熱性、耐炎性などの特性を有する。アラミド繊維*や炭素繊維*、PBO繊維*、ポリ乳酸繊維*、ポリアリレート繊維*などがある。防弾服、耐熱防火服、光ファイバーケーブル、NASAの火星探査機のエアバッグ、飛行機の機体や翼、建築資材、携帯電話の基盤など、さまざまな用途に使用されている。

■スパンデックス【繊維】

spandex

ポリウレタン弾性繊維の一般名。ポリウレタン*を溶剤に溶かして紡糸《ぼうし》*したもので、ゴムの数倍の引っ張り強度をもち、ゴムよりもよく伸びる性質がある。100%使いではなく、他の繊維と組み合わせるのが一般的で、水着、ストッキング、スポーツウエアをはじめ「ストレッチ素材*」と呼ばれる生地に使われる。1959年にデュポン社が『ライクラ』の商標名で発売した（現在はインビスタ社の商標）。

■スピンドル【糸】

spindle

糸を紡いで巻き取っていく心棒。機械紡績*では、工程の最後の方、糸を紡ぐ精紡機*に取り付けられている、糸を巻き取っていく心棒の部品のこと。1分間に1万回以上回転して糸を巻き取っていく。

■スペック染め（スペックぞめ）【染色】

speck dyeing

「ムラ染め」のことで、染料を粒子化して、斑点《はんてん》状（スペックspeckという）に染める手法で、糸に部分的な濃淡をあらわすことができる。杢糸《もくいと》*とは異なる独特のムラ感があらわれるのが特徴で、インディゴ*のデニムにも似たような、味わいのある風合いを醸し出すことができる。主に綿や麻などで行われていたが、酸性染料*による羊毛や絹のスペック染めも実用化されている。

→p.396「ジーンズ加工」写真参照

■スライバー【糸】

sliber

「太い棒状のわた」のこと。「篠《しの》」ともいう。わたから糸を作る紡績*工程のひとつの「カード*」という工程で作られるもので、繊維が梳《くしけず》られて、撚《よ》りのまったくない「太い棒状のわた」が作られる。その後、さらに細いスライバーとなり、撚りがかけられ糸となっていく。

■スラッシャ・サイジング【織物】

slasher sizing

たて糸の糊付け*（サイジング）方法の一種。整経《せいけい》*した後のたくさんのビーム*（長い筒状に糸を巻き取ったもの）から糸を引き出して、まとめて糊付けする。スラッシャ・サイジング・マシンという大規模な機械を使用する、大量生産に向いている糊付け法。

■スラブ・ヤーン【糸】
slub yarn
節糸《ふしいと》*の一種の意匠糸《いしょうし》*。ところどころに不規則な「わた状の節《ふし》」のある糸で、節のところの撚りが甘く柔らかい。紡績《ぼうせき》*の段階で作る。毛糸に多く使われる。
→【コラム26】意匠糸(写真参照)

■摺り染め(すりぞめ)【染色】
型染め*の一種で、模様を切り抜いた伊勢型紙*を生地の上に置いて、染料を付けた「牡丹刷毛《ぼたんばけ》」という丸い刷毛で染料を摺り込んでいく捺染《なせん》*法。絵を描いたような柔らかなぼかしの色調が特徴。江戸時代の奢侈《しゃし》禁止令で贅沢な手絞り染め*などが禁止されたことがきっかけでこの手法があみだされたとされる。絞り染めの代用として型紙で絞り染めの匹田鹿《ひったか》の子《こ》*文様をあらわす「摺《す》り匹田《びった》」や、辻が花*のような摺り染めなどが生まれた。友禅染《ゆうぜんぞめ》*に用いられたことから「摺り友禅」ともいわれる。

■スリット糸(スリットし)【糸】
slit yarn
ラメ糸などの金属糸(メタリック・ヤーン*)のこと。金属糸はポリエステルフィルムにアルミニウムなどの金属を蒸着加工《じょうちゃくかこう》*させて金色や銀色にし、その後細く切り(slit)、これに芯糸を撚り合わせて糸にすることからこの名がある。

■3Dプリント(スリーディープリント)【染色】
3D printing / three dimensional printing
三次元(スリー・ディメンションthree demensions)で立体的に画像が浮かび上がるプリント。レーザー光線のような立体画像が浮き上がるホログラム・プリントなどがある。

■スレン染料(スレンせんりょう)【染色】
indanthrene dye
「インダスレン染料」の略称。1901年ドイツで開発された、新しい構造をもつ建染《たてぞ》め染料*で、建染め染料の代名詞にもなっている。インディゴの類似染料を合成しようとして、美しい青色染料を発見したことがきっかけで、その後多くの鮮麗色が開発されている。主に綿や麻、レーヨンなどのセルロース系繊維*に用いられ、特に日光堅牢度や湿潤堅牢度に優れ最高級といわれる。

■整経(せいけい)【織物・ニット】
warping
織物を織る製織《せいしょく》*の準備工程のひとつで、織物の「芯・軸」ともなる「経糸《たていと》を整える」工程をいう。織物を織るのに必要なたて糸の本数・長さ・張力を均等に整えるために行う作業で、織物設計に基づきクリール*(糸掛け)に配置された糸を、ビーム*やドラムに巻き取っていく。巻き取られたビームは次に「糊付け*(サイジング)」が行われ、(先に糊付けを行う場合もあり、素材により糊付けしないものもある)その後、再び巻き取られ製織用のビームとなり織機に取り付けられる。整経の方法には、無地や後染《あとぞ》め*などに行われる「荒巻整経《あらまき》*」、先染《さきぞ》め*の柄組み*を行う「部分整経*」がある。整経はニットの経《たて》編み*でも行われる。

■ 成型編み（せいけいあみ）【ニット】

fashioning

「ファッショニング」ともいう。横編み機*やフルファッション編み機*を用いて、減らし目*や増やし目*を行い、目的に応じた形を作っていく編み方をいう。

■ 製糸（せいし）【糸】

silk reeling

蚕《かいこ》から絹織物の原材料となる「生糸《きいと》*」を作る工程のこと。生糸は、繭糸から節《ふし》のある「きびそ*」や、繊維の短い繭層の「びす*」などの部分を取り除き、「太さが均一で長い糸」にしたもの。繭糸をほぐれやすくするために湯や蒸気で煮て（煮繭）柔らかくしてから繭糸を引き出し、その何本かを合わせて生糸にする。糸にする工程で、綿や羊毛などの短繊維*を糸にする場合は「紡績《ぼうせき》*」といい、化学繊維*の場合は「紡糸《ぼうし》*」という。

■ 正斜文（せいしゃもん）【織物】

綾織り*に見られる斜めにあらわれる線を斜文線《しゃもんせん》*という。通常の綾織りは斜文線が右肩上がりで、これを「右綾《みぎあや》」「正斜文《せいしゃもん》」という。左肩上がりは「左綾《ひだりあや》」「逆斜文《ぎゃくしゃもん》」という。

→【コラム02】綾織り

■ 精製セルロース繊維

（せいせいセルロースせんい）【繊維】

再生繊維*の一種で、セルロース*を溶剤に溶解して「精製（混合物を純物質にして純度の高いものにすること）」し、紡糸*した繊維。テンセル（リヨセル*）が代表的。同じセルロース系繊維*でもレーヨン*の場合は、原料のパルプに化学変化を起こさせて繊維素（セルロース）分子を溶かし、また化学薬品によって再生させる「再生セルロース繊維」であるのに対し、「精製セルロース繊維」は、セルロースを化学変化させないため分子量の低下が少なく、天然繊維に近い繊維となる。

■ 正則斜文（せいそくしゃもん）【織物】

regular twill

綾織り*に見られる斜めにあらわれる線を斜文線《しゃもんせ》*という。斜文線の角度は45度くらいのものを「正則斜文《せいそくしゃもん》」といい、サージ*が代表的。急な角度のものは「急斜文《きゅうしゃもん》*」といい、フランス綾*など。緩やかなものは「緩斜文《かんしゃもん）》」という。

→【コラム02】綾織り

■ 製版（せいはん）【染色】

plate making

生地などの捺染《なせん》*（プリント）、または印刷物などを印刷するための「版」を作ること。捺染の場合は、染料に糊を混ぜた色糊《いろのり》*を「版」につけて生地に移行させる（捺染する）もの。型版は、①「凸版《とっぱん》」。版の凹凸を利用する捺染法。模様を彫刻したロールまたは板の凸版部に色糊をつけて生地に捺染する。「ブロック捺染*」が代表的。②「凹版《おうはん》」。模様を彫刻した版の凹版部に色糊を充填《じゅうてん》し、生地に捺染する。「ローラー捺染*」がある。③「平版《へいはん》」。オフセット印刷と同じ方法で、平らな転写紙にプリントされた模様などを、生地に熱で転写する。「転写捺染*」がある。④「孔版《こうはん》」。型紙を切り抜いたり、ポリエステル地などに模様に沿って微細な孔《あな》を多数あけ、色糊をつけて押し出し、生地に捺染する。謄写版《とうしゃばん》（ガリ版）と同じ方式。「型紙捺染*」「スクリーン捺染*」「ロータリー・スクリーン捺染*」、「シルクスクリーン*」などがある。「インクジェット捺染*」などの「デジタル捺染*」は、コンピューターで画像処理するので製版がいらないので「無版プリント（無版印刷）」ともいわれる。

■製品染め（せいひんぞめ）【染色】
garment dye

ガーメント・ダイ*ともいう。織物や編物を成形ピースや製品にしてから染めること。

■生分解性（せいぶんかいせい）【繊維】
biodegradability

化学物質が自然界に生息する「微生物（バクテリア等）の作用」によって、有機物から水や炭酸ガスなどの無機物へ分解される性質。

■生分解性高分子（繊維）（せいぶんかいせいこうぶんし〈せんい〉）【繊維】
biodegradable polymer

自然界に存在する微生物が分泌する酵素によって分解される高分子繊維のこと。「生分解性繊維」ともいう。生分解性*は、一般的に天然繊維ではおこりやすい性質で、合成繊維では乏しいが、合成繊維でも生分解性に優れる高分子を開発し、繊維化したもの。なかでも脂肪族ポリエステルの「ポリ乳酸繊維*」が代表的。トウモロコシの澱粉から作る乳酸を重合したもので、耐熱性や強度面で優れる。日本では、『ラクトロン』（カネボウ合繊）、『テラマック』（ユニチカ）、『プラスターチ』（クラレ）などがある。

■生分解性プラスチック（せいぶんかいせいプラスチック）【繊維】
biodegradable plastic

生分解性*のあるプラスチック（合成樹脂）のことで、自然界の微生物により、最終的に水とCO_2に分解されるプラスチックのこと。環境に優しいエコ素材として「グリーン・プラスチック」ともいわれる。分解するプラスチックは、生物資源（バイオマス*）由来のバイオマス・プラスチック*（バイオプラスチック）と石油由来のものがある。生分解性であれば、原料が何であるかは問わない。「化学合成系」「天然高分子系」「微生物系」に分類され、ポリエステル*、多糖、ポリアミド*などの種類がある。

（1）「化学合成による脂肪族ポリエステル」：化学合成で作られるポリエステルで、微生物に分解されやすい脂肪酸ポリエステルが中心になっているもの。①「ポリ乳酸*」：トウモロコシなどから得られるしょ糖を原料にし、乳酸発酵により作られた「乳酸」を原料にしたもの。②「ポリカプロラクトン」：結晶の融解温度は60℃で、かなり低い温度でも柔らかい熱可塑性ポリエステル。③「脂肪族ポリエステル」などがある。

（2）「バイオ・ポリエステル」：微生物によって作られた「バイオ・ポリエステル*（ポリ-3-ヒドロキシブチレートなど）」が中心になっている。

（3）「多糖類」：①「デンプン系」②「キチン、キトサン」③「セルロース*」などの天然高分子系による生分解性プラスチック。

（4）「ポリアミド」：ポリアミドには、一般的には天然物由来のタンパク質やポリアミノ酸なども含まれ、特にタンパク質が分解して生じるα-アミノ酸を用いて合成したポリアミノ酸は、医療用材料として研究されている。

■精紡（せいぼう）【糸】
fine spinning

紡績工程の最後の段階で、粗糸《そし》*（ゆるく撚《よ》りをかけた太い糸）を平行に引き揃えた束にし、ドラフト*（引き伸ばすこと）しながら細く引き伸ばし、撚りをかけて糸にしていく工程。撚りをかける仕組みの違いによりミュール精紡、リング精紡、空気精紡（オープンエンド精紡）など、それぞれの名の付いた精紡機による撚糸法がある。

■ 繊維の種類と分類（せんいのしゅるいとぶんるい）【繊維】

- 天然繊維
  - 植物繊維
    - 種子毛繊維
      - 綿花
        - エジプト綿
        - 海島綿
        - スーピマ綿
        - ペルー綿
        - インド綿
        - 米綿
        - トルファン綿
      - カポック
      - パンヤ
    - 靭皮《じんぴ》繊維
      - 亜麻《あま》
      - 苧麻《ちょま》
      - 黄麻《おうま》
      - 大麻《たいま》
    - 葉脈繊維
      - マニラ麻
      - サイザル麻
      - ニュージーランド麻
    - 果実繊維
      - コイア（ココヤシ繊維）
    - その他
      - シュロ、イグサ、和紙など
  - 動物繊維
    - 絹繊維（繭繊維）
      - 家蚕絹《かさんぎぬ》
      - 野蚕絹《やさんぎぬ》
        - 柞蚕絹《さくさんぎぬ》
        - 山繭絹《やままゆぎぬ》
    - 獣毛繊維
      - 羊毛
      - 山羊毛
        - モヘア
        - カシミア
        - 山羊毛
      - らくだ毛
        - キャメル
        - ビキューナ
        - アルパカ
        - ラマ毛
      - 兎毛
        - アンゴラ
    - 羽毛繊維
      - ガチョウ、アヒルの羽毛
  - 鉱物繊維
    - 石綿（アスベスト）

- 化学繊維（人造繊維）
  - 再生繊維
    - 精製セルロース系繊維
      - リヨセル（テンセル）
    - 再生セルロース系繊維
      - レーヨン（ビスコース・レーヨン）
      - ポリノジック（ポリノジック・レーヨン）
      - キュプラ（銅アンモニア・レーヨン）
    - 再生タンパク質系繊維
      - カゼイン繊維
      - 落花生タンパク繊維
      - とうもろこしタンパク繊維
      - 大豆タンパク繊維
  - 半合成繊維
    - セルロース系
      - アセテート
      - トリアセテート
    - タンパク質系
      - プロミックス
    - その他
      - 塩化ゴム、塩酸ゴム
  - 合成繊維
    - ポリアミド系
      - ナイロン（ナイロン6、ナイロン66）
      - 芳香族ポリアミド（アラミド繊維）
    - ポリビニルアルコール系
      - ビニロン
    - ポリ塩化ビニリデン系
      - ビニリデン
    - ポリ塩化ビニル系
      - ポリ塩化ビニル
    - ポリエステル系
      - ポリエステル
    - ポリアクリロニトリル系
      - アクリル、アクリル系
    - ポリオレフィン系
      - ポリエチレン、ポリプロピレン、ポリスチレン
    - ポリウレタン系
      - ポリウレタン
    - ポリクラール系
      - ポリクラール
  - 無機繊維
    - 金属繊維
      - 金糸, 銀糸、スチール繊維
    - ガラス繊維
      - ガラス
    - 炭素繊維
      - PAN系炭素繊維、ピッチ系炭素繊維
    - 岩石繊維
      - ロック・ファイバー
    - 鉱滓《こうさい》繊維
      - スラッグ・ファーバー

■精練（せいれん）【加工】
scouring
漂白や染色を行うための「前処理」として、繊維に含まれている不純物や、紡績*・製織工程で付与された油脂や糊剤などを除去する工程。アルカリ、石鹸、合成洗剤、酵素などで除去する。

■接結点（せっけつてん）【織物】
binding point
二重織り*などの多重組織*で、異なる2枚の織物や編物などが離れないように接結されている部分のこと。

■Z撚り（ゼットより）【糸】
Z-twist
糸の撚り方向*を示す用語で、時計の針と同方向回転に撚ることを「右撚り」といい、糸の撚り線が「S」と同じ左上がりになっていることから「S撚り」とも呼ばれている。逆の「左撚り」のものは「Z」と同じ右上がりになっているので「Z撚り*」という。一般的に紡績糸《ぼうせきし》*の単糸《たんし》*はZ撚り（左撚り）、フィラメント糸*はS撚り（右撚り）となる。双糸《そうし》*（単糸を2本撚り合わせる）の撚りは、単糸と逆方向にかける。
→S撚り（イラスト参照）

■セルヴィッジ【織物】
selvage
織物の両端がほつれないように織り込まれた「耳*の部分」をいう。シャトル織機*などの低速織機*ではよこ糸を織り込むシャトル*が往復するので生地の端も織り込まれ「耳」ができるが、シャトルを使わないシャトルレス織機*（高速織機*）では、よこ糸は一方向で織られ、端がヒートカット*などで切断されるために「耳」の部分がない。シャトル織機で織られたヴィンテージ・デニム*ではサイドの縫い代部分にそのまま「耳」が利用されるが、高速織機*で織られる広幅のデニムでは「耳」はないため、縫い代にはロックミシンがかけられている。耳の部分に赤い糸のステッチが入っているものは「赤耳《あかみみ》*」と呼ばれる。また、毛織物では低速織機のションヘル織機*で織られたものには耳があり、ブランドの織りネームなどが織り込まれている。

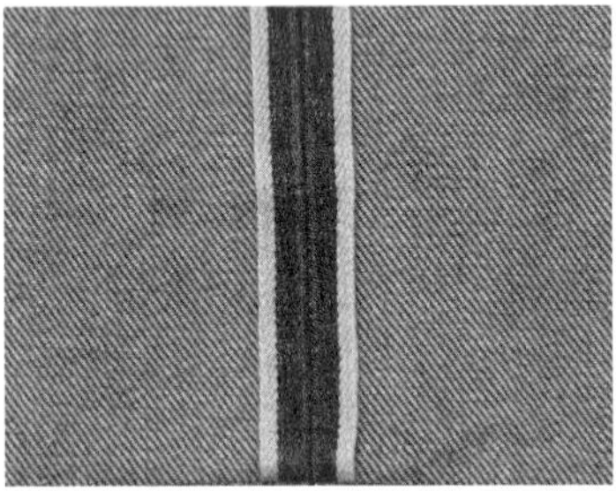

■セルロース【繊維】
cellulose
植物体のほとんどを形成する炭水化物のことであるが、澱粉《でんぷん》と違い水には溶けず、人は消化することができない。植物細胞の細胞壁や繊維の主成分で「繊維素」ともいう。天然繊維では綿、麻、竹、カポック、バナナなどがあり、綿のほとんどはセルロース。再生繊維*は綿や木材パルプから採取されたセルロースを化学処理して溶解し、長い繊維状のセルロースとして再生したもの。

■セルロース系繊維
（セルロースけいせんい）【繊維】
cellulosic fiber
広義にはセルロース*を主成分にした繊維の総称。天然繊維の植物繊維*、化学繊維の再生繊維*や半合成繊維*内のセルロース系繊維が含まれる。一般的には、再生繊維内のセルロース系繊維をいうことが多いが、半合成繊維のアセテート*やトリアセテート*を含めることもある。再生繊維におけるセルロース系繊維の原料は主に木材パルプで、製造法は①「硝酸セルロース法」②「銅アンモニア法」キュプラ*③「ビスコース法」レーヨン*、ポリノジック*、モダール*（レンチング社）④「溶剤（溶液）紡糸法」テンセル*（レンチング社）、リヨセル*（レンチング社）⑤「溶融紡糸法」フォレッセ（東レ）などがある。天然繊維に近い扱いがされ、風合いがソフトでシワになりにくく、発色性に優れ染色堅牢度《せんしょくけんろうど》*が高い、吸湿性・吸汗性に優れるなどの特徴がある。また生分解性（土中で分解する性質）があることなどから、自然循環形の「環境に優しい繊維」とされている。一方では洗濯することにより形態寸法が収縮するため、樹脂加工*やVP加工*などの形態安定加工*が施されていることや、繊維の製造が「溶剤（溶液）紡糸法」であるため、環境負荷の高い薬剤や有機溶媒が必要となり、徹底した廃棄溶剤回収などの生産工程管理も必要とされる。「溶融紡糸法」は環境負荷の高い薬剤や有機溶媒を使用しない製造法として、東レ（株）が開発したもので『フォレッセ』の商標がある。家庭洋品品質表示法では商標名は表示できないので、品質表示は「指定外繊維（テンセル）100%」などと表示されている。

■染織（せんしょく）【織物・染色】

dyeing and weaving

布を織ること（織物）と染めること（染色）の総称。

■染色（せんしょく）【染色】

dyeing

広義には、繊維、綿、糸、生地、製品などに色素（色材）を着色していくこと。色素（色材）は「染料《せんりょう》*」と「顔料《がんりょう》*」の2つに分類される。「染料」は、水に溶けるため繊維製品を「染色」（繊維に色素を染み込ませる）することができる。「顔料」は水や油などに溶けないために接着剤を混合し、繊維製品に「着色／染着」（生地の表面に色の粒子を付着させる）させる。狭義には「染料」で「染色」したものをいう。染色法を大別すると①「浸染《しんせん》*」。わたや糸、生地などの状態で染料溶液に浸して染める方法、②「捺染《なせん》*」。生地などに染料や顔料でプリント（模様染め）する方法がある。

■染色堅牢度（せんしょくけんろうど）【染色】

color fastness

染色物の色の安定性や耐久度の評価基準のこと。洗濯、日光、汗など、使用することで起こる色の変色、脱色、退色、剥色《はくしょく》などの程度をいい、JIS規格では1～5級を基準に9段階まで等級分けがされている。数が大きいほど堅牢度は高くなる。染色堅牢度の規格は①耐光堅牢度②湿潤堅牢度③摩擦堅牢度④昇華堅牢度⑤ガス退色堅牢度などがある。

■繊度（せんど）【繊維】

fineness / fineness of fiber

「繊維の太さ」のこと。繊維の太さはデニールやμ（ミクロン：1000分の1ミリ）であらわされる。数値が小さいほど繊維が細くなる。広義には繊維を含めた「糸の太さ*」をいう。通常1本の糸は多くの繊維で構成され、糸の断面は変形しているため、「糸の太さ」は長さと重さの比であらわされている。下記の2種類がある。(1)恒重式《こうじゅうしき》。「一定の重さに対する長さ」を基準にした太さの測定値。主に紡績糸《ぼうせきし》に用いられ、「番手《ばんて》*」であらわされ、「綿番手《めんばんて》」「麻番手《あさばんて》」「毛番手《けばんて》」の種類がある。数値が大きくなるほど糸は細くなる。(2)恒長式《こうちょうしき》。「一定の長さに対する重さ」を基準にした太さの測定値。主に絹や化学繊維*などのフィラメント糸*に用いられる「デニール*(denier)／長さ9000m・重さ1gで1デニール（記号d）」と、繊維により異なる糸の太さの表記を統一するために導入された「テックス*(tex)／長さ1000m・重さ1gで1テックス（記号tex）」の単位がある。数値が大きくなるほど糸は太くなる。

■剪毛（せんもう）【加工】

shearing

毛や毛羽《けば》などを刈り上げることで、「シアリング」「シャーリング」ともいう。①毛織物の仕上げに行われる工程で、織物の表面の毛羽を切り取り、外観を美しく整えること。表面を平滑にし、織り組織を鮮明にし、色柄効果を高める役割がある。②パイル織り*のパイル部分をカットすることで、カットして毛羽を出したものは、「カット・パイル」と呼ばれる。タオル*では、パイル部分をシアリング（剪毛）して、ビロード*のように仕上げたものを「シアリング・タオル」と呼ぶ。③羊の毛を刈ることや、ミンクなどの毛を刈り込んで自然とは異なる風合いに仕上げる加工のこと。

■染料（せんりょう）【染色】

dyestuff

水や油などに溶解させて染色*する色素の総称。多くは水溶性。これに対し、不溶性の着色剤は「顔料《がんりょう》*」という。インディゴ*のように、「顔料」を還元作用で水溶性にして染める「建染《たてぞ》め染料*」なども含まれる。染料を大別すると「天然染料*」と染料の主流を占める「合成染料*」がある。①「天然染料」は、植物の花や果実、葉、根、樹皮などから採取する「植物染料」、紫貝やエンジムシから得るコチニール色素のように、貝や虫などから採取する「動物染料」、泥などから採取される「鉱物染料」があるが、水溶性の「鉱物染料」はかなり少なく、多くは「顔料」に分類される。②「合成染料」は、水に溶かして直接染めることのできる「直接染料*」、媒染剤《ばいせんざい》*で染める「媒染染料*」「金属錯塩《さくえん》染料」、不溶性の色素を還元作用で染める「建染め染料*」「硫化《りゅうか》染料*」がある。繊維の性質で分類すると、絹、羊毛などのタンパク質系繊維を染める「酸性染料*」「塩基性染料*」、綿やレーヨンのセルロース系繊維*を染める「反応染料*」「ナフトール染料*」、アセテート*や合成繊維*を染める「分散染料*」、アクリル系合成繊維によく染まる「カオチン染料*」、などがある。特殊染料としては、漂白効果を出す蛍光漂白染料（蛍光漂白剤*）がある。

■綜絖（そうこう）【織物】

heald / heddle

「ヘルド」ともいう。織機《しょっき》*に取り付けられる重要装置で、織り組織や織り柄に応じてたて糸を上下運動させながら動きを操作し、その隙間によこ糸を通して複雑な織りや柄を作り上げることのできる装置。綜絖そのものは、「綜絖枠（シャフト*）」にたて糸の数に応じて上下に取り付けられる糸や細い金属棒をいい、「綜絖糸《そうこうし》」ともいわれる。金属製のものは「ワイヤー・ヘルド」という。綜絖にはたて糸を通す「目」があり、この目にたて糸が通される。綜絖にたて糸を通す準備作業を「綜絖通し」という。綜絖通しは、織物の工程ではかなり根気のいる作業で、ションヘル織機*などでは3000～8000本のたて糸があり、手で1本1本に通されていく。平織り*のような簡単な織物ではシャフトが2つであるが、複雑な織りになるほどシャフトの数が増え、20枚以上使用するものもあり、シャフトの組み合わせでさまざまな織り方ができる。綜絖をヘドルheddleともいうが、この場合は板状になっている綜絖をいう。

■双糸（そうし）【糸】

double yarn / two folded yarn / two ply yarn

2本の単糸《たんし》*を撚り合わせて（単糸とは反対方向に撚りをかけて）1本の糸にしたもの。「双子《ふたこ》」ともいう。一般的に綿や羊毛などの紡績糸*に使われる名称で、生糸《きいと》*や化学繊維のフィラメント糸*の場合は、「諸撚《もろよ》り糸*」または「諸糸《もろいと》」という。

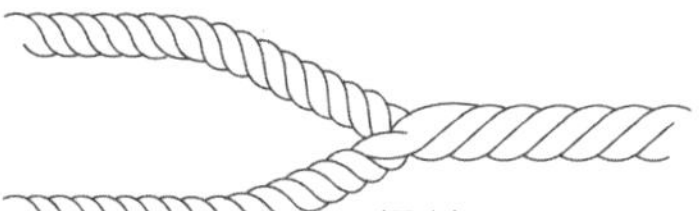

〈双糸〉

■繰糸（そうし）【糸】

reeling

蚕《かいこ》の繭から生糸《きいと》*をつくる製糸《せいし》*作業で、繭から直接繭糸を引き出し、数本を1本にまとめ、撚りをかけて巻き取る工程。または繭糸を数本引き揃えて1本の糸にする作業のことで、「糸を繰《く》る」という。繭を「わた」にしてから糸にする工程や作業は「紬糸《ちゅうし》*」という。

■粗糸（そし）【糸】

roving

「ロービング」ともいう。紡績*工程で、撚《よ》りをかけた本格的な糸になる前の準備段階（粗紡《そぼう》という）で作られた「ゆるく撚りをかけた太い糸」のこと。スライバー*（太い棒状のわた）をドラフト*（引き伸ばし）とダブリング（スライバーを何本か束ねる）を繰り返しながら細くしていき、ゆるい撚りをかけていく。羊毛紡績やニットでは「粗毛《そもう》」ともいう。

■組織図（そしきず）【織物・ニット】

「意匠図《いしょうず》」ともいう。織物組織や編物組織を図式や符号で意匠紙《いしょうし》*という方眼紙にあらわしたもの。織物の組織図は、たて糸とよこ糸の交差の仕方を示したもので、方眼の1コマずつを「組織点*」であらわしていく。組織点とはたて糸とよこ糸の交差点のことで、たて糸がよこ糸の上になっている点（たて糸が浮いている）は黒の升目《ますめ》にし、逆にたて糸がよこ糸の下になっている（たて糸が沈んでいる）点は白の升目にする。●×△などの記号であらわす場合もある。ニットの場合、「緯《よこ》編み*」の組織図は、意匠紙に編み目*記号を入れてあらわす。「経《たて》編み*」は、方眼を小さなドット（点）や円であらわした「ポイント・ペーパー」という意匠紙を使う。ドットは針をあらわし、針の位置を囲んで流れる線を描き、編み込まれた糸の姿であらわす。

■組織点（そしきてん）【織物】

たて糸とよこ糸が交差している交差点のこと。織物の組織は、たて糸とよこ糸が交差して構成され、この交差状態によりさまざまな織物組織が生まれる。たて糸がよこ糸の上になっている点と、逆にたて糸がよこ糸の下になっている点がある。

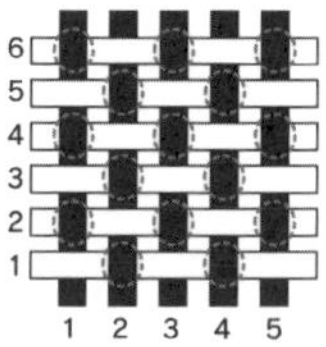

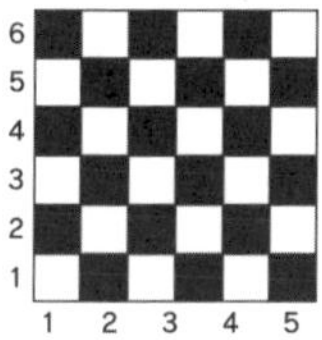

■ゾッキ【ニット】

ニットで、1種類の素材だけで編むこと。

■染め足（そめあし）【染色】

ぼかし染め*に見られるような、染め際に出る「にじみ」のこと。

■染め絣（そめがすり）【染色】

捺染《なせん》*で、絣模様をあらわしたもの。本来、絣《かすり》*は染め分けされた絣糸《かすりいと》*で織って「かすれた模様」をあらわす「織り絣」で作られる。織り絣は、かなり手間や高度な技術を要するので、染め絣にしたものも多い。「絣染め*」ともいわれる。

■染め型（そめがた）【染色】

「型」を使用して捺染《なせん》*する「型染め*」で使用される「型」のこと。型紙、版木、金属ローラーに彫刻を施したものなどがある。

■梳毛（そもう）【繊維・糸・織物】

worsted

「ウーステッド」ともいう。梳毛紡績*の略。もしくは梳毛紡績にする長い羊毛繊維などを指す場合が多い。梳毛紡績、梳毛糸*、梳毛織物*の総称として使われることもある。

■梳毛糸（そもうし）【糸】

worsted yarn

羊毛の長い繊維を「梳《す》いて」作る、梳毛紡績*（梳毛ともいう）で作られる糸。糸の撚り*は比較的強く均一にかかっているため、表面は滑らかで光沢があり、かたさもある。梳毛糸の織物は梳毛織物*といい、サージ*、ギャバジンなど、メンズスーツ素材が代表的。

■梳毛紡績（そもうぼうせき）【糸】

worsted spinning

梳毛糸《そもうし》*を作る紡績*法。原毛から糸を作るには長い繊維を「梳《す》いて」作る「梳毛《そもう》紡績*」と、短い繊維を「紡《つむ》いで」作る「紡毛紡績」の2種類がある。梳毛紡績は、比較的長めの上質な羊毛繊維を主な原料に、羊毛を梳《くしけず》りながら太さが均一なスラリとした糸に仕上げていくのが特徴。

<梳毛紡績の工程>

①【選別】原毛を太さ・長さ、縮れ（クリンプ）の状態、不純物の混合などを調べて選り分ける。

②【洗毛《せんもう》】羊毛に含まれている脂、土砂、尿などを、石鹸とソーダで洗い落とす。

③【カーディング】「カード*」という機械で、羊毛繊維を解《ほぐ》してさらに不純物を除去し、「スライバー*」と呼ばれる棒状のわたにする。

④【インター】【コーミング】スライバーを束にして（ダブリングという）、梳《くしけず》るとともに引き伸ばす（ドラフト*という）作業を繰り返し、細い均一なスライバーにしていく。これを「インター」工程という。次にさらに細かな櫛《くし》（コーム）状のものを取り付けた「コーマ*」という機械で、繊維の雑物などを完全に除去する。

⑤【トップ染め*】この工程を終え、雑物を完璧に除去した細いスライバーを玉状に巻いた「トップ」に仕上げる。この段階で染色が行われ、トップを染めたものは「トップ染め」と呼ばれる。

⑥【前紡《ぜんぼう》／粗紡《そぼう》】染色されたスライバーをさらにダブリングとドラフトを繰り返しながら細く均一にし、粗糸《そし》*（ゆるく撚りをかけた糸）を作る。

⑦【精紡《せいぼう》*】ドラフトで糸の太さにまでさらに細く引き伸ばし、糸に撚りをかけて「単糸《たんし》*」に仕上げる。

⑨【仕上げ】でき上がった糸をスピンドルにコーン*の形状などに巻き取る。
写真提供：ニッケ／日本毛織（株）

■空引き機（そらびきばた）【織物】

draw loom

単に「空引き」ともいう。高機《たかばた》*の上に、紋《もん》織り*（ジャカード*）を織るための装置（空引《そらび》き装置）を取り付けた手織り機。中国で開発された「堤花機《ていかき》」または「花機《はなばた》」というもので、日本では「空引き機」、ヨーロッパでは「ドロー・ルーム」と呼ばれる。綜絖《そうこう》*の上に櫓《やぐら》のようなものを組み、その上に人が乗って二人がかりで織るもので、織り手の指示に従いたて糸の開口を上下させて綜絖を操作しながら錦《にしき》*や綾織り*などの複雑な模様を織り出す。日本には中国（明《みん》）から奈良時代に移入され、京都の西陣を中心に普及した。1804年にフランスのジャカールによってジャカード装置が発明されるまで紋織物機として使用されていた。

■ダイヤル【ニット】

dial

丸編み機の「釜*（針のついた筒状のもの）」には、円筒形の「シリンダー*（下釜《したがま》））」と平たい円形の「ダイヤル*（上釜《うわがま》）」がある。ダイヤルには針が放射状に並べてあり、この針を「ダイヤ針」という。「シングル編み機（シングル・ニードル機）」はシリンダーのみを用いたもので「シングル・シリンダー」という。「ダブル編み機（ダブル・ニードル機）」はダイヤルとシリンダー、またはシリンダーとシリンダーを用いたもので「ダブル・シリンダー」ともいう。

■高機／高幡（たかはた／たかばた）【織物】

floor loom

手織りの代表的な織機《しょっき》*で、たて糸を操作する仕掛けの「綜絖《そうこう》」が設置された、織り手が腰板に腰掛けて織る織機。手で行われていた綜絖を上下させる操作や、たて糸の開口がペダル（踏み板）によって操作されるため「足踏み織機」とも呼ばれる。それまで主流だった地機《じばた》*よりも作業効率がよく、綾織り*や唐《から》織り*などより複雑な織物を織ることができる。綿布が地機で1反《たん》を平均3日で織り上げていたのを、高機では1日1反織られる。高機の上に紋織り*を織るための装置（空引《そらびき》装置）を設置した織機は「空引機《そらびきばた》*」という。

■多重組織（たじゅうそしき）【織物】

織物の組織*の重ね組織*の一種で、三重組織以上の組織。ベルト織りなどの厚地の特殊な織りができる。

→p.434「織物組織の分類表」参照

■タック【ニット】

tuck position

ニットの針上げカムの基本動作のひとつで、あるコースで編み目を作らず、それ以降の編み目と一緒に編み目を作る操作。編成中にループをウエール*方向（編み目のたて列）にかぶらせ重ねることをいう。

■タック耳（タックみみ）【織物】

tuck position

高速織機*（レピア織機*、レピア織機、ジェット織機*など）で織られる生地の「房耳《ふさみみ》*」を「タックイン装置」を取り付けて織り込み、シャトル織機*で織ったような「耳」に仕上げたもの。低速織機*のシャトル織機では、生地の両端はきれいに織り込まれた「耳」ができるが、高速織機では、生地の両端は切断されるので、両端はよこ糸がフリンジのような房状になっている。通常、生地の端はヒートカットなどで処理されるが、「タックイン装置」を取り付けて、房状のよこ糸を折り曲げて中に織り込んだもの。また、レピア織機に「ネームジャカード装置」を取り付け、ションヘル織機*のような「耳文字*」を織り込んだものもある。

■経編み（たてあみ）【ニット】

warp knitting

経編み機により編まれるニット。ニットには「緯《よこ》編み式」と「経編み式」があり、「緯編み」がよこ方向に編み目を作っていくのに対し、「経編み」はたて方向に給糸された糸どうしの連結でループが形成されて編まれる。織物と同じようにたて糸を整経《せいけい》*して編む。伸びが少なく織物にも似たきっちりとした安定性のある編み地になる。横編み*のような成型編み*はできないが、ラダリング*（はじご状のほつれ）がないため、裁断・縫製されて製品化される。

■**経綾**（たてあや）【織物】
warp twill
「たて斜文《しゃもん》」ともいう。綾織り*は、たて、またはよこの浮き糸が斜めに並列して斜文線*があらわれる織物。たて糸が多くあらわれた斜文線の面を「たて綾」といい、よこ糸が多くあらわれた斜文線の面は「よこ綾」または「よこ斜文」という。たとえば「2《に》／1《いち》の綾」や「3《さん》／1《いち》の綾」の「たて綾」の場合、「たて糸２本、よこ糸１本」「たて糸３本、よこ糸１本」の順に糸が浮いている綾織りをいう。

■**経糸捺染**（たていとなせん）【染色】
warp printing
「ほぐし捺染《なせん》」ともいう。糸の状態で捺染*する「糸捺染*」の一種で、整経《せいけい》*したたて糸に粗くよこ糸を織り込んだ「仮織り《かりお》」をしてから模様を型紙で捺染したもの。これを再び織機に仕掛けて、仮織りのよこ糸を「ほぐし抜き」ながら、本織り《ほんお》のよこ糸を織り込んでいく。捺染したたて糸が微妙にずれて、絣《かすり》*のようなぼかした模様が織り上がる。この技法で織った織りを「ほぐし織り*」という。

■**経糸ビーム**（たていとビーム）【織物】
warp beam
「ワープ・ビーム」「緒《お》巻き」「男巻き《おとこ》」「経糸巻《たていと》き」「千切り《ちき》」などとも呼ばれる。織機《しょっき》*には２本のビーム*（たて糸を巻く棒状のもの）があり、織機の奥にあるのが整経《せいけい》*されたたて糸を巻き取り送り出すビームで、「経糸ビーム」という。織機の手前にあり、経糸ビームから送り出された糸で織り上がった織物を巻き取るビームは「クロス・ビーム*」という。

■**たて落ち**【加工・染色】
インディゴデニム*の「色落ち」状態のひとつで、生地のたて線上にブルーと白が絶妙に混じり合った色落ち。デニムはよこ糸に白、たて糸にインディゴブルーが使用される。たて糸にはロープ染色*が行われるが、糸の中心部が染まらない「中白《なかじろ》*」という現象が見られ、洗濯などの繰り返しで芯部の白があらわれてくるもの。特にシャトル織機*で織ったデニムのたて落ちが、デニムマニアに好まれている。

■**建染め染色**（たてぞめせんしょく）【染色】
vat dye
「還元《かんげん》染色」ともいう。水に溶けない不溶性の染料を、尿素などのアルカリ性の水溶液で還元して可溶性にし、繊維に染色させる染色法。還元作用により染料分子は色を変えて染まるが、その後、空気酸化させると本来の発色と不溶性に戻り染着し、堅牢度の優れた染色になる。植物染料の藍や、合成染料のインディゴ*などが代表的。還元して染め、空気にさらして酸化させることで青く発色するため、染めと空気にさらすことを繰り返しながら濃い藍色へと染色していく。藍染め*では、藍を発酵させて還元し、染色できる状態にすることを「藍を建てる(藍建て*)」ということからの名前で、この工程を「発酵建て」という。

■**建染め染料**（たてぞめせんりょう）【染色】
vat color
「バット染料」「スレン染料*」ともいう。水に溶けない不溶性の染料であるが、アルカリ性の水溶液で還元させ水溶性にして染色することのできる染料。還元作用により染料分子は色を変えて染まるが、その後、空気酸化させると本来の発色と不溶性に戻り染着し、洗濯や日光などに対する堅牢度の優れた染色になる。植物染料の藍、インディゴ染料*、インダスレン染料などがある。藍を発酵させて還元し、染色できる状態にすることを「藍を建てる（藍建て*）」ということからの名前。またバットは桶《おけ》や甕《かめ》のことで、藍染め*では甕に入れて染めることからこの名がある。還元剤には強アルカリを使用するので、綿、麻、レーヨンなどのセルロース系繊維*の染色に使われ、アルカリに弱い絹や羊毛には用いない。

■ 竪機（たてばた）【織物】

もっとも歴史の古い織機で、「垂直織機《しょっき》」「タペストリー織機*」ともいう。たて糸が床に対して垂直に張られる織機で、タペストリー（綴《つづれ》織り*）やペルシャ絨毯《じゅうたん》などのカーペット*を織るのに用いられ、下絵に沿って絵柄を織り込んでいく。長い織物を織ることはできない。伝統的なタペストリー織機には「オート・リス」があるが、タペストリー用水平織機*の「バス・リス」もある。

■ ダブル・ダイ【染色】

double dye

二度染めのこと。後染《あとぞ》め*の一種で、染め工程が終わり生地に織られているものや製品になっているものを再び違う色に染めること。あるいは色を深めるために染め工程を2度繰り返すことをいう。異色に染めると最初の色に重なった、単色では出せない微妙な深い色合いを表現できる。ヴィンテージ加工*のひとつとしても用いられる。デニムの製品染め*のダブルダイは、白いよこ糸が染まるため、色が混じり合った複雑な色効果があらわれる。

■ ダブル・ニードル【ニット】

double needle

編み機で、針が2列に配列されている状態（2列針床《はりどこ》）や、2列針床の編み機（ダブル・ニードル機）をいう。ダブル・ニードルで編まれたものは「ダブル・ニット」という。ゴム編み*、両畦《りょうあぜ》編み、片畦編みなどがある。1列に配列されたものは「シングル・ニードル*（1列針床）」という。

■ ダブル幅（ダブルはば）【織物】

double-width cloth

洋服地のシングル幅*（71cm）の2倍の142cm幅をいう。羊毛織物や化学繊維織物に多い。大幅《おおはば》*ということもある。137cmや150cmもあり、現在は140～150cmをダブル幅と呼ぶことが多い。

■ タペストリー織機【織物】

たて糸を垂直に張って織る「垂直織機《しょっき》」の代表的な織機で、「竪機《たてばた》」ともいう。タペストリー（綴《つづれ》織り*）*やペルシャ絨毯《じゅうたん》などのカーペット*を織るのに用いられ、下絵に沿って絵柄を織り込んでいく。長い織物は織ることはできない。伝統的なタペストリー織機には「オート・リス」があるが、水平織機*の「バス・リス」もある。

→ゴブラン織り

■ 玉糸（たまいと）【糸】

double silk / double cocoon silk

2匹以上の蚕《かいこ》がひとつの繭を作ったものを「玉繭《たままゆ》」といい、玉繭から繰りとった糸のこと。蚕同士の糸が交錯するため、節《ふし》のある不規則な糸になる。この野趣のある特徴を生かし、銘仙《めいせん》*、シャンタン*、紬《つむぎ》*など節のある織物に使用される。近年では、蚕の改良などもあり玉繭は少なくなっている。

■ タムタム・ヤーン【糸】

tum-tum yarn

意匠糸《いしょうし》*の一種。「ブラッシュド・ヤーン」、「シャギー・ヤーン」ともいう。毛足の長いモヘア*などの起毛しやすい糸でループ・ヤーン*を作り、ループをカットして毛羽《けば》立てたもの。

■反（たん）【織物・ニット】

piece / tan

生地の長さをあらわす単位。品種により異なり一定しない。着物地の場合1反は1着の着物を仕立てられる長さをいい約11m40cm～12m。羽織の場合の1反は約8m50cm～9m80cmとなる。服地の1反は丸棒などに巻いた一巻きのものをいい、50m、46m、23～25mなどがある。

→反物《たんもの》

■単糸（たんし）【糸】

single yarn

紡績糸*やフィラメント糸*の1本の糸のこと。紡績糸の単糸を2本撚り合わせて1本の糸にしたものを「双糸《そうし》*」といい、フィラメント糸の場合は「諸撚《もろよ》り糸」にあたる。単糸の撚り方向は紡績糸では「Z撚り*（左撚り）」、フィラメントでは「S撚り（右より）」で、双糸や諸撚り糸にする場合の撚りは、その逆になるのが一般的。

単糸

双糸

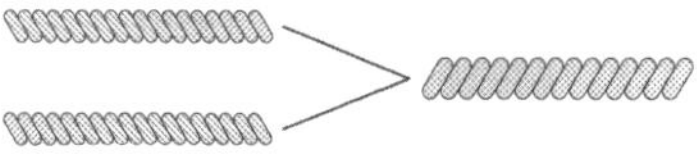

■単繊維（たんせんい）【繊維】

mono filament

「モノ・フィラメント*」ともいう。フィラメント（長繊維*）1本1本のこと。フィラメント糸*は、単繊維（モノ・フィラメント）を数十本撚り合わせて作った糸のこと。フィラメント糸1本1本は「単糸《たんし》*」という。

■短繊維（たんせんい）【繊維】

staple / staple fiber

「ステープル」「ステープル・ファイバー」ともいう。短い繊維のことで、天然繊維では綿、羊毛、麻などがある。長い繊維は「長繊維*」といい、化学繊維*や絹がある。化学繊維は連続長繊維*を切断することで短繊維を作ることができる。繊維の長さは、綿、羊毛、麻などは長いもので約60cm、絹は約1000m。化学繊維はエンドレスの長さなので、短繊維（ステープル）を作る場合は短くカットする。このカットしたステープルの長さを「カット長《ちょう》*」という。

■炭素繊維（たんそせんい）【繊維】

carbon fiber

90%以上が炭素で構成される繊維で金属と比較して比重が小さいにもかかわらずたいへんかたく、「強く軽い」のが最大の特徴。航空宇宙やスポーツ分野、産業資材などに使用される。以下の2種類がある。①「PAN系炭素繊維（ポリアクリロニトリル繊維）」：アクリル繊維*を原料にした炭素繊維。鉄やアルミに代わる高強度（鉄の約10倍）、高弾性（鉄の約5倍）、軽量（鉄の5分の1）が特徴。東レ（株）が旅客機「ボーイング787」の機体に世界初のPAN系炭素繊維を供給し、話題を呼んだ。②「ピッチ*系炭素繊維（石油、石炭などを蒸留したあとの物質）」：コールタールまたは石油重質分を原料として得られるピッチ繊維を炭素化して得られるもの。製法により大きく性質を変えられる特徴があり、低弾性率から高弾性率・高強度までの広範囲の性質が得られる。弾性率の特に高い繊維は、軽く変形しにくい部品を作るのに使われる。他にも、高い熱伝導性や導電性、温度変化に伴う膨張率が低い、酸や塩基に分解しにくいなどの特徴を生かし、さまざまな用途に使用される。生産の大半がPAN系炭素繊維で、炭素繊維の生産量は日本がトップ。東レ（株）、帝人グループの東邦テナックス（株）、三菱レイヨン（株）で世界生産量の70%以上を占める（2010年現在）。

■反染め（たんぞめ）【染色】

piece dyeing

織物や編み生地にしてから染めること。反物《たんもの》*にしてから染め上げるのでこの名がある。染料の中に「ズブリ」と浸けて染めるので「ずぶ染め」、1色の無地に染まるので「無地染め」ともいう。「製品染め*」も含め、生地にしてから染めるものを総称して「後染《あとぞ》め」という。「無地染め」という場合は、後染めで生地を染めたものを指し、糸染め*で1色の無地に織った「先染《さきぞ》め*」は含まれない。

写真提供：ニッケ／日本毛織（株）

■反物（たんもの）【織物・ニット】

roll of cloth / piece goods

①【着物地】大人用の着物や羽織を1着仕上げるのに要する用尺地のこと。着物は「着尺地《きじゃくじ》*」、羽織は「羽尺地《はじゃくじ》*」といい、それぞれ1反の長さが異なる。1反は着尺で布幅約36cm、長さ約11m40cm～12m。羽尺で布幅約36cm、長さ約8m50cm～9m80cmくらいをいう。2反分の長さのものは1疋《いっぴき》*という。②【服地】生地を芯板や丸棒などに巻いたものの総称。生地幅*は大別すると、92cm、110cm、148cmがあり、1反の長さは50mまたは50ヤール（50ヤードのことで約46m）が多い。しかし、1反とは「ひとつの反物」であるため、長さは一定しない。化合繊*の長繊維*では「疋《ひき》」の単位が使用され、1疋は50mまたは50ヤール（約46m）とされ、2分の1疋（23～25m）を1反ということもある。（1ヤードは約91.44cm）。

■チーズ【糸】

cheese

紡績*や製糸《せいし》*工程で製造される「芯に糸を巻いたもの」のことで、円筒形に糸を巻き取った形のものをいう。ナチュラル・チーズの形に似ているところからの名前。円錐《えんすい》形に糸を巻き上げていくものは「コーン」という。円錐形の形状は、抵抗が少なく糸が引き出されるという利点がある。チーズの形状で染める糸染め*は「チーズ染色*」という。

チーズ

■チーズ・サイジング【織物】

cheese sizing

たて糸に糊付け*（サイジング）する方法の一種で、①チーズ*という形状の糸巻きのまま糊液に浸して糊付けを行う方法と、チーズ・サイザーという機械を使用し、チーズの糸を引き出して糊付けを行い再び巻き取っていく「一本糊付け」がある。小ロット多品種生産に対応できる。チーズ・サイジングされた糸は、部分整経*を行う時に使用される。

■チーズ染色（チーズせんしょく）【染色】
cheese dyeing
糸染め*の一種。糸を円筒形に巻き取った「チーズ*」という糸巻きの状態で染める染色法。「コーン」という円錐系の糸巻き状態で染めるものも含めて「チーズ・コーン染め」とも呼ばれる。

写真提供：ニッケ／日本毛織（株）

■中空繊維（ちゅうくうせんい）【繊維】
hollow fiber
繊維の中心部が中空になった繊維の総称。中空糸ともいわれる。化学繊維*が多い。軽量化され、保温性にも優れ、嵩高《かさだか》性があり、ハリ・コシもある。内部を多孔質化することにより、吸水性を向上させることもできる。孔はポリマー（重合体*）の改良や、特殊な紡糸口金を利用して作る方法などがあり、中空の形は「丸形」「田形」「井形」「気泡形」などさまざま。『エアロカプセル』（帝人ファイバー）、『マイクロアート』（ユニチカ）などがある。異形断面繊維《いけいだんめんせんい》の中心を空洞にしたものは、異形中空繊維という。中空部に繊維とは別の物質を充填して新しい繊維を作ることなども行われている。

PVA 溶解前　　PVA 溶解後

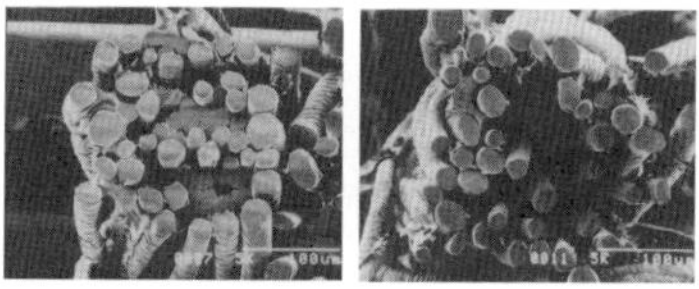
羊毛（紡毛糸）に混入したPVA 繊維*を溶解することで、PVA 繊維が混入させた部分のみが空洞になり、軽い中空繊維となる。
写真：『スペース・ファンタジー』（トーア紡）

■注染（ちゅうせん）【染色】
Tyuusen dyeing
「注《そそ》ぎ染め」ともいう。染まらない部分を作って染める「防染《ぼうせん》*」の一種。模様型を作った伊勢型紙*を用いて、染めない部分に防染糊を置く。染める模様は、周囲を防染糊で土手のように囲み中に染め液を“注ぎ込んで”模様のみを染めていくことから「注染」の名がある。1枚の型紙で1色に染める「一色染め」、1枚の型紙で何色かに染める「差し分け」、2〜3枚の型紙で染めを2回行う「細川（染め）」などがある。立体的で柔らかな色合いを表現する“濃淡ぼかし”なども熟練の技術で表現される。中形《ちゅうがた》*でゆかたや手拭を染める「注染中形」「手拭中形」がよく知られる。生地を型紙の大きさに屏風たたみにして染めることから「折付《おりつけ》中形」とも呼ばれる。染めた後は余分な染料や糊を落とす水洗いをし、脱水し、生地を長いまま上から吊るす“だらぼし”という独特の天日《てんぴ》乾燥を行う。注染の特徴は、裏表の区別なく裏にもくっきり柄が染まることや、多彩な柄、小紋などの微妙なタッチや独特の色合いを出すことができること。手染めの注染ならではの色柄の“ゆらぎ”や“にじみ”、折り目のかすかな“かすれ”も味わいのひとつとなっている。板に挟んで防染して、染料を注ぎ込んで染める「板締め*」も注染の一種。

■ **中長編み**（ちゅうながあみ）【ニット】

half double crochet

かぎ針編み*の基本の編み方。針に糸を1回巻いて針を下段の鎖《くさり》目に入れて糸をすくい出し、さらに糸をかけて3本の糸を一度に引き抜く。細《こま》編み*と長編みの中間の編み地になる。

■ **中幅**（ちゅうはば）【織物】

medium width

着物地の幅の一種で、鯨尺《くじらじゃく》*の1尺2分をいう。小幅《こはば》と大幅《おおはば》の中間で約45cm。

■ **チュール目**（チュールめ）【レース・ニット】

チュール*に代表される「六角の編目」のことで、経《たて》編み*の代表的な編み目組織のひとつ。

■ **長繊維**（ちょうせんい）【繊維】

filament / filament fiber

「フィラメント」「フィラメント・ファイバー」「連続長繊維」ともいう。絹や化学繊維*のように連続した長さをもつ繊維。綿や羊毛のような短い繊維は「単繊維*」という。通常化学繊維は、数十本の単糸*（単繊維）を撚《よ》り合わせて１本の糸を作る「マルチ・フィラメント糸」にして使用する。同じ太さの糸でもフィラメントが細く数多いものが、しなやかな糸になる。単糸が１本の場合は「モノ・フィラメント糸」といい、糸が太くかたい。魚網《ぎょもう》やテグス*（釣り糸）が典型的。フィラメントの糸は「フィラメント糸*（フィラメント・ヤーン）」という。

■ **超長綿**（ちょうちょうめん）【繊維】

extra-long staple cotton

一般的な長繊維綿（平均28mm）の中でも繊維長が平均35mm以上の特別に長い綿のこと。しなやかで、光沢があり、肌触りがよい高級綿となる。エジプト綿（ギザ45、ギザ70）、シーアイランド綿（海島綿）、スーピマ綿（アメリカンピマ）、スーピン綿（インド綿）、トルファン綿（中国新疆《しんきょう》ウイグル自治区綿）、ピマ綿（ペルー綿）などがある。

■ **直接染料**（ちょくせつせんりょう）【染色】

direct dye

媒染剤《ばいせんざい》*などを必要としないで、繊維に直接染色できる染料のこと。綿やレーヨンなどのセルロース系繊維*を中心に絹、羊毛などのタンパク質系繊維やナイロンなどに使用される。洗濯染色堅牢度が低いため後処理をする場合がある。色の鮮やかさも劣る。

■ **直接捺染**（ちょくせつなせん）【染色】

direct printing

捺染《なせん》*は、プリントのことで、直接生地に捺染していく技法をいう。染料に糊を混ぜた「色糊《いろのり》*」を金属ローラーや木に彫刻を施した「版」などに付けて、直接生地に捺染したものや、インクジェット・プリンターで直接生地にプリントしたものなどがある。

■ **綴機**（つづればた）【織物】

綴織《つづれお》り*を織るのに用いられる織機《しょっき》*。ジャカード装置*を設置しないで複雑な多色の模様を織り上げるもので、たて糸を張った下に下絵を置き、下絵に従いよこ糸を1本1本爪で掻き寄せながら織っていくのが特徴。西陣を中心に織られており、帯や緞帳《どんちょう》などが代表的。

■紬糸 (つむぎいと)【糸】
hand spun silk yarn
蚕の繭から作った真綿《まわた》*に手で撚りをかけて紡いだ、太く節《ふし》の多い絹糸。細い繊維が絡まった状態で糸になるため、節が多く、控えめな光沢が特徴。紬糸で織った織物を「紬《つむぎ》*」という。このような作業や製造工程をいう場合は、「紬糸《ちゅうし》」ともいう。繭から直接繭糸を引き出し、数本引き揃えて撚り1本の糸にする「繰糸《そうし》*」に対することばで、「紬糸《ちゅうし》」は「わた」にしてから糸を紡ぐもの。「絹紡紬糸《けんぼうちゅうし》*」などがある。紬糸《つむぎいと》は上質な真綿を使用しているが、絹紡紬糸は「屑《くず》繊維（ノイル*）」を使用しているため、野趣に富むが少しコシがない。

■吊り編み機 (つりあみき)【ニット】
Switzer / sinker wheel frame
吊り機ともいう。丸編み機*のシングル・ニードル機*の一種で、平編み*を主体に編み上げる。ひげ針*が水平に放射状に取り付けられているのが特徴で、梁（はり）に吊り下げられた状態で編むことからこの名がある。日本に輸入された

写真提供：カネキチ工業（株）

当初の機械がスイス製だったこともありスイッツル（Switzer）とも呼ばれる。高速機の約20分の1のスピードでゆっくり編まれるため、空気を含んだように生地がふんわり柔らかく、伸縮性があるのが特徴。裏毛編み*では裏のループもふっくらと肌触りの優しい生地になる。洗い込むほどに起こる微妙な縮みと独特の斜行*の経年変化が、味わいのある風合いを作り、「洗濯するほどに味が出る」素材といわれている。吊り編み機は生産速度は高速編み機の約20分の1、コストは約3倍かかるため価格も高い。日本のわずかな工場でしか稼働していない非常に貴重なものとなっている。

■低速織機 (ていそくしょっき)【織物】
low-speed loom
18世紀末のイギリスの産業革命期に開発された動力で動く「力《りき》織機*」のことで「シャトル織機*（有杼《ゆうひ》織機）」に代表される。ヴィンテージ織機*といわれることもある。シャトル織機の種類には、毛織物ではドイツの「ションヘル織機*」、イギリスの「ドブクロス織機*」などがある。飛び杼《ひ》*を設置した手織り機《ばた》を動力化・自動化した画期的なものであったが、その後シャト

写真提供：（株）林与

ル*を使わないで（シャトルレス織機、無杼《むひ》織機ともいう）空気圧や水圧でより早くよこ糸を打ち込む「高速織機*」の登場とともに「低速織機」と呼ばれるようになった。高速織機はものによっては低速織機の約10～25倍のスピードで織ることができ生産効率が高く、今日の主流になっている。しかし低速織機ならではの良さが見直され、ジーンズ、紳士服の毛織物、麻織物などで、もの作りのこだわりや質を求める人たちから支持されている。特徴としては、小ロット生産に向いている。極太から極細糸まで織ることができる。高速織機には出せない、ふっくらとしっかりした風合いが出せる。着込むほどに素材の味が出てくるなどがある。

■手績み（てうみ）【糸】

苧麻《からむし》*（または「ちょま」という）や大麻《たいま》などの茎の表皮を細かく裂いて手で績み（繋ぎ）長い糸にしていく作業のこと。「苧《お》績み／苧《お》紡み」ともいう。結び目を作らず撚り合わせながら繋いでいく、根気と熟練を要する作業。かつては手績みした糸が上布《じょうふ》*（産地独特の高級麻布）などに使われていたが現在はほとんど行われず、苧麻の手績みした糸で古法にのっとって作られる宮古《みやこ》上布、越後《えちご》上布*、小千谷縮《おぢやちぢみ》*などが重要無形文化財となっている。

写真提供：南魚沼市　教育委員会　社会教育課　文化振興係

■手描き捺染（てがきなせん）【染色】

hand printing

「手描き染め」ともいう。捺染《なせん》*は模様染めのことで、筆や刷毛に色料をつけて、フリーハンドで模様を描いて染めること。手描き友禅《ゆうぜん》*、手手描き更紗《さらさ》*などが代表的。

■手括り（てくびり）【染色】

「括《くく》り／括《くび》り」は、絣糸《かすりいと》*を作る重要な作業で、絣模様の下絵に沿って糸の染まらない部分を紐状のもので括《くく》ったもの。糸１本１本を手作業で行う伝統的なものを「手括《てくび》り」という。

■デジタル捺染（デジタルなせん）【染色】

digital (textile) printing

「デジタル・プリント」ともいう。デザインデータをコンピューターで画像処理して行う捺染《なせん》*。インクジェット・プリンターから捺染した生地を直接出力する「インクジェット捺染*」、転写紙にプリントしたものを生地に写し取る（転写する）「転写捺染*」などがある。

■テックス【糸】

tex

糸の太さの単位。ISO（国際標準化機構）の設定によるもので、繊維により異なる糸の太さの表示を統一するために導入されたもので、すべての繊維に使用できる。長さが1000mで重さ1gの糸の太さを「1テックス」とする。「tex」の記号が使われ、100テックス単糸は「100tex」、100テックス双糸《そうし》*（2本撚り合わせ）は「100tex×2」、100テックス2本引き揃え糸は「100tex//2」で表示される。「テックス（tex）=1000×（W）糸の重さ（g）／（L）糸の長さ（m）」で算出される。また、テックスの補助単位として「デシテックス（dtex）」も使われ、「10dtex=1tex」となる。

→番手

■ 手捺染（てなせん）【染色】

hand printing

「ハンド・プリント」ともいう。手作業で行われる手工的な捺染《なせん》*の総称。「手工捺染」ともいう。型友禅《かたゆうぜん》*や中形《ちゅうがた》*など、型紙を使用して行う「型紙捺染*」、四角い枠に張った「スクリーン型」を使用して行う「ハンド・スクリーン捺染（スクリーン捺染*）」、絞り染め*やろうけつ染め*などが代表的。狭義には「ハンド・スクリーン捺染」をいう。

■ デニール【糸】

denier

化学繊維*などのフィラメント糸*に用いられる糸の太さをあらわす単位。「恒長式《こうちょうしき》」という、「一定の長さに対する重さ」を基準にした太さの測定値が用いられ、数字が大きくなるほどに糸が太くなる。紡績糸*には「番手《ばんて》*」の単位が用いられる。デニールは、長さが9000mで重さ1gの糸の太さを「1デニール」と設定。9000mで重さ1g×2＝(2g)の糸の太さは「2デニール」となる。「d」または「D」の記号が使われ、100デニール単糸は「100d」で、100デニール双糸（2本撚り糸）は「100d×2」、100デニール2本引き揃え糸*は「100d//2」で表示される。生糸《きいと》*の場合は「中」の単位も用いられ、「d」とほぼ同じ。「21中／10」は「21中の糸10本撚り」をいい、糸の太さは「21×10＝210d」と同じ。「デニール(d) ＝9000×(W) 糸の重さ(g) ／(L) 糸の長さ(m)」で算出される。

■ 手機（てばた）【織物】

handloom

手と足の力だけで操作する「手《て》織《お》り機《ばた》」の略称。床に座って織る「居座機《いざりばた》*」、たて糸を引き上げる装置の綜絖《そうこう》*を用いる「高機《たかばた》*」、爪で掻き寄せて織る「綴機《つづればた》*」などがある。機械の動力で織るものは「力《りき》織機*」という。

■ テープ・ヤーン【糸】

tape yarn

テープ状になっている糸の総称で、リボン・ヤーン*に代表される扁平糸《へんぺいし》を中心に、リリヤーン*、靴ひものようなスピン・テープ、ラッセル*で編んだものや細幅の織り、生地を細く切り裂いたものなど種類も多い。

■ 手横（てよこ）【ニット】

業界用語で「手動式横編み機」の略称。家庭機に代表されるように、手動によりキャリッジ*を左右に動かしながら編んでいくもの。天竺《てんじく》編み（平編み*）やリブ編み*、畦《あぜ》編み*などに向いている。日本で量産のために使われている手横はほとんど見られなくなったが、自動機のように柄組みの必要がなくすぐ編みたてが可能のため、試編みなどに向いている。

■ 天蚕絹（てんさんぎぬ）【糸・織物】

wild silk / Tensan silk

「天蚕」で作られる絹糸や、絹織物の総称。「天蚕」は、山野などに自然に生息している「野蚕《やさん》*」の蚕《かいこ》の一種で、日本原産。クヌギやナラなどの葉を食べ、繭の色が葉っぱのような明るい緑色となる。「山繭《やままゆ》」「山繭絹《やままゆぎぬ》」ともいい、「やままい」「やまこ」などの呼び名もある。蚕は非常にデリケートで飼育がむずかしく、長野県の安曇野《あずみの》市穂高など、限られた場所でしか生産されていない。希少性があり、光沢のある天然の美しい緑色の糸となり、弾力性に優れシワになりにくい性質を持つことから、「繊維のダイヤモンド」「繊維の女王」とも呼ばれ、高級絹織物とされる。家蚕絹《かさんぎぬ》*と混ぜて使ったり、よこ糸に使ってシャンタン*に利用される。天蚕の糸は「天蚕糸《てんさんし》」「山繭糸《やままゆし》」ともいい、「天蚕糸」

は「てぐす」とも読む。これは医療用縫合糸や釣糸に用いられる「テグス」のことで、かつては天蚕糸を溶液で加工して作っていたことからこの名がある。現在のテグスはナイロンなどの糸が使用されている。

■転写プリント（てんしゃプリント）【染色】

transfer print

「写真プリント」「転写捺染《なせん》」ともいう。デザインデータをコンピューターで画像処理して行うデジタル・プリント*の一種。直接生地などに捺染*（プリント）するのではなく、柄や写真などをインクジェット・プリンターで「転写紙」にプリントし、それを生地に合わせて、熱を加えることで生地に転写紙の染料を「転写する（写し取る）」捺染法。転写法はいくつかあるが、ポリエステルに水を使わず熱を加えて転写する「昇華《しょうか》転写捺染（乾熱法）」が主流。従来のプリントでは不可能とされた多色で複雑なデザインや写真そのままを、さまざまな形の生地に簡単に転写できる。発色が良く、水にも強く、退色しない。大量の染色を行うことができる。製版や転写後の水洗いが不要なので短期間で染色ができ、水をいっさい使わないので廃液が出ない無公害な染色法であるなど、利点も多いがコストがやや高い。

■テンセル【繊維】

TENCEL

再生繊維*のセルロース系繊維*のひとつ。1988年英国のコートルズCourtaulds社が世界で初めて木材パルプを主原料に、セルロース*そのものを溶剤に溶解させた「溶剤（溶液）紡糸法」による「精製セルロース系繊維」を開発。『テンセル』の商標で販売した。従来のセルロース系繊維のレーヨン*の「水に弱く縮みやすい」という欠点を解消したもの。風合いがソフトでシルキータッチ、弾力性がありシワになりにくく、美しいドレープができる。縮みにくいので家庭での洗濯も可能。吸湿性・吸汗性に富み、優れた速乾性があるなどの特徴がある。欠点としては摩擦で表面が毛羽《けば》立つ「フィブリル化*」が起きやすいこと。このため一旦湿潤状態で摩擦してわざとフィブリル化させ、酵素処理で毛羽を取り除いたり、サンドペーパーで仕上げる「ピーチスキン加工*」なども行われている。2004年にオーストリアのレンチングLenzing Fibers社が『テンセル』を買収し、現在はレンチング社が生産。生分解性（土中で分解する性質）の素材であることや、環境に配慮した工場の生産管理システム、主原料のユーカリの計画植林など、サスティナビリティ（持続可能性）な自然循環型の「環境に優しい繊維」とされている。

■天然染料（てんねんせんりょう）【染色】

natural dye

自然界の動植物、鉱物などから抽出する染料*。植物の花や果実、葉、根、樹皮などから採取する「植物染料」、紫貝やエンジムシから得るコチニール色素のように、貝や虫などから採取する「動物染料」、泥などから採取される「鉱物染料」があるが、水溶性の「鉱物染料」はかなり少なく、多くは不溶性の「顔料《がんりょう》*」に分類される。天然染料のほとんどは繊維に直接染着できないため、媒染剤《ばいせんざい》*を用いて染める「媒染染料*」となる。

■度甘（どあま）【ニット】

ニットの編み目の密度を「度目《どもく》*」といい、編み目の粗くなっている状態や、編み目を粗くすることなどをいうニット業界の慣用語。

■透湿防水加工
（とうしつぼうすいかこう）【加工】

水蒸気は通すが、水滴は通さない加工。ポリウレタンの親水性透湿膜をコーティングする方法と、微細な細孔をもつフィルムをラミネート*する方法などがある。

■トウ染め（トウぞめ）【染色】
tow dyeing

トウは、化学繊維*を短繊維*（ステープル）にして紡績糸*（ステープル・ヤーン）を製造する工程で、繊維をロープ状の束にしたものをいう。このトウの状態で染める染色法をいう。

■特殊組織（とくしゅそしき）【織物】
織物の組織*の一種で、自動織機*で工業的に生産するには限界のある複雑な織り組織のこと。手織り機で熟練の技術と時間をかけて織りあげられる「綴《つづれ》織り*」「ゴブラン織り*」「段通《だんつう》*」などがある。

→p.434「織物組織の分類表」参照

■特別組織（とくべつそしき）【織物】
special weave

織物の組織*の一種。「三原組織*」や、それを変化させた「変化組織*」、この2つを組み合わせた「混合組織*」のどれにも当てはまらない組織で、表面感や触感に独特の特徴があるものをいう。蜂巣《はちす》織り*、梨地《なしじ》織り*、模紗《もしゃ》織り（モック・レノ*）などがある。

→p.434「織物組織の分類表」参照

■閉じ目（とじめ）【ニット】
closed loop

ニットの経《たて》編み*の基礎になる編み目*で、ループ*が交差しているものをいう。交差しないで開いているループは「開き目」という。

（開き目）

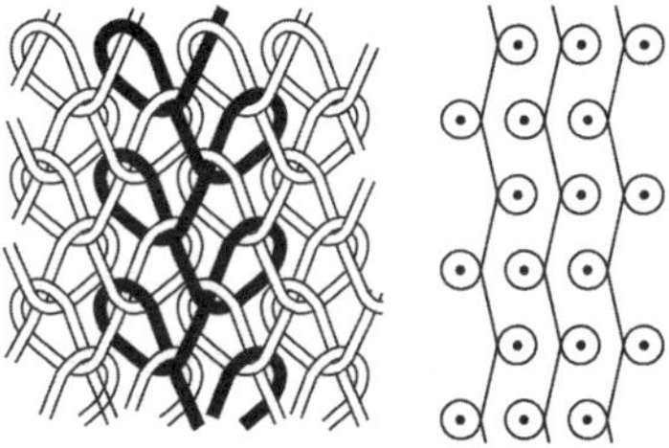

（閉じ目）

■凸版（とつはん）【染色】
relief printing

捺染《なせん》*における「製版*」の型式のひとつで、版の凹凸を利用する捺染法。模様を彫刻したロールまたは板の凸版部に色糊をつけて生地に捺染する。「ブロック捺染*」が代表的。

■トップ染め（トップぞめ）【染色】
top dyeing

羊毛をはじめ、綿や麻などの先染め*技法の一種。トップとは、紡績《ぼうせき》*工程で作られる「太い棒状のわた（スライバー*という）を巻き取ったもの」。巻き取った形が西洋駒《こま》（トップtop）に似ているからこの名がある。このトップの状態で染めることを「トップ染め」という。トップ染めで紡績した糸を「トップ糸《し》」という。色ぶれのない均一で安定した色合いが得られる。異なる色のトップを混合すると霜降り調の色合いになり、この霜降り効果がトップ糸の特徴となっている。糸染め*や反《たん》染め*よりも染色堅牢度《けんろうど》*が高く、深みのある色合いとなる。

トップ糸

写真提供：ニッケ／日本毛織（株）

■**度詰め**（どづめ）【ニット】

ニットの編み目の密度を「度目《どもく》*」といい、編み目の密度が小さく詰まっている状態や、編み目を密に詰めることなどをいうニット業界の慣用語。

■**ドビー織機**（ドビーしょっき）【織物】

dobby loom

ドビー柄*を織り出す「ドビー装置」を設置した織機《しょっき》*のこと。たて糸の開口を自由に操作することができ、ピケ*、蜂巣《はちす》織《お》り*、ハッカバック*などの特殊な織り組織や、単純で小柄な地模様を織ることができる。複雑な模様はジャカード織機*で織られる。

■**飛び杼**（とびひ）【織物】

fly shuttle

1733年イギリスのジョン・ケイによって発明されたバネ式のシャトル*。「フライ・シャトル」ともいう。シャトルはよこ糸を織り込んでいく道具で、当時の織布は、織工が一方の手で杼をたて糸の間に投げ込んで、もう一方の手で受けていたので、織布の幅は織工の両手の幅で決定され、広幅《ひろはば》*の織布を織るには1台に2〜3人がつかねばならなかった。「飛び杼《ひ》（フライ・シャトル）」が発明されたことで、シャトルは片手で遠くまで飛ばせるようになり、速度は2倍になり幅の広い布を織ることができるようになった。

■**ドブクロス織機**（ドブクロスしょっき）【織物】

Dobcross loom

シャトル織機*の一種で、19世紀後半から1960年代後半までドイツのションヘル織機*と並び、毛織物などで活躍していた低速織機。英国北部のドブクロス村で開発されたことからの名前といわれる。レピア織機*やエアージェット織機*などの高速織機*が、1日約3〜5反（1反は約50m）織るのに対し、ドブクロス織機は約40mしか織ることができない。生産効率が低いため、今日では高速織機に取って代わられているが、高速織機には出せない、ウール本来の柔らかな風合いと弾力性に富んだ生地になり、複雑な組織を織ることができるのが魅力となっている。現在は、唯一英国のホーランド&シェリーHolland&Sherry社が『ドブクロス』の商標をもち、傘下のザ・ドブ クロス・ウィービング・カンパニーThe Dobcross Weaving Co.が14台しかないドブクロス織機で生地を生産している。

■**止め編み**（とめあみ）【ニット】

横編み*では、「つれ」を防ぐために、必要な寸法に編み地を編み終わった後に、「捨て糸*」に切り替えて編む手法。

■**度目**（どもく）【ニット】

ニットの編み目の密度のこと。またはループ*の大きさをいう。一定の幅（コース*）や長さ（ウエール*）にどれだけの編み目があるかという密度のことで、半インチ（1.27cm）間のウエール数とコース数の合計であらわす。数値が小さいほど編み目が大きく粗く、数値が大きいほど編み目が細かく密になる。度目が粗くなっていることを「度甘《どあま》*」、編み目を密にすることを「度詰《どづ》め*」などという。

■度目値（どもくち）【ニット】

度目《どもく》*は、ニットの編み目*の密度のこと、またはループ*の大きさのことで、度目値は「編み目のループ*の大きさの値」をいう。数値が大きくなると編み目が大きくなり粗い編み地になり、数値が小さくなると編み目が詰まり密な編み地になる。

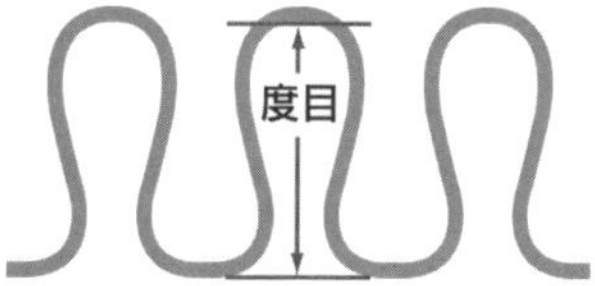

■ドラフト【糸】

draft

紡績*や紡糸《ぼうし》*で糸を作る工程で、繊維やわたを引き伸ばし、均一に細く仕上げていく作業のこと。紡績では、スライバー*（太い棒状のわた）を何本か束ね（ダブリングという）、引き伸ばし（ドラフト）を行う。ダブリングとドラフトを何度も繰り返すことで徐々に繊維の平行度をあげ、細く均一なスライバーにしていく。

→粗糸《そし》*

■トラム撚り（トラムより）【糸】

糸の撚り方のひとつで、フィラメント*の無撚りの糸を数本引き揃えて、100〜500回／mくらいの右撚り*をかけた「片撚《かたよ》り糸*（フィラメントの無撚りの単糸を撚り合わせた糸のこと）」をいう。

■トリアセテート【繊維】

tri-acetate

略して「トリアセ」と呼ばれることも多い。半合成繊維*のアセテート*の一種で、木材パルプやコットン・リンター*（綿花の種を包む産毛《うぶげ》）を主原料に、酢酸を化学的に作用させたアセチル・セルロースで作られる繊維。植物繊維と合成繊維の性質をあわせ持つ。付加するアセチル基の数で呼び名が異なり、2つ付いたものを「ジアセテート」、3つのものは「トリアセテート*」という。トリアセテートの方が、合成繊維に近い性質があり、アセテートよりも吸湿性が少なく耐熱性に優れているため、熱可塑性《ねつかそせい》でプリーツ加工もでき、比較的シワになりにくい。また、弾力性に富み、適度なコシもあり、ドレープ性が優れ、軽く、シャリ感のあるさらりとした風合いがあるので、夏向きの素材として用いられることも多い。アセテートよりも染色性が落ちるが、濃色が出やすく黒の発色が非常に優れているため、ブラックフォーマルとしての需要が高い。商標では三菱レイヨン（株）の『ソアロン』が唯一のトリアセテート素材として知られる。

■トルク【糸】

torque

「ねじりの強さ」のことで、糸に撚りをかけてから撚りをほどくと、反対の方向に撚りが戻ろうとする力が働き、糸にクリンプ（縮み）がおきる。この「撚りの戻ろうとする力」をトルクという。撚りが強いほど（撚り数が多いほど）トルクは大きくなり、強い縮みが起きる。縮緬《ちりめん》*は糸の撚りを戻したトルクの「シボ」を利用して凹凸のシボを出した織物。

■トルク・ヤーン【糸】

torque yarn

トルク*は糸の撚りを戻した時に働く力のこ

とで、糸の撚りを戻した状態の縮れた糸をいう。熱可塑性《ねつかそせい》*を利用した合繊フィラメント糸の仮撚《かりよ》り加工糸*に応用され、撚りをかけた糸に熱を加えて固定してから撚りを戻すと、細かいクリンプ*（縮れ）が生じてふっくらと嵩高《かさだか》く、伸縮性のある糸となる。熱をセットし撚りを戻した糸を「1次セット糸」という。この糸にもう一度熱をセットすると（「2次セット糸」という）ほとんど撚りのない糸となって固定される。この糸を「ノン・トルク・ヤーン」という。

■ナイロン【繊維】

nylon

1935年、米国デュポン社が開発した、ポリアミド系合成繊維*を代表する、世界初の合成繊維。欧米ではナイロンを「ポリアミド」とも呼ぶ。当初は「空気と水と石炭から作られ、クモの糸より細く、絹のようにしなやかで、鉄よりも強い」というキャッチフレーズで、ストッキングに使用され大ブームとなった。原料により「ナイロン6《ろく》」と「ナイロン66《ろくろく》」の2つのタイプがある。日本では、「ナイロン6」、欧米では「ナイロン66」の製造が多い。「ナイロン66」のほうが耐熱性が高い。また、スーパー繊維*と呼ばれる「アラミド繊維*」は高強度なナイロンの一種で、「芳香族ポリアミド」ともいう。ナイロンと同じポリアミド系に属するが、分子の化学構造の違いから一般のナイロンとは区別されている。

<ナイロンの性質>

摩擦に強く、弾力性に富み、伸張性があり、シワになりにくい。ショックによる裂けに対して高い抵抗力を持っているため、衣服をはじめタイヤ、パラシュートなどの製品にも広く使用されている。吸湿性が低いため水に濡れても早く乾くが、汗を吸わないという欠点もある。染色性が良く、絹のような鮮やかな色をもつ。アルカリには強いが酸には弱い。日光に長くあたると黄変する、張り・コシがないなどの特徴がある。また天然繊維やポリエステルより耐熱性が低いが、断熱性が強いため、熱可塑性《ねつかそせい》*を利用し、熱セットして捲縮《けんしゅく》加工*や、バルキー加工*で嵩高《かさだか》を増すことができる。ほかの繊維との複合繊維*、ナイロンフィラメント*の芯に炭素系の物質を入れた制電性繊維*、異形断面繊維*など、さまざまな機能や風合いを付加したナイロンが作られている。

■長編み（ながあみ）【ニット】

double crochet

鉤《かぎ》針編み*の基本の編み方。針に1回糸を巻いて下段の鎖目《くさりめ》に入れて糸をすくい出し、糸の引き出しを繰り返し長い編み目を作る編み方。

■流し編み（ながしあみ）【ニット】

yard goods fabric

成形《せいけい》しないで長く編んだ生地の総称。またはそういう編み方のこと。一般的には丸編み機*で編まれたものをいう。

■中白（なかじろ）【染色】

芯白《しんじろ》ともいう。糸染め*の一種である「ロープ染色*」に見られる特徴で、糸の中心部が染まらずに白っぽくなっている現象。

■長々編み（ながながあみ）【ニット】

triple crochet

鉤《かぎ》針編み*の基本の編み方。針に2回糸を巻いて下段の鎖目《くさりめ》に入れて糸をすくい出し、糸の引き

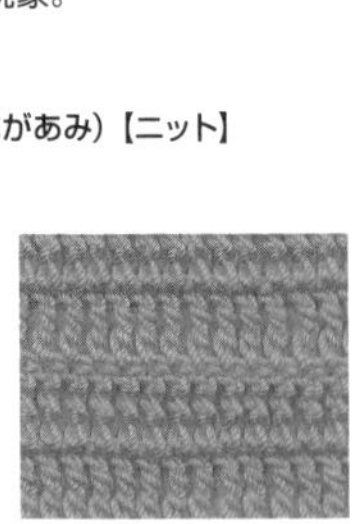

出しを繰り返して長編み*より長い編み目を作る編み方。

■捺染（なせん／なっせん）【染色】

printing / textile printing

プリントのことであるが、特に生地に染料や*顔料《がんりょう》*で染め模様をあらわすことをいう。染色*を大別すると染料溶液に浸す「浸染《しんせん》*」と部分染めの「捺染」がある。浸染は「水」を媒体として染着するのに対し、捺染は「糊」を媒体として染着が行われる。捺染の多くは、模様を彫った「型版」を用いて染料に糊を混合した捺染糊を生地に写した（プリント）後、「蒸熱処理」で染料を固着し、その後余分な糊などを除去するために、水や洗剤で洗浄が行われる。顔料による捺染は、プリント後「乾熱処理」を施すだけで、洗浄は行わない。捺染の方法は、手作業で行う「手捺染《てなせん》*」、大量生産型の「機械捺染*」と、製版*が不要な「デジタル捺染*（デジタル・プリント）に大別される。技法においては、生地に直接捺染する「直接捺染*」、ろうけつ染め*や絞り染め*のように、生地に染料が染まらないようにして模様をあらわしていく「防染《ぼうせん》」、模様になる部分の色を抜き取っていく「抜染《ばっせん》*」、「防抜染《ぼうばっせん》*」、浸染*でプリントのような模様をあらわす「型付浸染《かたつけしんせん》」、コンピューターで画像処理をする「インクジェット・プリント*」などに分けられる。

■ナチュラル・インディゴ【染色】

natural indigo

天然藍のこと。一般に「インディゴ*」という場合は、インディゴ成分100%の合成インディゴをいう。天然藍は防虫効果や殺菌効果があるとされ、使えば使うほど、洗えば洗うほど藍の色が青く鮮やかになるのが特徴。天然の藍に含まれている不純物が、洗い込まれるうちに取り払われ、深みのある藍本来の青色があらわれ、合成染料には出せない味わいの色となる。

■ナチュラル・ダイ【染色】

natural dye

植物染料、動物染料、鉱物染料などの天然染料*のこと。または天然染料で染めること。天然染料のほとんどは繊維に直接染着できないため、媒染剤《ばいせんざい》*を用いて染める「媒染染料*」となる。

■ナップ【織物】

nap

織物の表面の毛羽《けば》のこと。毛羽を玉状、渦巻き状、波状に仕上げる加工を「ナッピング」、「ナップ仕上げ*」という。

■ナノファイバー【繊維】

nanofiber

超極細繊維のこと。太さが髪の毛（約0.05mm）や蜘蛛の糸（約5〜10μm）（マイクロメートル：1000分の1mm）よりも細い糸といわれる、ナノメートルnm（100万分の1mm）の領域で作られる糸のこと。「ナノテク素材」ともいわれる。直径が1nm（1000分の1μm）〜100nmの間で、長さが太さの100倍以上ある繊維状の物質をいう。繊維を極限まで細くすることで、従来の繊維にはなかった全く新しい物理学的な性質を持つ。化学繊維の強度アップや高機能衣服の実現が可能。また、ソフトな風合いを持ち、肌への刺激が少なく、ゴミなどを吸着する能力が高いため、ワイピング性能やフィルター性能に優れている、吸水・保水性や薬液保持性能が優れているなどのさまざまな特性があり、各分野での用途が期待されている。

■ナフトール染料（ナフトールせんりょう）【染色】

naphthol dye / azoic dye

「アゾイック染料」「アゾ染料」ともいう。ナフトール化合物を用い、繊維に色素を合成する方式の染料。染料自体は水に溶けない不溶性のため、「下漬け剤」（ナフトールをアルカリに溶かしたもの）を繊維に浸透させた後、「顕色《けんしょく》剤」（芳香族アミンの亜硫酸塩の液）を浸透させて色素を合成し、不溶性の「アゾ色素」を作り発色させる。そのため「顕色染料」ともいう。木綿などのセルロース系繊維*を中心に赤、青、黒の濃色を染めるのに向いている。堅牢度に優れ、価格も手頃。

■並幅（なみはば）【織物】

一般的な幅のことで、着物では小幅《こはば》*と同じ約36cmをいう。

■二重組織（にじゅうそしき）【織物】

2枚の布が重なったように織る組織。二重組織で織ったものは「二重織り（ダブル・クロス）」という。地合いを厚く丈夫にしたり、袋状や筒状にしたり、リバーシブルなどの両面織物などを織ることができる。紋織物*にはジャカード織機*が使用される。たて糸を1種類、よこ糸には「表よこ糸と裏よこ糸」の2種類を使って、よこ糸が上下二重になるように織るものを「緯《よこ》二重組織」という。これとは逆にたて糸を2種類、よこ糸を1種類にし、たて糸が上下に二重になるように織ったものは「経《たて》二重組織」という。たて糸・よこ糸の両方を2種類の糸で織るものは「経緯《たてよこ》二重組織」という。「風通《ふうつう》織り*」は、経緯二重織りで、たて糸やよこ糸が表裏の織り地に結節されて、2枚に分離しないようになっている。風通は部分的に表裏の織り地が入れ替わったもので、表と裏に異色の糸を使い、交互に違った色の柄を出すことができる。

→p.434「織物組織の分類表」参照

■ニット【ニット】

knit / knit position

①編物を編むことや、編まれた編物の総称。たて・よこいずれか一方の糸のループ（編み目）を連結させて生地にしたもので、伸縮性のあることが特徴。編成方法には「緯《よこ》編み*」と「経《たて》編み*」がある。「緯編み」の編み機には、平板状の形をした「横編み機*」と、円筒状の形をした「丸編み機」*がある。横編み機で編まれたニットは「横編み」、丸編み機で編まれたニットは「丸編み」と呼ばれる。「丸編み」はカットソー*が多く、カットソーの代名詞ともなっている。「経編み」はたて方向に給糸された糸どうしの連結でループが形成されて編まれる。織物と同じようにたて糸を整経《せいけい》*して編む。伸びが少なく織物にも似たきっちりとした安定性のある編み地になる。横編みのような成型編み*はできないが、ラダリング*（はしご状のほつれ）がないため、裁断・縫製されて製品化される。②針上げカムの基本動作のひとつで、編み針で完全に新しい編み目を作ることをいう。これを「ニットする」という。

→p.494「ニットの組織と編み機の分類」表参照

■ニードル・ループ【ニット】

needle loop

ニットのループ*の山の部分。谷の部分は「シンカー・ループ*」という。

→ループ（イラスト参照）

■布幅（ぬのはば）【織物・ニット】

cloth width

【着物地の幅の規格】①「小幅《こはば》*（並幅《なみはば》ともい

う）」。鯨尺《くじらじゃく》*9寸5分（約36cm）。反物《たんもの》*の一般的な幅。②「大幅《おおはば》*（二幅《ふたの》、広幅《ひろはば》*ともいう）」。鯨尺1尺9寸。小幅の2倍の72cm前後。③「中幅《ちゅうはば》*」。鯨尺1尺2分。小幅と大幅の中間で約45cm。【洋服地の幅の規格】①「シングル幅*」。ダブル幅*の約半分で71cm。②「ダブル幅」。シングル幅の2倍で142cm。150cm、137cmのものもある。③「ヤール幅*」。1ヤード（約91～92cm）幅のこと。④「広幅」。ダブル幅とヤール幅の中間くらいで約110cm。綿織物の主流。

■**熱可塑性**（ねつかそせい）【加工】

thermoplastic

「熱セット性」ともいう。加熱すると軟化して容易に変形するものが、常温に戻ってもそのままの形で固定する性質のこと。ポリエステルやナイロンの合成繊維や半合成繊維特有の性質で、この性質を利用してプリーツ加工*やクリンクル加工*（シワ、縮れ）などが施される。

■**ネット編み**（ネットあみ）【ニット】

net stitch

鉤《かぎ》針編みの応用編みで、鎖《くさり》編み*と細《こま》編み*を使い、波のような半円の連続模様を作る編み方。

■**ネップ・ヤーン**【糸】

nep yarn

意匠糸《いしょうし》の一種。ネップは「小さな繊維のかたまり」のことで、小さなつぶつぶが不規則に入っている糸。紡績*工程や撚糸《ねんし》*工程で作られる。

→【コラム26】意匠糸（写真参照）

■**練り**（ねり）【加工】

degumming

糸や織物を精練《せいれん》*すること。特に絹を精練する場合に使う用語。

■**練り糸**（ねりいと）【糸】

degummed yarn

生糸《きいと》*を精練《せいれん》*した糸。「練り」は糸や織物を精練《せいれん》*することで、特に絹を精練する場合に使う用語。絹は精練することで生糸の表面のかたいセリシン*を除去することができる。精練の度合いにより、三分練り、五分練り（半練り）、七分練りなどがあり、ほとんどセリシンを除去して精練したものは「本練《ほんね》り」という。

→生糸

■**練り織物**（ねりおりもの）【織物】

degummed silk fabric

精練《せいれん》*した生糸《きいと》*を「練《ね》り糸*」といい、練り糸で織ったものをいう。「練《ね》り絹《ぎぬ》織物」「先練《さきね》り織物」ともいう。生糸で織った後で精練した織物は「生織物《きおりもの》*」という。「練り*」とは精練のことで、絹業界独特の用語。

→生糸

■**練り絹**（ねりぎぬ）【織物】

glossed silk

精練《せいれん》*した絹。精練する前の絹は「生絹《きぎぬ》」という。生糸《きいと》*で織った後で精練した織物や、生糸を精練した練り糸*で織った織物も「練り絹」と呼ばれる。

→生糸

■**撚糸**（ねんし）【糸】

twisting

糸に撚《よ》りをかけ、螺旋《らせん》状にねじりあわせること。または撚りをかけた糸のこと。綿や羊毛などの「わた」の状態で撚りをかけるものや、撚りをかけた糸と糸を束ねて、さらによりをかけるものがある。撚糸の目的は、糸の繊維をまとめて毛羽《けば》の発生を抑え、形状に丸みを与え、糸の強度を増し、織りや編みの効率を向上させ

■ ニットの組織と編み機の分類（ニットのそしきとあみきのぶんるい）【ニット】

			編みと編み機	編みの形態と編み方向
ニット	緯編《よこあ》み	平型編み機	<横編み> 横編み機	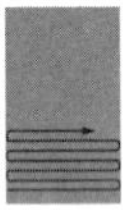 横編み ○流し編み地
			<フルファッション編み> フルファッション編み機 （成型編み機）	 フルファッション （横編み成型） ○フルファッション編み地 （成型編み地）
			<ホールガーメント編み> ホールガーメント機	 ホールガーメント （無縫製） ○ホールガーメント編み地
		丸編み機	<丸編み> 流し丸編み機 （丸編みジャージー機） 成型丸編み機 （ガーメント・レングス）	 丸編み ○流し編み地 ○ガーメント・レングス （半成型編み地）
			<靴下編み> 靴下編み機 （小丸編み機、他）	
	経編《たてあ》み	経編み機	<トリコット> トリコット編み機	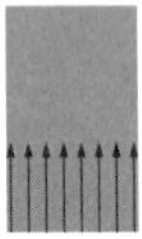 トリコット編み ラッセル編み ○流し編み地
			<ラッセル> ラッセル編み機	
			<ミラニーズ> ミラニーズ編み機	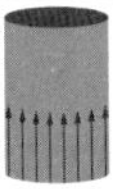 ミラニーズ編み ○流し編み地

るために行う。また、撚糸のかけ方で、生地の性質や表面感が変化してくる。紡績糸《ぼうせきし》*やフィラメント糸*の1本の糸を「単糸《たんし》*」といい、紡績糸の単糸を2本撚り合わせて1本の糸にしたものを「双糸《そうし》*」という。フィラメント糸の場合は「諸撚《もろよ》り糸*」とも呼ばれる。単糸を3本撚り合わせて1本の糸にしたものを「三子糸《みこいと》*（みつこいと）」、4本撚り合わせたものは「四子糸《よこいと》（よつこいと）」という。「糸の撚り方向」は、時計の針と同じ方向に撚りをかけたS撚り*（右撚り）と、逆方向のZ撚り*（左撚り）がある。一般的に紡績糸の単糸はZ撚り、フィラメント糸はS撚り、双糸は単糸と逆方向に撚りをかける。平織りで「たて・よこ同じ撚り方向の糸（A）」の場合、布面では撚り方向が相反するので、地合いは粗く薄くなり、組織ははっきり見えるが、乱反射で光沢が乏しい。「たて・よこ撚り方向が異なる糸（B）」の場合は、地合いは密に厚くなり、光沢もある。「糸の撚り数*」は、一定の撚りの回数より少ないものを「甘撚《あまよ》り*」といい、撚り回数の多いものは強撚《きょうねん》*という。

<撚りと布地の関係>

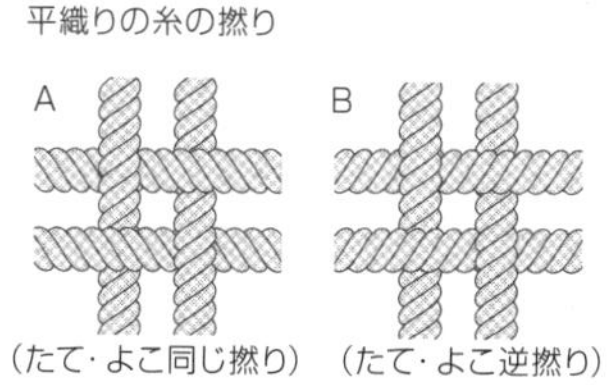

<糸の撚り合わせ>

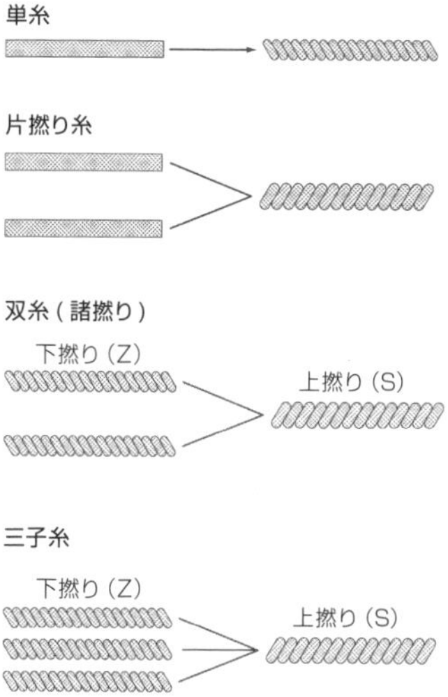

■ノイル【繊維】

noil

ノイルは「短毛」の意味で、絹や羊毛、綿の紡績*工程で取り除かれたくずわた、くず毛、落ちわた*などのくず繊維の総称。ノイルを使った糸はノイル・ヤーンともいう。絹では絹紡糸《けんぼうし》*の紡績工程で生じる「くず繊維」のことをいい、絹紡抽糸《けんぼうちゅうし》*の原料にされる。ノイル・クロス*などがある。梳毛糸《そもうし》*のノイルは、紡毛糸《ぼうもうし》*やフェルト*の原料にも使われる。

■熨斗糸（のしいと）【糸】

蚕《かいこ》が繭を作る糸を吐き出す最初の頃の糸で、節《ふし》や太さにムラのある外側の太い糸。「絓糸《しけいと》」ともいう。外側の糸は繭作りの足場糸となり、鳥や害虫から蛹《さなぎ》を守るために丈夫で太い糸となる。吐きはじめの糸は節や縮れがあり内側になるにつれて徐々に細くきれいな糸になる。熨斗糸は野趣のある丈夫な糸で、引き伸ばして紬《つむぎ》*の糸や絹紡糸《けんぼうし》*などに利用される。

■ノックオーバー【ニット】

knocking over

経《たて》編み機*の編成動作のひとつ。旧編み目を針のフック*から外して新しい編み目を作ること。

■ノップ・ヤーン【糸】
knop yarn
意匠糸《いしょうし》*の一種。こぶのような膨らみが間隔をおいてあらわれる糸で、「星糸《ほしいと》」ともいう。撚糸《ねんし》*の段階で作る意匠撚糸で、芯糸のまわりにからみ糸がこぶのようにかたまった撚りとなり巻き付いたもの。結び目やこぶのようにも見えることから「ノット・ヤーン」ともいう。
→【コラム26】意匠糸（写真参照）

■糊付け（のりつけ）【糸・織物・加工】
sizing
「サイジング」ともいう。製織《せいしょく》のための準備工程で行われる「たて糸の糊付け」のこと。たて糸は製織時に、開口運動によって隣の糸や金属と摩擦などを起こし、毛羽《けば》立ったり切れてしまうことがあるため、毛羽立ちを抑え糸の表面を平滑にし、摩擦を少なくしたり強度を保持するために糊付けを行う。また、伸縮性の高い糸の伸びを抑える役割などがある（絹織物では、よこ糸に糊付けするものもある。毛織物ではたて糸の糊付けを行わない）。織り上がった後に、精練《せいれん》*工程などで糊は洗い落とされる。糊付けの種類を大別すると①糸を綛《かせ》*の状態で糊付けする「綛《かせ》糊付け」。②チーズ*という形状の糸巻きのまま糊付けする「チーズ・サイジング」。③整経《せいけい》*した後のたくさんのビーム*（長い筒状に糸を巻き取ったもの）から糸を引き出して、まとめて糊付けする「スラッシャ・サイジング*」があり、スラッシャ・サイジング・マシンという大規模な機械を使用する。糊付けと整経の組み合わせでは①綛糊付けやチーズ・サイジングしてから「部分整経*」を行う。②最初に「部分整経」してから、糸を巻き取ったビームをスラッシャ・サイジング・マシンの入り口に置き、ビームからビームへと糸が流れ、整経をやりながら連続的に糊付けをする「B2B(ビーム・ツー・ビーム）サイジング」。③ビーム染色*された複数のビームをスラッシャ・サイジング・マシンの入り口に置き、1本のビームにまとめ柄組みして整経をやりながら糊付けを行い糸を巻き取っていく「一斉《いっせい》サイジング*」などがある。

■ハイ・ウエットモジュラス【繊維】
high wet-modulus (HWM)
略して「HWM」と表記される。モジュラスは「引っ張り応力」のことで、物体に外力を与えた時に、その原形を保つために抵抗する力をいう。ウエットモジュラスとは、濡れた状態で繊維を5％伸ばすのに必要な力のことで、ハイ・ウエットモジュラスとは繊維を伸ばすのに5％よりさらに強い力が必要という意味。ビスコース・レーヨン*の「改質レーヨン」である「ハイ・ウエットモジュラス・レーヨン」は、外から加わる力に対して強いレーヨンのことで、レーヨンの欠点である洗った時の毛羽《けば》立ち（フィブリル化*）が少ない。

■バイオファイバー【繊維】
biofiber
生体繊維のこと。生物の中に含まれる繊維（ファイバー）の総称。生物由来の資源であるバイオマス*（再生可能な生物由来の有機性資源）を利用した繊維は「バイオベース・ファイバー（バイオベース繊維*）」という。

■バイオベース繊維【繊維】
bio-based fiber
生物由来の原料から化学合成した高分子物質を原料にした繊維。生物によって分解される成分を使って作るもので（麻などは、生物に分解されずに残ったセルロース*を使用するもの）、トウモロコシやサツマイモを原料として製造される「ポリ乳酸繊維*」が代表的。ポリ乳酸繊維はトウモロコシなどのデンプンを乳酸菌によって分解させて作った「乳酸」を原料にしたもの。これらの分解物は「重合*」により長い鎖状の分子（高分子）となり、細く長い形状の繊維が形成されていく。バイオベース繊維の多くは自然界に生息する微生物により容易に分解される性質（生分解性*）をもち、最終的には水と二酸化炭素に分解され自然にかえる。従来の化学繊維と同じように、化学的に分解して再利用する「ケミカル・リサイクル」も可能だが、堆肥《たいひ》化などをして自然環境の中で分解して土に還す「バイオ・リサイクル」が可能となったのが大きな特徴。しかし、バイオベース繊維は、デンプンなどを原料にしているため、食糧用途と競合して食糧価格を押し上げたり、農地開拓のために大量の森林伐採を招くなどの問題もあり、今後の課題とされている。

■バイオポリエステル【繊維】
biopolyester

微生物が作るポリエステル*のこと。ポリエステルには、化学合成で作られるものと、微生物が作るバイオポリエステル（ポリ-3-ヒドロキシブチレート(PHB)など）がある。地球上では、多くの微生物が何億年も昔からその体内にポリエステル（バイオポリエステル）を生合成しているものがあり、1925年にフランスのパスツール研究所で初めて発見され、その後体内にプラスチック（合成樹脂）を蓄積する微生物が多く発見されている。ポリヒドロキシアルカノエート（PHA）は、微生物による共重合*ポリエステルで、優れた生分解性*があり、加熱することで軟化するため、種々の形態のプラスチック製品に加工できるなどの特性がある。

■バイオマス【繊維】
biomass

枯渇《こかつ》性資源ではない、再生可能な生物由来の有機性資源で、化石資源を除いたものをいう。

■バイオマス・プラスチック【繊維】
biomass plastics

トウモロコシやジャガイモのデンプンや糖類を乳酸発酵して作る「ポリ乳酸*」を使用した環境配慮型のプラスチック。「生分解性*」があり、自然循環型で完全リサイクルが可能なエコロジカルな素材とされている。生分解性プラスチック*の一種。

→ポリ乳酸繊維

■ハイ・ゲージ【ニット】
high gauge

「ファイン・ゲージ」ともいう。ニットの目の細かい編み地のこと。ゲージ gauge*は編み針の密度を示す基準（単位）のことで、「1インチ（2.54cm）の中に、何本編み針（ニードル）が入っているか」であらわす。単位を「G」であらわす。数字が大きくなるほど細かいゲージ（針密度）になる。ハイ・ゲージは12G以上のゲージで、1インチ中に12本以上の針数の編み地をいう。5G以下の粗い編み地は「ロー・ゲージ*」という。

→ミドル・ゲージ（写真参考）

■媒染（ばいせん）【染色】
mordanting

染色を行う上で、染料*を繊維に定着させる工程のこと。草木染め*などの天然染料の多くは、染液で染めただけでは安定しないために、染料と繊維の染着を媒介する「媒染剤《ばいせんざい》*」を用いて染色される。媒染剤は、繊維中に水に溶けない化合物を作り染色を固定させるもので、水に溶かした金属などが媒染剤として用いられ、繊維と化学反応させて染料を固着させる。染料に浸ける前に媒染を行う「先《さき》媒染」、後に行う「後《あと》媒染」、同時に行う「同時媒染」などがある。

■媒染剤（ばいせんざい）【染色】

mordant

染料と繊維の染着を媒介する薬剤のこと。草木染め*などの天然染料の多くは、染液で染めただけでは安定しないために、染料と繊維の染着を媒介する媒染剤を用いて染色される。媒染剤は、繊維中に水に溶けない化合物を作り染色を固定させるもので、水に溶かした金属などが媒染剤として用いられ、繊維と化学反応させて染料を固着させる。大島紬《つむぎ》*などでは、泥に含まれる鉄分で媒染を行っている。媒染剤の種類には①「アルミ媒染剤」ミョウバン（硫酸アルミニウムカリウム）、酢酸アルミニウム。②「鉄媒染剤」木酢酸鉄。③「錫《すず》媒染剤」錫酸ナトリウム。④「クロム媒染剤」酢酸クロム。⑤「銅媒染剤」酢酸銅。⑥「アルカリ媒染剤」木灰、炭酸カリウム。⑦「酸性媒染剤」クエン酸、米酢。⑧「酸化剤」過酸化水素水などがある。

■媒染染料（ばいせんせんりょう）【染色】

mordant dye

単独では繊維に直接染着できないために、媒染剤《ばいせんざい》*を用いて化学反応をおこして染色する染料。草木染め*など、天然染料のほとんどは媒染染料となる。酸性染料を母体にしているものを総称して「酸性媒染染料」という。クロム媒染剤を使い媒染*するために、「クロム染料」ともいう。羊毛の堅牢染色用の染料として開発されたもので、羊毛を黒や紺などの濃色に染めるのに向いている。

■バインダー【染色】

binder

「接着剤、結合剤」の意味。水や油に溶けない顔料《がんりょう》*などでは、繊維に着色させるために合成樹脂が接着剤（バインダー）として使われ、顔料と混合して色の粒子を繊維（生地）に付着させていく。

■羽尺（はじゃく）【織物】

和服の羽織一着分を仕上げる長さの織物のこと。着尺*（幅約36cm×長さ約11m40cm〜12m）よりもやや短めで、長さが約8m50cm〜9m80cmくらいをいう。

■機（はた）【織物】

loom

「織機《しょっき》*」、「はたご」ともいう。織物を織る装置や機械のこと。機《はた》織りの「機《はた》」は、古代豪族の「秦《はた》氏」に由来するとされる。秦氏は秦《しん》の始皇帝の末裔《まつえい》といわれ、朝鮮半島から日本に渡り帰化した。近畿一帯に広がり、財務、養蚕、機織り、土木に優れた技術をもっており朝廷に仕えていたという。京都では西陣などで織物業が発展し、各地にその技術が伝授されていった。琵琶湖の東岸が産地とされる近江上布《おうみじょうふ》*や秦荘紬《はたしょうつむぎ》は、秦氏が京都の太秦《うずまさ》から職人を招き、織りや養蚕技術を習得したことで、織物の風土にも合ったこの地が織物の産地として発展していったという。

→織機

■機屋（はたや）【織物】

weaver

機《はた》*織りを職業としている家や人、または織物生地の製造業。小〜中規模の織りの製造業をいうことが多い。

■ 抜染（ばっせん）【染色】
discharge printing
「抜き染め」ともいう。模様部分の地色を抜き取って模様をあらわす捺染《なせん》*法。白く抜き取る「白色抜染《はくしょく》」、抜染剤に抜染作用を受けない色糊*を混合して捺染し、色を抜き取ると同時に異なる色を着色する「着色抜染」がある。

■ バッタン織機（バッタンしょっき）【織物】
「バッタン機《ばた》」、単に「バッタン」ともいう。高機《たかばた》*という手織り機の杼《ひ》*に改良を施して効率化を図った織機。1733年イギリスのジョン・ケイが発明したバネ仕掛けで杼を飛ばす「飛び杼*」の装置を取り付けたもので、明治6年(1873年)にフランスから日本に伝わった。以前のものより生産性が約3割高まった。「バッタン」はフランス語で「打つ」の意味のbuttantからきている。日本では「チャンカラ機《ばた》」とも呼ばれた。

■ 彩土染め（はにぞめ）【染色】
天然の鉱物染料を用い、化学薬品を使わない「彩土染め」という日本古来の染色方法を再現したもの。オーストラリアのエアーズロックの細粒、バリ島の火山の化成土など、世界各地で採取した石や岩石を砕いた天然色素で染める。

■ パプコーン編み（パプコーンあみ）【ニット】
popcorn stitch
鉤針《かぎ》編み*の応用編みで、編み目がポップコーンのようにポッコリ盛り上がった編み目模様。同じ目に中長《ちゅうなが》編み*を複数入れて作る編み方。

■ ばら毛染め（ばらけぞめ）【染色】
loose fiber dyeing / raw stock dyeing
繊維を「わた」の状態で染める原料染め*の一種。「バラ繊維の状態」で染色することからこの名がある。特に羊毛の「わた」の状態で染色することをいい、「原毛染め」ともいう。深みのあるミックス調や霜降り調の色合いを出す時に応用され、ホームスパン*、ツイード*などの高級毛織物に使用される。また化学繊維の短繊維*（ステープル）も「ばら毛」ということがある。

■ 針上げ（はりあげ）【ニット】
不作用位置にある針を作用位置におくこと。または、靴下のかかとやつま先を編むために、作用位置にある針を不作用位置にまで上げること。

■ 針上げカムの3ポジション
（はりあげカムの3ポジション）【ニット】
ループは、カム操作の上下運動により作られるが、針上げ*カムの3つ基本動作である「ニット*」「タック*」「ミス*」をいう。①「ニット」編み針で完全に新しい編み目を作ること。②「タック」あるコースで編み目を作らず、それ以降の編み目と一緒に編み目を作る操作。③「ミス」針の背中に糸を渡して編み目を作らない方法。「ウエルト」ともいう。

■ 針下げ（はりさげ）【ニット】
作用位置にある針を不作用位置におくこと。または、靴下のかかとやつま先を編むために、不作用位置にある針を作用位置まで戻すこと。

■ 針床（はりどこ）【ニット】
needle bed
編み針を取り付ける金属板。「釜《かま》」ともいう。「釜」という場合は、“釜”の形に見えることから丸編み機の針床をいう場合が多い。円筒のシリンダー（下釜《しもがま》）とダイヤル（上釜《うわがま》）がある。「ニードル・バー」「針釜《はりがま》」とも呼ばれることがある。針列が1列のものを「片針床《かたはりどこ》」「1列針床」「片釜《かたがま》」「シングル・ニードル*」、2列のものは「両針床」「2列針床」「両釜」「ダブル・ニードル*」という。

■バルキー・ヤーン【糸】

bulky yarn

「嵩高《かさだか》い（バルキーの意味）糸」のことで、ニットのアクリル糸が多い。合成繊維の熱可塑性《ねつかそせい》*を利用した「バルキー加工（嵩高加工）」で作られる。2種類のアクリルファイバーを混ぜ、熱収縮率の違いで、糸に捲縮《けんしゅく》（繊維の縮れ）をあたえ、弾力性と伸縮性をもたらしたもの。嵩高性、保温性、吸水性のある糸となる。

■半合成繊維（はんごうせいせんい）【繊維】

semi synthetic fiber

化学繊維*の一種で、天然物質を化学薬品で処理したり、合成物質と混合して作られる繊維。天然繊維と化学繊維の両方の性質をあわせ持つ。植物繊維のセルロース*を化学変化させた「セルロース系半合成繊維」のアセテート*と、動物タンパク質を化学変化させた「タンパク質系半合成繊維」のプロミックス*がある。

■番手（ばんて）【糸】

yarn count / count

（1）広義には糸の太さの単位の総称。「糸の太さ」は長さと重さの比であらわされている。「恒重式《こうじゅうしき》：一定の重さに対する長さを基準にした測定値」では、「綿番手」「麻番手」「毛番手」がある。「恒長式《こうちょうしき》：一定の長さに対する重さ」を基準にした太さの測定値」では、「デニール*番手」「テックス*番手」がある。

（2）狭義の「番手」は「恒重式」の綿、麻、毛などの紡績糸《ぼうせきし》*に使われる単位をいう。番手数が大きくなるほどに糸が細くなる。ドリル*などの太番手は10〜16番手、ギンガム*などは20〜40番手、ローン*などの細番手には60〜100番手が使われている。業界用語では20を「にーまる」、30を「さんまる」、48を「よんぱち」、10番手を「とーばん」、100番手の双糸《そうし》*を「ひゃくそう」などと呼んでいる。

「恒重式」には以下の種類がある。

①「綿《めん》番手（英国式綿番手）」。綿、スパン・レーヨン*、絹紡糸などに使用される。重さが1ポンド（453.6g）で長さが840ヤード（768.1m）ある糸の太さを「1番手」とするもの。1ポンドで長さが840ヤード×2=（1680ヤード）のものは「2番手」となる。綿番手の表示には「s」が使われる。例えば40番手単糸《たんし》*の表記は「40s」「40／1」「40／-1」、40番手双糸の表記は「40／2s」「40／2」、80番手3本撚り（三子《みこ》撚り*）は「80／3s」、30番手双糸の3本撚りは「30／2／3s」となる。「綿番手（S）=0.591×L糸の長さ（m）／W糸の重さ（g）」で算出される。

②「麻《あさ》番手（英国式麻番手）」。麻に使用される。重さが1ポンド（453.6g）で長さが300ヤード（274.3m）ある糸の太さを「1番手」とするもの。1ポンドで長さが300ヤード×2=(600ヤード)のものは「2番手」となる。麻番手の表記は綿番手と同じ。「麻番手（L）=1.654×L糸の長さ（m）／W糸の重さ（g）」で算出される。

③「毛《け》番手（メートル番手）」。毛、アクリル系紡績糸などに使用される。重さが1kgで長さが1000mある糸の太さを「1番手」という。1kgで長さが1000m×2=(2000m)のものは「2番手」となる。毛番手の表示は、40番手単糸の場合「1／40」、40番手双糸は「2／40」、60番手三子糸は「3／60」、40番手双糸の3本撚

りは「3／2／40」となり、綿番手とは逆の表記になる。「毛番手（N）＝L糸の長さ（m）／W糸の重さ（g）」で算出される。

（3）「恒長式」は、主に絹や化学繊維*などのフィラメント糸*に用いられる糸の太さの単位をいい、数字が大きくなるほどに糸が太くなる。以下の種類がある。

①「デニール*(denier)」。長さが9000mで重さ1gの糸の太さを「1デニール」とする。9000mで重さ1g×2=（2g）の糸の太さは「2デニール」となる。「d」または「D」の記号が使われ、100デニール単糸は「100d」で、100デニール双糸（2本撚り糸）は「100d×2」、100デニール2本引き揃え糸*は「100d//2」で表記される。生糸《きいと》*の場合は「中」の単位も用いられ、「d」とほぼ同じ。「21中／10」は「21中の糸10本撚り」をいい、糸の太さは「21×10=210d」と同じ。「デニール（d）=9000×（W）糸の重さ（g）／（L）糸の長さ（m）」で算出される。

②「テックス*（tex）」。繊維により異なる糸の太さの表記を統一するために導入された単位。ISO（国際標準化機構）の設定によるもので、すべての繊維に使用できる。長さが1000mで重さ1gの糸の太さを「1テックス」とする。「tex」の記号が使われ、100テックス単糸は「100tex」、100テックス双糸（2本撚り合わせ）は「100tex×2」、100テックス2本引き揃え糸は「100tex//2」で表示される。「テックス（tex）=1000×（W）糸の重さ（g）／（L）糸の長さ（m）」で算出される。また、テックスの補助単位として「デシテックス（dtex）」も使われ、「10dtex=1tex」となる。

【番手の換算法】

繊維により番手の基準が異なるため、同じ基準の番手に換算する方法。

①「毛番手換算法」：1.69（1.7）×綿番手＝毛番手、0.6×麻番手＝毛番手、9000÷デニール＝毛番手②「綿番手換算法」：0.59×毛番手（メートル番手）＝綿番手、0.36×麻番手＝綿番手③「麻番手換算法」：2.8×綿番手＝麻番手④「デニール換算法」：9000÷毛番手（メートル番手）＝デニール、5315÷綿番手＝デニール

■反応染料（はんのうせんりょう）【染色】

reactive dye

繊維と化学的に反応して染着する染料。繊維分子と化学結合するので堅牢度に優れ、鮮明な色が多く染色しやすい。綿やレーヨンの染色にもっとも利用されている。

■反毛（はんもう）【繊維】

recovered wool / reused wool / shoddy

繊維製品のリサイクルのひとつで、布地や衣類に加工されたものを、裁断機で細かく切り裂き、その後で反毛機にかけてかきむしり、解《ほぐ》して「わた」の状態に戻したもの。綿や毛のくず糸、裁断くず布、古着などが利用される。綿の反毛は糸に紡績して軍手などの作業手袋に、毛の反毛は紡毛糸《ぼうもうし》*に混合したり、フェルト*にして建築用断熱防音剤のほか、クッション材、カーペット材などに再利用される。

■汎用繊維（はんようせんい）【繊維】

衣類やインテリア製品、産業用などに幅広くに使われる繊維。生産量も多く、全世界の約90%を占め（2009年現在）価格もリーズナブル。「天然繊維*」では綿、麻、羊毛、絹など。「化学繊維*」では、「半合成繊維*」としてレーヨン*、キュプラ、ジアセテート、トリアセテートなど。「合成繊維」ではポリエステル*（PET*）、ナイロン*、アクリル*、ポルリプロピレン*などが代表的。

■杼／梭（ひ）【織物】

shuttle

「シャトル」とも呼ばれる。織機《しょっき》*で織物を織る時に、よこ糸を通す器具。よこ糸をボビンに巻いたものを入れた舟形の器具で、たて糸が張られている間を、左右に往復してよこ糸を打ち込む。

→シャトル

■疋（ひき）【織物】

piece / hiki

生地の長さをあらわす単位。品種により異なり一定しない。着物地の場合1疋は2反《たん》*の長さをいい約22m80cm〜24m。しかし、男物のアンサンブルでは「着物と羽織分」の長さしかない場合もあり、これも「疋」と呼ばれる。服地の1疋は化合繊*の長繊維*で使用され、50mまたは50ヤール（約46m）とされ、2分の1疋（23〜25m）を1反ということもある。

→反物《たんもの》

■引染め（ひきぞめ）【染色】

brush dyeing

友禅染《ゆうぜんぞめ》*に見られる、生地の地染め*や面積の広い部分に行われる染色法。染液を"刷毛《はけ》で引いて"染めていくことからこの名がある。模様の部分を防染糊《ぼうせんのり》*で防染*したあとで、生地1反《たん》分を「張り木」に挟み、「伸子《しんし》」という細い竹ひごで生地の両側から引っ張った状態で、刷毛に染液をつけて生地に何度も塗っていく。均一に地色を染める場合とぼかしを入れて染める場合がある。長い生地をムラにならないように染めるため、熟練した技術を要する。

■引き揃え糸（ひきそろえいと）【糸】

yarn doubling

フィラメント糸*などで、2本以上の糸（繊維）を引き揃えて撚りをかけていない糸のこと。「合糸《ごうし》」ともいう。

■引き目度目（ひきめどもく）【ニット】

編み地をたて方向に引っ張ったときの密度。

■疋物（ひきもの）【織物】

roll of cloth / piece goods

「疋《ひき》*」は生地の長さをあらわす単位で、2反《たん》*分の長さで販売される生地をいう。「反物《たんもの》*」が、着物1着を仕上げる用尺に対し、「疋物」は「着物＋羽織」のようにアンサンブルで仕上げる用尺のこと。男物の紬《つむぎ》のアンサンブルが代表的。この場合「着物と羽織分」の長さしかない場合もあり、これも「疋」と呼ばれる。

■杼口（ひぐち）【織物】

shed

織機《しょっき》*のたて糸を開口させてよこ糸を内装した、シャトル*（杼《ひ》）が通るための隙間。

■ビゴロー捺染（ビゴローなせん）【染色】

vigoureux　printing

均斉度の高い霜降り糸を作る捺染*法。「トップ捺染（トップ染め*）」ともいう。梳毛《そもう》*の紡績*過程で、スライバー*（棒状のわた）を巻いたトップ*をまだらに捺染*することで、染まった繊維と染まらない繊維が混じり合って柔らかな霜降り調の糸になる。「メランジ捺染」ともいう。19世紀のフランスの発明家J.S.Vigoureuxの名に因む。

■皮巣（びす）【繊維】

繭から糸を繰り取って、最後に残った繭層のこと。繭糸は最初は太く、だんだん細くなり、蛹《さなぎ》の近くでは細く切れやすい糸となり、最後は蛹を包む薄い膜のような繭層が残る。これを「びす」という。「蛹《よう》しん」ともいう。「びす」は艶《つや》と張りがあるが、太さが一定ではないため均一な生糸《きいと》を引くには不向きなので、製糸の工程で除去される。副蚕糸《ふくさんし》*として「きびそ*」などと共に乾燥して絹紡糸《けんぼうし》*の原料に使われる。

■ピッチ【繊維】
pitch
石油、石炭、コールタールなどの副産物である黒く粘弾性のある樹脂。古来、樽や木造船の防水に使われた。

■ピッチ【染色】
feed pitch
捺染《なせん》*の模様の継ぎ目を正確に合わせるため、版型または原図などに付ける「送り印」。ローラー捺染*で使われることが多く、手捺染《てなせん》*では「送り星*」ともいわれる。

■PTT繊維（ピーティーティーせんい）【繊維】
Polytrimethyleneterephtalate / PTT
「ポリトリメチレンテレフタレート」の略称。スーパー繊維*の一種で、1998年、新しい合成繊維*のポリマー*としてシェル・ケミカルが開発した新ポリエステル。『コルテラ』の商標で販売されている。PTT繊維は柔らかく、ストレッチ後にきちんと元に戻る「伸長回復性（形態安定性）」が特徴。着用耐久性や、すぐれた染色性もあり、物性的にはポリエステルとナイロンの中間くらいに位置するとされる。カーペット用繊維、衣料用繊維、プラスチック、フィルムの原料として使用。競泳用水着の『SPEED』（ミズノ）、『風通るスーツ・快適ソロ』（青山商事）などの商品がある。

■ヒートテック【繊維】
HEATTECH
ユニクロ（ファーストリテイリング〈株〉）が販売する発熱保温素材。水分を吸収し、繊維自体が発熱する「発熱機能」と、薄く暖かいことを最大の特徴に、マイクロアクリルによる高い「保温機能」、ミルクプロテイン配合の「保湿機能」、「抗菌機能」「ストレッチ機能」「静電気防止機能」「形状保持機能」などを付加した多機能素材となっている。東レ（株）と共同開発した繊維を専用ラインで製造したもので、2003年より発売。世界で累計1億枚を超えるヒット商品となった。

■ビニリデン【繊維】
vinylidene chloride
ポリ塩化ビニリデン（略号PVDC）系合成繊維で、塩化ビニルと塩化ビニリデンとを共重合*させて作った合成樹脂を繊維にしたもの。耐薬品性が非常によく、かび、細菌などの害も受けない。摩擦にも強く、耐久性・強度は大きい。水を全く吸わず吸湿性は0%。産業用としての利用が多く、ビニリデンのフィルムは食品ラップ用として多用されている。『サラン』（旭化成）、『クレハロン』（呉羽化学）などの商標がある。

■ビニロン【繊維】
vinylon
石油や天然ガスなどを原料に、ポリビニルアルコール（略号PVA）系合成繊維。合成繊維中、唯一親水性で吸湿性であるという特徴を持っており、綿に似た風合いがある。各国でポリビニルアルコールに耐水性をもたせる研究が進められ、1939年日本で成功。ビニロンの名前で呼ばれるようになった。高強度・高弾性率、耐候性、耐薬品性といった性質があり、化学変化や熱に強い反面、染色しにくくごわごわするという短所がある。衣料用の繊維としては使用しにくく、ロープ、ゴムやプラスチックの補強繊維など産業用資材として用いられることが多い。

PBO繊維【繊維】

polyparaphenylene benzobisoxazole

スーパー繊維*を代表する繊維で、有機繊維では世界最高強度をもち、切れにくく熱に強いという特徴がある。金属繊維の10倍の強度があり、650℃まで溶解しない。ジアミノレジルシノールと、テレフタル酸の共重合体*であるポリパラフェニレンベンゾビスオキサゾール（PBO）を「液晶紡糸法」により製造する。液晶紡糸法は、分子レベルで繊維の組織を制御したナノテク技術。一般的な繊維は、細い「分子の鎖が折れたり切れたりした束」になっているのに対し、液晶紡糸法で製造したPBO繊維は、「分子の鎖が真っすぐ揃った束」になっているため、強くて耐熱性のある繊維が得られる。防弾服、消防服、コンクリートやプラスチックの補強材、荷物吊り下げ用ベルトなどに使用されている。『ザイロン』（東洋紡）の商標がある。

ビーミング【織物】

beaming

たて糸の整経《せいけい》*工程で、たて糸を「経《たて》糸ビーム*」に、平行に均等に、緩まないように巻いていく作業。

ビーム【織物】

beam

織物を織る前の工程の整経《せいけい》*などで使用する、たて糸を巻き付ける円筒状の部品（糸巻き部品）。または整経した糸や織り上がった織物を巻き取った長い筒状のものをいう。織機《しょっき》*は2本のビームで構成されている。織機の奥にあるのが整経されたたて糸を巻き取り送り出すビームで「経糸ビーム*（ワープ・ビーム）」という。織機の手前にあり、経糸ビームから送り出されて織り上がった織物を巻き取るビームを「クロス・ビーム*」という。

ビーム染色【染色】

beam dyeing

糸から染める「糸染め*」の一種で、織物の「整経糸《せいけいし》*（たて糸）」専用の染色法。整経*工程のひとつである「荒巻《あらまき》整経*」で仕上げられた、「ビーム*（長い筒状に巻かれた糸）」の形状で糸を染めることからこの名がある。大ロットの大量生産向けの染色法。

ビーム・ツー・ビーム・サイジング【織物】

beam to beam sizing

たて糸に糊付け*（サイジング）し、同時に整経《せいけい》*を行う加工法。最初に「部分整経*」してから、糸を巻き取ったビーム*（糸を巻いた長い筒状のもの）をスラッシャ・サイジング・マシン*の入り口に置き、ビームからビームへと糸が流れ、整経をやりながら連続的に糊付けをする。「B2Bサイジング」とも表記される。

平絹（ひらぎぬ／へいけん）【織物】

plain habutai

「へいけん」ともいう。広義には平《ひら》織りの絹織物の総称。狭義にはたて・よこども同じ太さの生糸《きいと》*を使い平織りにした生絹《きぎぬ》*のことをいう。羽二重《はぶたえ》*とほぼ同じ薄地絹織物で、着物の裏地などに用いられる。羽二重より光沢感やなめらかさが乏しく一格下の生絹織物とされる。平絹を紅色に染めたものは「紅絹《もみ》*」と呼ばれ、着物の胴裏や袖裏に使われる。

開き目（ひらきめ）【ニット】

compound yarn

ニットの経《たて》編み*の基礎になる編み目*で、ループ*が左右に開いているもの。ループが交差しているものは「閉じ目*」という。

→閉じ目（イラスト参照）

■ピリング【織物・ニット】
pilling

生地の表面が摩擦されて毛羽《けば》立ってからみ合い、小さな球状の毛玉（ピル）を生じる現象。特にポリエステルなどの合成繊維に目立つ。合成繊維は繊維強度が強いため、毛玉が容易に脱落せず残ることがある。綿などの天然繊維は毛玉が発生しても、繊維が弱いためにすり切れてしまうのであまり目立たない。一般的には織物よりニットの方が毛玉を発生しやすい。

■広幅（ひろはば）【織物・ニット】
double-width cloth

一般的な布幅より広いものの総称。着物では小幅《こはば》（約36cm）の2倍の72cmをいい、「大幅《おおはば》*」と同じ。洋服地ではヤール幅*（約91～92cm）より広い約110cmをいう。綿織物はヤール幅が多かったが、現在は110cm幅が主流。

■フィブリル【繊維】
fibril

繊維内部の「小繊維」のことで、表面が摩擦で毛羽《けば》立ち、ささくれる現象を「フィブリル化」という。セルロース系繊維*は洗濯を繰り返すとフィブリル化を起こしやすい。

■フィブロイン【繊維】
fibroin

絹を作る蚕《かいこ》の繭糸《けんし》は、「フィブロイン」（約70～80%）というタンパク質からできているしなやかな2本の繊維と、そのまわりを覆った膠《にかわ》状のかたいタンパク質である「セリシン」（約20～30%）からできている。フィブロインの断面は丸みのある三角形で表面は滑らか。絹独特の美しい光沢やしなやかさ、手触りの良さはフィブロインの形態による。セリシンを石鹸やアルカリ液で煮て取り除き、2本のフィブロインを取り出す工程を「精練《せいれん》*」または「練る」という。

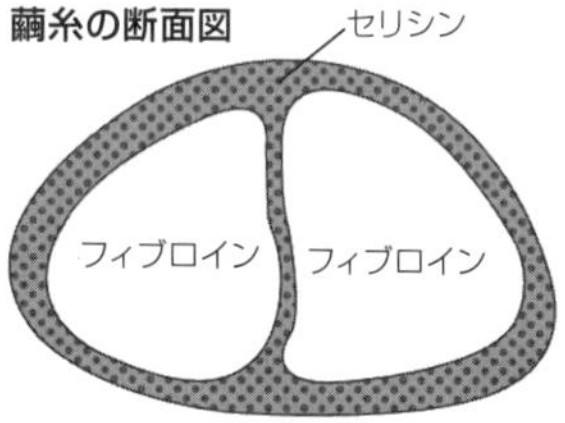

■フィラメント糸【糸】
filament yarn

「フィラメント・ヤーン」ともいう。絹や化学繊維*のように連続した長さをもつ長繊維*（フィラメント）で作られた糸。化学繊維は通常数十本の単繊維*（モノ・フィラメント*）を撚《よ》り合わせ、1本の糸を作る「マルチ・フィラメント*」として使用する。同じ太さの糸でもフィラメントが細く本数が多いものが、しなやかな糸になる。単繊維を一本で使用する糸は「モノ・フィラメント糸*」といい、糸が太くかたい。魚網《ぎょもう》やテグス（釣り糸）、テニスのガットなどが典型的。

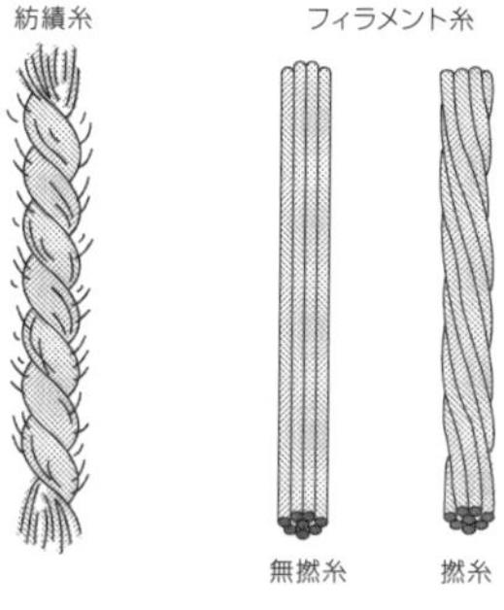

■フェルト化（フェルトか）【加工】
羊毛や獣毛(山羊、ラクダ、ウサギなど)繊維*に蒸気、熱、圧力をかけると互いに絡み合い結合する性質。この性質を利用して、織らずに布状にしたのがフェルト*。

■複合糸（ふくごうし）【糸】

compound yarn

2 種類以上の異なる繊維を組み合わせて作る糸の総称。お互いの繊維の性能を補うことで、単一繊維ではできない機能性や風合い、着心地などを作り出すことができる。複数の短繊維*を混ぜて紡績*して１本の糸にする「混紡糸《こんぼうし》*」、異なる長繊維*（フィラメント）を混ぜて１本の糸にした「混繊糸《こんせんし》*」、異なる繊維を撚《よ》り合わせた「交撚糸《こうねんし》*」、フィラメントを芯（コア）にして短繊維を鞘《さや》状に被覆《ひふく》した「コア・ヤーン*」、芯糸にフィラメント糸を巻き付けた「カバート・ヤーン*」、異質の糸で織った「交織《こうしょく》*」、異質の糸で編んだ「交編《こうへん》*」などがある。

■複合繊維（ふくごうせんい）【繊維】

composite fiber

1本の繊維の中に異なる2つのポリマー（重合体）を結合して、二層構造とした繊維。「2つの成分が対になって結合している」ので「コンジュゲート繊維」ともいう。また、2つの成分なので「バイコンポーネント・ファイバー」の略称で「バイコン」とも呼ばれる。複合紡糸《ぼうし》*によりさまざまな形で結合ができる。「貼り合わせ型」では2種類のナイロンの複合繊維の『ナイロン22』（デュポン社）、「鞘《さや》と芯型」ではクローバー形のポリエステルの芯にナイロンの鞘をつけた『シデリア』（カネボウ合繊）、花びらが開いたような「開繊型」では『ベリーマX』（カネボウ合繊）などがある。2つの成分の熱収縮性の違いに撚り、繊維にクリンプ*（縮れ）を生じ嵩高《かさだか》が増し、弾力性や保温性に富んだ性質になる。また、長極細繊維*を作ることができ、霜降り効果、先染め*調、杢調《もくちょう》*などの微妙な表面感が出せるほか、芯部分などに温度調節ポリマーを練り込むなど、さまざまな機能材料を複合できる。

■副蚕糸（ふくさんし）【繊維】

silk waste / by-product silk

繭を製糸*したときに生じる色々な屑《くず》の絹繊維類の総称。太さにムラがあるなど均一な生糸《きいと》を作るのに適さない繊維ではあるが、優れた特徴があり、紡績《ぼうせき》*し、絹紡糸《けんぼうし》*を作る原料として利用される。蚕が最初に吐き出すまだ形の整わない糸の部分の「きびそ*」、最後に蛹《さなぎ》を包んでいる繭層の「びす*」などがある。

■房耳（ふさみみ）【織物】

生地の「耳*」がフリンジのような房状になっている耳のこと。シャトル織機*では生地の両端がきれいに織り込まれた「耳」ができるが、高速織機*（レピア織機*、レピア織機、ジェット織機*など）では、生地の両端は切断されるので、両端はよこ糸がフリンジのような房状になっている。また、2幅で織られるものは織り上げてから半分に切断されるが、その時切り取られた部分がフリンジ状の紐になっている。このフリンジの紐も「房耳」と呼ばれている。紐状の房耳は廃棄物となっているが、これを新しい「素材」として捉え、編物や織物にして再利用する動きも出ている。

■節糸（ふしいと）【糸】

knotted silk

糸の太さが均一でなく、所々に節《ふし》があったり太さにムラのある糸の総称。絹糸では玉糸《たまいと》（2匹以上の蚕《かいこ》がひとつの繭を作った玉繭*から繰りとった節のある糸）、熨斗糸《のしいと》*（繭の外側の節のある太い糸）などがある。また、スラブ・ヤーンのように紡績*の段階で不規則な節を入れた意匠糸《いしょうし》*などもある。

■節絹（ふしぎぬ）【織物】

「玉絹《たまぎぬ》」ともいう。たて糸に生糸《きいと》*、よこ糸に節《ふし》のある玉糸《たまいと》*を使い平織り*にした野趣のある絹織物。紬絹《しけぎぬ》*ともほぼ同じ。たて・よこに生糸を使った羽二重《はぶたえ》*に似たものは生絹《きぎぬ》*という。着物の裏地用に使われる。

■二幅（ふたの／ふたはば）【織物】

着物地の幅で、小幅《こはば》*（36cm）の2倍の幅（72cm前後）のこと。またはその幅の織物をいう。鯨尺で1尺9寸。「二幅（ふたの）」の「の」は布の幅を数える単位。「ふたはば」「大幅《おおはば》*」「広幅《ひろはば》*」ともいう。

■部分整経（ぶぶんせいけい）【織物】

sectional warping

織物を織る準備工程のひとつである「整経*」の方式のひとつ。整経は、織物を織るのに必要な「たて糸の本数・長さ・張力を均等に整える」ために行う工程のこと。部分整経は綿、毛、フィラメント*などの先染め柄*（チェックやストライプなどの柄）や、小ロット生産の無地の整経に適している。整経工程は「チーズ*」という形状に巻かれ糊付けした糸を、「クリール*」という糸掛けに「柄組み」して配置。たて糸に必要な数のチーズから糸を引き出し、数メートル先にある整経機に取り付けられている「ドラム」に十数回に分けて糸を巻き取っていく。部分的に分けて整経を行うことからこの名がある。全部の糸を巻き取った後で、「ビーム*」（長い糸巻きのようなもの）に糸を巻き返し、このビームを製織機《せいしょくき》に取り付けて製織を行う。無地染めや大量生産には「荒巻整経《あらまき》*」が行われる。

■増やし目（ふやしめ）【ニット】

widening

「目増やし」ともいう。成型編み*の時に、目移し*によって編み目数を増やし、生地の編み幅を広くする方法。

■フラックス【繊維】

flax

亜麻《あま》*繊維を採取する亜麻の茎の部分のことで、植物体からスライバー*（撚《よ》りのないロープ状の繊維の集合体）までの状態をいう。糸および製品は「リネン*Linen」と呼ばれている。

■振り（ふり）【ニット】

racking / shogging

横編み機*で、片側の針床《はりどこ》*を左右に移動させながら編む方法（racking）。経《たて》編み機*では、筬《おさ》*を針列と平行によこ方向に動かして編む方法をいう（shogging）。

■フル・ファッション編み機（フル・ファッションあみき）【ニット】

full fashioned knitting machine

緯《よこ》編み機*の一種で、ひげ針を使い成型編み*（増やし目*や減らし目*などで、編みながら製品の形にしていく）をすることのできる編み機。編み立てられたパーツは、リンキング*でかがり合わせられ製品となる。

■ブロック・プリント【染色】

block printing

「ブロック捺染《なせん》」ともいう。型染め*の一種で、版画のように凹凸感のある版を用いて手捺染する手法。木版、銅版、石版などがある。インドネシアのチャップと呼ばれる銅製のスタンプでろうを押し付ける型押しバティック*、草花や幾何柄を彫り込んださまざまな版木を組み合わせて作るインド更紗*などがよく知られる。

■プロミックス【繊維】

promix

半合成繊維*の一種で、牛乳から採取したタンパク質（ミルク・カゼイン）とアクリル・ニトリルを共重合*して作った繊維。天然繊維と合成繊維の両方の性質を併せもつ。絹と同じく、タンパク質を主原料にしているため、絹に似た感触、しなやかさ、光沢、発色性をもち、天然繊維のような温かみや膨らみ感がある。一方では弾力性に富み、ドレープ性もあり、型くずれやシワになりにくく強度もある。

■分散染料（ぶんさんせんりょう）【染色】
dispersed dye
水に溶けない不溶性の染料を、分散剤（界面《かいめん》活性剤）で、微粒子状にして水に分散させて染着させる染料。一般に合成繊維は水に馴染まない油性のものが多いため、水に馴染みにくい分散染料とは相性が良く染まりやすい。アセテート*を染色する染料として開発され、合成繊維*にも使用されている。美しい色に染まり、日光などの堅牢度も高いが、ガスで退色する欠点がある。

■ベア天（ベアてん）【ニット】
ベア・ヤーン*（裸糸）を用いた天竺《てんじく》編みの業界用語で、「ベア天竺」ともいう。ポリウレタン糸をそのまま糸として用いたもので、綿やレーヨン糸の丸編み*天竺組織にポリウレタン糸を挿入した伸縮性のあるカットソー*生地をいう。

■ベア・ヤーン【糸】
bare yarn
「裸糸」の意味で、ポリウレタン糸をそのまま糸として用いたものをいう。ニットに用いられることが多く、業界用語で「ベア天*」と呼ばれるものは、「ベア・ヤーンを使用した天竺《てんじく》編み*」のこと。綿やレーヨン糸の丸編み*天竺組織にポリウレタン糸を挿入した生地をいう。

■減らし目（へらしめ）【ニット】
narrowing
「目減らし」ともいう。成形編み*の時に、目移し*によって編み目数を減らし、生地の編み幅を狭くする方法。

■変化組織（へんかそしき）【織物】
derivative weave / derivative stitch
織物やニットの「三原組織*」を変化させたもの。織物の三原組織には「平《ひら》織り*」「綾《あや》織り*（斜文《しゃもん》織り）」「朱子《しゅす》織り*」があり、平織りの変化組織として「斜子《ななこ》織り*」「畝《うね》織り*」。綾織り（斜文織り）の変化組織として「急斜文織り」「破れ斜文織り（ブロークン・ツイル*）」などある。ニットは、「緯《よこ》編み*の三原組織」として「平編み*（天竺編み）」「ゴム編み*（リブ編み）」「パール編み*（ガーター編み）」がある。「経（たて）編みの三原組織」は、「デンビー編み*」「アトラス編み*（バンダイク編み）」「コード編み*」があり、これらの数多くの変化組織がある。

斜子織り
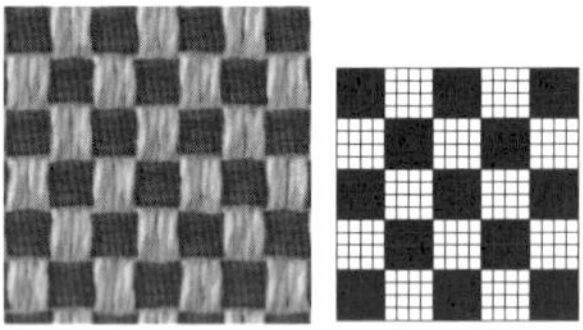

たて畝織り
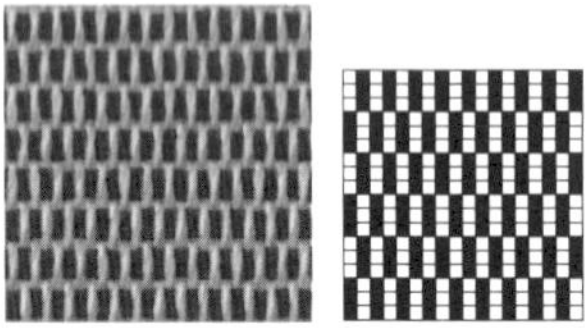

よこ畝織り
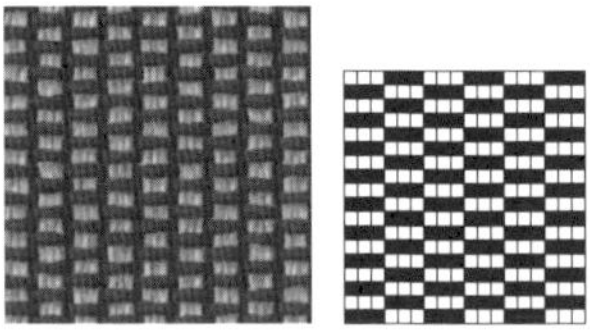

■ヘンプ【繊維】

hemp

日本では「大麻（たいま／おおあさ）」がこれにあたる。原産地は中央アジアと見られ、欧州、中国を経て日本に伝わってきた。古代より人類の暮らしに密接な植物で、世界各地で繊維利用と食用目的で栽培・採集されてきた。日本でも自生・栽培され、苧麻《ちょま》（ラミー*）に次ぐ重要な織物原料となり、罪穢《つみけが》れを祓《はら》う神事の繊維としても扱われてきた。現在は大麻取締法の影響もありわずかな生産が見られる程度。欧米では繊維利用を目的として品種改良した麻を「ヘンプhemp」、規制薬物および薬事利用に使用されることの多い植物名を「カナビス/カンナビスcannabis」と呼び区別している。ヘンプは植物の茎から採取する「靭皮繊維《じんぴ》」を使用したもので、綿よりも伸度は劣るが強く、吸湿性と耐水性に優れ、放熱性が高く、汗を蒸発させる効果をもつ。風合いもシャリ感があり、夏の衣料に最適。腐敗しにくく、晒《さら》す*ことも容易なため美しく染めることができ、自然の光沢感もある。また、抗菌作用や消臭効果があることも確認されており、エコロジー素材として注目が集まっている。

■ボイル撚り（ボイルより）【糸】

ボイル*が典型となる、強撚糸《きょうねんし》*の代表的な撚り方のひとつ。フィラメント*の無撚りの糸を数本引き揃えて、1800～2400回／mくらいの右撚り*をかけた片《かた》撚《よ》り糸*（フィラメントの無撚りの単糸を撚り合わせた糸のこと）をいう。

■紡糸（ぼうし）【繊維・糸】

spinning

広義には「糸を紡《つむ》ぐこと。または紡いだ糸」をいう。一般的には、化学繊維*を製造して糸にする工程のこと。綿や羊毛などの短繊維*を糸にする工程は「紡績《ぼうせき》」といい、絹の場合は「製糸《せいし》」という。化学繊維は、原料を液体にして、紡糸口金（ノズル）から押し出し、凝固させ連続した糸にする。衣類やインテリアに使われる「汎用《はんよう》繊維*」を作る製法と、「スーパー繊維*」を作る製法がある。「汎用繊維」を作る製法には①ポリエステルやナイロンなどを作る「溶融《ようゆう》紡糸（熱で溶融させ繊維化させる紡糸法）があり、②「溶剤（溶液）紡糸（化学薬品や溶剤で繊維化させる紡糸法）」ではアセテート、アクリルなどを作る「乾式《かんしき》紡糸」と、③レーヨン、アクリルなどを作る「湿式《しっしき》紡糸」がある。「スーパー繊維*」の製法は、超高分子量ポリエチレン、高機能PVAを作る「ゲル紡糸」、アラミド繊維、PBO繊維*、ポリアリレート繊維を作る「液晶紡糸」がある。

■防水加工（ぼうすいかこう）【加工】

waterproofing

「ウォタープルーフ」ともいう。表面を隙間なく覆い、完全に水を通さない加工。体から発散される水分や湿った空気が外に放出できないので蒸れやすい。生地表面に付いた水や油を表面張力の特性で、水玉にしてはじく加工は「撥水（撥油）加工*」という。水蒸気は通すが、水滴は通さないものは「透湿防水加工*」という。

■紡績（ぼうせき）【糸】

spinning

繊維を糸にするまでの一連の工程のこと。主に短い繊維を（短繊維*／スパン）を長い糸にする工程をいう。天然繊維では綿、羊毛、麻などがあり、紡績により作られた糸は「紡績糸*（スパン・ヤーン／ステープル・ヤーン）」という。これに対し、長い繊維をもつ（長繊維*）絹や化学繊維*は通常紡績工程は行わない。絹の場合、繭から繰《く》りとられる繊維を撚《よ》って生糸《きいと》*にするもので、この工程を「製糸《せいし》*」という。化学繊維から糸を作ることは「紡糸《ぼうし》*」といい、こうしてできた糸は「フィラメント糸*（フィラメント・ヤーン）」という。化学繊維は繊維の太さや長さを自由に変えることができるため、「フィラメント糸」と「紡績糸」の両方を作ることができる。化学繊維の紡績糸はフィラメント（長繊維）を切断して短繊維として紡績したもの。また、絹にも繊維の短い「くず繭」を紡績した「絹紡糸《けんぼうし》*」などがある。綿糸を作る紡績は「綿紡《めんぼう》」、羊毛糸を作る「毛紡《けぼう》」、麻糸を作る「麻紡《あさぼう》」、化学繊維は「スフ紡」「合繊紡」などの呼び名がある。合成繊維と天然繊維のそれぞれの特徴や長所を生かすために、ポリエステル×綿、アクリル×羊毛などを混ぜた紡績も行われている。

<綿糸の紡績工程>

①【混打綿《こんだめん》】原綿をほぐして引き揃え、不純物を除去する。②【梳綿《そめん》／カーディング】カード*という機械で、さらに細かな不純物を除去し、繊維を細かい櫛で一定方向に揃え「スライバー*」と呼ばれる「太い紐状のわた」にする。③【練条《れんじょう》】スライバーを幾重にも重ね合わせ（ダブリングという）、細く引っ張り（ドラフト*という）、繊維を平行にする。④【粗紡《そぼう》】スライバーをさらにダブリングとドラフトを繰り返しながら細く均一にし、粗糸《そし》*（ゆるく撚りをかけた糸）を作る。⑤【精紡《せいぼう》*】粗糸をさらに平行に引き揃えた束にし、ドラフトして細くしていき、撚りをかけて細い糸に仕上げる。⑥【仕上げ】撚られた糸をスピンドル*に巻き上げていく。このような一連の作業を行う。「紡績」の「紡」は「撚り合わせる」、「績」は「引き伸ばす」を意味し、糸を引き伸ばす作業を繰り返しながら細い糸にしていくことをいう。

■紡績糸（ぼうせきし）【糸】

spun yarn / staple yarn

紡績*により作られた短繊維*の糸。「スパン・ヤーン」「ステープル・ヤーン」ともいう。綿、羊毛などの「わた」から作られた糸で、毛羽《けば》立ちがあり、比較的柔らかで、嵩高《かさだか》感があり、ふっくらと暖かな感触がある。絹や化学繊維*などの長繊維*の糸はフィラメント糸*という。綿では紡績方法や加工の違いにより、「カード糸*」「コーマ糸*」「オープンエンド紡績糸*」「ガス糸*」「シルケット糸*」などが作られる。絹では繭屑《まゆくず》やくずわたなどを紡績して、「絹紡糸《けんぼうし》*」や「絹紡紬糸《けんぼうちゅうし》*」などが作られる。羊毛では「梳毛糸《そもうし》*」「紡毛糸《ぼうもうし》*」「サイロスパン糸*」などがある。化学繊維の紡績糸はフィラメント（長繊維）を切断して短繊維として紡績したもの。

■防染（ぼうせん）【染色】

reserve printing

捺染《なせん》の一種で、模様の部分だけ生地に染料が染み込まないようにして地染めして模様をあらわす技法。防染の方法には、防染糊（防染剤を混ぜた糊）に染料を加えずに模様を白く出す「白色防染」、防染糊に染料を混ぜた色糊《いろのり》*を用いて、模様を異色染めにする「着色防染」がある。防染の種類には①防染糊を用いる「糊置《のりお》き防染（型紙捺染*）」。友禅染《ゆうぜんぞめ》*、江戸小紋*、中形《ちゅうがた》*などがある。②ろうで防戦する「ろうけつ染め*」。③糸で括《くく》る「括り染め*（絞り染め*）」、板で締めつけた「板締《いたじ》め*（注染《ちゅうせん》*）」などがある。括り染めや板締めは、絣糸《かすりいと》*を作る技法としても用いられる。

■紡毛（ぼうもう）【繊維・糸・織物】

woolen / woollen

「ウーレン」ともいう。紡毛紡績*の略。もしくは紡毛紡績にする短い羊毛繊維などを指す場合が多い。紡毛紡績、紡毛糸*、紡毛織物*の総称として使われていることもある。

■紡毛糸（ぼうもうし）【糸】
woolen yarn

紡毛紡績*（紡毛*ともいわれる）で作られる糸。原毛から糸を作るには長い繊維を「梳《す》いて」作る「梳毛紡績《そもう》*」と、短い繊維を「紡《つむ》いで」作る「紡毛紡績」の2種類がある。紡毛紡績は、短毛種の羊毛や、梳毛糸*を紡績する時に出るくず毛、毛糸くず、反毛《はんもう》*、非ウール繊維など、何種類もの繊維原料を混合して紡いでいくのが特徴。多種の繊維がばらばらに配列されているため、太さがやや不均整で毛羽《けば》が多く、柔軟で膨らみのある暖かさを感じる糸になる。糸の撚り*は比較的甘く、均一ではない。紡毛糸の織物は紡毛織物*という。紡毛織物は起毛加工*しやすく保温力が高く、縮絨《しゅくじゅう》*もかけやすい。フランネル*、メルトン*、ツイード*などが代表的。

■紡毛紡績（ぼうもうぼうせき）【糸】
woolen spinning

紡毛糸を作る紡績*法。原毛から糸を作るには長い繊維を「梳《す》いて」作る「梳毛《そもう》紡績*」と、短い繊維を「紡《つむ》いで」作る「紡毛紡績」の2種類がある。紡毛紡績は短毛種の羊毛や、梳毛糸*を紡績する時に出るくず毛、毛糸くず、反毛《はんもう》*、非ウール繊維など、何種類もの繊維原料を混合して紡いでいくのが特徴。

<紡毛紡績の工程>

①【選別】原毛を太さ・長さ、縮れ（クリンプ）の状態、不純物の混合などを調べて選り分ける。②【洗毛《せんもう》】羊毛に含まれている脂、土砂、尿などを、石鹸とソーダで洗い落とす。③【洗化炭《せんかたん》／化炭《かたん》処理*】亜硫酸などに浸し高温で乾燥させ、羊毛繊維に紛れ込んでいる植物性繊維（種や草などの不純物）を炭化して除去する処理を行う。④【反毛《はんもう》*】羊毛の糸くずや織物の裁断くずを繊維に戻し再利用する「反毛」を行う。⑤【調合】短い羊毛、梳毛糸のくず糸、反毛などの繊維原料を調合する。⑥【カーディング】「カード*」という機械で、羊毛繊維を解《ほぐ》してさらに不純物を除去し、「スライバー*」と呼ばれる棒状のわたにする。⑦【精紡《せいぼう》*】糸の太さにまでスライバー引き伸ばし、糸に撚りをかけて「単糸《たんし》*」に仕上げる。「ミュール精紡」と「リング精紡」の精紡法がある。

■ぼかし染め（ぼかしぞめ）【染色】
ombre dyeing

オンブレ捺染*ともいう。絵の具がにじんだような、境界線をぼかした染め。霧吹きで吹いたようにも見えることから「霧吹き染め」ともいう。

■解し織り（ほぐしおり）【織物】
chiné（仏）

整経《せいけい》*したたて糸に模様を捺染*してから織り上げる、絣柄《かすりがら》*に似たぼかし柄の織物。たて糸に粗くよこ糸を織り込んだ「仮《かり》織り」をしてから模様を型紙で捺染し、これを再び織機に仕掛けて、仮織りのよこ糸を「ほぐし抜き」ながら、本《ほん》織りのよこ糸を織り込んでいくことからこの名がある。捺染したたて糸が微妙にずれて、絣*のようなぼかした模様が織り上がる。明治時代にフランスから技法が伝わったもので、仏語ではシネchinéという。糸の表裏が同じように染色されるため、裏返しても同じように扱えるのが特徴。たて糸とよこ糸が重なりあって、色柄の柔らかさ、温かみ、深みのある色調を生み出す。着物の銘仙《めいせん》*などに使われていた手法として知られる。

■細幅（ほそはば）【織物】
fabric tape
一般的に「付属品」といわれているベルト、テープ、リボン、ブレードなどの幅の細いテープ状の織物類の総称。

■ポリアリレート繊維
（ポリアリレートせんい）【繊維】
polyarylate fiber
スーパー繊維*の一種で、「全芳香族ポリエステル繊維」「溶融液晶ポリエステル」とも呼ばれる。超高強力・高弾性率・低吸湿性を特徴とし、耐摩耗性、振動減衰性、耐衝撃性などもある。強度は通常の医療用ポリエステルの6倍、重さはスチール繊維の6分の1～5分の1と軽く、耐熱性と低温特性にも優れている。スポーツ用品をはじめ、マイナス100℃を超える低温環境の宇宙空間においても性能が損なわれないため、火星探査機のエアバッグや、成層圏での飛行船の本体素材として採用されている。『ベクトラン』（クラレ）の商標がある。

■ポリウレタン【繊維】
polyurethane
ポリウレタン系合成繊維のうち、ゴムのような伸縮性をもつもので、「ウレタン樹脂」「ウレタンゴム」ともいう。繊維自体がゴムのように伸び縮みする弾性糸で、「ポリウレタン弾性繊維」は「スパンデックス」の一般名称でも知られる。ポリウレタン100%使いの製品はなく、5～30%程度の混合で、ストッキングをはじめ、さまざまな繊維との組み合わせでストレッチ素材*に使用される。1959年に米国のデュポン社が開発し、『ライクラ』の商標名で販売した（現在はインビスタ社の商標）。米国では「ライクラ」がポリウレタンの代名詞として使われている。『ロイカ』（旭化成せんい）などの商標もある。

■ポリウレタン・フォーム【繊維】
polyurethane form
一般的には「ウレタンフォーム」といわれる。ポリウレタンに発泡剤を加えて重合*した多孔質の発泡合成ゴムで、「発泡ポリウレタン」ともいう。非常に軽量で、断熱性、防音性に優れ、硬質から軟質までバリエーションも多い。クッション材、断熱材、防音材、梱包用パッキング材など用途も広い。

■ポリエステル【繊維】
polyester
合成繊維*を代表するひとつで、ナイロン*、アクリル*と共に「三大合成繊維」と呼ばれている。化学繊維*のなかで最大の生産量を誇り、フィラメント（長繊維*）とステープル（短繊維*）が生産されている。1941年、英国のJ.R.ウインフィールドとJ.T.ディクソンによって開発され、英国のインペリアル・ケミカル・インダストリー（ICI）社が『テレリン』の商標名で工業化。1953年には米国のデュポン社が『ダクロン』の商標名で、日本では1958年に東レ（株）（旧：東洋レーヨン〈株〉）と帝人（株）（旧：帝国人造絹絲〈株〉）が『テトロン』の商標名で生産を開始した。アメリカではナイロンを「ダクロン」、日本では「テトロン」と、商標名で呼ぶことも多い。
<ポリエステルの種類>
ポリエステルの材料には①石油などの「化石燃料由来のもの」と、②「バイオマス・プラスチック*」など、トウモロコシから作られる「植物由来のもの」。③「バイオ・ポリエステル*」などの「微生物由来のもの」がある。
<ポリエステルの性質>
ナイロンに次ぐ強度があり、摩耗に強く、耐久性がある。弾力性に富み、張り・コシがあり、弾性回復力も大きく、形態安定性にも優れているので、シワになりにくく、形くずれしない。吸湿性

が低いので濡れても乾きやすく、洗濯後のアイロン掛けもいらないウォッシュ・アンド・ウエア性に優れている。しかし、吸水性が低いと汗を吸わず蒸れやすく、静電気が発生しやすい。また染色性が悪いという欠点もある。ナイロン、アクリルよりも耐熱性が高く、熱可塑性《ねつかそせい》も高いため、熱セットしてプリーツ加工が容易にできる。綿や羊毛など、他の繊維との混紡*、交織*、交編に適しており、それぞれの繊維の長所を生かしながら欠点を補うという特徴がある。綿との混紡では、綿のさらっとした風合いと吸湿性と、ポリエステルのシワにならず乾きやすいウォッシュ・アンド・ウエア性の両方の利点が生かされている。熱伝導性も低いため、羊毛と混紡しても風合いや機能性を損ねることがない。繊維の抵抗力が強く、カビ・虫・油類・細菌や、酸やアルカリなどに強く耐薬品性がある。摩擦に強く耐久性もあるが毛玉ができやすく取れにくい。これを改良するために、抗ピル加工*が施されている。紡糸《ぼうし》*しやすいため、繊維の断面を三角形や星形に加工する異形断面繊維*や、中空にする中空繊維*、極細糸にするなどで風合いや性質を変える加工糸*としての利用も多い。主成分のポリエチレンテレフタレート（PET）はペットボトル(PETの名前の由来である)と同じであることから、ペットボトルを再生したフリース*素材などの再生ポリエステル繊維*も作られている。

■ポリエチレン【繊維】

polyethylene

エチレンの単独重合体*のもっとも単純な構造をもつ高分子*。ポリプロピレン*にも似ており、全く水を吸わず、軽く、強く、酸やアルカリに安定しており、薬品にも強い。プラスチック容器や包装用フィルムなど、合成樹脂としての用途が多い。

■ポリエーテルエステル系

（ポリエーテルエステルけい）【繊維】

polyether-ester

ポリウレタン*のようなストレッチ性のある合成繊維。伸長回復性はポリウレタンより劣るが、塩素系漂白剤に弱いポリウレタンに対し、耐塩素性があり、耐熱性、熱セット性などの点でも優れている。『レクセ』（帝人ファイバー）などの商標がある。

■ポリ塩化ビニル（ポリえんかビニル）【繊維】

polyvinyl chloride / PVC

塩化ビニル樹脂を繊維にした合成繊維で、合成樹脂（プラスチック）のひとつ。俗に「塩化ビニル」「塩ビ」と呼ばれる。丈夫で耐候性、耐薬品性に優れ、難燃性、保温性も大きい。優れた物性をもちながら価格も安いため、用途は衣料、壁紙、インテリア、防虫網、ロープなど多岐にわたる。

■ポリクラール【繊維】

polychlal

1967年に日本で開発された難燃性の合成繊維。ポリ塩化ビニル*とポリビニル・アルコールを共重合*させて作ったもので、柔軟性、保温性、耐薬品性に優れ、適度な吸湿性がある。防炎のカーテンやカーペットなどに用いられることが多い。

■ポリ乳酸繊維（ポリにゅうさんせんい）【繊維】

polylactic asid fiber / PLA

バイオベース繊維*の代表的な繊維で、「トウモロコシ繊維」ともいわれる。ポリ乳酸（polylactic acid / 略してPLAと表記される）は、トウモロコシやサツマイモのデンプン、またはサトウキビなどから得られるショ糖を原料にし、乳酸発酵により作られた「乳酸」を原料にしたもので、ポリエステル類に分類される。人体との生体適合性のある安全な繊維であり、生分解性*があるため環境への負担が非常に小さい、自然循環型で完全リサイクルが可能なエコロジカルな素材とされている。ナイロン*やポリエステル*と同じ「溶融紡糸法《ようゆうぼうしほう》*」で製造される。ポリエステルと同じようにさまざまな繊維形態に加工することができ十分な強度があり、ソフトで清涼感のある風合いとなり、衣料から産業分野までの展開が可能。しかし、融点が170℃と低く熱に弱いので、アイロンの取り扱いには注意を要するが、200℃を超える耐熱性に優れたバイオマス・プラスチックス商品も開発されている。『バイオフロント』(帝人)、『エコディア』(東レ)、『テラマック』(ユニチカ) などの商標がある。

■ポリノジック【繊維】

polynosic rayon / high wet-modulus rayon

「ポリノジック・レーヨン」ともいう。再生繊維*の一種で、レーヨンと同じ「ビスコース法」で製造されるが、レーヨン*を綿に近づけるために重合《じゅうごう》*度を高めた「改良レーヨン」。レーヨンは強度が小さく、シワになりやすく、濡れると縮みやすいという欠点を改良したもの。「ハイ・ウエットモジュラス (HWM)・レーヨン*」という改良レーヨンで、湿潤《しつじゅん》しても乾燥時と強さがほとんど変わらずコシも強い。湿潤時のシワの発生と吸水性はレーヨンより少なく、熱に強く、耐光性、防虫性、抗菌性はレーヨンと同じ。水洗いもできる。

■ポリプロピレン【繊維】

polypropylene

合成繊維の中では最も軽く、水に浮くという特性を持ち、吸水性・吸湿性は全くない。耐熱性や耐光性が低い、染色性が悪いなどの性質から、ファッション衣料としての需要は少ない。アパレルでは速乾性があるため、汗を蒸発させる速乾性素材として使用されている。また熱可塑性である、ポリマー*に塩素を含まない、完全燃焼するとほぼ水と二酸化炭素になるという性質により、リサイクルの比較的容易な合成樹脂として関心も高まっている。

■マイクロファイバー【繊維】

microfiber

極細繊維、または超極細繊維ということもある。直径が髪の毛の100分の1ほどの「ミクロン単位 (1000分の1mm)」のポリエステル*やナイロン*の極細繊維のこと。化学繊維でありながら、綿の5倍という優れた吸水性を持ち、汚れを吸収しやすい (繊維に付着するだけなので洗濯で汚れが落ちやすい) 性質があるため、めがね拭きやタオルやクロスなどに効果を発揮する。また、肌触りがよく、保温性が高く、抗菌性にも優れ、通気性がよく乾燥が早いという特徴もあり、スポーツウエアや下着などの衣類にも使われている。

■丸編み (まるあみ)【ニット】

circular knitting

緯《よこ》編み*の一種で、円筒状の丸編み機で編まれたニットのこと。編み地も円筒状になる。ほとんどが「流し編み*」と呼ばれる反物《たんもの》*状の編み地で、裁断して縫製される「カット・アンド・ソーン (カットソー*)」の製品になるため、丸編みをカットソーの代名詞として使うことが多い。着丈ごとに区切って編み立てる半成型編みの「ガーメントレングス編み*」もある。丸編み機の針床《はりどこ》*は「釜《かま》」「針釜」ともいい、円筒のシリンダー (下釜《したがま》) とダイヤル (上釜《うわがま》) がある。針列が1列のものを「片釜《かたがま》」「シングル・ニードル*」、2列のものは「両釜」「ダブル・ニードル*」という。横編み*よりも早く編むことができ低コストとなる。

■マルチフィラメント糸

（マルチフィラメントし）【繊維】

multifilament yarn

化学繊維*のフィラメント（長繊維*）を多数合わせて1本の糸にしたもの。繊維の1本1本を「単繊維*（モノ・フィラメント*）」といい、化学繊維は通常数十本のモノ・フィラメントを撚《よ》り合わせた「マルチフィラメント」を1本の糸にして使用する。これを「マルチフィラメント糸」という。通常のフィラメント糸*は30～50本の単繊維が使用されるが、60本以上の単繊維のものを特に「マルチフィラメント糸」と呼ぶこともある。モノ・フィラメント1本からなる糸は「モノ・フィラメント糸*」という。

■真綿（まわた）【繊維】

floss silk

蚕《かいこ》の繭から作った「わた」。均一な生糸《きいと》を作るには不適格な節《ふし》のある「玉糸《たまいと》*」やくず繭を、精練《せいれん》*した後で、水中で不純物を取り除きながら広げて引き伸ばし、木枠に張りかけて乾燥させて「わた」にする。白く、光沢があり、柔らかく保温性があるため、布団や防寒着などに詰める素材として利用され、良質なものは紬糸《つむぎいと》*の原料になる。

■三子糸（みこいと／みつこいと）【糸】

単糸《たんし》*を3本撚り合わせて1本の糸にしたもの。「みつこいと」「三子《みこ》撚《よ》り糸」とも呼ばれる。4本撚り合わせたものは「四子糸（よこいと／よつこいと）」という。フィラメント糸*の場合の「三子糸」は、片《かた》撚り糸*を3本撚り合わせたものをいう。

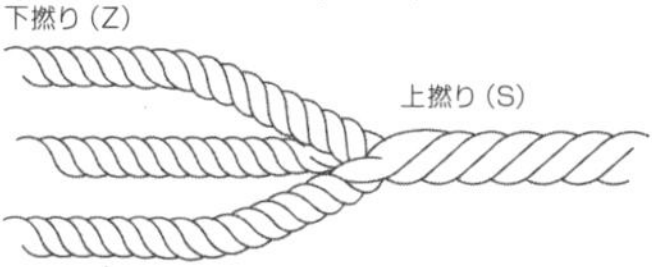

■ミス【ニット】

miss / welt position

ニットにおける針上げ*カムの基本動作のひとつで、針の背中に糸を渡して編み目を作らない方法。針をウエルト・ポジション*にしておき、ニット*もタック*もしない状態をいう。針に糸をかけ忘れる“ミス”ということから「ミス」という呼び名がある。「ウエルト」ともいう。

■ミドル・ゲージ

middle gauge

ゲージ*はニットの編み針の密度を示す基準のことで、ゲージ数が大きくなるほど細かいゲージ（針密度）になり、編み針や糸が細くなる。ミドル・ゲージは中間程度の編み地のものをいい、横編み機*では6.5G、7G、9G、10Gのものをいう。12G以上は「ハイ・ゲージ*」、5G以下は「ロー・ゲージ*」という。

ハイ・ゲージ

ミドル・ゲージ

ロー・ゲージ

■耳（みみ）【織物・ニット】
salvage
広義では、織物や編物のよこ方向の縁《へり》の部分をいう。狭義ではシャトル織機*などの低速織機*で織られた生地に見られる、地組織とは違う特殊な織りをした「耳」のこと。シャトル*でよこ糸を往復して織られる織機のみに見られる「耳」で、今日の主流になっているシャトルレス織機*（レピア織機*、ジェット織機*など）では、よこ糸をカットしながら一方向で織るため、よこ糸はフリンジのような「房耳《ふさみみ》*」となり、織り込んだ「耳」はできない。よこ糸はヒートカット*などで切断され処理される。レピア織機などでは「タックイン装置」を取り付け、「房耳」を中に折り曲げて織り込み、シャトル織機のような耳を作ったものがあり、これを「タック耳*」という。シャトル織機で織られた「耳」には「耳文字*」が織り込まれたり、デニム*などでは「赤耳《あかみみ》*」と呼ばれる赤いステッチを施したものなどがある。レピア織機*に「ネームジャカード装置」を設置して「耳文字」を織り込み、ションヘル織機*に近い性能を出したものもある。

■耳まくれ（みみまくれ）【ニット】
curling
「カーリング」ともいう。ニットの編み地の左右や上下の端がくるっとめくれてしまう現象。平《ひら》編み*に起こりやすい。

■耳文字（みみもじ）【織物】
「耳マーク」、「耳ネーム」ともいう。生地の両端の「耳*」の部分にメーカー名やブランド名、生地名、デザインシリーズ名などを印捺したり、ジャカード*で織り込んだもの。毛織物の紳士服地などが典型的で、耳文字は英国の生地メーカー、ドーメル Dormeuil 社が考案したものだという。本来、織物の「耳」はシャトル織機*などの低速織機*だけに表現できるものだが、レピア織機*に「ネームジャカード装置」を取り付けて、ションヘル織機*のような耳文字をあらわしたものもある。

■無版プリント（むはんプリント）【染色】
製版*が不要な捺染《なせん》*技法のこと。コンピューターで画像処理して行うデジタル・プリント*の「インクジェット捺染*」「転写捺染*」などがある。

■ムラ染め（ムラぞめ）【染色】
生地を均一に染めないで、ムラに染めたものの総称。漂白剤を用いたり、ろうけつ染め*などで行われたり、生地をクシャクシャに丸めた状態で染めるなどいくつかの手法がある。スペック染め*のように、濃淡のある糸などを用いてムラ感を出した織物もある。

■目落ち（めおち）【ニット】
transfer miss
ニット（編み目を作る）するはずのループが針からはずれ、編まれていない状態。ラン（伝線）の原因になる。

■ 目落とし（めおとし）【ニット】

「目外し」ともいう。1コースの編み目を針の上から「落とし櫛《ぐし》（目落とし櫛）」を用いて取り外して別の部分に置き、この状態で編成する編み方。Vネックなどを編む時に用いられる。

■ 目ずれ（めずれ）【ニット】

「目寄り」「糸寄り」ともいう。織物のたて・よこ密度を極端に粗く織ると、糸が動いて隙間などを生じること。糸をからませて織る「搦《から》み織り*」は、糸同士がからみあうので密度が粗く織られていても目ずれを起こさない。

■ メタリック・ヤーン【糸】

metallic yarn / metallic thread

「金属糸」ともいう。金・銀・銅・プラチナなど金属質な輝きをもつ糸の総称。伝統的な金糸には和紙に金箔《きんぱく》を張り付け細く裁断して芯糸に巻き付けたものや、平箔《ひらはく》にしたものなどがある。現在は薄いポリエステルフィルムに金属を蒸着加工《じょうちゃくかこう》*させ金色や銀色にして細くカットしたものに芯糸を撚り合わせて糸にするものが多い。また、ラメ糸やアルミニウムなどの金属シートやホログラムシートを糸状にしたものなど、虹色の輝きをもつものまでを含めてこう呼ばれる。

→【コラム26】意匠糸（写真参照）

■ 目付け／匁付／匁附

（めつけ、めづけ、めづき）【織物・ニット】

織物やニット生地の単位面積当たりの重さのこと。「グラムg」または「キログラムkg」であらわす。①生地1m²（1m×1m）の重さ②生地1mの重さ③製品1枚の重さ（ニット）をいう場合がある。④和装の絹織物の場合は、「匁《もんめ》」であらわす。鯨尺《くじらじゃく》で「幅1寸《すん》・長さ6丈《じょう》」の精練《せいれん》*後の重さをいう。1匁は約3.75g。

■ 目拾い（めひろい）【ニット】

hook up

編み目を拾って針にかける操作や、補修のために編み目を拾う操作。

■ 杢糸（もくいと）【糸】

grandrelle yarn / double-and-twist / mouliner yarn

色違いの2本以上の単糸《たんし》*を撚り合わせて霜降り効果を出した糸。2本の単糸を撚り合わせた糸を双糸《そうし》*といい、3本の単糸を撚り合わせた糸は三子糸《みこいと》*という。3本の異色糸を使った三子糸を「三杢《みつもく》」、4本の場合は「四杢《よつもく》」という。

→【コラム26】意匠糸（写真参照）

■ 綟る（もじる）【糸・織物】

ひねったり、捻《ねじ》ったりすること。

■ モダール【繊維】

Modal

再生繊維*のセルロース系繊維*のひとつ。木材パルプを原料にしたビスコース・レーヨン*の「改質レーヨン*」で、1964年よりオーストリアのレンチング社が販売。「ハイ・ウエットモジュラス*high wet-moudulus（HWM）」と呼ばれる改質レーヨンで、湿潤しても強度がほとんど変わらず、レーヨン*よりも強くフィブリル化*が少ない。品質表示では「レーヨン（モダール）」と表示される。モダールは上質なコットンに近づけた、非常に繊細で柔らかな肌触りと軽さが特徴。吸水性や吸湿性にも優れている。レンチング社の商標の『レンチング・モダール』はブナ木材100%を用い、パルプや原綿生産はサスティナビリティ（持続可能性）の管理原則のもとに行われている。環境に配慮した生産管理システムと、製造工程で生じる副産物のほとんどを資源として有効活用する再利用システムがとられている。

■モノフィラメント【繊維】

mono filament

「単繊維*」ともいう。フィラメント（長繊維*）1本1本のこと。化学繊維は通常数十本のモノフィラメントを撚(よ)り合わせた「マルチフィラメント*」を1本の糸にして使用する（マルチフィラメント糸*という）。モノフィラメント1本で作る糸の場合は「モノフィラメント糸」といい、糸が太くかたい。魚網《ぎょもう》やテグス（釣り糸）、テニスのガットなどが典型的。

■モノマー【繊維】

monomer

単量体、低分子化合物ともいう。重合《じゅうごう》*が行われる基本単位の分子。ポリマー（重合体*）の基本構造の構成単位となるもの。「もの」はギリシャ語の「1」の意味。

■モヘア【繊維】

mohair

アンゴラ山羊の毛のこと。主産地は、トルコ、南アフリカ、アメリカなど。光沢があり柔らかくなめらかな、非常に長い繊維が特徴。生後1年以内のものは「キッド・モヘア」と呼ばれ、繊維は細く、よりしなやかで光沢も増している。

→【コラム26】意匠糸（写真参照）

■諸撚り糸（もろよりいと）【糸】

plied yarn / folded yarn

「諸糸《もろいと》」ともいう。絹や化学繊維のフィラメント糸*の無撚り、またはほとんど撚りのかかっていない単糸*を1本か2本以上引き揃えて撚りをかけ1本の糸にしたものを「片《かた》撚り糸*」という。片撚り糸を2本以上撚り合わせて（片撚り糸とは反対方向に撚りをかけて）1本の糸にしたものを「諸撚り糸」という。諸撚り糸に強撚《きょうねん》をかけたものを「駒撚《こまよ》り糸」という。2本の片撚り糸を撚り合わせたものを「2本諸《もろ》」、3本撚り合わせたものは「3本諸《もろ》」「三子諸《みこもろ》」または「三子糸《みこいと》*」とも呼ばれる。紡績糸*の場合、2本の単糸を撚り合わせたものは双糸《そうし》*という。

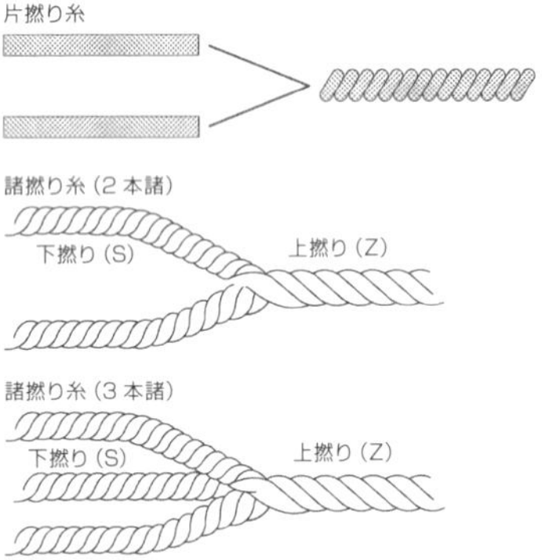

■紋紙（もんがみ）【織物】

Jacquard card

紋織物（ジャカード*）の模様をあらわすのに用いる、孔《あな》のあいたパンチカードのこと。ジャカード織機*のジャカード装置に紋紙（パンチカード）を差し込んで模様を織り込んでいく。パンチカードは図柄を織りなすデータであり、この原理は後の時代に登場するコンピューターの原理と同じものといわれる。現在は紋紙に代わり、コンピューターに図柄がプログラミングされた織機が開発されている。図柄をコンピューター・グラフィックスで描き、フロッピーディスクに紋データとして入力し、織機に連動

させ自動的に織り上げるもので、「コンピューター・ジャカード」と呼ばれている。

■紋組織（もんそしき）【織物】

figured weave

織物組織のひとつで、いろいろな組織を組み合わせて紋様を織り出す組織。ジャカード織機*やドビー織機*を用いて織られるさまざまなジャカード*やドビー*などの織りがある。

→p.434「織物組織の分類表」参照

■野蚕絹（やさんぎぬ）【糸・織物】

wild silk

「野蚕」で作られる絹糸や、絹織物の総称。野蚕が作る繭は「野蚕繭」という。「野蚕」とは山野などに自然に生息している蚕をいい、野生の植物を食べる。①日本原産でクヌギやナラなどの葉を食べ、明るい緑色の繭の「天蚕絹《てんさんぎぬ》（または山繭絹《やままゆぎぬ》ともいう）」と、②中国インドなどを中心に生息し、クリ、カシ、カシワなどの葉を食べ、繭の色は淡褐色の「柞蚕絹《さくさんぎぬ》*」がある。養蚕《ようさん》者が家の中で飼う蚕は「家蚕《かさん》*」という。

■ヤール幅（ヤールはば）【織物】

a yard of cloth

1ヤード（約91.44cm）幅の洋服地のことで、約91～92cm幅をいう。日本独特の生地の長さの呼び名。本来「シングル幅*」という場合は71cm幅をいうが、ヤール幅が洋服地の一般的な幅であったことからこちらを「シングル幅」と呼ぶことが多い。また1ヤードが36インチ幅（約91.44cm）であることから業界用語で「サブロク」ともいわれる。綿織物はヤール幅が多かったが、現在は業界用語で「ヨンヨン」といわれる44インチ幅の110cmが主流。110cm幅を「広幅《ひろはば》*」と呼ぶこともある。1インチinchは2.54cm。

■緯編み（よこあみ）【ニット】

weft knitting

ニット*の編成方法は「緯編み」と「経編み《たて》*」に大別される。「緯編み」の編み機には、平板状の形をした「横編み機*」と、円筒状の形をした「丸編み機」*がある。横編み機で編まれたニットは「横編み」といい、ニットの多くは「横編み」が多い。丸編み機で編まれたニットは「丸編み」と呼ばれる。「丸編み」はカットソー*が多く、カットソーの代名詞ともなっている。

■横編み（よこあみ）【ニット】

flat knitting

ニットの「緯《よこ》編み*」のひとつで、平板状の形をした「横編み機*」でよこ方向に編まれるニット。一般的にニットという場合は「横編みニット」をいうことが多く、単に「よこ」「よこニット」ともいい、丸編み機（丸編み*）で編まれるカットソー*と区別している。横編み機は、ジャカード機*、インターシャ機*などで、多種多様な編み地や柄を作ることができ、フルファッション編み機では「成型編み*（減らし目*や増やし目*で形を作っていく編み方）」ができるのが大きな特徴。コンピューター制御化ももっとも進化している。ラダリング*（はしご状のほつれ）があるのも特徴。

■撚り数（よりすう）【糸】

number of twist / twist level

糸の撚りの回数のこと。綿や羊毛の紡績糸*の撚り数は1インチ（1inch / 2.54cm）間の撚り回数で、生糸《きいと》*や化学繊維*などのフィラメント糸*は1m間の撚り回数であらわす。同じ糸の太さ(番手*)の場合、撚り数が多い方が強い撚り糸になるが、同じ撚り数でも太い糸の方が細い糸よりも強い撚りになる。そのため、糸の太さ（番手）と撚り数の関係を数値であらわした「撚り係数」が用いられる。撚り係数は数字の大きいものほど撚りが強くなる。撚り糸は「甘撚《あまよ》り糸*」「並撚り糸」「強撚糸《きょうねんし》*／強撚《つよよ》り糸」に大別される。ニット糸は甘撚り糸が中心、縮緬《ちりめん》*や縫い糸は強撚糸となる。綿糸の場合の目安としての撚り係数は、「極甘撚り（ニット糸など）：1.3～2以下」「甘撚り（よこ糸などに）：3.2～3.4」「並撚り（たて糸などに）：3.5～4.0」「強撚（縮緬などに）：5以上」「極強撚（縫い糸などに）：5.5～6.5」となる。

■ラフィア【繊維】

raffia

マダガスカル原産の「フラフィア椰子《やし》」の葉の部分を加工して乾燥させた天然繊維。「ラフィア糸」と呼ばれる、白っぽい紐状のものにする。天然のろう分と油脂分を多く含むため撥水《はっすい》性があり、滑らかで肌触りが非常に良い。多少曲げても元に戻り、使うほどに艶が出てくる。染色しにくいため、そのまま使うことが多い。バッグや帽子、コサージュなどのクラフト素材としてや、ラッッピングリボンなどに使用される。

■ラミー【繊維】

ramie

イラクサ科の多年草で、中国を中心にブラジル、フィリピン、マレーシアなどで栽培。日本では「苧麻《ちょま》（からむし）」「真苧《まお》」「苧《お》」などと呼ばれ、その歴史は古く、縄文期のものも発見されている。苧麻《ちょま》の茎から剥ぎ取った皮、あるいはそれを晒《さら》して細く裂いて粗繊維にしたものは「青苧《あおそ》*」という。茎が青く、やや青みがかった透明感のある繊維であることからこの名がある。繊維の色により「赤苧《あかそ》」「白苧《しろそ》」と呼ばれ、種類も若干違う苧麻となる。小千谷縮《おぢやちぢみ》*、近江上布*、宮古上布、八重山上布など、「上布《じょうふ》」と呼ばれるものは苧麻の織物をいう。苧麻とラミーは、植物学上は違うが、似たような性質から織物では同義語とされる。天然繊維の中でも「吸湿（汗）・速乾性」に優れ、「最高の強度」を持ち、水に濡れるとさらに強度が増す。リネン*（亜麻）よりも張りとコシがあり、肌にべとつかずごわごわしないのが特徴。上品な光沢があり「絹麻《きぬあさ》」とも呼ばれる。

■力織機（りきしょっき）【織物】

power loom

動力を使って織る動力織機や機械式織機の総称で、「ヴィンテージ織機」とも呼ばれる。ボビンに巻いたよこ糸を内蔵した「シャトル*」を用いて織る「シャトル織機*」が代表的。最初の力織機は1785年にイギリスのエドモンド・カートライトにより発明された。当初は馬の力が利用され、1789年には蒸気機関の動力が使用された。力織機は1733年に発明されたバネ式シャトルである「飛び杼《ひ》」の3.5倍の能力を持つ画期的なもので、それまでの手織り機に代わり織機の主流となり、産業革命を牽引《けんいん》した。20世紀初めには、より早く効率的な生産性を上げる「シャトルレス織機*」が開発されたことにより、主役の座を奪われることになった。しかし、力織機独特の風合いの良さなどが見直され、現在も少数ではあるが生産が続けられている。

■リネン【糸・織物・ニット・レース】

linen

亜麻《あま》のこと。または亜麻の繊維を原料にした糸、生地、製品の総称。亜麻科の一年草で、主産地はフランス北部、ベルギー、ロシア、東欧、中国など。亜麻は通常、植物体から繊維までを「フラックス*」、糸や生地にしたものを「リネン（英）」「リンネル（仏）」という。吸水・発散性に優れ爽やかな清涼感があるのが大きな特徴。天然繊維のなかではもっとも汚れが落ちやすく、洗濯にも強い。衣料品をはじめ、「ホームリネン」（シーツ、ピロケース、パジャマ、タオル他）、「テーブルリネン」（テーブルクロス、ナプキン他）、「キッチンリネン」（グラスタオル他）など、「リネン文化」が発達したヨーロッパでは、生活に密着した素材として大切に使われている。

■リブ出合い（リブであい）【ニット】

「ゴム出合い」ともいう。リブ編み（ゴム編み*）を編むときの針の配列の仕方。２列の針床《はりどこ》*の針の針列が互い違いに向き合ったものをいう。針床をＶ字形に合わせたＶベッド式と、丸編み機*ではダイヤル・ニードル*とシリンダ・ニードル*がずれて「リブ出合い」となったものがある。「インターロック出合い」や「フライス出合い」ともいう。両面編み*を編む場合は、列の針は向かい合わせに突き合わせに配列する。これを「両面出合い」または「スムース出合い」という。

■リボン・ヤーン【糸】

ribbon straw / ribbon yarn

リボンのように平たくなった糸で、「扁平糸《へんぺいし》」ともいう。レーヨンやナイロンのフィラメント糸*が多く、紡糸口を扁平にして作られた糸。細幅の織りもある。ストローのものはリボン・ストローともいう。手芸用をはじめニットや織りなどに使われる。

■硫化染料（りゅうかせんりょう）【染色】

sulphur dye / sulphide dye

有機物を硫化した硫黄原子を含む染料。水に溶けない不溶性のため、硫化ナトリウムを加えたアルカリ性の水溶液で還元《かんげん》し、水溶性にして繊維に染着させる。染めた後で、空気にさらして空気酸化させ色素を固着させる。セルロース系繊維*やビニロン*などに使用され、アルカリに弱い絹や羊毛には用いない。建染《たてぞ》め染料*と似ているが、塩素漂白に弱く、長期保存すると染料が酸化して硫酸に変わり、セルロース系繊維を脆弱化《ぜいじゃくか》させる欠点がある。

■両面斜文（りょうめんしゃもん）【織物】

「両面綾《あや》」ともいう。綾織り*に見られる斜めにあらわれる線を「斜文線《しゃもんせん》*」といい、表と裏の斜文線のあらわれ方が同じものをいう。綾織りは、たて、またはよこの浮き糸が斜めに並列して斜文線があらわれる。たて糸が多くあらわれる面を「たて綾」といい、よこ糸が多くあらわれる面は「よこ綾」という。「2《に》／2《に》の綾」などが代表的で、これは「たて糸2本、よこ糸2本」の順に糸が浮いている綾織りのため、表裏の斜文線のあらわれ方は同一となる（斜文線の方向は逆になる）。

■リヨセル【繊維】

Lyocell

1988年、英国のコートルズCourtaulds社が開発し、『テンセル』の名前で販売した、世界で初めての「溶剤紡糸」による精製セルロース繊維*。ユーカリ木材パルプを原料に、セルロース*そのものを溶剤に溶解して精製（混合物を純物質にして純度の高いものにすること）し紡糸*する「溶剤（溶液）紡糸法」で作られる。セルロースを化学変化させないため分子量の低下が少なく、天然繊維に近い繊維となる。風合いがソフトでシルキータッチ、弾力性がありシワになりにくく、美しいドレープができる。縮みにくいので家庭での洗濯も可能。吸湿性・吸汗性に富み、優れた速乾性があるなどの特徴がある。「リヨセル」の名前は欧州での品質表示名として使用されている。2004年にオーストリアのレンチングLenzing Fibers社が『テンセル』を買収し、現在はレンチング社が『レンチング・リヨセル』の商標で生産。環境に配慮した生産管理システムと、計画植林でサスティナビリティ（持続可能性）な生産が行われている。

■リリーヤーン【糸】

lily-yarn

本来は「リリヤン（またはリリアンともいう）」と呼ばれていたもので、レーヨン糸を細く編み込んだ手芸用の糸をいう。中が空洞になっているため、軽く柔らかく、編み目が不規則な独特の編み地に仕上がる。この糸で簡単な筒状の編み機で紐を編む手芸も「リリヤン」と呼ばれる。大正期に糸問屋が「リリヤーン(ユリ印の糸Lily-yarn)」の名前で売り出したもので、昭和の戦後には「リリヤン（リリアン）」と呼ばれ、女の子の手芸遊びとして大流行した。

■リンキング【ニット】

linking / looping

ニット特有の縫製法で、別々に編んだパーツの編み地と編み地をかがり合わせること。縫い目が目立たず伸縮性がある。手かがりによるものと、リンキングマシンによるものがある。

■リング・ヤーン【糸】

ring yarn

意匠糸《いしょうし》*の一種で、からみ糸が凸状に出た糸。撚糸《ねんし》*の段階で作る意匠撚糸で、細い芯糸に太いからみ糸を撚り合わせ、さらに押さえ糸で逆方向に撚り合わせたもの。これにより、不規則なつぶつぶ状の突起が出た糸になる。リング・ヤーンは日本での呼び名。仏語でラチネ*、英語でラチーヌという。ラチネはこの意匠糸を使った織物の名前でもある。

→【コラム26】意匠糸（写真参照）

■リンター【繊維】

linter

「コットン・リンター」ともいう。綿の短繊維や屑綿《くずわた》*のこと。「繰《く》り綿屑《わたくず》」ともいう。綿の種（実綿《みわた》 seed）から長い繊維（リント*）を採取した後に残る産毛《うぶげ》状の短く細い繊維。一般に3mm 未満の繊維をいう。再生繊維*のキュプラ*の原料として使われる他、木材パルプに代わる紙の原料などになる。

■リント【繊維】

lint

綿の長繊維*のこと。「繰《く》り綿《わた》」ともいう。綿花《めんか》の開花後に出てくる綿毛《わたげ》に覆われた種子を「実綿《みわた》seed」という。綿毛には長く伸びた繊維と短い地毛《じげ》fuzzがあり、繰《く》り綿機《わたき》で実綿から分離された長繊維*を「リント」という。さらに地毛除去機を用いて分離した短繊維を「リンター*」という。リントは主に衣料用になり、リンターは再生繊維*の原料や、木材パルプに代わる紙の原料などになる。

■ループ【ニット】

loop

「輪奈《わな》」や「編み目」のことで、ニットの編み地を構成する単位。ニットはループの連続によって作られ、ループの組み合わせや変化のさせ方でさまざまな編み地が作られる。緯《よこ》編み*と経《たて》編みには、それぞれ基本になるループの形がある。緯編みループの上の部分を「ニードル・ループ*」、下の部分を「シンカー・ループ*」という。経編みを結節するループには「開き目*」と「閉じ目*」がある。

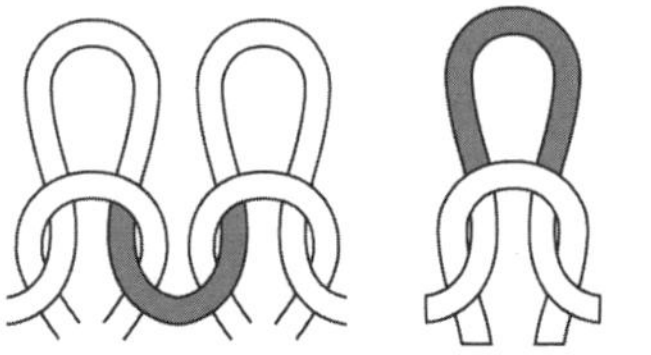

シンカー・ループ　　ニードル・ループ

■ループ長（ループちょう）【ニット】

loop length / stitch length

ニットのループ*を編むために必要な糸の長さのこと。「編み目長」ともいう。

■ループ・ヤーン【糸】

loop yarn

意匠糸《いしょうし》*の一種で、ところどころに大きめのループ（輪奈《わな》）があらわれる糸。撚糸《ねんし》*の段階で作られる意匠撚糸で、芯糸に太めのループ糸を撚りからませたもの。欧米では「ブークレ・ヤーン」という。

→【コラム26】意匠糸（写真参照）

■レピア織機（レピアしょっき）【織物】

repier loom

よこ糸を入れたシャトル*を使用しないで織る「シャトルレス織機*（高速織機*）」の一種。レピアと呼ばれる槍《やり》状の金具でチーズ*（糸を巻いたもの）から引き出されたよこ糸をつかみ、たて糸の間に差し込んで織る（レピアは「細い槍《やり》状の剣」の意味）。反対側から伸びてきた他のレピアに手渡しするように、つかみ替え、よこ糸を通す。片側レピア（一本レピア）と呼ぶ1本のレピアで全幅を通すものもある。織り幅が自由に設定できるなどの汎用性があり、広幅《ひろはば》*の織物や化学繊維*の紡績糸*に使用される。ジェット織機*、グリッパー織機*よりも生産性は低い。

■レーヨン【繊維】

rayon

再生繊維*の一種で、1892年に英国で作られた世界初の化学繊維*。「ビスコース法」という製造法で、木材パルプを原料に苛性ソーダなどで化学処理して、ビスコース溶液にして「湿式紡糸法」で繊維化する。「ビスコース・レーヨン」ともいう。ヨーロッパでは「ビスコース」と呼ばれる。かつては連続長繊維*のレーヨン・フィラメントを「人造絹糸（略して人絹《じんけん》）」、短繊維*のステープル・ファイバーを略して「スフ」と呼んでいたこともあるが、現在はどちらも「レーヨン」と呼ぶ。レーヨンの短繊維を紡績したものは「スパン・レーヨン」という。レーヨンは水分を吸収すると膨潤《ぼうじゅん》、収縮するため型くずれや縮みを起こしやすい。摩擦によるフィブリル化*（毛羽《けば》立ち）を起こしやすいなどの欠点もあるが、水分を含みやすいため肌にしっとりやさしく、静電気も起きにくい。光沢があり、染色性がよく、熱に強いなどの特徴もある。人工肝臓用の中空《ちゅうくう》繊維*など、医療用にも使用されている。

■ロー・ゲージ【ニット】

low gauge

「コース・ゲージ」といもいう。ニットの目の粗い編み地のこと。ゲージ gauge*は編み針の密度を示す基準（単位）のことで、「1インチ（2.54cm）の中に、何本編み針（ニードル）が入っているか」であらわす。単位を「G」であらわす。数字が小さくなるほど粗いゲージ（針密度）になる。ロー・ゲージは5G以下のゲージで、1インチ中に5本以下の針数の編み地をいう。1.5G、3G、5Gのゲージなどが当てはまる。12G以上は細かな編み地で「ハイ・ゲージ*」という。

→ミドル・ゲージ（写真参照）

■ロー・シルク【糸・織物】
raw silk

「生糸《きいと》*」のこと。繭から糸を繰り取った、精練*する前の絹糸。あるいはそれで織った粗野な平織り*や綾織り*。節《ふし》やネップ*(糸や繊維の小さな塊や屑)のある糸を用いた野趣に富んだ厚地織物。織り目が均一ではなく、ザラリとした質感が特徴。

■ロービング・ヤーン【糸】
roving yarn

ロービングは糸を作る紡績*工程で、スライバー(太い棒状のわた)を紡いで(撚《よ》って)糸にする準備段階の、「ゆるく撚った糸」のこと。「粗糸《そし》*」または「粗毛《そもう》」ともいう。ロービング・ヤーンという場合は、特にニットの毛糸をいうことが多い。スライバーをねじった程度の柔らかなもので、空気を多く含み暖かい。撚りがほとんどないので引っぱりには弱いが、編むと繊維同士が絡まり、着るうちにフェルト化*が起こり次第に強くなっていく。アイスランドの伝統的な漁師のセーターとして知られるロピー・セーターの糸に使われるロピー・ヤーンもロービング・ヤーンの一種。

■ロープ染色(ロープせんしょく)【染色】
rope dyeing

「糸染め*」の一種で、主にジーンズのデニム*のたて糸の染色法として使われる。糸をある本数「ロープ状に束ねて染める」ことからこの名がある。デニム(ブルー・ジーンズ)のロープ染色は、インディゴ*染料の液にロープ状に束ねた綿糸を浸すことと空気に触れさせることを何回か繰り返して染めていく。インディゴは空気中に出された時に酸素と結合(酸化)しブルーに変化し、繰り返し染色することで濃いインディゴブルーとなっていく。しかし、空気中の酸素と結合しにくい糸の中まではなかなか染まらず、糸の中心部が染まらない「中白《なかじろ》*」という現象が生まれる。ジーンズのデニムは、たて糸をブルー、よこ糸に晒《さら》し糸*を使い、洗うごとに「色落ちする味わい」が魅力のひとつになっている。ロープ染色による「中白」は「たて落ち*」といわれる、生地のたて線上にブルーと白が絶妙に混じり合った色落ちを表現することができ、これがジーンズファンには好まれている。

■ローラー捺染(ローラーなせん)【染色】
roller printing

模様を彫刻した金属ローラーに色糊《いろのり》*をのせて回転させて、生地に染着させる捺染《なせん》*法。機械で行う機械捺染*の代名詞ともなる捺染法で、エッチングのような凹版で捺染する。細い線や細かい柄、連続柄に適している。

■綿毛(わたげ)【繊維】
wool

「下毛《かもう》(したげ)」ともいう。英語ではウール。毛皮の刺し毛*の根元に密生して生えている短く細く柔らかな毛。体温の発散を防ぐ防寒の役割をしている。

■わた染め(わたぞめ)【染色】
綿や羊毛を紡績*を行う前に「わた」の状態で染めること。「原料染め*」ともいう。羊毛の「原毛染め*」、綿の「原綿染め*」などがある。

索引

Index

あ行

藍染め（あいぞめ）indigo dyeing【染色】…… 286
藍建て（あいだて）【染色】…… 420
藍玉（あいだま）Indigo leaves ball【染色】…… 420
アイビー・ストライプ IVY stripe【柄】…… 329
アイリッシュ・キャンブリック Irish cambric【織物】⇒シアー・リネン【織物】…… 080
アイリッシュ・クロッシェ・レース Irish crochet lace【レース・ニット】…… 194
アイリッシュ・ツイード Irish tweed【織物】⇒ドニゴール・ツイード【織物】…… 113
アイリッシュ・ポプリン Irish poplin【織物】…… 010
アイリッシュ・リネン Irish linen【織物】……011
アイリッシュ・レース Irish lace【レース】⇒アイリシュ・クロッシェ・レース【レース・ニット】…… 194
アイリッシュ・ワーク Irish work【レース】⇒アイレット・レース【レース】…… 194
アイレット編み eyelet stitch【ニット】…… 242
アイレット・レース eyelet lace【レース】…… 194
アイレット・ワーク eyelet work【レース】⇒アイレット・レース【レース】…… 194
青苧（あおそ）ramie fiber【繊維】…… 420
青花（あおばな）【染色】…… 420
アーガイル Argyle【柄】⇒アーガイル・チェック【柄】…… 352
アーガイル・チェック Argyle check【柄】…… 352
アーガイル・プラッド Argyle plaid【柄】⇒アーガイル・チェック【柄】…… 352
赤苧（あかそ）【繊維】⇒青苧（おあそ）【繊維】…… 420
赤大名（あかだいみょう）【柄】⇒大名縞 / 大明縞（だいみょうじま）【柄】…… 337
赤耳（あかみみ）【織物】…… 420
赤羅紗（あからしゃ）【織物】⇒羅紗（らしゃ）【織物】…… 185
アカンサス模様 acanthus pattern【柄】…… 288
アキスミンスター（カーペット）axminster（carpet）【敷物・織物】
⇒コラム「ウィルトン・カーペット」【敷物・織物】…… 023
秋田八丈（あきたはちじょう）Akita hachijo【織物】⇒コラム 13「黄八丈（きはちじょう）」【織物】… 053
空羽（あきは）Akiha【織物】…… 012
空羽ピケ（あきはピケ）【織物】⇒ピケ・ボイル【織物】…… 147
空羽ボイル（あきはボイル）【織物】⇒ピケ・ボイル【織物】…… 147
アクリル acrylic【繊維】…… 421
アクリル系 modacrylic【繊維】⇒アクリル【繊維】…… 421
アクリレート系繊維 acrylate fiber【繊維】…… 421
アコーディオン編み accordion stitch【ニット】…… 242
麻の葉紋（あさのはもん）hemp leaf pattern / Asanoha【柄】⇒麻の葉文様【柄】…… 288
麻の葉文様 hemp leaf pattern / Asanoha【柄】…… 288
麻番手（あさばんて）flax count【糸】⇒番手【糸】…… 500
麻紡（あさぼう）hemp spinning【糸】⇒紡績【糸】…… 509
絁（あしぎぬ）【織物】…… 421
足踏み織機（あしぶみしょっき）foot loom【織物】…… 421
アジュラック ajrak / ajrakh【染色・柄】……315
網代織り（あじろおり）Ajiro weave【織物】…… 012
網代格子（あじろこうし）basket check【柄】⇒バスケット・チェック【柄】362 ⇒網代織り【織物】… 012
アスタリスク asterisk【柄】⇒星文 / 星紋（せいもん）【柄】…… 349
アズテック模様 Aztec pattern【柄】…… 289

アストラカン astrakhan【織物】…… 012
アズラック ajrak / ajrakh【染色・柄】⇒アジュラック【染色・柄】…… 315
畦（あぜ）wale / causeway / rib【ニット・織物】…… 422
畦編（あぜあみ）cardigan rib stich【ニット】⇒ゴム編み【ニット】…… 251
アセテート acetate【繊維】…… 422
アゾイック染料 azoic dye【染色】⇒ナフトール染料【染色】…… 492
アゾ染料 insoluble azo dye【染色】⇒ナフトール染料【染色】…… 492
アタリ【染色】⇒アタリ加工【加工】…… 398
アタリ加工【加工】…… 398
厚司織り（あっしおり、あっとしおり）Attushi【織物】…… 013
圧縮ウール（あっしゅくウール）boiled wool【織物・ニット・加工】…… 013
圧縮フェルト（あっしゅくフェルト）press felt【フェルト】⇒フェルト【フェルト】…… 151
後晒し（あとざらし）after-bleaching【加工】…… 422
後染め（あとぞめ）piece dyeing【染色】…… 422
後練り（あとねり）piece boiling【加工】…… 422
後練り織物（あとねりおりもの）raw silk fabric【織物】…… 422
アート・ピケ art piqué 【織物】…… 013
アトラス編み atlas stitch【ニット】…… 242
アニマル柄 animal pattern【柄】…… 289
アニマル・プリント animal print【柄】⇒アニマル柄【柄】…… 289
アフガン編み Afghan stitch【ニット】…… 423
アブストラクト・パターン abstract pattern【柄】…… 289
アフリカン・バティック African batik【染色・柄】…… 316
安倍清明判（あべのせいめいはん）【柄】⇒五芒星（ごぼうせい）【柄】……312
アポロコット APOLLOCOT【加工】⇒ SSP（エスエスピー）【加工】…… 401
アーマー armure（仏）【織物】⇒バラシア【織物】…… 144
亜麻（あま）linen / flax【繊維】…… 423
天草更紗（あまくささらさ）【染色・柄】⇒コラム 53「更紗」【染色・柄】318-319 ⇒和更紗【染色・柄】… 325
甘撚り糸（あまよりいと）soft twist yarn【糸】…… 423
アマーラ Amara【人工皮革】⇒ソフリナ【人工皮革】…… 095
編み込み模様【ニット】⇒ジャカード編み【ニット】…… 253
編み出し set up / casting on【ニット】…… 423
編み針 knitting needle【ニット】…… 423
編み目 knitted loop / stitch【ニット】…… 423
編み目密度 density【ニット】…… 424
編物の三原組織【織物】⇒三原組織【織物・ニット】…… 456
アームア armure（仏）【織物】⇒バラシア【織物】…… 144
アムンゼン amunzen【織物・ニット】…… 014
アムンゼン amunzen【ニット】⇒梨地編み（なしじあみ）【ニット】…… 264
アメリカン・ストライプ American stripe【柄】⇒レジメンタル・ストライプ【柄】…… 346
綾／文（あや）Aya【織物】⇒綾織り【織物】…… 014
綾糸織り（あやいとおり）Ayaito ori【織物】⇒綾織り【織物】014 ⇒一楽織／市楽織【織物】…… 020
綾織り（あやおり）twill / twill weave【織物】…… 014
綾線（あやせん）twill line【織物】⇒綾目（あやめ）【織物】424 ⇒斜文線（しゃもんせん）【織物】… 460
綾組織（あやそしき）twill weave【織物】⇒三原組織【織物・ニット】456 ⇒綾織り【織物】…… 014
綾錦（あやにしき）【織物】⇒錦【織物】…… 129
綾ネル（あやネル）twill flannel【織物】⇒ネル【織物】…… 132

綾羽二重（あやはぶたえ）【織物】⇒羽二重【織物】 …… 141
綾目（あやめ） twill line【織物】 …… 424
綾木綿（あやもめん）【織物】⇒雲斎（うんさい）【織物】 …… 025
洗い加工 washing【加工】 …… 398
アラビア文様 Arabic pattern【柄】⇒アラベスク模様【柄】 …… 290
アラベスク模様 arabesque pattern【柄】 …… 290
アラベスク文様 arabesque pattern【柄】⇒アラベスク模様【柄】 …… 290
荒巻整経（あらまきせいけい） beam warping【織物】 …… 424
アラミド繊維 aramid fiber【繊維】 …… 424
霰（あられ）【柄】⇒市松文様（いちまつもんよう）【柄】 …… 352
アラン・ケーブル Aran cable【ニット】 …… 243
アランソン・レース Alençon lace【レース】 …… 195
アラン模様 Aran pattern【柄】 …… 290
有松絞り（ありまつしぼり）【染色・柄】⇒括り染め【染色・柄】310 ⇒板締め（いたじめ）【染色・柄】 … 295
有松・鳴海絞り（ありまつ・なるみしぼり）【染色・柄】
⇒括り染め（くくりぞめ）【染色・柄】310 ⇒板締め（いたじめ）【染色・柄】 …… 295
アルカリ減量加工 alkali reduction processing【加工】 …… 398
アルカリ媒染剤（アルカリばいせんざい）【染色】⇒媒染剤【染色】 …… 498
アルカンターラ Alcantara【人工皮革】⇒エクセーヌ【人工皮革】 …… 026
アルジャンタン・レース Argentan lace【レース】⇒アランソン・レース【レース】 …… 195
アール・デコ柄 Art Deco pattern【柄】 …… 294
アール・ヌーヴォー柄 Art Nouveau pattern【柄】 …… 294
アルパカ alpaca【繊維】⇒繊維の種類と分類【繊維】 …… 468
アルバトロス albatross【織物】 …… 016
アルミ媒染剤（アルミばいせんざい）【染色】⇒媒染剤【染色】 …… 498
アロハ柄【柄】⇒ハワイアン柄【柄】 …… 377
阿波藍（あわあい）【染色】⇒コラム 47「藍染め」【染色】 …… 287
阿波しじら（あわしじら） Awa Shijira【織物】 …… 016
アンカット・パイル uncut pile【織物・ニット】⇒パイル織り【織物】 …… 133
アンカット・ベルベット uncut velvet【織物】⇒輪奈ビロード（わなビロード）【織物】 …… 190
アンゴラ angora【繊維】⇒繊維の種類と分類【繊維】 …… 468
アンシェント・タータン ancient tartan【柄】⇒コラム 57「タータン」【柄】 …… 359
アンダーラップ under-lapping【ニット】 …… 425
アンチピリング加工 antipilling finish【加工】⇒抗ピル加工【加工】 …… 406
アンディエンヌ indiennes（仏）【染色・柄】⇒更紗【染色・柄】 …… 315
アンティーク・キリム antique kilim【織物】⇒コラム 16「キリム」【織物】 …… 060
アンティーク・サテン antique satin【織物】 …… 017
アンティーク・レザー antique leather【皮革】 …… 017
イカット ikat【織物】 …… 018
イギリス更紗（イギリスさらさ） English chintz【染色・柄】 …… 316
イグサ juncus / rush【繊維】⇒繊維の種類と分類【繊維】 …… 468
異型断面糸（いけいだんめんし）【繊維】⇒異系断面繊維【繊維】 …… 425
異型断面繊維（いけいだんめんせんい）【繊維】 …… 425
異型中空繊維（いけいちゅうくうせんい）【繊維】⇒中空繊維【繊維】 …… 481
井桁絣（いげたがすり）【柄】⇒コラム 52「絣模様」【柄】 …… 304
井桁文（いげたもん）【柄】⇒コラム 52「絣模様」【柄】 …… 304
居座機／居坐機／伊座り機（いざりばた） backstrap loom【織物】 …… 425

イージーケア加工 easy-care treatment【加工】…… 425
石畳文（いしだたみもん）【柄】⇒市松文様（いちまつもんよう）【柄】…… 352
石目織り（いしめおり）Ishime weane【織物】…… 019
意匠糸（いしょうし）fancy yarn【糸】…… 426
意匠紙（いしょうし）design paper【織物・ニット】…… 426
意匠撚糸（いしょうねんし）fancy twisted yarn【糸】⇒意匠糸（いしょうし）【糸】…… 426
異色染め（いしょくぞめ）cross dyeing / multicolor【染色】…… 426
伊勢型紙（いせかたがみ）Ise-katagami / Ise pattern paper【染色】…… 427
伊勢紙（いせがみ）Ise-gami / Ise pattern paper【染色】⇒伊勢型紙【染色】…… 427
板締め（いたじめ）Itajime shibori / tie-dye【染色・柄】…… 295
板締め絣（いたじめがすり）【織物】⇒コラム 59「絣（かすり）」【織物・柄】…… 041
板締め絞り（いたじめしぼり）Itajime shibori【染色・柄】⇒板締め（いたじめ）【染色・柄】…… 295
板場しごき（いたばしごき）【染色】⇒地染め【染色】…… 457
イタリアン・クロス Italian cloth【織物】…… 020
1×1ゴム編み（いち、いちゴムあみ）English rib / 1×1 rib stitch【ニット】…… 243
1×1針抜きゴム（いち、いちはりぬきゴム）【ニット】⇒1×1ゴム編み【ニット】…… 243
1×1リブ（いち、いちリブ）English rib、1×1 rib stitch【ニット】⇒1×1ゴム編み【ニット】… 243
市川格子（いちかわごうし）【柄】⇒弁慶格子（べんけいごうし）【柄】…… 367
一重組織（いちじゅうそしき）【織物】…… 427
市松格子（いちまつごうし）【柄】⇒市松文様（いちまつもんよう）【柄】…… 352
市松模様（いちまつもよう）【柄】⇒市松文様（いちまつもんよう）【柄】…… 352
市松文様（いちまつもんよう）checkerboard check / block check【柄】…… 352
一楽織／市楽織（いちらくおり）croisé（仏）【織物】…… 020
1列針（いちれつばり）single needle【ニット】⇒シングル・ニードル【ニット】…… 462
1列針床（いちれつはりどこ）single needle【ニット】
⇒針床【ニット】499 ⇒シングル・ニードル【ニット】…… 462
1列針列（いちれつはりれつ）single needle【ニット】⇒シングル・ニードル【ニット】…… 462
一斉サイジング（いっせいサイジング）【加工】…… 427
一竹辻が花（いっちくつじがはな）【染色・柄】⇒辻が花【染色・柄】…… 371
井筒（いづつ）【柄】⇒コラム 52「絣模様」【柄】…… 304
一本糊付け（いっぽんのりづけ）one thread sizing【加工】⇒チーズ・サイジング【加工】…… 480
糸掛け（いとかけ）creeling【織物】⇒クリール【織物】…… 447
糸染め yarn dyeing【染色】…… 427
糸捺染（いとなせん）space dyeing【染色】…… 427
糸の表記【糸】⇒番手【糸】…… 500
糸の太さ yearn count【糸】⇒繊度（せんど）【繊維】471 ⇒番手（ばんて）【糸】…… 500
糸の撚り（いとのより）twisting【糸】⇒撚糸（ねんし）【糸】…… 493
糸の撚り方向【糸】⇒撚糸（ねんし）【糸】…… 493
糸目（いとめ）【染色】…… 427
糸好絹（いとよしぎぬ）【織物】⇒紅絹（もみ）【織物・染色】…… 180
糸寄り（いとより）slippage【織物】⇒目ずれ【織物】…… 517
イベーションラップ evasion-lapping【ニット】…… 428
イミテーション・ゴース imitation gauze【織物】⇒モック・レノ【織物】…… 178
イミテーション・ファー imitation fur【織物・ニット】⇒フェイク・ファー【織物・ニット】…… 150
イリデセント iridescent【織物・柄】⇒玉虫【織物・柄】…… 102
イレイザー加工 eraser processing【加工】…… 398
色泣き（いろなき）bleeding【染色】…… 428

色糊（いろのり）color paste / colored size【染色】…… 428
いわれ小紋【柄】⇒コラム 51「江戸小紋」【染色・柄】…… 301
インカ模様 Inca pattern【柄】…… 295
印金（いんきん）Inkin【柄・加工】…… 297
インクジェット捺染（インクジェットなせん）ink-jet textile printing 【染色】…… 428
インクジェット・プリント ink-jet printing【染色】⇒インクジェット捺染【染色】…… 428
イングリッシュ・リブ English rib【ニット】⇒1×1ゴム編み【ニット】243 ⇒ゴム編み【ニット】… 251
インターシャ intarsia【ニット】…… 243
インダスレン染料 indanthrene dye【染色】⇒スレン染料【染色】…… 465
インターロック(編み)interlock（stitch）【ニット】⇒両面編み【ニット】…… 282
インターロック出合い【ニット】⇒リブ出合い【ニット】…… 521
インディア・シルク India silk【織物】⇒インド・シルク【織物】…… 021
インディア・マドラス India madras【織物】…… 021
インディアン・ヘッド Indian head【織物】…… 021
インディアン・マドラス Indian madras【織物】⇒インディア・マドラス【織物】…… 021
インディゴ indigo【染色】…… 428
インディゴ染料 indigo dye【染色】⇒インディゴ【染色】…… 428
インディゴ・ピュア indigo pure【染色】…… 428
インディナス indianas【染色・柄】⇒更紗【染色・柄】……315
インド麻 Corchorus capsularis【繊維】⇒ジュート【繊維】…… 460
インド更紗（インドさらさ）Indian chintz【染色・柄】……317
インド・シルク India silk【織物】…… 021
イントレチャート intrecciato（伊）【ニット】…… 428
インペリアル・サージ imperial serge【織物】⇒サージ【織物】…… 077
インペリアル・レース imperial lace【レース】⇒プリンセス・レース【レース】……213
インレイ編み inlay stitch【ニット】…… 244
インレイ・ステッチ inlay stitch【ニット】⇒インレイ編み【ニット】…… 244
ヴァンダイク編み vandyke stitch【ニット】⇒アトラス編み【ニット】…… 242
ヴィクトリア調花柄 Victorian floral pattern【柄】…… 298
ヴィクトリアーナ Victoriana【柄】⇒ヴィクトリアン柄【柄】…… 298
ヴィクトリアン柄 Victorian pattern / Victoriana【柄】…… 298
ヴィクトリアン・チンツ Victorian chintz【染色・柄】…… 320
ヴィクトリアン・バロック Victorian baroque【柄】⇒ヴィクトリア調花柄【柄】…… 298
ヴィクトリア・ローン Victoria lawn【織物】⇒寒冷紗（かんれいしゃ）【織物】…… 051
ヴィシー・チェック Vichy check【柄】⇒ギンガム・チェック【柄】…… 355
ウイップコード whipcord【織物】…… 022
ウイリアム・モリス柄 William Morris pattern【柄】…… 298
ウィルトン織り【敷物・織物】⇒ウィルトン・カーペット【敷物・織物】…… 022
ウィルトン・カーペット Wilton carpet【敷物・織物】…… 022
ウインター・コットン winter cotton【織物】…… 429
ヴィンテージ加工 vintage finish【加工】…… 398
ヴィンテージ・クロス vintage cloth【織物】…… 429
ヴィンテージ織機（ヴィンテージしょっき）vintage loom【織物】…… 429
ヴィンテージ・スウェット vintage sweat【ニット】⇒コラム 42「裏毛編み」【ニット】…… 246
ヴィンテージ・デニム vintage denim【織物】…… 022
ウインドーペイン windowpane【柄】…… 353
ウエイスト・クロス waste cloth【織物】…… 024

ウエイスト・ダック waste duck【織物】⇒ウエイスト・クロス【織物】…… 024
ウエザー・クロス weather cloth【織物】…… 024
ウエス【織物】…… 429
ウエスト・ポイント West Point【織物】…… 024
ヴェネシアン・レース Venetian lace【レース】⇒ヴェネチアン・レース【レース】…… 196
ヴェネチアン・ニードル・レース Venetian needle lace【レース】⇒ヴェネチアン・レース【レース】 196
ヴェネチアン・レース Venetian lace【レース】…… 196
ウェブ web【不織布】…… 429
ウエポン west point【織物】⇒ウエスト・ポイント【織物】…… 024
ウエール wale【ニット】…… 429
ウェルダー加工 welder processing / radio-frequency welding /
high-frequency welding【加工】…… 399
ウエルト welt stitch【ニット】⇒浮き編み【ニット】…… 245
ウエルト・ポジション welt position【ニット】…… 429
ウエルト・リップル welt ripple【ニット】…… 244
ウォータージェット織機（ウォータージェットしょっき）water-jet loom【織物】…… 430
ウォータープルーフ waterproof【加工】⇒防水加工【加工】…… 509
ウォッシャブル加工 washing process【加工】…… 399
ウォッシュアウト washed-out【加工】…… 399
ウォッシュ・アンド・ウエア加工 wash and wear finish【加工】…… 399
ウォッシュ加工 washing【加工】⇒洗い加工【加工】…… 398
ウォバッシュ・ストライプ wabash stripe【柄】…… 329
ウォールペーパー・パターン wallpaper pattern【柄】…… 299
浮き編み float stitch / welt stich【ニット】…… 245
浮き織り（うきおり）Uki-ori【織物】…… 025
浮き鹿の子（編み）（うきかのこ（あみ））【ニット】⇒コラム 43「鹿の子編み」【ニット】…… 249
浮き文（紋）（うきもん）【織物】⇒浮き織り【織物】…… 025
ウーステッド worsted【繊維・糸・織物】⇒梳毛（そもう）【繊維・糸・織物】…… 474
ウーステッド・サージ worsted serge【織物】⇒サージ【織物】…… 077
ウーステッド・フランネル worsted flannel【織物】⇒フランネル【織物】…… 158
ウーステッド・メルトン worsted melton【織物】⇒メルトン【織物】…… 176
ウーステッド・ヤーン worsted yarn【糸】⇒梳毛糸（そもうし）【糸】…… 474
宇須波多／薄機（うすはた）【織物】⇒羅織り（らおり）【織物】…… 184
渦巻き文（うずまきもん）spiral pattern / scroll pattern【柄】…… 299
薄物（うすもの）【織物】⇒羅織り（らおり）【織物】…… 184
鶉縮緬（うずらちりめん）【織物】⇒コラム 24「縮緬」【織物】…… 107
鶉絽（うずらろ）【織物】⇒絽織り（ろおり）【織物】…… 188
写し友禅（うつしゆうぜん）【染色・柄】⇒コラム 59「友禅染」【染色・柄】…… 389
畝編み（うねあみ）rib stitch【ニット】⇒ゴム編み【ニット】…… 251
畝織り（うねおり）rib weave【織物】…… 025
海晒し（うみざらし）【加工】⇒晒し（さらし）【加工】…… 455
裏編み（うらあみ）purl stitch / purl knitting【ニット】…… 430
裏鹿の子（編み）（うらかのこ〈あみ〉）【ニット】⇒コラム 44「鹿の子編み」【ニット】…… 249
裏起毛（うらきもう）raised back【織物・ニット】…… 430
裏切り（紋）（うらぎり〈もん〉）clipped figure【織物】⇒カット・ボイル【織物】042
⇒クリップ・スポット【織物】…… 065

裏毛（うらけ／うらげ）fleecy fabric ／ fleecy knitting ／
fleecy stitch ／ inlay fleecy stitch【ニット】⇒裏毛編み【ニット】 …… 245
裏毛編み（うらけあみ／うらげあみ）fleecy fabric ／ fleecy knitting ／
fleecy stitch ／ inlay fleecy stitch【ニット】…… 245
裏毛パイル（うらけパイル）【ニット】⇒コラム 43「裏毛編み」【ニット】 …… 246
裏毛メリヤス編み（うらけメリヤスあみ）【ニット】⇒裏毛編み【ニット】 …… 245
裏飛びジャカード【ニット】⇒シングル・ジャカード【ニット】 …… 255
裏勝り（うらまさり）【染色・柄】…… 430
裏目（うらめ）purl stitch / back stitch【ニット】 …… 430
ウール・ジョーゼット wool georgette【織物】⇒ジョーゼット・クレープ【織物】…… 091
ウルトラスエード Ultrasuede【人工皮革】⇒エクセーヌ【人工皮革】 …… 026
ウレタン・コーティング polyurethane coating【加工】…… 400
ウレタンゴム urethane rubber【繊維】⇒ポリウレタン【繊維】…… 512
ウレタン樹脂（ウレタンじゅし）urethane resin / polyurethane【繊維】⇒ポリウレタン【繊維】… 512
ウレタンフォーム urethane form【繊維】⇒ポリウレタン・フォーム【繊維】 …… 512
ウーレン woolen / woollen【繊維・糸・織物】⇒紡毛（ぼうもう）【繊維・糸・織物】 …… 510
ウーレン・ヤーン woolen yarn【糸】⇒紡毛糸（ぼうもうし）【糸】 …… 511
鱗文（うろこもん）Uroko-mon【柄】…… 299
上釜（うわがま）【ニット】⇒釜（かま）【ニット】…… 440
上撚り（うわより）【糸】⇒下撚り（したより）【糸】…… 457
雲斎（うんさい）Unsai / drill【織物】 …… 025
エアー・ウォッシュ air wash【加工】…… 400
エアージェット織機（エアージェットしょっき）air-jet loom【織物】 …… 430
エアータンブラー仕上げ air tumbler finish【加工】…… 400
エイトロック eightlock【ニット】…… 245
絵絣（えがすり）【柄】⇒コラム 52「絣模様」【柄】…… 304
液体アンモニア加工 liquid ammonia treatment 【加工】⇒膨潤加工（ぼうじゅんかこう）【加工】 416
⇒形態安定加工【加工】…… 405
エクセーヌ Ecsaine【人工皮革】…… 026
エコディア Ecodear【繊維】⇒ポリ乳酸繊維【繊維】…… 513
エコ・ブリーチ eco-bleach【加工】 …… 400
エジプト綿 Egyptian cotton【繊維】⇒超長綿（ちょうちょうめん）【繊維】 …… 482
エジンバラ・ツイード Edinburgh tweed【織物】 …… 108
SIAA マーク（エスアイエーエーマーク）SIAA mark【加工・品質】⇒ SEK マーク【加工・品質】 …… 400
SR 加工（エスアールかこう）soil release finish【加工】…… 400
SEK マーク（エスイーケーマーク）SEK mark【加工・品質】 …… 400
SSP（エスエスピー）super soft peach phase【加工】 …… 401
SSP 加工（エスエスピーかこう）SSP finish【加工】⇒ SSP（エスエスピー）【加工】 …… 401
SG 加工（エスジーかこう）soil guard finish【加工】 …… 401
SG-SR 加工（エスジー エスアールかこう）SG-SR finish /
soil guard - soil release finish【加工】…… 401
SDWR 加工（エスディーダブルアールかこう）SDWR finish / super durable water rep【加工】
⇒撥水撥油加工【加工】…… 412
S 撚り（エスより）S-twist【糸】…… 430
絵経（えだて）【織物】…… 431
エタミン étamine(仏)【織物】 …… 026
越後上布（えちごじょうふ）Echigo-Jofu【織物】 …… 026

越後縮（えちごちぢみ）【織物】⇒小千谷縮（おぢやちぢみ）【織物】033
⇒越後上布（えちごじょうふ）【織物】…… 026
越後布（えちごふ）【織物】⇒小千谷縮（おぢやちぢみ）【織物】…… 033
江戸小紋（えどこもん）Edo-komon【染色・柄】…… 300
江戸小紋三役（えどこもんさんやく）【柄】⇒コラム 51「江戸小紋」【染色・柄】…… 301
江戸更紗（えどさらさ）【染色・柄】⇒コラム 53「更紗」【染色・柄】319 ⇒和更紗【染色・柄】…… 325
江戸友禅（えどゆうぜん）【染色・柄】⇒コラム 59「友禅染」【染色・柄】…… 388
エトロ柄 Etro pattern【柄】⇒カシミール模様【柄】…… 303
エナメル・クロス enamel cloth【織物】⇒コーティング【加工】…… 407
エナメル・コーティング enamel coating【加工】⇒コーティング【加工】…… 407
エニアグラム enneagram【柄】⇒星文 / 星紋（せいもん）【柄】…… 349
絵緯（えぬき／えよこ）【織物】…… 431
エポンジュ éponge（仏）【織物】⇒ラチネ【織物】…… 185
エメリー起毛 emery / sueding 【加工】…… 401
エリ・シルク eri silk【織物】⇒ムガ・シルク【織物】…… 173
エルメス柄 Hermés print pattern【柄】…… 300
塩基性染料（えんきせいせんりょう）basic dye【染色】…… 431
エンジェル・スター angel star【柄】⇒五芒星（ごぼうせい）【柄】……312
塩縮加工（えんしゅくかこう）salt shrinking【加工】…… 402
エンスイ加工 ensui processing【加工】…… 402
遠赤外線加工（えんせきがいせんかこう）【加工】…… 402
エンド アンド エンド end-and-end【織物】⇒エンド アンド エンド・クロス【織物】…… 030
エンド アンド エンド・クロス end-and-end cloth【織物】…… 030
エンド アンド エンド・チェック end-and-end check【柄】
⇒エンド アンド エンド・クロス【織物】030 ⇒ピン・チェック【柄】…… 364
エンド オン エンド end-on-end【織物】⇒エンド アンド エンド・クロス【織物】…… 030
エンド ツー エンド end-to-end【織物】⇒エンド アンド エンド・クロス【織物】…… 030
塩ビレザー（えんビレザー）【加工】⇒合成皮革【加工】…… 069
エンブロイダード・ボイル embroidered voile【織物】⇒ファンシー・ボイル【織物】…… 150
エンブロイダリー・レース embroidery lace【レース】…… 197
エンボス加工 embossing finish【加工】…… 402
エンボス・カレンダー emboss calender【加工】⇒カレンダー加工【加工】…… 403
エンボス・ベルベット embossed velvet【織物】…… 030
オイルクロス oilcloth【加工】⇒オイル・コーティング【加工】…… 402
オイル・コーティング oil coating【加工】…… 402
凹版（おうはん）intaglio【染色】…… 431
黄麻（おうま／こうま）jute / corchorus capsularis【繊維】⇒ジュート【繊維】…… 460
苧績み（おうみ）【糸】⇒手績み（てうみ）【糸】…… 484
近江上布（おうみじょうふ）Ohmi-jofu【織物】…… 030
大幅（おおはば）full breadth【織物】…… 431
大弁慶格子（おおべんけいごうし）【柄】⇒弁慶格子【柄】…… 367
オーガニック・コットン organic cotton【繊維】…… 431
岡木綿（おかもめん）【織物】⇒晒木綿（さらしもめん）【織物・加工】…… 079
オーガンザ organza【織物】⇒オーガンジー【織物】…… 032
オーガンジー organdie / organdy【織物】…… 032
オーガンジー撚り【糸】…… 432
翁格子（おきなごうし）Okina lattice【柄】…… 353

オクタグラム octagram【柄】⇒星文 / 星紋（せいもん）【柄】 …… 349
送り星（おくりぼし） resister mark【染色】…… 432
桶絞り（おけしぼり）【染色・柄】⇒辻が花【染色・柄】…… 371
筬（おさ） reed【織物・ニット】 …… 432
筬通し（おさとおし） sleying【織物・ニット】…… 432
筬羽（おさは）【織物・ニット】⇒筬（おさ）【織物・ニット】…… 432
オスナブルグ osnaburg【織物】…… 032
オゾン脱色加工 ozone decoloration【加工】⇒エアー・ウォッシュ【加工】 …… 400
小千谷縮（おぢやちぢみ） Ojiya-chijimi【織物】…… 033
落ち綿（おちわた） noil【繊維】 …… 432
追掛型（おっかけがた）【染色・柄】⇒コラム 58「中形」【染色・柄】…… 370
オックスフォード Oxford【織物】…… 033
オックスフォード・ストライプ Oxford stripe【柄】…… 331
オックスフォード・チェック Oxford check【柄】⇒オックスフォード・ストライプ【柄】 …… 331
オットマン ottoman【織物】…… 034
オートスクリーン捺染（オートスクリーンなせん） auto screen printing【染色】
⇒スクリーン捺染【染色】463 ⇒機械捺染【染色】…… 443
オートミール oatmeal【織物・柄】…… 034
御止縞（おとめじま）【柄】⇒御召縞（おめしじま）【柄】 …… 331
オート・リス haute lisse【織物】⇒タペストリー織機【織物】…… 478
鬼コール【織物】⇒ピンウェール・コーデュロイ【織物】…… 149
鬼縮緬（おにちりめん）【織物】⇒コラム 24「縮緬」【織物】…… 106
オーニング・ストライプ awning stripe【柄】 …… 331
オーバーダイ overdyeing【染色】 …… 432
オーバー・チェック over check【柄】…… 353
オーバー・プリント over print【柄】 …… 300
オーバー・プレイド over plaid【柄】⇒オーバー・チェック【柄】…… 353
オーバーラップ over-lapping【ニット】 …… 432
オパール加工 opal finish / burn-out finish【加工】…… 402
オパール・ジョーゼット opal georgette crepe / burnt-out georgette crepe【織物】 …… 034
オパール・ベルベット burnt-out print velvet【織物】 …… 035
オーバー・レース allover lace【レース】⇒オールオーバー・レース【レース】 …… 197
オプ・アート柄 op art pattern【柄】…… 302
オプ調柄 op art pattern【柄】⇒オプ・アート柄【柄】…… 302
オプティカル・パターン optical pattern【柄】⇒オプ・アート柄【柄】…… 302
オープンエンド精紡（オープンエンドせいぼう） open end spinning【糸】⇒精紡【糸】 …… 467
オープンワーク openwork【レース】…… 432
朧糸（おぼろいと）【糸】…… 433
男巻き／緒巻き（おまき） warp beam【織物】⇒経糸ビーム（たていとビーム）【織物】 …… 477
御召（おめし） Omeshi【織物】 …… 035
御召縞（おめしじま） Omeshi stripe【柄】 …… 331
御召十（おめしじゅう）【柄】⇒コラム 51「江戸小紋」【染色・柄】…… 301
御召縮緬（おめしちりめん）【織物】⇒御召【織物】…… 035
表編み（おもてあみ） plain knitting【ニット】…… 433
表鹿の子（編み）（おもてかのこ（あみ））【ニット】⇒コラム「鹿の子編み」【ニット】…… 249
表切り（紋）（おもてぎり〈もん〉）【織物】⇒カット・ボイル【織物】 …… 042
表目（おもてめ） knit stitch / face stitch【ニット】…… 433

親子コール【織物】⇒ピンウェール・コーデュロイ【織物】…… 149
親子縞（おやこじま）thick and thin stripe【柄】…… 332
親子天竺（おやこてんじく）【ニット】⇒度違い天竺【ニット】…… 262
オランダ更紗（オランダさらさ）Dutch chintz【染色・柄】⇒ヨーロッパ更紗【染色・柄】…… 325
オリエンタル・クレープ Oriental crepe【織物】⇒縮緬【織物】…… 106
織り絣（おりがすり）【織物】⇒絣【織物・柄】…… 038
折り紙プリーツ origami pleats【加工】⇒プリーツ加工【加工】…… 415
織金（おりきん）【織物】⇒コラム 17「金襴（きんらん）」【織物】…… 062
織金錦（おりきんにしき）【織物】⇒コラム 17「金襴（きんらん）」【織物】…… 062
織締め（おりじめ）【染色】⇒コラム 09「絣（かすり）」【織物・柄】…… 041
折付中形（おりづけちゅうがた）【染色・柄】⇒コラム 58「中形」【染色・柄】…… 370
織貫（おりぬき）【染色】⇒コラム 09「絣（かすり）」【織物・柄】…… 041
織りフェルト【織物】⇒フェルト【織物】…… 151
織り密度 density【織物】…… 433
織物組織【織物】…… 433
織物の規格 construction of cloth【織物】…… 433
織物の三原組織【織物】⇒三原組織【織物・ニット】…… 456
オールオーバー・レース allover lace【レース】…… 197
オルタネート・コーデュロイ alternate corduroy【織物】⇒ピンウェール・コーデュロイ【織物】…… 149
オルタネート・ストライプ alternate stripe【柄】…… 332
オルタネート・チェック alternate check【柄】…… 354
オールド・イングリッシュ・チンツ old English chintz【染色・柄】⇒イギリス更紗【染色・柄】…… 316
オールド・キリム old kilim【織物】⇒キリム【織物】…… 057
温感加工（おんかんかこう）【加工】…… 403
オンジュレー ondulé（仏）【織物】…… 035
オンジュレー・ストライプ ondulé stripe【柄】⇒よろけ縞【柄】…… 345
オンス ounce / oz【織物】…… 434
オンデマンド・プリント on-demand printing【染色】…… 434
オンブレ・ストライプ ombré stripe【柄】…… 332
オンブレ・チェック ombré check【柄】…… 354
オンブレ捺染（オンブレなせん）ombre dyeing【染色】…… 434

か行

甲斐絹 / 海気 / 海黄 / 改機 / 加伊岐（かいき）Kaiki【織物】…… 036
海賊縞（かいぞくじま）pirates border【柄】⇒パイレーツ・ボーダー【柄】…… 339
ガイド・アイ guide eye【ニット】…… 434
海島綿（かいとうめん）sea-island cotton【繊維】⇒超長綿（ちょうちょうめん）【繊維】…… 482
ガイド・バー guide bar【ニット】…… 434
改良レーヨン【繊維】⇒ポリノジック【繊維】…… 514
カイン・ソガ【染色・柄】⇒コラム 54「バティック」【染色・柄】…… 322
カウォン模様 kawung【染色・柄】⇒コラム 54「バティック」【染色・柄】…… 322
カウチン柄 Cowichan sweater pattern【柄】…… 302
蛙又結び（かえるまたむすび）【ニット】⇒ネット【ニット】…… 267
カオチン染料 cationic dyes【染色】⇒塩基性染料（えんきせいせんりょう）【染色】…… 431
加賀絹（かがぎぬ）【織物】⇒紅絹（もみ）【織物・染色】…… 180
化学繊維 synthetic fiber / chemical fiber【繊維】…… 435
加賀小紋（かがこもん）【柄】⇒小紋【柄】…… 313

蚊絣（かがすり）【柄】⇒コラム 52「絣模様」【柄】…… 304
加賀友禅（かがゆうぜん）【染色・柄】⇒コラム 59「友禅染」【染色・柄】…… 388
カーキ khaki【織物】…… 036
柿渋（かきしぶ）persimmon tannin / kakishibu【染色】…… 435
鉤十字（かぎじゅうじ）swastika / hakenkreuz　【柄】⇒卍文（まんじもん）【柄】…… 383
カーキ・ドリル khaki drill【織物】⇒カーキ【織物】…… 036
鉤針編み（かぎばりあみ）crochet【ニット】…… 435
鉤針編みレース（かぎばりあみレース）crochet lace【レース・ニット】⇒クロッシェ・レース【レース】…… 200
角十字絣（かくじゅうじがすり）【柄】⇒コラム 52「絣模様」【柄】…… 305
角通し（かくとおし）【柄】⇒コラム 51「江戸小紋」【染色・柄】…… 301
角目（かくめ）【ニット】⇒マーキゼット【織物・ニット】…… 170
影縞（かげじま）shadow stripe【柄】⇒シャドー・ストライプ【柄】…… 336
加工糸（かこうし）textured yarn【糸】…… 435
籠格子（かごごうし）basket check【柄】⇒バスケット・チェック【柄】362
⇒網代織り（あじろおり）【織物】…… 012
籠目織り（かごめおり）【織物】⇒網代織り【織物】…… 012
籠目格子（かごめごうし）Kagome lattice【柄】⇒籠目紋【柄】…… 302
籠目文様（かごめもんよう）star of david /Kagome lattice【柄】…… 302
嵩高糸（かさだかし）bulky yarn【糸】⇒バルキー・ヤーン【糸】…… 500
重ね朱子（かさねしゅす）【織物】⇒ダブル・サテン【織物】…… 101
重ね組織（かさねそしき）combination weave【織物】…… 435
傘巻き絞り（かさまきしぼり）【染色・柄】⇒縫締め絞り（ぬいしめしぼり）【染色・柄】…… 375
飾り糸（かざりいと）fancy yarn【糸】⇒意匠糸（いしょうし）【糸】…… 426
飾り撚糸（かざりねんし）fancy twist yarn【糸】⇒意匠糸（いしょうし）【糸】…… 426
家蚕（かさん）domesticated silkworm【繊維】⇒家蚕絹【繊維・織物】…… 436
家蚕絹（かさんぎぬ）mulberry silk / house silkworm silk【繊維・織物】…… 436
家蚕糸（かさんし）【糸】⇒家蚕絹【繊維・織物】…… 436
家蚕繭（かさんまゆ）domestic cocoon【繊維】⇒家蚕絹【繊維・織物】…… 436
カージー Kersey【織物】⇒カルゼ【織物】…… 048
カシドス【織物】⇒ドスキン【織物】124 ⇒カシミヤ【織物】…… 038
カシミヤ cassimere【織物】…… 038
カシミヤ・ウィーブ cassimere weave【織物】⇒カシミヤ【織物】…… 038
カシミヤ織り cassimere weave【織物】⇒カシミヤ【織物】…… 038
カシミール模様 Kashmir pattern【柄】…… 303
ガス糸 gassed yarn【糸】…… 436
カスケード・ストライプ cascade stripe【柄】…… 333
かすみ染め【染色】…… 436
ガス焼き singeing【加工】⇒ガス糸【糸】…… 436
絣（かすり）Kasuri / ikat【織物・柄】…… 038
絣足（かすりあし）【染色】…… 436
絣糸（かすりいと）Kasuri thread【糸】…… 436
絣括り（かすりくびり／かすりくくり）【染色】…… 436
絣縛り（かすりしばり）【染色】⇒絣括り（かすりくびり）【染色】…… 436
絣染め（かすりぞめ）【染色】…… 436
絣模様（かすりもよう）ikat pattern / Kasuri pattern【柄】…… 303
綛／桛（かせ）hank【糸】…… 437
ガーゼ gauze / gaze(仏) / Gaze（独）【織物】…… 039

綛糸（かせいと）reeled thread【糸】⇒綛（かせ）【糸】 …… 437
カゼイン繊維 casein fiber【繊維】 …… 437
綛染め（かせぞめ）hank dyeing / skein dyeing【染色】 …… 437
綛染め機（かせぞめき）【染色】⇒綛染め【染色】 …… 437
綛取り（かせとり）【糸】 …… 437
綛糊付け（かせのりつけ）hank sizing【織物】 …… 437
片畦編み（かたあぜあみ）half cardigan stitch / royal rib【ニット】 …… 247
ガーター編み garter stitch【ニット】⇒パール編み【ニット】 …… 269
型紙捺染（かたがみなせん）stencil print / paper stencilling【染色】 …… 437
片皺（かたしぼ）【織物】⇒コラム 24「縮緬」【織物】 107 ⇒楊柳縮緬【織物】 …… 183
片皺縮緬（かたしぼちりめん）【織物】⇒楊柳縮緬【織物】 …… 183
型染め（かたぞめ）printing /stencil dyeing【染色】 …… 438
片滝縞（かたたきじま）cascade stripe【柄】⇒カスケード・ストライプ【柄】 …… 333
片縮み（かたちぢみ）【織物】⇒コラム 24「縮緬」【織物】 …… 107
片縮緬（かたちりめん）【織物】⇒コラム 24「縮緬」【織物】 …… 107
型付け浸染（かたつけしんせん）dyed style printing【染色】 …… 438
片袋編み（かたぶくろあみ）half Milano rib【ニット】 …… 247
片面綾（かためんあや）【織物】⇒片面斜文（かためんしゃもん）【織物】 …… 438
片面斜文（かためんしゃもん）【織物】 …… 438
片面ネル【織物】⇒ネル【織物】 132 ⇒フランネル【織物】 …… 158
片面パイル single pile stitch fabric【ニット】⇒パイル編み【ニット】 267 ⇒両面パイル【ニット】… 282
型友禅（かたゆうぜん）【染色・柄】⇒友禅染【染色・柄】 386 ⇒コラム 59「友禅染」【染色・柄】 … 389
片撚り糸（かたよりいと）single twist yarn / tram【糸】 …… 438
化炭処理（かたんしょり）carbonization【糸】 …… 438
カチン摺り（カチンずり）【染色】 …… 438
鰹縞（かつおじま）Katsuo-jima【柄】 …… 333
カット・アンド・ソーン cut and sewn【ニット】 …… 248
カット・ジャカード【織物】⇒カット・ボイル【織物】 …… 042
カットソー cut and sewn【ニット】⇒カット・アンド・ソーン【ニット】 …… 248
カット長（カットちょう）cut length【繊維】 …… 439
カット・ドビー【織物】⇒カット・ボイル【織物】 …… 042
カット・パイル cut pile【織物】⇒パイル織り【織物】 …… 133
カット・ボイル clipped spots / clipped figure【織物】 …… 042
カットもの⇒カット・ボイル【織物】 …… 042
カットワーク cutwork【レース】 …… 197
カットワーク・レース cutwork lace【レース】⇒カットワーク【レース】 …… 197
かっぺた織り【織物】⇒真田織り (さなだおり)【織物】 …… 078
葛城（かつらぎ）drill【織物】 …… 042
カディ・コットン khadi cotton【織物】 …… 043
カーディング carding【糸】⇒紡績【糸】 509 ⇒カード糸【糸】 …… 439
カデット・クロス cadet cloth【織物】 …… 043
カード card【糸】 …… 439
カード糸 carded yarn【糸】 …… 439
金巾（かなきん）shirting / print cloth【織物】 …… 045
カナビス cannabis【繊維】⇒ヘンプ【繊維】 …… 509
鹿の子編み（かのこあみ）moss stitch【ニット】 …… 248
鹿の子柄（かのこがら）【ニット・柄】⇒鹿の子編み【ニット】 …… 248

鹿の子絞り（かのこしぼり）Kanoko shibori / tie-dye【染色・柄】…… 306
カパ kapa【樹皮布】⇒タパ【樹皮布】…… 099
カバート covert【織物】…… 045
カバート・クロス covert cloth【織物】⇒カバート【織物】…… 045
カバード・ヤーン covered yarn【糸】…… 439
カバーリング・ヤーン covered yarn【糸】⇒カバード・ヤーン【糸】…… 439
下布（かふ）【織物】⇒コラム 09「絣（かすり）」【織物・柄】…… 040
カプサイシン加工 capsaicin processing【加工】…… 403
かぶり目【ニット】⇒タック編み【ニット】…… 256
壁糸（かべいと）Kabe yarn / corkscrew yarn【糸】…… 439
壁糸織り（かべいとおり）【織物】⇒壁縮緬（かべちりめん）【織物】…… 046
壁織り（かべおり）【織物】⇒壁縮緬（かべちりめん）【織物】…… 046
壁紙柄（かべがみがら）wallpaper pattern【柄】⇒ウォール・ペーパー・パターン【柄】…… 299
壁縮緬（かべちりめん）Kabe-chirimen【織物】…… 046
カーペット carpet【敷物】…… 046
壁撚り糸（かべよりいと）Kabe yarn / corkscrew yarn【糸】⇒壁糸（かべいと）【糸】…… 439
カポック kapok【繊維】…… 440
カーボン・ファイバー carbon fiber【繊維】⇒炭素繊維【繊維】…… 479
釜（かま）【ニット】…… 440
裃小紋（かみしもこもん）【柄】⇒コラム 51「江戸小紋」【染色・柄】…… 301
カムフラージュ柄 camouflage pattern【柄】…… 306
ガーメント・ウォッシュ garment wash【加工】…… 440
ガーメント・ダイ garment dye【染色】…… 440
ガーメント・レングス編み garment length stitch【ニット】…… 440
ガーメント・レングス生地 garment length fabric【ニット】⇒ガーメント・レングス編み【ニット】… 440
カモフラージュ柄 camouflage pattern【柄】⇒カムフラージュ柄【柄】…… 306
蚊帳（地）（かや〈じ〉）mosquito net【織物】⇒寒冷紗【織物】051 ⇒チーズクロス【織物】…… 105
唐織り（からおり）Kara-ori【織物】…… 047
唐草模様（からくさもよう）arabesque pattern 【柄】…… 307
唐草文様（からくさもんよう）arabesque pattern 【柄】⇒唐草模様（からくさもよう）【柄】…… 307
柄組み（がらぐみ）【織物】…… 440
カラクール・クロス caracul cloth【織物】…… 047
ガラス繊維 glass fiber【繊維】…… 440
カラー・デニム color denim【織物】⇒デニム【織物】…… 122
唐錦（からにしき）【織物】⇒唐織り【織物】…… 047
カラー・ブロック color block【柄】…… 441
ガラ紡（ガラぼう）throstle spinning【糸】…… 441
ガラ紡糸（ガラぼうし）【糸】⇒ガラ紡【糸】…… 441
搦み織り（からみおり）leno cloth【織物】…… 048
搦み組織（からみそしき）gauze and leno weave【織物】⇒搦み織り（からみおり）【織物】…… 048
ガラムカール ghalamkar【染色・柄】⇒ペルシャ更紗【染色・柄】…… 324
苧麻（からむし）ramie【繊維】⇒ラミー【繊維】…… 520
ガリ糸（ガリいと）【糸】…… 441
カリクマクロス・レース Carrickmacross lace【レース】…… 198
ガリ・サージ gari sarge【織物】⇒サージ【織物】…… 077
仮撚り加工糸（かりよりかこうし）textured yarn / fales twist yarn【糸】…… 441
仮撚り法（かりよりほう）fales twist method【糸】⇒仮撚り加工糸【糸】…… 441

カーリング curling【ニット】⇒耳まくれ【ニット】 …… 516
カルゼ Kersey【織物】 …… 048
カレー・レース Calais lace【レース】⇒リバー・レース【レース】 …… 227
カレンダー掛け calendering【加工】⇒カレンダー加工【加工】 …… 403
カレンダー加工 calendering【加工】 …… 403
河内木綿（かわちもめん）【織物】⇒晒木綿（さらしもめん）【織物・加工】 …… 079
皮巻き絞り（かわまきしぼり）【染色・柄】⇒縫締め絞り（ぬいしめしぼり）【染色・柄】 …… 375
カンガ kanga【織物・柄】 …… 048
含金酸性染料（がんきんさんせいせんりょう）【染色】⇒金属錯塩染料【染色】 …… 446
ガン・クラブ・チェック gun club check【柄】 …… 354
乾式不織布（かんしきふしょくふ）【不織布】⇒コラム 34「不織布（ふしょくふ）」【織物】 …… 154
乾式紡糸（かんしきぼうし）【繊維】⇒紡糸【繊維】 …… 509
緩斜文（かんしゃもん）reclined twiil【織物】 …… 442
含浸加工（がんしんかこう）impregnation【加工】 …… 403
岩石繊維（がんせきせんい）rock fiber【繊維】⇒繊維の種類と分類【繊維】 …… 469
完全組織 complete weave【織物】 …… 442
カンディンスキー柄 Kandinsky pattern【柄】 …… 307
間道／広東／漢東／漢島／漢渡／邯鄲（かんとう／かんどう／かんとん）Kantou / Kandou【織物・柄】… 050
カントリー調花柄 country-style flower【柄】 …… 308
カンナビス cannabis【繊維】⇒ヘンプ【繊維】 …… 509
ガンニー gunny【織物】⇒ヘシアン・クロス【織物】 …… 161
カンブリック cambric【織物】⇒キャンブリック【織物】 …… 057
岩綿（がんめん）rock wool【繊維】 …… 442
顔料（がんりょう）pigment【染色】 …… 442
顔料落とし（がんりょうおとし）pigment & wash【染色】⇒顔料染め【染色】 …… 442
顔料染め（がんりょうぞめ）pigment dyeing【染色】 …… 442
顔料捺染（がんりょうなせん）pigment print【染色】 …… 443
寒冷紗（かんれいしゃ）Victoria lawn【織物】 …… 051
生糸（きいと）raw silk【糸】 …… 443
木織り（きおり）Kiori【織物】 …… 051
生織物（きおりもの）raw silk fabric【織物】 …… 443
機械捺染（きかいなせん）machine printing【染色】 …… 443
幾何学模様（きかがくもよう）geometric pattern【柄】 …… 308
幾何学文様（きかがくもんよう）geometric pattern【柄】⇒幾何学模様【柄】 …… 308
幾何柄（きかがら）geometric pattern【柄】⇒幾何学模様【柄】 …… 308
生絹（きぎぬ）raw silk / raw silk fabric【織物】 …… 444
生絹織物（きぎぬおりもの）raw silk fabric【織物】⇒生織物（きおりもの）【織物】 …… 443
菊菱（きくびし）【柄】⇒コラム 51「江戸小紋」【染色・柄】 …… 301
キコイ kikoi / kikoy【織物】⇒コラム 11「カンガ」【織物・柄】 …… 049
ギザ綿（ギザめん）Giza cotton【繊維】⇒超長綿【繊維】 …… 482
生地長（きじちょう）cloth length【織物】 …… 444
生地幅（きじはば）cloth width【織物】 …… 444
着尺（きじゃく）【織物】 …… 444
キシリトール涼感加工（キシリトールりょうかんかこう）【加工】 …… 403
生地レース【レース】⇒オールオーバー・レース【レース】 …… 197
気相加工（きそうかこう）vapor phase process【加工】⇒ VP 加工【加工】 …… 413
生染め（きぞめ）raw-silk dyeing【染色】 …… 444

キックバック性 elastic recovery【織物・ニット】…… 444
亀甲絣（きっこうがすり）【柄】⇒コラム 52「絣模様」【柄】…… 304
亀甲紗（きっこうしゃ）tulle net【ニット】⇒チュール【レース・ニット】…… 260
亀甲花菱（きっこうはなびし）【柄】⇒亀甲文様【柄】…… 308
亀甲目（きっこうめ）【ニット】⇒チュール【レース・ニット】…… 260
亀甲文様（きっこうもんよう）hexagonal pattern【柄】…… 308
吉祥文（きっしょうもん）【柄】…… 444
キッチン・タオル kitchen towel【織物】⇒タオル【織物】…… 098
キッド・モヘア kid mohair【繊維】⇒モヘア【繊維】…… 518
キテンゲ kitenge【織物・柄】⇒コラム 11「カンガ」【織物・柄】…… 049
キテンゲ kitenge【染色・柄】⇒アフリカン・バティック【染色・柄】…… 316
生成り（きなり）gray fabric /unbleached cloth【織物】…… 445
絹麻（きぬあさ）【織物】⇒上布【織物】…… 090
絹麻上布（きぬあさじょうふ）【織物】⇒上布【織物】…… 090
砧（きぬた）hand beeting【加工】⇒砧仕上げ【加工】…… 445
砧打ち（きぬたうち）hand beeting【加工】⇒砧仕上げ【加工】…… 445
砧仕上げ（きぬたしあげ）hand beetiing / Kinuta finish【加工】…… 445
絹縮（きぬちぢみ）【織物】⇒縮（ちぢみ）【織物】105 ⇒楊柳縮緬【織物】…… 183
キの字絣（キのじがすり）【染色・柄】⇒コラム 52「絣模様」【柄】…… 305
生機（きばた）gray（米）/ grey（英）/ gray fabric【織物】…… 445
黄八丈（きはちじょう）Kihachijo【織物】…… 052
生皮苧（きびそ）Kibiso【繊維】…… 445
基布（きふ）foundation cloth / ground fabric【織物・ニット】…… 445
気泡ゴム（きほうゴム）【ゴム】⇒フォーム・ラバー【ゴム】……151
基本組織【ニット・織物】⇒三原組織【織物・ニット】…… 456
擬麻加工（ぎまかこう）imitation linen finish【加工】…… 403
起毛加工（きもうかこう）raising / gigging【加工】…… 404
逆斜文（ぎゃくしゃもん）【織物】…… 445
逆ハーフ・トリコット編み【ニット】⇒ハーフ・トリコット編み【ニット】…… 268
逆撚り（ぎゃくより）【糸】⇒順撚り【糸】…… 460
キャス・キッドソン柄 Cath Kidston pattern【柄】…… 309
キャッツアイ cat's-eye【織物】⇒バーズアイ【織り・柄】…… 138
ギャバジン gaberdine / gabardine【織物】…… 054
キャバルリー・ツイル cavalry twill【織物】…… 055
キャラクター・プリント character print【柄】…… 309
キャラコ calico【織物】…… 056
キャラコ仕上げ calico finish【加工】⇒キャンブリック仕上げ【加工】…… 404
キャラメル・キルト caramel quilt【加工】⇒キルティング【加工】…… 405
キャリコ calico【織物】⇒キャラコ【織物】…… 056
キャリックマクロス・レース Carrickmacross lace【レース】⇒カリクマクロス・レース【レース】…… 198
キャリッジ carriage【ニット】…… 446
キャンディ・ストライプ candy stripe【柄】…… 333
キャンバス canvas【織物】…… 056
キャンブリック cambric【織物】…… 057
キャンブリック仕上げ cambric finish【加工】…… 404
吸湿発熱加工（きゅうしつはつねつかこう）moisture absortive fever finish【加工】…… 404
吸湿発熱素材（きゅうしつはつねつそざい）【加工】⇒吸湿発熱加工【加工】…… 404

急斜文（きゅうしゃもん）steep twill【織物】 …… 446
急斜紋織り（きゅうしゃもんおり）【織物】⇒急斜文【織物】 …… 446
ギューパー・レース guipure lace【レース】⇒ギュピール・レース【レース】 …… 198
ギュピア・レース guipure lace【レース】⇒ギュピール・レース【レース】 …… 198
ギュピール・レース guipure lace【レース】 …… 198
キュプラ cupra / cuprammonium rayon【繊維】 …… 446
京鹿の子絞り（きょうかのこしぼり）【染色・柄】⇒鹿の子絞り（かのこしぼり）【染色・柄】 …… 306
行儀小紋（ぎょうぎこもん）【柄】⇒コラム 51「江戸小紋」【染色・柄】 …… 301
夾纈（きょうけつ）【染色・柄】⇒絞り染め【染色・柄】327 ⇒板締め（いたじめ）【染色・柄】 …… 295
京小紋（きょうこもん）【柄】⇒小紋柄【柄】 …… 313
京更紗（きょうさらさ）【染色・柄】⇒和更紗【染色・柄】 …… 325
共重合体（きょうじゅうごうたい）copolymer【繊維】⇒重合体【繊維】 …… 460
共通番手の算出法（きょうつうばんてのさんしゅつほう）【糸】⇒番手【糸】 …… 500
強撚糸（きょうねんし）hard-twist yarn【糸】 …… 446
京友禅（きょうゆうぜん）【染色・柄】⇒コラム 59「友禅染」【染色・柄】 …… 388
鋸歯文様（きょしもんよう）Sawtooth pattern【柄】 …… 309
切天（きりてん）【織物】⇒コラム 35「ベルベット」【織物】 …… 164
切り抜き刺繍（きりぬきししゅう）openwork embroidery【レース】⇒カットワーク【レース】 …… 197
キリム kilim【織物】 …… 057
ギリム gelim【織物】⇒コラム 16「キリム」【織物】 …… 060
キルティング quilting【加工】 …… 405
キルト quilting【加工】⇒キルティング【加工】 …… 405
擬絽（ぎろ）【織物】⇒モック・レノ【織物】 …… 178
ギローシュ guilloche【柄】⇒組み紐文様【柄】 …… 310
金華山織り（きんかざんおり）Kinkazan moquette【織物】 …… 061
金華山モケット（きんかざんモケット）Kinkazan moquette【織物】⇒モケット【織物】 …… 177
ギンガム gingham【織物】 …… 061
ギンガム・ストライプ gingham stripe【柄】 …… 334
ギンガム・チェック gingham check【柄】 …… 355
金彩（きんさい）【柄・加工】⇒印金（いんきん）【柄・加工】 …… 297
金更紗（きんさらさ）【柄・加工】⇒印金（いんきん）【柄・加工】 …… 297
金紗（きんしゃ）Kinsha【織物】 …… 061
金属錯塩染料（きんぞくさくえんせんりょう）metal complex dye【染色】 …… 446
金属糸（きんぞくし）metallic yarn【糸】⇒メタリック・ヤーン【糸】 …… 517
金属繊維（きんぞくせんい）metallic fiber【繊維】⇒繊維の種類と分類【繊維】 …… 469
金通縞（きんつうじま）double stripe【柄】⇒ダブル・ストライプ【柄】 …… 337
銀面 / 吟面（ぎんめん）【皮革】 …… 446
金襴（きんらん）gold brocade / Kinran【織物】 …… 062
銀襴（ぎんらん）【織物】⇒金襴【織物】 …… 062
金襴錦（きんらんにしき）【織物】⇒錦【織物】 …… 129
クイーンズ・コード編み queen's cord stitch【ニット】 …… 249
クォーター・ドット quarter dot【柄】⇒コイン・ドット【柄】 …… 372
括り絣（くくりがすり）【織物・柄】⇒コラム 52「絣（かすり）」【織物・柄】 …… 041
括り染め（くくりぞめ）Kukuri shibori / tie-dye【染色・柄】 …… 310
草木染め（くさきぞめ）dyeing with vegetables / vegetable dye【染色】 …… 446
鎖編み（くさりあみ）chain stitch / pillar stitch【ニット】 …… 250
櫛描き（くしがき）【染色・柄】⇒コラム 06「近江上布」【織物】 …… 031

具象柄（ぐしょうがら）figurative pattern【柄】⇒フィギュラティブ・パターン【柄】…… 379
鯨尺（くじらじゃく）【織物】…… 447
屑紡（くずぼう）spinning waste【糸】…… 447
屑紡糸（くずぼうし）【糸】⇒屑紡【糸】…… 447
くびり糸【糸】⇒コラム 05「越後上布」【織物】…… 028
工夫絣（くふうがすり）【染色・柄】⇒コラム「絣模様」【柄】…… 304
組み紐文様（くみひももんよう）guilloche【柄】…… 310
蜘蛛絞り（くもしぼり）【染色・柄】⇒括り染め【染色・柄】…… 310
クモの巣レース spider lace【レース】⇒スパイダー・レース【レース】…… 204
グラス・ファイバー glass fiber【繊維】⇒ガラス繊維【繊維】…… 440
グラス・ブリーチング grass bleaching【加工】⇒晒し（さらし）【加工】…… 455
クラック・プリント crack print【柄・加工】…… 310
クラッシュ crash【織物】…… 063
クラッシュ・タオル crash towel【織物】⇒クラッシュ【織物】…… 063
クラッシュ・ベルベット crushed velvet【織物】…… 064
クラッシュ・ベロア crash velour【織物】⇒クラッシュ・ベルベット【織物】…… 064
クラッシュ・リネン crash linen【織物】⇒クラッシュ【織物】…… 063
グラニット・ウィーブ granite weave【織物】⇒花崗織り（みかげおり）【織物】…… 172
グラニット・クロス granite cloth【織物】⇒花崗織り（みかげおり）【織物】…… 172
グラニー・プリント granny print【柄】…… 311
クラブ小紋【柄】⇒クレスト柄【柄】…… 311
クラブ・ストライプ club stripe【柄】⇒レジメンタル・ストライプ【柄】…… 346
グラフト重合（グラフトじゅうごう）graft polymerization【繊維】…… 447
クラブ・フィギュア club figure【柄】⇒クレスト柄【柄】…… 311
クラリーノ Clarino【人工皮革】…… 064
クラン・タータン clan tartan【柄】…… 355
クラン・ロブ・ロイ・マクレガー clan Rob Roy MacGregor【柄】⇒バッファロー・チェック【柄】…… 363
クリアカット仕上げ clearcut finish【加工】…… 405
クリア仕上げ clearcut finish【加工】⇒クリアカット仕上げ【加工】…… 405
クリア・デニム clear denim【織物】…… 064
繰り屑綿（くりくずわた）【繊維】⇒リンター【繊維】…… 522
グリッパー織機（グリッパーしょっき）gripper loom【織物】…… 447
クリップ・スポット clipped spots【織物】】…… 065
クリップ・ドット・ボイル clipped dot voile【織物】⇒ファンシー・ボイル【織物】…… 150
クリップ・フィギュア clipped figure ⇒カット・ボイル【織物】…… 042
クリュニー・レース Cluny lace【レース】…… 199
クリーリング creeling【織物】⇒クリール【織物】…… 447
クリール creel【織物】…… 447
繰り綿（くりわた）ginned cotton【繊維】⇒リント【繊維】…… 522
クリンクル crinkle【織物・加工】…… 065
クリンクル加工 crinkle finish【加工】…… 405
クリンクル・クレープ crinkle crepe ⇒クリンクル【織物】…… 065
クリンクル・クロス crinkle cloth【織物】⇒クリンクル【織物】…… 065
グリンシン gringsing【織物】⇒コラム 03「イカット」【織物】…… 018
クリンプ crimp【繊維・織物・ニット】…… 447
グリーン・プラスチック green plastic【繊維】⇒生分解性プラスチック【繊維】…… 467
クール・ウール cool wool【織物】⇒サマー・ウール【織物】…… 455

久留子文（くるすもん）【柄】⇒コラム 52「絣模様」【柄】…… 304
クルニー・レース Cluny lace【レース】⇒クリュニー・レース【レース】…… 199
クルワゼー croisé(仏)【織物】⇒一楽織／市楽織【織物】…… 020
グレー gray（米）/ grey（英）/ gray fabric【織物】⇒生機（きばた）【織物】…… 445
クレイジー・マドラス crazy Madras 【柄】…… 355
クレスト・アンド・ストライプ crest and stripe【柄】⇒ロイヤル・レジメンタル【柄】…… 347
クレスト柄 crest pattern / heraldic pattern【柄】…… 311
クレトン cretonne【織物】…… 065
グレナカート・チェック Glenurquhart check【柄】⇒グレン・チェック【柄】…… 356
グレナジン grenadine【織物】⇒グレナディーン【織物】…… 066
グレナディーン grenadine【織物】…… 066
グレナディーン撚り（グレナディーンより）【糸】…… 448
クレープ crepe（米）/ crape（英）/ crêpe(仏)【織物】…… 066
クレープ・サテン・ジョーゼット crepe satin georgette【織物】⇒バック・サテン【織物】…… 139
クレープ・ジョーゼット crepe georgette【織物】⇒ジョーゼット・クレープ【織物】…… 091
クレープ・デ・シン crêpe de Chine(仏)【織物】…… 067
クレープ・バック・サテン crepe back satin【織物】⇒バック・サテン【織物】…… 139
クレープ撚り（クレープより）【糸】…… 448
グレー・フランネル gray flannel【織物】⇒フランネル【織物】…… 158
クレポン crépon（仏）【織物】…… 067
クレポン仕上げ crepon finish【加工】…… 405
グレン・チェック Glen check / Glen plaid / Glenurquhart check【柄】…… 356
グログラン grosgrain(仏)【織物】…… 068
グロ・クロッシェ grost crochet【レース】⇒クロッシェ・レース【レース】…… 200
クロス・ダイイング cross dyeing【染色】⇒異色染め【染色】…… 426
クロス・ビーム cloth beam【織物】…… 448
クロッケ cloqué（仏）【織物】⇒ふくれ織り【織物】…… 152
クロッシェ crochet【ニット】⇒鉤針編み（かぎばりあみ）【ニット】…… 435
クロッシェ・レース crochet lace【レース】…… 200
グロ・ポワン gros point(仏)【レース】…… 201
グロ・ポワン・ド・ヴェニーズ gros point de Venise(仏)【レース】⇒グロ・ポワン【レース】…… 201
クロム染料 chrome dye【染色】⇒媒染染料（ばいせんせんりょう）【染色】…… 498
クロム媒染剤（クロムばいせんざい） chrome mordant【染色】⇒媒染剤【染色】…… 498
クロリネーション chlorination【加工】…… 405
蛍光染料（けいこうせんりょう） fluorescent dye【染色】…… 448
蛍光増白剤（けいこうぞうはくざい） fluorescent whitening agent【染色・加工】…… 448
蛍光増白染料（けいこうぞうはくせんりょう） fluorescent whitening dye【染色・加工】
⇒蛍光増白剤【染色・加工】…… 448
蛍光漂白剤（けいこうひょうはくざい） fluorescent whitening dye【染色・加工】
⇒蛍光増白剤【染色・加工】…… 448
形状記憶加工（けいじょうきおくかこう） shape memory【加工】⇒形態安定加工【加工】…… 405
形態安定加工（けいたいあんていかこう） shape stabilizing finish 【加工】…… 405
毛切りビロード cut pile velvet【織物】⇒コラム 35「ベルベット」【織物】…… 164
毛切りモケット cut pile moquette【織物】⇒モケット【織物】…… 177
ゲージ gauge【ニット】…… 448
毛朱子（けじゅす）【織物】⇒イタリアン・クロス【織物】…… 020
毛芯（けじん） hair cloth【織物】…… 068

結節網（けっせつあみ）【ニット】⇒ネット【ニット】…… 267
毛羽焼き（けばやき）singeing【加工】⇒毛焼き【加工】…… 449
毛番手（けばんて）metric count【糸】⇒番手【糸】…… 500
ケブラー Kevlar【繊維】⇒アラミド繊維【繊維】…… 424
ケーブル編み cable stitch【ニット】⇒縄編み【ニット】…… 265
毛紡（けぼう）【糸】⇒紡績【糸】…… 509
ケミカルウォッシュ chemical wash【加工】…… 406
ケミカル加工 chemical processing【加工】⇒ケミカル・ウォッシュ【加工】…… 406
ケミカル・ボンド chemical bond【不織布】⇒コラム 34「不織布（ふしょくふ）」【織物】…… 154
ケミカル・レース chemical lace【レース】…… 202
毛虫糸（けむしいと）chenille yarn【糸】⇒シェニール・ヤーン【糸】…… 457
毛蓆（けむしろ）【織物】⇒毛氈（もうせん）【フェルト】177 ⇒カーペット【敷物】…… 046
ケムリック cambrique【織物】⇒キャンブリック【織物】…… 057
毛焼き singeing【加工】…… 449
ケリム kelim【織物】⇒コラム 16「キリム」【織物】…… 060
ケルト十字 Celtic cross　【柄】⇒コラム 52「絣模様」【柄】305 ⇒ケルト模様【柄】…… 311
ケルト模様 Celtic pattern【柄】…… 311
原液染め（げんえきぞめ）solution dyeing【染色】⇒原着（げんちゃく）【繊維・染色】…… 449
原液着色（げんえきちゃくしょく）solution dyeing【繊維・染色】⇒原着（げんちゃく）【繊維・染色】… 449
原液着色繊維（げんえきちゃくしょくせんい）solution-dyed fiber【繊維・染色】
⇒原着（げんちゃく）【染色】…… 449
捲縮加工糸（けんしゅくかこうし）crimped yarn / textured yarn【糸】…… 449
献上柄（けんじょうがら）【柄】⇒博多織【織物】…… 134
献上博多（けんじょうはかた）【織物・柄】⇒コラム 31「博多織」【織物】…… 135
顕色染料（けんしょくせんりょう）developed dye【染色】⇒ナフトール染料【染色】…… 492
原組織（げんそしき）【織物・ニット】⇒三原組織【織物・ニット】…… 456
原着（げんちゃく）solution dyeing【繊維・染色】…… 449
原着糸（げんちゃくし）solution - dyed yarn【糸】⇒原着（げんちゃく）【繊維・染色】…… 449
絹紬（けんちゅう）pongee【織物】⇒ポンジー【織物】…… 170
ケンピー・ウール kempy wool【糸】⇒ケンプ【繊維】…… 449
ケンピー・ツイード kempy tweed【織物】…… 108
ケンプ kemp【繊維】…… 449
ケンプ・ヤーン kemp yarn【糸】⇒ケンプ【繊維】…… 449
絹紡糸（けんぼうし）spun silk yarn【糸】…… 449
絹紡紬糸（けんぼうちゅうし）bourette silk yarn / noil silk yarn【糸】…… 450
原綿染め（げんめんぞめ）【染色】…… 450
原毛染め（げんもうぞめ）【染色】…… 450
減量加工（げんりょうかこう）reducing finish【加工】⇒アルカリ減量加工【加工】…… 398
原料染め（げんりょうぞめ）【染色】…… 450
堅牢度（けんろうど）fastness【染色】⇒染色堅牢度【染色】…… 471
元禄格子（げんろくごうし）checkerboard check【柄】⇒市松文様（いちまつもんよう）【柄】352
⇒チェッカーボード・チェック【柄】…… 360
元禄模様（げんろくもよう）checkerboard check【柄】⇒市松文様（いちまつもんよう）【柄】352
⇒チェッカーボード・チェック【柄】…… 360
コア・スパン・ヤーン core span yarn【糸】⇒コア・ヤーン【糸】…… 450
ゴアテックス GORE-TEX【織物・加工】…… 068
コア・ヤーン core yarn【糸】…… 450

ゴア・ライン gore line【ニット】…… 450
コイン・ドット coin dot【柄】…… 372
高貴織り（こうきおり）Kouki-ori【織物】…… 069
高機能繊維（こうきのうせんい）high function fiber【繊維】…… 450
高機能素材（こうきのうそざい）【繊維】⇒高機能繊維【繊維】…… 450
抗菌防臭加工（こうきんぼうしゅうかこう）antibacterial deodorization processing 【加工】…… 406
纐纈（こうけち）tie-dye / shibori【染色・柄】⇒絞り染め【染色・柄】…… 327
纐纈織り（こうけちおり）【織物】⇒ふくれ織り【織物】…… 152
光絹（こうけん / ひかりぎぬ）【織物】⇒コラム 33「羽二重（はぶたえ）」【織物】…… 142
孝行縞（こうこうじま）thick and thin stripe【柄】⇒親子縞【柄】…… 332
交互縞（こうごじま）alternate stripe【柄】⇒オルタネート・ストライプ【柄】…… 332
交差柄（こうさがら）cross pattern【ニット】…… 250
合糸（ごうし）yarn doubling【糸】⇒引き揃え糸【糸】…… 502
格子柄 lattice pattern【柄】⇒チェック【柄】…… 352
格子縞（こうしじま）cross stripes【柄】⇒チェック【柄】…… 352
恒重式番手（こうじゅうしきばんて）inderect yarn count【糸】⇒繊度（せんど）【繊維】…… 471
交織（こうしょく）【織物】…… 451
格子吉野（こうしよしの）【織物】⇒吉野織り【織物】…… 183
合成インディゴ【染色】⇒インディゴ・ピュア【染色】428
⇒インディゴ【染色】428 ⇒藍染め【染色】…… 286
合成繊維 synthetic fiber【繊維】…… 451
合成染料 synthetic dye【染料】…… 451
高性能繊維 high performance fiber【繊維】…… 451
合成皮革（ごうせいひかく）synthetic leather【加工】…… 069
合繊（ごうせん）synthetic fiber【繊維】⇒合成繊維【繊維】…… 451
合繊紡（ごうせんぼう）【糸】⇒紡績【糸】…… 510
高速織機（こうそくしょっき）high-speed loom【織物】…… 451
恒長式番手（こうちょうしきばんて）derect yarn count【繊維】⇒繊度（せんど）【繊維】…… 471
交撚（こうねん）【糸】⇒交撚糸（こうねんし）【糸】…… 452
交撚糸（こうねんし）twisted union yarn【糸】…… 452
合撚糸（ごうねんし）twisted yarn / doubling and twisting yarn【糸】…… 452
勾配織り / 紅梅織り / 高配織り（こうばいおり）Koubai-ori【織物】…… 069
孔版（こうはん）stencil printing plate【染色】…… 452
合皮（ごうひ）【人工皮革・加工】⇒合成皮革【加工】069 ⇒人工皮革【人工皮革】…… 092
抗ピル加工 pilling resistant finish / antipilling finish【加工】…… 406
高分子（化合物）（こうぶんし〈かごうぶつ〉）macromolecule / polymer【繊維】
⇒重合体（じゅうごうたい）【繊維】…… 460
交編（こうへん）【ニット】…… 452
黄麻（こうま／おうま）jute / corchorus capsularis【繊維】⇒ジュート【繊維】…… 460
高密度タフタ（こうみつどタフタ）【織物】⇒タフタ【織物】…… 100
五角星（ごかくせい）pentagram【柄】⇒五芒星（ごぼうせい）【柄】…… 312
刻糸（こくし）【織物】⇒コラム「綴織り（つづれおり）」【織物】…… 119
極太コール（ごくぶとコール）【織物】⇒ピンウェール・コーデュロイ【織物】…… 149
極細コール（ごくぼそコール）【織物】⇒ピンウェール・コーデュロイ【織物】…… 149
極細繊維（ごくぼそせんい）microfiber【繊維】⇒マイクロファイバー【繊維】…… 514
小倉（こくら）Kokura【織物】…… 070
越格子（こしごうし）overcheck【柄】⇒オーバーチェック【柄】…… 353

ゴシック柄 Gothic pattern【柄】……312
腰機（こしばた）bacstrap loom【織物】⇒居座機（いざりばた）【織物】……425
コース course【ニット】……452
ゴーズ gausze【織物】……070
コース・ゲージ coarse gauge【ニット】⇒ロー・ゲージ【ニット】……523
五星文（ごせいもん）pentagram【柄】⇒五芒星（ごぼうせい）【柄】……312
五泉平（ごせんひら）【織物】⇒仙台平（せんだいひら）【織物】……094
古代縮緬（こだいちりめん）【織物】⇒コラム 24「縮緬」【織物】……107
コットン・キャンブリック cotton cambric【織物】⇒キャンブリック【織物】……057
コットン・フランネル cotton flannel【織物】⇒ネル【織物】……132
コットン・リンター cotton linter【繊維】⇒リンター【繊維】……522
コーティング coating【加工】……407
コーデュロイ corduroy【織物】……071
コード編み cord stitch【ニット】……250
コード織り cord weave【織物】⇒コードレーン【織物】……072
コード・レース cord lace【レース】……202
コードレーン Cordlane【織物】……072
コーネックス Conex【繊維】⇒アラミド繊維【繊維】……424
琥珀織り（こはくおり）taffeta【織物】……072
小幅（こはば）single breadth【織物】……452
碁盤格子（ごばんごうし）check / Goban check【柄】……356
碁盤縞（ごばんじま）check / Goban check【柄】⇒碁盤格子【柄】……356
小節絹（こぶしぎぬ）【織物】⇒紅絹（もみ）【織物・染色】……180
コプト織り Coptic textile【織物】……072
ゴブラン織り Gobelin【織物】……073
小弁慶格子（こべんけいごうし）【柄】⇒シェパード・チェック【柄】357 ⇒弁慶格子【柄】……367
五芒星（ごぼうせい）pentagram【柄】……312
コーポリマー copolymer【繊維】⇒重合体【繊維】……460
コーマ combed【糸】……452
細編み（こまあみ）single crochet【ニット】……453
5 枚朱子（ごまいしゅす）【織物】⇒コラム 22「朱子織り / 繻子織り」【織物】……088
コーマ糸（コーマし）combed yarn【糸】……453
駒撚り糸（こまよりいと）koma twist yarn【糸】⇒諸撚り糸（もろよりいと）【糸】……518
コミック柄 comics pattern【柄】……313
コーミング combing【糸】⇒コーマ【糸】……452
ゴム編み rib stitch【ニット】……251
ゴム編み機【ニット】⇒ゴム編み【ニット】……251
コーム・ストライプ comb stripe【柄】⇒ヒッコリー・ストライプ【柄】……340
ゴム出合い【ニット】⇒リブ出合い【ニット】……521
ゴム引き rubber coating 【加工】……407
子持ち縞 thick and thin stripe【柄】⇒親子縞【柄】……332
子持ち大名（こもちだいみょう）【柄】⇒大名縞 / 大明縞（だいみょうじま）【柄】……337
小紋（こもん）Komon【柄】⇒小紋柄【柄】……313
小紋柄 Komon pattern【柄】……313
コール天（コールてん）【織物】⇒コーデュロイ【織物】……071
ゴールデン・フリース Golden Fleece【繊維】⇒フリース【織物】……273
古渡り更紗（こわたりさらさ）【染色・柄】⇒コラム 53「更紗」【染色・柄】319 ⇒和更紗【染色・柄】… 325

強撚り（こわより／つよより）【糸】⇒強撚糸（きょうねんし）【糸】…… 446
コーン cone【糸】⇒チーズ【糸】…… 480
紺絣（こんがすり）【織物・柄】⇒コラム 09「絣（かすり）」【織物・柄】…… 040
混合組織（こんごうそしき）mixed weave【織物】…… 453
コンジュゲート繊維 conjugate fiber【繊維】…… 453
混織糸（こんせんし）blended filament yarn【繊維】…… 453
コーン染め cone dyeing【染色】…… 453
こんにゃく加工【加工】…… 407
コンビネーション・バティック combination batik【染色・柄】⇒コラム 54「バティック」【染色・柄】… 323
コンピューター・グラフィックス・プリント computer graphics print【柄】⇒デジタル・プリント【柄】… 371
コンピューター・ジャカード computer jacquard【織物・柄】
⇒コラム「ジャカード」【織物・柄】084 ⇒ジャカード編み【ニット】…… 253
コンペティション・ストライプ competition stripe【柄】…… 334
混紡（こんぼう）【糸】⇒混紡糸（糸）…… 453
混紡糸（こんぼうし）【糸】…… 453

さ行

SIAA マーク（サイアマーク）Society of Industrial-technology for Antimicrobial Articles【加工・品質】
⇒ SEK マーク【加工・品質】…… 400
再織り（さいおり）chenille【織物】⇒シェニール・クロス【織物】…… 081
サイケデリック柄 psychedelic pattern【柄】…… 314
サイジング sizing【糸・織物・加工】⇒糊付け（のりづけ）【糸・織物・加工】…… 496
再生セルロース繊維 regenerated cellulosic fiber【繊維】
⇒再生繊維【繊維】454 ⇒精製セルロース繊維【繊維】…… 466
再生繊維 regenerated fiber【繊維】…… 454
再生タンパク質繊維【繊維】⇒再生繊維【繊維】…… 454
再生ポリエステル繊維 recycled PET fiber【繊維】…… 454
細布（さいふ）sheeting / heavy shirting【織物】⇒シーチング【織物】…… 082
サイロスパン Sirospun【糸】…… 454
ザイロン ZYLON【繊維】⇒ PBO 繊維【繊維】…… 504
逆毛（さかげ）【織物】…… 454
逆目（さかめ）【織物】⇒逆毛（さかげ）【織物】…… 454
裂織り（さきおり）Sakiori【織物】…… 076
先晒し（さきざらし）【加工】⇒後晒し【加工】…… 422
サキソニー saxony【織物】…… 077
サキソニー仕上げ saxony finish【加工】⇒サキソニー【織物】…… 077
先染め（さきぞめ）top dyeing / yarn dyeing【染色】…… 454
先染め柄（さきぞめがら）【染色】⇒先染め【染色】…… 454
先染め糸（さきぞめし）dyed yarn / colored yarn【糸】⇒先染め【染色】…… 454
先練り（さきねり）【加工】…… 455
先練り織物（さきねりおりもの）【織物】…… 455
サーキュラー・リブ circular rib fabric【ニット】⇒フライス【ニット】…… 272
柞蚕（さくさん）Chinese oak feeding silkworm【繊維】⇒柞蚕絹（さくさんぎぬ）【糸・織物】…… 455
柞蚕絹（さくさんぎぬ）tussah silk【糸・織物】…… 455
柞蚕糸（さくさんし）tussah silk【糸】⇒柞蚕絹（さくさんぎぬ）【糸・織物】…… 455
柘榴唐草（ざくろからくさ）pomegranate arabesque【柄】⇒唐草模様（からくさもよう）【柄】…… 307
柘榴模様（ざくろもよう）pomegranate pattern【柄】…… 314

笹蔓文（ささつるもん）【柄】⇒唐草模様（からくさもよう）【柄】…… 307
サージ serge【織物】…… 077
刺し毛 / 差し毛（さしげ）guard hair【繊維】…… 455
刺し子織り（さしこおり）Sashiko weave / stitched weave【織物】…… 077
定め小紋（さだめこもん）【染色・柄】⇒コラム 51「江戸小紋」【染色・柄】…… 301
サッカー sucker【織物】⇒シアサッカー【織物】…… 080
サッカー・ストライプ sucker stripe【柄】…… 334
サティーン sateen【織物】⇒サテン【織物】…… 078
サテン satin【織物】…… 078
サテン編み satin knitting【ニット】⇒サテン・トリコット編み【ニット】…… 253
サテン・ジョーゼット satin georggete【織物】⇒バック・サテン【織物】…… 139
サテン・ストライプ satin stripe【柄】…… 335
サテン・ドリル satin dril 【織物】…… 078
サテン・トリコット編み satin tricot stitch【ニット】…… 253
真田編み（さなだあみ）【織物】⇒真田織り【織物】…… 078
真田織り（さなだおり）【織物】Sanada …… 078
真田紐（さなだひも）【織物】⇒真田織り【織物】…… 078
サの字絣（サのじかすり）【柄】⇒コラム 52「絣模様」【柄】…… 304
サブロク 36inch【織物】⇒ヤール幅【織物】…… 519
サブロナン batik print 【染色・柄】⇒コラム 54「バティック」【染色・柄】…… 322
サマー・ウーステッド summer worsted【織物】⇒サマー・ウール【織物】…… 455
サマー・ウール summer wool【織物】…… 455
サマー・ツイード summer tweed【織物】…… 110
サーマル・ボンド thermal bond【不織布】⇒コラム 34「不織布（ふしょくふ）」【織物】…… 154
鮫小紋（さめこもん）Same-komon【染色・柄】…… 314
沙綾形文様（さやがたもんよう）【柄】⇒卍文（まんじもん）【柄】…… 383
更紗（さらさ）chintz/calico/print calico【染色・柄】…… 315
晒（さらし）bleaching cotton cloth【織物】⇒晒木綿（さらしもめん）【織物・加工】…… 079
晒し（さらし）bleaching【加工】…… 455
晒木綿（さらしもめん）bleached cotton cloth【織物・加工】…… 079
さをり織り SAORI weaving【織物】…… 079
3／1の綾（さん、いちのあや）【織物】⇒コラム 02「綾織り」【織物】…… 015
酸化剤 oxidizing agent【染色】⇒媒染剤（ばいせんざい）【染色】…… 498
三原組織【織物・ニット】…… 456
酸性染料 acid dye【染色】…… 456
酸性媒染染料（さんせいばいせんせんりょう）acid mordant dye【染色】
⇒媒染染料（ばいせんせんりょう）【染色】…… 498
サンディング加工 sanding finish【加工】⇒エメリー起毛【加工】…… 401
サンドウォッシュ加工 sandwash【加工】⇒サンドブラスト【加工】…… 407
サンド・クレープ sand crepe【織物】⇒モス・クレープ【織物】…… 177
サンドブラスト sandblast【加工】…… 407
桟留縞（さんとめじま）【柄】⇒唐桟縞／唐桟島【柄】…… 338
サンフォライズ加工 Sanforized【加工】…… 407
三本格子（さんぼんごうし）【柄】⇒三筋格子（みすじごうし）【柄】…… 368
3本諸（さんぼんもろ）【糸】⇒諸撚り糸（もろよりいと）【糸】…… 518
シーアイランド・コットン sea-island cotton【繊維】⇒超長綿（ちょうちょうめん）【繊維】…… 482
シアサッカー seersucker【織物】…… 080

ジアセテート di-acetate【繊維】⇒アセテート【繊維】…… 422
シアー・リネン sheer linen【織物】…… 080
シアリング shearing【加工】⇒剪毛（せんもう）【加工】…… 472
シアリング・タオル shearing towel【織物】⇒タオル【織物】…… 098
地糸（じいと）ground yarn 【織物・ニット】…… 457
シェイデッド・ストライプ shaded stripe【柄】⇒カスケード・ストライプ【柄】333
⇒オンブレ・ストライプ【柄】…… 332
シェイデッド・チェック shaded check【柄】⇒オンブレ・チェック【柄】…… 354
ジェット織機（ジェットしょっき）【織物】…… 457
シェトランド・ツイード Shetland tweed【織物】…… 110
シェニール・クロス chenille cloth【織物】…… 081
シェニール糸 chenille yarn【糸】⇒シェニール・ヤーン【糸】…… 457
シェニール・ヤーン chenille yarn【糸】…… 457
シェパーズ・チェック shepherd's plaid / shepherd's check【柄】⇒シェパード・チェック【柄】…… 357
シェパード・チェック shepherd's plaid / shepherd('s) check【柄】…… 357
シェービング加工 shaving【加工】…… 408
シェファード・チェック shepherd's check【柄】⇒シェパード・チェック【柄】…… 357
シェブロン chevron（仏）【織物・柄】⇒ヘリンボーン【織物】…… 163
塩瀬（しおぜ）Shioze【織物】…… 081
塩瀬羽二重（しおぜはぶたえ）【織物】⇒コラム 39「羽二重（はぶたえ）」【織物】…… 142
ジオメトリック・パターン geometric pattern【柄】⇒幾何学模様【柄】…… 308
絓糸（しけいと）【糸】⇒熨斗糸（のしいと）【糸】…… 495
絓絹（しけぎぬ）【織物】…… 457
絓羽二重（しけはぶたえ）【織物】⇒絓絹（しけぎぬ）【織物】…… 457
CG プリント（シージープリント）CG print / computer graphics print【柄】
⇒デジタル・プリント【柄】…… 371
ジジム織り cicim【織物】⇒キリム【織物】…… 057
しじら織り Shijira【織物】…… 081
シシリー・ストライプ Sicily stripe【柄】⇒チョーク・ストライプ【柄】…… 337
地染め（じぞめ）texture dyeing / ground dyeing【染色】…… 457
下釜（したがま）【ニット】⇒釜（かま）【ニット】…… 440
下撚り（したより）【糸】…… 457
七芒星（しちぼうせい）heptagram【柄】⇒星文 / 星紋（せいもん）【柄】…… 349
シーチング sheeting【織物】…… 082
シック・アンド・シン・ストライプ thick and thin stripe【柄】⇒親子縞【柄】…… 332
60's 調幾何柄（シックスティーズちょうきかがら）60's geometric pattern【柄】…… 326
60's 調花柄（シックスティーズちょうはながら）60's flower pattern【柄】…… 326
湿式不織布（しっしきふしょくふ）【不織布】⇒コラム 34「不織布（ふしょくふ）」【織物】…… 154
湿式紡糸（しっしきぼうし）【繊維】⇒紡糸【繊維】…… 509
地詰め（じづめ）【加工】⇒シュランク仕上げ【加工】…… 408
自動織機（じどうしょっき）automatic loom【織物】…… 457
地緯（じぬき／じよこ）【織物】…… 458
シネ chiné（仏）【織物】⇒解し織り【織物】…… 511
篠（しの）【糸】⇒スライバー【糸】…… 464
篠絣糸（しのかすりいと）【糸】…… 458
シノワズリー柄 Chinoiserie pattern【柄】…… 326
地機（じばた）ground loom【織物】…… 458

シフォン chiffon【織物】…… 082
シフォン・クレープ chiffon crepe【織物】⇒シフォン【織物】…… 082
シフォン・ジョーゼット chiffon georgette【織物】⇒ジョーゼット・クレープ【織物】…… 091
シフォン・ベルベット chiffon velvet【織物】…… 083
ジプシー・ストライプ Gypsy stripe【柄】…… 335
脂肪族ポリエステル（しぼうぞくポリエステル）【繊維】⇒生分解性プラスチック【繊維】…… 467
絞り染め（しぼりぞめ）shibori / tie-dye【柄】…… 327
縞御召し（しまおめし）【柄】⇒御召縞（おめしじま）【柄】…… 331
縞柄（しまがら）stripe【柄】⇒ストライプ【柄】…… 329
縞羽二重（しまはぶたえ）【織物】⇒コラム 33「羽二重（はぶたえ）」【織物】…… 142
縞ボイル（しまボイル）satin striped voile【織物】⇒ファンシー・ボイル【織物】…… 150
浸み染め（しみぞめ）dipping / dyeing / dip dyeing【染色】⇒浸染（しんせん）【染色】…… 462
湿し緯（しめしよこ）【織物】⇒湿緯（しめよこ）【織物】…… 458
締機（しめばた）【織物】⇒コラム 09「絣（かすり）」【織物・柄】…… 040
湿緯（しめよこ）【織物】…… 458
下機（しもばた）【織物】⇒居座機／居坐機／伊座り機（いざりばた）【織物】…… 425
ジャイアント・ハウンドトゥース giant hound's-tooth【柄】⇒ハウンドトゥース【柄】…… 362
紗織り（しゃおり）gauze / plain gauze / leno【織物】…… 083
ジャカード jacquard【織物・柄】…… 084
ジャカード編み jacquard stitch【ニット】…… 253
ジャカード・クロス jacquard cloth【織物】⇒ジャカード【織物】…… 084
ジャカード織機（ジャカードしょっき）Jacquard loom【織物・ニット・レース】…… 458
ジャカード装置【織物・ニット・レース】⇒ジャカード織機【織物・ニット・レース】…… 458
ジャカード・レース　jacquard lace【ニット】⇒レース編み【ニット】…… 283
シャギー shaggy【織物】…… 085
シャギー・ヤーン shaggy yarn【糸】⇒タムタム・ヤーン【糸】…… 478
シャークスキン sharkskin【織物】…… 085
シャークスキン編み sharkskin knitting【ニット】⇒コード編み【ニット】250
⇒クイーンズ・コード編み【ニット】249 ⇒シャークスキン【織り・ニット】…… 085
斜行（しゃこう）【織物・ニット】…… 458
ジャージー jersey【ニット】…… 254
紗状レース（しゃじょうレース）tulle lace【レース・ニット】⇒チュール【レース・ニット】260
⇒チュール・レース【レース】…… 205
写真プリント photo print patteren【染色】⇒転写プリント【染色】…… 486
シャツコール shirt corduroy【織物】⇒ピンウェール・コーデュロイ【織物】…… 149
シャツ・ストライプ shirt stripe【柄】…… 335
シャットル shuttle【織物・レース】⇒シャトル【織物・レース】…… 458
シャドー・クレトン shadow cretonne【織物】⇒クレトン【織物】…… 065
シャドー・ストライプ shadow stripe【柄】…… 336
シャドー・チェック shadow check【柄】…… 357
シャトル shuttle【織物・レース】…… 458
シャトル織機（シャトルしょっき）shuttle loom【織物】…… 459
シャトル・レース shuttle lace　【レース】⇒タティング・レース【レース】…… 204
シャトルレス織機（シャトルレスしょっき）shuttleless loom【織物】
⇒高速織機（こうそくしょっき）【織物】…… 451
シャネル・ツイード Chanel tweed【織物】…… 111
シャフト shaft【織物】…… 459

ジャポニズム柄 Japonism pattern【柄】…… 327
シャミーナ shamina【繊維・織物】⇒パシュミナ【繊維・織物】…… 134
斜紋織り（しゃもんおり）twill weave【織物】⇒綾織り【織物】…… 014
斜文線（しゃもんせん）twill line【織物】…… 460
シャリー challis / challie【織物】…… 086
シャーリング shearing【加工】⇒剪毛（せんもう）【加工】…… 472
シャルムーズ sharmeurse(仏)【織物】…… 086
ジャワ更紗（ジャワさらさ）batik【染色・柄】⇒バティック【染色・柄】…… 321
シャワー・ドット shower dot【柄】…… 373
シャンジャン changeant(仏)【織物・柄】⇒玉虫【織物・柄】…… 102
シャンタン shantung【織物】…… 086
シャンティイ・レース Chantilly lace【レース】…… 203
シャンティリ・レース Chantilly lace【レース】⇒シャンティイ・レース【レース】…… 203
シャンティ・レース Chantilly lace【レース】⇒シャンティイ・レース【レース】…… 203
シャンブレー chambray【織物】…… 087
ジャンボ・コール【織物】⇒ピンウェール・コーデュロイ【織物】…… 149
ジュイ更紗（ジュイさらさ）toile de Jouy【染色・柄】…… 320
重合（じゅうごう）polymerization【繊維】…… 460
重合体（じゅうごうたい）polymer【繊維】…… 460
十字絣（じゅうじがすり／じゅうのじがすり）【染色・柄】⇒コラム 52「絣模様」【柄】…… 304
十字文（じゅうじもん）cross crest【染色・柄】⇒コラム 52「絣模様」【柄】…… 304
絨毯（じゅうたん）carpet【敷物】⇒カーペット【敷物】…… 046
獣毛繊維（じゅうもうせんい）【繊維】⇒繊維の種類と分類【繊維】…… 468
縮絨 / 縮充（しゅくじゅう）fulling / milling【加工】…… 408
縮絨ウール（しゅくじゅうウール）【織物・加工】⇒圧縮ウール【織物・ニット・加工】…… 013
縮絨加工（しゅくじゅうかこう）fulling / milling【加工】⇒縮絨／縮充【加工】…… 408
縮絨仕上げ（しゅくじゅうしあげ）fulling / milling【加工】⇒メルトン仕上げ【加工】…… 417
手工捺染（しゅこうなせん）【染色】⇒手捺染【染色】…… 485
樹脂加工（じゅしかこう）resin finish【加工】…… 408
種子毛繊維（しゅしもうせんい）seed hair fiber【繊維】⇒繊維の種類と分類【繊維】…… 468
朱子／繻子（しゅす）satin【織物】⇒サテン【織物】…… 078
朱子綾（しゅすあや）【織物】⇒ベネシャン【敷物】…… 163
朱子織り／繻子織り（しゅすおり）satin weave…… 087
朱子組織（しゅすそしき）【織物】⇒三原組織【織物・ニット】…… 456
朱子縮緬（しゅすちりめん）satin crepe / satin back crepe / back crepe satin【織物】…… 087
朱子ネル（しゅすネル）【織物】⇒ネル【織物】…… 132
朱珍／繻珍（しゅちん）Shuchin【織物】…… 089
ジュート jute【繊維】…… 460
シュラー surah【織物】…… 089
シュライナー加工 Schreiner finish【加工】…… 408
シュライナー・カレンダー Schreiner calender【加工】⇒シュライナー加工【加工】408
⇒カレンダー加工【加工】…… 403
シュランク仕上げ shrunk finish【加工】…… 408
シュリンク加工 shrink finish【加工】…… 408
順目（じゅんめ）【織物】⇒逆毛（さかげ）【織物】…… 454
順撚り（じゅんより）【糸】…… 460
昇華転写捺染（しょうかてんしゃなせん）【染色】⇒転写プリント【染色】…… 486

硝酸セルロース法（しょうさんセルロースほう）【繊維】⇒セルロース系繊維【織物】…… 470
障子格子（しょうじごうし）【柄】⇒碁盤格子（ごばんごうし）【柄】…… 356
消臭加工（しょうしゅうかこう）deodorant finish 【加工】…… 409
蒸着加工（じょうちゃくかこう）metalizing【加工】…… 461
紹巴（しょうは）Shouha【織物】…… 090
乗馬格子（じょうばごうし）tattersall check【柄】⇒タッタソール・チェック【柄】…… 360
上布（じょうふ）Jofu【織物】…… 090
ジョクジャカルタ Jokjakarta【染色・柄】⇒コラム 54「バティック」【染色・柄】…… 322
植物繊維（しょくぶつせんい）【繊維】⇒繊維の種類と分類【繊維】…… 468
植物染料（しょくぶつせんりょう）vegetable dye【染色】⇒草木染め【染色】…… 446
植毛加工（しょくもうかこう）flocking【加工】⇒フロック加工【加工】…… 415
ジョーゼット georgette（仏）【織物】⇒ジョーゼット・クレープ【織物】…… 091
ジョーゼット・クレープ georgette crepe / crêpe georgette（仏）【織物】…… 091
織機（しょっき）loom【織物】…… 461
蜀江錦（しょっこうにしき）【織物】⇒蜀江（蜀甲・蜀紅）文様（しょっこうもんよう）【柄】…… 328
蜀江（蜀甲・蜀紅）文様（しょっこうもんよう）Shokkou【柄】…… 328
ションヘル織機（ションヘルしょっき）schonherr weaving looms【織物】…… 461
ジリ織り gili【織物】⇒キリム【織物】…… 057
シリス cilice【織物】⇒ヘアクロス【織物】…… 160
シリンダー cylinder【ニット】…… 461
シリンダー針【ニット】⇒シリンダー【ニット】…… 461
シール sealskin cloth【織物】…… 091
シール編み sealskin fabric【ニット】…… 254
シール織り sealskin cloth【織物】⇒シール【織物】…… 091
シルクスクリーン silk-screen printing / serigraphy【染色】…… 461
シルクスクリーン捺染（シルクスクリーンなせん）silk-screen printing【染色】
⇒シルクスクリーン【染色】…… 461
シルクスクリーン・プリント silk-screen printing【染色】⇒シルクスクリーン【染色】…… 461
シルケット加工 marcerization【加工】⇒マーセライズ加工【加工】…… 416
シルケット糸 mercerized yarn【糸】⇒マーセライズ加工【加工】416 ⇒紡績糸【糸】…… 510
シール天（シールてん）sealskin cloth【織物】⇒シール【織物】…… 091
シレ ciré（仏）【織物・加工】⇒シレ加工【加工】…… 409
シレ加工 ciré（仏）【織物・加工】…… 409
シレジア silesia【織物】⇒スレーキ【織物】…… 093
白絣（しろがすり）【織物・柄】⇒コラム 09「絣（かすり）」【織物・柄】…… 040
白葛城（しろかつらぎ）【織物】⇒葛城（かつらぎ）【織物】…… 042
シロセット加工 Siroset process / Siroset finish【加工】…… 409
白苧（しろそ）【繊維】⇒青苧（おあそ）【繊維】…… 420
白木綿（しろもめん）【織物】⇒晒木綿（さらしもめん）【織物・加工】…… 079
皺加工（しわかこう）crease finish【加工】…… 409
ジーン jean【織物】…… 092
シンカー・ループ sinker loop【ニット】…… 462
シングル・アトラス編み single atlas stitch【ニット】⇒アトラス編み【ニット】…… 242
シングル編み機 single needle【ニット】⇒シングル・ニードル【ニット】…… 462
シングル・ヴァンダイク編み shingle vandyke stitch 【ニット】⇒アトラス編み【ニット】…… 242
シングル・コード編み single cord stitch【ニット】⇒コード編み【ニット】…… 250
シングル・ジャカード single jacquard【ニット】…… 255

シングル・ジャージー single jersey【ニット】⇒ダブル・ジャージー【ニット】 …… 258
シングル・ストライプ single stripe【柄】⇒ダブル・ストライプ【柄】 …… 337
シングル・デンビー編み single denbigh stitch 【ニット】⇒コラム 46「トリコット」【ニット】 …… 263
シングル・トリコット編み single tricot stitch【ニット】⇒コラム 46「トリコット」【ニット】 …… 263
シングル・ニット single knit【ニット】⇒シングル・ニードル【ニット】462
⇒ダブル・ジャージー【ニット】 …… 258
シングル・ニードル single needle【ニット】…… 462
シングル・ニードル機 single needle machine【ニット】⇒シングル・ニードル【ニット】 …… 462
シングル幅 single-width cloth【織物】 …… 462
シングル・ピケ single pique【ニット】⇒ダブル・ピケ【ニット】259
⇒コラム 43「鹿の子編み」【ニット】 …… 249
人絹（じんけん）【繊維・織物】⇒レーヨン【繊維】…… 523
人絹塩瀬（じんけんしおぜ）【織物】⇒塩瀬【織物】…… 081
人工毛皮【織物・ニット】⇒フェイク・ファー【織物・ニット】 …… 150
人工スエード【人工皮革】⇒人工皮革【人工皮革】…… 092
新合繊（しんごうせん）【繊維・糸・織物】…… 462
人工皮革（じんこうひかく） artificial leather【人工皮革】…… 092
芯鞘構造（しんさやこうぞう） sheath-core strucure【糸】
⇒カバード・ヤーン【糸】439 ⇒コア・ヤーン【糸】…… 450
芯白（しんじろ）⇒中白（なかじろ）…… 490
仁斯／ジンス（じんす）【織物】⇒ジーン【織物】 …… 092
ジーンズ加工 jeans processing【加工】…… 410
浸染（しんせん） dipping / dyeing / dip dyeing【染色】 …… 462
人造繊維（じんぞうせんい） man-made fiber / artificial fiber / manufactured fiber【繊維】
⇒化学繊維【繊維】…… 435
人造皮革（じんぞうひかく）【人工皮革・加工】⇒人工皮革【人工皮革】092 ⇒合成皮革【加工】…… 069
神代機（じんだいばた）【織物】⇒居座機／居坐機／伊座り機（いざりばた）【織物】…… 425
靭皮繊維（じんぴせんい） bast fibre【繊維】⇒繊維の種類と分類【繊維】…… 468
針布起毛（しんぷきもう）【加工】⇒起毛加工【加工】…… 404
忍冬唐草文様（すいかずらからくさもんよう）【柄】⇒唐草文様（からくさもんよう）【柄】 …… 307
水彩画柄（すいさいがから） watercolor pattern【柄】 …… 328
スイス Swiss【織物】…… 093
スイス・リブ Swiss rib【ニット】⇒ゴム編み【ニット】251 ⇒ 2 × 2 ゴム編み【ニット】…… 266
水中起毛（すいちゅうきもう）【加工】⇒起毛加工【加工】…… 404
垂直織機（すいちょくしょっき）【織物】⇒竪機（たてばた）【織物】 …… 478
水平織機（すいへいしょっき）【織物】…… 462
水平織（すいへいばた）【織物】⇒水平織機（すいへいしょっき）【織物】 …… 462
スヴァスティカ swastika【柄】⇒卍文／万字文（まんじもん）【柄】 …… 383
スウェット（地） fleecy stitch / fleecy fabric【ニット】⇒裏毛編み【ニット】…… 245
スエーディング加工 sueding【加工】⇒エメリー起毛【加工】 …… 401
透かし編み【ニット】⇒レース編み【ニット】…… 283
透かし目（すかしめ）【ニット】 …… 463
杉綾（すぎあや） herringbone【織物・柄】⇒ヘリンボーン【織物・柄】…… 163
菜（すくも）【染色】…… 463
スクリム scrim【織物】⇒チーズクロス【織物】 …… 105
スクリーン捺染（スクリーンなせん） screen printing / hand screen printing【染色】…… 463
スクロール文（スクロールもん） scroll pattern【柄】⇒渦巻き文（うずまきもん）【柄】 …… 299

スコッチ Scotch【織物】⇒スコッチ・ツイード【織物】…… 111
スコッチ・ツイード Scotch tweed【織物】…… 111
スコティッシュ・ツイード Scottish tweed【織物】⇒スコッチ・ツイード【織物】…… 111
錫媒染剤（すずばいせんざい）【染色】⇒媒染剤【染色】…… 498
スチール繊維 steel fiber【繊維】⇒繊維の種類と分類【繊維】…… 468
スチルベン系染料 stilbene dye【染色】⇒蛍光増白剤【染色・加工】…… 448
ズック doek（蘭）【織物】⇒キャンバス【織物】…… 056
捨て編み（すてあみ）waste course【ニット】…… 463
スティック・シャトル【織物】⇒シャトル【織物】…… 458
捨て糸（すていと）【ニット】…… 463
ステープル staple【繊維】⇒短繊維【繊維】…… 479
ステープル・ファイバー staple fiber【繊維】⇒短繊維【繊維】…… 479
ステープル・ヤーン staple yarn【繊維】⇒紡績糸【繊維】…… 510
ステンシル・プリント stencil print【染色・柄】…… 328
ストライプ stripe【柄】…… 329
ストライプ・ギンガム stripe gingham【柄】⇒ギンガム・ストライプ【柄】…… 334
ストレッチ加工 stretch processing【加工】…… 410
ストレッチ素材 strech fabric【織物・ニット・レース】…… 463
ストレッチ・ヤーン stretch yarn【糸】⇒ストレッチ素材【織物・ニット・レース】…… 463
ストーンウォッシュ stonewash【加工】…… 410
スナッギング snagging【ニット、織物】…… 463
スパイダー・ネット spider net【レース】⇒スパイダー・レース【レース】…… 204
スパイダー・レース spider lace【レース】…… 204
スパイラル文（スパイラルもん）spiral pattern【柄】⇒渦巻き文（うずまきもん）【柄】…… 299
スーパーウール SUPERWOOL【繊維】⇒ガラス繊維【繊維】…… 440
スーパーオーガンザ super organza【織物】⇒天女の羽衣【織物】…… 124
スーパー繊維 super fiber【繊維】…… 464
スパッタリング sputtering【加工】…… 410
スパニッシュ・レース Spanish lace【レース】⇒シャンティイ・レース【レース】…… 203
スパンデックス spandex【繊維】…… 464
スパンボンド spunbond【不織布】⇒コラム 34「不織布（ふしょくふ）」【織物】…… 154
スパン・ヤーン spun yarn【糸】⇒紡績糸（ぼうせきし）【糸】…… 510
スパンレース spunlace【不織布】⇒コラム 34「不織布（ふしょくふ）」【織物】…… 154
スパン・レーヨン spun rayon【繊維】⇒レーヨン【繊維】…… 523
スーピマ綿 Supima cotton【繊維】⇒超長綿（ちょうちょうめん）【繊維】…… 482
スピンドル spindle【糸】…… 464
スービン綿 Suvin cotton【繊維】⇒超長綿（ちょうちょうめん）【繊維】…… 482
スフ【繊維】⇒レーヨン【繊維】…… 523
ずぶ染め【染色】⇒反染め（たんぞめ）【染色】…… 480
スフ紡【糸】⇒紡績【糸】…… 510
スプラッシュ柄 splash pattern【柄】…… 348
スペック染め speck dyeing【染色】…… 464
スポッテド・パターン spotted pattern【柄】…… 348
スポーテックス Sportex【織物】…… 112
スポーテックス・ヴィンテージ Sportex vintage【織物】⇒スポーテックス【織物】…… 112
スポンジ織り sponge cloth【織物】⇒ラチネ【織物】…… 185
スポンジ・クロス sponge cloth【織物】⇒ラチネ【織物】…… 185

スマック織り sumak【織物】⇒キリム【織物】…… 057
スムース smooth / interlock stitch【ニット】⇒両面編み【ニット】…… 282
スムース出合い【ニット】⇒リブ出合い【ニット】…… 521
スメン模様 semen【染色・柄】⇒コラム 54「バティック」【染色・柄】…… 322
スライバー sliber【糸】…… 464
スラカルタ Surakarta【染色・柄】⇒コラム 54「バティック」【染色・柄】…… 322
スラッシャ・サイジング slasher sizing【織物】…… 464
スラッシャ・サイジング・マシン slasher sizing machine【織物】⇒スラッシャ・サイジング【織物】…… 464
スラブ・ヤーン slub yarn【糸】…… 465
ズリ織り gili【織物】⇒キリム【織物】…… 057
摺り染め（すりぞめ）【染色】…… 465
スリット織り slit weave【織物】⇒キリム【織物】…… 057
スリット糸（スリットし） slit yarn【糸】…… 465
スリット・ヤーン slit yarn【糸】⇒スリット糸【糸】…… 465
3D プリント（スリーディープリント） 3D printing / three dimensional printing【染色】…… 465
摺箔（すりはく）【柄・加工】⇒印金（いんきん）【柄・加工】…… 297
摺り匹田（すりびった）【染色】⇒摺り染め【染色】…… 465
摺り友禅（すりゆうぜん）【染色】⇒摺り染め【染色】…… 465
スルザー Sulzer【織物】⇒グリッパー織機【織物】…… 447
スレーキ sleek / silesia【織物】…… 093
スレン染料 indanthrene dye【染色】…… 465
スワスティカ swastika【柄】⇒卍文／万字文（まんじもん）【柄】…… 383
スワトー・レース／汕頭 Shan tou lace【レース・刺繍】…… 204
青海波（せいがいは） Seigaiha【柄】…… 348
制菌加工（せいきんかこう） antibacterial finish【加工】⇒抗菌防臭加工【加工】406
⇒ SEK マーク【加工】…… 401
整経（せいけい） warping【織り / ニット】…… 465
成型編み（せいけいあみ） fashioning【ニット】…… 466
精好織り / 精巧織り（せいごうおり）【織物】⇒仙台平【織物】…… 094
精好仙台平 / 精巧仙台平（せいごうせんだいひら）【織物】⇒仙台平【織物】…… 094
製糸（せいし） silk reeling【糸】…… 466
正斜文（せいしゃもん）【織物】…… 466
精製セルロース繊維（せいせいセルロースせんい）【繊維】…… 466
正則斜文（せいそくしゃもん） regular twill【織物】…… 466
精梳綿（せいそめん） combing【糸】⇒コーマ【糸】…… 452
制電加工（せいでんかこう） antistatic finish【加工】⇒帯電防止加工【加工】……410
静電植毛（せいでんしょくもう） flocking【加工】⇒フロック加工【加工】……415
製版（せいはん） plate making【染色】…… 466
製品洗い（せいひんあらい） garment wash【加工】⇒ガーメント・ウォッシュ【加工】…… 440
製品染め garment dye【染色】…… 467
生分解性（せいぶんかいせい） biodegradability【繊維】…… 467
生分解性高分子（繊維）（せいぶんかいせいこうぶんし〈せんい〉） biodegradable polymer【繊維】…… 467
生分解性繊維（せいぶんかいせいせんい） biodegradable fibers【繊維】⇒生分解性高分子【繊維】…… 467
生分解性プラスチック（せいぶんかいせいプラスチック） biodegradable plastic【繊維】…… 467
精紡（せいぼう） fine spinning【糸】…… 467
精紡機（せいぼうき） spinning machine / spinning frames【糸】⇒精紡【糸】…… 467
清明桔梗（せいめいききょう）【柄】⇒五芒星（ごぼうせい）【柄】…… 312

生命の樹（せいめいのき）tree of life【柄】…… 349
星文 / 星紋（せいもん）star crest 【柄】…… 349
精練（せいれん）scouring【加工】…… 470
雪花絞り／雪華絞り（せっかしぼり）【染色・柄】⇒板締め（いたじめ）【染色・柄】…… 295
接結点（せっけつてん）binding point【織物】…… 470
Z 撚り（ゼットより）Z-twist【糸】…… 470
ゼファー zephyr【織物】…… 093
ゼファー・ギンガム zephyr gingham【織物】⇒ゼファー【織物】…… 093
ゼファー・フランネル zephyr flannel【織物】⇒ゼファー【織物】…… 093
ゼファー・ヤーン zephyr yarn【糸】⇒ゼファー【織物】…… 093
セーマン【柄】⇒五芒星（ごぼうせい）【柄】…… 312
セリア・バートウェル柄 Celia Birtwell pattern【柄】…… 349
セリシン sericin【繊維】⇒フィブロイン【繊維】…… 505
セル Seru（和）【織物】…… 094
セルヴィッジ selvage【織物】…… 470
セール・クロス sail cloth【織物】⇒キャンバス【織物】…… 056
セル・サージ【織物】⇒セル【織物】…… 094
セルジス【織物】⇒セル【織物】…… 094
セルロース cellulose【繊維】…… 470
セルロース系繊維（セルロースけいせんい）cellulosic fiber【繊維】…… 470
セルロース系半合成繊維（セルロースけいはんごうせいせんい）【繊維】⇒半合成繊維【繊維】…… 500
繊維素（せんいそ）cellulouse【糸】⇒セルロース【繊維】…… 470
繊維の種類と分類【繊維】……468-469
洗化炭（せんかたん）carbonization【糸】⇒化炭処理（かたんしょり）【糸】…… 438
千花模様（せんかもよう）mille-fleur【柄】…… 350
染織（せんしょく）dyeing and weaving【織物・染色】…… 471
染色 dyeing【染色】…… 471
染色堅牢度（せんしょくけんろうど）color fastness【染色】…… 471
千筋（せんすじ）pin stripe【柄】…… 336
仙台平（せんだいひら）Sendaihira【織物】…… 094
繊度（せんど）fineness / fineness of fiber【繊維】…… 471
全芳香族ポリエステル（ぜんほうこうぞくぽりえすてる）fully aromatic polyester【繊維】
⇒ポリアリレート系繊維【繊維】……512
剪毛（せんもう）shearing【加工】…… 472
染料 dyestuff【染色】…… 472
ソアロン Soalon【織物】…… 095
ソイル・ガード加工 soil guard finish【加工】⇒ SG 加工【加工】…… 401
ソイル・リリース加工 soil release finish【加工】⇒ SG/SR 加工【加工】…… 401
総鹿の子（そうかのこ）【染色・柄】⇒鹿の子絞り（かのこしぼり）【染色・柄】…… 306
総鹿の子（編み）（そうかのこ〈あみ〉）【ニット】⇒コラム 43「鹿の子編み」【ニット】…… 249
綜絖（そうこう）heald / heddle【織物】…… 472
綜絖糸（そうこうし）【織物】⇒綜絖【織物】…… 472
綜絖通し（そうこうとうし）【織物】⇒綜絖【織物】…… 472
綜絖枠（そうこうわく）shaft【織物】⇒綜絖【織物】…… 472
総ゴム編み all needles / full needles【ニット】⇒総針ゴム編み【ニット】…… 255
双糸（そうし）double yarn / two folded yarn / two ply yarn【糸】…… 473
繰糸（そうし）reeling【糸】…… 473

総針ゴム編み（そうばりゴムあみ）all needles / full needles【ニット】…… 255
添え糸編み plating stitch【ニット】…… 256
粗糸（そし）roving【糸】…… 473
組織図【織物・ニット】…… 473
組織点【織物】…… 473
注ぎ染め（そそぎぞめ）【染色】⇒注染（ちゅうせん）【染色】…… 481
ゾッキ【ニット】…… 473
粗布（そふ）sheeting【織物】⇒シーチング【織物】082 ⇒天竺木綿（てんじくもめん）【織物】…… 122
ソフリナ Sofrina【人工皮革】…… 095
染め足（そめあし）【染色】…… 473
染め絣（そめがすり）【染色】…… 474
染め型【染色】…… 474
梳綿（そめん）carding【糸】⇒カード【糸】…… 439
粗毛（そもう）roving【糸】⇒粗糸（そし）【糸】…… 473
梳毛（そもう）worsted【繊維・糸・織物】…… 474
梳毛糸（そもうし）worsted yarn【糸】…… 474
梳毛フラノ（そもうフラノ）worsted flannel【織物】⇒フランネル【織物】…… 158
梳毛紡績（そもうぼうせき）worsted spinning【糸】…… 474
空引き（そらびき）draw loom【織物】⇒空引き機（そらびきばた）【織物】…… 475
空引き機（そらびきばた）draw loom【織物】…… 475
ソルト・アンド・ペッパー salt and pepper【織物】…… 112
ソレイヤード Souleiado【染色・柄】…… 321
ソロ Solo【染色・柄】⇒コラム 54「バティック」【染色・柄】…… 322

た行

ダイアゴナル diagonal【織物】…… 095
ダイアゴナル・ウーステッド diagonal worsted【織物】⇒ダイアゴナル【織物】…… 095
ダイアゴナル・ストライプ diagonal stripe【柄】…… 336
ダイアパー diaper【柄】⇒バーズアイ【織り・柄】…… 138
ダイアパー・クロス diaper cloth【織物】⇒バーズアイ【織り・柄】…… 138
耐久撥水加工(たいきゅうはっすいかこう) durable water repellent【加工】⇒撥水撥油加工【加工】… 412
太子間道（たいしかんとう）【織物・柄】⇒コラム 12「間道（かんとう）」【織物】050
⇒コラム 09「絣（かすり）」【織物・柄】…… 040
タイ・シルク Thai silk / Thailand silk【織物】…… 096
大豆タンパク繊維（だいずたんぱくせんい）【繊維】⇒繊維の種類と分類【繊維】…… 468
タイダイ tie-dye【染色・柄】⇒絞り染め【染色・柄】…… 327
帯電防止加工（たいでんぼうしかこう）antistatic finish【加工】…… 410
タイニー・チェック tiny check【柄】⇒ピン・チェック【柄】…… 364
タイプライター・クロス typewriter cloth【織物】…… 096
タイポグラフィ typography【柄】…… 350
大麻（たいま）hemp【繊維】⇒ヘンプ【繊維】…… 509
大名縞 / 大明縞（だいみょうじま）Daimyo-jima【柄】…… 337
大名筋（だいみょうすじ）【柄】⇒大名縞 / 大明縞（だいみょうじま）【柄】…… 337
大紋（だいもん）【染色・柄】⇒中形【染色・柄】…… 370
ダイヤモンド編み【ニット】⇒ダブル・アトラス編み【ニット】…… 257
ダイヤモンド・チェック diamond check【柄】⇒ハーリキン・チェック【柄】364
⇒バーズアイ【織物・柄】…… 138

ダイヤル dial【ニット】…… 476
ダイヤル針（ダイヤルばり）dial needle【ニット】⇒ダイヤル【ニット】…… 476
太陽車輪（たいようしゃりん）sun wheel【染色・柄】⇒コラム 52「絣模様」【柄】…… 304
太陽十字（たいようじゅうじ）sun cross【染色・柄】⇒コラム 52「絣模様」【柄】…… 304
ダウンプルーフ downproof【織物】…… 096
タオル towel / terry cloth / towel cloth【織物】…… 098
タオル・クロス towel cloth【織物】⇒タオル【織物】…… 098
高機／高幡（たかはた／たかばた）floor loom【織物】…… 476
高宮布（たかみやふ）【織物】⇒コラム 06「近江上布」【織物】…… 031
滝縞（たきじま）cascade stripe 【柄】⇒カスケード・ストライプ【柄】…… 333
ダクロン DACRON【繊維】⇒ポリエステル【繊維】…… 512
竹皮絞り（たけかわしぼり）【染色・柄】⇒辻が花【柄】371 ⇒縫締め絞り（ぬいしめしぼり）【柄】…… 375
多重組織（たじゅうそしき）【織物】…… 476
タスカーニ・レース Tuscany lace【レース】⇒フィレ・レース【レース】…… 211
タータン tartan【柄】…… 357
タータン・チェック tartan check【柄】⇒タータン【柄】…… 357
タータン・プラッド tartan plaid【柄】⇒タータン【柄】…… 357
立ち毛編み（たちげあみ）pile stitch / plush stitch【ニット】⇒パイル編み【ニット】…… 267
タック tuck position【ニット】…… 476
ダック duck【織物】⇒キャンバス【織物】…… 056
タック編み tuck stitch【ニット】…… 256
タック柄【ニット】⇒タック編み【ニット】…… 256
タック耳【織物】…… 476
タック・メッシュ tuck mesh【ニット】⇒メッシュ【ニット】…… 278
タック・リップル tuck ripple【ニット】⇒ウエルト・リップル【ニット】…… 244
タッサー tussah / tussore / tusser / tussur【糸・織物】…… 098
タッサー・シルク tussore silk【織物】⇒タッサー【織物】…… 098
タッサー・ポプリン tussore poplin【織物】⇒タッサー【織物】…… 098
タッタソール・チェック tattersall check【柄】…… 360
ダッチェス・サテン duchess satin【織物】…… 099
ダッチェス・レース duchess lace【レース】⇒デュシェス・レース【レース】…… 206
ダッチサテン【織物】⇒ダッチェス・サテン【織物】…… 099
タッチング・レース tatting lace【レース】⇒タティング・レース【レース】…… 204
ダッフル duffel / duffle【織物】…… 099
経編み（たてあみ）warp knitting【ニット】…… 476
経編み機（たてあみき）warp knitting machine【ニット】⇒経編み【ニット】…… 476
経綾（たてあや）warp twill【織物】…… 477
経糸捺染（たていとなせん）warp printing【染色】…… 477
経糸ビーム（たていとビーム）warp beam【織物】…… 477
経糸巻き（たていとまき）warp beam【織物】⇒経糸ビーム【織物】…… 477
タティング・レース tatting lace【レース】…… 204
経畝織り（たてうねおり）【織物】⇒畝織り【織物】…… 025
たて落ち（たておち）【染色】…… 477
経絣（たてがすり）single ikat【織物・柄】⇒コラム 09「絣（かすり）」【織物・柄】041
⇒コラム 03「イカット」【織物】…… 018
経皺縮緬（たてしぼちりめん）【織物】⇒楊柳縮緬（ようりゅうちりめん）【織物】…… 183
たて縞鹿の子（編み）（たてじまかのこ（あみ））【ニット】⇒コラム 43「鹿の子編み」【ニット】…… 249

経斜文（たてしゃもん）warp twill【織物】⇒経綾（たてあや）【織物】……… 477
経朱子（たてじゅす）【織物】⇒コラム 22「朱子織り」【織物】……… 088
建染め染色（たてぞめせんしょく）vat dye【染色】……… 477
建染め染料（たてぞめせんりょう）vat color【染色】……… 477
経縮緬（たてちりめん）【織物】⇒縮緬【織物】……… 106
経錦（たてにしき）【織物】⇒錦（にしき）【織物】……… 129
経二重組織（たてにじゅうそしき）【織物】⇒二重組織【織物】492 ⇒重ね組織【織物】……… 436
経パイル織り（たてパイルおり）warp pile fabric【織物】⇒パイル織り【織物】……… 133
経パイル組織（たてパイルそしき）【織物】⇒パイル織り【織物】……… 133
竪機（たてばた）【織物】……… 478
経メリヤス（たてメリヤス）tricot【ニット】⇒トリコット【ニット】……… 263
経緯絣（たてよこがすり）double ikat【織物・柄】⇒コラム 09「絣（かすり）」【織物・柄】040
⇒イカット【織物】……… 018
経緯縮緬（たてよこちりめん）【織物】⇒縮緬【織物】……… 106
経緯二重組織（たてよこにじゅうそしき）【織物】⇒重ね組織【織物】……… 436
経吉野（たてよしの）【織物】⇒吉野織り【織物】……… 183
経よろけ（たてよろけ）ondulé（仏）【織物・柄】⇒オンジュレー【織物】035 ⇒よろけ縞【柄】……… 345
経絽／竪絽（たてろ）warp gauze weave【織物】⇒絽織り【織物】……… 188
タトゥ柄 tattoo pattern【柄】……… 350
タナ・ローン Tana lawn【織物】⇒リバティ・プリント【柄】……… 390
タパ tapa【樹皮布】……… 099
タパ柄 tapa pattern【柄】⇒タパ【織物】……… 099
タパ・クロス tapa cloth【樹皮布】⇒タパ【樹皮布】……… 099
タバコ・クロス tabacco cloth【織物】⇒チーズクロス【織物】……… 105
タピスリー tapisserie(仏)【織物】⇒綴織り【織物】118 ⇒ゴブラン織り【織物】……… 073
ダビデの星 star of david【柄】⇒籠目文様（かごめもんよう）【柄】302
⇒六芒星（ろくぼうせい）【柄】……… 391
タフタ taffeta【織物】……… 100
タフテッド・カーペット tufted carpet【敷物】⇒ウィルトン・カーペット【敷物・織物】……… 022
ダブリング doubling【糸】⇒ドラフト【糸】……… 489
ダブル・アトラス編み double atlas stitch【ニット】……… 257
ダブル編み機 double needle machine【ニット】⇒ダブル・ニードル【ニット】……… 478
ダブル・イカット double ikat【織物】⇒コラム 03「イカット」【織物】……… 018
ダブル・ヴァンダイク編み double vandyke stitch【ニット】
⇒ダブル・アトラス編み【ニット】……… 257
ダブル・ガーゼ double gauze【織物】……… 100
ダブル・クロス double cloth【織物】⇒ダブルフェイス【織物】101
⇒二重組織【織物】……… 492
ダブル・サテン double satin【織物】……… 101
ダブル・ジャカード double jacquard【ニット】……… 257
ダブル・ジャージー double jersey【ニット】……… 258
ダブル・ジョーゼット double georggete【織物】……… 101
ダブル・ストライプ double stripe【柄】……… 337
ダブル・ダイ double dye【染色】……… 478
ダブル・デンビー編み double dembigh stitch【ニット】⇒ダブル・トリコット編み【ニット】……… 258
ダブル・トリコット編み double tricot stitch【ニット】……… 258
ダブル・ニット double knit【ニット】⇒ダブル・ジャージー【ニット】……… 258

ダブル・ニードル double needle【ニット】…… 478
ダブル・ニードル機（ダブル・ニードルき）double needle machine【ニット】
⇒ダブル・ニードル【ニット】…… 478
ダブルバー・ストライプ double-bar stripe【柄】⇒ダブル・ストライプ【柄】…… 337
ダブル幅（ダブルはば）double-width cloth【織物】…… 478
ダブル・ピケ double pique【ニット】…… 259
ダブルフェイス double-faced【織物】…… 101
ダブル・ラッセル double raschel【ニット】⇒ラッセル【ニット】…… 280
ダブル・リブ double rib【ニット】⇒両面編み【ニット】…… 282
タペストリー tapestry【織物】⇒綴織り（つづれおり）【織物】118 ⇒ゴブラン織り【織物】…… 073
タペストリー織機（タペストリーしょっき）【織物】…… 478
玉糸（たまいと）double silk / double cocoon silk【糸】…… 478
玉絹（たまぎぬ）【繊維】⇒節絹（ふしぎぬ）【繊維】…… 506
ダマスク damask【織物】…… 102
玉羽二重（たまはぶたえ）【織物】⇒絓絹（しけぎぬ）【織物】…… 457
玉繭（たままゆ）【繊維】⇒玉糸（たまいと）【糸】…… 478
玉虫（たまむし）changeant（仏）/ changeable / iridescent【織物・柄】…… 102
玉羅紗（たまらしゃ）chinchilla / napped cloth【織物】…… 103
玉羅紗仕上げ（たまらしゃしあげ）nap finish【加工】⇒玉羅紗【織物】103 ⇒ナップ仕上げ【加工】 411
ダミエ damier(仏)【柄】⇒市松文様（いちまつもんよう）【柄】352
⇒チェッカーボード・チェック【柄】…… 360
タムタム・ヤーン tum-tum yarn【糸】…… 478
ダメージ加工 damage finish【加工】…… 410
ダメージ・プリント damage print【柄・加工】⇒クラック・プリント【柄】…… 310
反（たん）piece / tan【織物・ニット】…… 479
ダンガリー dungaree【織物】…… 103
暖感加工（だんかんかこう）【加工】⇒温感加工【加工】…… 403
丹後縮緬（たんごちりめん）【織物】⇒コラム 24「縮緬」【織物】107
⇒一越縮緬（ひとこしちりめん）【織物】…… 148
単糸（たんし）single yarn【糸】…… 479
団十郎格子（だんじゅうろうごうし）Danjuro plaid【柄】⇒三升格子（みますごうし）【柄】…… 368
団十郎縞（だんじゅうろうじま）Danjuro plaid【柄】⇒三升格子（みますごうし）【柄】…… 368
弾性回復性（だんせいかいふくせい）elastic recovery【織物・ニット】
⇒キックバック性【織物・ニット】…… 444
単繊維（たんせんい）mono filament【繊維】…… 479
短繊維（たんせんい）staple / staple fiber【繊維】…… 479
炭素繊維（たんそせんい）carbon fiber【繊維】…… 479
反染め（たんぞめ）piece dyeing【染色】…… 480
だんだら模様【柄】⇒鋸歯文様（きょしもんよう）【柄】…… 309
緞通／段通（だんつう）rug / China rug【敷物・織物】…… 104
タンパク質系繊維（たんぱくしつけいせんい）【繊維】⇒繊維の種類と分類【繊維】…… 469
タンパク質系半合成繊維（たんぱくしつけいはんごうせいせんい）【繊維】⇒半合成繊維【繊維】…… 500
タンブラー仕上げ tumbler finishing【加工】⇒エアータンブラー仕上げ【加工】…… 400
ダンボール・ニット【ニット】…… 259
反物（たんもの）roll of cloth / piece goods【織物・ニット】…… 480
チェッカーボード・チェック checkerboard check【柄】360 ⇒ブロック・チェック【柄】…… 366
チェック check【柄】…… 352

チェビオット・ツイード Cheviot tweed【織物】…… 112
チェーン編み chain knitting【ニット】⇒縄編み【ニット】…… 265
千切り（ちぎり／ちきり）warp beam【織物】⇒経糸ビーム【織物】…… 477
蓄熱保温加工（ちくねつほおんかこう）【加工】…… 411
チーズ cheese【糸】…… 480
チーズクロス cheesecloth【織物】…… 105
チーズ・コーン染め【染色】⇒チーズ染色【染色】…… 481
チーズ・サイザー cheese sizer【織物】⇒糊付け【織物】…… 496
チーズ・サイジング cheese sizing【織物】…… 480
チーズ染色（チーズせんしょく）cheese dyeing【染色】…… 481
縮（ちぢみ）crepe（米）/ crape（英）/ crêpe(仏)【織物】…… 105
千鳥格子（ちどりごうし）hound's-tooth【柄】⇒ハウンドトゥース【柄】…… 362
チノ chino【織物】…… 105
チノ・クロス chino cloth【織物】⇒チノ【織物】…… 105
チーフ・タータン chief's tartan【柄】⇒コラム 57「タータン」【柄】…… 359
千巻き（ちまき）cloth beam【織物】⇒クロス・ビーム【織物】…… 448
着色抜染（ちゃくしょくばっせん）colored discharge printing【染色】⇒抜染【染色】…… 499
着色防染（ちゃくしょくぼうせん）colored resist printing【染色】⇒防染【染色】…… 510
チャンカラ機（チャンカラばた）【織物】⇒バッタン織機【織物】…… 499
中形（ちゅうがた）Thugata【染色・柄】…… 370
中空織り（ちゅうくうおり）【織物】⇒袋織り【織物】…… 152
中空糸（ちゅうくうし）hollow yarn / macaroni yarn【糸】⇒中空繊維【繊維】…… 481
中空繊維（ちゅうくうせんい）hollow fiber【繊維】…… 481
中コール【織物】⇒ピンウェール・コーデュロイ【織物】…… 149
紬糸（ちゅうし）【糸】⇒紬糸（つむぎいと）【糸】…… 483
抽象柄（ちゅうしょうがら）abstract pattern【柄】⇒アブストラクト・パターン【柄】…… 289
注染（ちゅうせん）Tyuusen dyeing【染色】…… 481
注染中形（ちゅうせんちゅうがた）【染色・柄】⇒コラム 58「中形」【染色・柄】…… 370
中長編み（ちゅうながあみ）half double crochet【ニット】…… 482
中幅（ちゅうはば）medium width【織物】…… 482
中疋田 / 中匹田（ちゅうひった）【染色・柄】⇒鹿の子絞り（かのこしぼり）【染色・柄】…… 306
中布（ちゅうふ）【織物】⇒コラム 09「絣（かすり）」【織物・柄】…… 040
紬紡糸（ちゅうぼうし）【糸】⇒絹紡紬糸（けんぼうちゅうし）【糸】…… 450
チュール tulle【レース・ニット】…… 260
チュール目（チュールめ）【レース・レース】…… 482
チュール・レース tulle lace【レース】…… 205
蔦花文様（ちょうかもんよう）【柄】⇒唐草模様（からくさもよう）【柄】…… 307
超極細繊維（ちょうごくぼそせんい）【繊維】⇒ナノファイバー【繊維】491
⇒マイクロファイバー【繊維】…… 514
長繊維（ちょうせんい）filament / filament fiber【繊維】…… 482
超耐久撥水加工（ちょうたいきゅうはっすいかこう）super durable water repellent【加工】
⇒撥水撥油加工（はっすいはつゆかこう）【加工】…… 412
超長綿（ちょうちょうめん）extra-long staple cotton【繊維】…… 482
チョーク・ストライプ chalk stripe【柄】…… 337
直接染料（ちょくせつせんりょう）direct dye【染色】…… 482
直接捺染（ちょくせつなせん）direct printing【染色】…… 482
チョコレートバー・キルト chocolate bar quilt【加工】⇒キルティング【加工】…… 405

緒糸（ちょし）【繊維】⇒生皮苧（きびそ）【繊維】…… 445
苧麻（ちょま）ramie【繊維】⇒ラミー【繊維】…… 520
縮緬（ちりめん）Chirimen crepe【織物】…… 106
チンコール【織物】⇒シェニール・クロス【織物】…… 081
チンチラ chinchilla【織物】⇒玉羅紗（たまらしゃ）【織物】…… 103
チンチラ・クロス chinchilla cloth【織物】⇒玉羅紗（たまらしゃ）【織物】…… 103
チンチラ仕上げ chinchilla finish【加工】⇒玉羅紗（たまらしゃ）【織物】103 ⇒ナップ仕上げ【加工】… 411
チンツ chintz【染色・柄】⇒更紗【染色・柄】315 ⇒イギリス更紗【染色・柄】…… 316
チンツ加工 chintz finish【加工】…… 411
ツイード tweed【織物】…… 108
ツイル twill【織物】⇒綾織り【織物】…… 014
辻が花（つじがはな）Tujigahana【染色・柄】…… 371
蔦蔓文様（つたかずらもんよう）【柄】⇒唐草模様（からくさもよう）【柄】…… 307
筒織り（つつおり）【織物】⇒袋織り【織物】…… 152
綴織り（つづれおり）tapestry【織物】……118
綴錦（つづれにしき）【織物】⇒綴織り【織物】118 ⇒錦（にしき）【織物】…… 129
綴機（つづればた）【織物】…… 482
綱麻（つなそ）Corchorus capsularis【繊維】⇒ジュート【繊維】…… 460
ツーフェイス two-faced【織物】⇒ダブルフェイス【織物】…… 101
妻木（つまき）cloth beam【織物】⇒クロス・ビーム【織物】…… 448
紬（つむぎ）pongee / Tsumugi【織物】…… 120
紬糸（つむぎいと）hand spun silk yarn【糸】…… 483
吊り編み機（つりあみき）Switzer / sinker wheel frame【ニット】…… 483
蔓葵文（つるあおいもん）【柄】⇒唐草模様（からくさもよう）【柄】…… 307
ティー・クロス T-cloth【織物】⇒天竺木綿（てんじくもめん）【織物】…… 122
ディストリクト・チェック district check【柄】…… 361
低速織機（ていそくしょっき）low-speed loom【織物】…… 483
DWR 加工（ディーダブルアールかこう）DWR finish / durable water repellent【加工】
⇒撥水撥油加工【加工】…… 412
ティッキング ticking【織物】⇒ティッキング・ストライプ【柄】…… 338
ティッキング・ストライプ ticking stripe【柄】…… 338
ディッシュ・タオル dish towel / dish cloth【織物】⇒タオル【織物】…… 098
ディップ・ダイ dip dye【染色】⇒浸染（しんせん）【染色】…… 462
DP 加工（ディーピーかこう）DP finish / durable press【加工】⇒パーマネント・プレス加工【加工】… 413
手績み（てうみ）【糸】…… 484
手織り機（ておりばた）handloom【織物】⇒手機（てばた）【織物】…… 485
手描き捺染（てがきなせん）hand printing【染色】…… 484
手描き友禅（てがきゆうぜん）【染色・柄】⇒友禅染【染色・柄】…… 386
テクスチャード・ヤーン textured yarn【糸】⇒加工糸【糸】…… 435
テクノーラ Technora【繊維】⇒アラミド繊維【繊維】…… 424
手括り（てくびり）【染色】…… 484
デジタル捺染 digital (textile) printing【染色】…… 484
デジタル・プリント digital print【柄】…… 371
デシテックス dtex【糸】⇒番手【糸】500 ⇒テックス【糸】…… 484
デシン crêpe de Chine(仏)【織物】⇒クレープ・デ・シン【織物】…… 067
テーチ染め／車輪梅染め（てーちぞめ）【染色・柄】⇒コラム 32「芭蕉布（ばしょうふ）」【柄】…… 137
デッキチェア・ストライプ deckchair stripe【柄】…… 338

テックス tex【糸】 …… 484
鉄媒染剤（てつばいせんざい）【染色】⇒媒染剤【染色】 …… 498
テディ・ベア・クロス teddy bear cloth【織物】 …… 120
テトロン Tetoron【繊維】⇒ポリエステル【繊維】 …… 512
手捺染（てなせん） hand printing【染色】 …… 485
デニム denim【織物】 …… 122
デニール denier【糸】 …… 485
手拭中形（てぬぐいちゅうがた）【染色・柄】⇒コラム 58「中形」【染色・柄】 …… 370
手機（てばた） handloom【織物】 …… 485
デビル・スター devil star【柄】⇒五芒星（ごぼうせい）【柄】 …… 312
テープ・ヤーン tape yarn【糸】 …… 485
テープ・レース tape lace【レース】 …… 205
デボア・ベルベット devour velvet【織物】⇒オパール・ベルベット【織物】 …… 035
デボレ dévore(仏)【織物】⇒オパール・ベルベット【織物】035 ⇒コラム 35「ベルベット」【織物】 … 164
デュシェス・レース duchess lace【レース】 …… 206
デュラブル・プレス加工 durable press【加工】⇒パーマネント・プレス加工【加工】 …… 413
手横（てよこ）【ニット】 …… 485
テラマック TERRAMAC【繊維】⇒ポリ乳酸繊維【繊維】 …… 514
テリー・クロス terry cloth / terrycloth【織物】⇒タオル【織物】 …… 098
テリー・ニット terry knit【ニット】⇒パイル編み【ニット】 …… 267
テレコ TERECO fabric（和）【ニット】 …… 261
天蚕（てんさん） wild silkworm【繊維】⇒天蚕絹（てんさんぎぬ）【糸・織物】 …… 485
天蚕絹（てんさんぎぬ） wild silk / Tensan silk【糸・織物】 …… 485
天蚕糸（てんさんし／てぐす）【糸】⇒天蚕絹（てんさんぎぬ）【糸・織物】 …… 485
天竺編み（てんじくあみ） plain knitting / plain stitch【ニット】⇒平編み【ニット】 …… 270
天竺インターシャ（てんじくインターシャ）【ニット】 …… 261
天竺鹿の子（てんじくかのこ）【ニット】⇒コラム 43「鹿の子編み」【ニット】 …… 249
天竺ボーダー（てんじくボーダー）【ニット】 …… 262
天竺メッシュ（てんじくメッシュ）【ニット】 …… 262
天竺木綿（てんじくもめん） T-cloth【織物】 …… 122
転写捺染（てんしゃなせん） transfer print【染色】⇒転写プリント【染色】 …… 486
転写プリント（てんしゃプリント） transfer print【染色】 …… 486
天井格子（てんじょうごうし）【柄】⇒碁盤格子（ごばんごうし）【柄】 …… 356
テンセル TENCEL【繊維】 …… 486
電着加工（でんちゃくかこう） flocking finish【加工】⇒フロック加工【加工】 …… 415
電着捺染（でんちゃくなせん） flock print【加工】⇒フロック加工【加工】 …… 415
天女の羽衣（てんにょのはごろも） super organza【織物】 …… 124
天然晒し（てんねんさらし）【加工】⇒晒し（さらし）【加工】 …… 455
天然繊維（てんねんせんい） natural fiber【繊維】⇒繊維の種類と分類【繊維】 …… 468
天然染料（てんねんせんりょう） natural dye【染色】 …… 486
デンビー編み dembigh stitch【ニット】⇒トリコット【ニット】 …… 263
天日晒し（てんぴざらし） sun bleaching【染色】⇒晒し（さらし）【加工】 …… 456
天平絣（てんぴょうかすり）【織物】⇒コラム 06「近江上布」【織物】 …… 031
デンマーク・ボビン・レース Denmark bobbin lace【レース】⇒ギュピール・レース【レース】 …… 198
添毛織り（てんもうおり） pile fabric【織物】⇒パイル織り【織物】 …… 133
添毛組織（てんもうそしき） pile weave【織物】⇒パイル織り【織物】 …… 133
度甘（どあま）【ニット】 …… 487

ドイツ更紗（ドイツさらさ）Germany chintz【染色・柄】⇒ヨーロッパ更紗【染色・柄】…… 325
銅アンモニア法 cuprammonium【繊維】⇒セルロース系繊維【繊維】471
⇒キュプラ【繊維】…… 446
銅アンモニア・レーヨン（どうアンモニア・レーヨン）cuprammonium rayon【繊維】
⇒キュプラ【繊維】…… 446
唐辛子加工（とうがらしかこう）capsaicin processing【加工】⇒カプサイシン加工【加工】…… 403
唐桟縞 / 唐桟島（とうざんじま）Touzan-jima【柄】…… 338
導糸針（どうししん）guaid eye【ニット】⇒ガイド・アイ【ニット】…… 434
透湿防水加工（とうしつぼうすいかこう）【加工】…… 487
トウ染め tow dyeing【染色】…… 487
トゥナー Tønder（デンマーク）【レース】⇒チュール・レース【レース】…… 205
銅媒染剤（どうばいせんざい）【染色】⇒媒染剤【染色】…… 498
動物繊維（どうぶつせんい）【繊維】⇒繊維の種類と分類【繊維】…… 468
とうもろこしタンパク繊維【繊維】⇒繊維の種類と分類【繊維】…… 469
東洋紡ミラクルケア Toyobo miracle care【加工】⇒形態安定加工【加工】…… 405
トゥンパル【柄】⇒鋸歯文様（きょしもんよう）【柄】…… 309
特殊組織【織物】…… 487
特別組織 special weave【織物】…… 487
閉じ目 closed loop【ニット】…… 487
トーション・レース torchon lace【レース】…… 207
ドスキン doeskin【織物】…… 124
ドスキン仕上げ doeskin finish【加工】⇒ビーバー仕上げ【加工】413 ⇒ドスキン【織物】…… 124
度違い天竺（どちがいてんじく）【ニット】…… 262
ドッグトゥース dogtooth【柄】⇒ハウンドトゥース【柄】…… 362
独鈷柄（とっこがら）【柄】⇒コラム 31「博多織」【織物】…… 135
ドッテド・スイス dotted swiss【織物】⇒スイス【織物】…… 093
ドット dot【柄】…… 372
凸版（とつはん）relief printing【染色】…… 487
トップ糸【糸】⇒トップ染め【染色】…… 487
トップ染め top dyeing【染色】…… 487
トップ捺染（トップなせん）top printing【染色】⇒ビゴロー捺染【染色】…… 502
度詰め（どづめ）【ニット】…… 488
ドニゴール・ツイード Donegal tweed【織物】…… 113
ドビー dobby【織物・柄】…… 125
ドビー柄 dobby pattern【柄】⇒ドビー【織物】…… 125
ドビー・クロス dobby cloth【織物】⇒ドビー【織物】…… 125
ドビー織機 dobby loom【織物】…… 488
ドビー・ストライプ dobby stripe【柄】…… 339
飛び杼（とびひ）fly shuttle【織物】…… 488
ドビー・ポプリン dobby poplin【織物】…… 125
ドブクロス Dobcross【織物】⇒ドブクロス織機【織物】…… 488
ドブクロス織機（ドブクロスしょっき）Dobcross loom【織物】…… 488
トブラルコ Tobralco【織物】⇒ヘアコード【織物】…… 161
止め編み（とめあみ）【ニット】…… 488
兎毛（ともう）【繊維】⇒繊維の種類と分類【繊維】…… 468
度目（どもく）【ニット】…… 488
度目値（どもくち）【ニット】…… 489

トラック・ストライプ track stripe【柄】⇒ダブル・ストライプ【柄】…… 337
ドラフト draft【糸】…… 489
トラム撚り（トラムより）【糸】…… 489
トランスファー・メッシュ transfer mesh【ニット】⇒メッシュ【ニット】…… 278
トリアセテート tri-acetate【繊維】…… 489
トリコチン tricotine【織物】⇒キャバルリー・ツイル【織物】…… 055
トリコット tricot（仏）【ニット】…… 263
トリコット・サテン tricot satin【ニット】⇒サテン・トリコット編み【ニット】…… 253
トリコット・ジャージー tricot jersey【ニット】⇒ハーフ・トリコット編み【ニット】…… 268
トリコット・パイル tricot pile【ニット】…… 264
トリコット・ベロア tricot velours【ニット】⇒サテン・トリコット編み【ニット】…… 253
トリコット・メッシュ tricot mesh fabric【ニット】…… 264
トリプル・ストライプ triple stripe【柄】…… 339
トリプルバー・ストライプ triple-bar stripe【柄】⇒トリプル・ストライプ【柄】…… 339
鳥目織り（とりめおり）bird's-eye【織物】⇒バーズアイ【織物・柄】…… 138
ドリル drill【織物】…… 125
トルク torque【糸】…… 489
トルク・ヤーン torque yarn【糸】…… 489
ドレス・タータン dress tartan【柄】⇒コラム 57「タータン」【柄】…… 359
トレリス trellise【柄】⇒コラム 48「アラン模様」【柄】…… 292
トロ tropical【織物】⇒トロピカル【織物】…… 126
トロピカル tropical【織物】…… 126
トロピカル柄 tropical pattern【柄】…… 374
ドロー・ルーム draw room【織物】⇒空引き機【織物】…… 475
トロンプ・ルイユ trompe-l'œil（仏）【柄】…… 374
ドロン・ワーク drawn work【レース】…… 207
トワル toile【織物】⇒シーチング【織物】…… 082
トワル・アンディエンヌ toile Indienne（仏）【染色・柄】⇒更紗【染色・柄】315
⇒ジュイ更紗【染色・柄】…… 320
トワル・ド・ジュイ toile de Jouy（仏）【染色・柄】⇒ジュイ更紗【染色・柄】…… 320
トワル・パント【染色・柄】⇒ジュイ更紗【染色・柄】320 ⇒ソレイヤード【染色・柄】…… 321
トワロン Twaron【繊維】⇒アラミド繊維【繊維】…… 424
ドンゴロス dungarees【織物】…… 126
緞子／鈍子（どんす）damask / Donsu damask【織物】…… 127
蜻蛉絣（とんぼがすり）【染色・柄】⇒コラム 52「絣模様 」【柄】…… 305

な行

ナイアガラ Niagara【織物】…… 127
ナイロン nylon【繊維】…… 490
ナイロン 6（ナイロンろく）【繊維】⇒ナイロン【繊維】…… 490
ナイロン 66（ナイロンろくろく）【繊維】⇒ナイロン【繊維】…… 490
長編み（ながあみ）double crochet【ニット】…… 490
長板本染中形（ながいたほんぞめちゅうがた）【染色・柄】⇒コラム 58「中形」【染色・柄】…… 370
長崎更紗（ながさきさらさ）【染色・柄】⇒コラム 53「更紗」【染色・柄】318 ⇒和更紗【染色・柄】…… 325
流し編み yard goods fabric【ニット】…… 490
中白（なかじろ）【染色】…… 490
長々編み（ながながあみ）triple crochet【ニット】…… 490

長浜縮緬（ながはまちりめん）【織物】⇒コラム 24「縮緬」【織物】107
⇒二越縮緬（ふたこしちりめん）【織物】…… 155
中撚り（なかより）【糸】⇒下撚り【糸】…… 457
梨地編み（なしじあみ）crepe knitting / crepe stitch【ニット】…… 264
梨地織り（なしじおり）crepe weave【織物】…… 128
梨地ジョーゼット（なしじジョーゼット）【織物】⇒ジョーゼット・クレープ【織物】…… 091
捺染（なせん／なっせん）printing / textile printing【染色】…… 491
捺染絣（なせんがすり）【織物・柄】⇒絣【織物・柄】…… 038
ナチュラル・インディゴ natural indigo【染色】…… 491
ナチュラル・ダイ natural dye【染色】…… 491
ナッピング napping【加工】⇒ナップ仕上げ【加工】…… 411
ナップ nap【織物】…… 491
ナップ仕上げ nap finish【加工】…… 411
ナップド・クロス napped cloth【織物】⇒玉羅紗（たまらしゃ）【織物】…… 103
なで毛【織物】⇒逆毛（さかげ）【織物】…… 454
七色緞子（なないろどんす）【織物】⇒朱珍／繻珍（しゅちん）【織物】…… 089
斜子織り（ななこおり）basket weave / mat weave【織物】…… 128
ナノテク素材【糸】⇒ナノファイバー【繊維】…… 491
ナノファイバー nanofiber【繊維】…… 491
ナノペル加工 nano-pel【加工】…… 411
ナフトール染料 naphthol dye / azoic dye【染色】…… 492
鍋島更紗（なべしまさらさ）【染色・柄】⇒コラム 53「更紗」【染色・柄】319 ⇒和更紗【染色・柄】…… 325
並鹿の子（編み）（なみかのこ〈あみ〉）【ニット】⇒コラム 43「鹿の子編み」【ニット】…… 249
並幅（なみはば）【織物】…… 492
鳴海絞り（なるみしぼり）【染色・柄】⇒括り染め（くくりぞめ）【染色・柄】…… 310
ナロー・ストライプ narrow stripe【柄】⇒ピン・ストライプ【柄】…… 341
縄編み（なわあみ）cable stitch / cable knitting【ニット】…… 265
南部裂織り（なんぶさきおり）【織物】⇒コラム 20「裂織り」【織物】…… 076
2×1ゴム編み（に、いち ゴムあみ）【ニット】⇒コラム 44「ゴム編み」【ニット】…… 252
2×1針抜きゴム（に、いち はりぬきゴム）【ニット】⇒コラム 44「ゴム編み」【ニット】252
⇒2×2ゴム編み【ニット】…… 266
2／1の綾（に、いちのあや）【織物】⇒コラム 02「綾織り」【織物】…… 015
2×2片畦編み（に、に かたあぜあみ）【ニット】…… 266
2×2ゴム編み（に、に ゴムあみ）Swiss rib / 2×2 rib stitch【ニット】…… 266
2／2の綾（に、にのあや）【織物】⇒コラム 02「綾織り」【織物】…… 015
2×2リブ（に、に リブ）Swiss rib / 2×2 rib stitch【ニット】⇒2×2ゴム編み【ニット】266
⇒ゴム編み【ニット】…… 251
錦（にしき）brocade【織物】…… 129
二重畝ギャバジン（にじゅううねギャバジン）【織物】⇒キャバルリー・ツイル【織物】…… 055
二重織り double cloth【織物】⇒二重組織【織物】…… 492
二重組織【織物】…… 492
二重ビロード（にじゅうビロード）double velvet【織物】⇒コラム 35「ベルベット」【織物】…… 164
ニット knit / knit position【ニット】…… 492
ニットの組織と編み機の分類【ニット】…… 494
ニット・パイル knit pile【ニット】⇒パイル編み【ニット】…… 267
ニット・ベロア knitting velours【ニット】…… 265
ニードルパンチ needle-punch【不織布】…… 154

ニードルポイント・レース needlepoint lace【レース】⇒ニードル・レース【レース】…… 208
ニードル・ループ needle loop【ニット】…… 492
ニードル・レース needle lace【レース】…… 208
ニノン ninon【織物】…… 131
2本諸（にほんもろ）【糸】⇒諸撚り糸（もろよりいと）【糸】…… 518
ニュー・キリム new kilim【織物】⇒コラム16「キリム」【織物】…… 060
2列針（にれつばり）double needle【ニット】⇒ダブル・ニードル【ニット】…… 478
2列針床（にれつはりどこ）【ニット】⇒ダブル・ニードル【ニット】…… 478
忍冬文（にんどうもん）honeysuckle pattern【柄】⇒唐草模様（からくさもよう）【柄】307
⇒パルメット模様【柄】…… 377
縫絞り（ぬいしぼり）【染色・柄】⇒縫締め絞り（ぬいしめしぼり）【染色・柄】…… 375
縫締め絞り（ぬいしめしぼり）Nuishime shibori / tie-dye【染色・柄】…… 375
縫取織り（ぬいとりおり）【織物】⇒唐織り（からおり）【織物】047 ⇒錦（にしき）【織物】…… 129
縫箔／繍箔（ぬいはく）【織物】⇒コラム50「印金（いんきん）」【柄・加工】…… 297
抜きかがり刺繍（ぬきかがりししゅう）【レース】⇒ドロン・ワーク【レース】…… 207
緯錦（ぬきにしき）【織物】⇒錦（にしき）【織物】…… 129
布幅（ぬのはば）cloth width【織物】…… 492
濡れ緯（ぬれよこ）【織物】⇒湿緯（しめよこ）【織物】…… 458
ネインスーク nainsook【織物】…… 131
ネオプレン Neoprene【ゴム】…… 132
猫足（ねこあし）oatmeal【織物・柄】⇒オートミール【織物・柄】…… 034
猫目織り（ねこめおり）cat's-eye【織物】⇒バーズアイ【織り・柄】…… 138
熱可塑性（ねつかそせい）thermoplastic【加工】…… 493
熱セット性（ねつセットせい）thermoplastic【加工】⇒熱可塑性【加工】…… 493
ネット net【ニット】…… 267
ネット編み net stitch【ニット】…… 493
ネップ nep【繊維】⇒ネップ・ヤーン【糸】…… 493
ネップ・ツイード nep tweed【織物】⇒ドニゴール・ツイード【織物】…… 113
ネップ・ヤーン nep yarn【糸】…… 493
練り（ねり）degumming【加工】…… 493
練り糸（ねりいと）degummed yarn【糸】…… 493
練り織物（ねりおりもの）degummed silk fabric【織物】…… 493
練り絹（ねりぎぬ）glossed silk【織物】…… 493
練り絹織物（ねりぎぬおりもの）degummed silk fabric【織物】⇒練り織物【織物】…… 493
ネル flannel / cotton flannel / flannelette【織物】…… 132
撚糸（ねんし）twisting【糸】…… 493
ネーンスック nainsook【織物】⇒ネインスーク【織物】…… 131
撚成網（ねんせいあみ）【ニット】⇒ネット【ニット】…… 267
ノイル noil【繊維】…… 495
ノイル織り noil cloth【織物】⇒ノイル・クロス【織物】…… 132
ノイル・クロス noil cloth【織物】…… 132
ノイル・ヤーン noil yarn【糸】⇒ノイル【繊維】…… 495
熨斗糸（のしいと）【糸】…… 495
ノックオーバー knocking over【ニット】…… 495
ノックスノック NOCXNOC【加工】⇒形態安定加工【加工】…… 405
ノット・ヤーン knot yarn【糸】⇒ノップ・ヤーン【糸】…… 496
ノップ・ヤーン knop yarn【糸】…… 496

ノーメックス Nomex【繊維】⇒アラミド繊維【繊維】…… 424
糊置き紡染（のりおきぼうせん）【染色】⇒防染【染色】…… 510
糊付け（のりつけ）sizing【糸・織物・加工】…… 496
ノルディック模様 Nordic pattern【柄】…… 375
ノンウォッシュ non-wash【加工】⇒ワンウォッシュ【加工】…… 418

は行

ハイ・ウエットモジュラス high wet-modulus(HWM)【繊維】…… 496
バイオウォッシュ bio-wash【加工】…… 411
バイオ加工 biological chemistry process【加工】…… 412
バイオファイバー biofiber【繊維】…… 496
バイオプラスチック bioplastic【繊維】⇒バイオマス・プラスチック【繊維】…… 497
バイオフロント BIOFRONT【繊維】⇒ポリ乳酸繊維【繊維】…… 513
バイオベース繊維 bio-based fiber【繊維】…… 496
バイオベース・ファイバー bio-based fiber【繊維】⇒バイオベース繊維【繊維】…… 496
バイオポリエステル biopolyester【繊維】…… 497
バイオマス biomass【繊維】…… 497
バイオマス・プラスチック biomass plastics【繊維】…… 497
ハイ・ゲージ high gauge【ニット】…… 497
バイコン bicon【繊維】⇒複合繊維【繊維】…… 506
バイコンポーネント・ファイバー bicomponent fiber【繊維】⇒複合繊維【繊維】…… 506
唄絞り（ばいしぼり）【染色・柄】⇒鹿の子絞り（かのこしぼり）【染色・柄】…… 306
媒染（ばいせん）mordanting【染色】…… 497
媒染剤（ばいせんざい）mordant【染色】…… 498
媒染染料（ばいせんせんりょう）mordant dye【染色】…… 498
ハイテク繊維 high technology fiber【繊維】⇒スーパー繊維【繊維】…… 464
パイナップル編み pineapple stitch【ニット】⇒パイナップル・レース編み【レース・ニット】…… 209
パイナップル・レース編み pineapple lace / pineapple stitch【レース・ニット】…… 209
パイル編み pile stitch / plush stitch【ニット】…… 267
パイル織り pile fabric / pile weave【織物】…… 133
パイル・ジャカード pile jacquard【ニット】⇒パイル編み【ニット】…… 267
パイル組織 pile weave【織物】⇒パイル織り【織物】…… 133
パイレーツ・ボーダー pirates border【柄】…… 339
バインダー binder【染色】…… 498
ハウス・チェック house check【柄】…… 361
ハウンドトゥース hound's-tooth【柄】…… 362
博多織（はかたおり）Hakata-ori【織物】…… 134
博多平（はかたひら）【織物】⇒仙台平（せんだいひら）【織物】094 ⇒博多織【織物】…… 134
箔押し（はくおし）foil print / hot stamping【柄・加工】⇒箔プリント【柄・加工】…… 376
白色抜染（はくしょくばっせん）white discharge【染色】⇒抜染【染色】…… 499
白色防染（はくしょくぼうせん）white resist printing【染色】⇒防染【染色】…… 510
箔プリント（はくプリント）foil print / hot stamping【柄・加工】…… 376
刷毛目（はけめ）hairline stripe【柄】⇒ヘアライン【柄】…… 342
刷毛目縞（はけめじま）hairline stripe【柄】⇒ヘアライン【柄】…… 342
パシミーナ pashmina【繊維・織物】⇒パシュミナ【繊維・織物】…… 134
羽尺（はじゃく）【織物】…… 498
パジャマ・ストライプ pajama stripe【柄】…… 340

パシュミナ pashmina【繊維・織物】…… 134
芭蕉布（ばしょうふ）abaca cloth / Bashoufu【織物】…… 136
バーズアイ bird's-eye【織物・柄】…… 138
バーズアイ・ピケ bird's-eye piqué【織物】⇒バーズアイ【織り・柄】…… 138
馬巣織り（ばすおり）horsehair cloth【織物】…… 138
バスケット・ウィーブ basket weave【織物】⇒斜子織り（ななこおり）【織物】…… 128
バスケット織り basket weave / basket cloth【織物】…… 138
バスケット・クロス basket cloth【織物】⇒バスケット織り【織物】…… 138
バスケット・チェック basket check【柄】…… 362
バス・リス basse lisse【織物】⇒タペストリー織機【織物】…… 478
機（はた）loom【織物】…… 498
はたご【織物】⇒機（はた）【織物】…… 498
機屋（はたや）weaver【織物】…… 498
八丈絹（はちじょうぎぬ）【織物】⇒コラム 13「黄八丈（きはちじょう）」【織物】…… 053
蜂巣織り（はちすおり）honeycomb weave / waffle cloth【織物】…… 139
蜂の巣加工【加工】⇒シェービング加工【加工】408 ⇒ヒゲ加工【加工】…… 413
八芒星（はちぼうせい）octagram【柄】⇒星文 / 星紋（せいもん）【柄】…… 349
8 枚朱子（はちまいじゅす）【織物】⇒コラム 22「朱子織り」【織物】…… 088
ハッカバック huckaback【織物】…… 139
バッキンガムシャー・レース Buckinghamshire lace【レース】⇒バックスポイント・レース【レース】… 209
ハック織り huckaback【織物】⇒ハッカバック【織物】…… 139
バック・クレープ・サテン back crepe satin【織物】⇒バック・サテン【織物】139
⇒朱子縮緬【織物】…… 087
バック・サテン back satin【織物】…… 139
バック・サテン・シャンタン back satin shantung【織物】⇒バック・サテン【織物】…… 139
バック・サテン・ジョーゼット back satin georggete【織物】⇒バック・サテン【織物】…… 139
バックスキン・クロス buckskin cloth【織物】…… 140
バックストラップ織機（バックストラップしょっき）backstrap loom【織物】
⇒居座機／居坐機／伊座り機（いざりばた）【織物】…… 425
バックス・ポイント・レース Bucks point lace【レース】…… 209
撥水撥油加工（はっすいはつゆかこう）【加工】…… 412
抜染（ばっせん）discharge printing【染色】…… 499
バッタン織機（バッタンしょっき）【織物】…… 499
パッチマドラス patch-Madras【柄】⇒クレイジー・マドラス【柄】…… 355
パッチワーク・マドラス patchwork Madras【柄】⇒クレイジー・マドラス【柄】…… 355
バッテンバーグ・レース Battenberg lace【レース】⇒バテン・レース【レース】…… 210
バッテンベルグ・レース Battenberg lace【レース】⇒バテン・レース【レース】…… 210
法度縞（はっとじま）【柄】⇒御召縞（おめしじま）【柄】…… 331
バット染料 vat dyes【染色】⇒建染め染料（たてぞめせんりょう）【染色】…… 477
バッファロー・チェック buffalo check【柄】…… 363
発泡プリント（はっぽうプリント）foam printing【柄・加工】…… 376
発泡ポリウレタン（はっぽうポリウレタン）polyurethane foam【繊維】
⇒ポリウレタン・フォーム【繊維】…… 512
バティスト batiste【織物】…… 140
バティック batik【染色・柄】…… 321
バティック・チャップ batik cap【染色・柄】⇒コラム 54「バティック」【染色・柄】…… 322
バティック・トゥリス batik tulis【染色・柄】⇒コラム 54「バティック」【染色・柄】…… 322

バティック・プリント batik print【染色・柄】⇒コラム 54「バティック」【染色・柄】…… 322
バテン・レース Battenberg lace【レース】…… 210
バトラ織り【織物】⇒コラム 03「イカット」【織物】…… 018
花更紗（はなさらさ）Victorian chintz【染色・柄】…… 324
バナックバーン・ツイード Bannockburn tweed【織物】…… 113
花機（はなばた）【織物】⇒空引き機（そらびきばた）【織物】…… 475
パナマ panama cloth【繊維・織物】⇒パナマ・クロス【織物】…… 140
パナマ・クロス panama cloth【織物】…… 140
ハニカム honeycomb 【織物】⇒蜂巣織り【織物】…… 139
ハニカム・ワッフル honeycomb waffle【織物】⇒蜂巣織り【織物】…… 139
彩土染め（はにぞめ）【染色】…… 499
パーニャ pagne【染色・柄】⇒アフリカン・バティック【染色・柄】…… 316
パネル柄 panel pattern【柄】…… 376
幅 width【織物】⇒布幅（ぬのはば）【織物】…… 492
バーバリー Burberry【織物】…… 141
ババリアン・レース Bavarian lace【レース】⇒トーション・レース【レース】…… 207
バーバリー・チェック Burberry check【柄】…… 363
ハーフ編み half tricot stitch【ニット】⇒ハーフ・トリコット編み【ニット】…… 268
ハーフ・カーディガン編み half cardigan stitch【ニット】⇒片畦編み【ニット】…… 247
パプコーン編み popcorn stitch【ニット】…… 499
羽二重（はぶたえ）habutai / habutaye / habutae【織物】…… 141
ハーフ・トリコット編み half tricot stitch / tricot jersey(米) / locknit（英）【ニット】…… 268
ハーフ・ミラノ haif Milano rib【ニット】⇒片袋編み【ニット】…… 247
パーマネント・プレス加工 permanent press / durable press【加工】…… 412
パーム・ビーチ palm beach【織物】⇒パンピース【織物】…… 145
パラ系アラミド繊維【繊維】⇒アラミド繊維【繊維】…… 424
ばら毛染め（ばらけぞめ）loose fiber dyeing / raw stock dyeing【染色】…… 499
バラシア barathea【織物】…… 144
パラシュート・クロス parachute cloth【織物】…… 144
パラン模様（パランもよう）parang【染色・柄】⇒コラム 54「バティック」【染色・柄】…… 322
針上げ（はりあげ）【ニット】…… 499
針上げカムの 3 ポジション【ニット】…… 499
針釜（はりがま）【ニット】⇒釜（かま）【ニット】…… 440
ハーリキン・チェック harlequin check【柄】…… 364
針下げ（はりさげ）【ニット】…… 499
ハリス・ツイード Harris tweed【織物】…… 114
針床（はりどこ）needle bed【ニット】…… 499
針抜き（はりぬき）draw off【ニット】⇒針抜き編み【ニット】…… 268
針抜き編み welt stitch【ニット】…… 268
針抜きゴム編み circular rib weit stitch【ニット】…… 269
針抜きプリーツ【ニット】⇒針抜き編み【ニット】268 ⇒アコーディオン編み【ニット】…… 242
針抜きメッシュ【ニット】⇒針抜き編み【ニット】268 ⇒メッシュ【ニット】…… 278
針抜きリブ【ニット】⇒針抜きゴム編み【ニット】…… 269
パール編み pearl stitch【ニット】…… 269
バルキー・ニット bulky knit【ニット】…… 269
バルキー・ヤーン bulky yarn【糸】…… 500

パルメット模様 palmette pattern【柄】 …… 377
バルモラル・チェック Balmoral【柄】⇒ディストリクト・チェック【柄】 …… 361
バーレイコーン barleycorn【織物・柄】⇒オートミール【織物・柄】 …… 034
パレス・クレープ palace crepe【織物】 …… 145
パレス縮緬（パレスちりめん） palace crepe【織物】⇒パレス・クレープ【織物】 …… 145
バロック柄 baroque pattern【柄】 …… 377
ハワイアン柄 Hawaiian pattern【柄】 …… 377
パワー・ネット power net【ニット】 …… 270
パン panne【織物】⇒パン・ベルベット【織物】 …… 146
バーンアウト加工 burn-out finish【加工】⇒オパール加工【加工】 …… 402
バンカー・ストライプ banker's stripe【柄】⇒チョーク・ストライプ【柄】 …… 337
半合成繊維（はんごうせいせんい） semi synthetic fiber【繊維】 …… 500
パン・サテン panne satin【織物】 …… 145
播州やたら（ばんしゅうやたら）【柄】⇒やたら縞／矢鱈縞【柄】 …… 345
バンシュ・レース Binche lace【レース】⇒トーション・レース【レース】 …… 207
半成型編み（はんせいけいあみ）【ニット】⇒ガーメント・レングス編み【ニット】 …… 440
バンダイク編み vandyke stitch【ニット】⇒アトラス編み【ニット】 …… 242
パンチング・レース punching lace【レース】 …… 210
番手（ばんて） yarn count / count【糸】 …… 500
ハンティング・タータン hunting tartan 【柄】⇒コラム 57「タータン」【柄】 …… 359
番手の換算法（ばんてのかんさんほう）【糸】⇒番手【糸】 …… 500
番手の算出法（ばんてのさんしゅつほう）【糸】⇒番手【糸】 …… 500
ハンド・スクリーン捺染（ハンド・スクリーンなせん） hand screen printing【染色】
⇒スクーリーン捺染【染色】 …… 463
ハンド・プリント hand printing【染色】⇒手捺染【染色】 …… 485
反応染料（はんのうせんりょう） reactive dye【染色】 …… 501
パンピー【織物】⇒パンピース【織物】 …… 145
パンピース palm beach【織物】 …… 145
帆布（はんぷ） canvas / sailcloth【織物】⇒キャンバス【織物】 …… 056
パン・ベルベット panne velvet【織物】 …… 146
反毛（はんもう） recovered wool / reused wool / shoddy【繊維】 …… 501
パンヤ panha【繊維】⇒カポック【染色】 …… 440
汎用繊維（はんようせんい）【繊維】 …… 501
杼／梭（ひ） shuttle【織物】 …… 502
ピエ・ドゥ・プール pied-de-poule（仏）【柄】⇒ハウンドトゥース【柄】 …… 362
ビエラ Viyella【織物】 …… 146
光絹（ひかりぎぬ／こうけん）【織物】⇒コラム 33「羽二重（はぶたえ）」【織物】 …… 142
光触媒加工（ひかりしょくばいかこう） photocatalytic process【加工】 …… 413
疋（ひき） piece / hiki【織物】 …… 502
引き上げ編み【ニット】⇒タック編み【ニット】 …… 256
引染め（ひきぞめ） brush dyeing【染色】 …… 502
引き揃え糸（ひきそろえいと） yarn doubling【糸】 …… 502
引箔織り（ひきばくおり） Hikibaku【織物】 …… 146
引き目度目（ひきめどもく）【ニット】 …… 502
疋物（ひきもの） roll of cloth / piece goods【織物】 …… 502
ピクセル柄 pixel pattern【柄】 …… 378
杼口（ひぐち） shed【織物】 …… 502

ピグメント・ダイ pigment dyeing【染色】⇒顔料染め【染色】 …… 442
ピケ piqué（仏）【織物】…… 147
ヒゲ加工【加工】…… 413
ピケ・クレープ pique crepe【織物】⇒縮（ちぢみ）【織物】…… 105
ピケ・ストライプ piqué stripe【柄】…… 340
ヒゲ針 beard neegle【ニット】⇒編み針【ニット】…… 423
ピケ・ボイル piqué voile（仏）【織物】…… 147
ビゴロー捺染（ビゴローなせん）vigoureux printing【染色】…… 502
ビザンチン模様 Byzantine pattern【柄】…… 378
毘沙門亀甲（びしゃもんきっこう）【柄】⇒亀甲文様【柄】…… 308
緋絨（ひじゅう）【織物】⇒羅紗（らしゃ）【織物】…… 185
皮巣（びす）【繊維】…… 502
ビスコース viscose【繊維】⇒レーヨン【繊維】…… 523
ビスコース法 viscose process【繊維】⇒セルロース系繊維【繊維】…… 470
ビスコース・レーヨン viscose rayon【繊維】⇒レーヨン【繊維】…… 523
ビソ・リネン bisso linen【織物】⇒シアー・リネン【織物】…… 080
ヒーダボー Hedebo【レース】…… 211
ヒーダボー刺繍（ヒーダボーししゅう）Hedebo embroidery【レース・刺繍】
⇒ヒーダボー【レース・刺繍】…… 211
ヒーダボー・レース Hedebo lace【レース・刺繍】⇒ヒーダボー【レース・刺繍】 …… 211
左綾（ひだりあや）【織物】⇒綾目（あやめ）【織物】 …… 424
左撚り（ひだりより）Z-twist【糸】⇒Z 撚り【糸】…… 470
ピーチスキン peach-skin【織物・加工】 …… 148
ピーチスキン加工 peach-skin finish【加工 …… 413
ヒッコリー・ストライプ hickory stripe【柄】 …… 340
匹田鹿の子（ひったかのこ）【染色・柄】⇒鹿の子絞り（かのこしぼり）【染色・柄】 …… 306
匹田絞り（ひったしぼり）【染色・柄】⇒鹿の子絞り（かのこしぼり）【染色・柄】…… 306
ピッチ pitch【繊維】 …… 503
ピッチ feed pitch【染色】…… 503
PTT 繊維（ピーティーティーせんい）polytrimethyleneterephtalate / PTT【繊維】 …… 503
ヒートカット heat cutting【加工】⇒レーザー・カット・レース【レース】…… 228
ヒートカット・レース heatcut lace【レース】⇒レーザー・カット・レース【レース】…… 228
一越縮緬（ひとこしちりめん）Hitokoshi chirimen crepe【織物】 …… 148
ヒートセット heat setting【加工】…… 413
ヒートテック HEATTECH【繊維】…… 503
一目鹿の子（編み）（ひとめかのこ（あみ））【ニット】⇒コラム 43「鹿の子編み」【ニット】 …… 249
一目ゴム編み（ひとめゴムあみ）English rib / 1 × 1 rib stitch【ニット】⇒1 × 1 ゴム編み【ニット】… 243
一目絞り／人目絞り（ひとめしぼり）【染色・柄】⇒鹿の子絞り（かのこしぼり）【染色・柄】 …… 306
ビートル仕上げ beetling【加工】⇒砧仕上げ（きぬたしあげ）【加工】 …… 445
ビニリデン vinylidene chloride【繊維】 …… 503
ビニール・レザー PVC leather cloth【加工】⇒合成皮革【加工】…… 069
ビニロン vinylon【繊維】 …… 503
日野間道（ひのかんとう）【織物・柄】⇒コラム 12「間道（かんとう）」【織物】…… 050
ビーバー・クロス beaver cloth【織物】…… 148
ビーバー仕上げ beaver finish【加工】 …… 413
PBO 繊維（ピービーオーせんい）polyparaphenylene benzobisoxazole / PBO【繊維】 …… 504

PP 加工（ピーピーかこう）permanent press/durable press【加工】
⇒パーマネント・プレス加工【加工】 …… 412
ひび割れプリント crack print【柄・加工】⇒クラック・プリント【柄】 …… 310
PVA（ピーブイエー）polyvinyl alcohol【繊維】⇒ビニロン【繊維 …… 503
PVC（ピーブイシー）polyvinyl chloride【繊維】⇒ポリ塩化ビニル【繊維】 ……513
PVDC（ピーブイディーシー）poly vinylidene chloride【繊維】⇒ビニリデン【繊維】…… 503
被覆糸（ひふくし）covered yarn【糸】⇒カバード・ヤーン【糸】 …… 439
ピマ綿（ピマめん）Pima cotton【繊維】⇒超長綿（ちょうちょうめん）【繊維】…… 482
ビーミング beaming【織物】 …… 504
ビーム beam【織物】 …… 504
ビーム染色（ビームせんしょく）beam dyeing【染色】 …… 504
B2B サイジング【織物】⇒ビーム・ツー・ビーム・サイジング【織物】…… 504
ビーム・ツー・ビーム・サイジング beam to beam sizing【織物】 …… 504
ピュア・インディゴ pure indigo【染色】⇒インディゴ・ピュア【染色】 …… 428
日除け縞（ひよけじま）awning stripe【柄】⇒オーニング・ストライプ【柄】 …… 331
平編み（ひらあみ）plain stitch / plain knitting / jersey stitch【ニット】 …… 270
平織り（ひらおり）plain weave【織物】 …… 149
平絹（ひらぎぬ／へいけん）plain habutai【織物】…… 504
開き目（ひらきめ）compound yarn【ニット】 …… 504
平縫い絞り（ひらぬいしぼり）【染色・柄】⇒縫締め絞り（ぬいしめしぼり）【染色・柄】…… 375
平ネル（ひらネル）【織物】⇒ネル【織物】 …… 132
平袴地（ひらばかまじ）【織物】⇒仙台平（せんだいひら）【織物】 …… 094
平羽二重（ひらはぶたえ）【織物】⇒コラム 33「羽二重（はぶたえ）」【織物】 …… 142
ピリング pilling【織物・ニット】 …… 505
ピリング加工 pilling finish【加工】⇒抗ピル加工【加工】…… 406
ビロード／天鵞絨（びろーど）velvet【織物】⇒ベルベット【織物】 …… 163
広幅（ひろはば）double-width cloth【織物・ニット】 …… 505
ピロー・レース pillow lace【レース】⇒ボビン・レース【レース】 …… 218
ピンウェール・コーデュロイ pinwale corduroy【織物】 …… 149
紅型（びんがた）Bingata【染色・柄】 …… 378
ピンコール pinwale corduroy【織物】⇒ピンウェール・コーデュロイ【織物】 …… 149
ピン・ストライプ pin stripe【柄】 …… 341
ピン・チェック pin check【柄】 …… 364
ピン・ドット pin dot【柄】…… 373
ピン・ドット・ストライプ pin dot stripe【柄】⇒ピン・ストライプ【柄】 …… 341
ピン・ヒッコリー pin hickory【柄】⇒ヒッコリー・ストライプ【柄】 …… 340
ピンヘッド・ストライプ pinhead stripe【柄】⇒ピン・ストライプ【柄】 …… 341
ピンヘッド・チェック pinhead check【柄】⇒ピン・チェック【柄】 …… 364
ファイユ faille【織物】…… 149
ファイン・ゲージ fine gauge【ニット】⇒ハイ・ゲージ【ニット】…… 497
ファッショニング fashioning【ニット】⇒成型編み【ニット】 …… 466
ファンシー・ストライプ fancy stripe【柄】 …… 341
ファンシー・ツイード fancy tweed【織物】 …… 114
ファンシー・ツイル fancy twill【織物】⇒コラム「綾織り」【織物】015 ⇒フランス綾【織物】 …… 157
ファンシー・ピケ fancy pique【織物】⇒ピケ【織物】 …… 147
ファンシー・ボイル fancy voile【織物】…… 150
ファンシー・ヤーン fancy yarn【糸】⇒意匠糸（いしょうし）【糸】…… 426

フィギュラティブ・パターン figurative pattern【柄】…… 379
フィッシュネット fishnet【ニット】…… 271
VP 加工（ブイピーかこう）vapor phase【加工】…… 413
50's 調花柄（フィフティーズちょうはながら）50's flower pattern【柄】…… 379
フィブリル fibril【繊維】…… 505
フィブリル化 fibrillation【繊維】⇒フィブリル【繊維】…… 505
フィブリル加工 fibrils processing【加工】…… 414
フィブロイン fibroin【繊維】…… 505
フィラメント filament【繊維】⇒長繊維【繊維】…… 482
フィラメント糸 filament yarn【糸】…… 505
フィラメント・ヤーン filament yarn【糸】⇒フィラメント糸【繊維】…… 505
フイルム・コーティング film coating【加工】⇒ラミネート加工【加工】…… 418
フィレ・レース filet lace【レース】…… 211
風通織り（ふうつうおり）reversible figured double weave【織物】…… 150
フェアアイル模様 Fair Isle sweater pattern【柄】…… 380
フェイク・ファー fake fur【織物・ニット】…… 150
フェードアウト fade-out【加工】…… 414
フェルト felt【フェルト】…… 151
フェルト化【加工】…… 505
フェルト・カレンダー felt calender【加工】⇒カレンダー加工【加工】…… 403
フェルト・クロス felt cloth【織物・加工】⇒フェルト【フェルト】…… 151
フォーム・バックス foam back fabric【織物・ニット・加工】
⇒ボンディング・クロス【織物・ニット・加工】…… 170
フォーム・ラバー foam rubber【ゴム】…… 151
フォーム・ラミネート foam laminate【織物・ニット・加工】
⇒ボンディング・クロス【織物・ニット・加工】…… 170
フォレッセ Foresse【繊維】⇒セルロース系繊維【繊維】…… 470
複合糸（ふくごうし）compound yarn【糸】…… 506
複合繊維（ふくごうせんい）composite fiber【繊維】…… 506
副蚕糸（ふくさんし）silk waste / by-product silk【繊維】…… 506
ふくれ織り cloqué（仏）/ matelassé（仏）/ blister cloth（英）【織物】…… 152
ブークレ・ツイード bouclé tweed【織物】⇒ループ・ツイード【織物】…… 116
ブークレ・ヤーン bouclé yarn【糸】⇒ループ・ヤーン【糸】…… 523
袋編み（ふくろあみ）tubular stitch【ニット】…… 271
袋編み込み柄（ふくろあみこみがら）【ニット】⇒袋ジャカード【ニット】…… 271
袋織り（ふくろおり）hollow weave / circular weave【織物】…… 152
袋ジャカード【ニット】…… 271
房編み（ふさあみ）fringe【ニット】⇒鎖編み【ニット】…… 250
房耳（ふさみみ）【織物】…… 506
節糸（ふしいと）knotted silk【糸】…… 506
節糸織り（ふしいとおり）【織物】⇒節織り【織物】…… 153
節織り（ふしおり）knotted silk cloth【織物】…… 153
節絹（ふしぎぬ）【織物】…… 506
富士絹／不二絹（ふじぎぬ）Fuji silk【織物】…… 153
節羽二重（ふしはぶたえ）【織物】⇒絓絹（しけぎぬ）【織物】…… 457
武州藍染め（ぶしゅうあいぞめ）【染色】⇒コラム 47「藍染め」【染色】…… 287
不織布（ふしょくふ）non-woven fabric【織物】…… 153

二陪織物／二重織物（ふたえおりもの）Futae orimono / double weave silk【織物】………………… 155
双子（ふたこ）double yarn / two folded yarn / two ply yarn【糸】⇒双糸（そうし）【糸】……… 473
二越縮緬（ふたこしちりめん）Futakoshi Chirimen crepe【織物】………………………………… 155
二筋格子（ふたすじごうし）double check【柄】⇒三筋格子（みすじごうし）【柄】……………………… 368
二幅（ふたの・ふたはば）【織物】……………………………………………………………………………… 507
二目ゴム編み（ふためゴムあみ）【ニット】⇒２×２ゴム編み【ニット】…………………………………… 266
プッチ柄 Emilio Pucci pattern【柄】………………………………………………………………………… 380
ブッチャー butcher【織物】……………………………………………………………………………………… 155
ブッチャー・ストライプ butcher's stripe【柄】……………………………………………………………… 341
ブッチャーズ・リネン butcher's linen【織物】⇒ブッチャー【織物】……………………………………… 155
太綾（ふとあや）drill【織物】⇒ドリル【織物】…………………………………………………………… 125
葡萄唐草（ぶどうからくさ）【柄】⇒唐草模様（からくさもよう）【柄】…………………………………… 307
ブドウ糖脱色 eco-bleach / glucose decoloration【加工】⇒エコ・ブリーチ【加工】……………… 400
太織り（ふとおり）【織物】⇒コラム 36「銘仙（めいせん）」【織物】…………………………………… 174
ふとぎぬ【織物】⇒ 絁 (あしぎぬ)【織物】…………………………………………………………………… 421
太コール（ふとコール）wide wale corduroy【織物】⇒ピンウェール・コーデュロイ【織物】………… 149
部分整経（ぶぶんせいけい）sectional warping【織物】……………………………………………………… 507
増やし目（ふやしめ）widening【ニット】………………………………………………………………………… 507
フライ・シャトル fly shuttle【織物】⇒シャトル【織物】……………………………………………………… 459
フライス circular rib fabric / fraise knit fabric【ニット】…………………………………………… 272
フライス出合い【ニット】⇒リブ出合い【ニット】……………………………………………………………… 521
ブライト・デニム bright denim【織物】⇒デニム【織物】………………………………………………… 122
フラクタル・パターン fractal pattern【柄】……………………………………………………………………… 381
フラシ天（フラシてん）plush【織物】⇒プラッシュ【織物】156 ⇒コラム 35「ベルベット」【織物】… 164
ブラスト加工 blast finish【加工】⇒サンドブラスト【加工】……………………………………………… 407
ブラック・ウォッチ Black Watch【柄】………………………………………………………………………… 365
ブラック・ウォッチ・タータン Black Watch tartan【柄】⇒ブラック・ウォッチ【柄】………………… 365
フラックス flax【繊維】…………………………………………………………………………………………… 507
プラッシュ plush【織物】………………………………………………………………………………………… 156
プラッシュ編み plush knitting /plush stitch【ニット】⇒パイル編み【ニット】…………………… 267
プラッシュ天 plush【織物】⇒プラッシュ【織物】…………………………………………………………… 156
ブラッシュド・ヤーン brushed yarn【糸】⇒タムタム・ヤーン【糸】……………………………………… 478
プラッド plaid【柄】⇒チェック【柄】…………………………………………………………………………… 352
フラット・クレープ flat crepe【織物】…………………………………………………………………………… 156
フラット・スクリーン捺染（フラット・スクリーンなせん）flat screen printing【染色】
⇒スクリーン捺染【染色】463 ⇒機械捺染【染色】………………………………………………………… 443
フラット・ポワン flat point【レース】⇒ヴェネチアン・レース【レース】………………………………… 196
フーラード foulard（仏）【織物】……………………………………………………………………………… 156
フラネレット flannelette【織物】⇒ネル【織物】……………………………………………………………… 132
フラノ flannel【織物】⇒フランネル【織物】…………………………………………………………………… 158
フーラール foulard（仏）【織物】⇒フーラード【織物】……………………………………………………… 156
ブランケット blanket【織物】…………………………………………………………………………………… 157
ブランケット仕上げ blanket finish【加工】……………………………………………………………………… 414
ブランケット・チェック blanket check【柄】…………………………………………………………………… 365
ブランケット・プラッド blanket plaid【柄】⇒ブランケット・チェック【柄】………………………………… 365
フランス綾（フランスあや）fancy twill【織物】………………………………………………………………… 157

フランス更紗（フランスさらさ）French chintz【染色・柄】⇒ヨーロッパ更紗【染色・柄】325
⇒ジュイ更紗【染色・柄】…… 320
フランス縮緬（フランスちりめん）crêpe de Chine(仏)【織物】⇒クレープ・デ・シン【織物】…… 067
フランス・レース French lace【レース】⇒コラム 41「ポワン・ド・フランス」【レース】…… 221
フランドル・レース Flandre lace【レース】⇒ブリュッセル・レース【レース】…… 212
フランネル flannel【織物】…… 158
フランネル仕上げ flannel finishing【加工】…… 414
振り（ふり）racking / shogging【ニット】…… 507
振り編み racking / shogging / racked stitch / shogged stitch【ニット】…… 272
フリクション・カレンダー friction calender【加工】⇒カレンダー加工【加工】…… 403
フリース fleece【ニット】…… 273
フリース仕上げ fleece finish【加工】⇒ブランケット仕上げ【加工】…… 414
ブリスター blister【ニット】…… 273
ブリスター・クロス blister cloth【織物】⇒ふくれ織り【織物】…… 152
ブリスター・ジャカード blister jacquard【ニット】⇒ブリスター【ニット】…… 273
プリズナー・ストライプ prisoner stripe【柄】…… 342
プリセ plissé（仏）【織物・加工】⇒クリンクル【織物】…… 065
プリセ・クレープ plissé crépe（仏）【織物・加工】⇒クリンクル【織物】…… 065
振りタック柄【ニット】…… 274
ブリーチアウト bleach-out【加工】…… 414
プリーツ加工 pleating【加工】…… 414
ブリティッシュ・チェック British check【柄】…… 366
ブリティッシュ・ツイード British tweed【織物】…… 115
ブリード bleeding【染色】⇒色泣き【染色】…… 428
プリペラ pripela【織物】…… 158
ブリューゲル・レース Brueghel lace【レース】⇒クロシェ・レース【レース】…… 200
ブリュッセル・レース Brussels lace【レース】…… 212
フリンジ fringe【ニット】⇒鎖編み【ニット】…… 250
プリンス・オブ・ウエールズ Prince of Wales【柄】⇒グレン・チェック【柄】…… 356
プリンセス・サテン princess satin【織物】…… 159
プリンセス・レース princess lace【レース】…… 213
プリント print【染色】⇒捺染（なせん）【染色】…… 491
フルオレセイン fluorescein【染色】⇒蛍光染料【染色】…… 448
フル・カーディガン full cardigan【ニット】⇒両畦編み（りょうあぜあみ）【ニット】…… 281
フル・ファッショニング full fashioning【ニット】⇒成型編み【ニット】…… 466
フル・ファッション編み機 full fashion knitting machine【ニット】…… 507
ブルー・レジスト【染色・柄】⇒ジュイ更紗【染色・柄】…… 320
ブレアカン breacan【柄】⇒タータン【柄】…… 357
プレイド plaid【柄】⇒チェック【柄】…… 352
フレスコ Fresco【織物】⇒ポーラ【織物】…… 169
ブーレット bourette【織物・糸】⇒ノイル・クロス【織物】132 ⇒絹紡紬糸（けんぼうちゅうし）【糸】…… 450
プレーティング plating【ニット】⇒添え糸編み【ニット】…… 256
ブレード・レース braid lace【レース】⇒バテン・レース【レース】…… 210
プレーン・アイレット plane eyelet【ニット】⇒アイレット編み【ニット】…… 242
プレーン・コード編み plane cord stitch【ニット】⇒コード編み【ニット】…… 250
フレンチ・パイル French pile【ニット】…… 274
プレーン・トリコット編み plane tricot stitch【ニット】⇒ダブル・トリコット編み【ニット】…… 258

プレーン・ニット plane knitting【ニット】⇒平編み【ニット】…… 270
プロヴァンス柄 Provence pattern【染色・柄】⇒ソレイヤード【染色・柄】…… 321
プロヴァンス・プリント Provence print【染色・柄】⇒ソレイヤード【染色・柄】…… 321
ブロークン・ツイル broken twill【織物】…… 159
ブロークン・デニム broken denim【織物】⇒ブロークン・ツイル【織物】…… 159
ブロークン・ヘリンボーン broken herringbone【織物】⇒ヘリンボーン【織物】…… 163
ブロケード brocade【織物】…… 159
プロジェクタイル織機 projectile loom【織物】⇒グリッパー織機【織物】…… 447
フロッキー flocking【加工】⇒フロック加工【加工】…… 415
フロッキー・プリント flock print【柄・加工】⇒フロック加工【加工】…… 415
フロック加工 flocking【加工】…… 415
ブロック・コール block corduroy【織物】⇒ピンウェール・コーデュロイ【織物】…… 149
ブロック・ストライプ block stripe【柄】⇒棒縞【柄】344 ⇒ロンドン・ストライプ …… 347
ブロック・チェック block check【柄】…… 366
ブロック捺染（ブロックなせん）block printing【染色】⇒ブロック・プリント【染色】…… 507
フロック・プリント flock print【柄・加工】⇒フロック加工【加工】…… 415
ブロック・プリント block printing【染色】…… 507
ブロード broadcloth【織物】⇒ブロードクロス【織物】…… 160
フロート編み float stitch【ニット】⇒浮き編み【ニット】…… 245
ブロードクロス broadcloth【織物】…… 160
プロミックス promix【繊維】…… 507
分散染料（ぶんさんせんりょう）dispersed dye【染色】…… 508
プント・イン・アリア punto in aria(伊)【レース】…… 213
ヘアクロス haircloth【織物】…… 160
ヘアコード haircord【織物】…… 161
ベア天（ベアてん）【ニット】…… 508
ベア天竺（ベアてんじく）【ニット】⇒ベア天【ニット】…… 508
ベア・ヤーン bare yarn【糸】…… 508
ヘアライン hairline【織物・柄】…… 342
ヘアライン・ストライプ hairline stripe【柄】⇒ヘアライン【柄】…… 342
平絹（へいけん）【織物】Plain habutai ⇒平絹（ひらぎぬ）【織物】…… 504
ペイズリー paisley【柄】…… 381
ベガーズ・レース beggar's lace【レース】⇒トーション・レース【レース】…… 207
ヘキサグラム hexagram【柄】⇒六芒星（ろくぼうせい）【柄】…… 391
ペザント・レース peasant lace【レース】⇒トーション・レース【レース】…… 207
ヘシアン・クロス hessian cloth【織物】…… 161
ベジタブル・ダイ vegetalbe dye【染色】⇒草木染め【染色】…… 446
へちま織り huckaback【織物】⇒ハッカバック【織物】…… 139
別珍（べっちん）velveteen【織物】…… 162
PET（ペット）polyethylene terephthalate【繊維】⇒ポリエステル【繊維】…… 512
ベッドフォード・コード Bedford cord【織物】…… 162
ベッドフォードシャー・レース Bedfordshire lace【レース】…… 214
PET ボトル再生繊維（ペットボトルさいせいせんい）recycled PET Fiber【繊維】
⇒再生ポリエステル繊維【繊維】…… 454
ヘドル heddle【織物】⇒綜絖（そうこう）【織物】…… 472
紅絹（べにぎぬ／もみ）【織物・染色】⇒紅絹（もみ）【織物・染色】…… 180
紅八丈（べにはちじょう）【織物】⇒コラム 13「黄八丈（きはちじょう）」【織物】…… 053

ベネシャン venetian【織物】…… 163
ベネチアン・レース Venetian lace【レース】⇒ヴェネチアン・レース【レース】…… 196
ヘビー・サテン heavy satin【織物】⇒サテン【織物】…… 078
減らし目（へらしめ）narrowing【ニット】…… 508
ベラ針（べらばり）latch needle【ニット】⇒編み針【ニット】…… 423
ヘラルディック・パターン heraldic pattern【柄】⇒クレスト柄【柄】…… 311
ヘリンボーン herringbone【織物・柄】…… 163
ヘリンボーン・ストライプ herringbone stripe【柄】⇒ヘリンボーン【織物】…… 163
ヘリンボーン・ツイード herringbone tweed【織物】⇒コラム 25「ツイード」【織物】…… 109
ベルギー・レース Belgian lace【レース】⇒ブリュッセル・レース【レース】…… 212
ペルシャ更紗（ペルシャさらさ）ghalamkar / Persian chintz【染色・柄】…… 324
ペルシャ錦（ペルシャにしき）【織物】⇒コラム 30「錦」【織物】…… 130
ヘルド heald【織物】⇒綜絖（そうこう）【織物】…… 472
ベルベット velvet【織物】…… 163
ベルベット編み velvet knitting【ニット】⇒サテン・トリコット編み【ニット】…… 253
ベルベティーン velveteen【織物】⇒別珍（べっちん）【織物】…… 162
ペルー綿（ペルーめん）Peruvian cotton【繊維】⇒超長綿（ちょうちょうめん）【繊維】…… 482
ペレリン編み pelerine stitch【ニット】⇒アイレット編み【ニット】…… 242
ベロア velour / Velours（仏）【織物】…… 166
ベロア仕上げ velours finish【加工】…… 415
変化斜文織り（へんかしゃもんおり）fancy twill【織物】⇒コラム 02「綾織り」【織物】…… 015
変化組織（へんかそしき）derivative weave / derivative stitch【織物】…… 508
弁柄縞（べんがらじま）【柄】⇒ベンガル・ストライプ【柄】…… 343
ベンガリン bengaline【織物】…… 166
ベンガリン・ド・ソワ bengaline de soie（仏）【織物】⇒ベンガリン【織物】…… 166
ベンガル・ストライプ Bengal stripe【柄】…… 343
弁慶格子（べんけいごうし）Benkei plaid / Benkei check【柄】…… 367
弁慶縞（べんけいじま）Benkei plaid / Benkei checks【柄】⇒弁慶格子【柄】…… 367
ペンシル・ストライプ pencil stripe【柄】…… 343
ベンタイル Ventaile【織物】…… 167
ペンタグラム pentagram【柄】⇒五芒星（ごぼうせい）【柄】312 ⇒星文 / 星紋（せいもん）【柄】… 349
ヘンプ hump【繊維】…… 509
扁平糸（へんぺいし）【糸】⇒リボン・ヤーン【糸】…… 521
ベンベルグ Bemberg【繊維】⇒キュプラ【繊維】…… 446
ボア boa【ニット】…… 274
ホイップコード whipcord【織物】⇒ウイップコード【織物】…… 022
ボイル voile【織物】…… 167
ボイルド・ウール boiled wool【織物】⇒圧縮ウール【織物】…… 013
ボイル撚り（ボイルより）【糸】…… 509
ポインテール pointille(仏)【ニット】…… 275
防汚加工（ぼうおかこう）soil release finish【加工】…… 415
方眼編み（ほうがんあみ）【ニット】⇒方眼編みレース【レース・ニット】…… 215
方眼編みレース【レース】…… 215
芳香族ポリアミド（ほうこうぞくポリアミド）aromatic polyamide【繊維】⇒アラミド繊維【繊維】… 424
紡糸（ぼうし）spinning【繊維・糸】…… 509
帽子絞り（ぼうししぼり）【染色・柄】⇒縫締め絞り（ぬいしめしぼり）【染色・柄】…… 375
棒縞（ぼうじま）bold stripe / block stripe【柄】…… 344

防縮加工（ぼうしゅくかこう）shrink resistant finish【加工】……… 415
膨潤加工（ぼうじゅんかこう）【加工】……… 416
防水加工（ぼうすいかこう）waterproofing【加工】……… 509
防水透湿加工（ぼうすいとうしつかこう）moisture permeable waterproofing【加工】
⇒撥水撥油加工（はっすいはつゆかこう）【加工】……… 412
紡績（ぼうせき）spinning【糸】……… 509
紡績糸（ぼうせきし）spun yarn / staple yarn【糸】……… 510
防染（ぼうせん）reserve printing【染色】……… 510
紡毛（ぼうもう）woolen / woollen【繊維】……… 510
紡毛糸（ぼうもうし）woolen yarn【糸】……… 511
紡毛紡績（ぼうもうぼうせき）woolen spinning【糸】……… 511
ぼかし染め ombre dyeing【染色】……… 511
解し織り（ほぐしおり）chiné（仏）【織物】……… 511
解し捺染（ほぐしなせん）warp printing【染色】⇒経糸捺染（たていとなせん）【染色】……… 477
星糸（ほしいと）seed yarn【糸】⇒ノップ・ヤーン【糸】……… 496
保湿加工【加工】……… 416
ホースヘア horsehair【織物・繊維】⇒馬巣織り（ばすおり）【織物】……… 138
ホースヘア・クロス horsehair cloth【繊維・織物】⇒ヘアクロス【織物】160
⇒馬巣織り（ばすおり）【織物】……… 138
細綾（ほそあや）jeans【織物】……… 168
細川染め（ほそかわぞめ）【染色】⇒注染（ちゅうせん）【染色】……… 481
細コール（ほそコール）fine wale corduroy【織物】⇒ピンウェール・コーデュロイ【織物】……… 149
細幅（ほそはば）fabric tape【織物】……… 512
ボーダー border【柄】⇒ストライプ【柄】……… 329
ボタニカル柄 botanical pattern【柄】……… 382
ボーダー・レース border lace【レース】⇒オールオーバー・レース【レース】……… 197
牡丹唐草（ぼたんからくさ）【柄】⇒唐草模様（からくさもよう）【柄】……… 307
ホット・スタンピング hot stamping【柄・加工】⇒箔プリント【柄・加工】……… 376
ポップ・アート柄 pop art pattern【柄】……… 382
ポップコーン編み popcorn stitch【ニット】⇒パプコーン編み【ニット】……… 499
ホップサック hopsack【織物】……… 168
ホップサック・ウィーブ hopsack weave【織物】⇒斜子織り（ななこおり）【織物】128
⇒ホップサック【織物】……… 168
ホップサック・ツイード hopsack tweed【織物】……… 115
ほつれ加工【加工】⇒ダメージ加工【加工】……… 410
ホニトン・レース Honiton lace【レース】……… 215
ボビネット bobbinet【レース・ニット】⇒コラム 45「チュール」【ニット】……… 260
ボビネット機【ニット】⇒コラム 45「チュール」【ニット】……… 260
ボビン・レース bobbin lace【レース】……… 218
ポプリン poplin【織物】……… 169
ホームスパン homespun【織物】……… 116
ホームスパン・ツイード homespun tweed【織物】⇒ホームスパン【織物】
ホームスパン・リネン homespun linen【織物】⇒ホームスパン【織物】……… 116
ポーラ poral【織物】……… 169
ボーラー・レース borer lace【レース】……… 219
ポリアミド polyamide【繊維】⇒ナイロン【繊維】……… 490
ポリアリレート繊維 polyarylate fiber【繊維】……… 512

ポリウレタン polyurethane【繊維】……512
ポリウレタン弾性繊維（ポリウレタンだんせいせんい） polyurethane elastic fiber【繊維】
⇒ポリウレタン【繊維】……512
ポリウレタン・フォーム polyurethane form【繊維】……512
ポリエステル polyester【繊維】……512
ポリエチレン polyethylene【繊維】……513
ポリエーテルエステル系 polyether-ester【繊維】……513
ポリ塩化ビニリデン poly vinylidene chloride / PVDC【繊維】
⇒ビニリデン【繊維】……503
ポリ塩化ビニル polyvinyl chloride / PVC【繊維】……513
ポリクラール polychlal【繊維】……513
ポリスチレン繊維【繊維】⇒繊維の種類と分類【繊維】……468
ホリゾンタル・ストライプ horizontal stripe【柄】⇒ボーダー【柄】……329
ポリ乳酸繊維（ポリにゅうさんせんい） polylactic asid fiber / PLA【繊維】……513
ポリノジック polynosic rayon / high wet-modulus rayon【繊維】……514
ポリノジック・レーヨン polynosic rayon / high wet-modulus rayon【繊維】
⇒ポリノジック【繊維】……514
ポリビニル・アルコール polyvinyl alcohol / PVA【繊維】⇒ビニロン【繊維】……503
ポリプロピレン polypropylene【繊維】……514
ポリマー polymer【繊維】⇒重合体（じゅうごうたい）【繊維】……460
ボールウォッシュ ball wash【加工】⇒ストーンウォッシュ【加工】……410
ポルカ・ドット polka dot【柄】……373
ホールガーメント WHOLEGARMENT【ニット】……275
ボールド・ストライプ bold stripe【柄】⇒棒縞（ぼうじま）【柄】……344
ホログラム・プリント horogram print【染色】⇒ 3D プリント【染色】……465
ポワン・ダランソン point d' Alençon(仏)【レース】⇒アランソン・レース【レース】……195
ポワン・ダルジャン point d' Argentan(仏)【レース】⇒アランソン・レース【レース】……195
ポワン・ド・アランソン point d' Alençon(仏)【レース】⇒アランソン・レース【レース】……195
ポワン・ド・アルジャンタン point d' Argentan(仏)【レース】⇒アランソン・レース【レース】……195
ポワン・ド・ガース point de gaze(仏)【レース】……219
ポワン・ド・ネージュ point de neige(仏)【レース】……220
ポワン・ド・フランス point de France(仏)【レース】……220
ポワン・ド・ローズ point de roze(仏)【レース】⇒ポワン・ド・ガース【レース】……219
本紅（ほんこ）【織物・染色】⇒紅絹（もみ）【織物・染色】……180
本晒し（ほんざらし）【加工】⇒晒し (さらし)【加工】……456
ポンジー pongee【織物】……170
ポンチ・デ・ローマ ponte di roma / ponti di roma（伊）【ニット】⇒ポンチ・ローマ【ニット】……276
ポンチ・ローマ ponti roma（伊） / ponte di roma（伊）【ニット】……276
ボンディング bonding【織物・ニット・加工】⇒ボンディング・クロス【織物・ニット・加工】……170
ボンディング加工 bonding【加工】……416
ボンディング・クロス bonding cloth【織物・ニット・加工】……170
ボンデッド・ファブリック bonded fabric【織物・ニット・加工】
⇒ボンディング・クロス【織物・ニット・加工】……170
本天（ほんてん）【織物】⇒コラム 35「ベルベット」【織物】……164
本練り（ほんねり）【加工】⇒練り糸【加工】……493
本バス毛芯／本馬巣毛人（ほんバスけじん）【織物】⇒毛芯【織物】……068
本疋田／本匹田（ほんひった）【染色・柄】⇒鹿の子絞り（かのこしぼり）【染色・柄】……306

本目結び（ほんめむすび）【ニット】⇒ネット【ニット】…… 267
本友禅（ほんゆうぜん）【染色・柄】⇒友禅染【染色・柄】…… 386

ま行

マイクロファイバー microfiber【繊維】…… 514
マイクロ・フリース microfleece【ニット】⇒フリース【ニット】…… 273
マイヤー編み Mayer knitting【ニット】⇒ブランケット【織物】…… 157
勾玉模様（まがたまもよう）【柄】⇒ペイズリー【柄】…… 381
巻き上げ絞り（まきあげしぼり）【染色・柄】⇒辻が花【染色・柄】371
⇒縫締め絞り（ぬいしめしぼり）【染色・柄】…… 375
マーキゼット marquisette【織物・ニット】…… 170
マーキ目（マーキめ）【ニット】⇒マーキゼット【織物・ニット】…… 170
マクラメ・レース macramé lace【レース】…… 226
マシ masi【樹皮布】⇒タパ【樹皮布】…… 099
マシン・ウォッシャブル・ウール machine washable wool【加工】⇒イージーケア加工【加工】…… 425
マシン・プリーツ machine pleating【加工】⇒プリーツ加工【加工】…… 414
マシン・プリント machine printing【染色】⇒機械捺染（きかいなせん）【染色】…… 443
マシン・ボビン・レース machine bobbin lace【レース】⇒トーション・レース【レース】…… 207
枡織り（ますおり）honeycomb weave / waffle cloth【織物】⇒蜂巣織り【織物】…… 139
マーセライズ加工 mercerize finish / mercerization【加工】…… 416
マッキノー mackinaw【織物】⇒マッキノー・クロス【織物】…… 171
マッキノー・クロス mackinaw cloth【織物】…… 171
マッキントッシュ mackintosh / macintosh【織物・加工】…… 171
マッキントッシュ・クロス mackintosh cloth【織物・加工】⇒マッキントッシュ【織物・加工】…… 171
マット mat【敷物】⇒カーペット【敷物】…… 046
マット・ウィーブ mat weave【織物】⇒斜子織り（ななこおり）【織物】…… 128
マットウース mat worsted【織物】⇒マット・ウーステッド【織物】…… 172
マット・ウーステッド mat worsted【織物】…… 172
マットミー mudmee（タイ）【織物】⇒タイ・シルク【織物】…… 096
マットミー・シルク mudmee silk【織物】⇒タイ・シルク【織物】…… 096
マドラス・チェック Madras check【柄】…… 367
マトラッセ matelassé（仏）【織物】⇒ふくれ織り【織物】…… 152
マニラ麻 Manila hemp【繊維】⇒繊維の種類と分類【繊維】…… 468
豆絞り（まめしぼり）【染色・柄】⇒板締め（いたじめ）【染色・柄】…… 295
繭繊維（まゆせんい）【繊維】⇒繊維の種類と分類【繊維】…… 468
マリメッコ柄 Marimekko pattern【柄】…… 382
マリン・ボーダー marine border【柄】…… 344
マル mull【織物】…… 172
丸編み（まるあみ）circular knitting【ニット】…… 514
丸編み機（まるあみき）circular knitting machine【ニット】⇒丸編み【ニット】…… 514
マルチカラー・ストライプ multi-color stripe【柄】…… 344
マルチカラー・ツイード multi-color tweed【織物】⇒ファンシー・ツイード【織物】…… 114
マルチフィラメント multifilament yarn【繊維】⇒マルチ・フィラメント糸【糸】…… 515
マルチフィラメント糸 multifilament yarn【繊維】…… 515
マルマル mulmul【織物】⇒マル【織物】…… 172
マロケーン marocain crepe【織物】⇒モロケン【織物】…… 181
真綿（まわた）floss silk【繊維】…… 515

万華模様（まんげもよう）kaleidoscope pattern【柄】⇒千花模様（せんかもよう）【柄】…… 350
卍崩し（まんじくずし）【柄】⇒卍文／万字文（まんじもん）【柄】…… 383
卍繋ぎ（まんじつなぎ）【柄】⇒卍文／万字文（まんじもん）【柄】…… 383
卍文／万字文（まんじもん）swastika【柄】…… 383
万筋（まんすじ）pin stripe【柄】⇒千筋（せんすじ）【柄】…… 336
三浦絞り（みうらしぼり）【染色・柄】⇒括り染め（くくりぞめ）【染色・柄】…… 310
花崗織り（みかげおり）granite weave / granite cloth【織物】…… 172
ミカド・サテン Mikado satin【織物】⇒ミカド・シルク【織物】…… 173
ミカド・シルク Mikado silk【織物】…… 173
三河木綿（みかわもめん）【織物】⇒晒木綿（さらしもめん）【織物・加工】…… 079
右綾（みぎあや）【織物】⇒綾目【織物】…… 424
右撚り（みぎより）S-twist【糸】⇒S 撚り（エスより）【糸】…… 430
三子糸（みこいと／みつこいと）【糸】…… 515
三子撚り糸（みこよりいと）【糸】⇒三子糸（みこいと）【糸】…… 515
微塵格子（みじんこうし）【柄】⇒ピン・チェック【柄】…… 364
微塵コール（みじんコール）pinwale corduroy【織物】⇒ピンウェール・コーデュロイ【織物】…… 149
微塵縞（みじんじま）pin check【柄】⇒ピン・チェック【柄】…… 364
微塵筋（みじんすじ）pin stripe 【柄】⇒千筋【柄】336 ⇒ピンチェック【柄】…… 364
ミス miss / welt position【ニット】…… 515
三筋格子（みすじごうし）【柄】…… 368
三筋立／三筋竪（みすじだて）triple stripe【柄】⇒トリプル・ストライプ【柄】…… 339
水玉（みずたま）dot【柄】⇒ドット【柄】…… 372
味噌漉格子（みそこしごうし）【柄】…… 368
味噌漉縞（みそこしじま）【柄】⇒味噌漉格子（みそこしごうし）【柄】…… 368
乱れ杉綾（みだれすぎあや）broken herringbone【織物】⇒ヘリンボーン【織物】…… 163
三つ綾（みつあや）【織物】⇒コラム 02「綾織り」【織物】…… 015
密度（みつど）density【織り／編み】⇒織り密度【織物】433 ⇒編み目密度【ニット】…… 424
三杢（みつもく）【糸】⇒杢糸【糸】…… 517
ミドル・ゲージ middle gauge【ニット】…… 515
ミニチュア・チェック miniature check【柄】⇒ピン・チェック【柄】…… 364
美濃紙（みのがみ）【染色】⇒伊勢型紙【染色】…… 427
三升格子（みますごうし）【柄】…… 368
耳 selvage【織物・ニット】…… 516
耳ネーム【織物】⇒耳文字【織物】…… 516
耳マーク【織物】⇒耳文字【織物】…… 516
耳まくれ curling【ニット】…… 516
耳文字【織物】…… 516
ミュール精紡（ミュールせいぼう）mule spinning【糸】⇒精紡【糸】…… 467
ミラクルケア Miracle Care【加工】⇒形態安定加工【加工】…… 406
ミラニーズ milanese ／ milanese fabric【ニット】…… 276
ミラノ・リブ Milano rib【ニット】…… 277
ミルク・カゼイン milk casein【繊維】⇒プロミックス【繊維】…… 507
ミルド・ウール milled wool【織物】⇒ミルド仕上げ【加工】…… 417
ミルド・サージ milled serge【織物】⇒サージ【織物】077 ⇒ミルド仕上げ【加工】…… 417
ミルド仕上げ milled finishing【加工】…… 417
ミルフルール Mille-fleur【柄】⇒千花模様（せんかもよう）【柄】…… 350
実綿（みわた）seed【繊維】⇒リンター【繊維】522 ⇒リント【繊維】…… 522

ムガ・シルク muga silk【織物】…… 173
無機繊維（むきせんい）inorganic fiber【繊維】⇒繊維の種類と分類【繊維】…… 467
無地染め（むじぞめ）plain dyeing / solid dyeing【染色】⇒反染め【染色】…… 480
ムスリーヌ mousseline（仏）【織物】⇒コラム「モスリン」【織物】…… 179
無版プリント（むはんプリント）【染色】…… 516
無杼織機（むひしょっき）shuttleless looms【織物】⇒高速織機【織物】…… 451
ムラ染め（ムラぞめ）【染色】…… 516
メアンダー meander【柄】⇒雷文（らいもん）【柄】…… 387
迷彩柄（めいさいがら）camouflage pattern【柄】⇒カムフラージュ柄【柄】…… 306
銘仙（めいせん）Meisen【織物】…… 174
名物裂（めいぶつぎれ）【織物】
⇒コラム 17「金襴（きんらん）」【織物】062 ⇒緞子／鈍子（どんす）【織物】…… 127
目移し（めうつし）transferring stitch【ニット】…… 277
目落ち（めおち）transfer miss【ニット】…… 516
目落とし（めおとし）【ニット】…… 516
目透き織り（めすきおり）【織物】⇒モック・レノ【織物】…… 178
目ずれ（めずれ）【ニット】…… 517
メダイヨン médaillon（仏）【柄】⇒メダリオン【柄】…… 383
メタ系アラミド繊維（メタけいアラミドせんい）【繊維】⇒アラミド繊維【繊維】…… 424
メダリオン medallion / médaillon（仏）【柄】…… 383
メタリック・クロス metallic cloth【織物】…… 176
メタリック・コーティング metallic coating 【加工】⇒コーティング【加工】…… 407
メタリック・ヤーン metallic yarn / metallic thread【糸】…… 517
メタル・クロス metal cloth【織物】⇒メタリック・クロス【織物】…… 176
目付け／匁付／匁附（めつけ、めづけ、めづき）【織物・ニット】…… 517
メッシュ mesh【ニット】…… 278
メートル番手（メートルばんて）metric count【糸】⇒番手【糸】…… 500
目外し（めはずし）【ニット】⇒目落とし【ニット】…… 516
目拾い（めひろい）hook up【ニット】…… 517
目増やし（めふやし）widening【ニット】⇒増やし目【ニット】…… 507
目減らし（めべらし）narrowing【ニット】⇒減らし目【ニット】…… 508
女巻き（めまき）cloth beam【織物】⇒クロス・ビーム【織物】…… 448
目寄り（めより）【ニット】⇒目ずれ【ニット】…… 517
メランジ mélange(仏)【柄】…… 384
メランジェ mélange(仏)【柄】⇒メランジ【柄】…… 384
メランジュ mélange(仏)【柄】⇒メランジ【柄】…… 384
メリヤス / 莫大小 / 目利安（めりやす）knit fabric【ニット】…… 278
メリヤス編み plain stitch / plain knitting / jersey stitch【ニット】
⇒メリヤス【ニット】278 ⇒平編み【ニット】…… 270
メリンス【織物】⇒モスリン【織物】…… 178
メルトネット meltonette【織物】⇒メルトン【織物】…… 176
メルトン melton【織物】…… 176
メルトン仕上げ melton finish【加工】…… 417
綿クレープ cotton crepe【織物】⇒縮（ちぢみ）【織物】…… 105
綿紗（めんしゃ）【織物】⇒マル【織物】172 ⇒ガーゼ【織物】…… 039
綿朱子（めんじゅす）【織物】⇒サテン【織物】…… 078
綿縮（めんちぢみ）cotton crepe【織物】⇒縮（ちぢみ）【織物】…… 105

綿ネル（めんネル）cotton frannel【織物】⇒ネル【織物】…… 132
綿番手（めんばんて）cotton count【糸】⇒番手【糸】…… 500
綿ビエラ（めんビエラ）cotton Viyella【織物】⇒ビエラ【織物】…… 146
綿ベネシャン（めんベネシャン）cotton venetian【織物】⇒ベネシャン【織物】163 ⇒サテン【織物】… 078
綿紡（めんぼう）cotton spinning【糸】⇒紡績【糸】…… 510
モアレ moiré(仏)【織物・加工】…… 176
モアレ加工 moire finish【加工】…… 417
毛氈（もうせん）felt carpet / Mosen【フェルト】…… 177
真岡木綿（もおかもめん）【織物】⇒晒木綿（さらしもめん）【織物・加工】…… 079
杢糸（もくいと）grandrelle yarn / double-and-twist / mouliner yarn【糸】…… 517
杢調（もくちょう）grandrelle【柄】…… 384
杢目絞り／木目絞り（もくめしぼり）【染色・柄】⇒縫締め絞り（ぬいしめしぼり）【染色・柄】…… 375
モケット moquette（仏）【織物】…… 177
モザイク柄 mosaic pattern【柄】…… 384
文字プリント【柄】⇒タイポグラフィ【柄】…… 350
模紗織り（もしゃおり）mock leno 【織物】⇒モック・レノ【織物】…… 178
綟り織り（もじりおり）leno weave【織物】⇒搦み織り（からみおり）【織物】…… 048
綟り組織（もじりそしき）【織物】⇒搦み織り（からみおり）【織物】048 ⇒織物組織【織物】…… 433
綟る（もじる）【糸・織物】…… 517
モス【織物】⇒モスリン【織物】…… 178
モスキート・ネット mosquito net【織物】⇒チーズクロス【織物】105 ⇒寒冷紗【織物】…… 051
モス・クレープ moss crepe【織物】…… 177
モス仕上げ moss finish【加工】⇒モッサー【織物】…… 178
モスリン muslin【織物】…… 178
モダクリル繊維 modacrylic fiber【繊維】⇒アクリル【繊維】…… 421
モダール Modal【繊維】…… 517
モダン・アート柄 modern art pattern【柄】…… 385
モダン・タータン modern tartan【柄】⇒コラム 57「タータン」【柄】…… 358
モチーフ編み knit and crochet motifs【ニット】…… 279
モック・ミラノ・リブ mock Milano rib【ニット】⇒ポンチ・ローマ【ニット】…… 276
モック・レノ mock leno / imitation gauze【織物】…… 178
モッサー mosser【織物】…… 178
モノグラム柄 monogram pattern【柄】…… 385
モノフィラメント monofilament【繊維】…… 518
モノフィラメント糸 monofilament yarn【糸】⇒モノフィラメント【繊維】…… 518
モノマー monomer【繊維】…… 518
モヘア mohair【繊維】…… 518
モヘア糸 mohair yarn【糸】⇒モヘア【繊維】518 ⇒コラム 26「意匠糸」…… 117
紅絹（もみ / べにぎぬ）Momi / red silk【織物・染色】…… 180
モール chenille / chenille yarn / chenille cloth【糸・織物】…… 180
モール織り chenille cloth【織物】⇒モール【糸・織物】180 ⇒シェニール・クロス【織物】…… 081
モールスキン moleskin【織物】…… 181
モール・ヤーン chenile yarn【糸】⇒シェニール・ヤーン【糸】…… 457
諸糸（もろいと）plied yarn / folded yarn【糸】⇒諸撚り糸 (もろよりいと)【糸】…… 518
モロケン marocain crepe【織物】…… 181
モロケン・クレープ morocain crepe【織物】⇒モロケン【織物】…… 181
諸撚り糸（もろよりいと）plied yarn / folded yarn【糸】…… 518

紋意匠縮緬（もんいしょうちりめん）【織物】⇒コラム 24「縮緬」【織物】…… 107
紋織り（もんおり）jacquard【織物】⇒ジャカード【織物・柄】…… 084
紋紙（もんがみ）Jacquard card【織物】…… 518
紋紗（もんしゃ）brocade gauze / figured gauze【織物】⇒紗織り【織物】…… 083
紋朱子（もんじゅす）figured satin【織物】⇒コラム 22「朱子織り / 繻子織り」【織物】…… 088
紋朱子縮緬（もんじゅすちりめん）【織物】⇒朱子縮緬【織物】…… 087
紋組織（もんそしき）figured weave【織物】…… 519
紋タオル jacquard towel【織物】⇒タオル【織物】…… 098
モンドリアン柄 Mondrian pattern【柄】…… 385
紋羽二重（もんはぶたえ）【織物】⇒コラム 33「羽二重（はぶたえ）」【織物】…… 142
紋ビロード jacquard velvet【織物】⇒コラム 35「ベルベット」【織物】164
⇒金華山織（きんかざんおり）【織物】…… 061
紋ポプリン（もんポプリン）jacquard popline【織物】⇒ドビー・ポプリン【織物】…… 125
紋綸子（もんりんず）【織物】⇒綸子（りんず）【織物】…… 187
紋絽（もんろ）jacquard gauze【織物】⇒絽織り【織物】…… 188

や行

矢絣（やがすり）【柄】⇒コラム 52「絣模様」【柄】…… 305
山羊毛（やぎげ）goat hair【繊維】⇒繊維の種類と分類【繊維】…… 468
薬品晒し（やくひんさらし）【加工】⇒晒し（さらし）【加工】…… 455
野蚕絹（やさんぎぬ）wild silk【糸・織物】…… 519
野蚕糸（やさんし）wild silk yarn【糸】⇒野蚕絹（やさんぎぬ）【糸・織物】…… 519
野蚕繭（やさんまゆ）wild cocoon【繊維】⇒野蚕絹【糸・織物】…… 519
やたら縞 / 矢鱈縞（やたらじま）random stripe【柄】…… 345
矢筈絣（やはずがすり）【柄】⇒コラム 52「絣模様」【柄】…… 305
矢羽根絣（やばねがすり）【柄】⇒コラム 52「絣模様」【柄】…… 305
矢振り（やぶり）【ニット】…… 279
破れ斜文織り（やぶれしゃもんおり）broken twill【織物】⇒コラム 02「綾織り」【織物】…… 015
山形斜文織り（やまがたしゃもんおり）pointed twill【織物】⇒コラム 02「綾織り」【織物】…… 015
山形文（やまがたもん）chevron / raharia【柄】⇒山道文様／山路文様（やまみちもんよう）【柄】… 386
山繭（やままゆ、やままい）japanese oak silkmoth【繊維】⇒天蚕絹（てんさんぎぬ）【糸・織物】… 485
山繭絹（やままゆぎぬ）wild silk【繊糸・織物】⇒天蚕絹【糸・織物】…… 485
山繭糸（やままゆし）wild silk【糸】⇒天蚕絹【糸・織物】…… 485
山繭紬（やままゆつむぎ）wild silk pongee【織物】…… 181
山道文様／山路文様（やまみちもんよう）chevron / raharia【柄】…… 386
ヤール幅 a yard of cloth【織物】…… 519
結城紬（ゆうきつむぎ）Yuki tsumugi【織物】⇒紬【織物】…… 120
友禅染（ゆうぜんぞめ）【染色・柄】…… 386
有線ビロード（ゆうせんビロード）【織物】⇒コラム 35「ベルベット」【織物】…… 164
有職織物（ゆうそくおりもの）【織物】…… 182
有職文（ゆうそくもん、ゆうしょくもん）Yusoku weave【柄】…… 387
有杼織機（ゆうひしょっき）shuttle looms【織物】⇒高速織機（こうそくしょっき）【織物】451
⇒低速織機【織物】…… 483
雪晒し（ゆきざらし）【加工】⇒晒し（さらし）【加工】…… 456
ユーズド加工【加工】…… 417
ユニフォーム・ツイル uniform twill【織物】⇒ウエスト・ポイント【織物】…… 024
UV カット加工（ユーブイカットかこう）UV-cut finish【加工】…… 417

溶液（溶剤）紡糸（ようえき（ようざい）ぼうし）solution spinning【繊維】⇒紡糸【繊維】509
⇒テンセル【繊維】486 ⇒リヨセル【繊維】…… 521
蛹しん（ようしん）【繊維】⇒皮巣（ぴす）【繊維】…… 502
葉脈繊維（ようみゃくせんい）【繊維】⇒繊維の種類と分類【繊維】…… 468
溶融紡糸（ようゆうぼうし）melt spinning【繊維】⇒紡糸【繊維】509 ⇒セルロース系繊維【繊維】…… 471
楊柳（ようりゅう）striped crepe【織物】⇒楊柳クレープ【織物】…… 182
楊柳クレープ（ようりゅうクレープ）yoryu crepe【織物】…… 182
楊柳ジョーゼット（ようりゅうジョーゼット）yoryu georgette【織物】
⇒ジョーゼット・クレープ【織物】…… 091
楊柳縮緬（ようりゅうちりめん）yoryu crepe【織物】…… 183
ヨクヤカルタ Yogyakarta【染色・柄】⇒コラム 54「バティック」【染色・柄】…… 322
横編み（よこあみ）flat knitting【ニット】…… 519
緯編み（よこあみ）weft knitting【ニット】…… 519
横編み機（よこあみき）flat knitting machine【ニット】⇒横編み【ニット】…… 519
緯綾（よこあや）weft twill【織物】⇒コラム 02「綾織り」【織物】015 ⇒経綾（たてあや）【織物】…… 477
四子糸（よこいと／よつこいと）【糸】⇒三子糸（みこいと／みつこいと）【糸】…… 515
緯畝織り（よこうねおり）【織物】⇒畝織り【織物】…… 025
緯絣（よこがすり）single ikat【織物・柄】⇒コラム 09「絣（かすり）」【織物・柄】040
⇒コラム 03「イカット」【織物】…… 018
緯斜文（よこしゃもん）weft twill【織物】⇒経綾（たてあや）【織物】…… 477
緯朱子（よこじゅす）【織物】⇒コラム 22「朱子織り」【織物】…… 088
緯縮緬（よこちりめん）【織物】⇒縮緬【織物】…… 106
緯錦（よこにしき）【織物】⇒錦（にしき）【織物】…… 129
緯二重組織（よこにじゅうそしき）【織物】⇒二重組織【織物】…… 492
緯パイル織り（よこパイルおり）weft pile fabric【織物】⇒パイル織り【織物】…… 133
緯パイル組織（よこパイルそしき）【織物】⇒織物組織の分類表【織物】…… 434
緯吉野（よこよしの）【織物】⇒吉野織り【織物】…… 183
緯よろけ（よこよろけ）【織物・柄】⇒よろけ縞／蹣跚縞【柄】…… 345
緯絽／横絽（よころ）weft gauze wave【織物】⇒絽織り【織物】…… 188
芳町格子（よしちょうごうし）【柄】⇒碁盤格子（ごばんごうし）【柄】…… 356
吉野織り（よしのおり）Yoshino-ori【織物】…… 183
吉野間道（よしのかんどう）【織物・柄】⇒コラム 12「間道（かんとう）」【織物】…… 050
四筋格子（よすじこうし）【柄】⇒三筋格子（みすじごうし）【柄】…… 368
寄せ柄（よせがら）【ニット】…… 279
四つ綾（よつあや）【織物】⇒コラム 02「綾織り」【織物】…… 015
四つ目大名（よつめだいみょう）【柄】⇒大名縞 / 大明縞（だいみょうじま）【柄】…… 337
米沢八丈（よねざわはちじょう）【織物】⇒コラム 13「黄八丈（きはちじょう）」【織物】…… 053
撚り係数（よりけいすう）twist factor【糸】⇒撚り数【糸】…… 520
撚り数（よりすう）number of twist / twist level【糸】…… 519
よろけ織り ondulé（仏）【織物】⇒オンジュレー【織物】…… 035
よろけ縞 / 蹣跚縞（よろけじま）ondulé stripe【柄】…… 345
ヨーロッパ更紗（ヨーロッパさらさ）European chintz【染色・柄】…… 325
ヨーロピアン・ストライプ European stripe 【柄】⇒レジメンタル・ストライプ【柄】…… 346
ヨーロピアン・チンツ European chintz【染色・柄】⇒ヨーロッパ更紗【染色・柄】…… 325
ヨンヨン 44inch【織物】⇒ヤール幅【織物】…… 519

ら行

ライクラ LYCRA【繊維】⇒ポリウレタン【繊維】…… 512
雷文（らいもん）meander【柄】…… 387
ラオ・シルク Lao silk【織物】…… 184
ラオス・シルク Laos silk【織物】⇒ラオ・シルク【織物】…… 184
羅織り（らおり）Ra / gauze【織物】…… 184
ラガー・ボーダー rugger border【柄】…… 345
ラグ rug【敷物】⇒カーペット【敷物】…… 046
らくだ毛 camel【繊維】⇒繊維の種類と分類【繊維】…… 468
羅紗（らしゃ）melton / felt cloth【織物】…… 185
ラチーヌ ratine【糸】⇒リング・ヤーン【糸】…… 522
ラチーヌ ratine【織物】⇒ラチネ【織物】…… 185
ラチネ ratine(仏)【糸】⇒リング・ヤーン【糸】…… 522
ラチネ ratine(仏)【織物】…… 185
ラッカー・コーティング lacquer coating【加工】⇒コーティング【加工】…… 407
落花生タンパク繊維（らっかせいたんぱくせんい）【繊維】⇒繊維の種類と分類【繊維】…… 469
ラッセル raschel fabric【ニット】…… 280
ラッセル・チュール raschel tulle【ニット】⇒コラム 45「チュール」【ニット】…… 260
ラッセル・ニット raschel knitting【ニット】⇒ラッセル【ニット】…… 280
ラッセル・パイル raschel pile stitch fabric【ニット】…… 280
ラッセル・メッシュ raschel mesh【ニット】⇒メッシュ【ニット】…… 278
ラッセル・リバー raschel leaver【ニット】⇒コラム 45「チュール」【ニット】…… 260
ラッセル・リバー raschel leaver lace【レース】⇒ラッセル・レース【レース】…… 227
ラッセル・レース raschel lace【レース】…… 227
ラテックス latex【ゴム】…… 185
ラバー・コーティング rubber coating【加工】⇒ゴム引き【加工】…… 407
ラハリア raharia【柄】⇒山道文様／山路文様（やまみちもんよう）【柄】…… 386
ラフィア raffia【繊維】…… 520
ラペット織り lappet weave【織物】…… 186
ラペット・ヤシマグ lappet yashimag【織物】⇒ラペット織り【織物】…… 186
ラーベン編み rahben stitch【ニット】…… 281
ラーベン柄【ニット】⇒ラーベン編み【ニット】…… 281
ラマ llama【繊維】⇒繊維の種類と分類【繊維】…… 468
ラミー ramie【繊維】…… 520
ラミネート加工 laminate【加工】…… 418
ラメ・クロス lamé cloth【織物】…… 186
ラメ糸 ramé yarn【糸】⇒スリット糸【糸】465 ⇒メタリック・ヤーン【糸】…… 517
ランカシャー・ポプリン Lancashire poplin【織物】⇒ポプリン【織物】…… 169
ランダム・ストライプ random stripe【柄】⇒やたら縞／矢鱈縞【柄】…… 345
ランバージャック・チェック lumberjack check【柄】…… 369
乱立縞（らんりつじま）【柄】⇒やたら縞／矢鱈縞【柄】…… 345
力織機（りきしょっき）power loom【織物】…… 520
リサイクル・フリース recycling fleece【ニット】⇒フリース【ニット】…… 273
リジッド・デニム rigid denim【加工】⇒ワンウォッシュ【加工】…… 418
リップストップ ripstop【織物】⇒リップストップ・ナイロン【織物】…… 186
リップストップ・ナイロン ripstop nylon【織物】…… 186

リップル ripple【織物】…… 187
リップル加工 ripple finish【加工】…… 418
リード reed【織物】⇒筬（おさ）【織物・ニット】…… 432
リネン linen【繊維】…… 520
リバーシブル reversible【織物・ニット】⇒ダブルフェイス【織物】…… 101
リバティ・プリント Liberty print【柄】…… 390
リバー・レース leaver lace【レース】…… 227
リバー・レース機 leaver lace machine【レース】⇒リバー・レース【レース】…… 227
リブ・アイレット rib eyelet【ニット】⇒アイレット編み【ニット】…… 242
リブ編み rib stitch【ニット】⇒ゴム編み【ニット】…… 251
リブ編み機【ニット】⇒ゴム編み【ニット】…… 251
リブ出合い【ニット】…… 521
リブ・メッシュ rib mesh【ニット】⇒メッシュ【ニット】…… 278
リボン・ヤーン ribbon straw / ribbon yarn【糸】…… 521
リボン・レース ribbon lace【レース】⇒テープ・レース【レース】…… 205
リマール limar【織物】⇒コラム 03「イカット」【織物】…… 018
硫化染料（りゅうかせんりょう）sulphur dye / sulphide dye【染色】…… 521
琉球藍染め（りゅうきゅうあいぞめ）【染色】⇒コラム 47「藍染め」【染色】287
⇒芭蕉布（ばしょうふ）【織物】…… 136
両畦編み（りょうあぜあみ）full cardigan【ニット】…… 281
涼感加工（りょうかんかこう）【加工】⇒キシリトール涼感加工【加工】…… 403
両皺（りょうしぼ）【織物】⇒コラム 24「縮緬」【織物】…… 107
両滝縞（りょうたきじま）cascade stripe【柄】⇒カスケード・ストライプ【柄】…… 333
両縮み（りょうちぢみ）【織物】⇒コラム 24「縮緬」【織物】…… 107
両縮緬（りょうちりめん）【織物】⇒コラム 24「縮緬」【織物】…… 107
両頭編み（りょうとうあみ）links and links【ニット】…… 281
両頭針（りょうとうばり）double-headed latch needle【ニット】⇒編み針【ニット】…… 423
両面編み interlock stitch【ニット】…… 282
両面綾（りょうめんあや）【織物】⇒両面斜文【織物】…… 521
両面織り（りょうめんおり）【織物】⇒風通織り（ふうつうおり）【織物】…… 150
両面鹿の子（編み）（りょうめんかのこ（あみ））【ニット】⇒コラム 43「鹿の子編み」【ニット】…… 249
両面斜文（りょうめんしゃもん）【織物】…… 521
両面朱子（りょうめんしゅす）double satin【織物】⇒ダブル・サテン【織物】…… 101
両面出合い【ニット】⇒リブ出合い【ニット】…… 521
両面ネル【織物】⇒ネル【織物】…… 132
両面パイル double pile stitch fabric【ニット】…… 282
リヨセル Lyocell【繊維】…… 521
リリーヤーン lily-yarn【糸】…… 522
リンキング linking / looping【ニット】…… 522
リンクス（編み）links and links【ニット】⇒リンクス・アンド・リンクス【ニット】…… 283
リンクス・アンド・リンクス links and links【ニット】…… 283
リンクス・アンド・リンクス柄 links and links pattern【ニット】
⇒リンクス・アンド・リンクス【ニット】…… 283
リンクス柄 links and links pattern【ニット】⇒リンクス・アンド・リンクス【ニット】…… 283
リンクス リンクス links-links【ニット】⇒リンクス・アンド・リンクス【ニット】…… 283
リング精紡（リングせいぼう）ring spinning【糸】⇒精紡【糸】…… 467
リング・ヤーン ring yarn【糸】…… 522

リンクル wrinkle【織物・加工】⇒クリンクル【織物】…… 065
リンクル加工 wrinkle finish【加工】⇒クリンクル加工【加工】…… 405
綸子（りんず）figured satin【織物】…… 187
リンス・ウォッシュ rinse wash【加工】⇒ワンウォッシュ【加工】…… 418
綸子縮緬（りんずちりめん）【織物】⇒綸子【織物】…… 187
リンター linter【繊維】…… 522
リント lint【繊維】…… 522
リンネット linnet【織物】⇒擬麻加工（ぎまかこう）【加工】…… 403
リンネット仕上げ linnet【加工】⇒擬麻加工（ぎまかこう）【加工】…… 403
リンネル linière（仏）【織物】⇒リネン【糸・織物・ニット・レース】…… 520
ループ loop【ニット】…… 522
ループ長（ループちょう）loop length / stitch length【ニット】…… 523
ループ・ツイード loop tweed【織物】…… 116
ループ・パイル　loop pile【織物・ニット】⇒パイル織り【織物】133 ⇒アンカット・パイル【織物】… 133
ループ・ヤーン loop yarn【糸】…… 523
レイルロード・ストライプ railroad stripe【柄】⇒ダブル・ストライプ【柄】…… 337
レオナール柄 Leonard pattern【柄】…… 390
レクセ REXE【繊維】⇒ポリエーテルエステル系【繊維】…… 513
レーザー・カット・レース laser cut lace【レース】…… 228
レーシー・ニット lacy knit（和製）【ニット】⇒レース編み【ニット】…… 283
レジメンタル・ストライプ regimental stripe【柄】…… 346
レジメンタル・タータン regimental tartan【柄】⇒ブラック・ウォッチ【柄】…… 365
レジン加工 resin finish【加工】⇒樹脂加工（じゅしかこう）【加工】…… 408
レース編み lace stitch【ニット】…… 283
レース目編み（レースめあみ）lace work / open work【ニット】⇒レース編み【ニット】…… 283
レティセラ reticella(伊)【レース】…… 228
レティセラ・レース reticella lace【レース】⇒レティセラ【レース】…… 228
レティチュラ reticella(伊)【レース】⇒レティセラ【レース】…… 228
レノ leno【織物】…… 188
レノ・クロス leno cloth【織物】⇒レノ【織物】…… 188
レピア織機（レピアしょっき）repier loom【織物】…… 523
レーヨン rayon【繊維】…… 523
レリーフ relief knit【ニット】⇒ブリスター【ニット】…… 273
連続長繊維（れんぞくちょうせんい）filament / filament fiber【繊維】⇒長繊維【繊維】…… 482
ロイカ ROICA【繊維】⇒ポリウレタン【繊維】…… 512
ロイヤル・アイリッシュ・ポプリン loyal Irish poplin【織物】⇒アイリッシュ・ポプリン【織物】…… 010
ロイヤル・オックスフォード loyal Oxford【織物】⇒オックスフォード【織物】…… 033
ロイヤル・クレスト royal crest【柄】…… 346
ロイヤル・スチュワート Royal Stuart【柄】…… 369
ロイヤル・タータン Royal tartan【柄】⇒コラム 57「タータン」【柄】…… 358
ロイヤル・リブ royal rib【ニット】⇒片畦編み【ニット】…… 247
ロイヤル・レジメンタル royal regimental【柄】…… 347
ロイヤル・レース royal lace【レース】⇒プリンセス・レース【レース】…… 213
蝋纈（ろうけち）batik【染色・柄】⇒絞り染め【染色・柄】…… 327
蝋纈染め／臈纈染め（ろうけつぞめ）batik【染色・柄】…… 391
絽織り（ろおり）leno / gauze【織物】…… 188
ロカイユ装飾 rocaille decoration【柄】⇒ロココ柄【染色・柄】…… 392

六星文（ろくせいもん）hexagram 【柄】⇒星文 / 星紋（せいもん）【柄】349
⇒六芒星（ろくぼうせい）【柄】…… 391
六芒星（ろくぼうせい）hexagram 【柄】…… 391
ロー・ゲージ low gauge【ニット】…… 523
ロココ柄 Rococo pattern【柄】…… 392
ロココ調花柄 Rococo floral design【柄】…… 392
ロココ・レース rococo lace【レース】⇒ポワン・ド・フランス【レース】221
⇒ブリュッセル・レース【レース】…… 212
ロシア構成主義柄 Russian contructivism pattern【柄】…… 393
ロシア更紗（ロシアさらさ）Russian chintz【染色・柄】⇒ヨーロッパ更紗【染色・柄】…… 325
ロシアン・レース Russian lace【レース】…… 229
ロー・シルク raw silk【糸・織物】…… 524
ローズ・ポワン rose point（仏）【レース】⇒グロ・ポワン【レース …… 201
ロゼット模様 rosette pattern【柄】…… 393
ロゼット葉（ロゼットよう）rosette pattern【柄】⇒ロゼット模様【柄】…… 393
ロータリー・スクリーン捺染 automatic rotary screen printing【染色】
⇒スクリーン捺染【染色】463 ⇒機械捺染【染色】…… 443
絽縮緬（ろちりめん）【織物】⇒絽織り【織物】…… 188
ロック・ウール rock wool【繊維】⇒岩綿（がんめん）【繊維】…… 442
ロックニット locknit【ニット】⇒ハーフ・トリコット編み【ニット】…… 268
ロー・デニム raw denim【加工】⇒ワンウォッシュ【加工】…… 418
ローデン・クロス loden cloth【織物】…… 189
ロピー・ヤーン lopi yarn【糸】⇒ロービング・ヤーン【糸】…… 524
ロービング roving【糸】⇒粗糸（そし）【糸】473 ⇒ロービング・ヤーン【糸】…… 524
ロービング・ヤーン roving yarn【糸】…… 524
ロープ染色 rope dyeing【染色】…… 524
ロブ・ロイ・アンシェント Rob Roy ancient【柄】⇒バファロー・チェック【柄】…… 363
ロブ・ロイ・タータン Rob Roy tartan【柄】⇒バファロー・チェック【柄】…… 363
ロブ・ロイ・プラッド Rob Roy plaid【柄】⇒バファロー・チェック【柄】…… 363
ロマニー・ストライプ Romany stripe【柄】⇒ジプシー・ストライプ【柄】…… 335
ローラー捺染（ローラーなせん）roller printing【染色】…… 524
ローリング・カレンダー rolling calender【加工】⇒カレンダー加工【加工】…… 403
ローン lawn【織物】…… 189
ロンドン・シュランク London shrunk【加工】⇒シュランク仕上げ【加工】…… 408
ロンドン・ストライプ London stripe【柄】…… 347

わ行

ワイドウェール・コーデュロイ wide wale corduroy【織物】⇒ピンウェール・コーデュロイ【織物】… 149
ワーカー・ストライプ worker stripe【柄】⇒ヒッコリー・ストライプ【柄】…… 340
和柄（わがら）Japanese pattern【柄】…… 393
和更紗（わさらさ）Japanese chintz / Wa-sarasa【染色・柄】…… 325
和晒（わざらし）【加工】⇒晒し（さらし）【加工】…… 456
綿毛（わたげ）wool【繊維】…… 524
わた染め【染色】…… 524
ワックス・プリント wax print【染色・柄】⇒アフリカン・バティック【染色・柄】…… 316
ワッシャー加工 washer finish / washer treatment【加工】…… 418
ワッフル waffle【織物】⇒蜂巣織り【織物】…… 139

ワッフル織り waffle【織物】⇒蜂巣織り（はちすおり）【織物】…… 139
ワッフル・ピケ waffle piqué 【織物】⇒蜂巣織り【織物】…… 139
輪奈天（わなてん） loop velvet【織物】⇒輪奈（わな） ビロード【織物】…… 190
輪奈ビロード（わなビロード） loop velvet【織物】…… 190
輪奈モケット（わなモケット） loop moquette【織物】⇒モケット【織物】…… 177
ワバッシュ wabash stripe【柄】⇒ウォバッシュ・ストライプ【柄】…… 329
ワーピング warping【織物】⇒整経（せいけい）【織物】…… 465
ワープ・ビーム warp beam【織物】⇒経糸ビーム（たていとビーム）【織物】…… 477
ワン・ウォッシュ one wash【加工】…… 418
ワン・ウォッシュ・デニム【加工】⇒ワン・ウォッシュ【加工】…… 418

コラム索引

【織物】

COLUMN 01 ＜アイリッシュ・リネン＞アイリッシュ・リネンの盛衰 ………………………………… 010-011
COLUMN 02 ＜綾織り＞綾織りの構造と種類 ………………………………………………………………015
COLUMN 03 ＜イカット＞イカットの種類と特徴 ……………………………………………………… 018-019
COLUMN 04 ＜ウィルトン・カーペット＞ユグノーがもたらしたイギリスのカーペット産業の発展………023
COLUMN 05 ＜越後上布＞"雪から生まれる" 越後上布（えちごじょうふ）
伝統を受け継ぐ歴史と辛苦の工程 ……………………………………………… 027-029
COLUMN 06 ＜近江上布＞近江上布（おうみじょうふ）の歴史　関西商家の内儀の「嫁入り絣」………031
COLUMN 07 ＜甲斐絹＞名物裂（めいぶつぎれ）と海気（かいき）
甲斐絹（かいき）の歴史と製造の特徴 ……………………………………………… 037
COLUMN 08 ＜ガーゼ＞夏涼しく、冬暖かいガーゼ ……………………………………………… 039
COLUMN 09 ＜絣＞「絣（かすり）の国、日本」 ……………………………………………………040-041
COLUMN 10 ＜カディ＞The Fabric of Freedom ガンジーの独立運動を象徴したカディ ………… 044
COLUMN 11 ＜カンガ＞カンガは気持ちを伝えるメッセージ・プリント ……………………………… 049
COLUMN 12 ＜間道＞間道（かんとう）の歴史と名の由来………………………………………………… 050
COLUMN 13 ＜黄八丈＞時代劇でも知られる江戸の町娘スタイル ……………………………… 010-011
COLUMN 14 ＜ギャバジン＞「ギャバジン」と「バーバリー」…………………………………………054-055
COLUMN 15 ＜キャラコ＞インドの綿織物とイギリスの産業革命の悲しい歴史……………………058-059
COLUMN 16 ＜キリム＞民族や家族の絆、思いを織り込んだキリムの幾何学模様 ……………… 060
COLUMN 17 ＜金襴＞金襴（きんらん）と名物裂（めいぶつぎれ） ………………………………062-063
COLUMN 18 ＜コーデュロイ＞コーデュロイの語源と歴史 ……………………………………………071
COLUMN 19 ＜ゴブラン織り＞
ラファエロもデザイナーだったゴブラン織りの歴史と製織法……………………… 074-075
COLUMN 20 ＜裂織り＞とことん使い切る「南部裂織り（なんぶさきおり）」……………………………076
COLUMN 21 ＜ジャカード＞コンピューターの原点になったジャカード織機 ……………………… 084
COLUMN 22 ＜朱子織り＞朱子織り（しゅすおり）の構造と種類……………………………………… 088
COLUMN 23 ＜タイ・シルク＞タイシルクを世界ブランドにした「タイシルク王」ジム・トンプソン……097
COLUMN 24 ＜縮緬 1 ＞縮緬（ちりめん）の生産履歴　「こより」の渋札（しぶふだ）の話 …………106
＜縮緬 2 ＞縮緬の種類とシボの種類 ……………………………………………………………107
COLUMN 25 ＜ツイード＞ツイードの歴史と種類　3 代で着て、クタクタになってこそ味が出る ………109
COLUMN 26 ＜意匠糸＞意匠糸（いしょうし）の種類………………………………………………………117
COLUMN 27 ＜綴織り＞世界を巡る綴織り（つづれおり）の歴史……………………………………… 119
COLUMN 28 ＜紬＞くず繭糸を利用したリサイクル
「紬（つむぎ）」は野良着から生まれた日本の伝統絹織物 …………………………… 121
COLUMN 29 ＜デニム＞デニムの歴史と染色法 …………………………………………………………123
COLUMN 30 ＜錦＞「錦（にしき）」は金にも値する織物。「故郷に錦を飾る」とは……………………130
COLUMN 31 ＜博多織＞『いっぽんどっこの唄』にもなった「一本独鈷」の博多帯と「献上柄」 ………135
COLUMN 32 ＜芭蕉布 1 ＞芭蕉布（ばしょうふ）の製作工程 ……………………………………………136
＜芭蕉布 2 ＞染織家・石垣昭子「見えないプロセスが伝わる力」 ……………………………137
COLUMN 33 ＜羽二重＞羽二重（はぶたえ）の名前の由来と種類 ……………………………… 142-143

COLUMN 34 ＜不織布＞古くて新しい不織布（ふしょくふ）…… 154
COLUMN 35 ＜ベルベット＞ベルベットの織法、種類、歴史…… 164-165
COLUMN 36 ＜銘仙＞銘仙（めいせん）の歴史と変遷（へんせん）
「一世を風靡したモダンレトロな絣柄」…… 174-175
COLUMN 37 ＜モスリン＞モスリンの歴史…… 179
COLUMN 38 ＜輪奈ビロード１＞上杉謙信の「輪奈（わな）ビロード」マントと輪奈ビロードの製法…190
＜輪奈ビロード２＞輪奈ビロードの製作工程 …… 191

【レース】

COLUMN 39 ＜ニードル・レース＞ニードル・レースの呼び名と分類 …… 208
COLUMN 40 ＜ホニトン・レース＞英国王室御用達のホニトン・レースとは …… 217
COLUMN 41 ＜ポワン・ド・フランス＞ロココに花開いたフランス・レースの歴史 …… 221-225
レース資料（16 世紀～ 19 世紀のレース一覧）…… 230-239

【ニット】

COLUMN 42 ＜裏毛編み＞「裏毛編み（うらけあみ）」の編み方と種類
ヴィンテージ・スウェットと吊り編み機 …… 246
COLUMN 43 ＜鹿の子編み＞鹿の子編み（かのこあみ）の種類と特徴 …… 249
COLUMN 44 ＜ゴム編み＞「横編み機」「丸編み機」のゴム編みの「組織と種類」…… 252
COLUMN 45 ＜チュール＞チュールの歴史…… 260
COLUMN 46 ＜トリコット＞トリコットの特性，編み方と種類 …… 263

【柄】

COLUMN 47 ＜藍染め＞藍の種類とジャパン・ブルー…… 287
COLUMN 48 ＜アラン模様＞アラン模様の種類と模様の意味 …… 291-293
COLUMN 49 ＜インカ模様＞生地見本からオーダーしていたインカの豊かな庶民文化 …… 296
COLUMN 50 ＜印金＞印金（いんきん）の歴史…… 297
COLUMN 51 ＜江戸小紋＞江戸小紋の種類と製法 …… 301
COLUMN 52 ＜絣模様＞日本の伝統的な絣模様（かすりもよう）…… 304-305
COLUMN 53 ＜更紗＞欧州の織物業を震撼させた「更紗（さらさ）革命」…… 318-319
COLUMN 54 ＜バティック＞バティックの種類と特徴 …… 322-323
COLUMN 55 ＜ストライプ＞縞柄の歴史 …… 330
COLUMN 56 ＜タトゥ柄＞トライバルタトゥの種類 …… 351
COLUMN 57 ＜タータン＞タータンの歴史と種類 …… 358-359
COLUMN 58 ＜中形＞中形（ちゅうがた）の染色技法と種類 …… 370
COLUMN 59 ＜友禅染＞友禅染（ゆうぜんぞめ）の歴史と染色技法 …… 388-389

協力企業・協力者

IWS ノミニー・コンパニー・リミテッド日本支社
あい・リヴィ
赤井 三恵子（通訳・翻訳者）
浅田 るみ子
あをやま めぐみ（文化学園大学 准教授）
amanaimages
五十嵐 哲也（山梨県富士工業技術センター）
石垣 昭子（染織家）
岩立 広子（岩立フォークテキスタイルミュージアム）
岩立フォークテキスタイルミュージアム
岩野商店
岩野 政義（岩野商店）
岩野 隆一（岩野商店）
上田 多美子（文化学園ファッションリソースセンター）
閏間 正雄（文化ファッション大学院大学 教授）
越後上布・小千谷縮布技術保存協会
大川 薫（株式会社ブレンド）
大東 利幸（大東寝具工業株式会社）
小倉 文子（女子美術大学 教授）
小野 順子（ファッションディレクター）
織本 知英子（カンガ研究家）
小河原 鮎子（株式会社アトリエ A・K）
カネキチ工業株式会社
有限会社 GAYA
川上 輝明（フォトグラファー）
川口 園子
株式会社川島織物セルコン
川原 恵美子（株式会社ユー・プランニング）
有限会社共同制作社
京都府織物・機械金属振興センター
桐生織物協同組合
銀座もとじ
株式会社クラレ
黒田 寛（日本麻紡績協会）
コシェル2
小松織物工業協同組合
齋栄織物株式会社
雑賀　透（株式会社島精機製作所）
坂巻 かほる（スタジオマキ）
佐藤 孔代（yourwear）
ザ・レースセンター原宿
芝村 修（日本絹人繊織物工業組合）
株式会社島精機製作所
首藤 昌子（株式会社ユー・プランニング）
女子美術大学美術館
鈴木 美夏
瀬藤 貴史（友禅師・染色作家）
ダイアン・クライス（アンティークレース鑑定家）
大東寝具工業株式会社
垰原 直実（ファッショングッズディレクター）
武田 泰稔（株式会社タケツネ）
株式会社タケツネ
田中 謙二（日本毛織株式会社）
田中 祥子（校正者）
丹後織物工業組合
鄭 貞子（イラストレーター）
株式会社東栄工業
トスコ株式会社
株式会社トンボ（トンボ学生服）
中伝毛織株式会社

文化学園ファッションリソースセンター

多数の布地サンプルを系統的に整理・保存する「テキスタイル資料室」をはじめ、「映像資料室」「コスチューム資料室」で構成。テキスタイル検索コーナーではコンピューター入力により実物資料を取り出すことができるなど、世界のファッション情報センターとしての機能や設備が整っている。
Tel.03-3299-2187　http://www.bunka.ac.jp/frc/

中島 君浩 (中伝毛織株式会社)
有限会社中村金襴工場
中村 淑美
株式会社中矢パイル
中山 美代子 (株式会社島精機製作所)
成澤 敏彦 (オアシスクリエイティブ合同会社)
日本麻紡績協会
日本化学繊維協会
社団法人日本絹人織織物工業会
日本絹人繊織物工業組合連合会
日本毛織株式会社
財団法人日本綿業振興会
布川 智子 (校正者)
株式会社バラカ
バティック工房 FUSAMI
株式会社林与
林 与志雄 (株式会社林与)
株式会社伴戸商店
伴戸 恒夫 (株式会社伴戸商店)
平山 一伸 (IWS ノミニー・コンパニー・リミテッド)
ファッションハウス Amaike (天池合繊株式会社)
福井県文書館
福井市立郷土歴史博物館
福島県織物同業会
福島県絹人繊織物構造改善工業組合
藤井 恵 (イラストレーター)
文化学園ファッションリソースセンター
文化学園服飾博物館
文化学園文化ファッション研究機構
平太房
豊和株式会社
星野 小麿 (フォトグラファー)
前澤 芳孝 (株式会社島精機製作所)
松本 裕美 (有限会社 GAYA)
丸進機業株式会社
三浦 篤子 (文化学園大学服飾資料室)
南魚沼市教育委員会
三宅 康代 (有限会社ジオ)
森川 陽 (文化学園大学 教授)
守山 恵理 (株式会社島精機製作所)
株式会社安栄機業場
柳原 美紗子 (財団法人日本綿業振興会)
山崎織物株式会社
山梨県富士工業技術センター
山根 洋子 (校正者)
米沢市上杉博物館
米澤 美也子 (有限会社ミヤコ)
株式会社ルシアン
渡辺 弘子 (布絵作家)
渡辺産業株式会社

(五十音順　敬称略)

撮影協力

p.004 / p.008 / p.192 / p.240 / p.284 / p.394 / p.419 / p.525 :『THE LACE CENTER harajuku』
p.004 / p.240 :『yourwear』

参考文献

『新しい繊維の知識 改訂増補版』 吉川 和志　鎌倉書房　1983
『イギリスのリバティ手帖』 ピエ・ブックス　2010
『色の語る日本の歴史① 神々の色編』 村上 道太郎　そしえて　1989
『色の語る日本の歴史② 萬葉の色編』 村上 道太郎　そしえて　1985
『色の語る日本の歴史③ あふれゆる色編』 村上 道太郎　そしえて　1987
『岩立広子コレクション インド大地の布』 岩立 広子　求龍堂　2007
『ウィリアム・モリス展カタログ』 ウィリアム・モリス展カタログ委員会 ©　1989
『ウールブック THE WOOL BOOK』 平凡社　1989
『英国の流儀 ブリティッシュ・スタイル』 林 勝太郎　朝日新聞社　1995
『英国の流儀Ⅱ トラディショナル・ファッション』 林 勝太郎　朝日新聞社　1996
『ELEGANT MAN』 RANDOM HOUSE
『＜解説＞織物の商品学』 寺田 商太郎　対話社　1968
『化学繊維の手引き 2010』 日本化学繊維協会　2010
『唐草文様 世界を駆けめぐる意匠』 立田 洋司　講談社　1997
『華麗な革命 ロココと新古典の衣裳展』 財団法人京都服飾文化研究財団　1989
『ケルト / 装飾的思考』 鶴岡 真弓　筑摩書房　1993
『ケルトの風に吹かれて』 辻井 喬 / 鶴岡 真弓　北沢図書出版　1994
『現代のメリヤス事典』 センイ・ジヤァナル　1965
『古代マヤ・アステカ 不可思議大全』 芝崎 みゆき　草思社　2010
『コットン・ファブリック』 財団法人日本綿業振興会　1981
『コーランの世界 写本の歴史と美のすべて』 大川 玲子　河出書房新社　2005
『最新・ニット事典』 伊藤 英三郎 / 東京ニットファッション工業組合編　チャネラー　2003
『縞模様の歴史 悪魔の布』 ミシェル・パストゥロー　白水社　2004
『シャネル 最強ブランドの秘密』 山田 登世子　朝日新聞社　2008
『16 世紀～ 18 世紀 富と権力の象徴 アンティーク・レース』 吉野 真理　里文出版　2007
『手芸が語るロココ レースの誕生と栄光』 飯塚 信雄　中央公論社　1990
『織機と裂地の歴史』 川島織物文化館　1995
『紳士の服装』 林 勝太郎　小学館　1997
『新・田中千代服飾事典』 田中 千代　同文書院　1991
『新ファッションビジネス基礎用語辞典＜全面改訂版＞』 ORIBE 編集室　織部企画　1990
『すぐわかる 世界の染め・織りの見かた』 道明 三保子（監修）　東京美術　2004
『図説 マヤ文字事典』 マリア・ロンゲーナ　創元社　2002
『SWEATER BOOK 世界の名作セーター BEST 150ITEMS』 コスミック出版　2011
『染織の美 11 特集 日本の絣』 京都書院　1981
『染織の美 20 特集 アンデスの染織』 京都書院　1982
『染織の文化史』 藤井 守一　理工学社　1990
『丹後の縮緬』 京都府織物・機械金属振興センター
『茶の裂地名鑑』 淡交社編集局編　淡交社　2007
『テキスタイル・アート 100 ―近代日本の室内装飾織物―』 川島織物文化館　1994

『テキスタイル ハンドブック』 閑間 正雄 文化出版局 2009
『デパートを発明した夫婦』 鹿島 茂 講談社 1991
『伝統のニットを編もう 北欧の編み込みセーター』 日本ヴォーグ社 2005
『日本・中国の文様事典』 視覚デザイン研究所編 視覚デザイン研究所 2003
『ニュー繊維の世界』 本宮 達也 日刊工業新聞社 1989
『はじめて学ぶ繊維』 信州大学繊維学部 日刊工業新聞社 2011
『ファッションのための繊維素材辞典』 一見 輝彦 ファッション教育社 2008
『ファッションの歴史 [上]』 J・アンダーソン・ブラック PARCO出版 1990
『ファッションの歴史 [下]』 J・アンダーソン・ブラック / マッジ・ガーランド PARCO出版 1993
『フェアチャイルド ファッション辞典』 鎌倉書房 1977
『服飾辞典』 文化出版局 1986
『フラクタル科学入門』 三井 秀樹 日本実業出版社 1994
『文化ファッション大系 服飾関連専門講座① アパレル素材論 文化服装学院編』 文化服装学院 教科書出版部 2003
『別冊太陽 骨董をたのしむ㉜ アジア・アフリカの古布』 平凡社 2000
『ヘミングウェイの流儀』 今村 楯夫 / 山口 淳 日本経済新聞出版社 2010
『ペルーの天野博物館 古代アンデス文化案内』 天野 芳太郎 / 義井 豊 岩波書店 1983
『MEN'S EX 特別編集 本格スーツ大研究』 世界文化社 2009
『モードのイタリア史 流行・社会・文化』 ロジータ・レーヴィ・ピセツキー 平凡社 1987
『やさしい産業用繊維の基礎知識』 加藤 哲也 (著) 向山 泰司 (監修) 日刊工業新聞社 2011
『ユネスコ無形文化遺産 越後上布体験講座ー雪ありて縮ありー』 南魚沼市教育委員会 社会教育課 文化振興班 2011
『洋服地の事典ーサンプル生地付きー』 田中 道一 株式会社みずしま加工 2006
『ヨーロッパの文様事典』 視覚デザイン研究所編 視覚デザイン研究所 2003
『流行の神話 ファッション・映画・デザイン』 海野 弘 フィルムアート社 1977
『LACE IDENTIFICATION』 Diane Claeys
『ロココの女王 ポンパドゥール侯爵夫人』 飯塚 信雄 文化出版局 1988
『ロココの落日 デュバリー伯爵夫人と王妃マリ・アントワネット』 飯塚 信雄 文化出版局 1985
『ロココへの道 西洋生活文化史点描』 飯塚 信雄 文化出版局 1984

(五十音順)

※この他、企業や個人のウェブサイトなどで参考にさせていただいた情報が多数あるが、ここには出版物や印刷物のみを記載した。

あとがき

『テキスタイル用語辞典』は、約1000点の写真図版を収録。
業界各方面のたくさんのみなさまのご協力により
これだけの素材を集めることができました。
ニットの編み地の多くは、(株) 島精機製作所が
コンピューターグラフィックスで制作してくださいました。
アンティークレース鑑定家のダイアン・クライスさん、
(有) ミヤコの米澤美也子さんからは
貴重なアンティークレースコレクションの数々を撮影させていただきました。
文化学園ファッションリソースセンターの充実したテキスタイル資料室、
(財) 日本綿業振興会をはじめ、
絹、麻、ウールなど関連業界の協会・組合や産地、専門企業などからも
たくさんの生地や貴重な写真データを提供していただきました。
友人や親戚など、可能な限りのコネクションから、入稿ぎりぎりまで
さまざまな生地を提供していただきました。
ご協力くださったみなさまのお名前を594ページに掲載させていただきました。
これだけの素材はもう二度と集めることはできないと思うほど
大変充実した辞典となりました。
また、ハードなスケジュールと制作に根気よく付き合ってくださった
デザイン会社 Offic ID inc. の辛嶋陽子さん、稲垣聡さん、
発行が何度も延びてしまい、調整が大変だったにもかかわらず
最後まで応援してくださった (株) 協同プレスの正木晋一さんの
お力なしにはここまでたどり着くことはできませんでした。
本辞典制作にあたり、お力をいただきましたすべてのみなさまに
心から感謝申し上げます。
本当にありがとうございました。
最後に、『テキスタイル用語辞典』を制作するきっかけを
与えてくださった (株) 水晶院顧問の青柳信人さんと、
企画に賛同し大きなご支援をいただいた
(株) 水晶院の田中利昭社長には
ことばでは言い尽くせないほどの感謝の気持ちでいっぱいです。
この場をお借りして、心からお礼を申し上げます。

2012年2月末日　成田典子

Textile Tree からのメッセージ

Textile Tree は「素材」をキーワードにした Web サイトです。
企業、学校、産地などとコミュニケートしながら
ファッション業界の活性化に役立つサイトを目指し、
活動をスタートさせました。

第一弾が『テキスタイル用語辞典』の出版です。

かつて日本の基幹産業であった繊維産業は勢いを失い
産地もメーカーも縮小化の一方。
素材を作ることはもとより、素材の専門知識を持つ人も
随分少なくなっています。

優れた素材作りの技術と伝統がある日本の繊維文化を
途絶えさせてはもったいない。
そういう思いで 2010 年に「Textile Tree」を立ち上げました。
この『テキスタイル用語辞典』が
伝統を受け継ぎながら新しいもの作りへと繋いでいく、
ひとつの橋渡しになればと思っております。

「Textile Tree」はようやく走りはじめたばかりですが
テキスタイルを愛するみなさまの応援団として活動していきます。
「Textile Tree 会員」にはいち早く情報発信していきますので
ぜひホームページからご登録ください。

これからも Textile Tree をよろしくお願いいたします。

2012 年 2 月　Textile Tree 編集部

著者プロフィール
成田典子（なりた のりこ）

(株)テキスタイル・ツリー代表
（ファッションディレクター／テキスタイル研究家）
秋田県出身。女子美術短期大学・文化服装学院卒業。
ファッション関連の企画会社でトレンド情報誌、ファッション用語辞典などの出版や商品企画を手掛けた後独立。ファッショントレンド分析・販促ディレクション、商品企画などを行っている。素材サイト「Textile Tree」を立ち上げ活動中。

Noriko Narita

企画・編集	Textile Tree 編集部
編集スタッフ	成田典子／エディトリアルディレクター
	鈴木雅子／ファッショングッズディレクター
	佐藤千緒／ニットディレクター（ドゥプラン〈有〉）
	伊東裕子／テキスタイルデザイナー
	関本明美／アシスタントエディター
	甲田和美／ウェブデザイナー（くりっくこんたくと）
デザイン	Office ID Inc.
アートディレクター	辛嶋陽子（Office ID Inc.）
撮影	稲垣　聡（Office ID Inc.）
	大社優子（duco.,）

テキスタイル用語辞典

発　行	2012年2月25日　初版第1刷発行 2012年6月20日　第2刷発行
著　者	成田典子
発行人	橋本典子
発行元	株式会社テキスタイル・ツリー 東京都練馬区関町北 1-7-16-201 Tel 03（5903）8895　Fax 03（3928）0751 http://www.textile-tree.com
印刷	株式会社 協同プレス
製本	日宝綜合製本 株式会社

　ISBN978-4-9906300-0-3